图 1　双镜头相机拍摄的立体双图

图 2　红青互补图

图 3　“博创”图标三维立体画

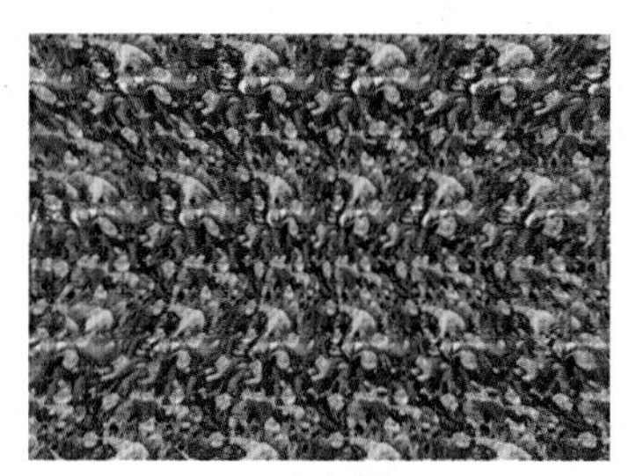

(a) “金字塔”

(b) “凹坑”

图 4　三维立体画

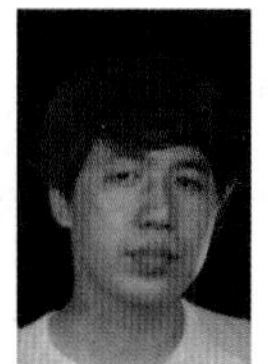

图 5　Morph 效果图

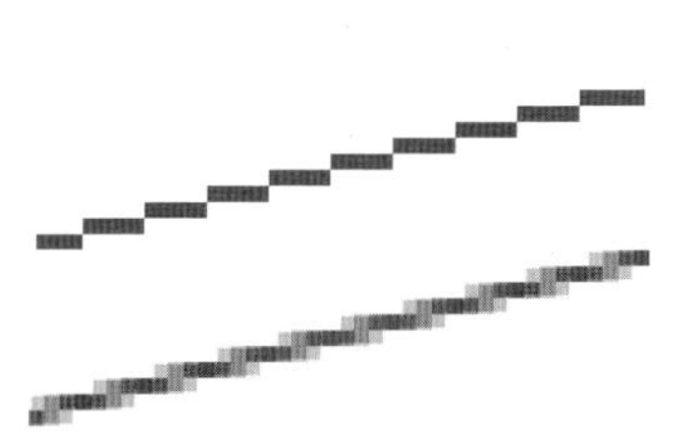

(a) 平面着色

(b) 光滑着色

图 6　直线光滑着色

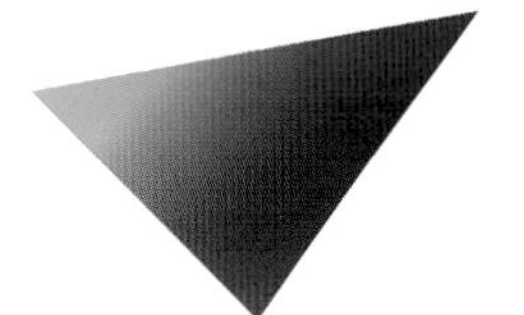

(a) 三角形

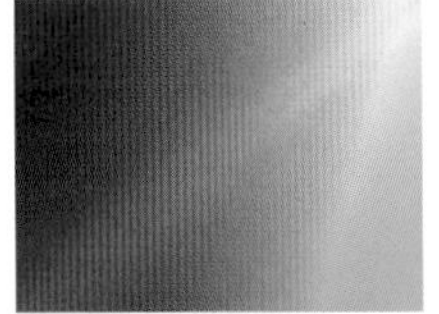

(b) “左上右下”划分

(c) “左下右上”划分

(d) 四边形填充

图 7　光滑着色填充

图 8　Z-Buffer 算法

图 9　画家算法

(a) RGB 立方体

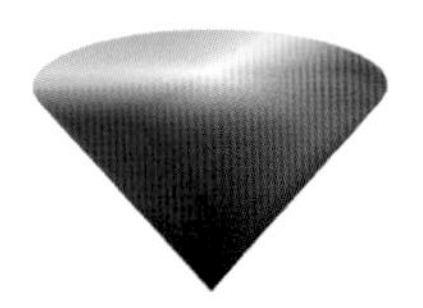

(b) HSV 圆锥

图 10　颜色模型

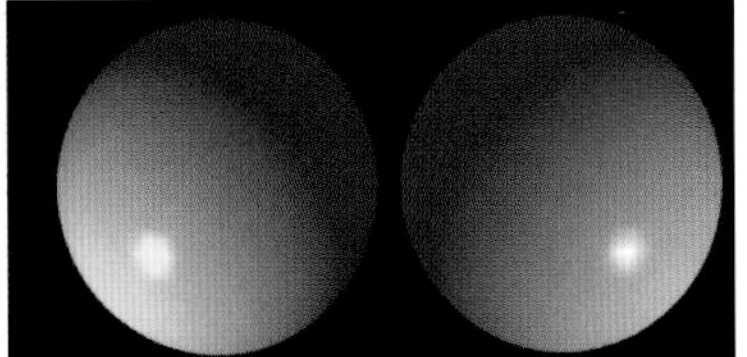

(a) 金　(b) 银

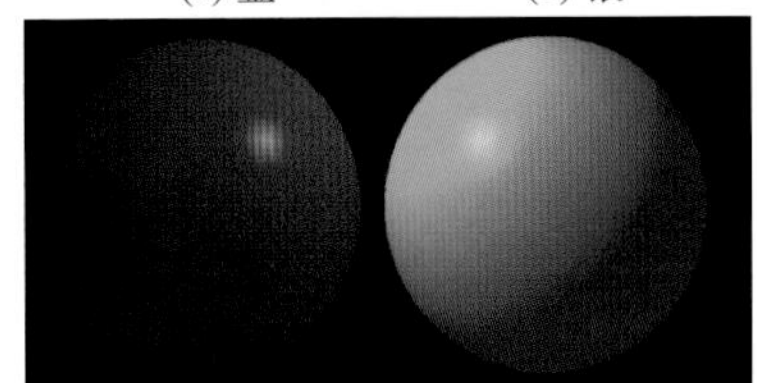

(c) 红宝石　(d) 绿宝石

图 11　材质与光源交互效果图

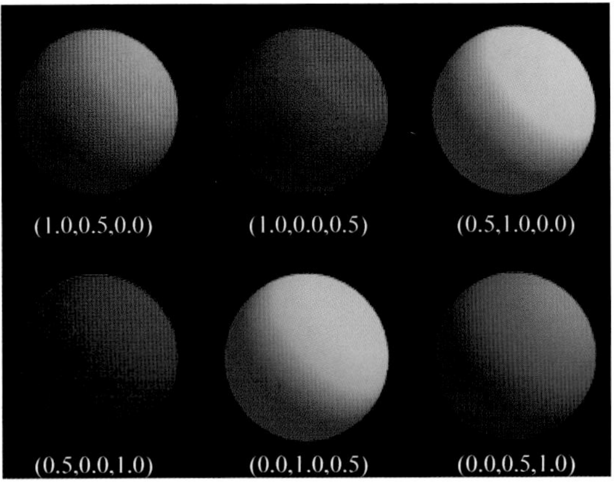

图 12　材质漫反射率影响效果图

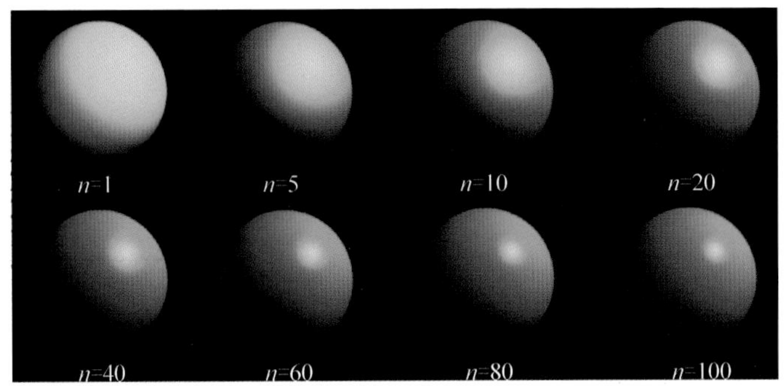

图 13　高光指数影响效果图

(a) Flat 着色

(b) Gouraud 着色

(c) Phong 着色

图 14　着色模式

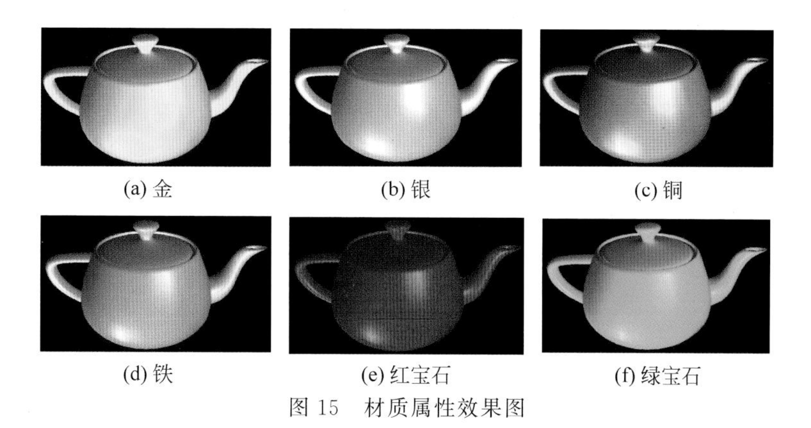

(a) 金　(b) 银　(c) 铜

(d) 铁　(e) 红宝石　(f) 绿宝石

图 15　材质属性效果图

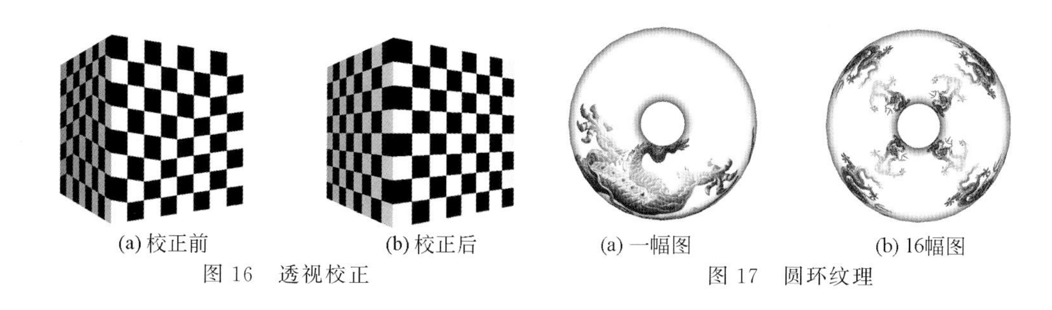

(a) 校正前　(b) 校正后

图 16　透视校正

(a) 一幅图　(b) 16幅图

图 17　圆环纹理

(a) 漫反射贴图　(b) 法线贴图　(c) 视差贴图

图 18　贴图效果对比

(a) 雾效果　(b) 透明效果　(c) 瓷器效果

(d) 装饰效果　(e) 木头效果　(f) 金属效果

图 19　特殊效果

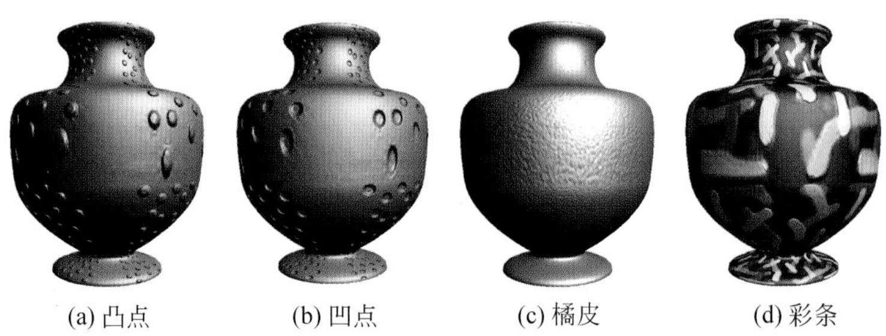

(a) 凸点　(b) 凹点　(c) 橘皮　(d) 彩条

图 20　花瓶渲染

图 21　石瓢壶效果图

(a) 西施壶　(b) 掇球壶　(c) 秦权壶　(d) 汉铎壶

图 22　紫砂壶效果图

(a) 球体反射　(b) 维纳斯的倒影

(c) 珠圆玉润　(d) 镜面墙

图 23　光线跟踪算法

高等学校计算机专业教材·图形图像与多媒体技术

"十二五"普通高等教育本科国家级规划教材

计算机图形学基础教程
(Visual C++版)(第3版)

孔令德 编著

清华大学出版社
北京

内容简介

本书主要内容包括几何变换、透视投影、曲面建模、线消隐与面消隐、光照与纹理。作为首批国家级一流本科课程“计算机图形学”的建设成果，本书基于 Visual Studio 2022 的 MFC 集成开发环境，使用 C++ 语言编程绘制了计算机图形学算法的动画效果，实现了“原理、算法、代码”的统一。本次修订在保持前两版特色的基础上主要做了以下 3 方面的改变：第一，使用曲面建模技术，将三维模型由立方体、球、圆环等简单模型扩展为茶壶、花瓶等复杂模型(本书中使用 Utah 茶壶作为绘制效果展示的主要模型)；第二，为了适应计算机图形学前沿需求的新变化，将光照与纹理两章作为重点内容进行详细介绍；第三，纹理映射是光栅化图形学的最高阶段，增加了法线贴图、视差贴图、环境贴图等新内容。

本书可以作为本科生和研究生教材，也可供计算机图形学爱好者学习使用。为了便于开展理论教学与实践教学，本书配有《计算机图形学实践教程(Visual C++ 版)》(第 3 版)、《计算机图形学基础教程(Visual C++ 版)(第 3 版)教师用书》和课件、教案、教学大纲、授课计划等配套教学资源。

图书在版编目(CIP)数据

计算机图形学基础教程：Visual C++ 版/孔令德编著. —3 版. —北京：清华大学出版社，2024.6 (2025.1重印)
高等学校计算机专业教材.图形图像与多媒体技术
ISBN 978-7-302-66306-5

Ⅰ.①计… Ⅱ.①孔… Ⅲ.①计算机图形学－高等学校－教材 ②C 语言－程序设计－高等学校－教材 Ⅳ.①TP391.41 ②TP312.8

中国国家版本馆 CIP 数据核字(2024)第 098053 号

责任编辑：汪汉友
封面设计：常雪影
责任校对：申晓焕
责任印制：宋 林

出版发行：清华大学出版社
网 址：https://www.tup.com.cn，https://www.wqxuetang.com
地 址：北京清华大学学研大厦 A 座 **邮 编**：100084
社 总 机：010-83470000 **邮 购**：010-62786544
投稿与读者服务：010-62776969，c-service@tup.tsinghua.edu.cn
质量反馈：010-62772015，zhiliang@tup.tsinghua.edu.cn
课件下载：https://www.tup.com.cn，010-83470236
印 装 者：天津鑫丰华印务有限公司
经 销：全国新华书店
开 本：185mm×260mm **印 张**：21.75 **彩 插**：2 **字 数**：538 千字
版 次：2008 年 5 月第 1 版 2024 年 6 月第 3 版 **印 次**：2025 年 1 月第 2 次印刷
定 价：64.50 元

产品编号：070231-01

序　言

“计算机图形学”是计算机学科的重要领域，大至国防信息化建设，小至手机中的游戏，都覆盖得到。它是高校计算机专业的一门非常重要的课程，也是一门实践性非常强，对教师和学生的实践要求较高的课程。

我和孔令德教授是新交，相识于2014年10月在武汉大学召开的中国计算机图形学大会和中国计算机辅助设计与图形学大会上，此后半年里，我们从相识到相知得益于快捷方便的微信通信技术。孔教授问我是否有梁友栋教授的照片，请我推荐计算机图形学优秀教材，以及问我是否有Rogers中英文第一版教材等图形学相关往事。通过接触，我认识到孔令德教授是一位在计算机图形学领域辛勤耕耘的同行，后起之秀。

我作为一名计算机图形学一线的老兵，应该让同行尽快熟悉我们走过的路，于是向孔教授寄送了一册我于2011年出版的谈教学、科研和生活的随笔集《老生常谈》和一册我于2006年70岁生日时出版的论文选集，并把珍藏的有John Staudhammer签名的Rogers英文第一版和中文第一版借给他。孔教授向我回赠了他编著的一套4册计算机图形学“十二五”普通高等教育本科国家级规划教材。我收到这套计算机图形学教材后就爱不释手，认真翻阅了一遍。

David F.Rogers曾说过，任何不给出算法的计算机图形学书籍都是不完整的，只有真正实现一个算法才能对其有深刻的理解，对算法的细枝末节有所体会；只有在实现算法时才能领会所用的实现语言所具有的效率。我认为这套教材内容新颖、理论系统、重视理论和实践的结合，是国内第一套“完整”的教材。特别是案例教学方法和无偿获得实现代码的做法更具特色，让使用这套教材的教师和学生获益匪浅，起到了很好的教学成果推广和示范作用。

现在孔教授的教材要出新版，特此作序以示祝贺，望计算机图形学界同仁们在使用中多向孔教授反馈你们的宝贵意见和建议，共同把我国计算机图形学教材编著好，谢谢大家！

石教英

第3版前言

计算机图形学主要包含建模（modelling）、渲染（rendering）、动画（animation）和人机交互（human-computer interaction）4 部分内容，其中最重要的内容是建模和渲染。本书基于双缓冲技术建立动画环境，所绘制的图形全部在动画环境中展示；基于 Windows 的消息映射机制实现基本的交互技术；模型方面，以茶壶为代表主要讲解自由曲面建模技术；算法方面，使用 C++ 语言将渲染算法封装为类架构，搭建一个绘制真实感图形的三维场景。

建议教师使用案例化方法设计教学过程。例如，仅用一把茶壶就可以讲授全部的计算机图形学算法：首先基于双三次 Bezier 曲面建立茶壶的线框模型，投影形式采用透视投影；然后加入三维变换形成旋转动画，从各个侧面观察茶壶；接着添加材质属性，设置光源和视点位置，为茶壶添加光照效果；基于纹理映射技术来提高茶壶的真实感。事实上，本书提供了一套完整的渲染算法，通过调用不同的类接口，就可以绘制出不同物体的真实感图形。

自《计算机图形学基础教程（Visual C++ 版）》（第 2 版）出版以来，由于原理清晰、代码丰富、可操作性强而受到了计算机图形学教师的欢迎。本教材第 1 版和第 2 版的开发平台选择的是 Visual C++ 6.0。此次改版选择的开发平台为 Microsoft Visual Studio 2022。为了帮助不熟悉 Visual Studio 2022 的学生能够迅速掌握 MFC 的绘图方法，重写了“MFC 绘图基础”一章。虽然本书推荐编程语言是 C++，但本书所介绍的理论和算法能用任何编程语言实现。

笔者主持的计算机图形学课程是首批国家级一流本科课程。配套教材《计算机图形学基础教程（Visual C++ 版）》《计算机图形学实践教程（Visual C++ 版）》《计算机图形学基础教程（Visual C++ 版）习题解答与编程实践》《计算机图形学实验及课程设计（Visual C++ 版）》为“十二五”普通高等教育本科国家级规划教材。计算机图形学课程的配套资源来自山西省教学成果一等奖的“计算机图形学实践教学资源库”（2012 年），包含了上千案例源程序。2017 年，笔者主持的“以计算机图形学为特色的人才培养模式”荣获山西省教学成果特等奖。2019 年，笔者提出的“工具、算法、数学、外语”计算机图形学四步教学法获得山西省教学成果二等奖。成果内容为，熟练掌握一门编程语言，培养一技之长；系统学习一套渲染算法，夯实专业基础；分析问题直至数学公式，面向几何问题；学习经典原文深悟算法原理，了解学科前沿动向。希望以此“四步教学法”与读者共勉。

笔者对计算机图形学进行了“课程思政”内容选择，做中国茶壶，讲中国故事，绘中国图案。分别制作了西施壶、石瓢壶、秦权壶、汉铎壶等紫砂壶的三维数字模型，并取得了软件著作权。课程思政切入点为紫砂壶艺人顾景舟先生久久为功、驰而不息的工匠精神和创新精神。2022 年笔者主持的计算机图形学课程被评为山西省课程思政示范课程。

同时改版 4 本教材是一个庞大的工程，中间难免会出现一些失误。敬请计算机图形学专家和一线教师提出宝贵的改进建议。欢迎联系笔者获取教学资源。感谢我的计算机工程研究所的廖小谊、潘晓、石长盛、张彦平、刘璞、郭永康、孟星煜、董澈等历届学生在程序开发方面所做的贡献。他们创新的思想、优良的代码伴随着本书一起成长。正是因为有十几届本科生跟随笔者从事计算机图形学方向案例的开发，才有今天如此丰富、源源不断的源程序以飨读者。书中带“*”的章节和习题难度较大，读者可依据自身水平选学、选做。

本书提供了课件、教案、教学大纲、授课计划等教学资源，以方便教师开展理论教学与实践教学，可以通过下面二维码与作者联系，获取书中教学难点的在线解答和相关资源。

孔令德

2024 年 5 月

学习资源

第 2 版前言

笔者花费了七年多时间，打造了“省级精品资源共享课＋系列化教材＋数字化教学资源”的立体化计算机图形学教学平台。2006 年建设完成省级精品课程“C++ 程序设计”后，直接基于 Visual C++ 中的 MFC 框架，采用案例化教学方法建设了“计算机图形学”教学资源。2008 年笔者主持的“计算机图形学”课程被评为省级精品课程，出版了《计算机图形学基础教程（Visual C++ 版）》《计算机图形学实践教程（Visual C++ 版）》两本教材，并双双获得兵工高校优秀教材一等奖，随后相继出版了《计算机图形学基础教程（Visual C++ 版）习题解答与编程实践》《计算机图形学实验及课程设计（Visual C++ 版）》等系列教材，其中《计算机图形学实践教程（Visual C++ 版）》提供了与《计算机图形学基础教程（Visual C++ 版）》中所讲解原理一一对应的案例，共计 43 个。这些案例被国内的近百所院校试用后，给予了肯定。下面是某高校教师对本书的评价：

“教材提供了丰富的教学资源，涵盖了计算机图形学原理的主要知识点，由于采用 Visual C++ 的 MFC 编程可以模拟真实感光照以及纹理等效果，对学生很有吸引力，对提升计算机图形学的教学效果也很有帮助。原理的案例化可以让学生从容面对枯燥的图形数学模型及绘制算法，能尽快直观地体验到真实效果并深刻理解绘制算法的原理”。

下面是某高校本科生对本书的评价：

“我是一名三年级本科生，学校开设了计算机图形学这门课程，出于兴趣，我也选择了这门课程，并且很荣幸地读到了您的作品。清晰的讲解也给我留下了很深刻的印象，我甚至可以不用听老师讲解就可以通过看书将后面的大部分习题解答出来。当优美的图形在我点下那个感叹号后突然显示的时候，那种感觉是美妙的！”

读者的肯定是改版的动力。本书第 2 版在保留第 1 版体系结构的基础上，重写了所有章节，调整三维坐标系 z 轴的指向为垂直于屏幕指向读者，方便了 Z-Buffer 算法的理解与实现；完善了真实感图形章节的内容，新增了简单透明模型、简单阴影模型、图像纹理、几何纹理等内容。相应地，《计算机图形学实践教程（Visual C++ 版）》（第 2 版）中的案例也由 43 个扩充为 60 个。

笔者将《计算机图形学实践教程（Visual C++ 版）》（第 2 版）的 60 个案例、《计算机图形学基础教程（Visual C++ 版）习题解答与编程实践》的近 200 个习题解答与拓展案例、《计算机图形学实验及课程设计（Visual C++ 版）》的 18 个上机实验与 5 个课程设计案例集结在一起建设了计算机图形学实践教学资源库。2012 年“计算机图形学实践教学资源库的建设”被评为省级教学成果一等奖。该成果将计算机图形学实践教学资源划分为“验证性资源”“综合性资源”“创新性资源”“工程化资源”4 部分，涵盖了前面介绍的近 300 个案例以及 20 个 3ds max 模型。“计算机图形学实践教学资源库”的全部源代码和《计算机图形学基础教程（Visual C++ 版）》（第 2 版）的教案、课件等相关教学资源免费提供在笔者的个人网站上。在建设完成“计算机图形学实践教学资源库”的基础上，笔者承担了“应用型工科院校计算机图形学教学模式的改革与实践”项目，建议教师课堂教学采用“演示案例”“讲解原理”“对照代码”“拓展案例”的教学模式讲授计算机图形学课程，以形象化的案例激发起学生学习计算机图形学的热情。该项目被评为省级教学成果二等奖。笔者主持的计算机图形学精品课程升级为省级精品资源共享课。

虽然计算机图形学领域每年有大量的新技术在不断涌现，但最基本的原理和方法却保持着相对的稳定性和连贯性。笔者是从编程角度讲授计算机图形学原理和算法，强调真实感光照模型的实现，在不使用任何图形库的前提下，仅单纯使用 MFC 的绘制像素点函数，按照计算机图形学的基本原理开发出可与 OpenGL 或 Direct3D 显示效果相媲美的真实感图形，参见彩色插图。更确切的说法是笔者依据本书讲解的原理搭建了一个自己的图形库，并公开了全部实现代码。读者只要在场景中构造出物体的几何模型，就可以根据假定的光照条件，动态渲染出包含材质、纹理的真实感图形，给人以如临其境、如见其物的视觉效果。

本书第 2 版是在“计算机图形学实践教学资源库”的基础之上编写的。用 MFC 编程实现本书讲到的所有原理需要花费很长时间。有幸得到博创研究所廖小谊、潘晓、左亮亮、宋准、苗雨壮、孙立广、高腾、韩周迎等人的协助，使用 MFC 框架开发了与本书所有原理对应的案例源代码，才使得本书彩色插图以漂亮的效果呈现在读者面前。这些彩色插图全部由笔者独立开发完成，具有相关的知识产权。本书得到 2011 年山西省重点教改项目“图形图像处理系列课程实践教学资源与平台的建设”的资助。

本书配套的《计算机图形学实践教程(Visual C++ 版)》(第 2 版)中 60 个案例的设置与本书章节的对应关系见附录 A。

希望本书的出版对计算机图形学的教学工作有所帮助，感谢国内高校师生对笔者第 1 版作品的肯定。同时也恳请教学一线的计算机图形学教师继续提出宝贵的意见和建议，无论是针对文字、代码还是课件的。

为了更好地服务教师，笔者创建了计算机图形学教师的 QQ 群。目前群内已有 100 多位来自国内不同高校的计算机图形学教师加入。就计算机图形学话题，大家奇文共欣赏、疑义相与析。笔者在提供源程序等资源的基础上，努力做好服务工作，愿意为教师就计算机图形学教材、源程序等方面的问题提供在线帮助，解决年轻教师初次上课的后顾之忧。

感谢清华大学出版社及本书责任编辑的大力支持。编校人员认真、耐心地修改书稿给笔者留下了深刻的印象，没有这些支持，这套计算机图形学教材很难遴选为“十二五”普通高等教育国家级规划教材。

孔令德

2018 年 5 月

第1版前言

计算机图形学(computer graphics,CG)是研究如何利用计算机表示、生成、处理和显示图形的一门学科。主要的算法原理包括基于光栅扫描显示器的基本图形扫描转换原理;基于齐次坐标的二维、三维图形的几何变换原理;基于几何造型的自由曲线、曲面的生成原理;基于分形几何学的分数维造型原理;基于图像空间和物体空间的三维物体动态消隐原理;基于颜色模型、光照模型和纹理映射技术的真实感图形显示原理。

本书有以下特色。

(1) 编程环境的先进性。本书采用 Visual C++ 6.0 编程环境进行算法讲解。目前市面上的计算机图形学教材大多采用 Turbo C 语言作为编程环境,但面向过程语言 Turbo C 开发的程序是基于 DOS 界面的,图形操作基本不具备交互性,而且只能显示 256 种颜色,无法生成真实感光照图形。本书选用了 Microsoft 公司的面向对象程序设计语言 Visual C++ 6.0 的 MFC 框架作为编程环境,不仅可以制作出和 3ds 效果一致的三维真实感图形,而且支持交互式操作。本书的彩插效果图全部使用 MFC 框架制作,并没有借助 OpenGL 或 Direct 3D 等图形库的支持。

(2) 所有原理算法的案例化。计算机图形学,原理众多、算法复杂。作为省级精品课程"计算机图形学"和"C++ 程序设计"的第一负责人,笔者在十多年的计算机图形学教学实践中,使用 Visual C++ 6.0 的 MFC 框架自主开发了所有原理的实现程序,做到了本书所讲解到的每个原理在配套的实践教程中都有相应的算法实现案例。

(3) 编写内容的系统化。本书配有实践教程。本书分为 10 章,实践教程包含和本书对应的 43 个案例。两本书的内容均由同一作者编写,保证了编写体系的一致性。

本书各章节主要内容如下。

第 1 章　导论。介绍了计算机图形学的应用领域,以及图形显示设备的发展历程。

第 2 章　MFC 绘图基础。介绍面向对象程序设计基础、MFC 上机操作步骤,以及 CDC 类的基本绘图函数。

第 3 章　基本图形的扫描转换。讲解直线、圆、椭圆的像素级扫描转换原理,以及反走样技术。

第 4 章　多边形填充。讲解了实面积图形的概念,有效边表填充原理和算法,边缘填充原理和算法、区域填充原理和算法。

第 5 章　二维变换与裁剪。讲解齐次坐标,平移、比例、旋转、反射和错切的二维基本几何变换矩阵,Cohen-Sutherland 直线段裁剪原理和算法,中点分割直线段裁剪原理和算法,以及 Liang-Barsky 直线段裁剪原理和算法。

第 6 章　三维变换与投影。讲解平移、比例、旋转、反射和错切的三维基本几何变换矩阵、三视图、斜轴侧图以及透视投影的变换矩阵。

第 7 章　自由曲线与曲面。讲解三次参数样条曲线、Bezier 曲线曲面和 B 样条曲线曲面的生成原理和算法。

第 8 章　分形几何。讲解分形曲线的递归模型、植物的 L-系统模型，以及 IFS 迭代函数系统等的原理和算法。

第 9 章　建模与消隐。讲解动态凸多面体和曲面体的隐线原理和算法，动态 Z-Buffer 的隐面原理和算法，以及画家算法的隐面原理和算法。

第 10 章　真实感图形。讲解 RGB 颜色模型、Gouraud 明暗处理、Phong 明暗处理、光照模型，以及纹理映射技术的原理和算法。

实践教程的案例设置和本书的对应关系参见附录 A。

经过历时 3 年的编写，本书终于要和读者见面了，其间的艰辛一言难尽。由于要用算法实现本书讲到的所有原理，程序调试花费了很长时间。幸喜在博创研究所的工作人员的协助下，使用 Visual C++ 的 MFC 框架完成了本书所有原理的算法实现，本书也得以完稿。

感谢在博创研究所先后工作的人员廖小谊、彭贺亮、刘鹏、申明达、傅立群、杨铭等在程序调试方面作出的贡献。

本书及其配套的实践教程适合作为计算机科学与技术专业的本科教材。欢迎访问笔者个人网站下载《计算机图形学实践教程(Visual C++ 版)》的 43 个案例的源程序、教案、电子课件、习题解答、实验及课程设计等相关的教学资源。

希望本书的出版对读者有所帮助，请计算机图形学方面的专家提出宝贵意见，同时也希望能和广大的计算机图形学教师进行学术交流。

孔令德

2008 年 4 月

目　　录

第1章 导 论

本章学习目标

- 熟悉计算机图形学的应用领域。
- 掌握计算机图形学的基本概念。
- 了解计算机图形学的发展史及相关学科。
- 掌握光栅扫描显示器的工作原理。
- 初步了解计算机图形学的热点技术。

1.1 计算机图形学的应用领域

计算机图形学(computer graphics,CG)是研究如何在计算机中有效地表达、处理和显示三维信息的学科。计算机图形学所处理的三维信息既包括真实世界中的三维信息,也包含人类大脑通过想象产生的虚拟三维信息。计算机图形学作为计算机应用的一个重要研究方向,不仅与我们的日常生活息息相关,也为许多产业的发展提供了核心技术的支持和算法的支持。计算机、手机、汽车仪表盘等设备的图形化用户界面(graphical user interface,GUI)都需要借助于计算机图形学技术来实现。计算机图形学对游戏、电影、动画、广告等领域产生了巨大的影响,同时促进了相关产业的快速发展。

1.1.1 计算机辅助设计

计算机辅助设计(computer aided design,CAD)和计算机辅助制造(computer aided manufacture,CAM)是计算机图形学的经典应用场景。早期计算机图形学的发展源自于使用计算机设计真实世界产品的需求。为了进行三维设计,AutoCAD系统软件包为设计者提供了多窗口环境,不同的窗口用于显示不同的视图。具体设计时,首先使用线框模型将三维物体内部特征展示出来,在产品设计完成后可以采用实体造型技术和真实感光照模型技术产生最终效果图。图1-1是使用AutoCAD软件绘制的旋耕刀辊设计图。在计算机辅助设计领域中,Autodesk公司发行的另外两个三维建模软件是3ds max和Maya,前者主要采

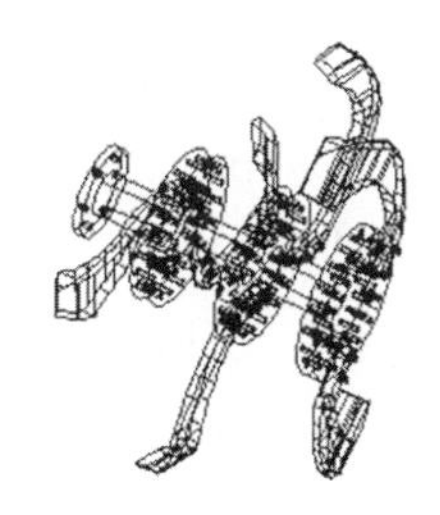

(a) 线框模型

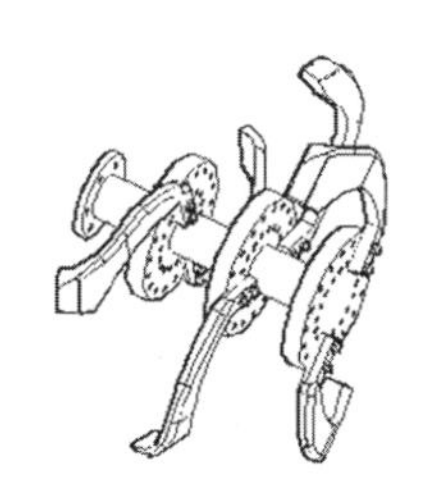

(b) 消隐模型

(c) 表面模型

(d) 光照模型

图1-1 旋耕刀辊设计图

用多边形网格进行建筑物建模，后者主要采用非均匀有理 B 样条曲面（Non-Uniform Rational B-Splines，NURBS）进行角色建模。图 1-2 是使用 3ds max 软件制作的办公室效果图。图 1-3 是使用 Maya 软件制作的游戏角色模型效果图。

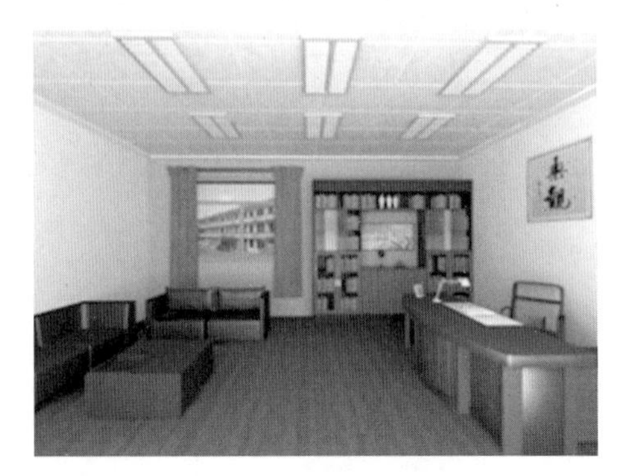

图 1-2　办公室效果图

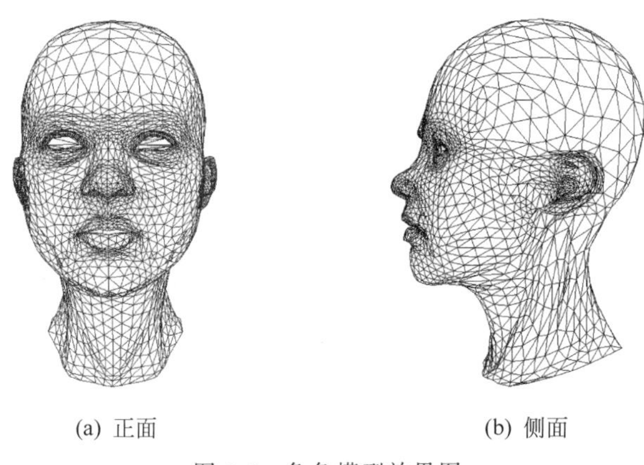

(a) 正面　　(b) 侧面

图 1-3　角色模型效果图

另外，由 Pixologic 公司开发的 ZBrush 软件是一个数字雕刻和绘画软件。ZBrush 以强大的功能和直观的工作流程彻底改变了传统三维设计工具的工作模式。ZBrush 将三维动画中间最复杂的角色建模和贴图工作，变成了“玩泥巴”那样简单有趣。设计师可以通过手写板或者鼠标来控制 ZBrush 的立体笔刷工具，随意地雕刻自己头脑中的形象。

1.1.2　计算机游戏

随着计算机图形学的发展，创建虚拟场景实现人类的想象，成为了图形学在虚拟世界中的核心应用场景。计算机游戏（computer game）提供了一个虚拟空间，让人可以一定程度上摆脱现实中的自我，去扮演真实世界中扮演不了的角色，因而受到了人们的普遍喜爱。计算机游戏的核心技术来自于计算机图形学，如多分辨率地形、角色动画、天空盒纹理、碰撞检测、粒子系统、交互技术、实时绘制等。人们学习计算机图形学的一个潜在目的就是从事游戏开发，计算机游戏已经成为计算机图形学发展的一个重要推动力。

英国 Eidos 公司推出的动作冒险系列游戏《古墓丽影》（Tomb Raider）就是一款著名的电子游戏，讲述了女主角劳拉（Lara）的探险历程。图 1-4 为《古墓丽影：暗影》游戏的截屏图。该游戏的成功之处在于实时渲染技术的应用。三维场景逼真，角色建模细腻，游戏效果可以与电影剧照媲美。

图 1-4 《古墓丽影：暗影》游戏画面

1.1.3 计算机艺术

计算机艺术(computational art，CA)是计算机科学与艺术学相结合的一门学科，为设计者提供了一个充分展现个人想象力与艺术才能的新天地。动画是对自然现象的模拟。目前，计算机动画已经广泛应用于影视特效、商业广告、游戏开发和计算机辅助教学等领域。

动画(animation)是计算机艺术的典型代表。根据人眼的视觉暂留特性，将一系列静态的画面串接在一起，以 24～30 帧/秒的速率播放，形成运动的效果。动画一般分为帧动画和与骨骼动画。帧动画是指以帧为基本单位组织的多个静态画面，通过关键帧插值的方法，可以实现平滑的动画效果。骨骼动画是由互相连接的“骨骼”组成的骨架结构，通过改变骨骼的朝向和位置来生成动画。另外，许多商业广告中还用到网格变形动画(morph animation)的二维图像处理方法，分别在源图像和目标图像两个关键帧上选取任意多个特征点，建立起拓扑上一一对应的三角形网格，如图 1-5(a)所示，使用基于网格的图像变形算法可以插值出一系列中间图像，源图像借助这些中间图像平滑地过渡到目标图像。图 1-5(b)是“猫变虎”网格变形动画效果图。

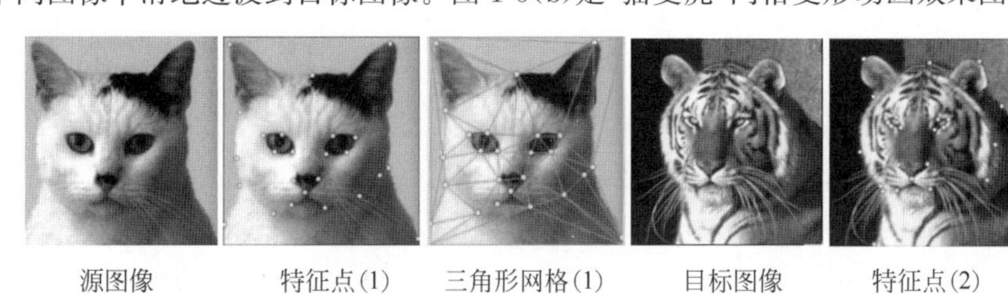

源图像　特征点(1)　三角形网格(1)　目标图像　特征点(2)　三角形网格(2)

(a) 设计图

(b) 效果图

图 1-5 “猫变虎”网格变形动画

计算机图形学的发展，促进了其他学科向这一领域的渗透，分形艺术就是分形几何学与计算机图形学相结合的一门边缘学科。分形几何学是由 Mandelbrot 首先提出来的，被称为描述大自然的几何学[1]。分形几何学通过递归构造复杂的嵌套结构，主要用于描述欧几里得几何学无法精确描述的自然世界，诸如蜿蜒起伏的山脉、坑坑洼洼的地面、曲曲折折的海岸线、层层分叉的树枝、撕裂夜空的闪电、闪烁跳跃的火焰、生物的大分子结构以及金属与非金属材料的断面等等。图 1-6(a)是不同递归深度的 Menger 海绵(menger sponge)。Menger 海绵的生成原理为，将一个立方体沿其各个表面三等分为 27 个小立方体，舍弃位于立方体面心的 6 个小立方体，以及位于体心的一个小立方体。对余下的 20 个小立方体按相同的方法进行递归，生成最后一个中间有大量空隙的 Menger 海绵。图 1-6(b)是 Sierpinski 镂垫(sierpinski tetrahedron)，生成原理与 Menger 海绵类似，只是将递归操作作用于正四面体上。从图 1-6 中可以看出分形图形的内部结构十分复杂，不借助于计算机图形学技术，Menger 海绵和 Sierpinski 镂垫根本无法用手工方式绘制。

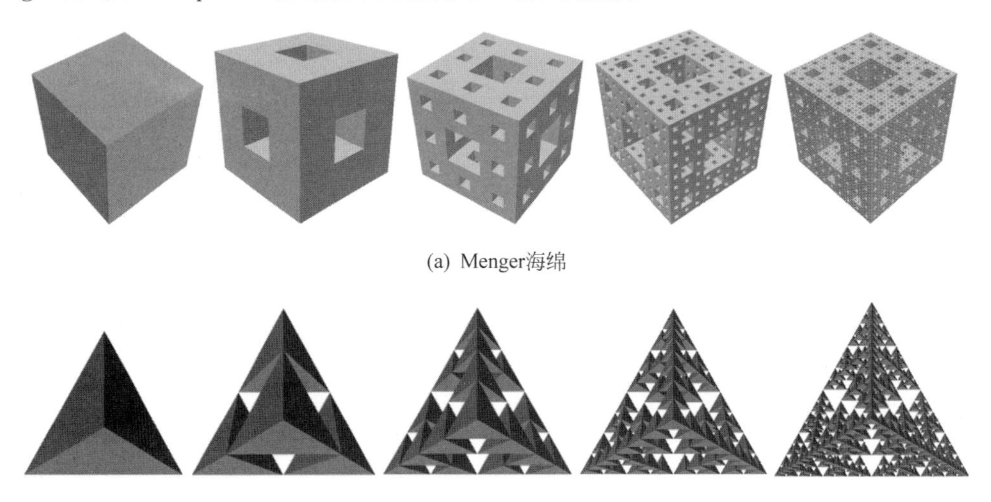

(a) Menger海绵

(b) Sierpinski镂垫

图 1-6　递归深度为 0～4 的分形作品

1.1.4　虚拟现实

虚拟现实(virtual reality，VR)是利用计算机生成虚拟环境，逼真地模拟人在自然环境中的视觉、听觉、运动等行为的人机交互技术。VR 涉及计算机图形学、人机交互技术、传感技术、人工智能等领域。从技术的角度而言，VR 具有以下 3 个基本特征，也称为 3I 特征：

(1) 沉浸感(immersion)，指用户感受到作为主角存在于虚拟环境中的真实程度。

(2) 交互性(interactivity)，指用户对虚拟环境中物体的可操作程度和得到反馈的自然程度。

(3) 构想性(imagination)，强调虚拟现实技术所具有的可想象空间。3I 特征是指用户可以沉浸到虚拟环境中，随意观察周围的物体，并可以借助一些特殊设备(如数据手套、头盔显示器等)与虚拟环境进行交互。图 1-7 所示为 Oculus Rift 和 HTC Vive 头戴式显示器。VR 技术的最新发展是增强现实(augmented reality，AR)和混合现实(mixed reality，MR)。

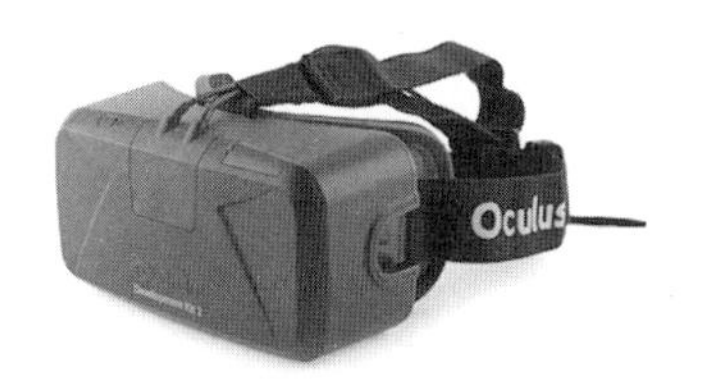

(a) Oculus Rift　　　　(b) HTC Vive

图 1-7　VR 头戴式显示器

1. 增强现实

增强现实是一种将真实环境与虚拟环境实时地叠加到了同一个场景的新技术，可以实现人与虚拟物体的交互。基于计算机显示器的 AR 实现方案是，首先将摄像机摄取的真实世界图像输入到计算机中，然后实时计算摄影机的位置及角度并与计算机图形学系统产生的虚拟物体进行叠加，最后将合成图像输出到显示器。AR 系统具有以下 3 个突出的特点。

(1) 真实世界与虚拟世界的信息集成。

(2) 真实世界与虚拟世界具有实时交互性。

(3) 在真实世界中重新定位虚拟世界。

VR 系统追求现实环境的真实再现。AR 系统追求的目标是虚实结合。图 1-8 为通过手机屏幕观察到的 AR 场景：可以看见恐龙自由地在城市傍晚的冰面上行走。AR 在手机中的一个应用是 FaceU，它实时地捕捉用户的头部，并把类似“帽子”“彩虹”“兔子耳朵”等虚拟信息叠加于用户的头部。

图 1-8　增强现实

2. 混合现实

混合现实是指合并现实世界和虚拟世界而产生一种新的可视化环境。例如，手机中的赛车游戏与射击游戏可以通过重力感应来调整方向和方位。工作原理是借助于重力传感器、陀螺仪等设备将真实世界中的“重力”“磁力”等特性叠加到虚拟世界中。VR、AR 和 MR 的关系见图 1-9。MR 和 AR 的区别是，MR 是在虚拟世界中增加现实世界的信息，而 AR 是在现实世界中增加虚拟世界的信息。

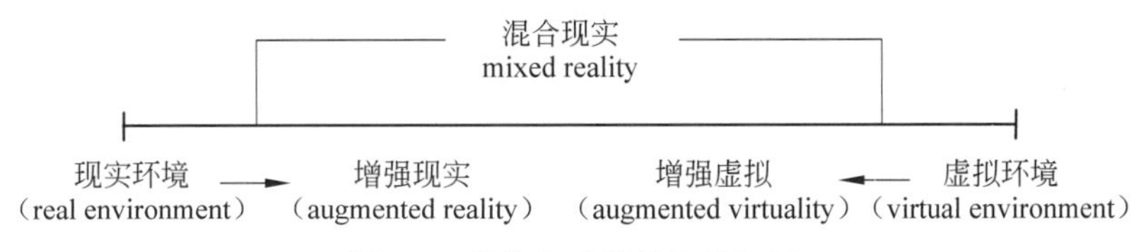

图 1-9　现实与虚拟的连续区间

1.1.5 计算机辅助教学

信息技术的迅速发展和广泛应用对课堂教学产生了革命性的影响。计算机辅助教学(computer aided instruction,CAI)是利用计算机图形学技术展示抽象原理或不可见过程的一种新的教学方法。多媒体课件已经成为教师教学和学生学习所不可或缺的工具。在多媒体教室,教师使用集图、文、声、像为一体的多媒体课件,形象、生动地进行教学,有助于学生理解和接受深奥枯燥的理论。同时在新工科背景下进行的基于在线开放课程的教学模式改革,精品资源共享课、MOOC(massive open online courses)、SPOC(small private online course)、微课(micro learning resource)等网络公开课程,已经搭建起强有力的网络教学平台,使普通的受教育者也可以分享到优质的教育资源。图 1-10 为山西省精品资源共享课"计算机图形学"的网页截屏图。

图 1-10 "计算机图形学"精品资源共享课

1.2 计算机图形学的概念

计算机图形学是一门研究如何利用计算机表示、生成、处理和显示图形的学科。图形主要分为两类,一类是基于线条表示的几何图形,如工程制图、等高线地图、曲线曲面的线框图等;另一类是基于颜色表示的真实感图形。图 1-11(a)所示的是使用三角形网格构造的球体线框模型。图 1-11(b)是使用光照表示的球体表面模型。图 1-11(c)是使用纹理表示的球体真实感图形。

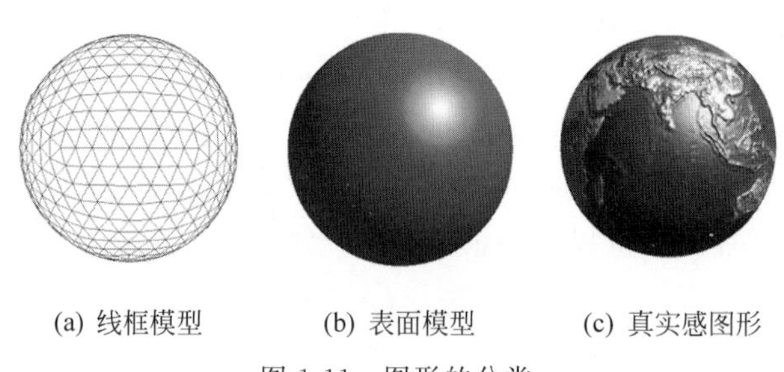

(a) 线框模型　　(b) 表面模型　　(c) 真实感图形

图 1-11 图形的分类

图形的表示方法分为两种:参数法和点阵法。参数法是在设计阶段采用几何方法建立数学模型时，用形状参数和属性参数描述图形的一种方法。形状参数可以是直线的起点和终点等几何参数；属性参数则包括直线的颜色、线型、宽度等非几何参数。一般用参数法描述的图形仍然称为图形(graphics)。点阵法是在显示阶段用具有颜色信息的像素点阵来表示图形的一种方法，描述的图形常称为图像(image)。计算机图形学就是研究将图形的表示法从参数法转换为点阵法的一门学科，或者简单地说，计算机图形学就是研究将图形模型转换为图像显示的一门学科。直线的图形如图 1-12(a)所示，常称为理想直线；直线的图像如图 1-12(b)中的实心黑色小圆所示，是一组离散的像素点集合。早期的计算机图形通常是指由点、线、面等元素表达的三维物体线框模型，而现代的计算机则可以生成现实场景的完全逼真图像，这导致了人们常把图形和图像的称谓混淆，但二者还是有区别的：图形更强调场景的几何表示，由场景的几何模型和景物的物理属性共同组成；而图像是指计算机内以位图形式存在的颜色信息。图形是向量图，图像是位图。

计算机图形学是建立在传统的图学理论、应用数学及计算机科学基础之上的一门边缘学科。计算机图形学的基础学科是几何学与物理学，先行课主要有“线性代数”“数据结构”“程序设计语言”等。在图形图像处理领域，标准开发工具是 C++ 语言，本教材选定的编程环境是 Visual Studio 2022。

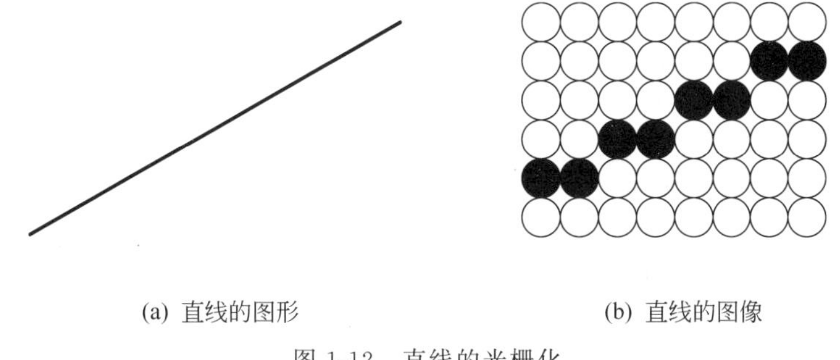

(a) 直线的图形　　(b) 直线的图像

图 1-12　直线的光栅化

计算机图形学的教学内容主要包含 4 部分：建模(modeling)、渲染(rendering)、动画(animation)和人机交互(human-computer interaction，HCI)，沿着图形渲染管线(graphics rendering pipeline)展开。

图形渲染过程如下：第 1 步，绘制一段直线，如图 1-13(a)所示；第 2 步，直线构成三角形，如图 1-13(b)所示；第 3 步，使用三角形网格逼近三维物体表面，线框模型如图 1-13(c)所示；第 4 步，基于简单光照模型，根据光源位置与视点位置，计算每个网格顶点所获得的光照强度，然后使用双线性插值算法填充三角形网格内部，光照效果如图 1-13(d)所示；第 5 步，假设网格顶点的颜色来自一幅纹理图像，纹理效果如图 1-13(e)所示。此外，三维几何变换会使物体产生运动效果、借助于双缓冲技术可以从不同方向观察三维物体的动画。学好计算机图形学的最好方法是编程实现图形渲染管线上的各种算法，只有这样才能深刻理解底层的更多细节。

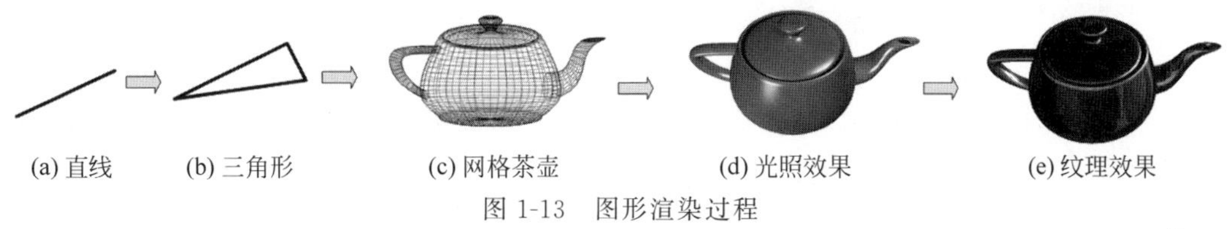

(a) 直线　(b) 三角形　(c) 网格茶壶　(d) 光照效果　(e) 纹理效果

图 1-13　图形渲染过程

1.3 计算机图形学的相关学科

与计算机图形学密切相关的学科有计算机辅助几何设计、数字图像处理和模式识别等。计算机图形学是研究使用计算机把描述图形的几何模型通过指定的算法和程序转化为图像显示的一门学科。计算机辅助几何设计是研究几何对象在计算机内的表示、分析和综合的学科。数字图像处理是使用计算机对图像进行增强、去噪、复原、分割、重建、编码、存储、压缩和恢复等不同处理方法的学科。模式识别是对点阵图像进行特征抽取,然后利用统计学方法给出图形描述的学科。计算机图形学、计算机辅助几何设计、数字图像处理和模式识别之间的关系如图 1-14 所示。

学习计算机辅助几何设计是为了建立曲面物体的三维模型。学习计算机图形学是为了将三维模型渲染为二维真实感图像。学习数字图像处理是为了对输入图像进行处理后转换为输出图像。学习模式识别是为了从二维图像中提取信息来恢复物体的三维几何信息。模式识别研究的内容与计算机图形学研究的内容是互逆的,属于计算机视觉的子学科。计算机视觉是研究如何使机器“看”的学科,更进一步说,就是指用计算机代替人眼对目标进行识别、跟踪和测量,并能够从图像中获取信息的人工智能系统。计算机图形学、计算机辅助几何设计、数字图像处理和模式识别都是使用计算机进行处理,长期以来分属不同的技术领域。近年来,随着数字媒体技术、数字几何建模技术、真实感图形绘制技术的发展,这 4 个学科的结合日益紧密,并且相互渗透,学科界限变得越来越模糊。

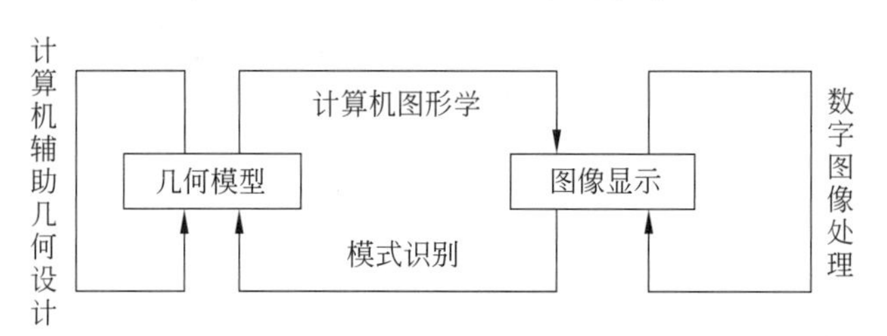

图 1-14 计算机图形学与相关学科之间的关系

1.4 计算机图形学的确立与发展

计算机图形学的诞生可以追溯到 20 世纪 60 年代早期。计算机图形学的发展是与计算机硬件技术,特别是显示器制造技术的发展密不可分的。

1950 年,美国麻省理工学院(Massachusettes Institute of Technology,MIT)的旋风一号(Whirlwind Ⅰ)计算机配备了世界上第一台显示器——阴极射线管,使计算机摆脱了纯数值计算的单一用途,能够进行简单的图形显示,但当时还不能对图形进行交互操作。当时的图形学被称为“被动式”计算机图形学。

到 20 世纪 50 年代末期,MIT 的林肯实验室在旋风计算机上开发了半自动地面防空系统(semi-automatic ground environment,SAGE)。为了保护本土不受敌方远程轰炸机携带核弹的突然侵袭,设想在美国各地布置 100 多个雷达站,将检测到的敌机进袭航迹用通信雷达网迅速传送到空军总部，空军指挥员可以从总部的计算机显示器上跟踪敌机的行踪，命令就近的军分区进行拦击。SAGE于1957年投入试运行，已经能够将雷达信号转换为显示器上的图形并具有简单的人机交互功能，操作者使用光笔点击屏幕上的目标即可获得敌机的飞行信息，这是人类第一次使用光笔在屏幕上选取图形。虽然SAGE计划并未完全实施，到20世纪60年代中期就停止了，但这个系统可以说是“主动式”计算机图形学的雏形，它的研究成果预示着交互式图形生成技术的诞生。

1960年，波音公司的Verne Hudson和William Fetter创造了“计算机图形学(computer graphics)”这个术语来描述自己的工作。但计算机图形学领域的到来是由Sketchpad软件的发布来开启的。1963年，MIT的Ivan E.Sutherland完成了*Sketchpad: A Man-Machine Graphical Communication System*(画板：一个人机通信的图形系统)博士学位论文[2]，开发出有史以来第一个交互式绘图软件。该论文证实了交互式计算机图形学是一个可行的、有应用价值的研究领域，标志着计算机图形学作为一个崭新学科的诞生。借助于Sketchpad软件，可以使用光笔在屏幕上绘制简单图形，并对图形进行选择、定位等交互操作。光笔顶部有一个光电管，与CRT显示器配合使用，可以在屏幕上进行绘图等操作。图1-15为Ivan E.Sutherland在林肯实验室的TX-2计算机上使用Sketchpad软件绘图。计算机可以根据光笔指定的点在屏幕上画出直线，当光笔在屏幕上指定圆心和半径后可画出圆。另外，该论文所提出的一些基本概念和技术历经多年后依然有效，如分层存储数据结构，即一幅复杂图像可以通过不同图层的调用来实现存储，这成为至今仍在广泛使用的图像存储方法。Sketchpad软件被公认为是交互式图形生成技术的发展基础，其设计思想所产生的影响远大于软件本身的影响。同年，Douglas Engelbart发明了鼠标，如图1-16所示。鼠标作为交互式绘图的主要设备，谁能想到，这么一个简陋的工具今天已经变得如此普及。

图1-15　使用Sketchpad绘图

图1-16　原始鼠标

1965年，Sutherland又发表了一篇著名的论文*The Ultimate Display*(终极显示)[3]，首次提出了包括具有交互显示、力反馈设备以及声音提示的虚拟现实系统的基本思想。这篇文章被认为是虚拟现实技术的开端。1968年，Sutherland接着发表了*A Head-Mounted Three-Dimensional Display*(三维头盔显示器)论文[4]，在头盔的封闭环境下利用计算机成像的左右视图匹配生成立体场景，允许用户在虚拟世界中漫游，如图1-17所示。有趣

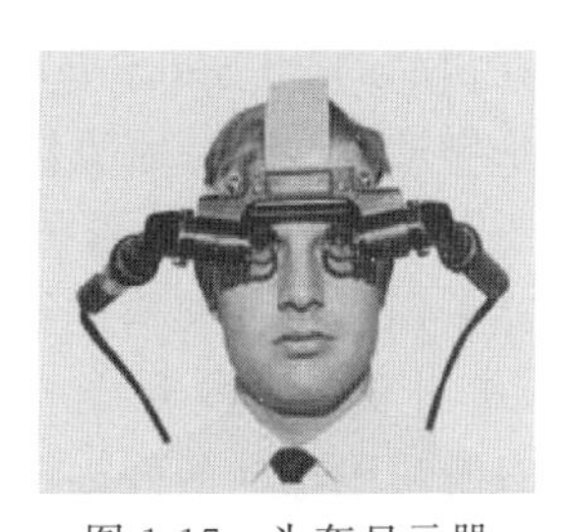

图1-17　头盔显示器

的是，由于头盔显示器(head-mounted display，HMD)重量很大，需要在天花板上安装一个巨大的吊臂来悬挂。于是，Sutherland的第一台头盔显示器很快就赢得了一个绰号“达摩克利斯之剑”(the sword of damocles)，用来表示时刻存在着危险。

Sutherland为计算机图形学技术的诞生做出了巨大的贡献，被称作计算机图形学、虚拟现实、人机交互或计算机辅助设计之父。1988年，Ivan E.Sutherland被授予美国计算机协会颁发的图灵奖(A. M. Turing Award)。获奖原因是在计算机图形学方面开创性和远见性的贡献，其所建立的技术历经20年、30年依然有效。图灵奖是计算机科学与技术领域的最高奖项，也被称为计算机界的诺贝尔奖。

1964年，MIT的Coons通过插值4条任意边界线构造了新的曲面[5]。1968年法国雷诺(Renault)汽车公司的工程师Bezier发表了一套曲线曲面理论，并开发了用于汽车车身外形设计的UNISURF系统[6]。Coons方法和Bezier方法是计算机图形学辅助几何设计领域的开创性工作。1968年，Appel提出了光线投射(ray casting)算法[7]。该算法是现代三维图形学中真实感图形绘制算法的起点。

20世纪70年代是计算机图形学发展过程中一个重要的历史时期。由于光栅扫描显示器的诞生，图形显示技术从线框模型向表面模型过渡，以提升三维图形的表现能力。在20世纪60年代就已经萌芽的光栅图形学算法迅速地发展起来，区域填充、裁剪、消隐等基本图形概念及其相应的算法纷纷诞生，图形学进入了第一个全盛的发展时期。

20世纪70年代，计算机图形学另外两个重要进展是真实感图形和实体造型技术的产生。1970年，Bouknight提出了第一个光反射模型[8]。1971年，Gouraud提出了双线性光强插值模型，被称为Gouraud明暗处理[9]。1975年，Phong提出了双线性法向插值模型，被称为Phong明暗处理[10]。1977年，Blinn对Phong模型做了改进，使用中分向量加速高光计算，称为Blinn-Phong模型[11]。1978年，Blinn提出了凹凸映射技术来模拟不平坦的物体表面[12]。1975年，犹他大学的Newell创造了一个三维茶壶数字模型[13]，称为UtahTeaport。

在真实感图形绘制方面，1980年，Whitted提出了透射光模型，并第一次给出光线跟踪算法的范例[14]。1982年，Cook和Torrance在几何光学的基础上，对粗糙表面反射机理进行模拟，提出了可用于模拟金属与非金属磨光表面的Cook-Torrance光照模型[15]。Cook-Torrance模型是基于物理的光照模型，而Blinn-Phong模型是基于经验的光照模型。1984年，美国康奈尔大学和日本广岛大学的学者分别将热辐射工程中的辐射度方法引入到计算机图形学中，成功地模拟了理想漫反射表面间的多重反射效果[16]。光线跟踪算法和辐射度方法的提出，标志着真实感图形的显示算法已趋于成熟。

进入20世纪90年代，一个重要特征是出现了3D建模热潮。随着家用计算机的普及，微软公司的Windows操作系统、苹果公司的Macintosh操作系统走进千家万户。Autodesk公司出品的3d StdioMax开始走向市场，3D计算机图形学在游戏中得到广泛应用。计算机图形学的真实感绘制算法得到进一步提高，1996年，Krishnamurty和Levoy提出了法线贴图[17]，该算法有效改善了Blinn所提出的凹凸映射算法。20世纪90年代末，计算机图形学开始采用通用的架构进行设计，如OpenGL和DirectX。从那时起，由于更强大的图形硬件和3D建模软件的支持，计算机图形学细节更加丰富、图形更加真实。以上这些都是20世纪计算机图形学的开创性工作，但同时也应该注意到，与其他学科相比，当时的计算机图形学还是一个很小的学科领域，其原因主要是图形设备昂贵、功能简单、应用软件匮乏。

从学术角度看,一个重要的事件是 1969 年由美国计算机协会(Association for Computing machinery,ACM) 发起成立的计算机图形学专业组(Special Interest Group for Computer Graphics,SIGGRAPH),并于 1974 年成功举办了第一次年会。从那时起,SIGGRAPH 年会成为了计算机图形学界的顶级会议。SIGGRAPH 每年吸引近万余名参会者,但只录取数十篇论文。这些论文的学术水平较高,基本上代表了计算机图形学研究的主流方向。计算机图形学的许多著名算法都是在 ACM 的杂志 *TOG*(transactions on graphics)上提出的。SIGGRAPH 会议颁发的奖项是计算机图形学领域的最高奖:孔斯奖(Steven A. Coons Award),以奖励那些终生奉献给计算机图形学和交互技术的个人。1983 年 Sutherland 获奖,1985 年 Bezier 获奖,2013 年 Whitted 获奖。

我国的计算机图形学与计算机辅助几何设计等方面的研究开始于 20 世纪 60 年代中后期。计算机图形学在我国的应用从 20 世纪 70 年代起步,如今已在电子、机械、航空、建筑、造船、轻纺、影视等部门的产品设计、工程设计和广告制作中得到了广泛应用,并取得了明显的经济效益和社会效益。我国每年举办一次"中国计算机辅助设计与图形学大会",会议上的报告和论文基本上代表了国内的计算机图形学研究的最高水平。

1.5 图形显示器的发展及其工作原理

前面已经述及,推动计算机图形学不断发展的一个重要因素是图形显示器的更新换代。图形显示器是计算机图形学发展的硬件依托,其发展过程主要经历了随机扫描显示器、直视存储管显示器、光栅扫描显示器和液晶显示器等阶段。

1.5.1 阴极射线管

CRT(cathode ray tube,阴极射线管)是光栅扫描显示器的显示部件,其功能与电视机的显像管类似,主要由电子枪(electron gun)、偏转系统(deflection coils)、荫罩板(shadow mask)、荧光粉层(phosphor)及玻璃外壳(screen)五大部分组成。图 1-18 为 CRT 的结构示意图。电子枪是由灯丝、阴极、控制栅组成,彩色 CRT 中有红绿蓝三支电子枪。CRT 通电后,灯丝发热,阴极被激发射出电子,电子受到控制栅的调节形成电子束。电子束经聚焦系统聚焦后,通过加速系统加速,轰击到荧光粉层上的呈三角形排列的红绿蓝荧光点上产生彩色,偏转系统可以控制电子束在指定的位置上轰击荧光粉层,整个荧光屏依次扫描完毕后,所有荧光点的强度组成一帧彩色图像。由于荧光粉具有余辉特性——电子束停止轰击荧光粉层后,荧光点的强度并不是立即消失,而是按指数规律衰减,图像会逐渐变暗。为了得到强度稳定的图像,电子枪需要不断地根据帧缓冲存储器中的内容轰击荧光粉层,反复重绘同一帧图像,即不断刷新屏幕。当刷新频率大于或等于 60Hz 时,人眼就不会感到图像的闪烁。目前常用的刷新频率一般为 85Hz。

CRT 的一个重要技术指标是显示分辨率,指 CRT 可视面积上水平方向与垂直方向的像素数量。例如 1024×768 的分辨率的含义是在整个屏幕上水平显示 1024 像素,垂直显示 768 像素。每个 CRT 都有其最高分辨率,也称为物理分辨率,是指 CRT 最高可以显示的像素数目。除最高分辨率外,CRT 还兼容了其他较低的分辨率,所以会出现多种不同的显示分辨率,如 1024×768、800×600 等。当然,在相同大小的 CRT 上,显示分辨率越高,像素就越小。

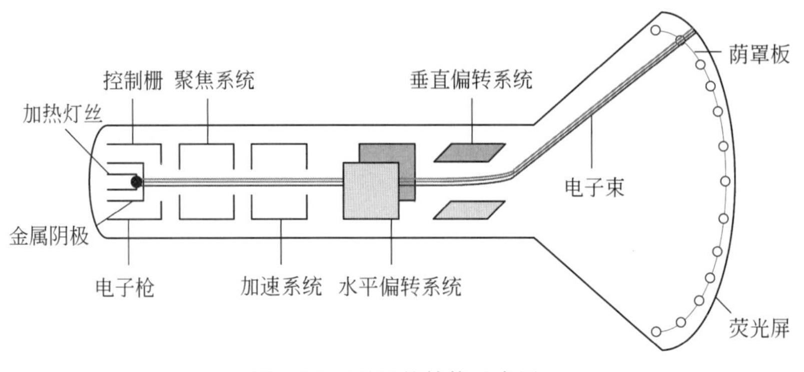

图 1-18　CRT 的结构示意图

1.5.2　光栅扫描图形显示器

20 世纪 70 年代初，基于电视技术的光栅扫描显示器(raster scan display，RSD)的出现，极大地推动了计算机图形学的发展，是图形显示技术走向成熟的一个标志。尤其是彩色光栅扫描显示器的出现，将人们带入了一个色彩斑斓的世界。

1. 画点设备

光栅扫描显示器是画点设备，可看作是一个离散的点阵单元发生器，并可控制每个点阵单元的强度，这些点阵单元被称为像素(picture element，pixel)。图 1-19 是笔记本计算机的 LCD 屏幕上的像素。除特殊情况外，光栅扫描显示器不能从单元阵列中的一像素点直接画一段精确的直线到达另一像素点，只能用靠近这段直线路径的像素点集来近似地表示。显然，只有在绘制水平线、垂直线以及 45°斜线时，离散像素点集在直线路径上的位置才是准确的，其他情况下绘制的直线段均呈锯齿状，这种现象称为走样。图 1-20(a)为未发生走样的直线段，图 1-20(b)所示为走样直线段。对于像飞机座舱仪表盘指针等图形质量要求很高的直线段，要求采用反走样技术减轻由于走样带来的锯齿效果，以保证飞行器的安全。

(a) 显示像素

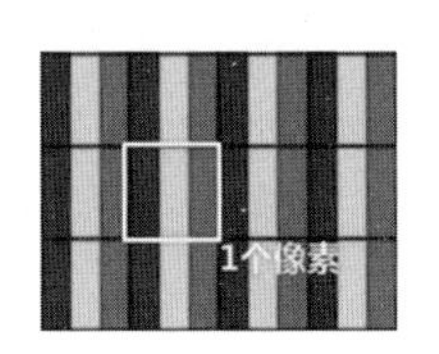

(b) 物理像素

图 1-19　像素图

2. 扫描线

光栅扫描显示器为了能在整个屏幕上显示出图形，电子束需要从屏幕的左上角开始，沿着水平方向从左至右匀速扫描，到达第一行的屏幕右端之后，电子束立即回到屏幕左端下一行的起点位置，再匀速地向右端扫描……一直扫描到屏幕的右下角，所有的荧光点强度组成一帧图像。为了避免屏幕闪烁，电子束又立即返回到屏幕的左上角，按照帧缓冲存储器中存储的内容重新开始扫描，如图 1-21 所示。电子束从左至右、从上至下有规律的周期运动，在屏幕上留下的矩形点阵称为光栅。

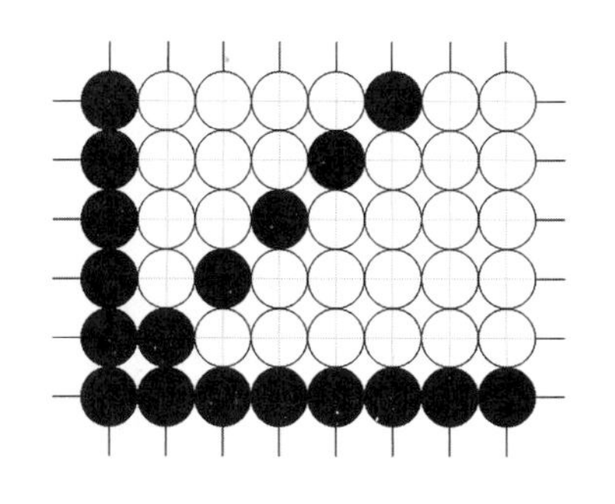

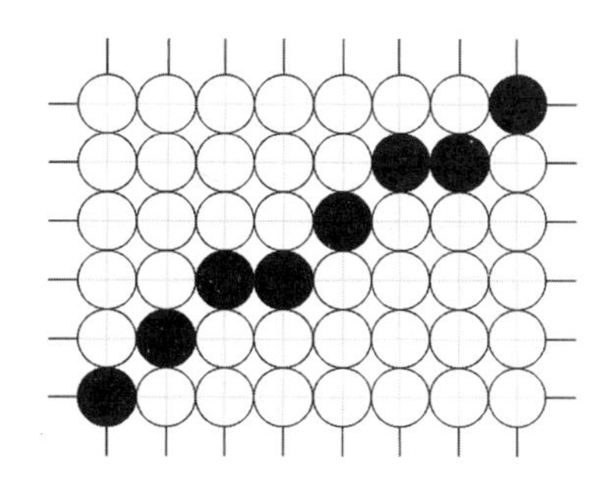

(a) 水平线、垂直线和45°线　　(b) 走样直线

图 1-20　光栅化直线

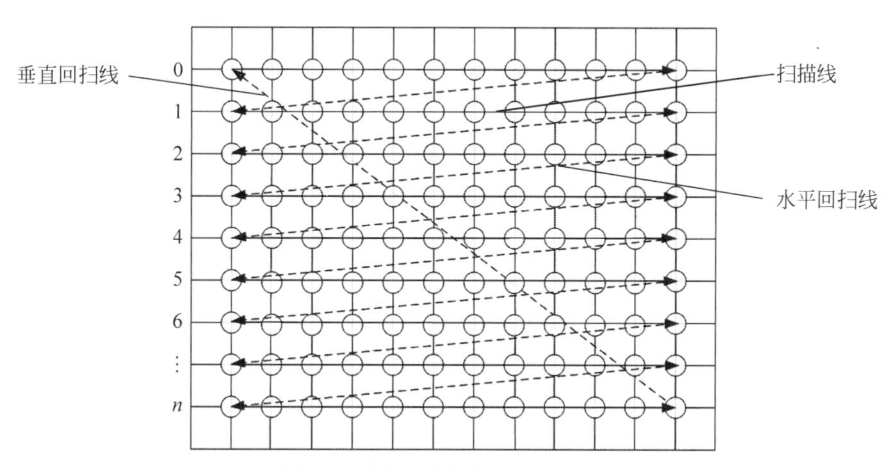

图 1-21　电子束扫描过程示意图

3. 荫罩板

为了显示彩色图像,需要配备彩色光栅扫描显示器。该显示器的每个荧光点由呈三角形排列的一组红(R)、绿(G)及蓝(B)三原色组成,因此需要 3 支电子枪与每个彩色荧光点一一对应,称为“三枪三束”显像管,如图 1-22 所示。图像是通过控制 3 个电子束的强度而产生的荧光点阵。图 1-23 所示为彩色 CRT 荧光点图案。3 支电子枪分别激活相应的 RGB 荧光点,发出的颜色混合后就会产生各种不同的色彩,这非常类似于绘画时的调色过程。通过控制 3 支电子束的强弱就能控制屏幕上像素点的颜色。例如代表 RGB 的 3 支电子枪以最大强度轰击屏幕,产生白色;关闭 R 和 B 两支电子枪,就会产生绿色;若 3 支电子枪全部关闭,屏幕上显示黑色。

倘若电子枪瞄准 RGB 荧光点的位置不够精确,就可能轰击到邻近的荧光点,这样就会产生不正确的颜色或轻微的图像重影,因此必须对电子束进行准确的控制。解决方案是在显像管内侧,靠近荧光屏的前方加装荫罩板(shadow mask)。荫罩板是一块凿有许多小孔的热膨胀率很低的钢板,如图 1-24 所示。呈三角形排列的 3 支电子枪发射出的 3 个电子束在任一瞬时,只有准确瞄准 RGB 荧光点才能穿过荫罩板上的一个罩孔,激活与之对应一个的 RGB 三原色。荫罩板会拦下任何散乱的电子束以避免其轰击错误的荧光点,这种显示器也称为荫罩式彩色显示器。需要说明的是,日本 Sony 公司生产的特丽珑(trinitron)显像管

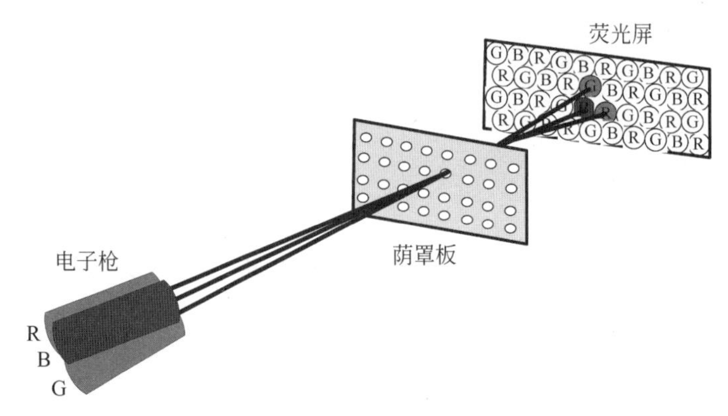

图 1-22　“三枪三束”彩色显像管

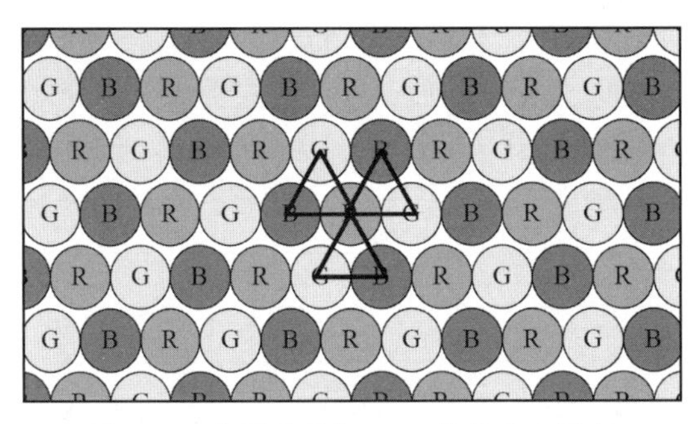

图 1-23　荫罩式彩色 CRT 的荧光点图案

(a) 总体图

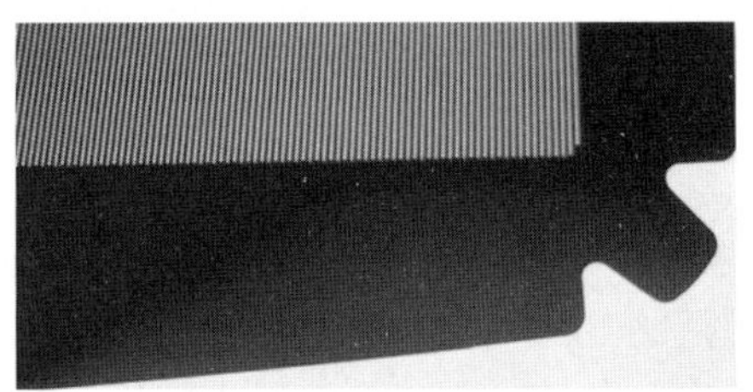

(b) 局部放大图

图 1-24　荫罩板

使用的是荫栅(aperture grille)而不是荫罩。不同于荫罩式显像管将荧光光点会聚为一个三角形,荫栅式显像管是采用条状排列的荧光条,如图 1-25 所示。荫栅式显像管亮度更高,色彩更鲜艳。在荫栅式显像管中,三支电子枪合而为一,称为“单枪三束”显像管,如图 1-26 所示。三枪三束彩色显像管现在采用的很少了,主要是因为电路复杂,调试比较麻烦。

4. 位面与帧缓冲器

帧缓冲器(frame buffer,又称帧缓冲)是显示存储器内用于存储图像的一块连续内存区域。光栅扫描显示器使用帧缓冲存储屏幕上每像素的颜色信息,帧缓冲使用位面(bit plane)与屏幕像素一一对应,用于保存颜色的深度值。当 CRT 电子束自顶向下逐行扫描时,从帧缓冲器中取出相应像素的颜色信息显示到屏幕上。

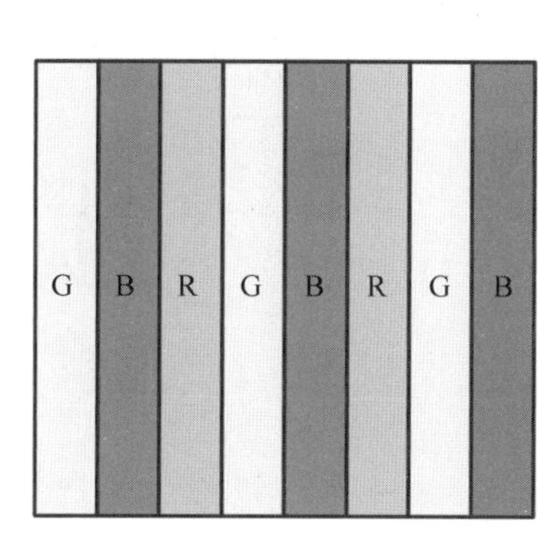

图 1-25　荫栅式彩色 CRT 的荧光条图案

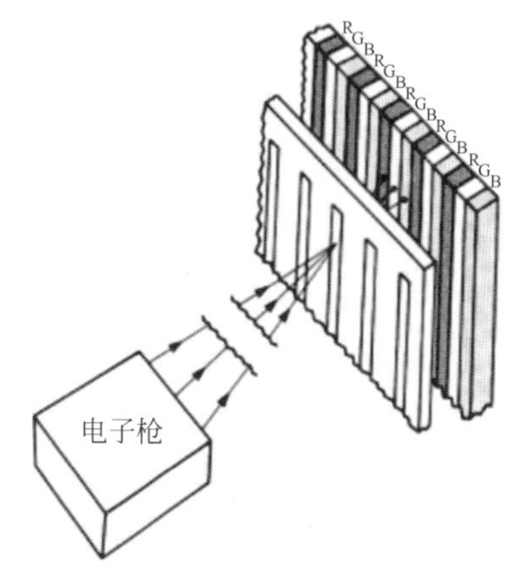

图 1-26　“单枪三束”彩色显像管

如果屏幕上每像素的颜色只用一位(bit,b)表示,其值非 0 即 1,屏幕只能显示黑白二色图像,称为黑白显示器,此时帧缓冲只有一个位面。帧缓冲是数字设备,光栅扫描显示器是模拟设备。要把帧缓冲中的信息在光栅扫描显示器上输出,需要经过数模转换器(digital to analog converter,DAC)转换,这里需要一位的数模转换器。如屏幕分辨率为 1024×768,则黑白显示器的帧缓冲容量为 1024×768×1b=96KB,如图 1-27 所示。光栅扫描显示器需要有足够的位面才能显示灰度或彩色图像。

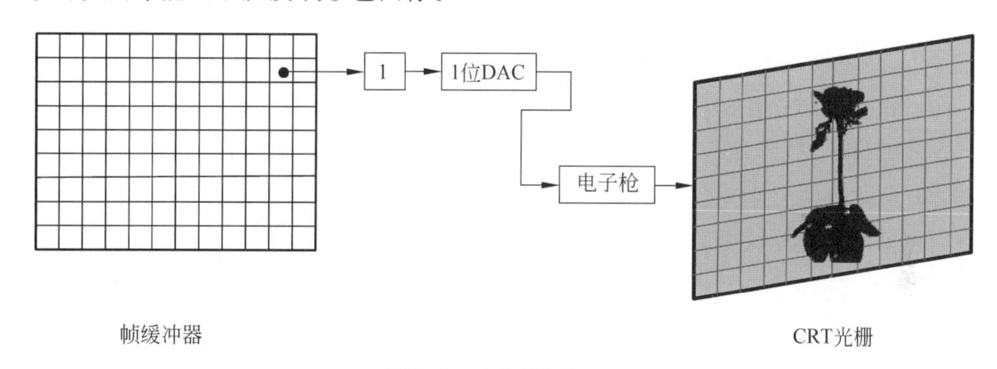

图 1-27　1 位面帧缓冲

如果每像素的颜色可以用 1 字节(byte,B)表示,帧缓冲需要用 8 个位面,同时需要 8 位的数模转换器,可表示 2^8 种灰度,称为灰度显示器。如屏幕分辨率为 1024×768,则灰度显示器的帧缓冲容量为 1024×768×8b=768KB,如图 1-28 所示。

所谓灰度就是指纯白、纯黑以及两者中的一系列由黑到白的过渡色,仅包含了光的强度信息。平常所说的黑白照片、黑白电视机,实际上是灰度照片或灰度电视机。灰度的表示方法是百分比,范围是 0～100%。这个百分比以纯黑为基准,与 RGB 宏的定义方法正好相反。灰度最高相当于最高的黑,就是纯黑。灰度最低相当于最低的黑,就是纯白。

如果每像素用 RGB 三原色混合表示,其中每种原色分别用 1B 表示,各对应一支电子枪。每支电子枪各有 8 个位面的帧缓冲器和 8 位的数模转换器,可显示 2^8 种亮度,3 种原色的组合是 2^{24} 种颜色,共有 24 个位面,称为 24 位真彩色(true color)显示器。如屏幕分辨率为 1024×

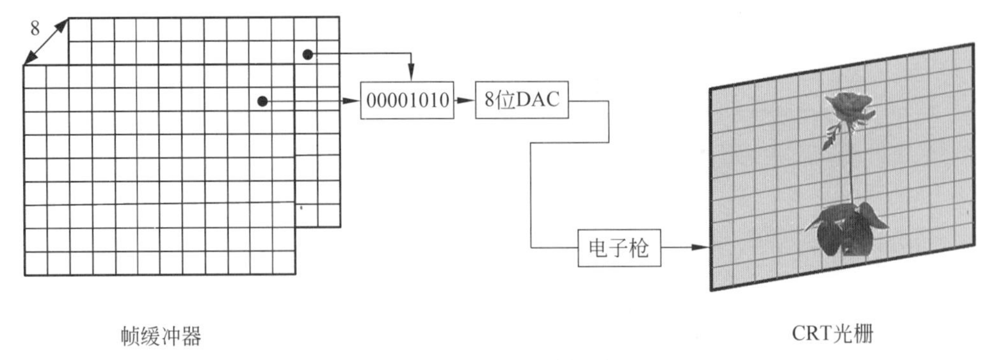

图 1-28　8 位面帧缓冲

768,则彩色显示器的帧缓冲容量为 1024×768×8×3b=2.25MB,如图 1-29 所示。

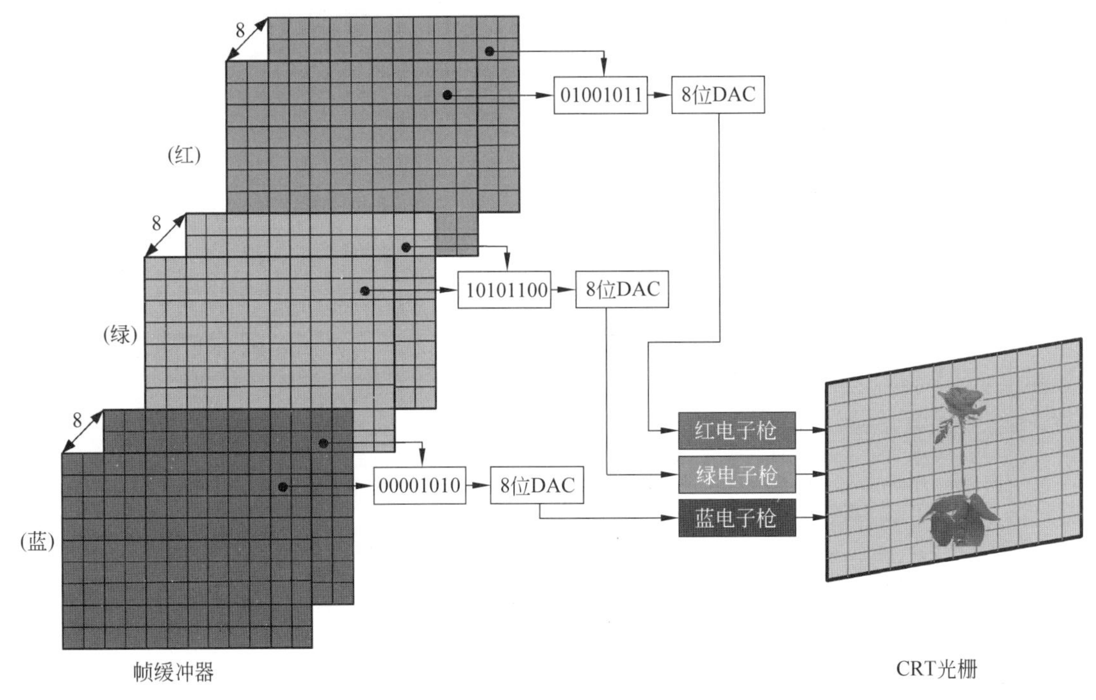

图 1-29　24 位面帧缓冲

为了进一步提高颜色的种类,控制帧缓冲器数量的增加,可把帧缓冲中的位面号作为颜色索引表的索引号,为每组原色配置一个颜色索引表,颜色索引表有 2^8 项,每一项具有 w 位字宽,当 w 大于 8 时,如 $w=10$,可以有 2^{10} 种灰度,但每次只能有 2^8 种不同的灰度可用,称为 30 位深彩色(deep color)显示器,如图 1-30 所示。

5. 视频控制器

视频控制器用于在帧缓冲与屏幕像素之间建立起一一对应关系,如图 1-31(a)所示。光栅扫描显示器的视频控制器反复扫描帧缓冲,读出像素的位置坐标(x,y)和颜色值 c 送给相应的地址寄存器,并经过数模转换后翻译为模拟信号。视频控制器将电子束偏转到(x,y)位置,并以 c 指定的颜色强度轰击荧光屏形成图像,如图 1-31(b)所示。从这里可以看出,

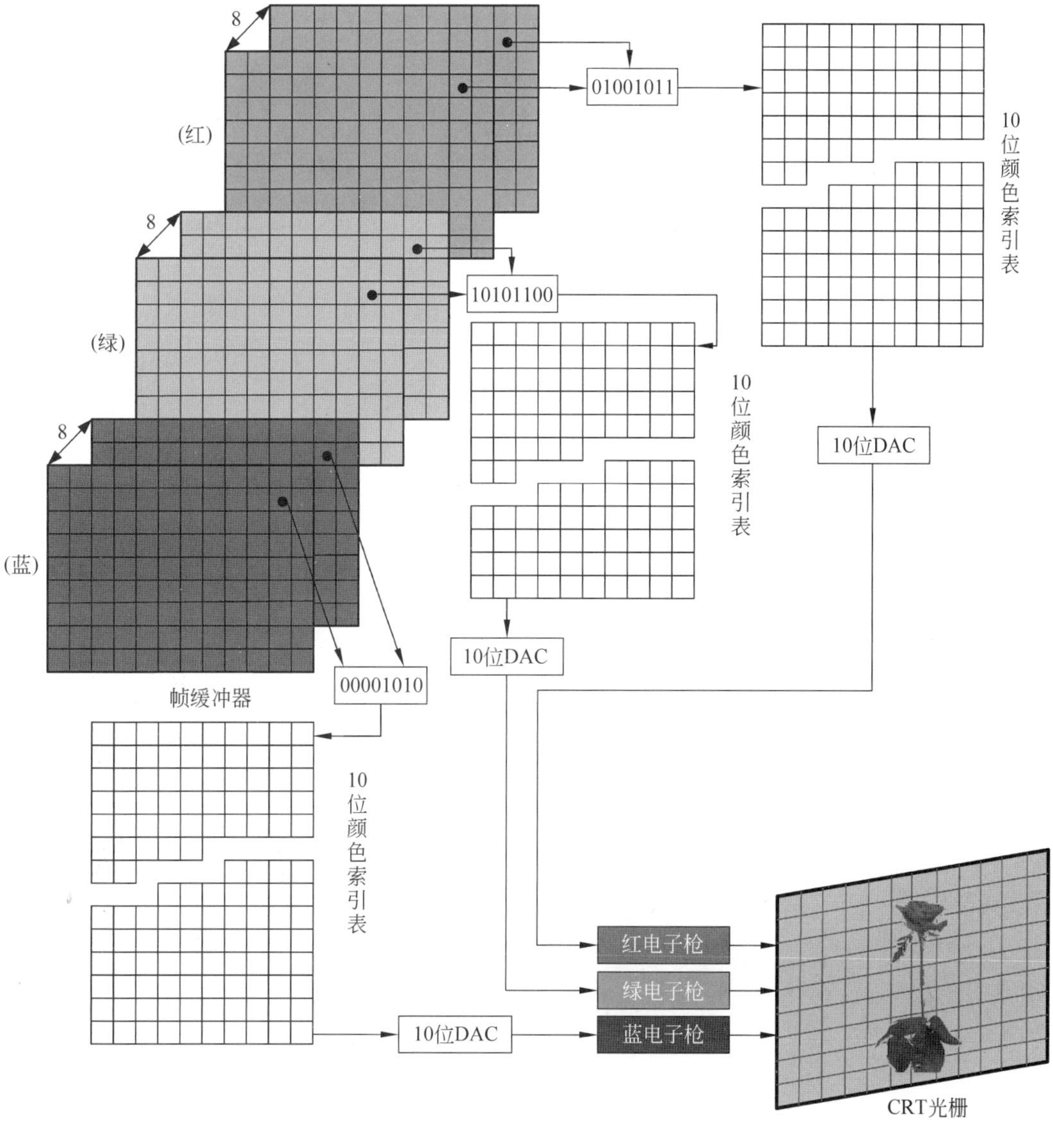

图 1-30　具有调色板的帧缓冲

一像素的参数为位置坐标(x, y)与颜色值 c。

从以上图形显示器的介绍可以看出，光栅扫描显示器和随机扫描显示器相比有以下优点。

其一，规则而重复的扫描过程比随机扫描容易实现，因而价格相对比较便宜；其二，可以通过设置图形轮廓范围内的像素点的颜色来填充图形，为真实感图形的显示奠定了基础；其三，刷新过程与图形的复杂程度无关。

CRT 显示器受显示原理的制约，体积偏大，无法满足便携移动办公的需要，图 1-32(a)所示的荫罩式或阴栅式显示器已经退出图形显示器的主流市场。目前广泛使用的是液晶显示器(liquid crystal display，LCD)，如图 1-32(b)所示。计算机图形显示器正朝着小型化、低电压和数字化方向发展。

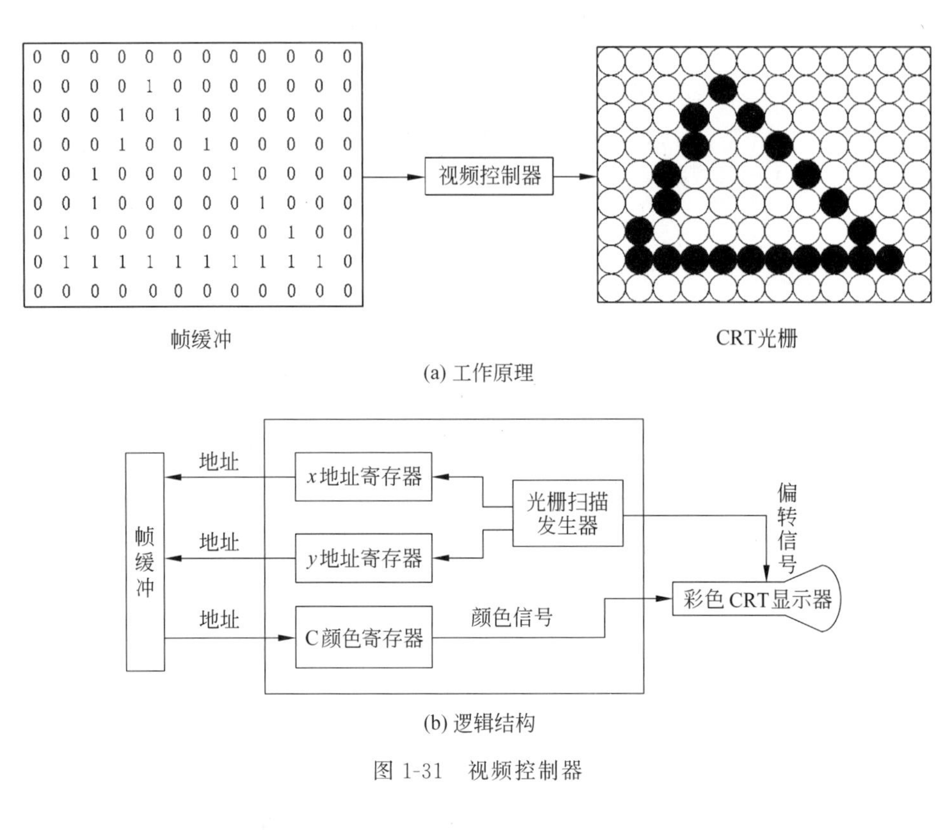

图 1-31　视频控制器

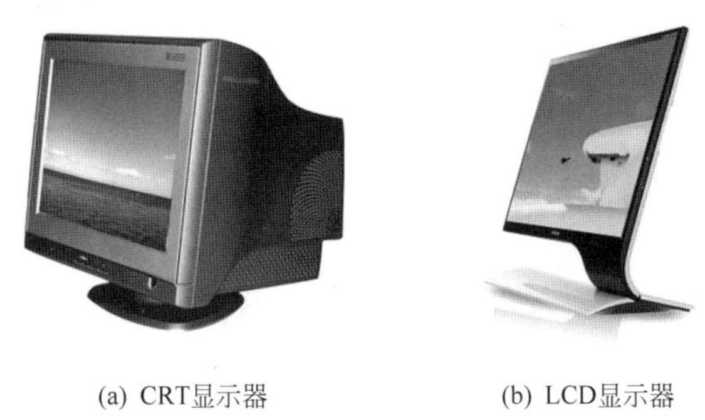

(a) CRT显示器　　(b) LCD显示器

图 1-32　图形显示器

1.5.3 液晶显示器

液晶是一种介于固态与液态之间，具有规则性分子排列的有机化合物。在电场作用下，液晶分子会发生旋转，如闸门般地阻隔或透过光线。将液晶置于安装着透明电极的两片导电玻璃之间，透明电极外侧有两个偏振方向互相垂直的偏振片。也就是说，若第一个偏振片上的分子南北向排列，则第二个偏振片上的分子东西向排列，而位于两个偏振片之间的液晶分子被强迫进入一种90°扭转的状态。由于光线顺着分子排列的方向传播，所以光线经过液晶时也被扭转90°，就可以通过第二个偏振片。如果没有电极间的液晶，光线通过第一个偏振片后其偏振方向将和第二个偏振片完全垂直，因此被完全阻挡了。液晶对光线偏振方向的旋转可以通过电场控制，从而实现对光线的控制。

图 1-33(a)中，当电场未加电压时，液晶分子螺旋排列，通过一个偏振片的光线在通过液晶后偏振方向发生旋转，从而能够顺利通过另一个偏振片，产生白色。图 1-33(b)中，如果电场将全部控制电压加到透明电极上后，液晶分子将几乎完全顺着电场方向平行排列，因此通过一个偏振片的光线的偏振方向没有旋转，结果光线被完全阻塞了，产生黑色。通过调整电场电压大小，可以控制液晶分子排列的扭曲程度，从而产生不同的灰度。由于液晶本身没有颜色，所以用彩色滤光片来产生各种颜色。彩色 LCD 中，每像素分成三原色，可以产生 24 位真彩色。

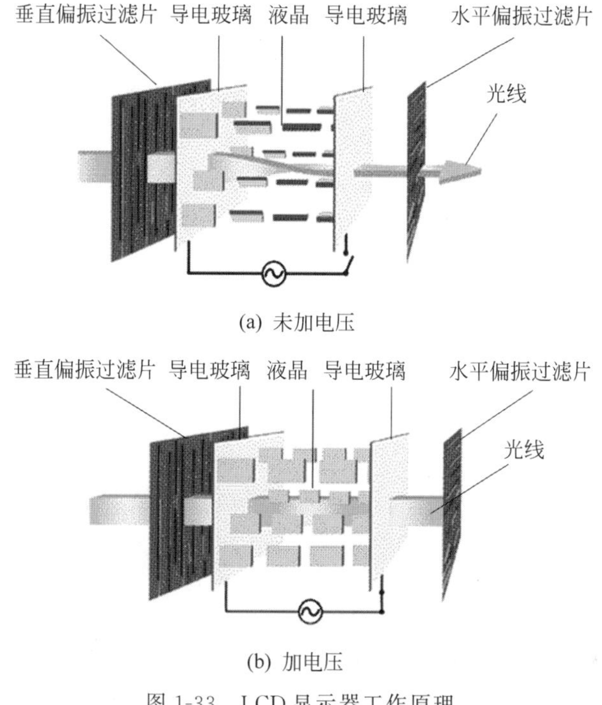

(a) 未加电压

(b) 加电压

图 1-33　LCD 显示器工作原理

CRT 显示器具有价格低、亮度高、视角宽、使用寿命高等优点，而 LCD 显示器则有体积小(平板形)、重量轻、图像无闪烁、无辐射的优点。LCD 显示器的主要缺点是视角比 CRT 显示器窄、使用寿命短。与 CRT 显示器的宽高比 4∶3 不同，目前的液晶显示器采用了 16∶9 的屏幕宽高比，图像更加细腻清晰。不过 16∶9 也有几个“变种”，比如 15∶9 和 16∶10，由于其比例和 16∶9 比较接近，因此这 3 种屏幕比例的液晶显示器都可以称为宽屏。

1.5.4　三维立体显示器

人们生活在三维世界里，计算机的发展正在不断创造着一个个虚拟的现实世界，但计算机的二维平面显示器无法完全真实再现三维世界，只能显示“准三维”图像。屏幕上绘制三维物体的常规方法是：对物体的三维坐标进行投影，用二维坐标表示三维物体。屏幕上显示的图像称为三维物体在不同视点下所“拍摄”的快照。使用投影方法描绘的三维物体缺乏深度坐标，仅靠可见面的遮挡来表示物体的前后顺序。Ivan E. Sutherland 在 *A Head-Mounted Three-Dimensional Display* 一文中说：“我们所看到的真实物体的视网膜图像是二维的。如果在观察者的视网膜上各放置一幅二维图像，我们就可以创造出一个三维物体的影像。”

1. 三维立体的显示方法

人类眼睛的瞳孔相距 6～7cm，左眼所看到的图像和右眼所看到的图像有着一定的差异，称为双目视差图(binocular disparity map)，这种视差图包含了深度提示信息。在二维显示器上，只要将位置上稍微错开的视差图分别供“左眼”和“右眼”同时观看，大脑融合这两幅视差图为一个图像，并解释为三维物体影像。图 1-34 所示为正二十面体的立体双图。正二十面体的前后表面的边线重叠在一起，从图上无法区分各表面的前后顺序，但如果保持左眼看左图，右眼看右图，直到出现第三个正二十面体的图像时，背景变得异常明亮深远，此时便观察到了正二十面体的立体影像。正二十面体影像的轮廓线已经分开，可以清楚地辨别出表面的前后顺序。这里所说的“看到”，改变了人类已经习惯的左右眼交叉观看的方法，俗称“对眼”。初学者可以在两个图像之间垂直放置一个固定的纸片观察，以强制左眼看左图，右眼看右图。

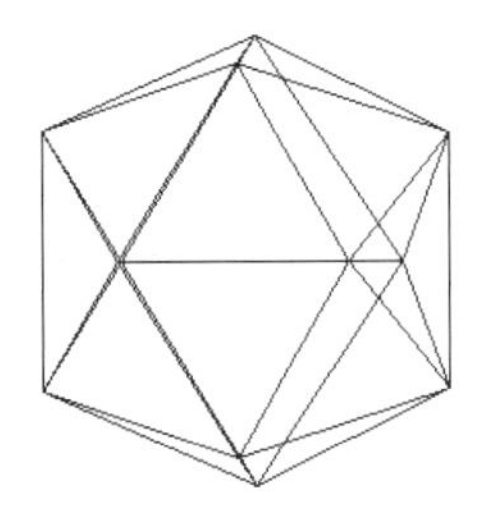
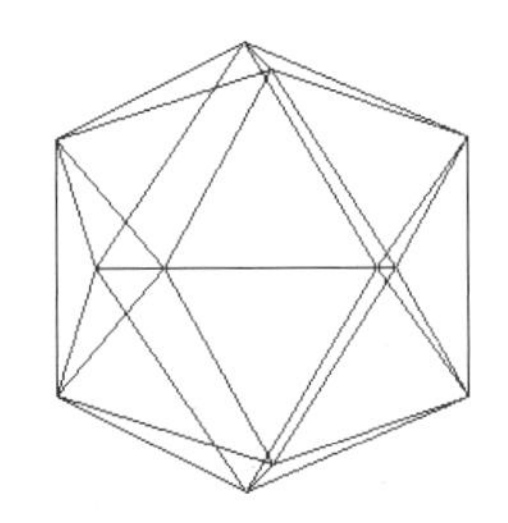

图 1-34　正二十面体的立体双图

1）立体摄影方法

立体摄影的装备是两部照相机或一部双镜头照相机，如图 1-35 所示。图 1-35(a)是笔者组装的立体相机。将两部照相机镜头相距 6～7cm 固定在支架上，左眼位置拍摄的照片称为左视图，右眼位置拍摄的照片称为右视图，两张照片的组合称为立体照片，如图 1-35(c)

(a) 两部照相机组装成一台立体照相机

(b) 双镜头立体照相机

(c) 美人蕉左右视图

图 1-35　立体照相机与立体照片

所示。用左眼观察左视图，右眼观察右视图，当两幅视图中出现第三幅图像时，就可以观察到立体“美人蕉”影像远远高出纸面，其茎尖出屏直指观察者。

2）立体眼镜方法

从立体双图中看出立体图像的技术对观察者要求较高，要保证左眼看左图，右眼看右图，这需要一段时间的训练才能做到。另一种简单方法是佩戴互补色立体眼镜直接观看，如红青互补色立体眼镜。在重叠两幅视差图像的公共焦点的基础上，使用红色保存一幅视差图像的信息，使用青色保存另一幅视差图像的信息，这样合成的一幅红青图像中保留了两幅视差图像的信息。因为只有红色才能透过红色镜片，青色才能透过青色镜片，两眼分别接收了左右视差图的信息，在人脑中自动合成立体影像。红青立体眼镜如图 1-36(a)所示，左侧镜片为青色，右侧镜片为红色。图 1-36(b)所示的美人蕉由红青互补色绘制，左侧为青色，右侧为红色，佩戴红青立体眼，就可以直接观察到一个立体的“美人蕉”。对每只眼睛提供不同图像也有其他技术，如偏振光眼镜。

(a) 红青立体眼镜

(b) 美人蕉红青图像

图 1-36　红青互补图表示立体影像

3）三维立体画方法

使用立体摄影方法只能拍摄到现实世界中存在的物体，如何利用编程技术“创造”出现实世界中不存在的立体影像呢？从图 1-37 可以看出，重复图案的距离决定了立体影像的远

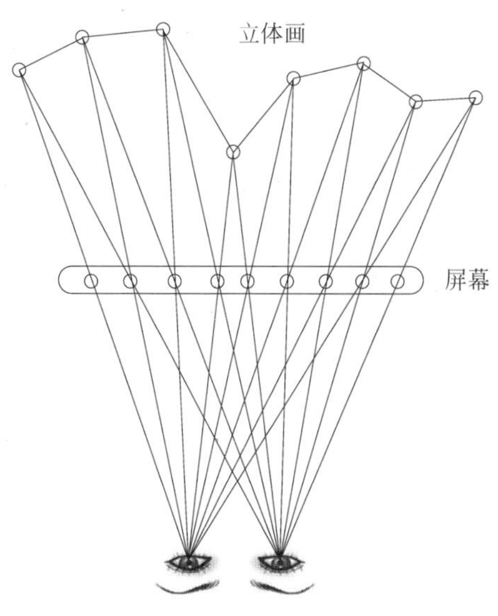

图 1-37　三维立体画生成原理

近。当立体影像在屏幕后时，屏幕上两图像间距越小，则立体影像越近；屏幕上两图像间距越大，则立体影像越远。生成三维立体画的程序就是依据三维立体图像的深度，在屏幕上绘制不同距离的重复图案。立体摄影与三维立体画的不同之处在于，前者提供的是两幅照片，影像的内容可以直接看到；后者提供的是一幅画，并且使用前景图遮盖住了要显示的立体内容，影像的内容不能直接看到。比如图像里隐藏了一个金字塔或凹坑，只有观察方法正确后才能看到，如图 1-38 所示。三维立体画常用的制作方法是先使用 3ds max 制作物体的深度图，然后通过编程将深度图绘制为立体图。请将屏幕看作橱窗的透明玻璃，用欣赏橱窗内展品的方法去观察三维立体画。当三维立体画背景变得明亮时，就可以观察到里面奇妙的立体影像。

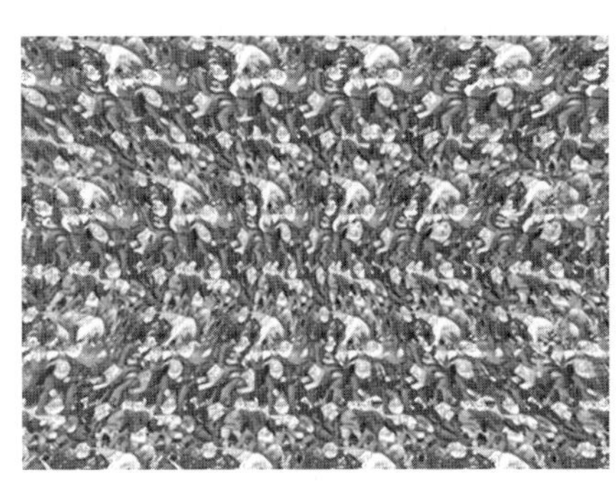

(a) "金字塔"　　(b) "凹坑"

图 1-38　三维立体画

2. 立体显示器

立体显示器是基于人眼视差原理而研制的新一代显示设备。用户不需要借助立体眼镜、头盔等辅助设备就可观察到具有深度信息的立体影像。立体显示器工作原理是利用特定的掩模算法将图像交叉排列，视差屏障通过光栅阵列准确控制每像素透过的光线，将图像只分配给左眼或者右眼，大脑将这两幅图像合成后形成一幅具有深度信息的立体影像，如图 1-39所示。图 1-40 为视差屏障式裸眼立体显示器。

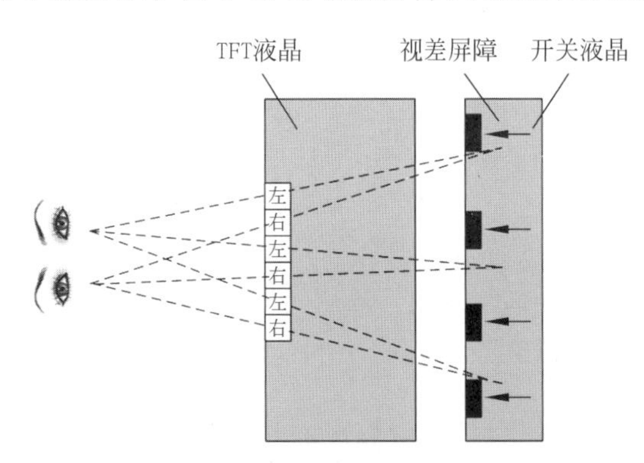

图 1-39　立体显示器工作原理

图 1-40　视差屏障式裸眼立体显示器

1.6 图形软件标准

图形软件标准最初是为提高软件的可移植性而提出的。早期的硬件厂商基于自己生产的图形显示设备开发的图形软件包是为其专用设备提供的,彼此互不兼容,如果不经过大量的修改程序工作,常常不能直接移植到另一个硬件系统上使用。

1974 年,美国国家标准学会(American National Standards Institute, ANSI)在 SIGGRAPH 的一个“与机器无关的图形技术”的工作会议上,提出了图形软件标准化问题。1985 年,国际标准化组织(International Standard Organization,ISO)批准的第一个图形软件标准是:图形核心系统(graphical kernel system,GKS)。GKS 是一个二维图形软件标准,其三维扩充 GKS3D 于 1988 年被批准为三维图形软件标准。GKS 最早是由德国标准化协会提出的,1982 年被 ISO 组织决定作为国际图形软件标准。1986 年 ISO 又公布了第二个图形软件标准:程序员级的分层结构交互图形系统(programmer's hierarchical interactive system,PHIGS)。PHIGS 是对 GKS 的扩充,增加的功能有对象建模、彩色设定、表面绘制和图形管理等。此后,PHIGS 的扩充称为 PHIGS+,用于提供 PHIGS 所没有的三维表面明暗处理功能。这些标准的制定,为计算机图形学的推广应用起到了重要的推动作用。

进入 20 世纪 90 年代以后,ISO 公布了大量的图形软件标准,同时也存在着一些事实上的图形软件标准,如 OpenGL、Direct3D 等。

OpenGL(open graphics library,OpenGL)是由 Khronos 组织制定并维护的三维图形规范。OpenGL 独立于操作系统,可以方便地在各种平台间进行移植。无论是从个人机、工作站或是超级计算机,利用 OpenGL 标准都能实现高性能的三维图形。OpenGL 的核心库包括一百多个用于三维图形操作的函数,除了提供基本的点、线和多边形的绘制函数外,还提供了复杂的三维物体以及复杂曲线曲面的绘制函数,并负责处理对象的外形描述、几何变换和投影变换、绘制三维物体、光照和材质设置、颜色模式设置、着色、位图显示与图像增强、纹理映射、动画制作、交互操作等三维图形图像操作。OpenGL 与 Visual C++ 紧密结合,便于开发出高质量的图形应用软件。

Direct3D(简称 D3D)是微软公司在 Microsoft Windows 操作系统上所开发的一套 3D 绘图编程接口,是 DirectX 的一部分,目前已得到各种显示卡的支持。Direct3D 在游戏开发中得到了广泛的应用。

现在,图形标准正朝着标准化、高效率、开放式的方向发展。

1.7 计算机图形学研究的热点技术

计算机图形学主要研究在计算机上利用算法和程序生成图像的理论、方法和技术。20 世纪 80 年代以来,计算机图形学的一个研究热点是生成具有高度真实感的图形,即所谓“具有和照片一样真实的图形”。多年来,国内外学者提出了许多算法,使得计算机上绘制的图形效果已经达到“以假乱真”的程度。真实感图形的绘制技术可以分为两类:基于几何的渲染技术(geometry based rendering,GBR)和基于图像的渲染技术(image based rendering,

IBR)。GBR是一种经典的技术：先建立物体的三维几何模型，然后将照相机拍摄的物体各个侧面的二维照片作为纹理图像，映射到几何模型的相应表面上，最后根据光照条件，计算透视投影后物体可见表面上的光照效果。GBR技术的缺点是需要进行烦琐的几何建模工作。实际应用中，为了模拟出更真实的场景，GBR的模型越来越复杂，计算规模越来越庞大，渲染一幅复杂场景需要很长的时间，甚至可以达到数小时之多。单靠提高机器性能已经无法满足实时渲染的需求。真实感实时渲染技术(realistic real-time rendering technology)通常是通过损失一定的图形质量来达到实时目的。主要是根据物体距离视点的远近，动态调整三维场景内模型的复杂度，这种技术被称为细节层次技术(levels of detail，LOD)。1976年，Clark首次提出LOD技术[18]，其时称为层次模型(hierarchical geometric models)。

1.7.1 细节层次技术

LOD技术是一种符合人眼视觉特性的技术。当场景中的物体离观察者很远的时候，经过观察、投影变换后在屏幕上往往只是几像素，有时甚至是一像素，完全没有必要为这样的物体去绘制它的所有细节，可以适当地合并一些三角形网格而不损失画面的视觉效果。LOD技术根据一定的规则来简化物体的细节。随着视点的移动，物体离视点近，则采用较高细节层次的模型；物体离视点远，则采用较低细节层次的模型。使用LOD技术可以有效降低模型的复杂度，图像的质量损失也在可控范围内，而场景的绘制速度却得到大幅度提高。LOD技术的研究主要集中于如何建立原始网格的不同细节层次模型，以及如何实现相邻细节层次的多边形网格模型之间的几何过渡。

在游戏开发中，一般使用四叉树构建地形。从场景的最低细节层次开始，根据需要不断地提高复杂度。当绘制开阔地形时，三角形网格数目会非常大，多达上百万个三角形网格。要在每一帧内处理显示所有的数据，实时漫游是困难的。地形的渲染通常分为静态渲染和动态渲染两种。

静态渲染的地形的细节可以是均匀的，也可以是不均匀的。但是细节层次是事先确定好的。不均匀细节的静态地形也有许多的优点：如平原的地貌可以使用较低的细节层次，而起伏频繁的地方使用较高的细节层次。图1-41是四叉树地形纹理模型。图1-42是采用均匀细节绘制的地形，随着视点的移动，网格数目保持不变，场景只有一个细节层次；动态渲染地形的网格细节层次是与视点相关的，随着视点的移动，地形网格数目将被更新。

图1-41　四叉树地形

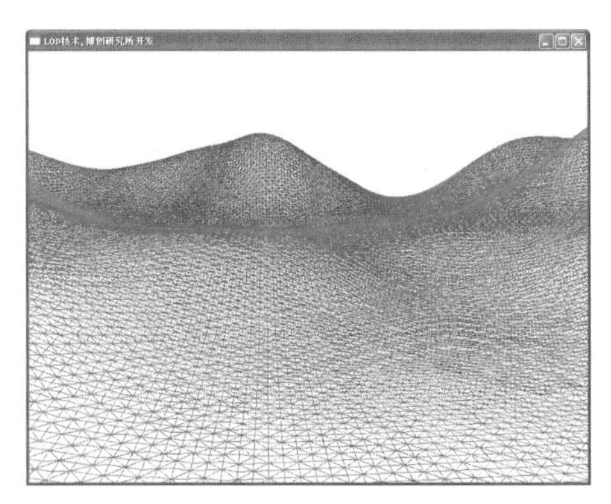

图1-42　四叉树地形均匀网格模型

动态渲染地形相对于静态渲染地形而言是一种更为先进的算法。这种方式建立起来的场景更加符合人类的视觉习惯,即所看到的物体模型的细节层次是变化的。在大规模地形渲染中,动态 LOD 技术也被称为多分辨率地形(multi-resolution terrain)渲染技术。图 1-43(a)中远处“山头”离视点远,采用较粗糙的网格模型。图 1-43(c)所示为较低层次的网格细节。图 1-43(b)中视点移动到该“山头”附近,采用较为精细的网格模型。图 1-43(d)所示为较高层次的网格细节。生成多分辨率地形网格时,需要注意不同分辨率的结点连接处会产生裂缝,如图 1-44(a)所示。图 1-44(b)为增加一条边来消除裂缝。图 1-44(c)为减少一条边来消除裂缝。

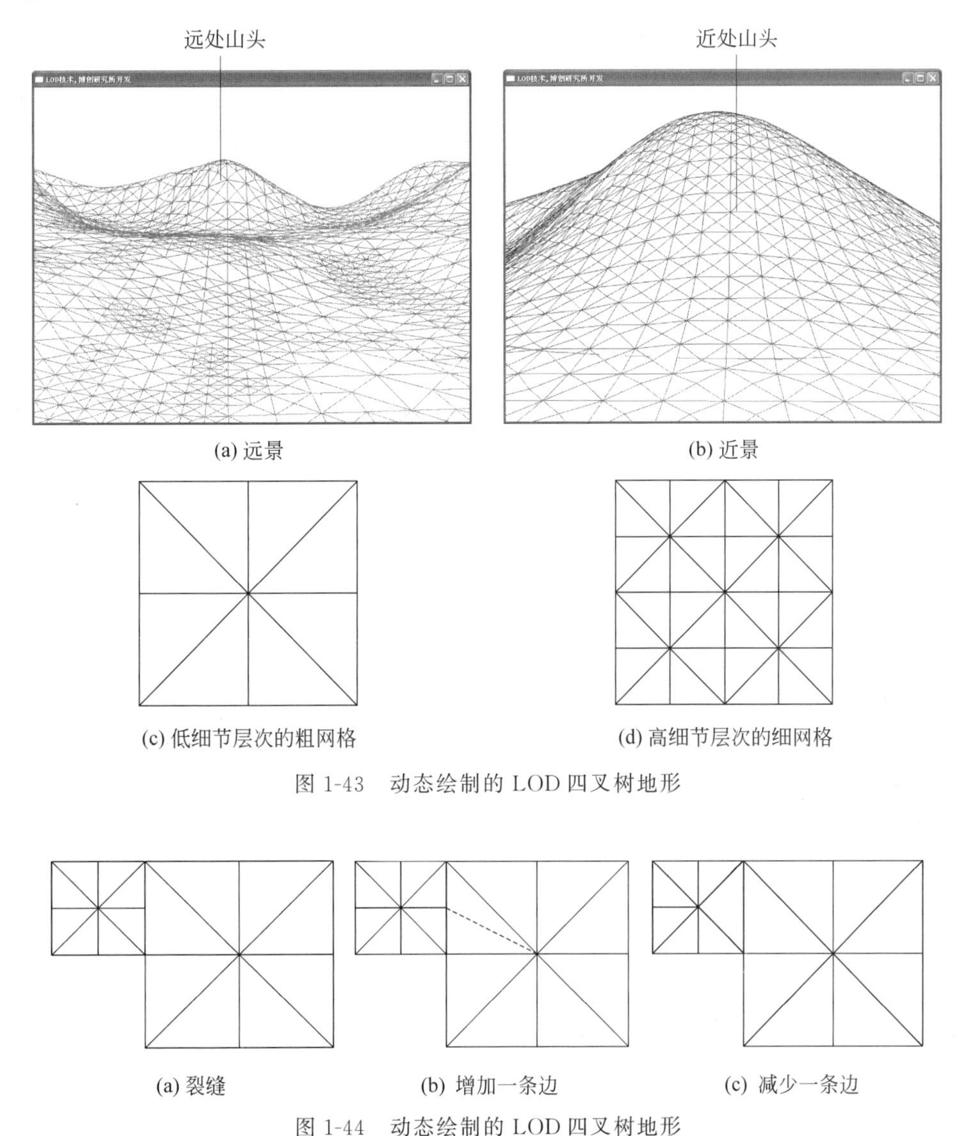

(a) 远景　(b) 近景

(c) 低细节层次的粗网格　(d) 高细节层次的细网格

图 1-43　动态绘制的 LOD 四叉树地形

(a) 裂缝　(b) 增加一条边　(c) 减少一条边

图 1-44　动态绘制的 LOD 四叉树地形

1.7.2　图像绘制技术

与 GBR 是基于几何的建模技术不同,IBR 是一种基于图像的建模技术。IBR 技术是从一些预先拍摄好的照片出发，通过一定的插值、混合、变形等操作，生成一定范围内不同视点处的真实感图像。IBR 技术与场景复杂度相互独立，彻底摆脱了 GBR 技术中场景复杂度的实时瓶颈，绘制真实感图像的时间仅与照片的分辨率有关。IBR 技术的缺点是视点被限制在一定范围内，只能实现固定视点的环视和不同场景之间的跳跃。

相信大家都有购房经历，图 1-45 是一个购房系统的 IBR 导航图，使用照片集合展示了不同房间的未来效果，房间之间漫游通过热点文字进行切换。

(a) 客厅

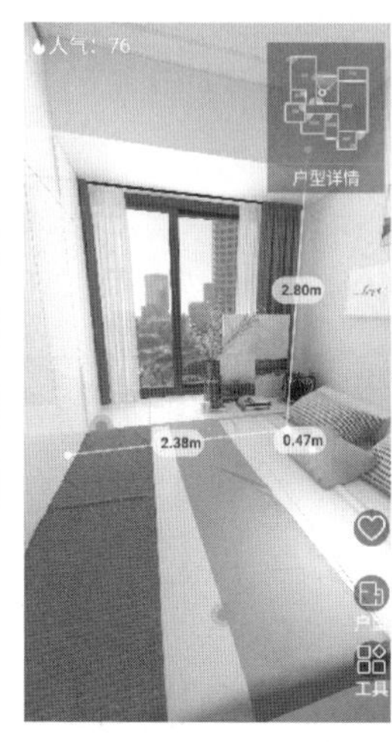

(b) 卧室

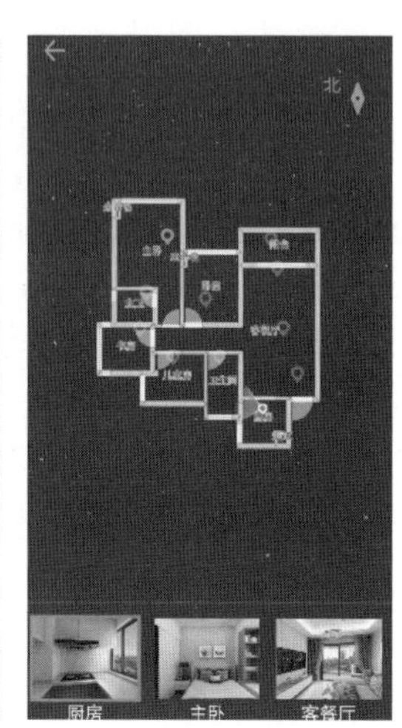

(c) 户型详情

图 1-45 房屋展示系统

1.8 本章小结

本章从计算机图形学的应用领域出发，介绍了计算机图形学、图形、图像、像素等基本概念。计算机图形学是基于图形显示器的发展而发展起来的一门学科。目前，液晶显示器已经成为应用非常广泛的图形显示器，图形的绘制过程就是按照算法将屏幕像素设置为指定颜色的过程。计算机图形学研究的热点技术主要是 GBR 技术和 IBR 技术，这两项技术在虚拟漫游或游戏开发中得到了广泛的应用。

习题 1

1. 计算机图形学的定义是什么？说明计算机图形学、计算机辅助几何设计、图像处理和模式识别之间的关系。

2. 什么是虚拟现实？虚拟现实的 3I 特征是什么？什么是增强现实？增强现实与虚拟现实有何异同？

3. 名词解释：点阵法、参数法、图形、图像。

4. 图形学之父 Ivan E.Sutherland 对计算机图形学的主要贡献有哪些？

5. 什么是图灵奖？Ivan E. Sutherland 获奖的原因是什么？

6. CRT 显示器由几部分组成？CRT 显示器的工作原理是什么？

7. 为什么说随机扫描显示器是画线设备，而光栅扫描显示器是画点设备？

8. 名词解释：光栅、荫罩、荫栅、扫描线。

9. 什么是像素？像素的参数有哪些？打开 Windows 附件中自带的“画图”工具，选中“网格线”选项，绘制一条斜线，选择“放大”图标，试观察像素点组成的直线形状。

10. 什么是帧缓冲？说明一幅图像通过帧缓冲输出到显示器上的过程。

11. 什么是走样？使用微软中文字处理软件 Word 中的绘图工具绘制一条直线，该直线已经进行了反走样处理。将该直线复制到 Windows 附件中自带的“画图”工具中“放大”观察，试说明直线反走样技术的基本思想。

12. 什么是灰度？如何使用 RGB 宏来表示灰度图像？如何使用 RGB 宏来表示彩色图像？

13. 如何计算帧缓冲存储器的容量？若要在 800×600 的屏幕分辨率下显示 256 色灰度图像，帧缓冲的容量至少应为多少？

14. 液晶显示器现在已经成为主流的图形显示器，请简述液晶显示器的工作原理。

15. 真实感图形显示算法趋于成熟的标志是什么？

16. 什么是计算机图形标准？工业界事实上的标准主要有哪些？

17. 查找资料解释人机交互技术术语：回显、约束、网格、引力域、橡皮筋、拖动、草拟和旋转。

18. 真实感图形的绘制技术可以分为哪两类技术？二者有何区别？

*19. 图 1-46 是一幅笔者制作的三维立体画，里面有两个英文字母。请把图片上方的两个黑点作为目标，用稍微模糊的视线越过三维画面眺望远方，就会从两个点各自分离出另外两个点成为 4 个点，调整视线将里面的两个点合并为一个点，也即当 4 个点变为 3 个点时，就能看到立体图像。请问，图中你看到了什么字母？

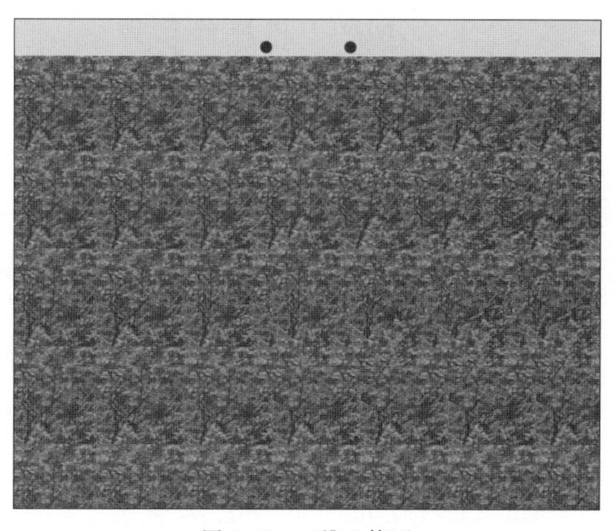

图 1-46　三维立体画

说明：带 * 号的为选做题。

第 2 章　MFC 绘图基础

本章学习目标

- 了解 MFC 上机操作步骤。
- 了解 OnDraw()函数的作用。
- 熟悉自定义二维坐标系的方法。
- 熟悉 GDI 绘图工具的使用方法。
- 掌握基本绘图函数。
- 掌握双缓冲动画技术。

Visual C++ 不仅是一个编译器，更是一个集成开发环境(integrated development environment，IDE)，包括编辑器、调试器和编译器等。本书使用 Visual Studio 2022(简称 VS22)的微软基础类库(Microsoft foundation classes，MFC)进行绘图。VS22 是一个 64 位的应用程序，运行速度比以往的 Visual Studio 程序(如 Visual Studio 2017、Visual Studio 2019 等)更快。

MFC 封装了用于图形设备接口(graphical device interface，GDI)的创建和控制的 Windows 的应用程序接口(application program interface，API)，包含了几百个已经定义好的基类，提供了一个应用程序框架，简化了应用程序的开发过程。MFC 预先完成了一些例行化的工作，比如各种窗口、工具栏、菜单的生成和管理等，减少了软件开发者的编程工作量，提高了开发效率。

2.1　MFC 上机操作步骤

在 Windows 11 操作系统上，安装中文版的 Visual Studio 2022。在“工作负荷”一栏，选择“使用 C++ 的桌面开发”，如图 2-1 所示；在“单个组件”一栏搜索组件“MFC”，选择搜索内

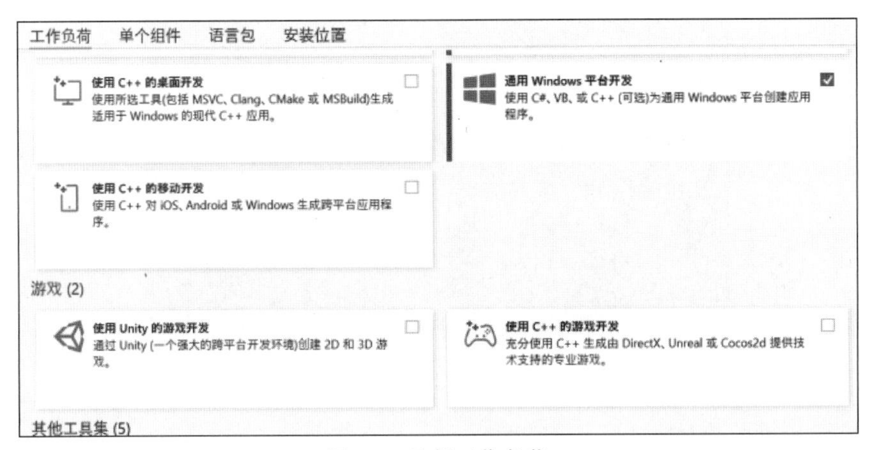

图 2-1　选择工作负荷

容的最后一项，即“适用于最新 v143 生成工具的 C++ MFC(x86 和 x64)”，如图 2-2 所示，即可正常安装 Visual Studio 2022 的 MFC。

图 2-2 选择单个组件

2.1.1 应用程序向导

新建一个名称为 Test 的项目，这是一个单文档应用程序框架。创建步骤如下：

(1) 启动 Visual Studio 2022，出现如图 2-3 所示的启动页面。

图 2-3 启动界面

(2) 在图 2-4 所示的“创建新项目”对话框中选择“MFC 应用”，单击“下一步”按钮。

(3) 如图 2-5 所示，在“配置新项目”对话框的“项目名称”栏输入“Test”。“位置”设置为“D:\”。“解决方案名称”默认与项目名称一样。单击“创建”按钮。

(4) 在图 2-6 所示“MFC 应用程序”对话框中，“应用程序类型”设置为“单个文档”。“项目样式”设置为“MFC standard”。其余保持默认，单击“完成”按钮。

(5) 应用程序向导最后生成了 Test 项目的单文档应用程序框架，并在“解决方案资源管理器”中自动打开了 Test 项目的集成开发环境，如图 2-7 所示。

(6) 单击工具条上的“本地 Windows 调试器”按钮，就可以编译、连接、运行 Test 项目。

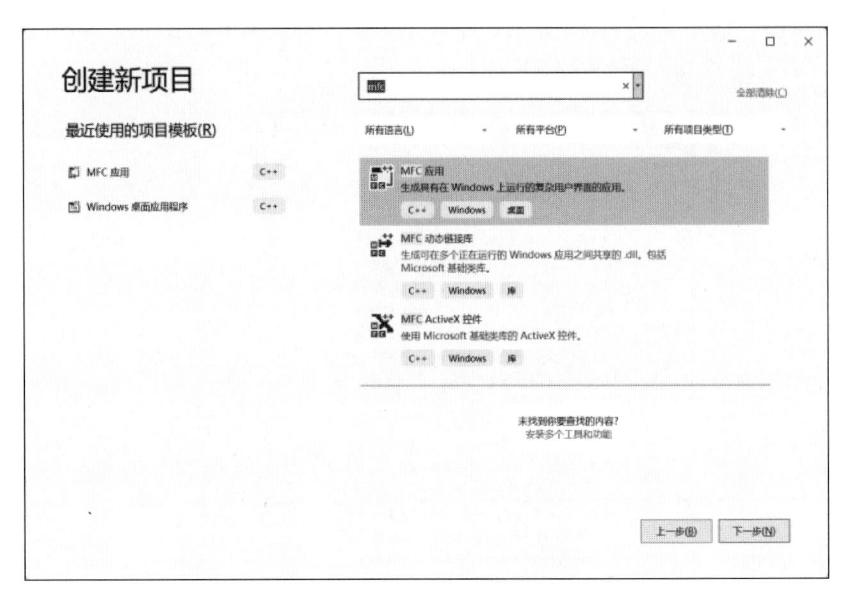

图 2-4 “创建新项目”对话框

图 2-5 “配置新项目”对话框

Test 项目生成的窗口效果如图 2-8 所示。

至此，尽管未编写一句代码，但是在 MFC 应用程序向导的引导下，Test 项目生成了一个可执行程序框架。接下来的任务就是针对具体的设计要求，为 Test 项目框架添加代码。

2.1.2 查看项目信息

在 VS22 中，每个应用程序都作为一个项目来集中管理，假定项目被命名为 Test。按照 2.1.1.节的步骤，在 D 盘根目录下出现了名为 Test 的文件夹，主要包含头文件(.h)、源文件(.cpp)、资源文件(.rc)等。其中，Test.sln(sln 是 Solution 的简写，记录着解决方案中项目的

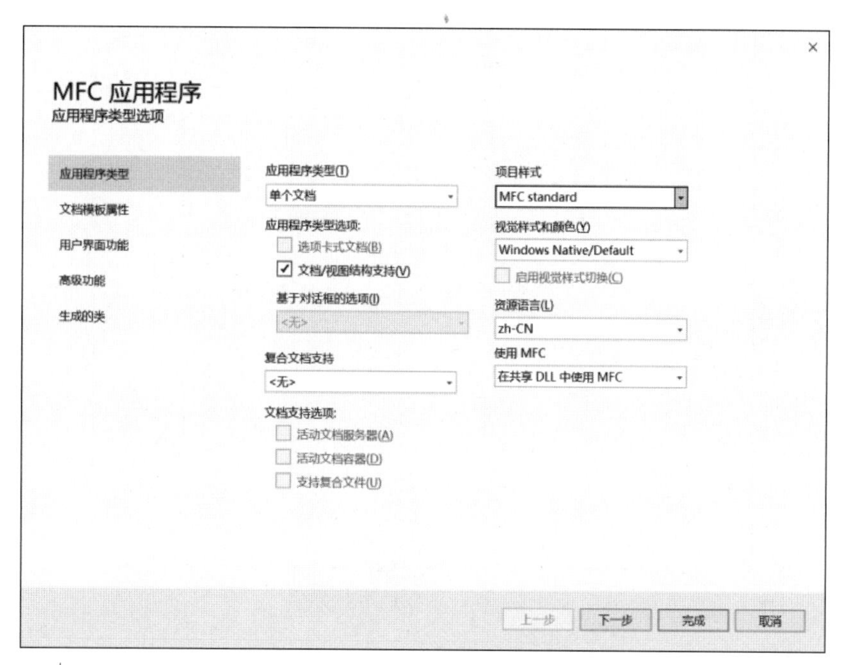

图 2-6 “MFC 应用程序”对话框

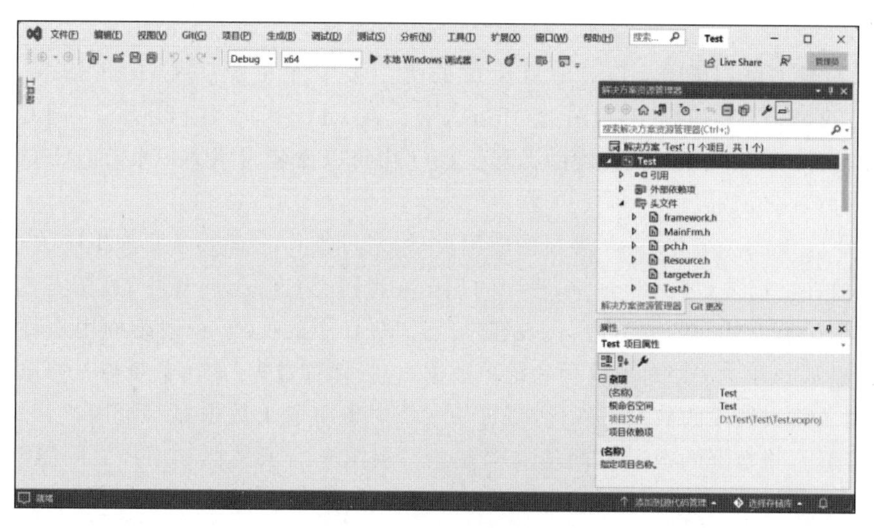

图 2-7 集成开发环境

信息)是启动文件,该文件实质上是一个文本文件,通过提供对项目和解决方案在磁盘上位置的引用,将它们组织到解决方案中。Visual Studio 2022 的集成开发环境 IDE 提供了多种方法,可以查看与项目有关的信息。

1. “解决方案资源管理器”选项卡

“解决方案资源管理器”选项卡显示项目所创建的程序文件。“解决方案资源管理器”选项卡主要包括头文件、源文件和资源文件。单击左侧的空心三角形全部展开解决方案选项卡后,显示的内容如图 2-9(a)所示。

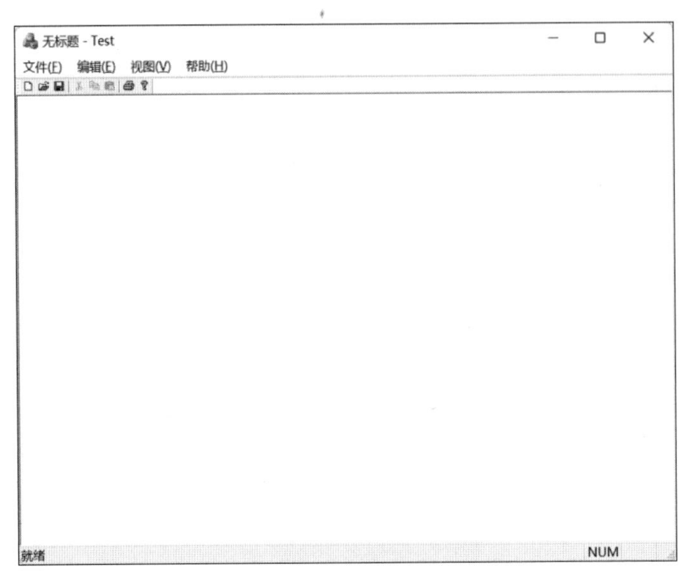

图 2-8 Test 项目运行界面

2. “类视图”选项卡

执行“视图”|“类视图”菜单命令，打开“类视图”选项卡。“类视图”选项卡分为上下窗格，上窗格显示项目定义的类，下窗格显示该类对应的成员函数。图 2-9(b)中显示 CTestView 类及其成员函数。可以看出，Test 项目生成的类主要有主框架类 CMainFrame、主程序类 CTestApp、文档类 CTestDoc 和视图类 CTestView。在 MFC 中，习惯上用大写字母 C 开始的标识符作为类名，例如，关于对话框类的类名在 C++ 中可以命名为 AboutDlg，而 MFC 中推荐的命名方法为 CAboutDlg。

本例中，CTestApp 是 Test 项目的应用类，用来将收到的消息分发给相应的对象；程序的数据存放在文档类 CTestDoc 中，程序的显示在视图类 CTestView 中；视图类 CTestView 内嵌于主框架类 CMainFrame 内，代表客户区。MFC 中的文档/视图结构用来将程序的数据处理和显示分开。文档对象管理和维护数据，包括保存数据、取出数据以及修改数据等操作；视图对象将文档中的数据可视化，负责从文档对象中取出数据显示给用户，并接受用户的输入和编辑，将数据的改变反映给文档对象。视图充当了文档和用户之间媒介的角色。一个文档可能有多个视图界面，这就需要有主框架类来管理了。主框架类是应用程序的主窗口，视图窗口是没有菜单和边界的子窗口，它内嵌在主框架类定义窗口中，即置于窗口的客户区内。

3. “资源视图”选项卡

执行“视图”|“其他窗口”|“资源视图”菜单命令，打开“资源视图”选项卡。“资源视图”选项卡可以查看项目所使用的资源，如快捷键、对话框、图标、菜单、字符串表、工具栏和版本信息等，如图 2-9(c)所示。

从 C++ 中可以知道，一个类是由头文件和源文件组成的。CTestApp 类是由 Test.h 和 Test.cpp 文件组成；CTestDoc 类是由 TestDoc.h 和 TestDoc.cpp 文件组成；CTestView 类是由 TestView.h 和 TestView.cpp 文件组成；CMainFrame 是由 MainFrame.h 和 MainFrame.cpp 文件

组成。在 CTestView 类的源文件 TestView.cpp 中可以找到 OnDraw()函数。每当视区需要被重新绘制时，系统就会自动调用该函数。例如，当用户改变了窗口尺寸，窗口就会重新绘制。OnDraw()函数是一个处理图形的虚函数，带有一个指向设备上下文（也称为设备环境）的指针 pDC，MFC 的绘图工作大多是通过这个指针来完成的。

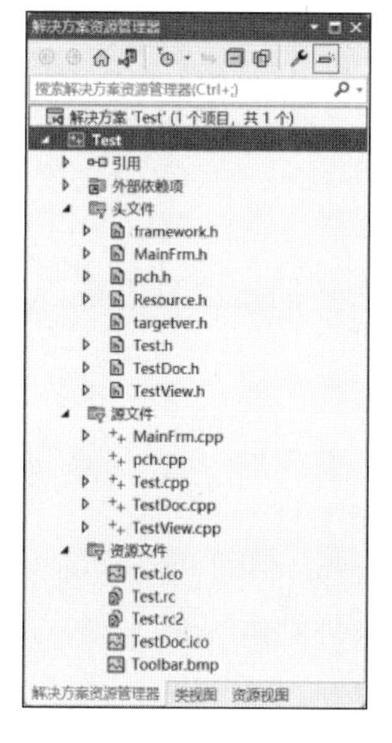

(a) “解决方案资源管理器”选项卡

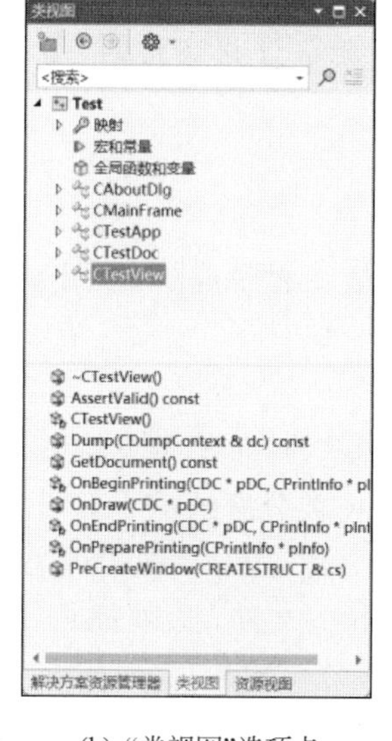

(b) “类视图”选项卡

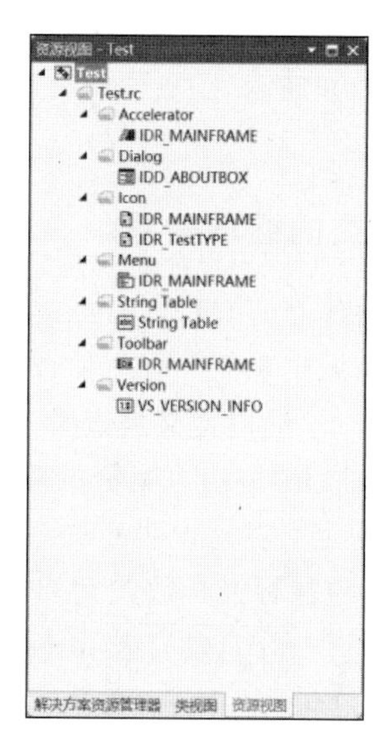

(c) “资源视图”选项卡

图 2-9　常用选项卡

在 TestView.cpp 文件中，OnDraw()函数的定义如下：

```
#1 void CTestView::OnDraw(CDC * /* pDC * /)
#2 {
#3     CTestDoc * pDoc = GetDocument();        //pDoc 为指向文档类的指针
#4     ASSERT_VALID(pDoc);                     //使 pDoc 指针有效
#5     if (!pDoc)
#6         return;
#7     // TODO: 在此处为本机数据添加绘制代码
#8 }
```

读者可能已经注意到 OnDraw()函数头中，pDC 被系统注释了，但编译程序时并不发生错误，为什么呢？CTestView 类公有继承于 CView 类，我们可以在 CView 类中查到 OnDraw()函数原型的声明如下：

```
virtual void OnDraw(CDC * pDC) = 0;
```

OnDraw()函数是一个纯虚函数。纯虚函数的声明形式与一般虚函数类似，只是最后加了个“=0”。纯虚函数在 CView 类中不必给出函数实现，各个派生类可以根据自己的功能需求定义其实现。CView 类包含有纯虚函数，这是一个抽象类。由于纯虚函数不能被调用，所以 CView 类是不能用于建立对象，只能作为基类使用。

MFC 应用程序向导在 CView 的派生类 CTestView 类中给出了 OnDraw()函数的实

现。编程时，先去掉 pDC 前后的注释，然后就可以使用 pDC 指针调用 CDC 类的成员函数进行绘图操作。

说明：

（1）编写程序时，应将自己的代码置于提示行“TODO：在此处为本机数据添加绘制代码”之下，以区别于 MFC 系统自己生成的代码。

（2）OnDraw 函数()是由系统框架直接调用的，每当程序启动或者窗口重绘时就会自动执行。

2.1.3 类的继承关系

前面建立的 CTestView 类是应用程序视图类，用于实现不同的绘图功能。CTestView 类从何处派生来的？有两种查看方法。

方法 1：通过定义类查看

（1）打开“解决方案资源管理器”的 TestView.h 头文件，找到 class CTestView ：public CView 的定义。这说明 CTestView 类公有继承于 CView 类。

（2）将鼠标光标放置到 CView 类名上，在弹出的右快捷菜单中选择“转到定义”命令，如图 2-10 所示，自动打开 afxwin.h 头文件，找到 class AFX_NOVTABLE CView ：public CWnd。这说明 CView 类公有继承于 CWnd 类。

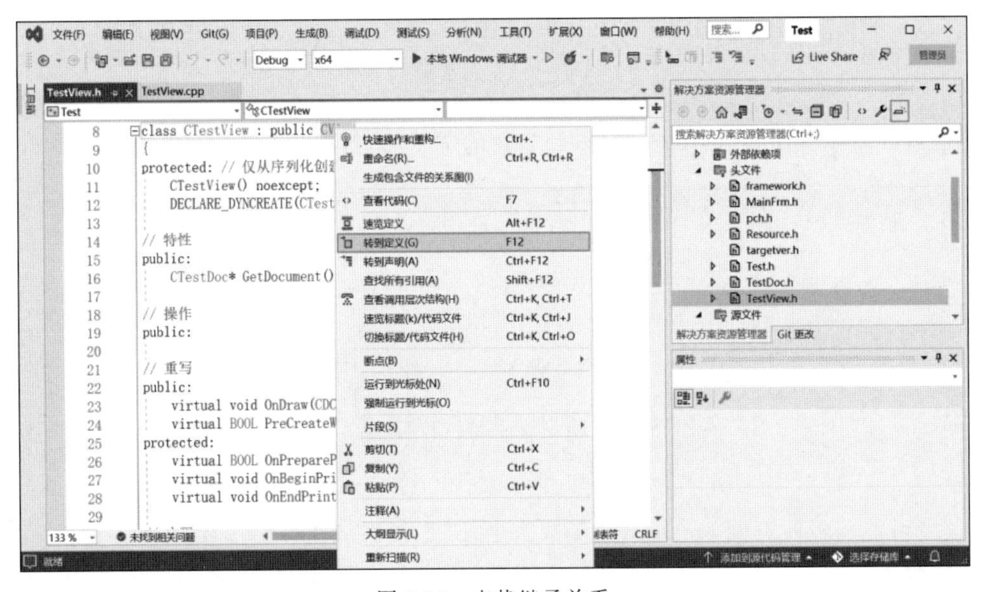

图 2-10　查找继承关系

（3）将鼠标光标放置到 CWnd 类名上，在弹出的右快捷菜单中选择“转到定义”命令，在 afxwin.h 头文件中自动找到 class CWnd ：public CCmdTarget。这说明 CWnd 类公有继承于 CCmdTarget 类。

（4）将鼠标光标放置到 CCmdTarget 类名上，在弹出的右快捷菜单中选择“转到定义”命令，在 afxwin.h 头文件中找到 class AFX_NOVTABLE CCmdTarget ：public CObject。这说明 CCmdTarget 类公有继承于 CObject 类。

(5) 将鼠标光标放置到 CObject 类名上，在弹出的右快捷菜单中选择"转到定义"命令，打开 afx.h 头文件，找到 class AFX_NOVTABLE CObject。CObject 是 MFC 继承树的根类。CObject 类有很多有用的特性：对运行时类信息的支持、对动态创建的支持、对串行化的支持、对象诊断输出等。同理，可以获得 Test 项目中其他类的继承关系如图 2-11 所示，图中的虚线所围的灰色方框代表项目的当前类，箭头方向从派生类指向基类。

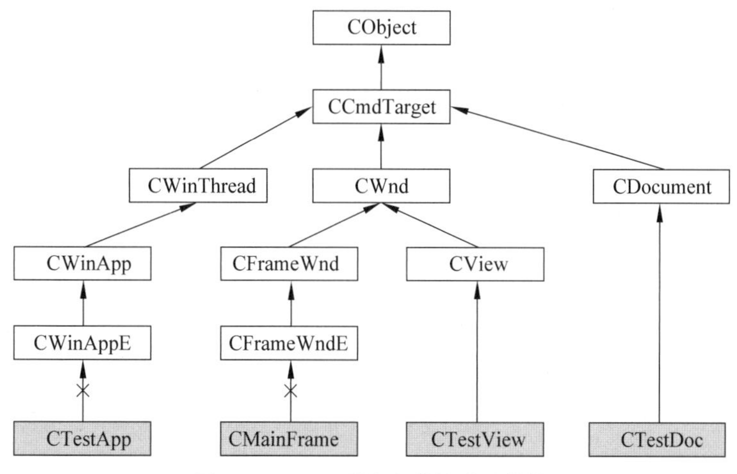

图 2-11　Test 项目中类的继承结构

方法 2：使用类的继承图表查看

在 MicrosoftHelpView 的搜索框中输入任何一个类名，如输入 CView，在打开的页面下端找到继承图表 Hierarchy Chart，打开后可以看到 MFC 的类继承图表。该表分为三张图显示，在第二张图中从基类 CObject 类开始，沿着继承线可以一直找到 CView 类，搜索结果同图 2-11 一致。

2.2　基本绘图函数

Visual C++ 2022 不仅运算功能强大，而且拥有完备的绘图功能。在 Windows 平台上，GDI 被抽象为设备上下文 CDC 类(device context，DC)。所谓设备上下文是表示显示器或打印机图形属性的一种 Windows 数据结构，包含了对输出设备绘图属性的描述。在 MFC 中，CDC 类封装了绘图所需的基本函数，为图形的显示提供了一个画布。

2.2.1　修改单文档窗口显示参数

窗口的建立过程一般需要经历设计窗口、注册窗口、创建窗口和显示窗口 4 个步骤。2.1.1 节已经完成了创建单文档窗口的所有步骤，下面来修改窗口的显示状态和标题。

1. 显示窗口函数

类属：CWnd::ShowWindow。

原型：

```
BOOL ShowWindow( int nCmdShow );
```

参数：nCmdShow 指定窗口的显示模式，可以是表 2-1 给出的模式代码之一。

返回值：如果窗口先前可见，则返回"非 0"；如果窗口先前被隐藏，则返回"0"。

说明：设置窗口显示状态。事实上，VS22 显示的窗口有记忆性，能够记住窗口上一次运行的状态。

表 2-1　nCmdShow 参数

nCmdShow	宏定义值	显示状态
SW_HIDE	0	隐藏窗口并激活其他窗口
SW_SHOWNORMAL 或 SW_NORMAL	1	激活并显示一个窗口。如果窗口被最小化或最大化，系统将其恢复到原来的大小和位置。应用程序在第一次显示窗口的时候应该指定此标志
SW_SHOWMINIMIZED	2	激活窗口并将其最小化显示
SW_SHOWMAXIMIZED 或 SW_MAXIMIZE	3	激活窗口并将其最大化显示
SW_SHOWNOACTIVATE	4	以窗口最近一次的大小和状态显示窗口，不改变窗口的激活状态
SW_SHOW	5	激活窗口并以原来的大小和位置显示窗口
SW_MINIMIZE	6	最小化显示窗口并激活在 Z 序列中的顶层窗口
SW_SHOWMINNOACTIVE	7	最小化显示窗口。不改变窗口的激活状态
SW_SHOWNA	8	以窗口原来的状态显示窗口，不改变窗口的激活状态
SW_RESTORE	9	激活并显示窗口。如果窗口是最小化或最大化显示，则系统将窗口恢复到原来的大小和位置

2. 设置窗口标题函数

类属：CWnd::SetWindowTextW。

原型：

```
void SetWindowTextW( LPCTSTR lpszString );
```

参数：lpszString 是 CString 类对象或将被用作标题的、以空字符结尾的字符串。

说明：用指定的字符串设置窗口标题。

也可以使用早期的 SetWindowText()函数代替 SetWindowTextW()，这是因为 MFC 中有以下宏定义：

```
#define SetWindowText  SetWindowTextW
```

2.1.1 节建立完成 Test 项目后，图 2-5 中的窗口是按照默认设置显示的。查看 Test.cpp 文件的 InitInstance()函数，有如下代码段：

```
m_pMainWnd->ShowWindow(SW_SHOW);
m_pMainWnd->UpdateWindow();
```

其中，m_pMainWnd 属于 CWinThread 类，是一个指向应用程序主窗口的指针。参数 SW_SHOW 表示窗口以默认的尺寸和位置显示。在计算机图形学中，窗口是展示场景的舞台。

如果需要窗口以最大化方式显示，代码如下：

```
#1  m_pMainWnd->ShowWindow(SW_MAXIMIZE);          //修改窗口的显示模式为最大化
#2  m_pMainWnd->SetWindowTextW(CString("例子"));  //设置窗口标题栏的文字
```

```
m_pMainWnd->UpdateWindow();
```

程序说明：设置窗口为全屏显示并显示窗口标题“例子”。

Windows 使用两种字符集 ANSI 和 Unicode，ANSI 是通常使用的单字节方式，Unicode 是双字节方式。在 VS22 中要求使用 Unicode。对于代码中出现的 ANSI 方式，需要使用 CString 类将单字节转换为双字节后，才能正确使用。

2.2.2 CDC 派生类与 GDI 工具类

1. CDC 类

1）CDC 类的相关函数

在 MFC 中，一般使用 CDC 类在窗口客户区内直接绘图。前面已经知道，OnDraw(CDC * pDC)函数的参数中提供了 pDC 指针，可以直接调用 CDC 类的相关函数绘图。但有些函数（例如，按下鼠标左键(WM_LBUTTONDOWN)消息的响应函数 OnLButtonDown())并不提供 pDC 指针，若在该函数中绘图，则需要先调用 GetDC()函数来获得 pDC 指针。由于在任何时刻，系统最多只能同时使用 5 个设备上下文，不及时释放所获得的设备上下文会影响到其他应用程序的正常访问。因此绘图完成后，应显式调用 ReleaseDC()函数释放所获得的 pDC 指针。

（1）GetDC()函数。

类属：CWnd::GetDC。

原型：

```
CDC* GetDC();
```

参数：无。

返回值：如果调用成功，返回当前窗口客户区的设备上下文的标识符；否则，返回 NULL。

（2）ReleaseDC()函数。

类属：CWnd::ReleaseDC。

原型：

```
int ReleaseDC(CDC* pDC);
```

参数：pDC 是将要被释放的设备上下文标识符。

返回值：如果调用成功，返回“非 0”；否则，返回“0”。

2）CDC 类的派生类

CDC 类派生了 CClientDC 类、CMetaFileDC 类、CPaintDC 类和 CWindowDC 类，如图 2-12 所示。

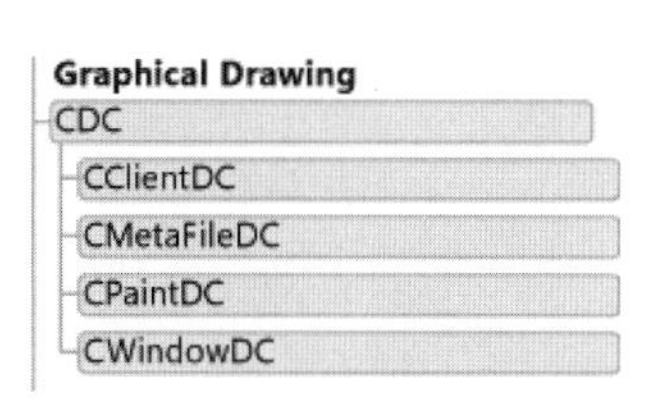

图 2-12 CDC 及其派生类

（1）CClientDC 类：窗口客户区设备上下文类。CClientDC 只能在窗口的客户区（不包括边框、标题栏、菜单栏、工具栏以及状态栏的空白区域)进行绘图,点(0,0)是客户区的左上角。其构造函数自动调用 GetDC()函数,析构函数自动调用 ReleaseDC()函数。

(2) CMetaFileDC 类:Windows 图元文件设备上下文类。CMetaFileDC 封装了在 Windows 中绘制图元文件的方法。图元文件(扩展名为 wmf)是微软公司定义的一种 Windows 平台上与设备无关的图形文件格式,其所占的磁盘空间比其他任何格式的图形文件都要小得多,并且只能在 Microsoft Office 中调用编辑。wmf 格式文件通常用于存储一系列 GDI 命令(如绘制直线、矩形等)所描述的图形,属于向量图范畴。在建立图元文件时,不能实现即绘即得,而是先将 GDI 调用记录在图元文件中,然后在 GDI 环境中重新执行图元文件,才可显示图像。

(3) CPaintDC 类:CPaintDC 对象只在响应 WM_PAINT 消息时使用。CPaintDC 类的构造函数会自动调用 BeginPaint()函数,析构函数则会自动调用 EndPaint()函数。MFC 程序中使用 CPaintDC 类绘图时,先添加 WM_PAINT 消息的处理函数 OnPaint(),然后在 OnPaint()函数中编写与 CPaintDC 类相关的代码,而不是编写在 OnDraw()函数中。假定先在 OnDraw()函数中绘制了一个矩形,然后在响应 WM_PAINT 消息的 OnPaint()函数中绘制一个椭圆,最终显示结果是椭圆而不是矩形。

(4) CWindowDC 类:整个窗口区域的设备上下文类,包括边框和菜单栏。CWindowDC 允许在整个窗口区域内进行绘图,其构造函数自动调用 GetWindowDC()函数,析构函数自动调用 ReleaseDC()函数。CWindowDC 中原点定义在窗口的左上角,而 CClientDC 和 CPaintDC 中原点定义在窗口客户区的左上角。如果在 CTestView 类中使用 CWindowDC 类对象进行绘图,只有在使用 GetParent()函数获得 CWnd 类的指针后,才能进行全屏幕绘图。

2. 简单数据类型

在绘图中常用到 CPoint、CRect、CSize 等简单数据类型,如图 2-13 所示。简单数据类型的共同特点是没有基类。由于 CPoint、CSize 和 CRect 是对 Windows 的 POINT、SIZE 和 RECT 结构体的封装,因此其数据成员是公有的,可以在类外直接访问。

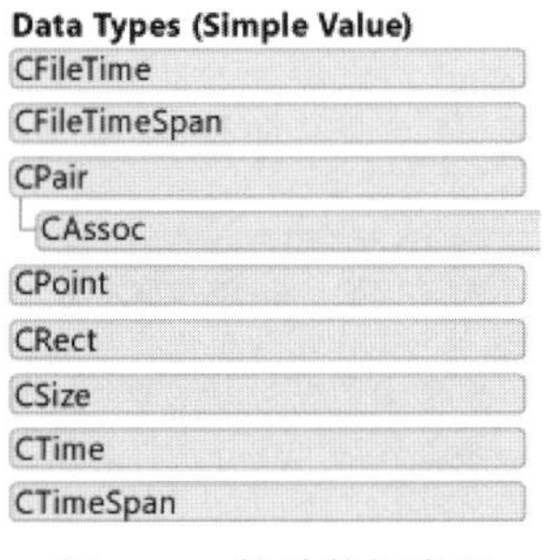

Data Types (Simple Value)

- CFileTime
- CFileTimeSpan
- CPair
  - CAssoc
- CPoint
- CRect
- CSize
- CTime
- CTimeSpan

图 2-13 简单数据类型

```
typedef struct tagPOINT
{
    LONG x;                          //点的 x 坐标
    LONG y;                          //点的 y 坐标
} POINT;
typedef struct tagSIZE
{
    LONG cx;                          //矩形 x 方向的
长度
    LONG cy;                         //矩形 y 方向的长度
} SIZE;
typedef struct tagRECT
{
    LONG left;                       //矩形左上角点的 x 坐标
    LONG top;                        //矩形左上角点的 y 坐标
    LONG right;                      //矩形右下角点的 x 坐标
    LONG bottom;                     //矩形右下角点的 y 坐标
} RECT;
```

3. 图形对象类

Windows 提供了多种绘图工具来使用设备上下文，如画笔用于绘制图形边界线、画刷用于填充图形内部、字体用于书写文本……MFC 提供的图形对象类等同于 Windows 的绘图工具，包括 CBitmap、CBrush、CFont、CPalette、CPen 等，如图 2-14 所示。

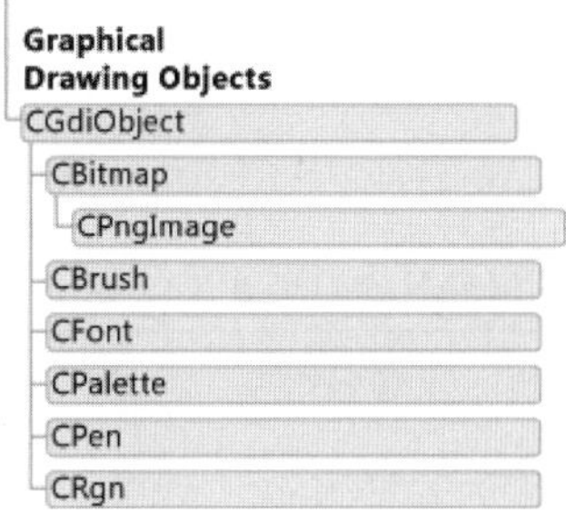

图 2-14　图形对象类

(1) CGdiObject 类是各种 Windows GDI 对象的基类，包括位图、区域、画刷、画笔、调色板和字体。CGdiObject 不能直接用于创建对象，但可以使用其派生类如 CPen、CBrush 等创建对象。

(2) CBitmap 类：封装了 GDI 位图，提供位图操作的接口。位图用于创建内存缓冲区。

(3) CBrush 类：封装了 GDI 画刷，可以选为设备上下文的当前画刷。

(4) CFont 类：封装了 GDI 字体，可以选为设备上下文的当前字体。

(5) CPalette 类：封装了 GDI 调色板，提供应用程序与显示器之间的颜色接口。

(6) CPen 类：封装了 GDI 画笔，可以选为设备上下文的当前画笔。

(7) CRgn 类：封装了一个 Windows 的 GDI 区域，可以是某个窗口中的一个多边形。

设备上下文 DC 中的字母 C 代表 context，其含义是一组相关的操作，意味着用 GDI 对象绘图结束后，要将 DC 恢复原状。在设备上下文中使用 GDI 对象进行绘图时，需要遵循如下操作步骤。

(1) 绘图开始前，创建一个新的 GDI 对象，并选入当前 DC 中，同时保存指向原 GDI 对象的指针。

(2) 使用新的 GDI 对象绘图。

(3) 绘图结束后，使用原 GDI 对象的指针将 DC 恢复原状。

2.2.3　映射模式

将图形显示到屏幕上的过程称为映射。根据映射模式的不同可以分为逻辑坐标和设备坐标，逻辑坐标的单位是千米、米、厘米等米制尺度，设备坐标的单位是像素。映射模式都是以“MM_”为前缀的预定义标识符，代表 MapMode。MFC 提供了几种不同的映射模式，见表 2-2。

表 2-2　映射模式

模式代码	宏	坐标系特征
MM_TEXT	1	每个逻辑单位被转换为 1 个设备像素。x 轴向右为正向，y 轴向下为正向
MM_LOMETRIC	2	每个逻辑单位被转换为 0.1mm。x 轴向右为正向，y 轴向上为正向
MM_HIMETRIC	3	每个逻辑单位被转换为 0.01 mm。x 轴向右为正向，y 轴向上为正向
MM_LOENGLISH	4	每个逻辑单位被转换为 0.01in。x 轴向右为正向，y 轴向上为正向
MM_HIENGLISH	5	每个逻辑单位被转换为 0.001in。x 轴向右为正向，y 轴向上为正向

续表

模式代码	宏	坐标系特征
MM_TWIPS	6	每个逻辑单位被转换为 1/20 点(因为一点是 1/72in,所以一个 twip 是 1/1440 in)。x 轴向右为正向,y 轴向上为正向
MM_ISOTROPIC	7	在保证 x 轴和 y 轴比例相等的情况下,逻辑单位被转换为任意的单位,且方向可以独立设置
MM_ANISOTROPIC	8	逻辑单位被转换为任意的单位,x 轴和 y 轴的方向和比例独立设置

注：1in=25.44mm。

默认情况下使用的映射模式是 MM_TEXT,一个逻辑单位被转换为 1 像素。设备坐标系原点位于窗口客户区的左上角,x 轴水平向右为正,y 轴垂直向下为正,单位为 1 像素。

1. 设置映射模式函数

类属：CDC::SetMapMode。

原型：

```
virtual int SetMapMode(int nMapMode);
```

参数：nMapMode 用于指定新的映射模式,可取表 2-2 的模式代码之一。

返回值：原映射模式,用宏定义值表示。

说明：SetMapMode()函数设置映射模式,定义了将逻辑单位转换为设备单位的度量单位,并定义了设备的 x 坐标轴和 y 坐标轴的方向。

2. 设置窗口范围函数

类属：CDC::SetWindowExt。

原型：

```
virtual CSize SetWindowExt ( int cx, int cy );
virtual CSize SetWindowExt( SIZE size );
```

参数：cx 窗口 x 范围的逻辑单位,cy 窗口 y 范围的逻辑单位;size 是窗口的 x 和 y 范围的逻辑单位。

返回值：原窗口范围的 CSize 对象。

3. 设置视区范围函数

类属：CDC::SetViewportExt。

原型：

```
virtual CSize SetViewportExt( int cx, int cy );
virtual CSize SetViewportExt( SIZE size );
```

参数：cx 视区 x 范围的设备单位,cy 视区 y 范围的设备单位。size 是视区的 x 和 y 范围的设备单位。

返回值：原视区范围的 CSize 对象。

4. 设置窗口原点函数

类属：CDC::SetWindowOrg。

原型：

```
CPoint SetWindowOrg( int x, int y );
CPoint SetWindowOrg( POINT point );
```

参数：x、y 是窗口新原点的逻辑坐标；point 是窗口新原点的逻辑坐标，可以传递一个 POINT 结构体或 CPoint 对象。

返回值：原窗口原点的 CPoint 对象。

5. 设置视区原点函数

类属：CDC::SetViewportOrg。

原型：

```
virtual CPoint SetViewportOrg( int x, int y );
virtual CPoint SetViewportOrg( POINT point );
```

参数：x、y 是视区新原点的设备坐标；point 是视区原点，可以传递一个 POINT 结构体或 CPoint 对象。视区坐标系原点必须位于设备坐标系的范围之内。

返回值：原视区原点的 CPoint 对象。

6. 获得窗口客户区坐标

类属：CWnd::GetClientRect。

原型：

```
voidGetClientRect( LPRECT lpRect) const;
```

参数：LPRECT 是 RECT 结构体或者 CRect 对象的指针类型。使用 LPRECT 类型时，可以不使用 & 运算符。

返回值：无。

说明：当使用各向同性的映射模式 MM_ISOTROPIC 或各向异性的映射模式 MM_ANISOTROPIC 时，需要调用 SetWindowExt()和 SetViewportExt()成员函数来改变窗口和视区的设置。各向同性的映射模式 MM_ISOTROPIC 要求 x 轴和 y 轴比例相等，以保持图像形状不发生变化，调用 SetWindowExt()和 SetViewportExt()函数仅能改变坐标系的单位和方向；各向异性的映射模式 MM_ANISOTROPIC 模式则可以改变坐标系的单位、方向和比例。

MM_HIENGLISH，MM_HIMETRIC，MM_LOENGLISH，MM_LOMETRIC 和 MM_TWIPS 模式主要应用于使用物理单位绘图的情况下。

“窗口”与“视区”的概念往往不容易理解。“窗口”可以理解是一种逻辑坐标系下的矩形区域，而“视区”是设备坐标系下的矩形区域，窗口内的图形要变换到视区中显示。根据“窗口”和“视区”的大小就可以确定 x 轴方向和 y 轴方向的比例因子：x 轴方向比例因子＝视区 cx /窗口 cx，y 轴方向比例因子＝视区 cy/窗口 cy。如果设置 SetWindowExt(100,100)，SetViewportExt(200,200)，则 x 轴方向和 y 轴方向的比例因子都为 2，说明窗口的 1 个逻辑单位映射为视区的 2 像素。在这种映射模式下，绘制 100×100 逻辑单位的正方形，结果显示为 200×200 像素的正方形。如果设置 SetWindowExt(100,200)，SetViewportExt(200,200)，则 x 轴方向比例因子为 2，y 轴方向的比例因子为 1，说明窗口 x 轴方向的 1 个逻辑单位映射为视区的 2 像素，窗口 y 轴方向的 1 个逻辑单位映射为视区的 1 像素。绘制 100×100 逻辑单位的正方形，结果显示为 200×100 像素的长方形。

本书为了简化操作，假定窗口和视区的大小相同，即 x 轴方向的比例因子和 y 轴方向的比例因子都为 1。

例 2-1 设备坐标系原点位于窗口客户区的左上角，x 轴水平向右为正，y 轴垂直向下为正，如图 2-15 所示。试使用映射模式函数，在窗口客户区设置窗口大小和视区大小相等的自定义二维坐标系。视区中 x 轴水平向右为正，y 轴垂直向上为正，原点位于窗口客户区中心，如图 2-16 所示。

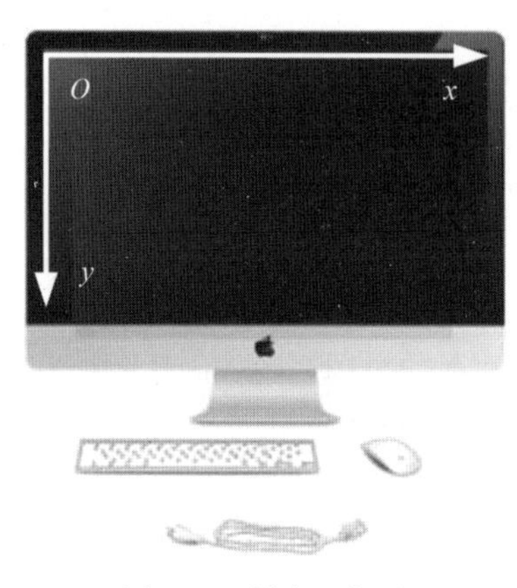

图 2-15　设备坐标系

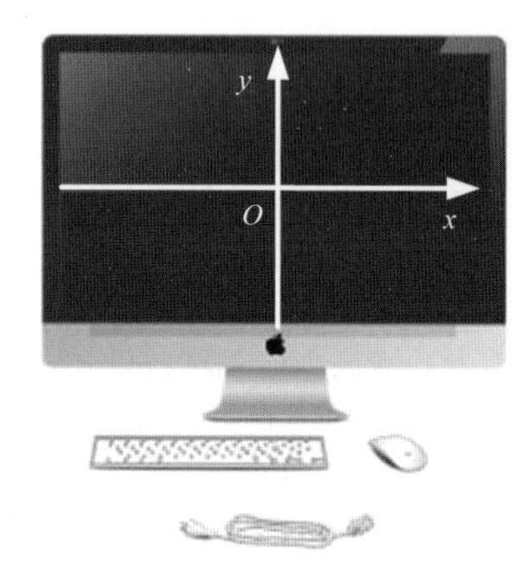

图 2-16　自定义坐标系

```
void CTestView::OnDraw(CDC* pDC)
{
        CTestDoc* pDoc = GetDocument();
        ASSERT_VALID(pDoc);
        if (!pDoc)
            return;
        //TODO: 在此处为本机数据添加绘制代码
#1      CRect rect;                                          //声明 CRect 类的矩形
#2      GetClientRect(&rect);                                //获得客户区大小
#3      pDC->SetMapMode(MM_ANISOTROPIC);                     //设置映射模式
#4      pDC->SetWindowExt(rect.Width(),rect.Height());       //设置窗口范围
#5      pDC->SetViewportExt(rect.Width(), -rect.Height());   //设置视区范围
#6      pDC->SetViewportOrg(rect.Width() / 2, rect.Height() / 2);
                                                             //设置视区原点
#7      rect.OffsetRect(-rect.Width() / 2, -rect.Height() / 2);
                                                             //校正客户区矩形
}
```

程序说明：在代码的灰色编号部分第 2 行语句使用 CWnd 类的成员函数 GetClientRect()获得客户区大小，其值保存在 rect 中。由于 CRect 类重载了类型转换运算符 LPRECT 的矩形对象，所以使用 CRect 类对象的指针或 CRect 类对象作为参数都可以。也就是说，第 2 行语句的参数可以不写取地址运算符 &，直接写为 rect。第 5 行语句设置视区范围，SetViewPortExt()函数的 cx 和 cy 参数取为客户区的宽度和高度，且 cx 为正值，cy

为负值,将视区的 y 轴取为向上方向为正向。第 7 行语句用于校正 rect 的位置。原设备坐标系下,rect 的所有值均为正,客户区只有一个象限。自定义坐标系中,客户区被分为 4 个象限,rect 位于第一象限,位置发生了偏离,如图 2-17(a)所示。本语句将 rect 的左下角点平移到客户区的左下角点,实现了 rect 与客户区的完全重合,方便后续的程序使用 CRect 类的数据成员,如图 2-17(b)所示。

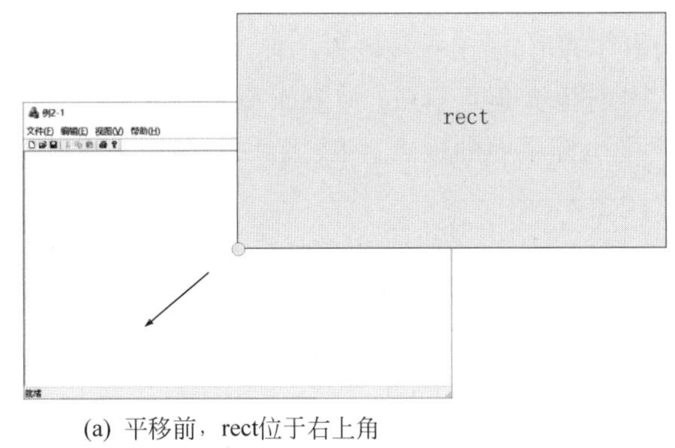

(a) 平移前,rect位于右上角

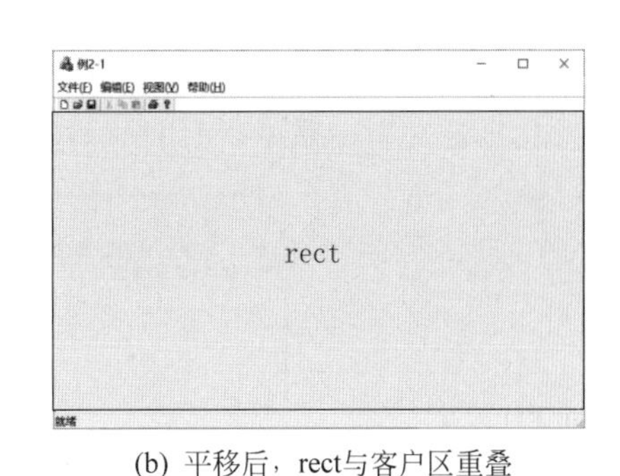

(b) 平移后,rect与客户区重叠

图 2-17 自定义坐标系中校正 rect

例 2-2 设窗口客户区的半宽为 nHWidth、半高为 nHHeight。在不进行模式映射的情况下,将自定义坐标系中的 P 点转换为设备坐标系的 V 点,变换公式为

$$\begin{cases} V.x = \text{nHWidth} + \text{P}.x \\ V.y = \text{nHHeight} - \text{P}.y \end{cases} \tag{2-1}$$

在设备坐标系内,使用公式(2-1)绘制顶点为 $P_0(-200,-100)$、$P_1(200,-100)$和 $P_2(0,200)$的三角形,效果如图 2-18 所示。

```
void CTestView::OnDraw(CDC* pDC)
{
        CTestDoc* pDoc = GetDocument();
        ASSERT_VALID(pDoc);
        if (!pDoc)
            return;
        //TODO: 在此处为本机数据添加绘制代码
#1          CRect rect;
#2          GetClientRect(&rect);
#3          int nClientWidth = rect.Width();           //获得窗口客户区的宽度
#4          int nClientHeight = rect.Height();         //获得窗口客户区的高度
#5          int nHWidth = nClientWidth/2;              //计算窗口客户区的半宽
#6          int nHHeight = nClientHeight/2;            //计算窗口客户区的半高
#7          CPoint P0(-200,-100),P1(200,-100),P2(0,200);
#8          CPoint V0(nHWidth + P0.x, nHHeight - P0.y);
#9          CPoint V1(nHWidth + P1.x, nHHeight - P1.y);
#10         CPoint V2(nHWidth + P2.x, nHHeight - P2.y);
#11         pDC->MoveTo(V0.x, V0.y);
#12         pDC->LineTo(V1.x, V1.y);
```

```
#13        pDC->LineTo(V2.x, V2.y);
#14        pDC->LineTo(V0.x, V0.y);
}
```

程序说明：在代码的灰色编号部分，第 7 行语句定义三角形的顶点 P_0、P_1 和 P_2，这是基于设备坐标系给出的定义。第 8～10 行语句，将三角形的顶点转换为自定义坐标系内的顶点 V_0、V_1 和 V_2，用到式(2-1)。第 11～14 行语句，使用直线段连接顶点绘制三角形。

说明：实际应用中，鼠标消息响应函数中的指针顶点 point 使基于设备坐标系定义的。如果在自定义坐标系中，使用鼠标选择自定义坐标系中的顶点，则需要用式(2-1)进行转换。

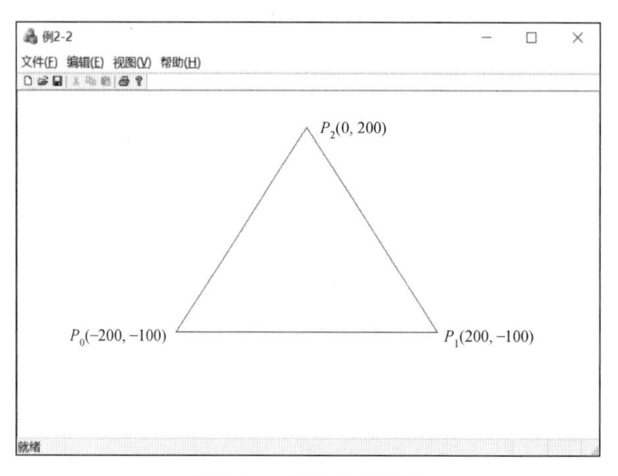

图 2-18　例 2-2 效果图

2.2.4　使用 GDI 对象

1. 创建画笔函数

画笔用于绘制直线、曲线或区域的边界线。画笔通常具有线型、宽度和颜色三种属性。画笔的线型有实线、虚线、点线、点画线、双点画线、不可见线和内框架线 7 种样式。画笔样式都是以“PS_”为前缀的预定义标识符，代表 PenStyle。画笔的宽度是用像素表示的线条宽度。画笔的颜色是用 RGB 宏表示的颜色。默认的画笔绘制 1 像素宽度的黑色实线。

类属：CPen::CreatePen。

原型：

```
BOOL CreatePen(int nPenStyle,int nWidth,COLORREF crColor);
```

参数：nPenStyle 是画笔样式，见表 2-3；nWidth 是画笔的宽度；crColor 是画笔的颜色。

返回值：如果调用成功，返回“非 0”；否则，返回“0”。

表 2-3　画笔的样式

画笔样式	宏	线　型	宽　度
PS_SOLID	0	实线	任意指定
PS_DASH	1	虚线	1 或者更小

续表

画笔样式	宏	线　型	宽　度
PS_DOT	2	点线	1 或者更小
PS_DASHDOT	3	点画线	1 或者更小
PS_DASHDOTDOT	4	双点画线	1 或者更小
PS_NULL	5	不可见线	任意指定
PS_INSIDEFRAME	6	内框架线	任意指定

说明：画笔也可以使用构造函数直接定义。原型为

```
CPen (int nPenStyle, int nWidth, COLORREF crColor );
```

2. 创建画刷函数

画刷用于填充封闭图形内部，可以是实体画刷、阴影画刷和图案画刷。默认的实体画刷是白色。由于画刷用于填充封闭图形，所以仅对 Chord()、Ellipse()、FillRect()、FrameRect()、InvertRect()、Pie()、Polygon()、PolyPolygon()、RoundRect()等函数有效。

类属：CBrush::CreateSolidBrush。

原型：

```
BOOL CreateSolidBrush(COLORREF crColor );
```

参数：crColor 是画刷的颜色。

返回值：如果调用成功，返回“非 0”；否则，返回“0”。

说明：实体画刷也可以使用构造函数直接定义。原型为

```
CBrush( COLORREF crColor );
```

3. 选入 GDI 对象

GDI 对象创建完毕后，只有选入当前设备上下文中才能使用。

类属：CDC::SelectObject。

原型：

```
CPen* SelectObject(CPen* pPen );
CBrush* SelectObject(CBrush* pBrush);
virtual CFont* SelectObject(CFont* pFont);
CBitmap* SelectObject(CBitmap * pBitmap );
```

参数：pPen 是将要选入的画笔对象指针；pBrush 是将要选入的画刷对象指针；pFont 是将要选入的字体对象指针；pBitmap 是将要选入的位图对象指针。

返回值：如果成功，返回正在被替换对象的指针；否则，返回 NULL。

说明：将设备上下文中的原 GDI 对象更换为新对象，同时返回指向原对象的指针。

4. 删除 GDI 对象

类属：CGdiObject::DeleteObject。

原型：

```
BOOL DeleteObject();
```

参数：无。

返回值：如果成功删除GDI对象，返回“非0”；否则，返回“0”。

说明：删除Windows的GDI对象（位图、画刷、字体、调色板、画笔或者区域），并释放所有与该对象相关的系统资源。GDI对象使用完毕后，如果程序结束，会自动删除GDI对象；如果程序运行尚未结束，并重复创建同名GDI对象，则需要先把已成自由状态的原GDI对象从系统内存中清除。注意，不能使用DeleteObject()函数删除正在被选入设备上下文中的CGdiObject对象。

5. 选入库对象

除了自定义的GDI对象外，Windows系统中还预先定义了一些使用频率较高的画笔和画刷，不需要创建，就可以直接选用。同样，使用完库画笔和库画刷后，也不需要调用DeleteObject()函数将其从内存中删除。

类属：CDC::SelectStockObject。

原型：

```
virtual CGdiObject * SelectStockObject(int nIndex);
```

参数：参数nIndex可以是表2-4所示的库画刷代码或表2-5所示的库画笔代码。

返回值：如果调用成功，返回被替代的CGdiObject类对象的指针；否则，返回NULL。

说明：库对象的返回类型是CGdiObject *，使用时根据具体类型进行相应转换。从表2-4的宏定义值可以看出，透明画刷和空心画刷其实是同一个库画刷。

表2-4　7种常用库画刷

库画刷代码	宏	含　　义	颜　　色
WHITE_BRUSH	0	白色的实心画刷	RGB(255,255,255)
LTGRAY_BRUSH	1	淡灰色的实心画刷	RGB(192,192,192)
GRAY_BRUSH	2	灰色的实心画刷	RGB(128,128,128)
DKGRAY_BRUSH	3	暗灰色的实心画刷	RGB(64,64,64)
BLACK_BRUSH	4	黑色的实心画刷	RGB(0,0,0)
HOLLOW_BRUSH	5	空心画刷	
NULL_BRUSH	5	透明画刷	

表2-5　3种常用库画笔

库画笔代码	宏	含　　义
WHITE_PEN	6	宽度为1像素的白色实线画笔
BLACK_PEN	7	宽度为1像素的黑色实线画笔
NULL_PEN	8	透明画笔

2.2.5 CDC 类绘图成员函数

CDC 类提供了绘制点、直线、矩形、多边形、椭圆等图形的成员函数。除了绘制像素点函数需要直接指定颜色外，其余函数均可以使用画笔和画刷来改变颜色。

1. 绘制像素点函数

1）SetPixel()函数

类属：CDC::SetPixel。

原型：

```
COLORREF SetPixel(int x,int y,COLORREF crColor );
COLORREF SetPixel( POINT point, COLORREF crColor );
```

参数：x 是将要被设置的像素点的 x 逻辑坐标；y 是将要被设置的像素点的 y 逻辑坐标；crColor 是将要被设置的像素点颜色；point 是将要被设置的像素点的 x 逻辑坐标和 y 逻辑坐标，可以是 POINT 结构体或 CPoint 对象。

返回值：如果 SetPixel()函数调用成功，返回所绘制像素点的 RGB 值；否则（如果点不在裁剪区域内），返回"－1"。

2）SetPixelV()函数

类属：CDC::SetPixelV。

原型：

```
BOOL SetPixelV(int x, int y, COLORREF crColor);
BOOL SetPixelV( POINT point, COLORREF crColor );
```

参数：x 是将要被设置的像素点的 x 逻辑坐标；y 是将要被设置的像素点的 y 逻辑坐标；crColor 是将要被设置的像素点颜色；point 是将要被设置的像素点的 x 逻辑坐标和 y 逻辑坐标，可以是 POINT 结构体或 CPoint 对象。

返回值：如果 SetPixelV()函数调用成功，返回"非 0"；否则，返回"0"。

说明：SetPixelV()函数不需要返回所绘制像素点的 RGB 值，执行速度比 SetPixel()快得多。在真实感图形学中，物体表面是由大量的像素点着色表示的，提高像素点的绘制速度可以有效提高图形生成速度。

2. 获取像素点颜色函数

类属：CDC::GetPixel。

原型：

```
COLORREF GetPixel(int x,int y)const;
COLORREF GetPixel( POINT point ) const;
```

参数：x 是将要被检查的像素点的 x 逻辑坐标；y 是将要被检查的像素点的 y 逻辑坐标；point 是将要被检查点的 x 逻辑坐标和 y 逻辑坐标，可以是 POINT 结构体或 CPoint 对象。

返回值：如果调用成功，返回指定像素点的 RGB 颜色值；否则（如果点不在裁剪区域内），返回"－1"。

说明：获得指定像素点的 RGB 颜色值，本函数是常成员函数。

例 2-3 使用 SetPixelV()函数在 P_0(100，100)位置处绘制一个红色像素点，然后读出该像素点的颜色，水平右移 100 像素位置绘制像素点 P_1。在设备坐标系中编程实现，效果如图 2-19 所示。

```
void CTestView::OnDraw(CDC* pDC)
{
        CTestDoc* pDoc = GetDocument();
        ASSERT_VALID(pDoc);
        if (!pDoc)
            return;
        //TODO: 在此处为本机数据添加绘制代码
#1      CPoint P0(100,100);                          //定义 P0 点
#2      CPoint P1(P0.x + 100,P0.y);                  //定义 P1 点
#3      pDC->SetPixelV(P0, RGB(255, 0, 0));          //绘制红色 P0 点
#4      COLORREF crColor = pDC->GetPixel(P0);        //获得 P0 点颜色
#5      pDC->SetPixelV(P1, crColor);                 //绘制红色 P1 点
}
```

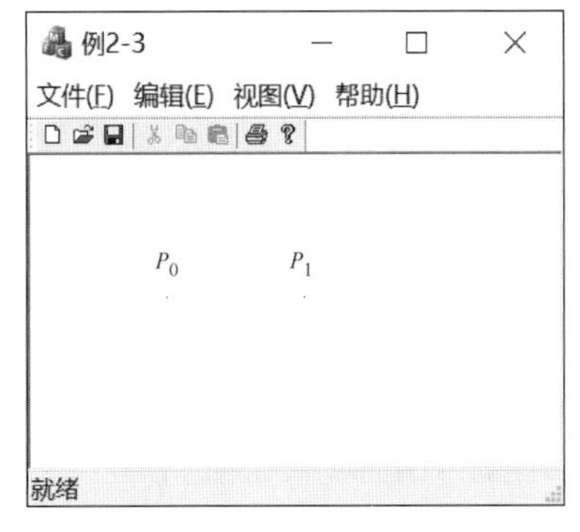

图 2-19 例 2-3 效果图

程序说明：在代码的灰色编号部分第 4 行语句定义 crColor 来存储 RGB 宏颜色。COLORREF 类型的数值，是用 DWORD 表示的整型数。RGB 宏表示的颜色占 4 字节。

3. 绘制直线段函数

组合使用 MoveTo()和 LineTo()函数可以绘制直线或折线。直线段的绘制过程中有一个称为“当前位置”的特殊点。每次绘制直线段都是以当前位置为起点，直线段绘制结束后，直线段的终点又成为当前位置。由于当前位置在不断更新，仅使用 LineTo()函数，就可以绘制出折线。

1）移动当前位置函数

类属：CDC::MoveTo。

原型：

```
CPoint MoveTo( int x, int y );
```

```
CPoint MoveTo( POINT point );
```

参数：新位置的 x 坐标和 y 坐标；point 是新位置的点坐标，可以是 POINT 结构体或 CPoint 对象。

返回值：先前位置的 CPoint 对象。

说明：本函数只将画笔的当前位置移动到坐标 x 和 y(或 point)处，不画线。

2）绘制直线段函数

类属：CDC::LineTo。

原型：

```
BOOL LineTo( int x, int y );
BOOL LineTo( POINT point );
```

返回值：如果画线成功，返回"非 0"；否则，返回"0"。

参数：直线终点的逻辑坐标 x 和 y；point 是直线的终点，可以是 POINT 结构体或 CPoint 对象。

说明：本函数从当前位置绘制直线段，但不包括(x,y)点。绘制完毕后，当前位置改变为 x,y 或 point。可以通过画笔来指定直线的线型、线宽和颜色。默认的画笔绘制 1 像素宽的黑色实线。

例 2-4 给定端点 $P_0(100,100)$、$P_1(300,200)$。绘制一段 1 像素宽的蓝色实线，效果如图 2-20 所示。

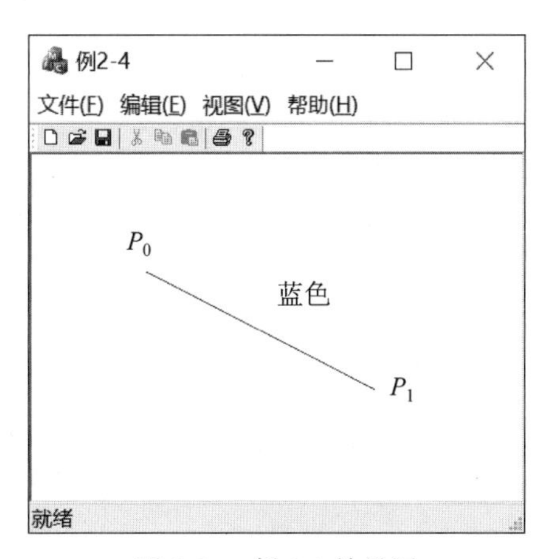

图 2-20 例 2-4 效果图

```
void CTestView::OnDraw(CDC * pDC)
{
        CTestDoc * pDoc = GetDocument();
        ASSERT_VALID(pDoc);
        if (!pDoc)
            return;
        //TODO: 在此处为本机数据添加绘制代码
```

```
#1        CPoint P0(100,100), P1(300,200);        //直线的起点和终点
#2        CPen NewPen, * pOldPen;                  //声明了一个新画笔和一个旧画笔指针
#3        NewPen.CreatePen(PS_SOLID, 1, RGB(0, 0, 255));
                                                   //创建 1 像素宽的蓝色实线画笔
#4        pOldPen = pDC->SelectObject(&NewPen);   //将蓝色画笔选入设备上下文
#5        pDC->MoveTo(P0);                         //绘制直线
#6        pDC->LineTo(P1);
#7        pDC->SelectObject(pOldPen);              //用旧画笔将设备上下文恢复原状
}
```

程序说明：在代码的灰色编号部分第 4 行语句获得旧画笔指针。第 7 行语句使用旧画笔指针恢复设备上下文。

4. 绘制矩形函数

矩形是计算机图形学中的一个重要概念，窗口是矩形，视区也是矩形。在设备坐标系中，矩形使用左上角点和右下角点定义；在自定义坐标系中，矩形使用左下角点和右上角点定义。

类属：CDC::Rectangle。

原型：

```
BOOL Rectangle( int x1, int y1, int x2, int y2 );
BOOL Rectangle( LPCRECT lpRect );
```

参数：x1、y1 是矩形的左上角点的逻辑坐标，x2、y2 是矩形的右下角点的逻辑坐标；lpRect 参数可以是 CRect 对象或 RECT 结构体的指针。

返回值：如果调用成功，返回“非 0”；否则，返回“0”。

说明：Rectangle()函数使用当前画刷填充矩形内部，并使用当前画笔绘制矩形边界线。默认的画刷为白色实体画刷，默认的画笔为 1 像素宽的黑色实线画笔。矩形不包括右边界坐标和下边界坐标，即矩形宽度为 x2－x1，高度为 y2－y1。

例 2-5　将客户区矩形左右边界各收缩 100 像素，上下边界各收缩 50 像素得到一个新矩形。使用 3 像素宽的绿色实线绘制边界线，使用蓝色填充矩形内部。效果如图 2-21 所示。

```
void CTestView::OnDraw(CDC * pDC)
{
          CTestDoc * pDoc = GetDocument();
          ASSERT_VALID(pDoc);
          if (!pDoc)
              return;
          //TODO: 在此处为本机数据添加绘制代码
#1        CRect rect;
#2        GetClientRect(&rect);
#3        rect.DeflateRect(100, 50);
```

```
#4        CPen NewPen, *pOldPen;
#5        NewPen.CreatePen(PS_SOLID, 3 , RGB(0,255, 0));//创建 3 像素宽的绿色实线画笔
#6        pOldPen = pDC->SelectObject(&NewPen);
#7        CBrush NewBrush, *pOldBrush;
#8        NewBrush.CreateSolidBrush(RGB(0, 0,255));  //创建蓝色实体画刷
#9        pOldBrush = pDC->SelectObject(&NewBrush);
#10       pDC->Rectangle(rect);                      //绘制矩形
#11       pDC->SelectObject(pOldPen);
#12       pDC->SelectObject(pOldBrush);
}
```

程序说明：本例制作的矩形随着窗口大小的改变而改变，但保持与客户区的左右边界相距 100 像素，与上下边界相距 50 像素。

图 2-21　例 2-5 效果图

5. 绘制椭圆函数

类属：CDC::Ellipse。

原型：

```
BOOL Ellipse( int x1, int y1, int x2, int y2 );
BOOL Ellipse( LPCRECT lpRect );
```

参数：x1 和 y1 是限定椭圆范围的外接矩形(bounding rectangle)左上角点的逻辑坐标，x2 和 y2 是限定椭圆范围的外接矩形右下角点的逻辑坐标；lpRect 是确定椭圆范围的外接矩形，可以是 CRect 对象或 RECT 结构体。

返回值：如果调用成功，返回"非 0"；否则，返回"0"。

说明：椭圆中心与由 x1,y1,x2,y2 或 lpRect 定义的矩形中心重合。Ellipse()函数使用当前画刷填充椭圆内部，使用当前画笔绘制椭圆边界线。椭圆不包括右边界坐标和下边界坐标，即椭圆最大宽度为 x2－x1，最大高度为 y2－y1。MFC 中没有专门绘制圆的函数，只是把圆绘制为长半轴和短半轴相等的椭圆。

例 2-6 将客户区矩形上、下、左、右边界都收缩 100 像素，绘制矩形的内接椭圆，然后绘制矩形。图形的边界线为 1 像素宽黑色实线，内部全部使用透明画刷填充。效果如图 2-22 所示。

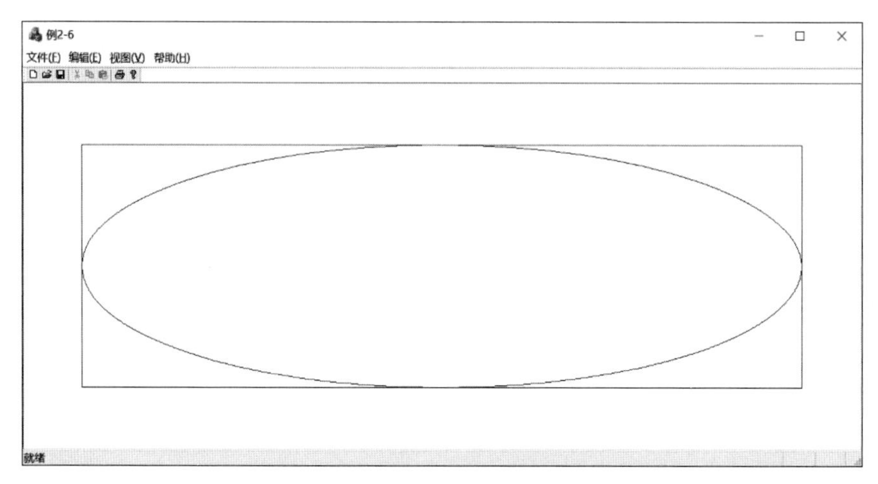

图 2-22 例 2-6 效果图

```
void CTestView::OnDraw(CDC * pDC)
{
          CTestDoc * pDoc = GetDocument();
          ASSERT_VALID(pDoc);
          if (!pDoc)
              return;
          //TODO: 在此处为本机数据添加绘制代码
#1        CRect rect;
#2        GetClientRect(&rect);
#3        rect.DeflateRect(100, 100);
#4        CBrush * pOldBrush = (CBrush * )pDC->SelectStockObject(NULL_BRUSH);
                                                        //透明画刷
#5        pDC->Ellipse(rect);                           //绘制 rect 的内切椭圆
#6        pDC->Rectangle(rect);                         //绘制 rect 矩形
#7        pDC->SelectObject(pOldBrush);
}
```

程序说明：在代码的灰色编号部分第 4 行语句为设备上下文选入透明库画刷，由于 SelectStockObject()函数的返回类型是 CGdiObject *，而 pOldBrush 的类型是 CBrush *，所以需要进行强制类型转换。如果不使用透明画刷，椭圆和矩形函数都是使用默认的白色画刷填充。按照先绘制椭圆再绘制矩形的顺序绘制，矩形会覆盖椭圆。

6. 颜色填充矩形函数

类属：CDC::FillSolidRect。

原型：

```
void FillSolidRect( LPCRECT lpRect, COLORREF clr );
void FillSolidRect( int x, int y, int cx, int cy, COLORREF clr );
```

参数：lpRect 是指定矩形的逻辑坐标，可以是一个 Rect 结构体或 CRect 对象；x、y 指定矩形的左上角点的逻辑坐标，cx，cy 指定矩形的宽度和高度；clr 指定矩形填充颜色。

返回值：无。

说明：当前画笔不起作用，不绘制边界线。该函数使用当前画刷填充整个矩形，包括左边界和上边界，但不包括右边界和下边界。当调用 FillSolidRect()函数填充客户区时，先使用 SetBkColor()函数设置背景色，默认的背景色是白色。

例 2-7 使用 FillSolidRect()函数，将窗口客户区背景填充为黑色，效果如图 2-23 所示。

```
void CTestView::OnDraw(CDC * pDC)
{
        CTestDoc * pDoc = GetDocument();
        ASSERT_VALID(pDoc);
        if (!pDoc)
            return;
        //TODO: 在此处为本机数据添加绘制代码
#1      CRect rect;
#2      GetClientRect(&rect);
#3      COLORREF clr=RGB(0,0,0);
#4      pDC->SetBkColor(clr);                          //设置背景色为黑色
#5      pDC->FillSolidRect(rect,pDC->GetBkColor());    //使用背景色填充客户区矩形
}
```

程序说明：在代码的灰色编号部分，第 3～5 行语句也可直接写为 pDC->FillSolidRect(rect,RGB(0,0,0))。如果改变 RGB 宏，则可以更换窗口客户区的背景色。在绘制真实感图形时，为了突出光照效果，常使用本段代码将窗口客户区背景设置为黑色。

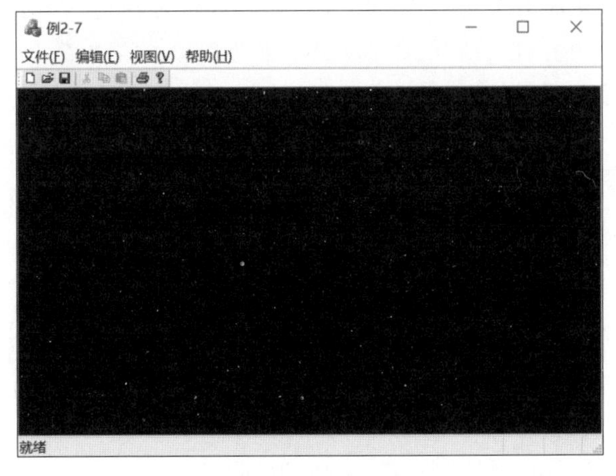

图 2-23 例 2-7 效果图

2.2.6 位图操作

在计算机图形学中，位图应用非常广泛，常作为纹理来刻画物体的表面细节。

1. 位图分类

位图是一种将显示器的图像数据不经过压缩而直接按位存储的文件格式。位图文件主要分为设备无关位图(device independent bitmap，DIB)和设备相关位图(device dependent bitmap，DDB)。

1) DIB 位图

以 BMP 为扩展名存储在磁盘文件中的位图都是 DIB 位图。DIB 位图包含颜色表或者自身存储颜色信息，使得位图颜色与显示设备无关。DIB 位图保证了一个应用程序创建的位图，能够无差别地显示在另一个应用程序中。

2) DDB 位图

DDB 位图也称为 GDI 位图，是一种 MFC 的内部位图格式，由 BITMAP 结构体描述。BITMAP 结构体描述了位图的宽度、高度、颜色位面数、每像素的颜色位数等信息。DDB 位图不包含颜色表，位图颜色依赖于具体显示设备，DDB 位图在不同的显示设备上时会有所差异。DDB 位图常被选作内存设备上下文的兼容位图，以便于图像在内存设备上下文和显示设备上下文之间快速传输。

3) DIB 位图向 DDB 位图的转换

将 DIB 位图通过资源视图加载到 MFC 环境中，DIB 位图就转换为 DDB 位图，可以使用 CBitmap 类来访问。

2. 位图操作函数

1) 创建与指定设备上下文兼容的内存设备上下文函数

类属：CDC::CreateCompatibleDC。

原型：

```
virtual BOOL CreateCompatibleDC( CDC * pDC );
```

参数：pDC 是显示设备上下文的指针。

返回值：如果调用成功，返回“非 0”；否则，返回“0”。

说明：所谓“内存设备上下文”是一块代表显示器的内存块，在向与其兼容的显示设备上下文复制图像之前，内存设备上下文可以用来准备图像。当内存设备上下文被创建时，是标准的 1×1 单色像素位图。在使用内存设备上下文之前，必须先创建或选入一个宽度与高度都正确的位图。

2) 创建与指定设备上下文兼容的位图函数

类属：CBitmap::CreateCompatibleBitmap。

原型：

```
BOOL CreateCompatibleBitmap( CDC * pDC, int nWidth, int nHeight );
```

参数：pDC 是显示设备上下文指针。nWidth 是位图宽度，单位为像素。nHeight 是位图高度，单位为像素。

返回值：如果调用成功，返回“非 0”；否则，返回“0”。

说明：初始化一幅与 pDC 兼容的位图。该位图具有与显示设备上下文相同的颜色位面。该位图可以选为与指定的显示设备上下文兼容的内存设备上下文的当前位图。GDI 自动创建的位图是一幅黑色的单色位图。当使用 CreateCompatibleBitmap() 函数创建 CBitmap 对象后，首先将位图从设备上下文中移除，然后删除 CBitmap 对象。

3）导入位图函数

类属：CBitmap::LoadBitmapW。

原型：

```
BOOL LoadBitmapW( LPCTSTR lpszResourceName );
BOOL LoadBitmapW( UINT nIDResource );
```

参数：lpszResourceName 指向包含位图资源名字的以 NULL 结尾的字符串；nIDResource 是位图资源的资源 ID 编号。

返回值：如果调用成功，返回“非 0”；否则，返回“0”。

说明：该函数将以 nIDResource 标识的位图加载给 CBitmap 对象。该函数名也可以写为 LoadBitmap，这是因为在 winuser.h 中有以下宏定义：

```
#define LoadBitmap   LoadBitmapW
```

4）获取位图信息函数

类属：CBitmap::GetBitmap。

原型：

```
int GetBitmap( BITMAP* pBitMap );
```

参数：pBitMap 是 BITMAP 结构体的指针，此参数不能为 NULL。BITMAP 结构体定义了逻辑位图的宽度、高度、颜色格式和位图的字节数据。BITMAP 结构体定义如下：

```
typedef struct tagBITMAP
{
    int bmType;                           //位图的类型，对于逻辑位图，其值为 0
    int bmWidth;                          //位图的宽度
    int bmHeight;                         //位图的高度，指扫描线数
    int bmWidthBytes;                     //每条扫描线上的字节数，该值必须是偶数
    BYTE bmPlanes;                        //颜色位面数
    BYTE bmBitsPixel;                     //每个位面上定义 1 像素颜色的位数
    LPVOID bmBits;                        //位图数据指针
} BITMAP;
```

返回值：如果调用成功，返回“非 0”；否则，返回“0”。

说明：从 CBitmap 对象中获取位图信息。由于 CBitmap 是以类形式封装的，所以不能直接访问位图的宽度与高度，但可以使用 GetBitmap() 函数将 DDB 位图数据写入到 BITMAP 结构体中。

5）获取位图信息函数

类属：CBitmap::GetBitmapBits。

原型：

```
DWORD GetBitmapBits( DWORD dwCount, LPVOID lpBits) const;
```

参数：dwCount 是复制到数组中的字节数。lpBits 为接收位图的数组指针。

返回值：如果调用成功，返回复制到数组中的字节数；否则，返回“0”。

6）删除设备上下文函数

类属：CDC::DeleteDC。

原型：

```
BOOL DeleteDC( );
```

参数：无。

返回值：如果调用成功，返回“非 0”；否则，返回“0”。

说明：通常情况下不使用本函数，析构函数将自动执行删除操作。DeleteDC()函数只用于删除使用 CreateDC()、CreateCompatibleDC()等函数创建的设备上下文。

7）位块传送函数

类属：CDC::BitBlt。

原型：

```
BOOL BitBlt( int x, int y, int nWidth, int nHeight, CDC * pSrcDC,
int xSrc, int ySrc, DWORD dwRop );
```

参数：x、y 指定目标矩形区域左上角点的逻辑坐标；nWidth 是目标矩形和源位图的宽度，以逻辑坐标表示；nHeight 是目标矩形和源位图的高度，以逻辑坐标表示；pSrcDC 是 CDC 对象的指针，该 CDC 对象包含有将要被复制的位图；xSrc 和 ySrc 是源位图的左上角点逻辑坐标；dwRop 是光栅操作码(raster operation code)，定义了如何对源位图和目标位图进行组合。GDI 有多种光栅操作码，最常用的是 SRCCOPY，表示将源位图直接复制到目标设备上下文中。

返回值：如果调用成功，返回“非 0”；否则，返回“0”。

说明：BitBlt 是 Bit Block Transfer 的缩写。BitBlt()函数对指定的源设备上下文中的一幅位图进行位块转换，以传输到目标设备上下文中。

8）拉伸位图函数

类属：CDC::StretchBlt。

原型：

```
BOOL StretchBlt(int x,int y,int nWidth,int nHeight,CDC * pSrcDC,
int xSrc,int ySrc, int nSrcWidth,int nSrcHeight,DWORD dwRop);
```

参数：x、y 指定目标矩形区域左上角点的逻辑坐标；nWidth 是目标矩形的宽度，以逻辑坐标表示；nHeight 是目标矩形的高度，以逻辑坐标表示；pSrcDC 指定源设备上下文；xSrc 和 ySrc 是源矩形的左上角点逻辑坐标；nSrcWidth 是源矩形(位图)的宽度，以逻辑坐标表示；nSrcHeight 是源矩形(位图)的高度，以逻辑坐标表示；dwRop 是将要执行的光栅操作码，常用 SRCCOPY 表示复制源位图到目标位图。

返回值：如果位图绘制成功，返回“非 0”；否则，返回“0”。

说明：本函数从源矩形复制一幅位图到目标矩形，并对位图进行拉伸以使其适合目标矩形的尺寸。

例 2-8 在窗口客户区内居中显示图 2-24 所示的“研究所”位图(institute.bmp)。在设备坐标系中编程实现,效果如图 2-25 所示。

图 2-24 博创研究所位图

图 2-25 例 2-8 效果图

```
void CTestView::OnDraw(CDC * pDC)
{
        CTestDoc * pDoc = GetDocument();
        ASSERT_VALID(pDoc);
        if (!pDoc)
            return;
        //TODO: 在此处为本机数据添加绘制代码
#1      CRect rect;                                 //声明矩形对象
#2      GetClientRect(&rect);                       //获得客户区大小
#3      CDC memDC;                                  //声明内存设备上下文
#4      mDC.CreateCompatibleDC(pDC); //创建与显示设备上下文兼容的内存设备上下文
#5      CBitmap NewBitmap, * pOldBitmap;
#6      NewBitmap.LoadBitmapW(IDB_BITMAP1); //导入“研究所”位图
#7      pOldBitmap=memDC.SelectObject(&NewBitmap); //将位图选入内存设备上下文
```

```
#8        BITMAP bmp;                                  //声明结构体变量
#9        NewBitmap.GetBitmap(&bmp);           //将 NewBitmap 中位图信息保存到 bmp 中
#10       int nX = rect.left + (rect.Width() -bmp.bmWidth) / 2;
                                                       //位图左上角点的 x 坐标
#11       int nY = rect.top + (rect.Height() -bmp.bmHeight) / 2;
                                                       //位图左上角点的 y 坐标
#12       pDC->BitBlt(nX, nY, rect.Width(), rect.Height(), &memDC, 0, 0, SRCCOPY);
                                                       //位块传输
#13       memDC.SelectObject(pOldBitmap);      //选入内存设备上下文的旧位图
#14       NewBitmap.DeleteObject();            //删除已成自由状态的新位图
#15       memDC.DeleteDC();                    //删除内存设备上下文
}
```

程序说明：pDC 代表显示设备上下文，memDC 代表内存设备上下文。

说明：将鼠标指向 SRCCOPY，右击在快捷菜单中选择 Go To Definition，打开源复制的宏定义，有

```
#define SRCCOPY  (DWORD)0x00CC0020 /* dest = source */
```

这说明光栅操作码 SRCCOPY 的含义是通过复制的方式将源(source)传送给目的(dest)。

在窗口客户区显示一幅位图之前，需先将位图导入资源。为此，在资源视图中选中 Test.rc 并右击，在弹出的菜单中选择“添加资源”，打开“添加资源”对话框，单击“导入”按钮，打开“导入”对话框，如图 2-26 和图 2-27 所示。选择 institute.bmp 位图，在“资源视图”面板下出现新的位图资源标识符：IDB_BITMAP1。

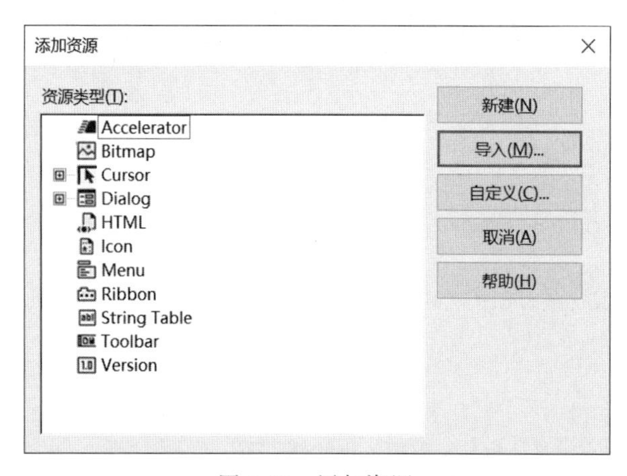

图 2-26　添加资源

从本例程可以看出，将一幅 DIB 位图显示在实际设备中，要遵循下列步骤。

(1) 将一幅位图导入资源视图中。

(2) 使用 CreateCompatibleDC()函数创建一个与显示设备上下文兼容的内存设备上下文。

(3) 使用 LoadBitmapW()函数导入位图。

图 2-27　导入图像

(4) 使用 SelectObject()函数将位图选入内存设备上下文。

(5) 调用 BitBlt()函数将位图从内存设备上下文复制到任意兼容的显示设备上下文中。

(6) 位图使用完毕后，将内存设备上下文中的位图恢复原状。

(7) 删除内存设备上下文。

本例为了将位图居中显示，所以计算了(nX，nY)。如果删除第 10 行与第 11 行语句，并将第 12 行语句中的 nX 和 nY 取为零，其余参数保持不变，则所显示的位图会与客户区的左边界与上边界对齐。请读者自己完成。

2.3　双缓冲动画技术

双缓冲机制是一种基本的动画技术，常用于解决单缓冲擦除图像时带来的屏幕闪烁问题。所谓双缓冲是指一个显示缓冲区(显示设备上下文，用 pDC 标识)和一个内存缓冲区(内存设备上下文，用 mDC 标识)。图 2-28 是单缓冲绘图原理示意图。由于直接将图形绘制到了显示缓冲区，所以制作动画时需要不断擦除屏幕，这会带来屏幕的闪烁。图 2-29 是双缓冲绘图原理示意图。第 1 步将图形绘制到内存缓冲区。第 2 步从内存缓冲区中将图形一次性复制到显示缓冲区。图形是绘制到内存缓冲区，而不是直接绘制到显示缓冲区，显示缓冲区只是内存缓冲区的一个映像。每一帧动画只执行一个图形从内存缓冲区到显示缓冲区的复制操作。双缓冲动画原理表明：显示缓冲区相当于透明玻璃，上面什么也没画，根本不需要擦除。双缓冲技术有效避免了屏幕闪烁现象，可生成平滑的逐帧动画。

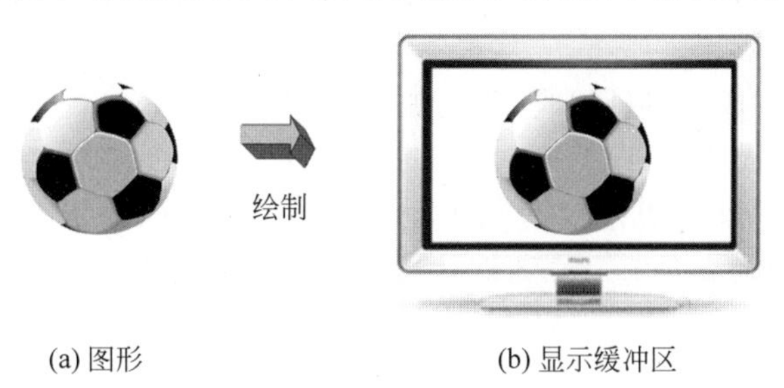

(a) 图形　　(b) 显示缓冲区

图 2-28　单缓冲绘图原理示意图

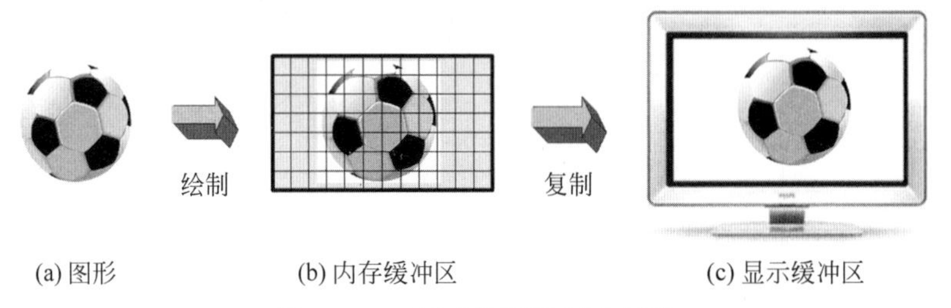

图 2-29　双缓冲绘图原理示意图

双缓冲技术的核心是内存缓冲区用于准备图形，显示缓冲区用于展示图形。在定时器的作用下，当内存缓冲区绘制完一帧图形后，就立即将其复制到屏幕上。完整的步骤如下：

（1）使用 CreateCompatibleDC()函数创建一个与显示缓冲区兼容的内存缓冲区。

（2）使用 CreateCompatibleBitmap()函数创建一个与显示缓冲区兼容的黑色内存位图。

（3）使用 SelectObject()函数将内存位图选入内存缓冲区。

（4）调用 FillSolidRect()函数修改窗口客户区的颜色。这是一个可选项。如果不进行修改，窗口客户区背景色使用兼容位图的黑色。

（5）向内存缓冲区中绘制图形。这里常定义子函数实现。

（6）调用 BitBlt()函数将内存缓冲区中的图形一次性复制到显示缓冲区中。

（7）将使用 CreateCompatibleBitmap()函数创建的位图移出内存缓冲区，并删除该位图。

（8）删除由 CreateCompatibleDC()函数创建的内存缓冲区。

2.3.1　动画技术相关函数

1. 设置定时器

类属：CWnd::SetTimer。

原型：

```
UINT SetTimer(UINT nIDEvent, UINT nElapse, void (
CALLBACK EXPORT * lpfnTimer)(HWND, UINT, UINT, DWORD) );
```

参数：nIDEvent 是非零的定时器标识符。nElapse 是以毫秒表示的时间间隔。lpfnTimer 是处理 WM_TIMER 消息的 TimerProc()回调函数的地址。如果此参数为 NULL，表示 WM_TIMER 消息进入由 CWnd 对象处理的消息队列，即由 OnTimer()函数响应。

返回值：如果调用成功，返回“非 0”；否则，返回“0”。

说明：本函数安装了一个系统定时器。每隔一定的时间间隔，系统就会投递一个 WM_TIMER 消息进入消息队列，或者直接发给 TimerProc()回调函数处理。如果调用成功，返回值是新定时器的标识符。应用程序传递此标识符给 killTimer()函数，用于关闭定时器。

2. 关闭定时器函数

类属：CWnd::KillTimer。

原型：

```
BOOL KillTimer( int nIDEvent );
```

参数：nIDEvent 是由 SetTimer()函数设置的定时器标识符。

返回值：关闭定时器成功，返回“非 0”；否则，返回“0”。

3. 强制客户区无效函数

类属：CWnd::Invalidate。

原型：

```
void Invalidate(BOOL bErase = TRUE);
```

参数：bErase 指定是否擦除更新区域的背景，默认值 TRUE 表示擦除背景。

返回值：无。

说明：Invalidate()函数使得 CWnd 的整个客户区无效，强制调用 WM_PAINT 消息的响应函数，在 MFC 中相当于执行 OnDraw()函数。

2.3.2 动画示例

例 2-9 在白色背景下，使用双缓冲机制绘制逆时针旋转的“阴阳鱼”动画。在自定义坐标系内编程实现，效果如图 2-30 所示。

图 2-30 阴阳鱼顺时针旋转效果图

1. 案例设计

仔细观察阴阳鱼图案，这个看似复杂的图案的基本图元是半圆和整圆。假设阴阳鱼大圆半径为 R，圆弧的起点为 as(ArcStart)，终点为 ae(ArcEnd)。

(1) 先绘制右侧半径为 R 的黑色半圆，如图 2-31(a)所示，再绘制左侧半径为 R 的白色半圆，如图 2-31(b)所示。

(2) 先绘制下侧半径为 $R/2$ 的黑色鱼头，如图 2-31(c)所示，再绘制上侧半径为 $R/2$ 的白色鱼头，如图 2-31(d)所示。

(3) 在黑色鱼头里，先绘制下侧半径为 $R/6$ 的白色鱼眼，如图 2-31(e)所示；在白色鱼头里，最后绘制上侧半径为 $R/6$ 的黑色鱼眼，如图 2-31(f)所示。

绘制半圆使用的是扇形函数 Pie()，绘制整圆使用的是椭圆函数 Ellipse()。前面已经

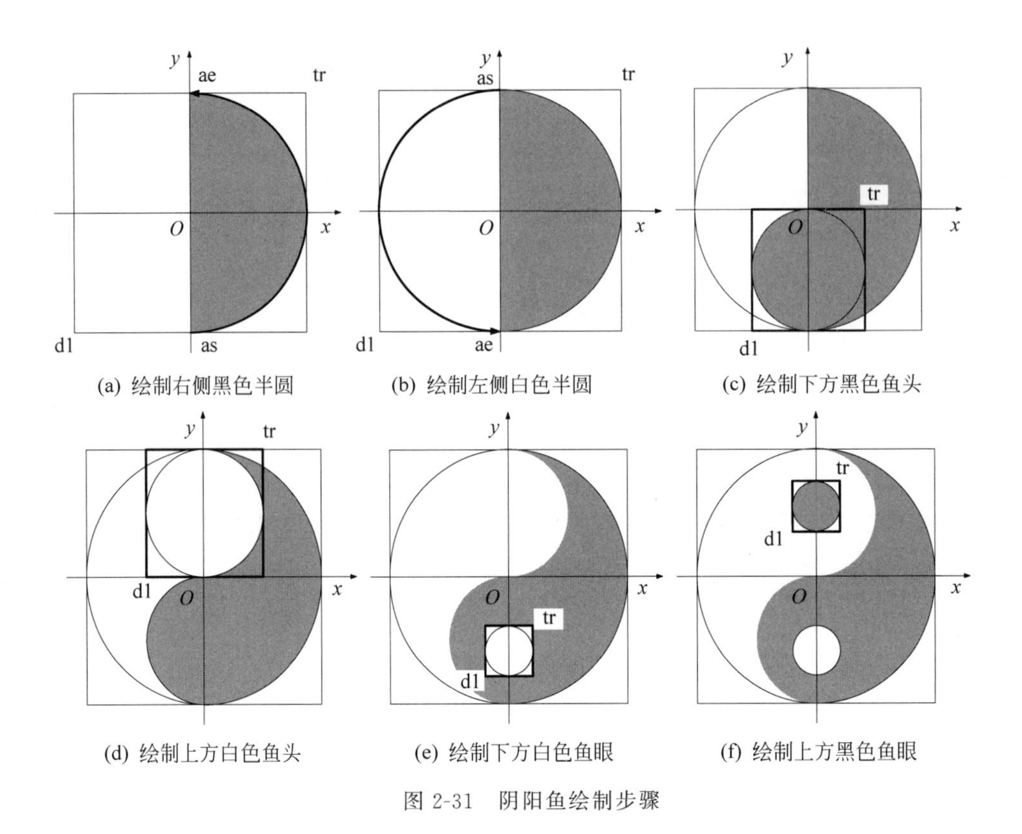

图 2-31 阴阳鱼绘制步骤

讲解了 Ellipse()函数的使用方法,Pie()该函数的定义为

类属：CDC：Pie。

原型：

```
BOOL Pie( int x1, int y1, int x2, int y2, int x3, int y3, int x4, int y4 );
BOOL Pie( LPCRECT lpRect, POINT ptStart, POINT ptEnd );
```

参数：x1、y1 是外接矩形左上角点逻辑坐标；x2、y2 是外接矩形右下角点逻辑坐标；x3、y3 为扇形起点逻辑坐标,该参数不一定严格位于扇形上；x4、y4 为扇形终点逻辑坐标,该参数也不一定严格位于扇形上；lpRect 是用逻辑坐标指定的外接矩形,可以是 CRect 对象或 RECT 结构体；ptStart 是扇形的起点逻辑坐标,可以是 CPoint 对象或 POINT 结构体；ptEnd 是扇形的终点逻辑坐标,可以是 CPoint 对象或 POINT 结构体。

返回值：如果调用成功,返回“非 0”；否则,返回“0”。

说明：Pie()函数从起点到终点逆时针方向绘制扇形,并使用直线段连接扇形中心与扇形的起点和终点。使用当前画刷填充扇形内部,使用当前画笔绘制扇形边界线。

2. 定义阴阳鱼类

选中“视图”|“类视图”菜单项,打开“类视图”选项卡。在类视图标签页中,选中 Test,并右击,从弹出的快捷菜单中选中“添加”|“类”,打开图 2-32 所示的“添加类”对话框。在“类名”下面的编辑框中输入类名 CFish,在“.h 文件”下面出现 Fish.h,在“.cpp 文件”下面出现 Fish.cpp,单击“确定”按钮创建 CFish 类。

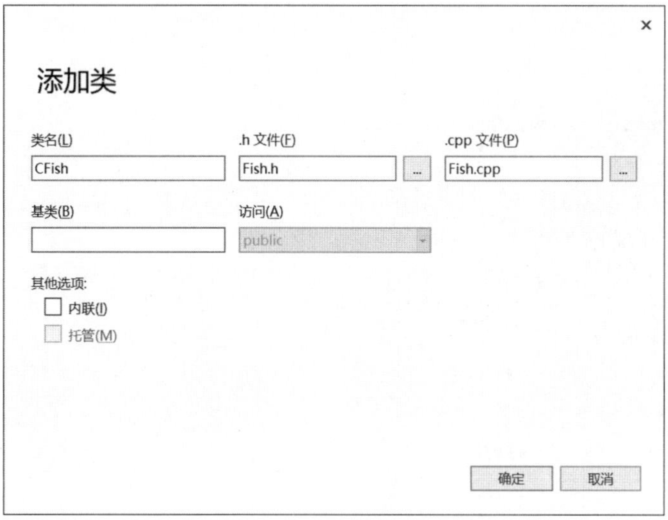

图 2-32　添加类

1）Fish.h 头文件

```
class CFish
{
public:
        CFish(void);
#1      CFish(int R);
        virtual ~CFish(void);
#2      void Draw(CDC* pDC, double Theta);              //绘图函数
#3   private:
#4      int R;                                          //阴阳鱼大圆半径
};
```

程序说明：在代码的灰色编号部分第 2 行语句声明阴阳鱼绘图函数，参数 Theta 是旋转角。改变 Theta 角可以旋转阴阳鱼，实现二维动画。

2）Fish.cpp 实现文件

```
CFish::CFish(void)
{
#1      R=0;
}
CFish::CFish(int R)
{
#2      this->R=R;
}
```

```
CFish::~CFish(void)
{
}
```

```
#3    void CFish::Draw(CDC * pDC, double Theta)
#4    {
#5        COLORREF clrWhite = RGB(255, 255, 255);
#6        COLORREF clrBlack = RGB(0, 0, 0);
#7        //绘制黑色半圆,半径 R
#8        CPen NewPen, * pOldPen;
#9        CBrush NewBrush, * pOldBrush;
#10       NewPen.CreatePen(PS_SOLID, 1, clrBlack);
#11       pOldPen = pDC->SelectObject(&NewPen);
#12       NewBrush.CreateSolidBrush(clrBlack);
#13       pOldBrush = pDC->SelectObject(&NewBrush);
#14       CPoint BottomLeft = CPoint(-R, -R);
#15       CPoint TopRight = CPoint(R, R);
#16       CPoint ArcStart = CPoint(ROUND(R * cos((Theta - 90) * PI / 180)),
              ROUND(R * sin((Theta - 90) * PI / 180)));
#17       CPoint ArcEnd = CPoint(ROUND(R * cos((Theta + 90) * PI / 180)),
              ROUND(R * sin((Theta + 90) * PI / 180)));
#18       pDC->Pie(CRect(BottomLeft, TopRight), ArcStart, ArcEnd);
#19       pDC->SelectObject(pOldBrush);
#20       NewBrush.DeleteObject();
#21       pDC->SelectObject(pOldPen);
#22       NewPen.DeleteObject();
#23       //绘制白色半圆,半径 R
#24       NewPen.CreatePen(PS_SOLID, 1, clrBlack);
#25       pOldPen = pDC->SelectObject(&NewPen);
#26       NewBrush.CreateSolidBrush(clrWhite);
#27       pOldBrush = pDC->SelectObject(&NewBrush);
#28       BottomLeft = CPoint(-R, -R);
#29       TopRight = CPoint(R, R);
#30       ArcStart = CPoint(ROUND(R * cos((Theta + 90) * PI / 180)),
              ROUND(R * sin((Theta + 90) * PI / 180)));
#31       ArcEnd = CPoint(ROUND(R * cos((Theta - 90) * PI / 180)),
              ROUND(R * sin((Theta - 90) * PI / 180)));
#32       pDC->Pie(CRect(BottomLeft, TopRight), ArcStart, ArcEnd);
#33       pDC->SelectObject(pOldBrush);
#34       NewBrush.DeleteObject();
#35       pDC->SelectObject(pOldPen);
#36       NewPen.DeleteObject();
#37       //绘制黑色鱼头,半径 R/2
#38       long r1 = R / 2;
#39       NewPen.CreatePen(PS_SOLID, 1, clrBlack);
```

```
#40        pOldPen = pDC->SelectObject(&NewPen);
#41        NewBrush.CreateSolidBrush(clrBlack);
#42        pOldBrush = pDC->SelectObject(&NewBrush);
#43        BottomLeft = CPoint(ROUND(r1 * cos((Theta - 90) * PI / 180) - r1),
               ROUND(r1 * sin((Theta - 90) * PI / 180) - r1));
#44        TopRight = CPoint(ROUND(r1 * cos((Theta - 90) * PI / 180) + r1),
               ROUND(r1 * sin((Theta - 90) * PI / 180) + r1));
#45        pDC->Ellipse(CRect(BottomLeft, TopRight));
#46        pDC->SelectObject(pOldBrush);
#47        NewBrush.DeleteObject();
#48        pDC->SelectObject(pOldPen);
#49        NewPen.DeleteObject();
#50        //绘制白色鱼头,半径 R/2
#51        NewPen.CreatePen(PS_SOLID, 1, clrWhite);
#52        pOldPen = pDC->SelectObject(&NewPen);
#53        NewBrush.CreateSolidBrush(clrWhite);
#54        pOldBrush = pDC->SelectObject(&NewBrush);
#55        BottomLeft = CPoint(ROUND(r1 * cos((Theta + 90) * PI / 180) - r1),
               ROUND(r1 * sin((Theta + 90) * PI / 180) - r1));
#56        TopRight = CPoint(ROUND(r1 * cos((Theta + 90) * PI / 180) + r1),
               ROUND(r1 * sin((Theta + 90) * PI / 180) + r1));
#57        pDC->Ellipse(CRect(BottomLeft, TopRight));
#58        pDC->SelectObject(pOldBrush);
#59        NewBrush.DeleteObject();
#60        pDC->SelectObject(pOldPen);
#61        NewPen.DeleteObject();
#62        //绘制白色鱼眼,半径 R/6
#63        int r2 = R / 6;
#64        NewPen.CreatePen(PS_SOLID, 1, clrWhite);
#65        pOldPen = pDC->SelectObject(&NewPen);
#66        NewBrush.CreateSolidBrush(clrWhite);
#67        pOldBrush = pDC->SelectObject(&NewBrush);
#68        BottomLeft = CPoint(ROUND(r1 * cos((Theta - 90) * PI / 180) - r2),
               ROUND(r1 * sin((Theta - 90) * PI / 180) - r2));
#69        TopRight = CPoint(ROUND(r1 * cos((Theta - 90) * PI / 180) + r2),
               ROUND(r1 * sin((Theta - 90) * PI / 180) + r2));
#70        pDC->Ellipse(CRect(BottomLeft, TopRight));
#71        pDC->SelectObject(pOldBrush);
#72        NewBrush.DeleteObject();
#73        pDC->SelectObject(pOldPen);
#74        NewPen.DeleteObject();
#75        //绘制黑色鱼眼,半径 R/6
#76        NewPen.CreatePen(PS_SOLID, 1, clrBlack);
#77        pOldPen = pDC->SelectObject(&NewPen);
```

```
#78        NewBrush.CreateSolidBrush(clrBlack);
#79        pOldBrush = pDC->SelectObject(&NewBrush);
#80        BottomLeft = CPoint(ROUND(r1 * cos((Theta + 90) * PI / 180) - r2),
               ROUND(r1 * sin((Theta + 90) * PI / 180) - r2));
#81        TopRight = CPoint(ROUND(r1 * cos((Theta + 90) * PI / 180) + r2),
               ROUND(r1 * sin((Theta + 90) * PI / 180) + r2));
#82        pDC->Ellipse(CRect(BottomLeft, TopRight));
#83        pDC->SelectObject(pOldBrush);
#84        NewBrush.DeleteObject();
#85        pDC->SelectObject(pOldPen);
#86        NewPen.DeleteObject();
#87        //绘制外圈,半径 R
#88        pOldBrush = (CBrush*)pDC->SelectStockObject(NULL_BRUSH);
#89        NewPen.CreatePen(PS_SOLID, 1, clrBlack);
#90        pOldPen = pDC->SelectObject(&NewPen);
#91        BottomLeft = CPoint(-R, -R);
#92        TopRight = CPoint(R, R);
#93        pDC->Ellipse(CRect(BottomLeft, TopRight));
#94        pDC->SelectObject(pOldPen);
#95        NewPen.DeleteObject();
}
```

程序说明：在代码的灰色编号部分第5～6行语句定义前景色为白色，背景色为黑色。第7～22行语句使用扇形函数绘制黑色半圆，如图2-31(a)所示，边界色与内部填充色均为黑色。其中BottomLeft是大圆外接矩形的左下角点，TopRight是大圆外接矩形的右上角点，ArcStart是圆弧起点，ArcEnd是圆弧终点。第23～36行语句绘制白色半圆，如图2-31(b)所示，边界色为黑色，内部填充色为白色。第38行语句定义鱼头半径r1为大圆半径R的一半。第37～49行语句使用椭圆函数绘制黑色鱼头，如图2-31(c)所示，实际绘制结果是一个边界色为黑色，内部也填充为黑色的圆。第50～61行语句使用椭圆函数绘制白色鱼头，如图2-31(d)所示，实际绘制结果是一个边界色和内部填充色都为白色的圆。第63行语句定义鱼眼半径r2为大圆半径R的1/6。第62～74行语句使用椭圆函数绘制白色鱼眼，如图2-31(e)所示，椭圆边界色设置为白色，内部也填充为白色。第75～86行语句使用椭圆函数绘制黑色鱼眼，如图2-31(f)所示，椭圆边界色使用黑色画笔绘制，内部填充色也设置为黑色。第87～95行语句重新绘制黑色边界的内部不填充的大圆，以保持阴阳鱼外圈边界完整。

3. 修改 CTestView 类

1）添加成员函数数据成员

```
#include "Fish.h"

    public:

#1         void DoubleBuffer(CDC* pDC);          //双缓冲动画函数
#2         void DrawObject(CDC* pDC);            //绘图函数
```

```
protected:
#3        int Theta;                              //旋转角
#4        int R;                                  //阴阳鱼大圆半径
#5        CFish* ptr;                             //阴阳鱼对象指针
```

程序说明：在 CTestView 类内，调用 CFish 类制作阴阳鱼旋转的动画。首先在 TestView.h 头文件中包含 Fish.h 头文件，然后添加成员函数与数据成员。

2）构造函数

```
CTestView:: CTestView()
{
        //TODO: 在此处添加构造代码
#1        Theta = 360;                            //初始化旋转角
#2        R = 300 ;                               //初始化阴阳鱼大圆半径
#3        ptr=new CFish(R);                       //阴阳鱼指针
}
```

程序说明：构造函数使用 new 运算符初始化阴阳鱼类对象指针，指向一个大圆半径为 R 的阴阳鱼对象。

3）析构函数

```
CTestView:: ~CTestView()
{
#1        delete ptr;                             //释放 ptr 所指向的内存空间
#2        ptr = NULL;                             //将 ptr 指针置空
}
```

程序说明：析构函数负责清理指针指向的内存空间，防止内存泄漏。

4）双缓冲函数

```
void CTestView::DoubleBuffer(CDC* pDC)
{
#1        CRect rect;
#2        GetClientRect(&rect);
#3        pDC->SetMapMode(MM_ANISOTROPIC);//pDC 的自定义二维坐标系
#4        pDC->SetWindowExt(rect.Width(),rect.Height());
#5        pDC->SetViewportExt(rect.Width(),-rect.Height());
#6        pDC->SetViewportOrg(rect.Width()/2,rect.Height()/2);
#7        CDC mDC;                         //声明内存缓冲区
#8        mDC.CreateCompatibleDC(pDC);     //创建一个与显示缓冲区兼容的内存缓冲区
#9        CBitmap mBitmap;
#10       mBitmap.CreateCompatibleBitmap(pDC,rect.Width(),rect.Height());
                                           //创建兼容位图
```

```
#11        mDC.SelectObject(&mBitmap);        //将兼容位图选入内存缓冲区
#12        mDC.FillSolidRect(rect,pDC->GetBkColor());
                                              //设置填充色为背景色(白色)
#13        rect.OffsetRect(-rect.Width()/2,-rect.Height()/2);
                                              //rect向在下方移动以与客户区重合
#14        mDC.SetMapMode(MM_ANISOTROPIC);   //mDC的自定义二维坐标系
#15        mDC.SetWindowExt(rect.Width(),rect.Height());
#16        mDC.SetViewportExt(rect.Width(),-rect.Height());
#17        mDC.SetViewportOrg(rect.Width()/2,rect.Height()/2);
#18        DrawGraph(&mDC);                   //向内存缓冲区中绘图
#19        pDC->BitBlt(rect.left,rect.top,rect.Width(),rect.Height(),&mDC,-rect.
       Width()/2,-rect.Height()/2,SRCCOPY); //将缓冲区中的图形复制到显示缓冲区
#20        mDC.DeleteDC();
}
```

程序说明：在自定义坐标系中设置双缓冲。第10行语句创建一幅与显示缓冲区兼容的位图，该位图的宽度和高度与窗口客户区大小一致，且是一幅黑色背景位图。第12行语句使用背景色(白色)填充内存缓冲区。如果注释第12行语句，则客户区为黑色。

5）绘制函数

```
void CTestView::DrawGraph(CDC* pDC)
{
#1         ptr->Draw(pDC, Theta);
}
```

程序说明：使用ptr指针调用阴阳鱼类的成员函数Draw()函数来绘制阴阳鱼。

6）动画播放函数

按照一定的时间间隔改变Theta的值旋转图形。双缓冲根据视觉暂留特性，生成连续的动画。为此，在OnDraw()函数中设置了定时器。

```
void CTestView::OnDraw(CDC* pDC)
{
           CTestDoc* pDoc = GetDocument();
           ASSERT_VALID(pDoc);
           if (!pDoc)
               return;
           //TODO: 在此处为本机数据添加绘制代码
#1         SetTimer(1, 40,NULL);                //启动1号定时器(时间间隔为40ms)
#2         DoubleBuffer(pDC);                   //双缓冲函数绘制动态旋转的阴阳鱼图案
}
```

程序说明：由于动画的播放速率介于24帧/秒到30帧/秒之间，因此定时器的时间间隔一般取为30～40ms。

7）定时器消息响应函数

在 CTestView 类内映射 WM_TIMER 消息，响应系统定时器的消息，如图 2-33 所示。

```
void CTestView::OnTimer(UINT_PTR nIDEvent)
{
        //TODO: 在此添加消息处理程序代码和/或调用默认值
#1      Theta++;
#2      if(360== Theta)
#3          Theta =0;
#4      Invalidate(FALSE);                    //使客户区无效，强制执行 OnDraw()函数
        CView::OnTimer(nIDEvent);
}
```

程序说明：通过改变旋转角来实现阴阳鱼的顺时针旋转。当 Theta 角执行加 1 操作到达 360°时，将 Theta 重置为 0°，开始下一轮循环。

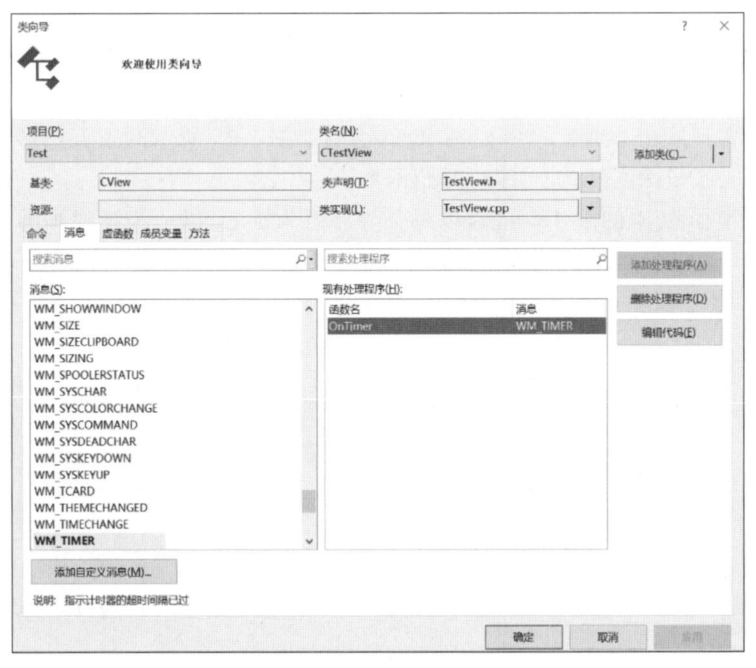

图 2-33　添加 WM_TIMER 消息响应函数

2.4　本 章 小 结

本章简单讲解了使用 Visual Studio 2022 中文版的 MFC 框架建立项目的上机操作步骤，示范了基本绘图函数的使用方法，重点讲解了双缓冲动画技术。本章是后续算法的开发基础，教师可以根据学生 C++ 语言掌握的实际情况，对内容进行适当取舍。

习 题 2

1. 在自定义坐标系中，使用 CDC 类绘制图 2-34 所示的窗格图案。其中，w 和 h 为窗格的宽度和高度。

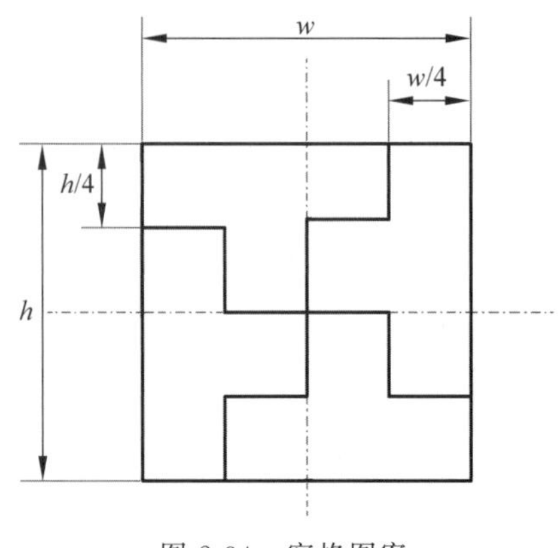

图 2-34 窗格图案

2. 以窗口客户区中心为二维坐标系原点，绘制如图 2-35 所示的正五边形与正五角星的嵌套结构。试取递归深度 n 为 3，编写递归函数。

3. 把一个半径为 R 的圆 40 等份，以每个等分点为圆心，以 r 为半径画圆。试编程绘制 $R=150$ 且 $r=100$ 的圆环简图，如图 2-36 所示。

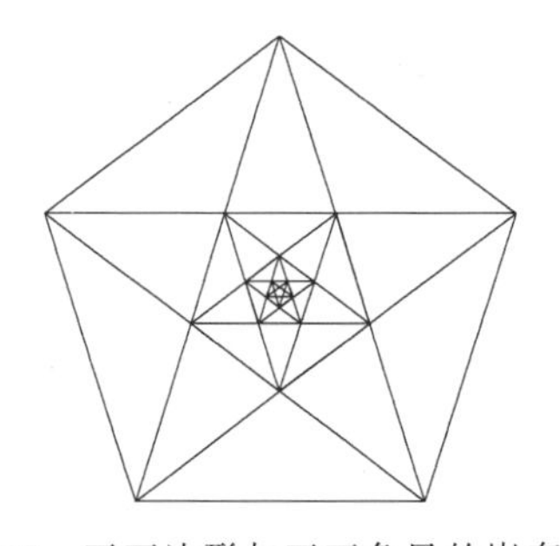

图 2-35 正五边形与正五角星的嵌套结构

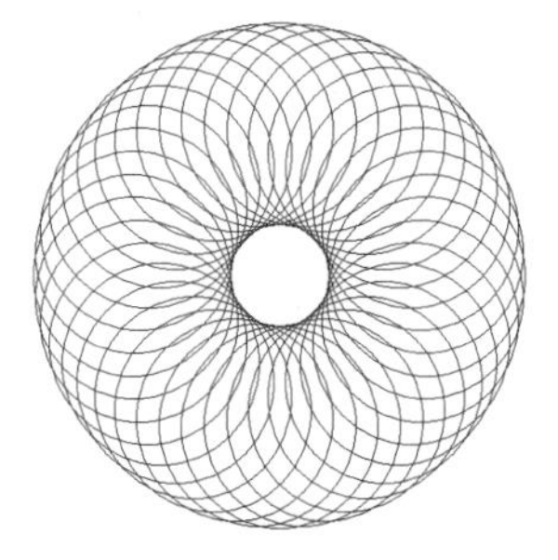

图 2-36 圆环效果图

4. 自定义 CBrick 类，在窗口客户区绘制图 2-37 所示的砖墙，边界为 3 像素宽的白色实线，内部填充色为红色。要求砖块数量不超越客户区，且奇偶行排列的砖块有半块砖的交错。

图 2-37 砖墙

5. 给定顶点为 A_i 的正五边形如图 2-36(a)所示，顶点为 B_i 的正五角星如图 2-38(f)所示，其中 $i=0,1,2,3,4$。使用下式可以绘制内插动画

$$P_i(t)=(1-t)A_i+tB_i t\in[0,1]$$

当 t 从 0.0 到 1.0 按步长 0.1 连续变化时，试编程绘制正五边形变化到正五角星的动画。

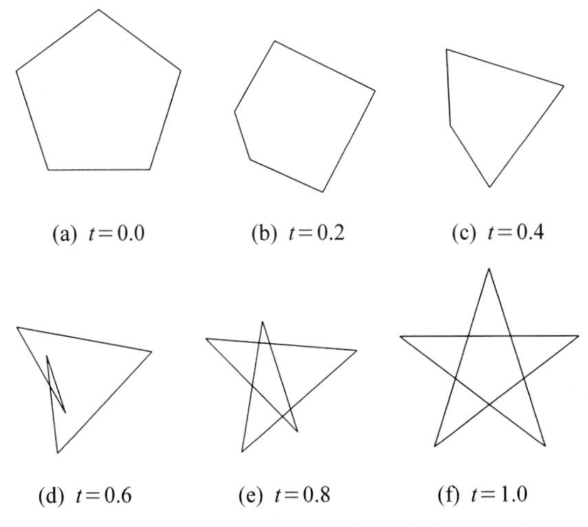

图 2-38 正五边形与正五角星的变形动画

第3章　基本图元的扫描转换

本章学习目标

- 了解扫描转换的基本概念。
- 掌握绘制像素点函数的用法。
- 掌握直线的扫描转换算法。
- 熟悉圆的扫描转换算法。
- 了解椭圆的扫描转换算法。
- 掌握 Wu 反走样算法。

直线、圆和椭圆是二维场景中常用的2D图元。尽管MFC的CDC类已经提供了相关的绘图函数，但直接使用这些成员函数仍然无法完全满足计算机图形学的绘图要求，如对基本图形进行反走样处理，绘制颜色光滑过渡的直线等。图形的光栅化(rasterization)就是在像素点阵中确定最佳逼近于理想图元的像素点集，并用指定颜色显示这些像素点集的过程。当光栅化与按扫描线顺序绘制图形的过程结合在一起时，也称为扫描转换(scan conversion)。本章从基本图元的生成原理出发，使用绘制像素点函数研究其扫描转换算法。

3.1　直线的扫描转换

光栅扫描显示器是画点设备，因此不能直接从一像素点到另一像素点绘制一段直线。直线扫描转换的结果是一组在几何上距离理想直线(ideal line)最近的离散像素点集。图3-1中，像素使用放大了很多倍的小圆表示。白色空心圆表示未选择(或称为未点亮)的像素点，黑色实心圆表示已选择(或称为已点亮)的像素点。假定从像素点 P 开始，向右方递增一个单位，理想直线与像素网格的交点为 Q，如图3-2所示。Q 点在光栅扫描显示器上是从上下像素点对(P_u 和 P_d)中选择一个来显示的。选择的依据是比较 P_u 和 P_d 到直线的距离(用 n_u 和 n_d 来表示)，取距离 Q 点最近的像素点来表示 Q 点。观察相似三角形，也可以使用 d_u 和 d_d 来近似表示 P_u 和 P_d 到直线的距离。这里，有 $d_u+d_d=1$，其中，下标"u"代表 up，下标"d"代表 down。

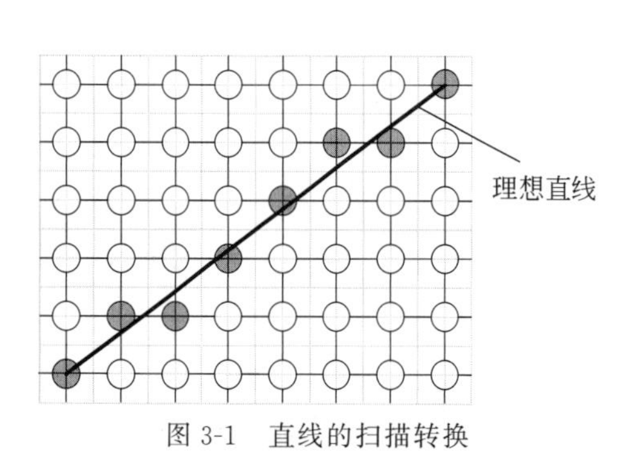

图3-1　直线的扫描转换

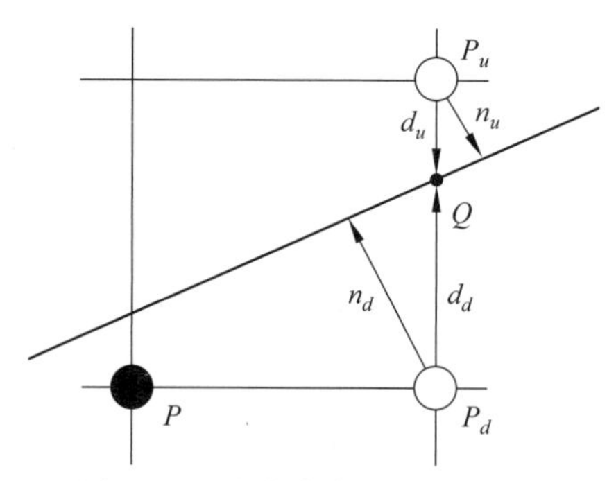

图3-2　选取离直线最近的像素点

计算机图形学要求直线的绘制速度要快，即尽量使用加减法，避免乘、除、开方、三角等复杂运算。有多种算法可以对直线进行扫描转换，如 DDA 算法、Bresenham 算法、中点算法等。本章重点介绍 Bresenham 算法和中点算法。对于直线，中点算法与 Bresenham 算法产生同样的像素点集。

给定直线的起点坐标为 $P_0(x_0, y_0)$，终点坐标为 $P_1(x_1, y_1)$，用斜截式表示的直线方程为

$$y = kx + b \tag{3-1}$$

其中，直线的斜率为 $k = \frac{\Delta y}{\Delta x} = \frac{y_1 - y_0}{x_1 - x_0}$，$\Delta x = x_1 - x_0$ 为水平方向位移，$\Delta y = y_1 - y_0$ 为垂直方向位移，b 为 y 轴上的截距。

扫描转换算法中，常根据 $|\Delta x|$ 和 $|\Delta y|$ 的大小来确定绘图的主位移方向。在主位移方向上执行的是 ± 1 操作，另一个方向上是否 ± 1，需要建立误差项来判定。如果 $|\Delta x| > |\Delta y|$，则取 x 方向为主位移方向，如图 3-3(a)所示；如果 $|\Delta x| = |\Delta y|$，取 x 方向为主位移方向或取 y 方向为主位移方向皆可，如图 3-3(b)所示；如果 $|\Delta x| < |\Delta y|$，则取 y 方向为主位移方向，如图 3-3(c)所示。

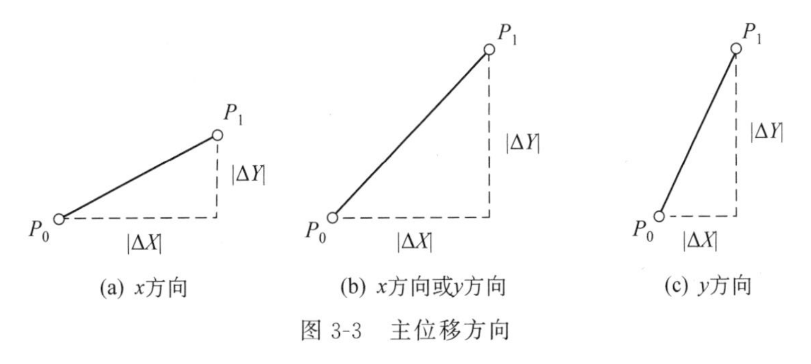

图 3-3　主位移方向

除特别声明外，以下给出的直线扫描转换算法是针对斜率满足 $0 \leqslant k \leqslant 1$ 的情形，其他斜率情况下，可以根据直线的对称性类似推导。第一象限包含两个八分象限(octant)。斜率满足 $0 \leqslant k \leqslant 1$ 的情形位于第 1 个八分象限内，斜率 $k > 1$ 的情形位于第 2 个八分象限内，如图 3-4 所示。

说明：在计算机图形学中，"直线"这个术语表示一段直线，而不是数学意义上两端无限延伸的直线。

3.1.1　DDA 算法

数值微分法(digital differential analyzer，DDA)是用数值方法求解微分方程的一种算法[19]。式(3-1)的微分表示为

$$\frac{\mathrm{d}y}{\mathrm{d}x} = k \tag{3-2}$$

其有限差分近似解为

$$\begin{cases} x_{i+1} = x_i + \Delta x \\ y_{i+1} = y_i + \Delta y = y_i + k\Delta x \end{cases} \tag{3-3}$$

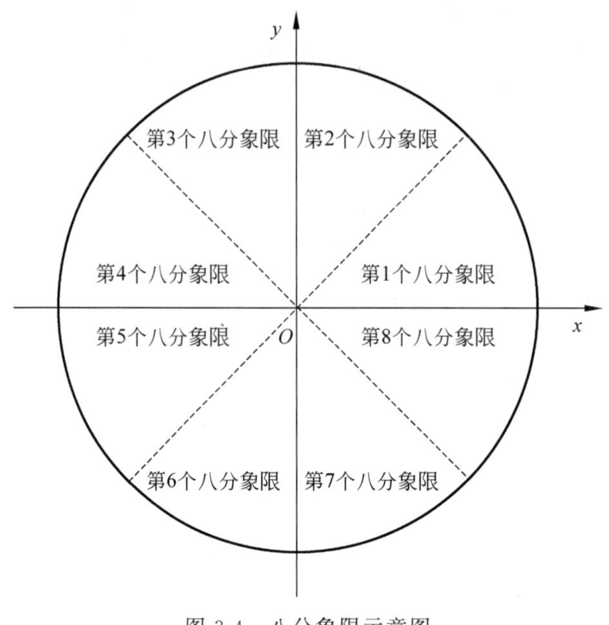

图 3-4　八分象限示意图

式(3-3)表示直线上的像素点 P_{i+1} 与像素点 P_i 的递推关系。可以看出,x_{i+1} 和 y_{i+1} 的值可以根据 x_i 和 y_i 的值推算出来,这说明 DDA 算法是一种增量算法。在一个迭代算法中,如果每一步的 x,y 值是用前一步的值加上一个增量来获得的,那么,这种算法就称为增量算法(incremental algorithm)。

当直线的斜率满足 $0 \leqslant k \leqslant 1$ 时,有 $\Delta x \geqslant \Delta y$,所以 x 方向为主位移方向。取 $\Delta x = 1$,有 $\Delta y = k$。DDA 算法简单表述为

$$\begin{cases} x_{i+1} = x_i + 1 \\ y_{i+1} = y_i + k \end{cases} \tag{3-4}$$

图 3-5 中,$P_i(x_i, y_i)$ 为理想直线的起点扫描转换后的像素点。$Q(x_i+1, y_i+k)$ 为理想直线与下一列垂直网格线的交点。从 P_i 像素点出发,沿主位移 x 方向上递增一个单位,下一列上只有 1 个像素点被选择,候选像素点为 $P_u(x_i+1, y_i+1)$ 或 $P_d(x_i+1, y_i)$。最终选择哪个像素点,可以通过对直线斜率进行圆整计算来决定。

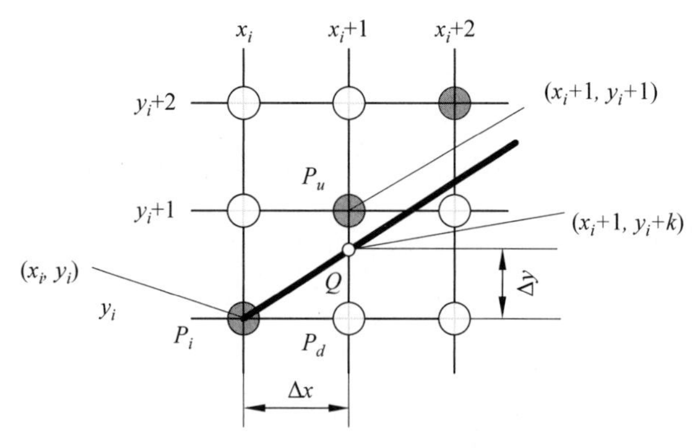

图 3-5　DDA 算法原理示意图

式(3-4)中,x 方向的增量为 1,y 方向的增量为 k。x 是整型变量,y 和 k 是浮点型变量。DDA 算法使用宏命令 ROUND(d) = int((d)+0.5),来选择 P_d 像素点($y_{i+1}=y_i$),或者选择 P_u 像素点($y_{i+1}=y_i+1$)。这种圆整计算是为了选择距离直线最近的像素点,即

$$y_{i+1}=\begin{cases}y_i+1, & k\geqslant 0.5\\ y_i, & k<0.5\end{cases} \tag{3-5}$$

DDA 算法中,斜率涉及浮点数运算,而且对 y 取整要花费时间,这不利于硬件实现。为此 Bresenham 提出了一个只使用整数运算就能完成直线绘制的经典算法。

3.1.2 Bresenham 算法

1965 年,Bresenham 为数字绘图仪开发了一种绘制直线的算法[20],如图 3-6 所示。该算法同样适用于光栅扫描显示器,被称为 Bresenham 算法。Bresenham 算法是一个只使用整数运算的经典算法,能够根据前一个已知坐标(x_i,y_i)进行增量运算得到下一个坐标(x_{i+1},y_{i+1}),而不必进行取整操作。

1. Bresenham 算法原理

Bresenham 算法在主位移方向上每次递增一个单位。另一个方向的增量为 0 或 1,取决于像素点与理想直线的距离,这一距离称为误差项,用 d 表示。

图 3-7 中,直线位于第一个八分象限内,$0\leqslant k\leqslant 1$,因此 x 方向为主位移方向。$P_i(x_i,y_i)$ 点为当前像素,$Q(x_i+1,y_i+d)$ 为理想直线与下一列垂直网格线的交点。假定直线的起点为 P_i,该点位于网格点上,所以 d_i 的初始值为 0。

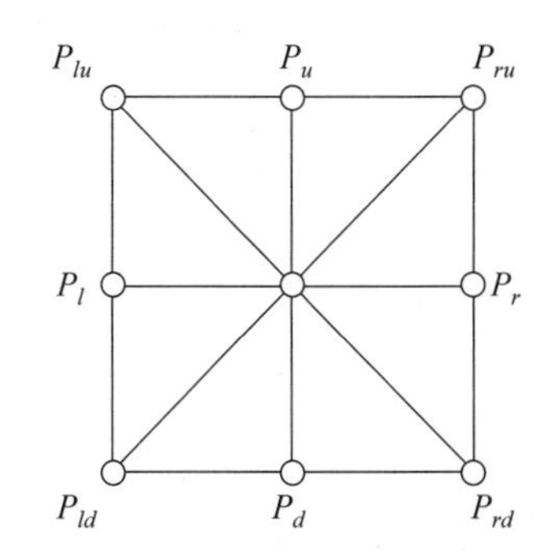

图 3-6 数字化绘图仪画笔运动路径

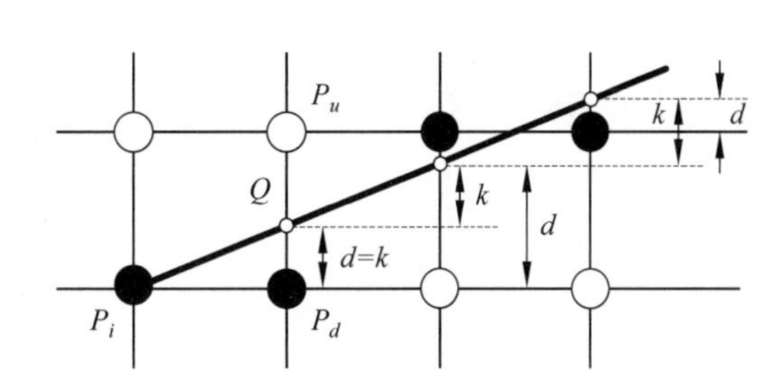

图 3-7 Bresenham 算法原理

沿 x 方向递增一个单位,即 $x_{i+1}=x_i+1$。下一个候选像素点是 $P_d(x_i+1,y_i)$或 $P_u(x_i+1,y_i+1)$。究竟是选择 P_u 还是 P_d,取决于交点 Q 的位置,而 Q 点的位置是由直线的斜率决定的。Q 点与像素点 P_d 的误差项为 $d_{i+1}=k$。当 $d_{i+1}<0.5$ 时,像素点 P_d 距离 Q 点近,选取 P_d;当 $d_{i+1}>0.5$ 时,像素点 P_u 距离 Q 点近,选取 P_u;当 $d_{i+1}=0.5$ 时,像素点 P_d 与 P_u 到 Q 点的距离相等,选取任一像素点均可,约定选取 P_u。

因此

$$y_{i+1}=\begin{cases}y_i+1, & d_{i+1}\geqslant 0.5\\ y_i, & d_{i+1}<0.5\end{cases} \tag{3-6}$$

算法的关键在于计算递推计算误差项 d_i。从 $d_0=0$ 开始,沿 x 方向递增一个单位,有

$d_{i+1}=d_i+k$。一旦 $d_{i+1}\geqslant 0.5$，y 方向上走了一步，就将 d 减去 1。由于只需要检查误差项的符号，令 $e_{i+1}=d_{i+1}-0.5$，以消除小数的影响。式(3-6)改写为

$$y_{i+1}=\begin{cases}y_i+1, & e_{i+1}\geqslant 0\\ y_i, & e_{i+1}<0\end{cases} \tag{3-7}$$

取 e 的初始值为 $e_0=-0.5$。沿 x 方向每递增一个单位，有 $e_{i+1}=e_i+k$。当 $e_{i+1}\geqslant 0$ 时，下一像素点更新为 (x_i+1,y_i+1)，同时将 e_{i+1} 更新为 $e_{i+1}-1$；否则，下一像素点更新为 (x_i+1,y_i)。

2. 整数 Bresenham 算法原理

虽然当前点的 x 坐标和 y 坐标均使用了加 1 或加 0 的整数运算，但是在递推计算直线误差项 e 时，仍然使用了浮点型变量 k，除法也参与了运算。按照 Bresenham 的说法，使用整数运算可以加快算法的速度。应对算法进行修正，以避免除法运算。由于 Bresenham 算法中只用到误差项的符号，而 Δx 在第一个八分象限内恒为正，可以进行如下替换 $e=2\Delta x\times e$。改进的整数 Bresenham 算法如下：

e 的初值为 $e_0=-\Delta x$，沿 x 方向每递增一个单位，有 $e_{i+1}=e_i+2\Delta y$。当 $e_{i+1}\geqslant 0$ 时，下一像素点更新为 (x_i+1,y_i+1)，同时将 e_{i+1} 更新为 $e_{i+1}-2\Delta x$；否则，下一像素点更新为 (x_i+1,y_i)。

3. 通用整数 Bresenham 算法原理

以上整数 Bresenham 算法绘制的是第一个八分象限内的直线。在绘制图形时，要求编程实现能绘制任意斜率的通用直线。根据对称性，可以设计通用整数 Bresenham 算法。图 3-8 中，x 和 y 是加 1 还是减 1，取决于直线所在的象限。例如，对于第一个八分象限 $(0\leqslant k\leqslant 1)$，$x$ 方向为主位移方向。Bresenham 算法的原理为 x 每次加 1，y 根据误差项决定是加 1 或者加 0；对于第二个八分象限，y 方向为主位移方向。Bresenham 算法的原理为 y 每次加 1，x 是否加 1 需要使用误差项来判断。使用通用整数 Bresenham 算法绘制从原点发出的 360 条射线，效果如图 3-9 所示。

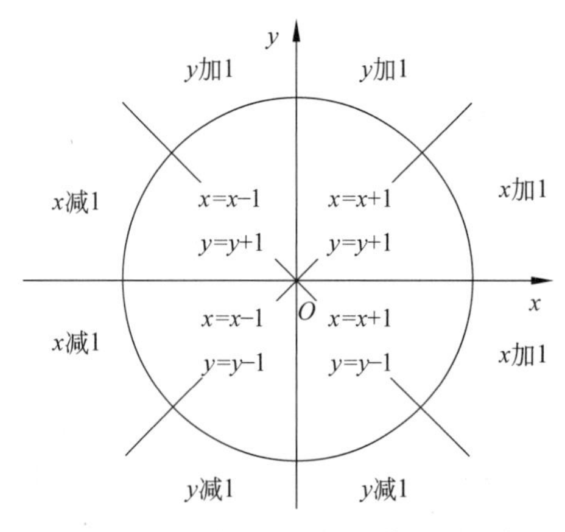

图 3-8　通用整数 Bresenham 算法判别条件

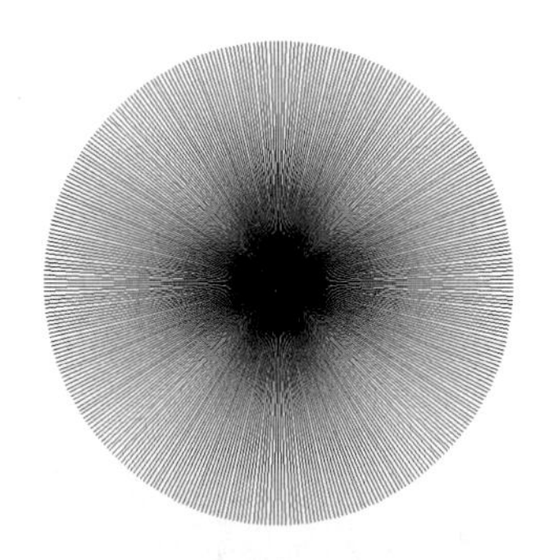
图 3-9　直线算法的校核图

3.1.3　中点算法

1967 年 Pitteway 等提出了一个中点算法[21]。1984 年，Aken 等对中点算法进行了改

进[22]。中点算法是基于隐函数方程设计的，使用像素网格中点来判断如何选取距离理想直线最近的像素点。

1. 中点算法原理

每次沿主位移方向上递增一个单位，另一个方向上增量为 1 或 0，取决于中点误差项的值。

由式(3-1)得到理想直线的隐函数方程为

$$F(x,y)=y-kx-b=0 \tag{3-8}$$

理想直线将平面划分成三个区域：对于直线上的点，$F(x,y)=0$；对于直线上方的点，$F(x,y)>0$；对于直线下方的点，$F(x,y)<0$。

考查斜率位于第一个八分象限内的理想直线。假定直线上的当前像素点为 $P_i(x_i,y_i)$，Q 点是直线与网格线的交点。沿着主位移 x 方向上递增一个单位，即执行 $x_{i+1}=x_i+1$，下一像素点将从 $P_u(x_i+1,y_i+1)$ 和 $P_d(x_i+1,y_i)$ 两个候选像素点中选取。连接像素点 P_u 和像素点 P_d 的网格中点为 $M(x_i+1,y_i+0.5)$，如图 3-10 所示。显然，若中点 M 位于理想直线的下方，则像素点 P_u 距离直线近；否则，像素点 P_d 距离直线近。

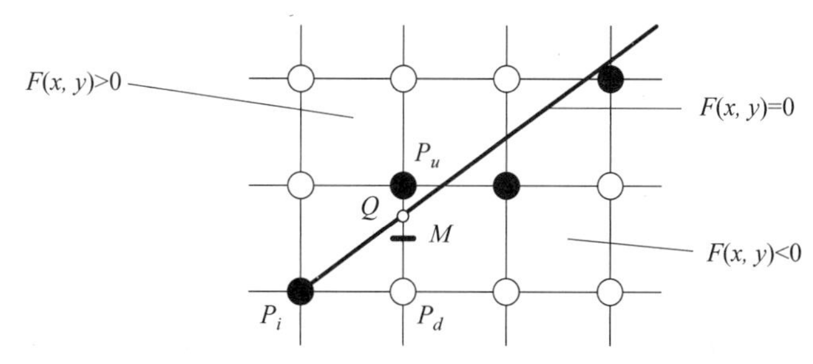

图 3-10　直线中点算法原理

2. 构造中点误差项

从 $P_i(x_i,y_i)$ 像素点出发，沿主位移方向选取直线上的下一像素点时，需要将连接 P_u 和 P_d 两个候选像素点连线的网格中点 M 代入隐函数方程(3-8)，构造中点误差项 d

$$d_i=F(x_i+1,y_i+0.5)=y_i+0.5-k(x_i+1)-b \tag{3-9}$$

当 $d_i<0$ 时，中点 M 位于直线的下方，像素点 P_u 距离直线近，下一像素点应选取 P_u，即 y 方向上增量为 1；当 $d_i>0$ 时，中点 M 位于直线的上方，像素点 P_d 距离直线近，下一像素点应选取 P_d，即 y 方向上增量为 0；当 $d_i=0$ 时，中点 M 位于直线上，像素点 P_u、P_d 与直线的距离相等，选取任一像素点均可，约定选取 P_d，如图 3-11 所示。

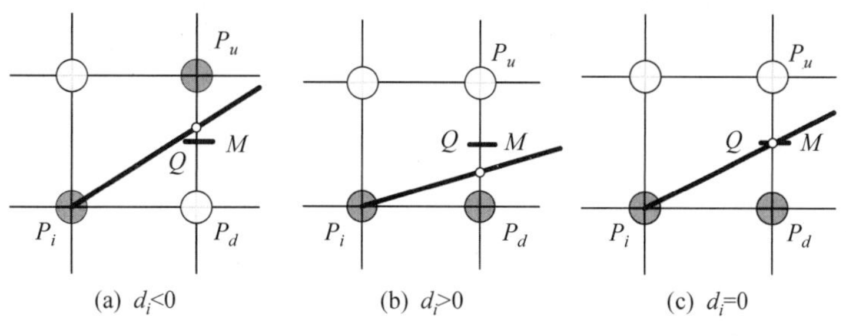

图 3-11　中点算法分析

因此

$$y_{i+1}=\begin{cases}y_i+1, & d_i<0\\ y_i, & d_i\geqslant 0\end{cases} \tag{3-10}$$

3. 中点误差项的递推

图 3-11 中,根据当前像素点 P_i 确定下一像素点是选取 P_u 还是选取 P_d 时,使用了中点误差项 d 进行判断。为了能够继续光栅化直线上的后续像素点,需要给出中点误差项的递推公式。

在主位移 x 方向上已递增一个单位的情况下,考虑沿 x 方向再递增一个单位,应该选择哪个网格中点来计算误差项,分两种情况讨论。

当 $d_i<0$ 时,下一步进行判断的中点为 $M_u(x_i+2,y_i+1.5)$,如图 3-12(a)所示。中点误差项的递推公式为

$$\begin{aligned}d_{i+1}&=F(x_i+2,y_i+1.5)=y_i+1.5-k(x_i+2)-b\\&=y_i+0.5-k(x_i+1)-b+1-k=d_i+1-k\end{aligned} \tag{3-11}$$

所以,中点误差项的增量为 $1-k$。

当 $d_i\geqslant 0$ 时,下一步进行判断的中点为 $M_d(x_i+2,y_i+0.5)$,如图 3-12(b)所示。中点误差项的递推公式为

$$\begin{aligned}d_{i+1}&=F(x_i+2,y_i+0.5)=y_i+0.5-k(x_i+2)-b\\&=y_i+0.5-k(x_i+1)-b-k=d_i-k\end{aligned} \tag{3-12}$$

所以,中点误差项的增量为 $-k$。

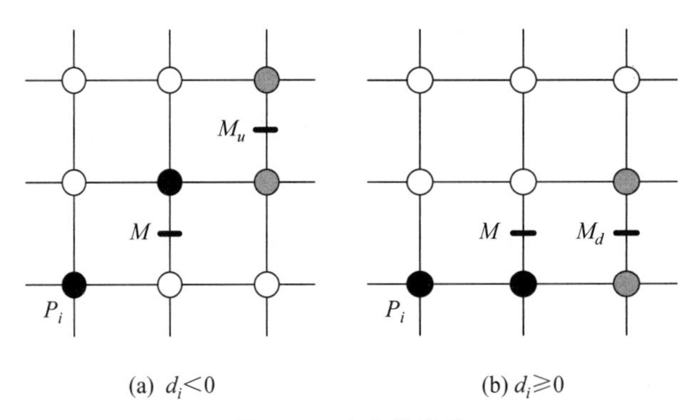

图 3-12　中点的递推

4. 中点误差项的初始值

直线的起点坐标扫描转换后的像素点为 $P_0(x_0,y_0)$。从像素点 P_0 出发沿主位移 x 方向递增一个单位,第一个参与判断的中点是 $M(x_0+1,y_0+0.5)$。代入中点误差项计算公式(3-9),d 的初始值为

$$\begin{aligned}d_0&=F(x_0+1,y_0+0.5)=y_0+0.5-k(x_0+1)-b\\&=y_0-kx_0-b-k+0.5\end{aligned}$$

其中,因为像素点 $P_0(x_0,y_0)$位于直线上,所以 $y_0-kx_0-b=0$,则

$$d_0=0.5-k \tag{3-13}$$

5. 中点算法整数化

上述的中点算法有一个缺点：在计算中点误差项 d 时，其初始值与递推公式中分别包含有小数 0.5 和斜率 k。由于中点算法只用到 d 的符号，可以使用正整数 $2\Delta x$ 乘以 d 来摆脱小数运算。

$$e_i = 2\Delta x d_i$$

整数化处理后，中点误差项的初始值为

$$e_0 = \Delta x - 2\Delta y \tag{3-14}$$

当 $e_i < 0$ 时，中点误差项的递推公式为

$$e_{i+1} = e_i + 2\Delta x - 2\Delta y \tag{3-15}$$

所以，中点误差项的增量为 $2\Delta x - 2\Delta y$。

当 $e_i \geqslant 0$ 时，表示选择 P_d，中点误差项的递推公式为

$$e_{i+1} = e_i - 2\Delta y \tag{3-16}$$

所以，中点误差项的增量为 $-2\Delta y$。

20 世纪 70 年代，由于计算机运算速度受限，完全整数的光栅化算法是计算机图形学研究者追求的一个目标。现有的研究成果已经证明：端点采用整数坐标没有什么益处，因为现在的 CPU 可以按照与处理整数同样的速度处理浮点数。

例 3-1 绘制起点为红色，终点为蓝色的颜色渐变直线。

如果直线上每像素点的颜色由两个端点的颜色经过线性插值得到，则可以实现直线颜色的光滑渐变。假设直线位于第一个八分象限内，基于中点算法绘制颜色渐变直线。

RGB 宏有红色分量 byteR、绿色分量 byteG 和蓝色分量 byteB。每个分量占 1 字节，数值范围为 0～255。编程时，常将颜色分量规范化到[0,1]闭区间，使用时乘以 255 即可。这样，红色对应的颜色为(1,0,0)，绿色对应的颜色为(0,1,0)。蓝色对应的颜色为(0,0,1)。注意，沿主位移方向，当 x 坐标从 x_0 执行加 1 操作到达 x_1 时，byteR 分量从 1 减小到 0，byteG 分量保持不变，byteB 分量从 0 增加到 1。令 $\Delta x = x_1 - x_0$，则 byteR 的步长增量 incrR 为 $-1/\Delta x$，绿色分量的步长增量 incrG 为 0，蓝色分量的步长增量 incrB 为 $1/\Delta x$。

由于颜色分量的运算包含浮点数运算，所以使用直线的浮点数中点算法来编程实现。

3.2 圆的扫描转换

圆的扫描转换是在屏幕像素点阵中确定最佳逼近于理想圆的像素点集的过程。绘制圆可以使用简单方程画圆算法或极坐标画圆算法，但这些算法涉及开方运算或三角运算，效率很低。1977 年，Bresenham 开发了一种绘制圆弧算法[23]，假设笔式绘图仪递增地沿着圆弧前进，能为圆心在原点的圆产生所有像素点。这里介绍一种运用中点准则推导的中点画圆算法，它也能产生一组优化的像素。中点画圆算法本质上与 Bresenham 绘制圆弧算法一致，但更容易理解。本节主要讲解仅包含加减运算的顺时针绘制圆弧的中点算法，根据对称性可以绘制整圆。

3.2.1 简单方程画圆算法

1. 直角坐标算法

圆心位于原点，半径为 R 的圆的直角坐标方程为

$$x^2 + y^2 = R^2 \tag{3-17}$$

可以解得 $y=f(x)$ 的表达式为

$$y = \pm\sqrt{R^2 - x^2} \tag{3-18}$$

当 x 从 0 逐像素递增到 R 时，根据式(3-18)可以计算出每一步的 y，从而顺时针绘制出第一象限内的 1/4 圆弧，效果如图 3-13(a)所示。注意，当 x 靠近 R(图中取 $R=20$)时，圆上的像素会有较大的间断，因为圆的斜率在此处变得无穷大。

2. 极坐标算法

圆心位于原点，半径为 R 的圆的极坐标方程为

$$\begin{cases} x = R\cos\theta \\ y = R\sin\theta \end{cases} \tag{3-19}$$

当 θ 从 0°一度一度地递增到 90°时，根据式(3-19)可以计算出每一步的 x 和 y，从而逆时针绘制出第一象限内的 1/4 圆弧，效果如图 3-13(b)所示。极坐标画圆算法与直角坐标方程算法相比，该方法避免像素出现大的间断。

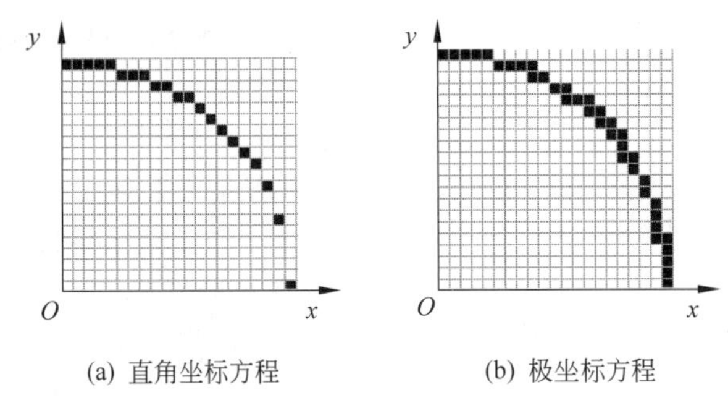

(a) 直角坐标方程　　(b) 极坐标方程

图 3-13　简单方程画圆弧效果图

3.2.2　中点画圆算法

1. 八分圆弧

圆心位于原点、半径为 R 的圆的隐函数方程为

$$F(x,y) = x^2 + y^2 - R^2 = 0 \tag{3-20}$$

圆将平面划分成 3 个区域：对于圆上的点，$F(x,y)=0$；对于圆外的点，$F(x,y)>0$；对于圆内的点，$F(x,y)<0$，如图 3-14 所示。

根据圆的对称性，可以用 4 条对称轴 $x=0$，$y=0$，$x=y$，$x=-y$ 将圆划分 8 等份，如图 3-15 所示。只要绘制出第一象限内编号为②的八分圆弧(以下简称为圆弧)，根据对称性就可以生成其他 7 个八分圆弧，这称为八分法画圆。假定圆弧②上的任意点为(x,y)，可以顺时针方向确定另外 7 个点：(y,x)、$(y,-x)$、$(x,-y)$、$(-x,-y)$、$(-y,-x)$、$(-y,x)$、$(-x,y)$。

2. 中点算法原理

从图 3-15 中所示的圆弧②可以看出，y 是 x 的单调递减函数。假设圆弧起点 $x=0$，$y=R$ 精确地落在像素点上，中点算法要从 $x=0$ 绘制到 $x=y$，顺时针方向确定最佳逼近于圆弧的像素点集。此段圆弧上各个点的切线斜率 k 处处满足 $|k|<1$，即 $|\Delta x|>|\Delta y|$，所以

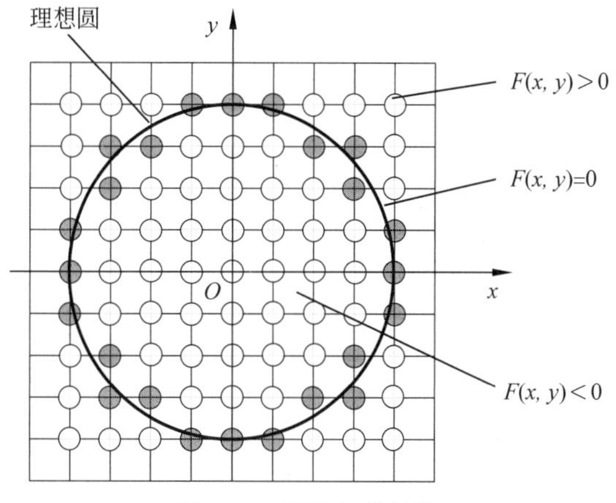

图 3-14　圆的扫描转换

x 方向为主位移方向。中点算法原理表述为：x 方向上每次加 1，y 方向上减不减 1 取决于中点误差项的值。

假定圆弧上当前像素点是 $P_i(x_i, y_i)$，Q 点是圆弧与网格线的交点。下一像素点将从 $P_u(x_i+1, y_i)$ 和 $P_d(x_i+1, y_i-1)$ 两个候选像素点中选取，如图 3-16 所示。连接像素点 P_u 和像素点 P_d 的网格中点为 $M(x_i+1, y_i-0.5)$。显然，若 M 点位于理想圆弧的下方，则像素点 P_u 离圆弧近；若 M 点位于理想圆弧的上方，则像素点 P_d 离圆弧近。

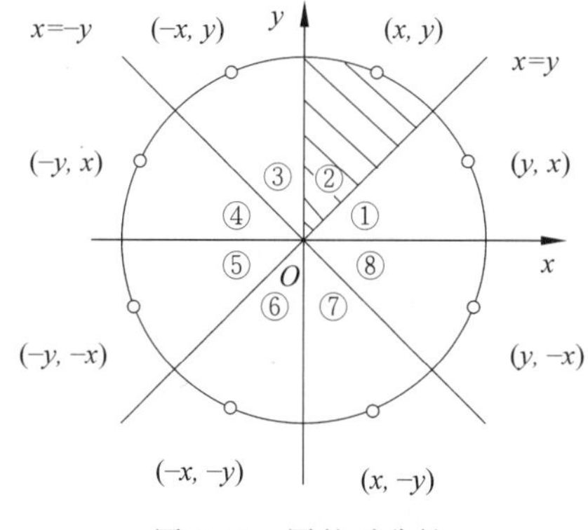

图 3-15　圆的对称性

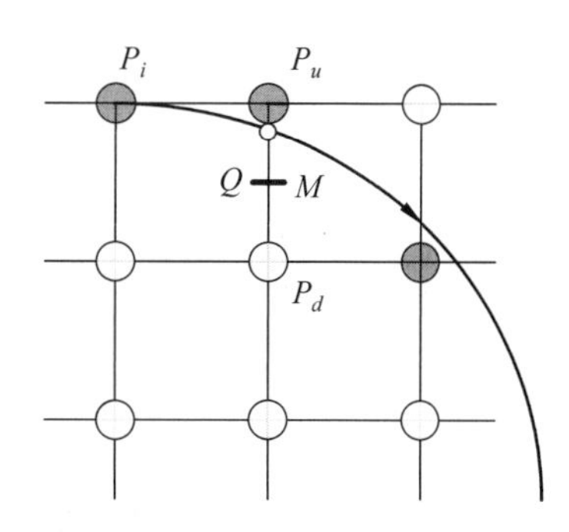

图 3-16　圆的中点算法原理

3. 构造中点误差项

从 $P_i(x_i, y_i)$ 像素出发选取下一像素点时，需将 P_u 和 P_d 两个候选像素点连线的网格中点 $M(x_i+1, y_i-0.5)$ 代入隐函数方程，构造中点误差项 d_i

$$d_i = F(x_i+1, y_i-0.5) = (x_i+1)^2 + (y_i-0.5)^2 - R^2 \tag{3-21}$$

当 $d_i<0$ 时，中点 M 位于圆弧内，下一像素点应选取 P_u，即 y 方向上不减 1；当 $d_i>0$ 时，中点 M 位于圆弧外，下一像素点应选取 P_d，即 y 方向上减 1；当 $d_i=0$ 时，中点 M 位于圆弧上，像素点 P_u、P_d 与圆弧的距离相等，选取任一像素点均可，约定选取 P_d，如图 3-17 所示。

因此

$$y_{i+1} = \begin{cases} y_i, & d_i < 0 \\ y_i - 1, & d_i \geqslant 0 \end{cases} \tag{3-22}$$

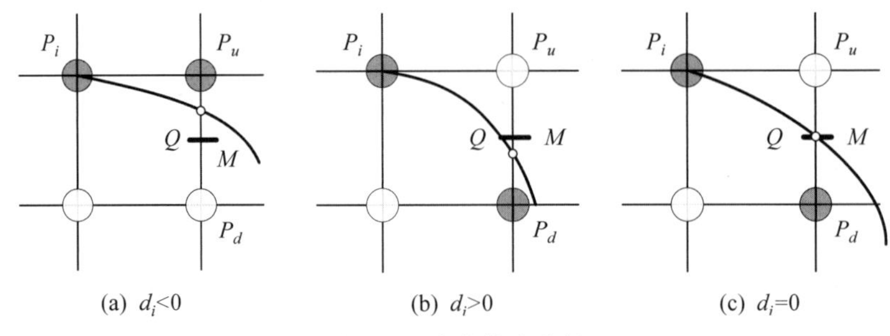

图 3-17　中点算法分析

4. 递推公式

图 3-17 中，根据当前点 P_i 确定了下一像素是选取 P_u 还是 P_d 时，使用了中点误差项 d_i。为了能够继续判断圆弧上的后续像素点，需要给出中点误差项的递推公式和初始值。

1）中点误差项的递推公式

在主位移 x 方向上已递增一个单位的情况下，考虑沿主位移方向上再递增一个单位，应该选择哪个中点来计算误差项，以判断下一步要选取的像素，分两种情况讨论。

当 $d_i<0$ 时，下一步的中点坐标为 $M_u(x_i+2, y_i-0.5)$，如图 3-18(a)所示。中点误差项的递推公式为

$$\begin{aligned} d_{i+1} &= F(x_i+2, y_i-0.5) = (x_i+2)^2+(y_i-0.5)^2-R^2 \\ &= (x_i+1)^2+(y_i-0.5)^2-R^2+2x_i+3 = d_i+2x_i+3 \end{aligned} \tag{3-23}$$

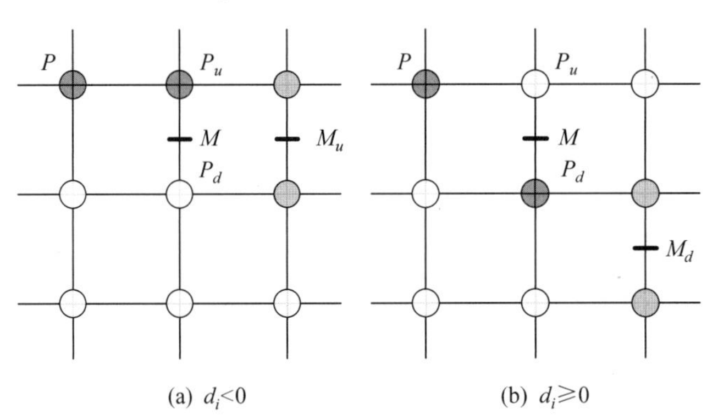

图 3-18　中点的递推

当 $d_i \geqslant 0$ 时，下一步的中点坐标为 $M_d(x_i+2, y_i-1.5)$，如图 3-18(b)所示。中点误差项的递推公式为

$$\begin{aligned} d_{i+1} &= F(x_i+2, y_i-1.5) = (x_i+2)^2+(y_i-1.5)^2-R^2 \\ &= (x_i+1)^2+(y_i-0.5)^2-R^2+2x_i+3+(-2y_i+2) \\ &= d_i+2(x_i-y_i)+5 \end{aligned} \tag{3-24}$$

2）中点误差项的初始值

圆弧的起点扫描转换后的像素为 $P_0(0,R)$。若沿主位移 x 方向递增一个单位，第一个参与判断的中点为 $M(1,R-0.5)$，相应的中点误差项 d 的初始值为

$$d_0 = F(1, R-0.5) = 1+(R-0.5)^2-R^2 = 1.25-R \tag{3-25}$$

5. 整数中点画圆算法

由于使用的只是 d 的符号,可以通过一些简单的变换来摆脱小数。定义 $e_i = d_i - 0.25$,初始值 $d_0 = 1.25 - R$ 对应于 $e_0 = 1 - R$。误差项 $d_i < 0$ 对应于 $e_i < -0.25$。由于 e_i 始终是整数,可以将 $e_i < -0.25$ 等价为 $e_i < 0$。基于整数中点画圆算法扫描转换 $R = 20$ 的圆,放大效果如图 3-19 所示。

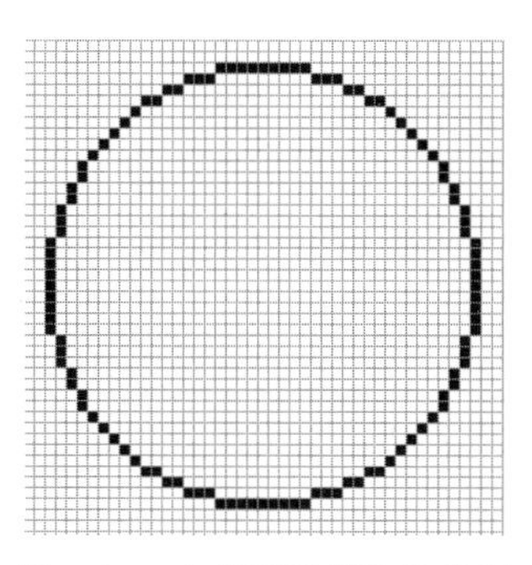

图 3-19　中点画圆算法效果图

3.3　椭圆的扫描转换

椭圆的扫描转换是在屏幕像素点阵中选取最佳逼近于理想椭圆的像素点集的过程。椭圆是长半轴与短半轴不相等的圆。椭圆的扫描转换与圆的扫描转换有相似之处,但也有不同,主要区别是椭圆弧上存在改变主位移方向的临界点[22]。本节主要讲解顺时针绘制四分椭圆弧的中点算法,根据对称性可以绘制完整椭圆。

1. 四分椭圆弧

中心在原点、长半轴为 a、短半轴为 b 的轴对称椭圆方程为

$$\frac{x^2}{a^2} + \frac{y^2}{b^2} = 1 \tag{3-26}$$

隐函数表示为

$$F(x, y) = b^2x^2 + a^2y^2 - a^2b^2 = 0 \tag{3-27}$$

椭圆将平面划分成 3 个区域:对于椭圆上的点,$F(x, y) = 0$;对于椭圆外的点,$F(x, y) > 0$;对于椭圆内的点,$F(x, y) < 0$,如图 3-20 所示。

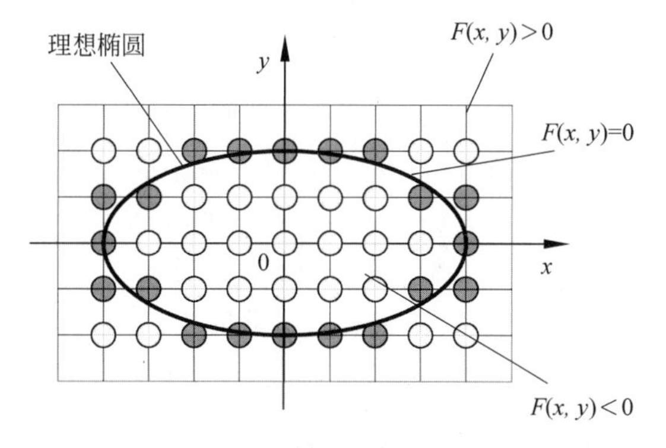

图 3-20　椭圆的扫描转换

考虑到椭圆的对称性，可以用对称轴 $x=0$，$y=0$，将椭圆四等分。只要绘制出第一象限内的四分椭圆弧（以下简称为椭圆弧），如图 3-21 阴影区域所示，根据对称性就可以生成其他 3 个椭圆弧，这称为四分法画椭圆。已知第一象限内的一点 (x,y)，可以顺时针确定另外 3 个对称点：$(x,-y)$、$(-x,-y)$ 和 $(-x,y)$。

2. 临界点分析

在处理第一象限的四分椭圆弧时，进一步以法向量（normal vector）的两个分量相等的点把其划分为两个区域：区域Ⅰ和区域Ⅱ，该点称为临界点，如图 3-22 所示。特别地，在临界点处，曲线的斜率为 -1。相比圆的绘制，椭圆弧需要计算临界点的位置。椭圆上任一点 (x,y) 处的法向量 $N(x,y)$ 为

$$N(x,y)=\frac{\partial F}{\partial x}i+\frac{\partial F}{\partial y}j=2b^2xi+2a^2yj \tag{3-28}$$

式中，法向量的 x 方向的分量为 $N_x=2b^2x$，法向量的 y 方向的分量为 $N_y=2a^2y$，i 和 j 是沿 x 轴向和沿 y 轴向的标准单位向量。

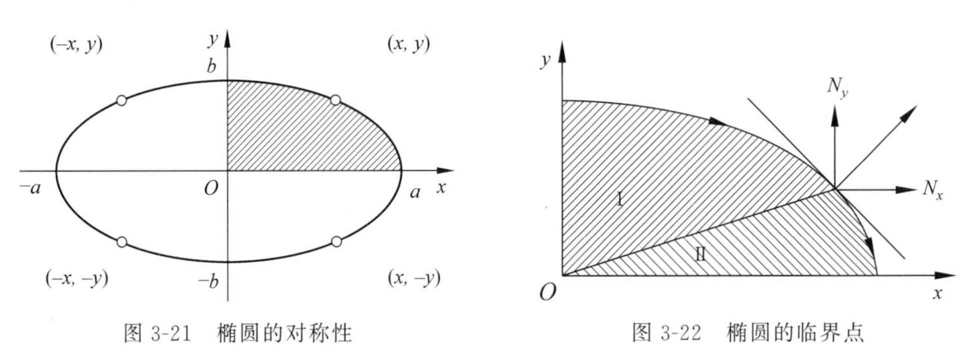

图 3-21　椭圆的对称性　　　　图 3-22　椭圆的临界点

从曲线上一点的法向量角度看，在区域Ⅰ内，$N_x<N_y$；在临界点处，$N_x=N_y$；在区域Ⅱ内，$N_x>N_y$。显然，在临界点处，法向量分量的大小发生了变化。

从曲线上的斜率角度看，在临界点处，$\frac{\mathrm{d}y}{\mathrm{d}x}=-1$。区域Ⅰ内，有 $\frac{\mathrm{d}y}{\mathrm{d}x}>-1$，即 $\mathrm{d}x>\mathrm{d}y$，所以 x 方向为主位移方向；在临界点处，有 $\mathrm{d}x=\mathrm{d}y$；在区域Ⅱ内，有 $\frac{\mathrm{d}y}{\mathrm{d}x}<-1$，即 $\mathrm{d}y>\mathrm{d}x$，所以 y 方向为主位移方向。显然，在临界点处，主位移方向发生了改变。

3. 中点算法原理

在区域Ⅰ，x 方向上每次递增一个单位，y 方向上减 1 或减 0 取决于中点误差项的值；在区域Ⅱ，y 方向上每次递减一个单位 1，x 方向上加 1 或加 0 取决于中点误差项的值。

先考虑图 3-23 所示区域Ⅰ的 AC 段椭圆弧。此时中点算法要从起点 $A(0,b)$ 到临界点 $C(a^2/\sqrt{a^2+b^2},b^2/\sqrt{a^2+b^2})$ 顺时针方向确定最佳逼近于该段椭圆弧的像素点集。由于 x 方向为主位移方向，假定当前点是 $P_i(x_i,y_i)$，下一步将从正右方的像素 $P_u(x_i+1,y_i)$ 和右下方的像素 $P_d(x_i+1,y_i-1)$ 两个候选像素中选取。

再考虑图 3-23 所示区域Ⅱ的 CB 段椭圆弧。此时中点画椭圆算法要从临界点 $C(a^2/\sqrt{a^2+b^2},b^2/\sqrt{a^2+b^2})$ 到终点 $B(a,0)$ 顺时针方向确定最佳逼近于该段椭圆弧的像素点集。由于 y 方向为主位移方向，假定当前点是 $P_i(x_i,y_i)$，下一步将从正下方的像素 P_l

(x_i, y_i-1)和右下方的像素 $P_r(x_i+1, y_i-1)$两个候选像素中选取。这里,下标"l"代表left,下标"r"代表 right。

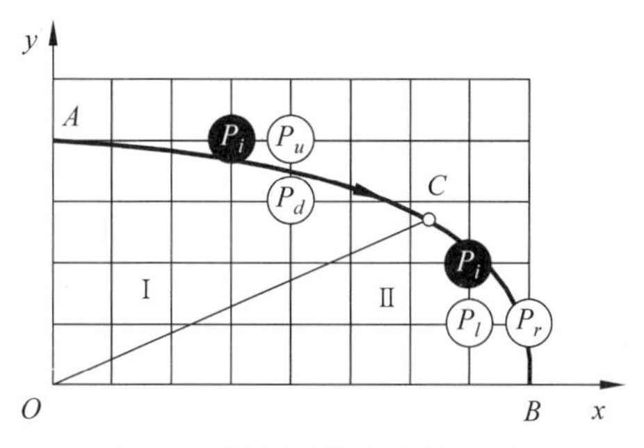

图 3-23 椭圆弧的中点算法原理

4. 构造区域Ⅰ的中点误差项

从当前点 P_i 出发选取下一像素时,需将 P_u 和 P_d 两个候选像素连线的网格中点 $M(x_i+1, y_i-0.5)$代入隐函数方程,构造中点误差项 d_{1i}

$$d_{1i}=F(x_i+1, y_i-0.5)=b^2(x_i+1)^2+a^2(y_i-0.5)^2-a^2b^2 \tag{3-29}$$

当 $d_{1i}<0$ 时,中点 M 位于椭圆弧内,下一像素应选取 P_u,即 y 方向上不减1;当 $d_{1i}>0$ 时,中点 M 位于椭圆弧外,下一像素应选取 P_d,即 y 方向上减1;当 $d_{1i}=0$ 时,中点 M 位于椭圆上,像素 P_u 和 P_d 与椭圆弧的距离相等,选取任一像素均可,约定选取 P_d,如图 3-24 所示。

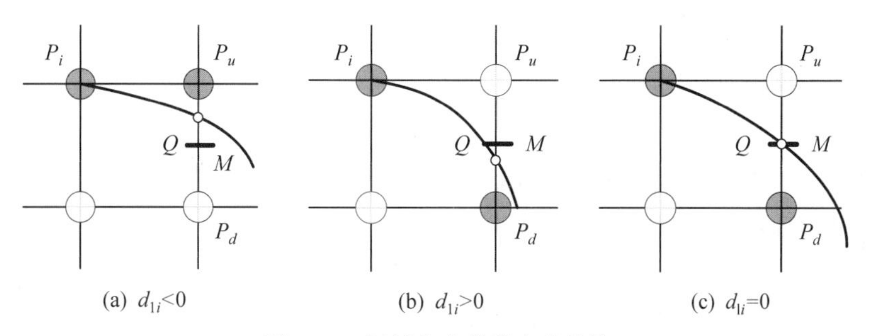

图 3-24 区域Ⅰ内像素点的选取

因此

$$y_{i+1}=\begin{cases} y_i, & d_{1i}<0 \\ y_i-1, & d_{1i}\geqslant 0 \end{cases} \tag{3-30}$$

5. 区域Ⅰ内中点误差项的递推

图 3-24 中,根据当前点 P_i 选取 P_u 还是 P_d,使用了中点误差项 d_{1i}。为了能够继续选取椭圆弧上的后续像素,需要给出中点误差项 d_{1i} 的递推公式和初始值。

1) 中点误差项 d_1 的递推公式

在主位移 x 方向上已递增一个单位的情况下,考虑沿主位移方向再递增一个单位,应该选取哪个中点来计算误差项,以判断下一步要选取的像素,分两种情况讨论。

当 $d_{1i}<0$ 时,下一步的中点坐标为 $M_u(x_i+2, y_i-0.5)$,如图 3-25(a)所示。中点误差

项的递推公式为

$$
\begin{aligned}
d_{1(i+1)} &= F(x_i+2, y_i-0.5) = b^2(x_i+2)^2 + a^2(y_i-0.5)^2 - a^2b^2 \\
&= b^2(x_i+1)^2 + a^2(y_i-0.5)^2 - a^2b^2 + b^2(2x_i+3) \\
&= d_{1i} + b^2(2x_i+3)
\end{aligned}
\tag{3-31}
$$

当 $d_{1i} \geqslant 0$ 时，下一步的中点坐标为 $M_d(x_i+2, y_i-1.5)$，如图 3-25(b)所示。中点误差项的递推公式为

$$
\begin{aligned}
d_{1(i+1)} &= F(x_i+2, y_i-1.5) = b^2(x_i+2)^2 + a^2(y_i-1.5)^2 - a^2b^2 \\
&= b^2(x_i+1)^2 + a^2(y_i-0.5)^2 - a^2b^2 + b^2(2x_i+3) + a^2(-2y_i+2) \\
&= d_{1i} + b^2(2x_i+3) + a^2(-2y_i+2)
\end{aligned}
\tag{3-32}
$$

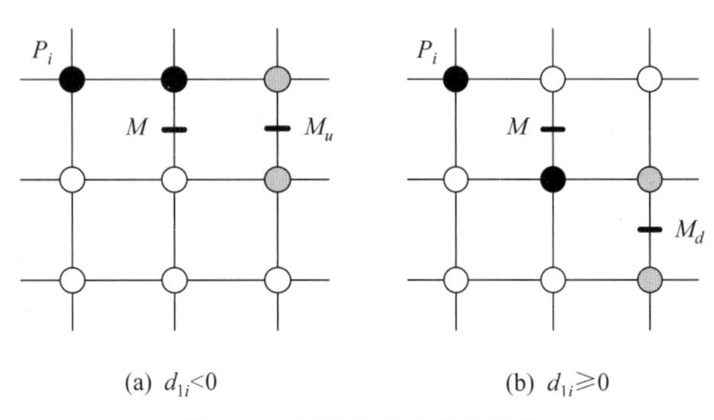

(a) $d_{1i}<0$　　(b) $d_{1i}\geqslant 0$

图 3-25　区域Ⅰ内中点的递推

2）中点误差项 d_{1i} 的初始值

在区域Ⅰ内，椭圆弧的起点扫描转换后的像素为 $P_0(0,b)$。沿主位移 x 方向递增一个单位，第一个参与判断的中点是 $M(1,b-0.5)$，相应的中点误差项 d_{1i} 的初始值为

$$
\begin{aligned}
d_{10} &= F(1, b-0.5) = b^2 + a^2(b-0.5)^2 - a^2b^2 \\
&= b^2 + a^2(-b+0.25)
\end{aligned}
\tag{3-33}
$$

6. 构造区域Ⅱ的中点误差项

在区域Ⅱ内，主位移方向发生变化，由 x 方向转变为 y 方向。从区域Ⅰ椭圆弧的终止点 $P_i(x_i, y_i)$ 出发选取下一像素时，需将 $P_l(x_i, y_i-1)$ 和 $P_r(x_i+1, y_i-1)$ 的中点 $M(x_i+0.5, y_i-1)$ 代入隐函数方程，构造中点误差项 d_{2i}

$$
d_{2i} = F(x_i+0.5, y_i-1) = b^2(x_i+0.5)^2 + a^2(y_i-1)^2 - a^2b^2 \tag{3-34}
$$

当 $d_{2i}<0$ 时，中点 M 位于椭圆弧内，下一像素点应选取 P_r，即 x 方向上加 1；当 $d_{2i}>0$ 时，中点 M 位于椭圆弧外，下一像素点应选取 P_l，即 x 方向上不加 1；当 $d_{2i}=0$ 时，中点 M 位于椭圆弧上，P_l、P_r 与椭圆弧的距离相等，选取任一像素均可，约定选取 P_l，如图 3-26 所示。

因此

$$
x_{i+1} = \begin{cases} x_i+1, & d_{2i}<0 \\ x_i, & d_{2i}\geqslant 0 \end{cases} \tag{3-35}
$$

7. 区域Ⅱ内中点误差项的递推

图 3-26 中，根据 P_i 确定下一像素点是选取 P_l 还是 P_r 时，使用了中点误差项 d_{2i}。为了能够继续选取椭圆弧上的后续像素，需要给出中点误差项 d_{2i} 的递推公式和初始值。

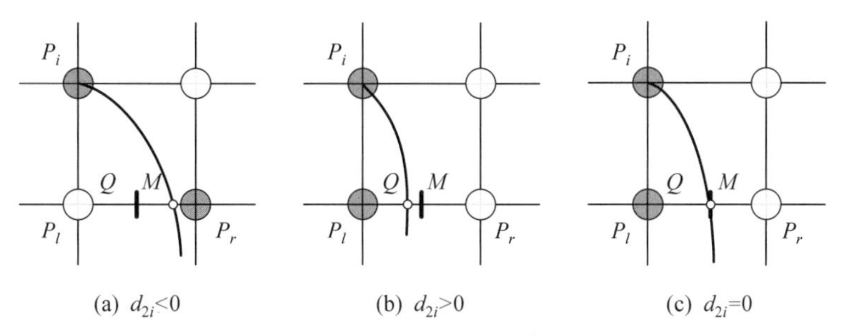

图 3-26　下半部分像素点的选取

1）中点误差项 d_2 的递推公式

在主位移 y 方向上已递增一个单位的情况下，考虑沿主位移方向上再递增一个单位，应该选择哪个中点来计算误差项，以判断下一步要选取的像素，分两种情况讨论。

当 $d_{2i}<0$ 时，下一步的中点坐标为 $M_r(x_i+1.5,y_i-2)$，如图 3-27(a)所示。中点误差项的递推公式为

$$\begin{aligned}d_{2(i+1)}&=F(x_i+1.5,y_i-2)=b^2(x_i+1.5)^2+a^2(y_i-2)^2-a^2b^2\\&=b^2(x_i+0.5)^2+a^2(y_i-1)^2-a^2b^2+b^2(2x_i+2)+a^2(-2y_i+3)\\&=d_{2i}+b^2(2x_i+2)+a^2(-2y_i+3)\end{aligned}\tag{3-36}$$

当 $d_{2i}\geqslant 0$ 时，下一步的中点坐标为 $M_l(x_i+0.5,y_i-2)$，如图 3-27(b)所示。中点误差项的递推公式为

$$\begin{aligned}d_{2(i+1)}&=F(x_i+0.5,y_i-2)=b^2(x_i+0.5)^2+a^2(y_i-2)^2-a^2b^2\\&=b^2(x_i+0.5)^2+a^2(y_i-1)^2-a^2b^2+a^2(-2y_i+3)\\&=d_{2i}+a^2(-2y_i+3)\end{aligned}\tag{3-37}$$

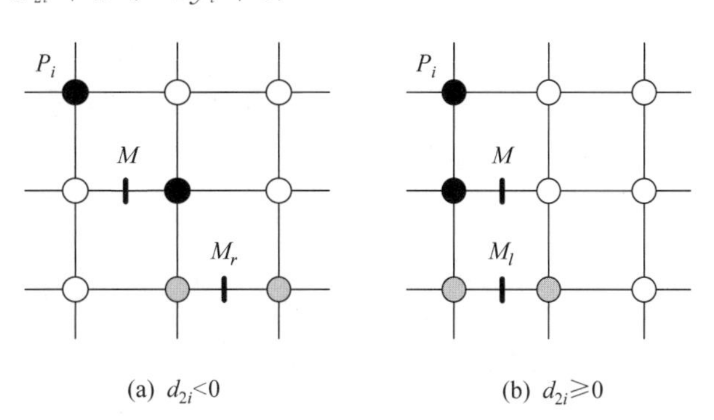

图 3-27　区域Ⅱ内中点的递推

2）中点误差项 d_2 的初始值

对于区域Ⅰ内椭圆弧上一点 $P_i(x_i,y_i)$，如果在当前中点 $M_{\text{I}}(x_i+1,y_i-0.5)$处，假定图 3-28 中 $P_i(x_i,y_i)$点为区域Ⅰ内椭圆弧上的最后一像素，$M_{\text{I}}(x_i+1,y_i-0.5)$是 P_u 和 P_d 像素的中点。满足法向量的 x 方向分量小于法向量的 y 方向分量

$$b^2(x_i+1)<a^2(y_i-0.5)\tag{3-38}$$

而在下一个中点处，不等号改变方向，则说明椭圆弧从区域Ⅰ转入了区域Ⅱ。在区域Ⅱ内，中点转换为 $M_{\text{II}}(x_i+0.5,y_i-1)$，用于判断选取 P_l 和 P_r 像素，所以区域Ⅱ内椭圆弧中点

误差项 d_{2i} 的初始值为

$$d_{2i}=b^2(x+0.5)^2+a^2(y-1)^2-a^2b^2 \tag{3-39}$$

基于中点画椭圆算法对 $a=30$，$b=20$ 的椭圆扫描转换，放大效果如图 3-29 所示。

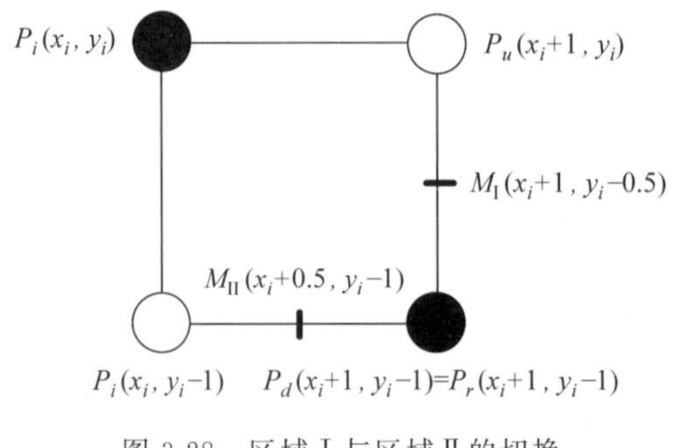

图 3-28　区域Ⅰ与区域Ⅱ的切换

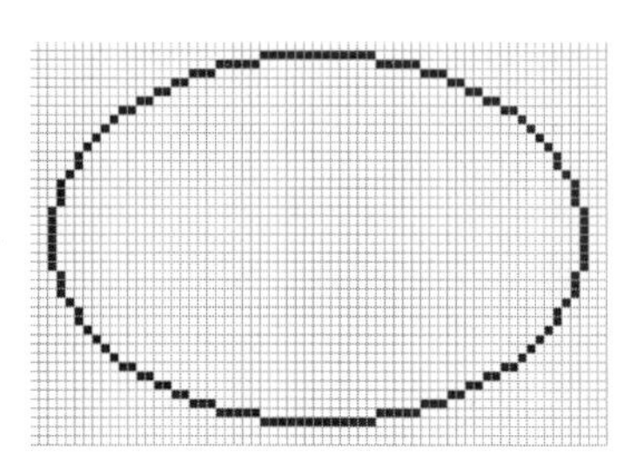

图 3-29　中点画椭圆算法扫描图

3.4　反走样技术

3.4.1　反走样现象

扫描转换算法在处理非水平、非垂直且非 45°的直线时会出现锯齿或台阶边界，如图 3-30 所示。这是由于光栅扫描显示器上显示的图像是由一系列亮度相同而面积不为零的离散像素构成。这种由离散量表示连续量而引起的失真称为走样(aliasing)。用于减轻走样现象的技术称为反走样(anti-aliasing，AA)，游戏中也称为抗锯齿。真实像素面积不为零，走样是连续图形离散为图像后引起的失真，是数字化的必然产物。走样是光栅扫描显示器的一种固有现象，只能减轻，不可避免。

图形边界是用直线表示的。图 3-31 中，理想直线扫描转换后得到一组距离直线最近的黑色像素点集。每当前一列选取的像素和后一列所选的像素位于不同行时，在显示器上就会出现一个锯齿，发生了走样。显然，只有绘制水平线、垂直线和 45°斜线时，才不会发生走样。

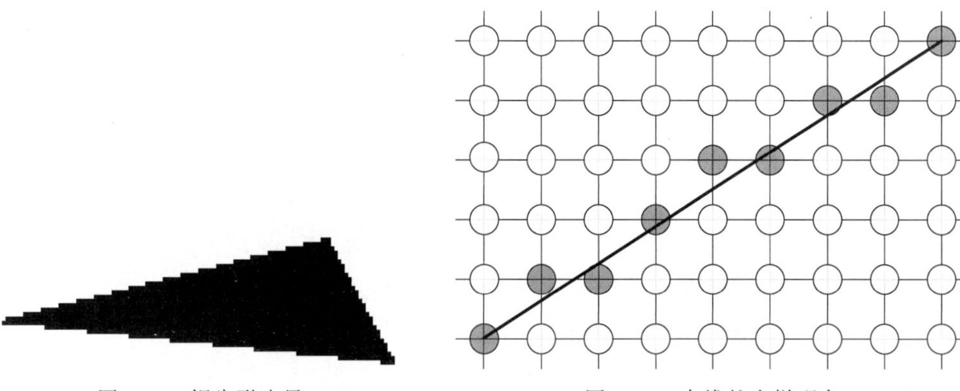

图 3-30　锯齿形边界　　　　图 3-31　直线的走样现象

Windows 的附件“画图”软件绘制直线时没有进行反走样处理，如图 3-32 所示。Microsoft Office 的 Word 软件绘制直线时使用了反走样技术，如图 3-33 所示。从图 3-33(b)中可以看出，Word 软件使用了多行像素来绘制斜线，并且相邻像素的亮度等级发生了变化；而“画图”软件只使用一行像素来绘制斜线，并且像素的亮度等级保持不变。

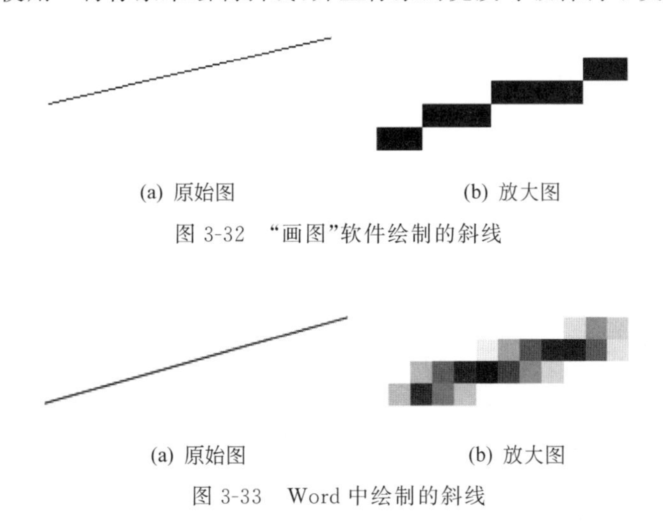

(a) 原始图　　(b) 放大图

图 3-32　“画图”软件绘制的斜线

(a) 原始图　　(b) 放大图

图 3-33　Word 中绘制的斜线

3.4.2　反走样技术分类

反走样可以从硬件方面考虑，也可以从软件方面考虑。图 3-34 中，从硬件角度把显示器的分辨率提高了一倍。由于每个锯齿在 x 方向和 y 方向只有原分辨率的一半，所以走样现象有所减弱。虽然如此，硬件反走样技术由于受制造工艺与生产成本的限制，不可能将分辨率做得很高，很难达到理想的反走样效果。通常讲的反走样技术主要指软件反走样算法。

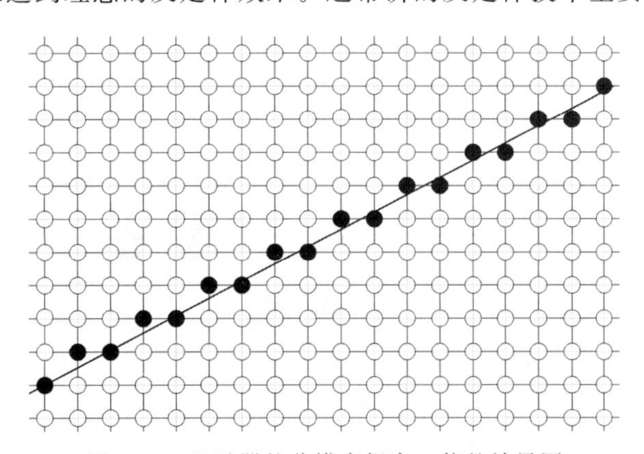

图 3-34　显示器的分辨率提高一倍的效果图

软件反走样技术主要有两种。第一种技术是超采样算法[24,25]，即在高分辨率下进行采样，在低分辨率下进行绘制。第二种技术是将像素作为一个有限区域，通过加权进行绘制，该算法的实质是利用人眼视觉特性，通过加权平均的方法，调节像素的亮度等级以产生模糊的边界，从而达到较好地消除“锯齿”的视觉效果。加权参数可以选择距离、面积和体积等。尽管这种方法可以减小锯齿边的影响，但不能处理非常小的物体所造成的“细节”闪烁走样。

3.4.3 反走样简化模型

屏幕上所绘制的直线段不是数学意义上无宽度的理想线段，而是宽度至少为一像素单位的线段。对于主位移为 x 方向的直线，图 3-35(a)所示的黑色线条是放大的直线，其宽度为 1 像素。可以看出，该矩形在屏幕像素的每一列上通常覆盖 2 像素。也就是说，在直线所经过的每一列上，不应该只在上下两个候选像素中选择 1 像素来显示，而应该同时选择 2 像素来显示，且应该根据直线所覆盖的像素面积的大小来计算上下 2 像素的亮度值，见图 3-35(b)。直线覆盖的像素区域越大，其亮度值越小，如图 3-36(a)所示。在算法设计上，直线简化为宽度为零的理想直线，像素简化为距离为 1 个单位的小圆，如图 3-36(b)所示。图 3-35(b)简化后可用图 3-37 表示。总而言之，反走样算法是根据相邻 2 像素到理想直线的距离对亮度级别进行调节，使得外观上表现出光滑边界，向背景色融合。

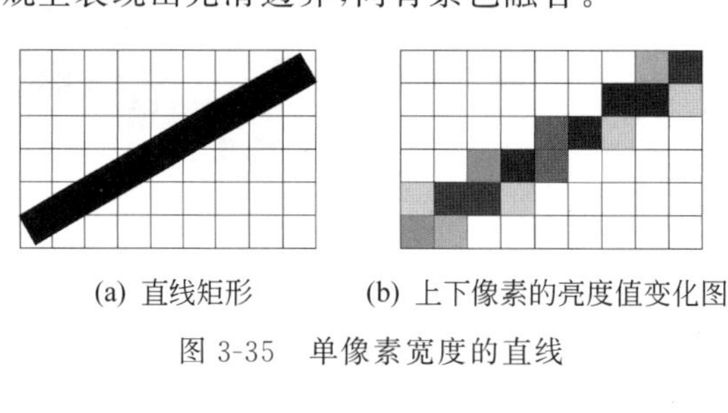

(a) 直线矩形　　(b) 上下像素的亮度值变化图

图 3-35　单像素宽度的直线

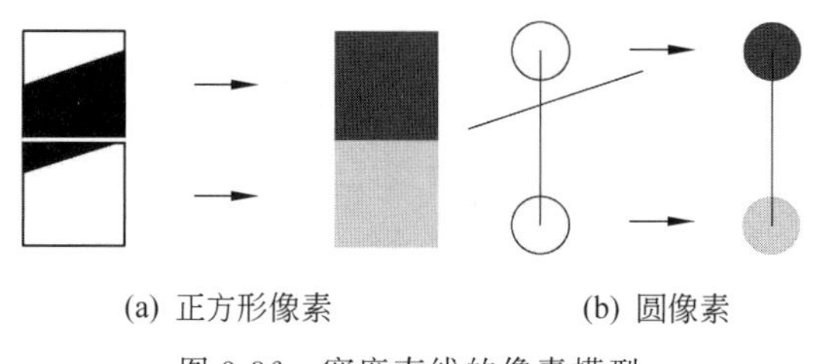

(a) 正方形像素　　(b) 圆像素

图 3-36　宽度直线的像素模型

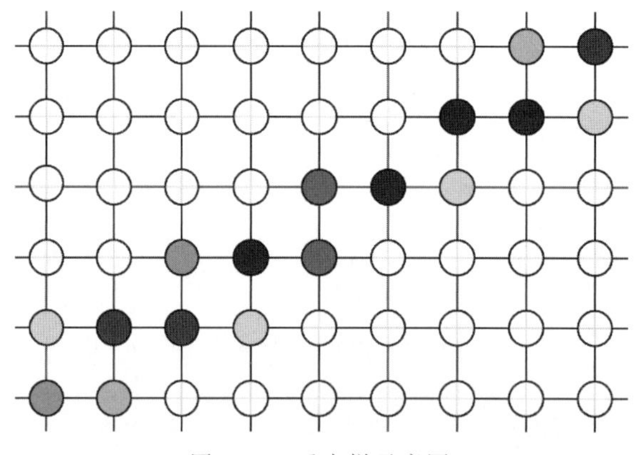

图 3-37　反走样示意图

3.5 Wu 反走样算法

自从 1977 年 Crow 在计算机图形学领域中提出走样问题并给出一种解决方法以来，已经有很多反走样算法相继问世。Wu Xiaolin 于 1991 年提出了另一种 Wu 反走样算法。Wu 算法是对距离进行加权的反走样算法[26]。

3.5.1 算法原理

Wu 反走样算法采用空间混色原理对走样现象进行修正。空间混色原理指出[27]，人眼对某一区域颜色的识别是取这个区域颜色的平均值。图 3-38(a)所示的半色调点图，通过调整点的大小与间距可以在人脑中产生连续的明暗色调，如图 3-38(b)所示。Wu 反走样算法原理是对于理想直线上的任一点，同时用两个不同亮度等级的相邻像素来表示。

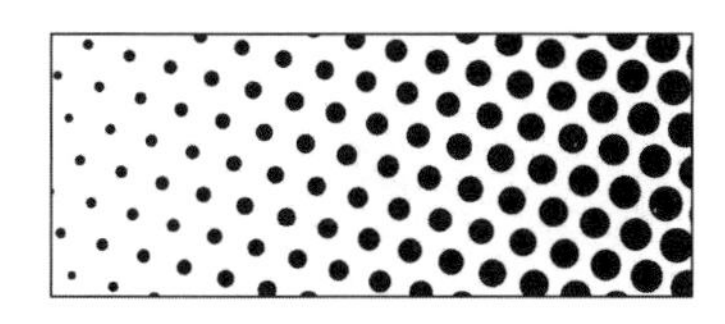

(a) 半色调点图　　(b) 连续色调

图 3-38　半色调点混合为连续色调

图 3-39 所示的理想直线与每一列的交点，光栅化后可用与交点距离最近的上下 2 像素共同显示，但分别设置为不同的亮度。假定背景色为白色，直线的颜色为黑色。若像素距离交点越近，该像素的颜色就越接近直线的颜色，其亮度就越小；若像素距离交点越远，该像素的颜色就越接近背景色，其亮度就越大，但上下像素的亮度之和应等于 1。

P_1与Q_1的距离为0.8像素，亮度为80%　　P_2与Q_2的距离为0.45像素，亮度为45%　　P_3与Q_3的距离为0.1像素，亮度为10%

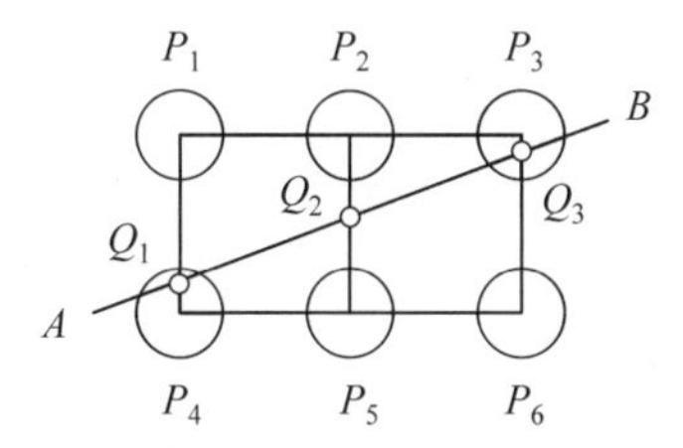

P_4与Q_1的距离为0.2像素，亮度为20%　　P_5与Q_2的距离为0.55像素，亮度为55%　　P_6与Q_3的距离为0.9像素，亮度为90%

图 3-39　2 像素共同表示一个点

对于每一列而言，可以将下方像素 P_d 与交点 Q 之间的距离 e 作为加权参数，对上下像素的亮度等级进行调节。由于上下像素的间距为 1 个单位，容易知道，上方的像素 P_u 与交点的距离为 $1-e$。例如，像素 P_1 距离 Q_1 点 0.8 像素，该像素的亮度等级为 80%；像素 P_4 距离 Q_1 点 0.2 像素，该像素的亮度等级为 20%。同理，像素 P_2 距离 Q_2 点 0.45 像素，该像素的亮度等级为 45%；像素 P_5 距离 Q_2 点 0.55 像素，该像素的亮度等级为 55%；像素 P_3

距离 Q_3 点 0.1 像素，该像素的亮度等级为 10%；像素 P_6 距离 Q_3 点 0.9 像素，该像素的亮度等级为 90%。

Wu 算法是用两个相邻像素来共同表示理想直线上的一个点，依据每像素到理想直线的距离调节其亮度，使所绘制的直线达到视觉上消除锯齿的效果。实际应用中，2 像素宽度的直线反走样的效果较好，视觉效果上直线的宽度会有所减小，看起来好像是 1 像素宽度的直线。

3.5.2 构造距离误差项

设理想直线上的当前像素为 $P_i(x_i, y_i)$，沿主位移 x 方向上递增一个单位，下一像素用 $P_u(x_i+1, y_i+1)$ 和 $P_d(x_i+1, y_i)$ 这两个像素共同表示。理想直线与 P_u 和 P_d 像素中心连线的网格交点为 $Q(x_i+1, e)$，e 为 Q 点到像素 P_d 的距离，如图 3-40 所示。设像素 $P_d(x_i+1, y_i)$ 的亮度为 e。由于像素 $P_u(x_i+1, y_i+1)$ 到 Q 点的距离为 $1-e$，则像素 P_u 的亮度为 $1-e$。

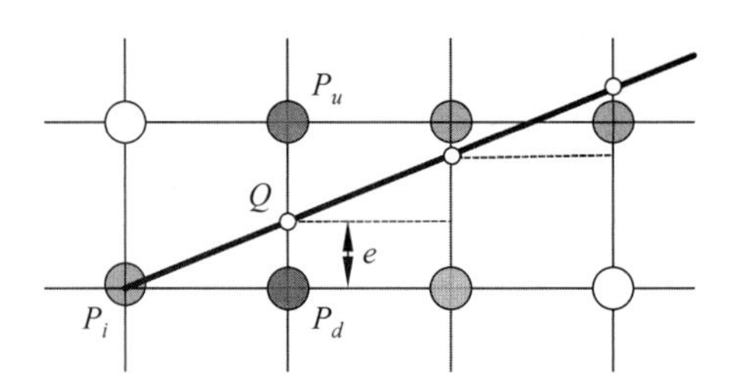

图 3-40 Wu 反走样算法

3.5.3 Wu 反走样算法的关键

沿着主位移方向递增 1 像素单位时，在直线与垂直网格线交点的上下方，同时绘制 2 像素来表示交点处理想直线的颜色，但 2 像素的亮度等级不同。距离交点远的像素亮度值大，接近背景色（白色）；距离交点近的像素亮度值小，接近直线的颜色（黑色）。编程的关键在于递推计算误差项。e_i 的初值为 0。主位移方向上每递增一个单位，即 $x_{i+1}=x_i+1$ 时，有 $e_{i+1}=e_i+k$。当 $e_i \geqslant 1$ 时，相当于 y 方向上走了一步，即 $y_{i+1}=y_i+1$，此时需将 e_i 减 1，即 $e_{i+1}=e_i-1$。

3.5.4 彩色直线的反走样算法

对于彩色情况，反走样算法必须考虑背景色。设直线的颜色（foreground color，前景色）为 $c_f(r_f, g_f, b_f)$，窗口客户区的颜色（background color，背景色）为 $c_b(r_b, g_b, b_b)$。取 e 为 Q 到 P_d 的距离，则下方像素 P_d 的亮度等级为 $c_d=(c_b-c_f)\times e+c_f$，上方像素 P_u 亮度等级为 $c_u=(c_b-c_f)\times(1-e)+c_f$。

例 3-2 绘制起点为红色，终点为蓝色的颜色渐变反走样直线。

屏幕背景色可以取为白色或黑色。假定直线起点颜色为红色，终点颜色为蓝色，请绘制从红色起点光滑过渡到蓝色终点的反走样直线。

彩色反走样直线效果如图 3-41 所示。可以看出，在黑色和白色两种不同的背景色下，都得到了正确的反走样效果。

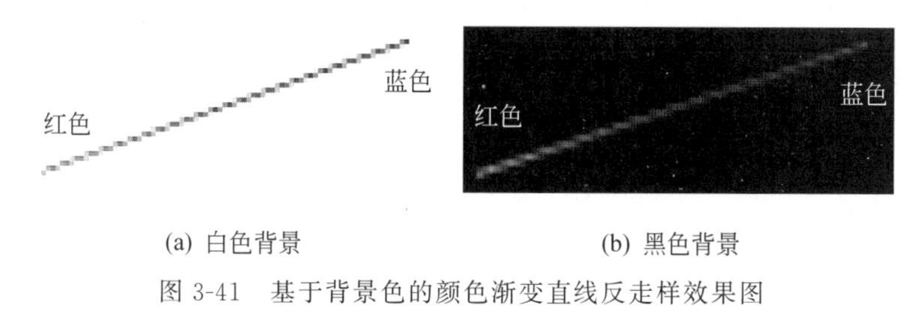

(a) 白色背景　　(b) 黑色背景

图 3-41　基于背景色的颜色渐变直线反走样效果图

3.6 本章小结

本章从像素级角度讲解了基本图元的光栅化算法。物体的线框模型是由直线连接而成的，由于直线数量众多，算法的优劣直接影响图形的生成效率。直线的光栅化算法主要包括DDA算法、Bresenham算法、中点算法和Wu反走样算法。Bresenham算法避免了浮点数复杂运算，使用了完全的整数算法，使单点基本图形生成算法已无优化的余地，获得了广泛的应用。直线的反走样算法主要介绍了Wu算法，使用浮点数运算方便地解决了计算精度问题。

习题 3

1. 使用DDA算法扫描转换直线 $P_0(0,0)$ 到 $P_1(12,9)$，将每一步的浮点坐标与整数点坐标填入表3-1中，并用黑色绘制图3-42中的相应像素点。

表 3-1　x、y 和整数点坐标

x	y	整数点	x	y	整数点
0	0	(0,0)	7		
1			8		
2			9		
3			10		
4			11		
5					
6					

2. 分别使用直线的整数Bresenham算法和整数中点算法扫描转换直线段 P_0P_1。起点 P_0 的坐标为(0,0)，终点 P_1 的坐标(12,9)。将Bresenham整数算法每一步的整数坐标值以及误差项 e 的值，填入表3-2中。将整数中点算法每一步的整数坐标值以及中点误差项 d 的值，填入表3-3中。对照表3-2和表3-3，用黑色绘制图3-42中相应的像素点。

表 3-2　x、y 和 e 的值

x	y	e	x	y	e
0			7		
1			8		
2			9		
3			10		
4			11		
5					
6					

表 3-3　x、y 和 d 的值

x	y	d	x	y	d
0			7		
1			8		
2			9		
3			10		
4			11		
5					
6					

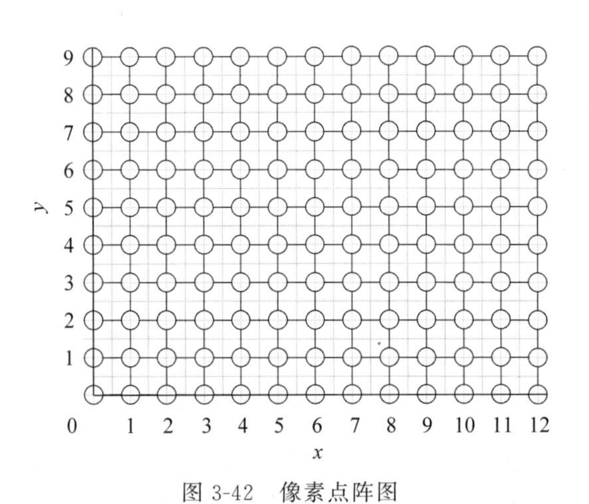

图 3-42　像素点阵图

3. 给定直线的起点坐标为 $P_0(x_0,y_0)$、终点坐标为 $P_1(x_1,y_1)$，容易计算出直线的斜率 k。当 $|k|\leqslant 1$ 时，绘制直线的递推公式为 $\begin{cases}x_{i+1}=x_i\pm 1\\ y_{i+1}=y_i\pm k\end{cases}$；当 $|k|\geqslant 1$ 时，绘制直线的递推公

式为$\begin{cases}x_{i+1}=x_i\pm\dfrac{1}{k}\\ y_{i+1}=y_i\pm 1\end{cases}$。编程实现适合于所有象限的通用 DDA 算法，绘制图 3-43 所示的测试图形。

4. 在自定义二维坐标系中，调用通用整数 Bresenham 算法绘制三段不同颜色直线组成的三角形，如图 3-44 所示。设置 P_0P_1 段直线的颜色为红色，P_1P_2 段直线的颜色为绿色，P_2P_0 段直线的颜色为蓝色。

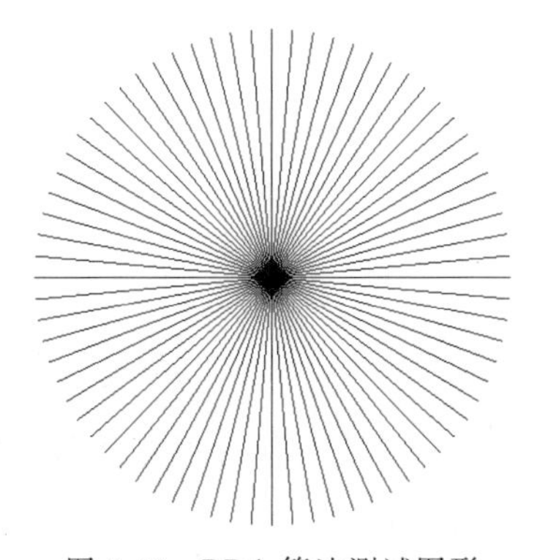

图 3-43　DDA 算法测试图形

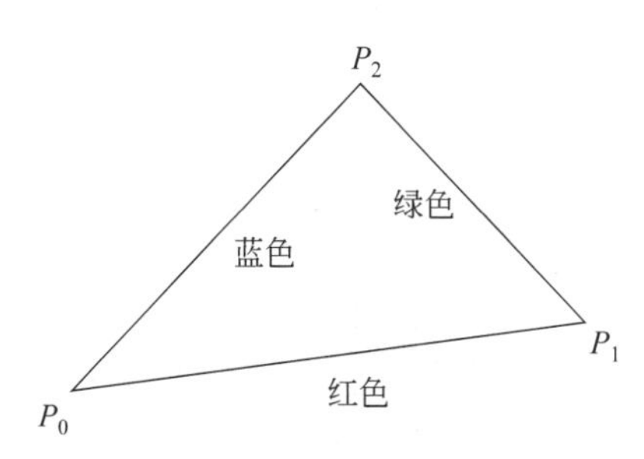

图 3-44　绘制三角形

5. 将浮点数中点算法推广到绘制任意斜率的直线段。要求设计 CLine 类，对直线上像素的处理原则为"起点闭区间、终点开区间"。CLine 类的成员函数仿效 CDC 类设置为 MoveTo()和 LineTo()。在自定义二维坐标系中调用 CLine 类对象绘制图 3-45 所示的红绿蓝三色校核图形。每个图形是由起点位于图形中心、终点沿圆周 360°辐射的直线构成。

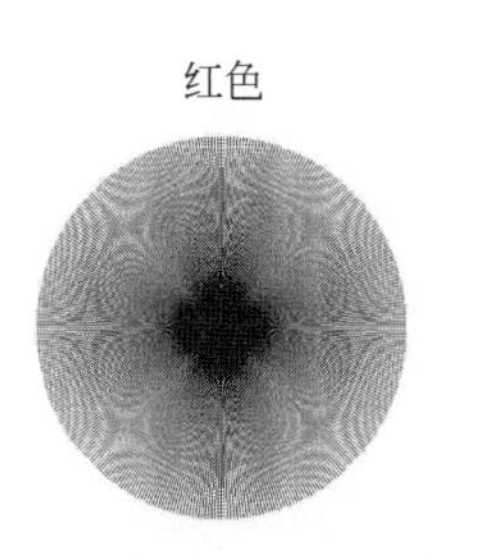

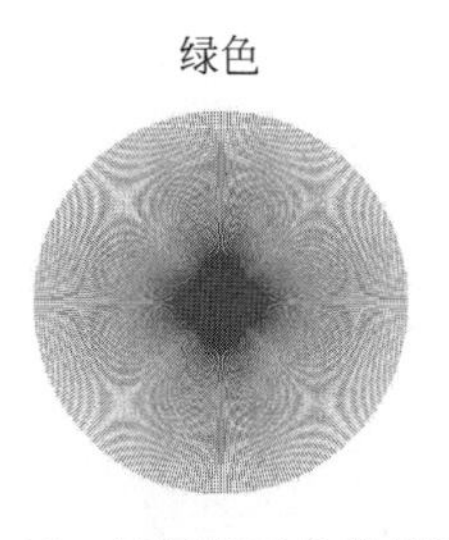

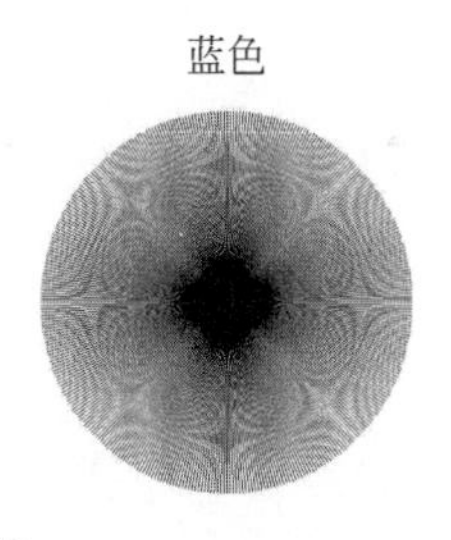

图 3-45　红绿蓝三色校核图形

6. 自定义 CRGB 类，将顶点的浮点坐标 x、y 与颜色 c 绑定在一起处理。设直线的起点的颜色为 c_0，终点的颜色为 c_1，当前点的颜色为 c。而 $c=c_0(1-t)+c_1t, t\in[0,1]$。试基于浮点数中点算法，设计 CLine 类绘制颜色渐变直线，CLine 类成员函数设置为 MoveTo()和 LineTo()。图 3-46 中，中心点为红色，圆周点为蓝色。

*7. 使用 CTime 类的 GetCurrentTime 函数读取系统时间。使用单像素宽直线绘制时针、分针和秒针。在窗口客户区左半区域，使用基于通用整数 Bresenham 算法设计的 CLine 类绘制指针。在窗口客户区右半区域，使用基于通用整数 Bresenham 算法与 Wu 反走样算法设计的 CLine 类绘制指针。编程绘制白色表盘和黑色表盘的时钟，效果如图 3-47 所示。

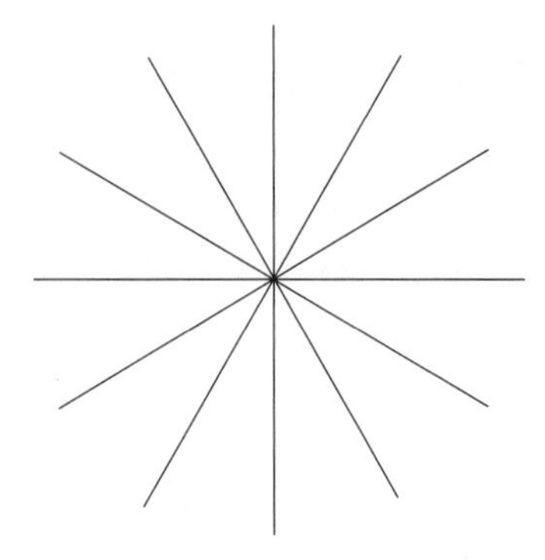

图 3-46　从中心红色渐变到蓝色的颜色渐变直线

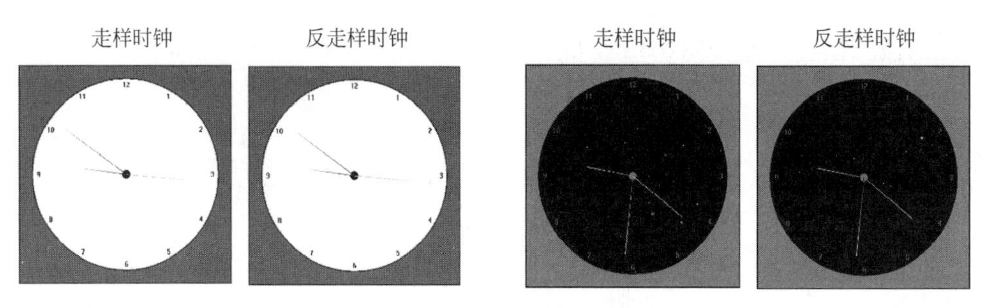

图 3-47　基于背景色的走样与反走样时钟

第 4 章　多边形填充

本章学习目标

- 熟悉多边形扫描转换的概念。
- 掌握三角形光栅化算法。
- 熟悉有效边表算法。
- 了解边填充算法。
- 了解区域邻接点填充算法。
- 了解区域扫描线种子填充算法。

计算机中早期表示物体的方法是线框模型。线框模型用定义物体轮廓线的直线或曲线绘制。线框模型并不存在面的信息，每一段轮廓线都是单独构造出来的。图 4-1(a)所示为球体线框模型。为了提升真实感效果，从 20 世纪 70 年代开始，计算机中物体的表示方法开始向表面模型转换。光栅扫描显示器的特点是它具有表示实区域(solid area)的能力，如实体三角形(solid triangle)、实体多边形(solid polygon)等。与线框模型相比，这些表面模型颜色丰富、真实感更强。如何构建表面模型呢？对线框模型添加材质属性后，在三维场景中根据视点、光源的位置及物体的朝向，先计算出网格顶点的颜色，然后使用光滑着色模式填充每个三角形内部，成为实体三角形。球体光照效果如图 4-1(b)所示。

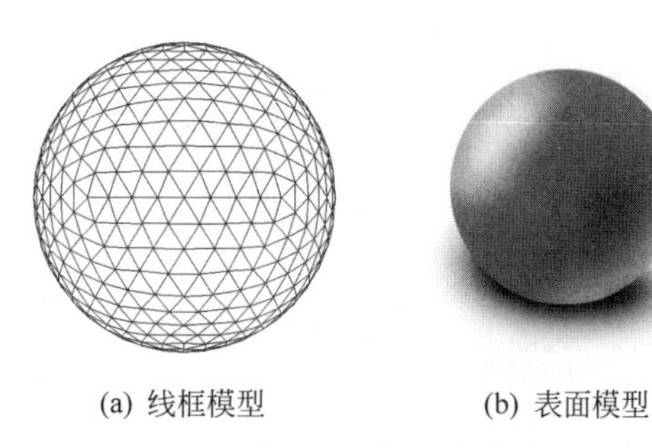

(a) 线框模型　　(b) 表面模型

图 4-1　球体的计算机表示法

4.1　多边形的定义

多边形是由折线段组成的平面封闭图形。它由有序顶点的点集 $P_i(i=0,1,\cdots,n-1)$ 及有向边的线集 $E_i(i=0,1,\cdots,n-1)$ 定义，n 为多边形的顶点数或边数，且 $E_i=P_iP_{i+1}(i=0,1,\cdots,n-1)$。这里 $P_n=P_0$，保证了多边形的闭合。多边形可以分为凸、凹多边形以及环，如图 4-2 所示。多边形具有顶点、边、面和法线等基本几何属性。

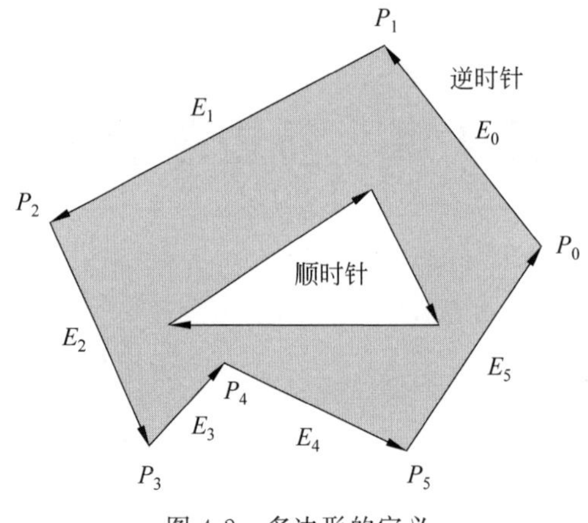

图 4-2　多边形的定义

4.1.1　凸多边形

多边形上任意两顶点间的连线都在多边形之内。凸点对应的内角小于 180°,只有凸点的多边形称为凸多边形(convex polygon)。

4.1.2　凹多边形

多边形上任意两顶点间的连线有不在多边形内部的部分。凹点对应的内角大于 180°,至少有一个凹点的多边形称为凹多边形(concave polygon)。

4.1.3　环

多边形内部包含有另外的多边形。如果规定每条有向边的左侧为其内部区域,则当观察者沿着边界行走时,内部区域总位于其左侧。这就是说,多边形外轮廓线的环形方向为逆时针,内轮廓线的环形方向为顺时针。这种定义了环形方向的多边形称为环(loop)。

4.2　多边形光栅化

在计算机图形学中,多边形有两种表示方法:顶点表示法与点阵表示法,也称为点元表示法和面元表示法。

4.2.1　顶点表示法

顶点表示法是用多边形的顶点序列来描述多边形。特点是直观、占内存少,易于进行几何变换,但由于没有明确指出哪些像素位于多边形之内,所以不能直接进行填充。顶点表示法是多边形线框模型的表示形式,如图 4-3(a)所示。

4.2.2　点阵表示法

点阵表示法是用位于多边形内部的像素点集来描述多边形。这种表示方法虽然失去了顶点、边界等许多重要的几何信息,但便于运用帧缓冲来表示图形,方便直接设置像素颜色来填充多边形。点阵表示法是多边形表面模型的表示形式,如图 4-3(b)所示。

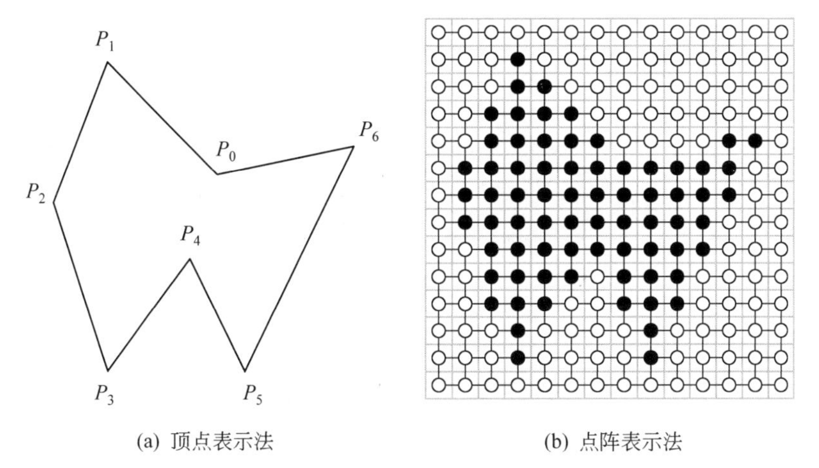

(a) 顶点表示法　　(b) 点阵表示法

图 4-3　多边形的表示法

说明:在 OpenGL 中,光栅化的像素称为片元(fragment)。

4.2.3　多边形的光栅化

将多边形的表示法从顶点表示法变换到点阵表示法的过程,即从点元表示转换到面元表示,称为多边形的光栅化。光栅化多边形时,按照扫描线顺序,从多边形的顶点信息出发,将位于多边形轮廓线内部的各像素点的颜色写入帧缓冲的相应单元中。扫描线就像大自然中的生生不息的四季交替,总是从最小 y 值向最大 y 值方向运动,执行的是 $y=y+1$ 的操作。设备坐标系内的扫描线是自上而下运动的。自定义坐标系中,由于设置 y 坐标向上为正,扫描线是自下而上运动的。多边形的扫描转换利用了光栅扫描显示器的像素点阵优势,可以生成明暗自然且色彩丰富的多边形,常用于表现物体的光照效果。

4.3　多边形着色模式

多边形可以使用平面着色模式(flat shading mode)或光滑着色模式(smooth shading mode)填充。无论采用哪种着色模式,都意味着要根据多边形的顶点颜色计算多边形内部各像素点的颜色。回顾一下,直线的平面着色模式是使用一个顶点的颜色绘制直线。例如,使用起点颜色作为直线的颜色,可以绘制出单一颜色的直线。直线的光滑着色模式是使用两个顶点颜色的线性插值作为直线上各点的颜色,可以绘制出颜色渐变的直线。

4.3.1　平面着色模式

多边形的平面着色模式是指使用多边形任意一个顶点的颜色填充多边形内部,多边形内部具有单一颜色。图 4-4(a)为三角形的平面着色。三角形 3 个顶点的颜色设置为红色、绿色、蓝色。三角形的填充色取自第 1 个顶点颜色。

4.3.2　光滑着色模式

多边形的光滑着色模式假定多边形顶点的颜色不同,多边形内部任一点的颜色由各顶点颜色双线性插值得到。基于顶点颜色的光滑着色模式也称为 Gouraud 光滑着色模式。Henri Gouraud 是法国计算机科学家,以提出 Gouraud 着色模式而闻名。图 4-4(b)为三角形的光滑着色。三角形填充色为 3 个顶点颜色的双线性插值结果。

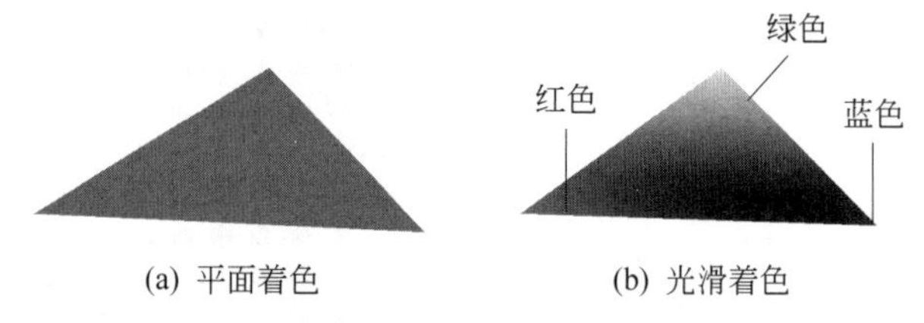

图 4-4　三角形着色模式

以填充图 4-5 所示三角形为例,讲解 Gouraud 光滑着色算法。假定,三角形 ABC 三个顶点坐标为 $A(x_A,y_A)$,$B(x_B,y_B)$,$C(x_C,y_C)$。A 点的颜色为 c_A,B 点的颜色为 c_B,C 点的颜色为 c_C。在自定义坐标系中,y 轴向上为正。当前扫描线为 y_i,扫描线最小值为 $y_{\min}$,最大值为 $y_{\max}$,扫描线从 $y_{\min}$ 向 $y_{\max}$ 移动,执行 $y_{i+1}=y_i+1$ 操作。

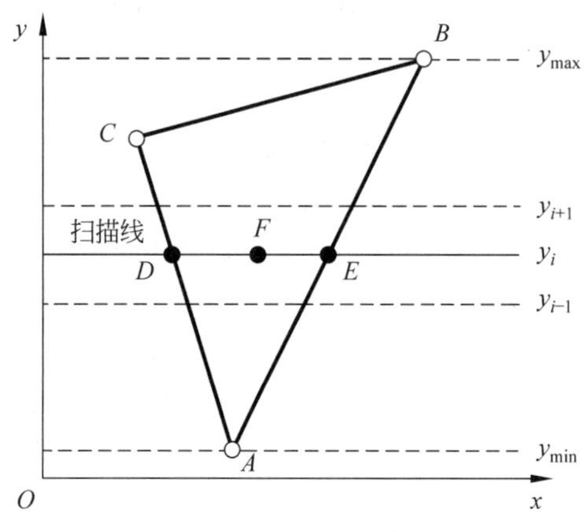

图 4-5　光滑着色模式

当前扫描线上,D 点的颜色可以通过 A 点颜色与 C 点颜色的线性插值得到

$$c_D=(1-t)c_A+tc_C,t\in[0,1] \tag{4-1}$$

当前扫描线上,E 点的颜色可以通过 A 点颜色与 B 点颜色的线性插值得到

$$c_E=(1-t)c_A+tc_B,t\in[0,1] \tag{4-2}$$

当前扫描线上,DE 跨度内任一点 F 的颜色通过 D 点颜色与 E 点线性颜色插值得到

$$c_F=(1-t)c_D+tc_E,t\in[0,1] \tag{4-3}$$

随着扫描线从 $y_{\min}$ 向 $y_{\max}$ 的移动,F 点会遍历三角形内部,其颜色为三角形 3 个顶点颜色的双线性插值。

说明:双线性插值(bilinear interpolation)是指沿 x 轴和 y 轴方向进行的两次线性插值(linear interpolation)。

4.3.3　马赫带

图 4-6 所示图形是一组亮度递增变化的平面着色矩形块。由于矩形块的亮度发生轻微

的跳变,边界处的亮度对比度增强,使得矩形块轮廓表现得非常明显。1868 年奥地利物理学家 Mach 发现了这种明暗对比的视觉效应,称为马赫带效应(mach band effect)。在亮度变化的一侧感知到正向尖峰效果,看到一条更亮的线;在另一侧感知到负向尖峰效果,看到一条更暗的线。马赫带效应不是一种物理现象,而是一种心理现象,是由人类视觉系统造成的。马赫带效应由于夸大了平面着色的渲染效果,使得人眼感知到的亮度变化比实际的亮度变化要大,妨碍了人眼光滑地感受一幅画面,如图 4-7 所示。一个具有复杂光滑表面的物体是由一系列多边形(主要是三角形和四边形)网格表示的。如果采用平面着色模式填充多边形,就会出现马赫带效应,使得边界特别明显。物体看上去就像是一片一片拼接起来的。改善的方法是用光滑着色模式代替平面着色模式来填充多边形。

图 4-6　马赫带

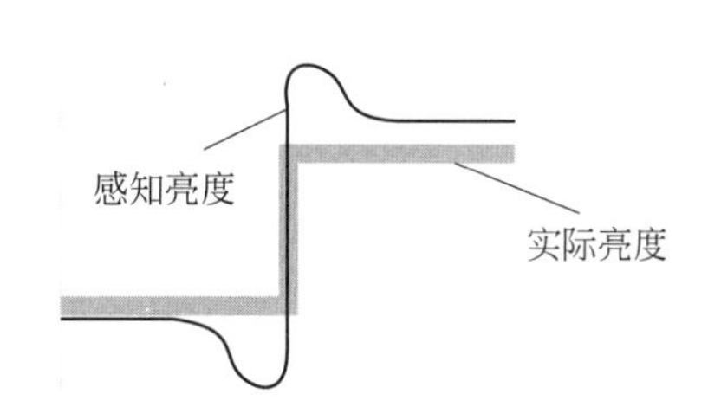

图 4-7　边界位置的实际亮度与感知亮度

4.4　边界像素处理规则

首先自定义二维坐标系,x 轴向右为正,y 轴向上为正,扫描线自下向上移动。我们已经知道,CDC 类的 Rectangle()成员函数使用画笔绘制矩形的边界,使用画刷填充矩形内部;而 CDC 类的 FillSolidRect()成员函数,不使用画笔绘制边界,仅使用当前画刷填充整个矩形,包括左边界和下边界,但不包括右边界和上边界。本节以矩形的扫描转换为例,说明多边形边界像素的处理规则。首先讨论以平面着色模式填充矩形,然后讨论以光滑着色模式填充矩形。

4.4.1　平面着色模式填充矩形

矩形由左下角点 $P_0(x_{\min}, y_{\min})$ 与右上角点 $P_1(x_{\max}, y_{\max})$ 唯一定义,如图 4-8 所示。执行下面的代码就可以使用同一种颜色填充矩形。在每条扫描线上,将矩形跨度(span)内的所有像素,都置成相同的颜色。

```
COLORREF crColor=RGB(255, 0, 0);                          //填充颜色为红色
        for(int y = ymin;y < ymax;y++)                    //扫描线
            for(int x = xmin;x < xmax;x++)                //矩形跨度内的像素
                pDC->SetPixelV(x, y, crColor);
```

矩形扫描转换后,内部填充为红色,左边界和下边界上的像素也着色为红色,而右边界和上边界并未着色。填充单一的矩形时,从数学上讲可以填充矩形所覆盖的内部像素及全部边界像素。但当多个矩形连接存在共享边界时,就不能填充矩形的全部边界像素。所有的扫描转换算法对运算符“<”“>”“=”的使用都十分敏感。

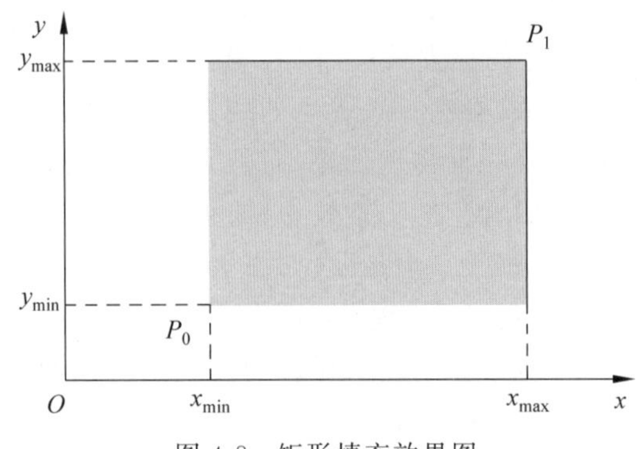

图 4-8　矩形填充效果图

4.4.2　处理共享边界像素

图 4-9 所示矩形 $P_0P_1P_2P_3$ 被等分为 4 个小矩形。假定左下方的小矩形 $P_0P_5P_8P_4$ 填充为绿色，右下方的小矩形 $P_5P_1P_6P_8$ 填充为黄色，右上方的小矩形 $P_8P_6P_2P_7$ 填充为绿色，左上方的小矩形 $P_4P_8P_7P_3$ 填充为黄色。4 个小矩形的共享边界为 P_5P_8、P_8P_7、P_4P_8 和 P_8P_6。考虑到共享边界 P_5P_8 既是小矩形 $P_0P_5P_8P_4$ 的右边界，又是小矩形 $P_5P_1P_6P_8$ 的左边界；考虑到共享边界 P_4P_8 既是小矩形 $P_0P_5P_8P_4$ 的上边界，又是小矩形 $P_4P_8P_7P_3$ 的下边界，那么 P_5P_8 和 P_4P_8 作为相邻小矩形的共享边界，应该着色为哪一个小矩形的颜色？同理，P_8P_7 和 P_8P_6 也作为相邻小矩形的共享边界，应该着色为哪一个小矩形的颜色？如果对共享边界不做处理，则可能将公共边先设置为一个种颜色，然后又设置为另一种颜色。一条边界两次不同的着色会导致混乱的视觉效果。图 4-9 的正确处理结果如图 4-10 所示，每个小矩形的右边界像素和上边界像素都不填充，等待与其相连接的后续小矩形进行填充。最终，边界 P_5P_8 和 P_4P_8 填充为黄色，P_8P_7 和 P_8P_6 填充为绿色，而边界 P_3P_7、P_7P_2、P_1P_6 和 P_6P_2 并未进行填充。

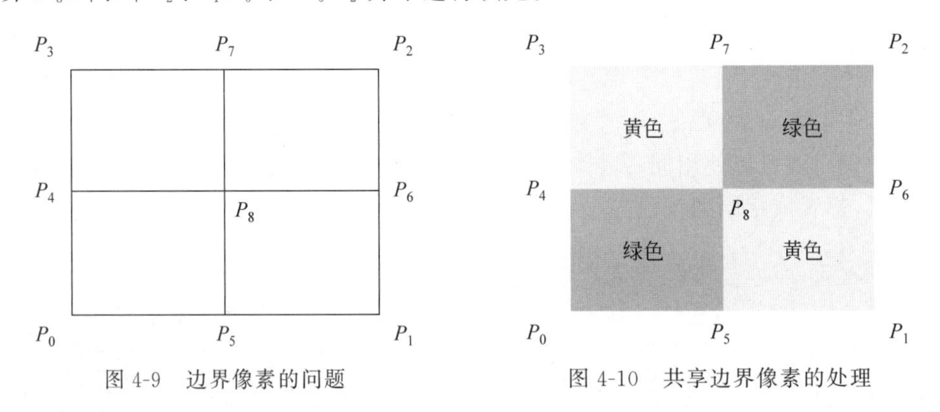

图 4-9　边界像素的问题　　　　图 4-10　共享边界像素的处理

在实际填充过程中，也需要考虑到像素面积大小的影响：填充左下角为(1,1)，右上角为(4,3)的矩形时，若将边界上的所有像素全部着色，就得到图 4-11(a)所示的效果。矩形扫描转换后的像素覆盖面积为 4×3 个单位，而实际正方形的面积只有 3×2 个单位，如图 4-11(b)所示。如果不填充矩形的上边界和右边界，则可以保证其面积为 3×2 个单位。

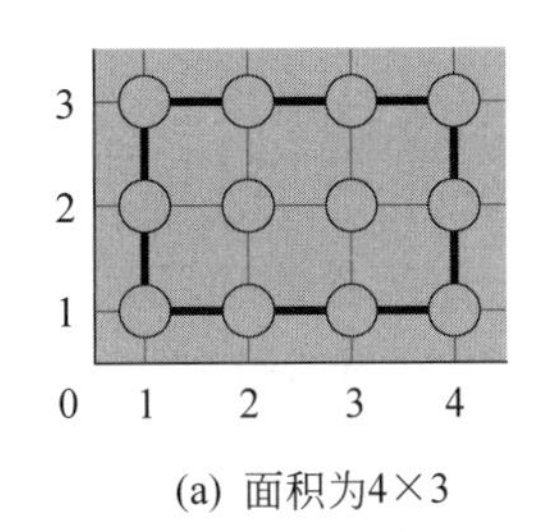

(a) 面积为4×3

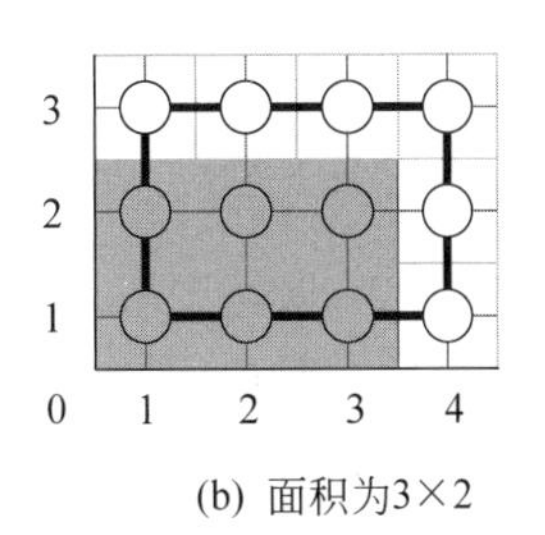

(b) 面积为3×2

图 4-11 根据像素计算矩形面积

边界像素处理规则：由一条边界确定的包含图元的半平面，如果位于该边界的左方或下方，那么这条边界上的像素就不属于该图元。可以简单地表述为“左闭右开”和“下闭上开”，即绘制矩形左边界和下边界上的像素，不绘制矩形右边界和上边界上的像素。共享的水平边将“属于”有共享边的两个矩形中靠上的那个；共享的垂直边将“属于”有共享边的两个矩形中靠右的那个。本规则适用于任意形状的多边形，而不是只局限于矩形。本规则会导致多边形遗失最上一行像素和最右一列像素，图形出现瑕疵。为了避免共享边界上的像素发生两次重绘，没有比这更好的解决方法。

4.4.3 光滑着色模式填充矩形

光滑着色模式不再用单一颜色填充矩形，矩形内部填充颜色是 4 个顶点的颜色的双线性插值结果，越靠近顶点，顶点颜色就越突出。Gouraud 着色模式为矩形填充了光滑的渐变颜色。

图 4-12(a)中，假定 P_0 点的颜色为红色、P_1 点的颜色为绿色、P_2 点的颜色为黄色、P_3 点的颜色为蓝色。沿着 x 方向和 y 方向对顶点颜色进行双线性插值得到内点颜色，就可以绘制出颜色渐变的图像。下面以一条扫描线为例进行讲解，首先由 P_0 点的颜色与 P_3 点的颜色进行线性插值计算出扫描线上 A 点的颜色。由 P_1 点的颜色和 P_2 点的颜色进行线性插值计算出在同一条水平扫描线上 B 点的颜色。在该扫描线上，由 A 点的颜色和 B 点的颜色进行线性插值计算出 C 点的颜色。当扫描线从 P_0P_1 边界向上移动到 P_3P_2 边界，在每条扫描线上，C 点从 A 点移动到 B 点，那么 C 点将遍历矩形覆盖的所有像素。根据“左闭右开”，矩形中每个跨度是在左边封闭而右边开放的区间内，不绘制每条扫描线的最右像素点。根据“下闭上开”规则，不绘制最上一条扫描线。矩形的光滑着色效果如图 4-12(b)所示。

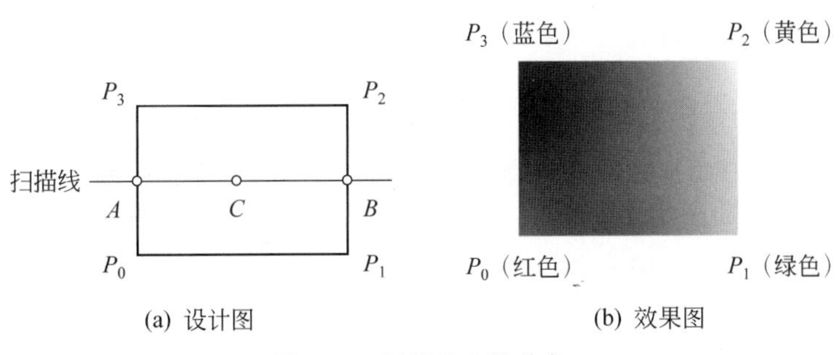

(a) 设计图 (b) 效果图

图 4-12 矩形的光滑着色

4.5 三角形光栅化算法

无论多么复杂的物体,最终都可以使用三角形的组合来逼近。解决了三角形光栅化的问题,就解决了物体的表面着色问题。三角形填充算法是图形引擎的一个基本算法,通常被称为三角形光栅化(triangle rasterization)算法。我们知道,三角形是一个凸多边形,扫描线与三角形相交只有一对交点,形成一个相交区间,称为跨度。常用三角形填充算法分为3种:标准算法、Bresenham 算法和重心坐标算法。

4.5.1 标准算法

标准算法的先决条件是对三角形顶点进行排序。假定在自定义坐标系中定义三角形的顶点坐标 P_0、P_1 和 P_2,要求 $P_0.y \leqslant P_1.y \leqslant P_2.y$。

标准算法将普通三角形看作是由两个特殊三角形:平顶三角形(flat top triangle)与平底三角形(flat bottom triangle)组合而成。对于平顶三角形或平底三角形而言,两个侧边的 y 坐标变化率相同,非常容易通过绘制扫描线而实现光栅化。普通三角形 $P_0P_1P_2$ 的长边为 P_0P_2,称为主边。普通三角形 $P_0P_1P_2$ 划分为平顶与平底三角形的方法,是确定 P_1 点所在扫描线与主边 P_0P_2 的交点 P。交点 P 的 y 坐标就是 P_1 点的 y 坐标,代入 P_0P_2 的直线方程,容易求得 P 点的 x 坐标。比较 P 点的 x 坐标与 P_1 点的 x 坐标,如果有 $P.x < P_1.x$,那么三角形 $P_0P_1P_2$ 是右三角形,即 P_1 点位于主边 P_0P_2 的右侧,如图 4-13(a)所示;如果有 $P.x \geqslant P_1.x$,那么三角形 $P_0P_1P_2$ 是左三角形,即 P_1 点位于主边 P_0P_2 的左侧,如图 4-14(a)所示。

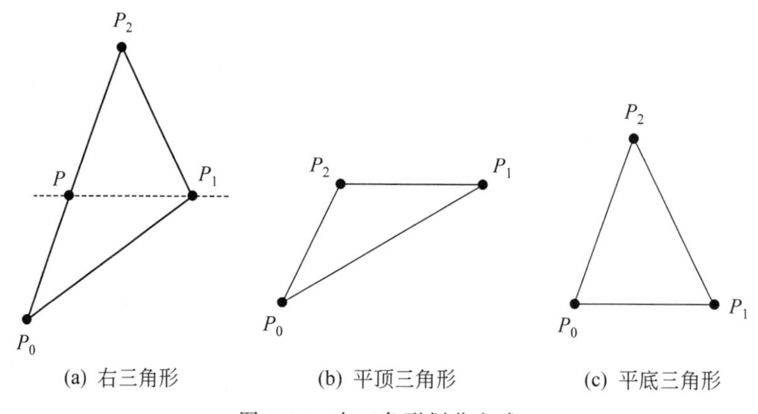

图 4-13 右三角形划分方式

对于平顶和平底三角形,随着扫描线由下向上的移动,填充扫描线与三角形相交跨度内的像素。扫描线沿 y 方向每走一步,从第一条扫描线变为了第二条扫描线,x 方向的增量是 $1/k$,也就是斜率的倒数,用 m 来表示,如图 4-15 所示。

4.5.2 Bresenham 算法

与光栅化三角形的标准算法相同,Bresenham 算法也需要对三角形的顶点按照 y 坐标

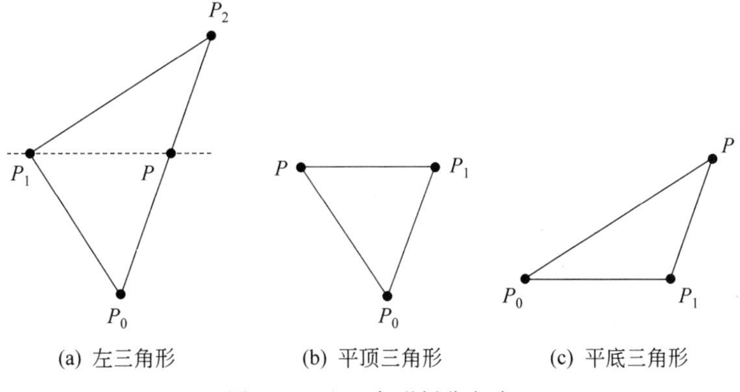

图 4-14　左三角形划分方式

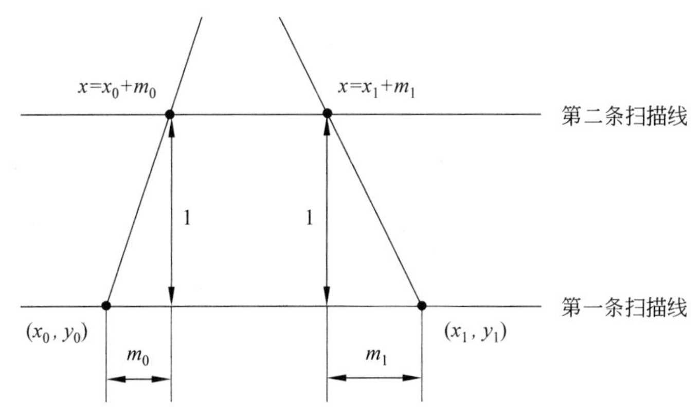

图 4-15　边与扫描线交点的 x 增量

的大小进行排序,使得 P_0 点是 y 坐标最小的顶点,P_2 点是 y 坐标最大的顶点,P_1 点的 y 坐标位于二者之间。我们已经知道,直线 Bresenham 算法是完全的整数化算法。使用 Bresenham 算法对三条边进行离散化,如图 4-16 所示。边离散后的标志点用正方形表示,具有相同 y 坐标的标志点构成三角形内的一个跨度,其两端点为左右标志点。

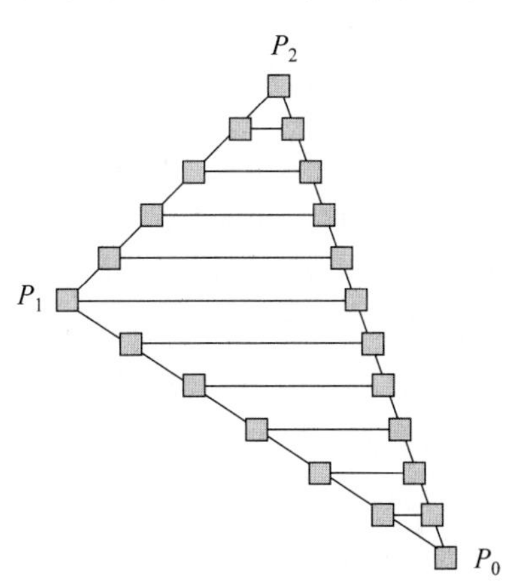

图 4-16　Bresenham 算法光栅化边

三角形光栅化的 Bresenham 算法也称为边标志算法(edge flag algorithm)[28]。由 Agkland 和 Weste 于 1981 年提出的边标志算法分两步实现：第 1 步打标志：将三角形的每条边通过光栅化算法离散为标志点，在每条扫描线上建立各跨度的标志点对。第 2 步填充扫描线：沿着扫描线由小往大的顺序，按照从左到右的顺序，填充标志点之间的全部像素。

1. 判断点与主边的位置关系

为了区分跨度的起点与终点，约定位于三角形跨度左侧边的特征为 LEFT，位于跨度右侧边的特征为 RIGHT，如图 4-17 所示。这就需要将三角形分类为左三角形和右三角形。

使用向量叉积运算，可以判断 P_1 点与主边 P_0P_2 的位置关系。假设，Δz 代表三角形面法向量 $\boldsymbol{N}=\overrightarrow{P_0P_2}\times\overrightarrow{P_0P_1}$ 的 z 分量。如果 $\Delta z>0$，三角形为左三角形；否则，三角形为右三角形。法向量 $\boldsymbol{N}$ 的方向符合向量 $\overrightarrow{P_0P_2}$ 和 $\overrightarrow{P_0P_1}$ 的右手螺旋法则，见图 4-18。

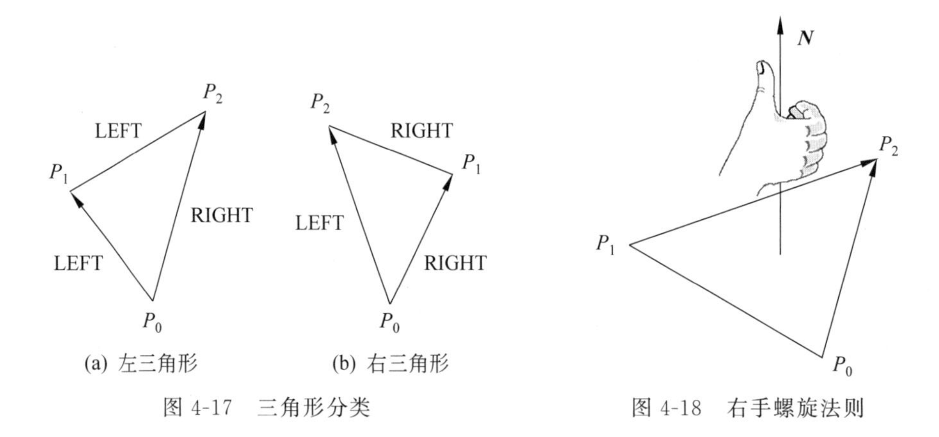

(a) 左三角形　(b) 右三角形

图 4-17　三角形分类

图 4-18　右手螺旋法则

$$\overrightarrow{P_0P_2}=\{x_2-x_0\quad y_2-y_0\quad 0\},\overrightarrow{P_0P_1}=\{x_1-x_0\quad y_1-y_0\quad 0\}$$

面法向量 $\boldsymbol{N}=\overrightarrow{P_0P_2}\times\overrightarrow{P_0P_1}$，有

$$\boldsymbol{N}=\{0\quad 0\quad (x_2-x_0)(y_1-y_0)-(y_2-y_0)(x_1-x_0)\}$$

假设，Δz 代表三角形法向量的 z 分量，有

$$\Delta z=(x_2-x_0)(y_1-y_0)-(y_2-y_0)(x_1-x_0) \tag{4-4}$$

2. 填充三角形

三角形覆盖的扫描线的最小值为 $y_{\min}=P_0.y$，最大值为 $y_{\max}=P_2.y$。三角形所覆盖的扫描线条数为 $n=y_{\max}-y_{\min}+1$。使用 Bresenham 算法，将三条边离散到标志数组 Left[n] 和 Right[n]中。Left 数组存放左边的离散点标志，Right 数组存放右边的离散点标志。在图 4-17(a)中，Left 数组存放的是 P_0P_1 边和 P_1P_2 边的标志点，Right 数组存放的是 P_0P_2 边的标志点；在图 4-17(b)中，Left 数组存放的是 P_0P_2 边的标志点，Right 数组存放的是 P_0P_1 边和 P_1P_2 边的标志点。当扫描线从 $y_{\min}$ 向 $y_{\max}$ 移动时，根据三角形顶点颜色，使用双线性插值计算跨度内每像素点的颜色。根据“左闭右开”的规则，不填充每条扫描线上最右的像素；根据“下闭上开”的规则，不填充最后一条扫描线 $y_{\max}$。假定，三角形顶点 P_0 的颜色为红色、P_1 的颜色为蓝色，P_2 的颜色为绿色。图 4-19 给出了 Bresenham 算法填充后的三角形光滑着色效果。

例 4-1 使用 Bresenham 算法填充图 4-20 所示的三角形，着色模式为平面着色，试写出 Left 数组与 Right 数组内存储的标志点值(只写 x、y 坐标，不写颜色值)。

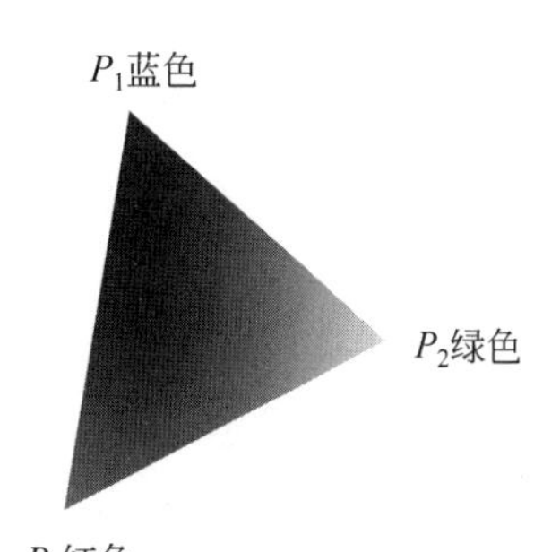

图 4-19 三角形光滑着色效果图

从图中可知，三角形顶点为 $P_0(1,1)$、$P_1(5,3)$和 $P_2(4,7)$。通过三角形主边顶点坐标 P_0 和 P_1，可以计算出扫描线条数 $n=7$。定义左边标志数组为 Left[7]和右边标志数组为 Right[7]。由于三角形是右三角形，所以 Left 数组存放 P_0P_2 边的标志，Right 数组存放 P_0P_1 边与 P_1P_2 边的标志。边 P_0P_2 的斜率倒数 $m_{02}=0.5$，边 P_0P_1 的斜率倒数 $m_{01}=2$，边 P_1P_2 的斜率倒数 $m_{12}=-0.25$。由于数组的下标索引从 0 开始，所以 Left[0]和 Right[0]数组对分别存放三角形所覆盖的第一条扫描线上跨度两端的边标志；Left[6]和 Right[6]数组对分别存放三角形所覆盖的最后一条扫描线上跨度两端的边标志。

第 1 条扫描线：Left[0]=(1.0,1.0)，Right[0]=(1.0,1.0)。

第 2 条扫描线：Left[1]=(1.5,2.0)，Right[1]=(3.0,2.0)。

第 3 条扫描线：Left[2]=(2.0,3.0)，Right[2]=(5.0,3.0)。

第 4 条扫描线：Left[3]=(2.5,4.0)，Right[3]=(4.75,4.0)。

第 5 条扫描线：Left[4]=(3.0,5.0)，Right[4]=(4.5,5.0)。

第 6 条扫描线：Left[5]=(3.5,6.0)，Right[5]=(4.25,6.0)。

第 7 条扫描线：Left[6]=(4.0,7.0)，Right[6]=(4.0,7.0)。

图 4-21 中，边标志用黑色实心小圆表示，跨度内部的像素点用空心小圆表示。

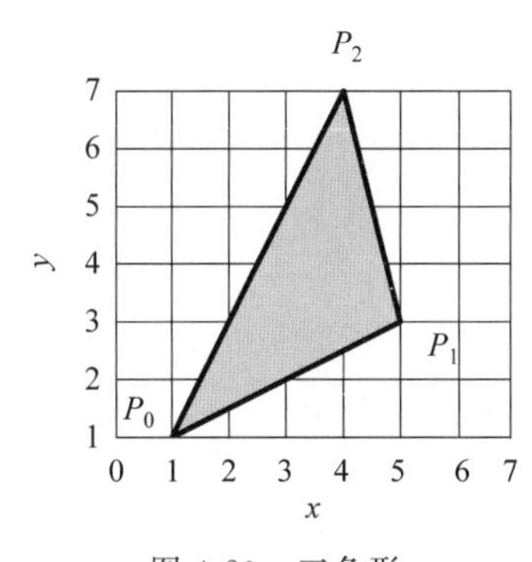

图 4-20 三角形

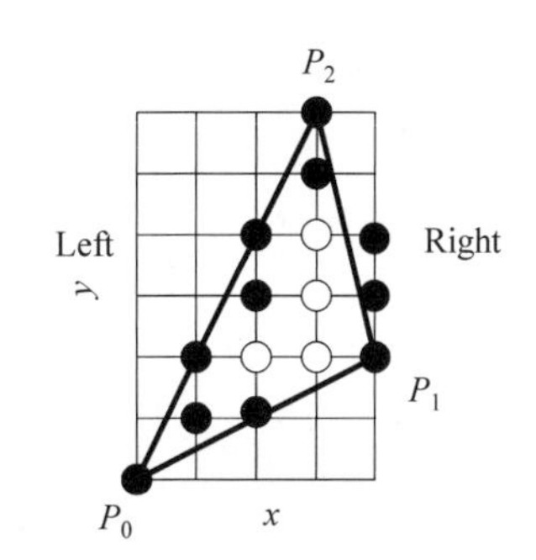

图 4-21 三角形内部像素示意图

说明：假定四边形的 4 个顶点颜色分别为红绿黄蓝。四边形在填充时通常需要分为两个三角形来处理，可分为左上和右下两个三角形，或左下和右上两个三角形，如图 4-22 所示。对比图 4-19 可以看出，虽然通过填充两个三角形可以完成填充四边形的任务，但并不能完全复原其颜色。尽管如此，OpenGL 和 DirectX 等工具软件中仍将四边形细分为两个三角形后才进行填充。

4.5.3 重心坐标算法

如果 P 点是三角形内的任意一点，将三角形划分为 3 个子三角形，如图 4-23 所示。令

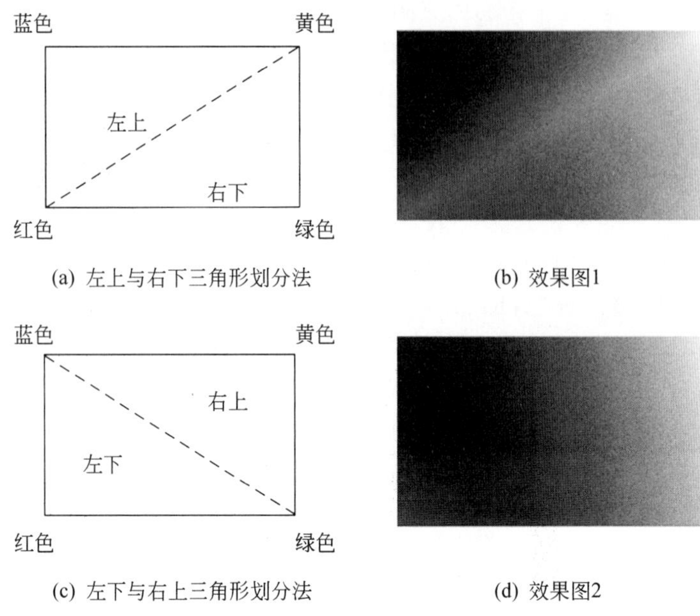

图 4-22　四边形细分为三角形

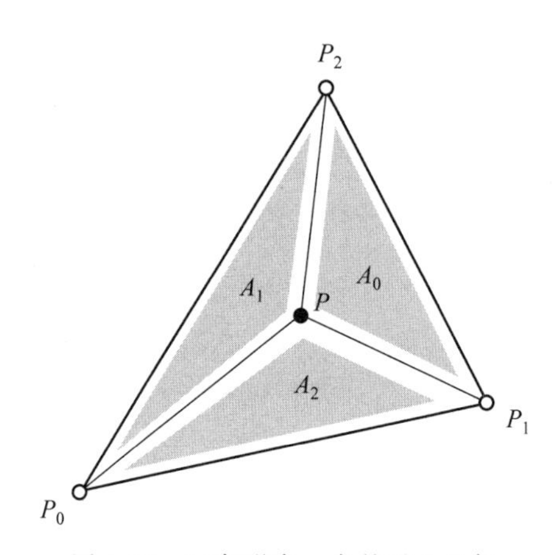

图 4-23　三角形内一点的重心坐标

三角形 $P_0P_1P_2$ 的面积为 A，子三角形 PP_1P_2 的面积为 A_0，子三角形 $P\ P_2P_0$ 的面积为 A_1，子三角形 PP_0P_1 的面积为 A_2，则三角形内的顶点 P 可以描述为顶点的加权之和。三角形顶点的权值正比于反向的子三角形的面积。

$$P = \alpha P_0 + \beta P_1 + \gamma P_2 \tag{4-5}$$

式中，$\alpha = \dfrac{A_0}{A}$，$\beta = \dfrac{A_1}{A}$，$\gamma = \dfrac{A_2}{A}$。这里(α,β,γ)称为重心坐标(barycentric coordinates)。显然，$\alpha \geqslant 0$，$\beta \geqslant 0$，$\gamma \geqslant 0$，且 $\alpha+\beta+\gamma=1$，即

$$\begin{cases} \alpha \geqslant 0 \\ \beta \geqslant 0 \\ \alpha + \beta \leqslant 1 \end{cases} \tag{4-6}$$

如果点 P 能满足式(4-6),则该点位于三角形内部。已知三角形的 3 个顶点坐标,三角形 $P_0P_1P_2$ 的面积用行列式表示为

$$A=\frac{1}{2}\begin{vmatrix}x_0 & x_1 & x_2\\ y_0 & y_1 & y_2\\ 1 & 1 & 1\end{vmatrix}=\frac{1}{2}(x_0y_1+x_1y_2+x_2y_0-x_2y_1-x_1y_0-x_0y_2)$$

子三角形 PP_1P_2 的面积为

$$A_0=\frac{1}{2}\begin{vmatrix}x & x_1 & x_2\\ y & y_1 & y_2\\ 1 & 1 & 1\end{vmatrix}=\frac{1}{2}(xy_1+x_1y_2+x_2y-x_2y_1-x_1y-xy_2)$$

子三角形 PP_2P_0 的面积为

$$A_1=\frac{1}{2}\begin{vmatrix}x_0 & x & x_2\\ y_0 & y & y_2\\ 1 & 1 & 1\end{vmatrix}=\frac{1}{2}(x_0y+xy_2+x_2y_0-x_2y-xy_0-x_0y_2)$$

子三角形 PP_0P_1 的面积为

$$A_2=\frac{1}{2}\begin{vmatrix}x_0 & x_1 & x\\ y_0 & y_1 & y\\ 1 & 1 & 1\end{vmatrix}=\frac{1}{2}(x_0y_1+x_1y+xy_0-xy_1-x_1y_0-x_0y)$$

应用 Cramer 法则,解得

$$\alpha=\frac{\begin{vmatrix}x & x_0 & x_1\\ y & y_0 & y_1\\ 1 & 1 & 1\end{vmatrix}}{\begin{vmatrix}x_0 & x_1 & x_2\\ y_1 & y_1 & y_2\\ 1 & 1 & 1\end{vmatrix}},\beta=\frac{\begin{vmatrix}x_0 & x & x_2\\ y_0 & y & y_2\\ 1 & 1 & 1\end{vmatrix}}{\begin{vmatrix}x_0 & x_1 & x_2\\ y_1 & y_1 & y_2\\ 1 & 1 & 1\end{vmatrix}},\gamma=\frac{\begin{vmatrix}x_0 & x_1 & x\\ y_0 & y_1 & y\\ 1 & 1 & 1\end{vmatrix}}{\begin{vmatrix}x_0 & x_1 & x_2\\ y_1 & y_1 & y_2\\ 1 & 1 & 1\end{vmatrix}} \tag{4-7}$$

重心坐标在图形学中最重要的运用便是插值,可以根据 3 个顶点的属性插值出任意点的属性,无论是位置,颜色、深度、法向量等,计算结果等同于扫描线算法的颜色双线性插值。令 c 代表顶点颜色,n 代表顶点法向量,d 代表顶点的深度,有

$$P.c=\alpha A.c+\beta B.c+\gamma C.c$$

$$P.n=\alpha A.n+\beta B.n+\gamma C.n$$

$$P.d=\alpha A.d+\beta B.d+\gamma C.d$$

说明: 重心坐标算法不属于光栅化算法范畴,三角形的填充过程与扫描线顺序无关,但是由于插值算法简单,在现代着色器中得到广泛应用。

例 4-2 已知三角形 3 个顶点坐标,试使用直线的重心坐标公式,推导三角形的重心坐标公式。

图 4-24 所示的三角形内,D 点是 A、B 点连线的重心坐标,P 点是 C、D 点连线的重心坐标。AB 直线上的一点 D 表示为

$$D=(1-s)A+sB \tag{4-8}$$

CD 直线上的一点 P 表示为

$$P=(1-t)D+tC \tag{4-9}$$

将式(4-8)代入式(4-9)，有

$$P=(1-t)(1-s)A+(1-t)sB+tC \tag{4-10}$$

令 $\alpha=(1-t)(1-s)$，$\beta=(1-t)s$，$\gamma=t$，有

$$\alpha+\beta+\gamma=(1-t)(1-s)+(1-t)s+t=1$$

得到

$$P=\alpha A+\beta B+\gamma C$$

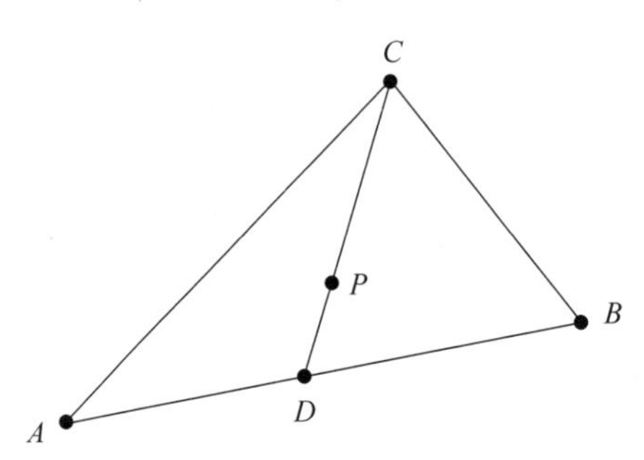

图 4-24　从线重心坐标推导面重心坐标

4.6　有效边表算法

上一节介绍了三角形的光栅化算法，如果需要填充复杂的多边形，则可以使用 x 扫描线算法。该算法可以一次性完成复杂多边形的填充，而不用将多边形细分为三角形。

4.6.1　x 扫描线法

x 扫描线算法填充多边形的基本思想是按扫描线顺序，计算扫描线与多边形的相交区间。x 扫描线算法的核心是必须按 x 递增顺序排列交点的 x 坐标序列。由此可以得到 x 扫描线算法步骤如下。

(1) 确定多边形覆盖的扫描线条数，得到多边形顶点的最小 y 值 $y_{\min}$ 和最大 y 值 $y_{\max}$。

(2) 从 $y=y_{\min}$ 到 $y=y_{\max}$，每次用一条扫描线进行填充。每条扫描线的填充过程可分为以下 4 个步骤。

① 求交：计算扫描线与多边形各边的交点。

② 排序：把所有交点按 x 坐标递增顺序进行排序。

③ 配对：将相邻交点配对，每对交点代表扫描线与多边形相交的一个跨度。

④ 着色：把这些跨度内的像素置为填充色。

x 扫描线算法在处理每条扫描线时，需要与多边形的所有边求交，处理效率很低。因为一条扫描线往往只与多边形的少数几条边相交，甚至与整个多边形都不相交。若在处理每条扫描线时，把所有边都拿出来与扫描线求交，其中绝大多数运算都是徒劳的。因此将 x 扫描线算法加以改进，形成有效边表算法，也称为 y 连贯性算法。

有效边表算法的基本思想是按照扫描线从小到大的移动顺序，计算当前扫描线与多边

形有效边的交点，然后把这些交点按 x 值递增的顺序进行排序、配对，以确定着色区间。有效边表算法通过维护边表(edge table，ET)与有效边表(active edge table，AET)，避开了扫描线与多边形所有边求交的复杂运算，已成为最常用的多边形扫描转换算法之一。有效边表算法可以填充凸多边形、凹多边形和环。

4.6.2 示例多边形

以图 4-25 所示的凹多边形为示例多边形，讲解有效边表算法。示例多边形的顶点表示法为：$P_0(7,8)$、$P_1(3,12)$、$P_2(1,7)$、$P_3(3,1)$、$P_4(6,5)$、$P_5(8,1)$、$P_6(12,9)$。多边形覆盖的扫描线最小值为 $y_{\min}=1$，最大值为 $y_{\max}=12$。假定多边形各个顶点的颜色都相同，填充模式为平面着色。

图 4-26 中，扫描线 $y=3$ 与示例多边形有 4 个交点(2.3，3)、(4.5，3)、(7，3)和(9，3)。边界交点的整数坐标为(2，3)、(5，3)、(7，3)和(9，3)。每个跨度的最后一个整数像素(5，3)、(9，3)，根据“左闭右开”规则不予填充。按 x 值递增的顺序对交点进行排序、配对后的填充区间为[2，4]和[7，8]，共有 5 像素。为了避免填充[5，6]区间，填充时设置一个逻辑变量(初始值为假)进行区间内部外部测试(inside-outside test)。按 x 值递增的顺序，每访问一个交点，逻辑变量就取反一次。如果进入区间内部，逻辑变量为真；如果离开区间内部，逻辑变量则为假。填充逻辑变量为真的所有区间内的像素，这样可以对有多个跨度的扫描线进行正确处理。例如，进入区间[2，4]之内，逻辑变量为真，离开区间[2，4]后，逻辑变量为假。再次进入[7，8]之内，逻辑变量为真，离开区间[7，8]后，逻辑变量为假。

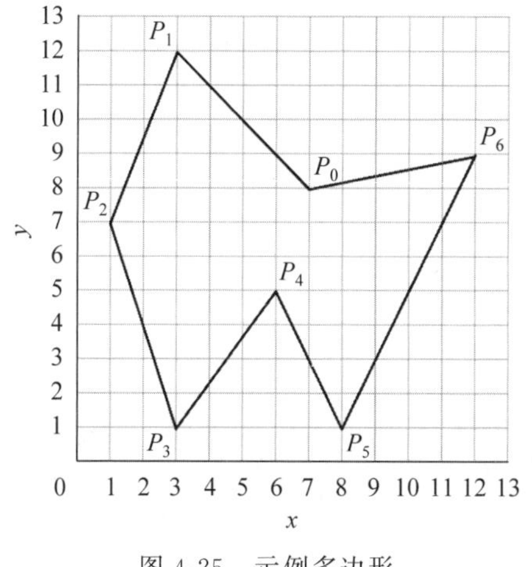

图 4-25 示例多边形

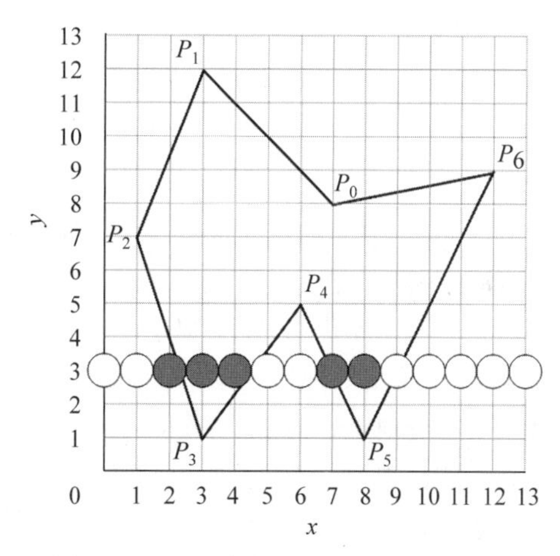

图 4-26 用一条扫描线填充示例多边形

4.6.3 有效边与有效边表

1. 有效边

多边形与当前扫描线相交的边称为有效边。在处理一条扫描线时仅对有效边进行求交运算，可以避免与多边形的所有边求交，提高了算法效率。扫描线由有效边的低端($y=y_{\min}$)向高端($y=y_{\max}$)运动，交点的 y 坐标每次加 1，交点的 x 坐标加斜率的倒数 $m=1/k$。

2. 有效边表

将有效边按照与扫描线交点 x 坐标递增的顺序存放在一个链表中，称为有效边表。有效边表利用了边的连贯性。

（1）与扫描线 y_i 相交的边，多数与扫描线 y_{i+1} 相交。

（2）从一条扫描线到下一条扫描线，交点的 x 值增量相等。有效边表的结点如图 4-27 所示。

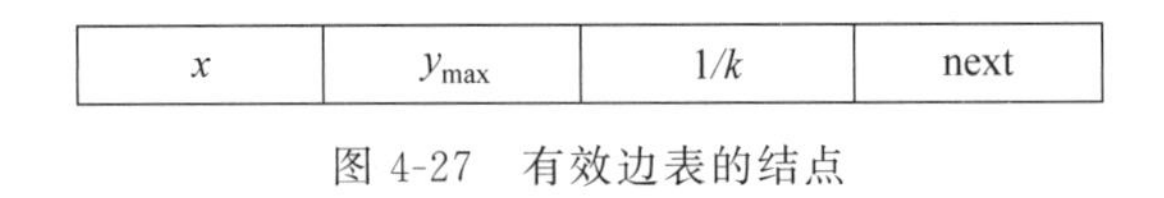

图 4-27　有效边表的结点

图 4-27 中，x 为当前扫描线与有效边的交点；y_{max} 为有效边所在扫描线的最大值，用于判断该边何时扫描完毕后被抛弃而成为无效边；$1/k$ 为 x 坐标的增量，其值为斜率的倒数。

有效边表的数据结构定义如下：

```
class CAET                                  //有效边表类
{
public:
    CAET(void);                             //构造函数
    virtual ~CAET(void);                    //析构函数
public:
    double x;
    int yMax;
    double m;                               //m代表斜率的倒数，即 m= 1/k
    CAET* pNext;
};
```

对于图 4-25 给出的示例多边形，扫描线 $y=1$ 至 $y=3$ 的有效边表如图 4-28 所示。

$y=4$ 的扫描线处理完毕后，对于 P_3P_4 和 P_4P_5 两条边，因为下一条扫描线 $y=5$ 与 y_{max} 相等，根据“下闭上开”的原则予以删除，如图 4-29 所示。

$y=6$ 的扫描线处理完毕后，对于 P_2P_3 边，因为下一条扫描线 $y=7$ 与 y_{max} 相等，根据“下闭上开”的规则予以删除。当 $y=7$ 时，添加上新边 P_1P_2，如图 4-30 所示。

当 $y=8$ 时，添加上新边 P_0P_1 和 P_0P_6，如图 4-31 所示。这条扫描线处理完毕后，对于 P_5P_6 边和 P_0P_6 边，因为下一条扫描线 $y=9$ 与 y_{max} 相等，根据“下闭上开”的规则予以删除，如图 4-32 所示。

$y=11$ 的扫描线处理完毕后，对于 P_1P_2 边和 P_0P_1 边，因为下一条扫描线 $y=12$ 与 y_{max} 相等，根据“下闭上开”的规则予以删除。至此，给出了示例多边形的全部有效边表。

4.6.4　桶表与边表

从有效边表的建立过程可以看出，有效边表给出了扫描线与有效边交点坐标的计算方法，但是并没有给出新边出现的位置。为了确定在哪条扫描线上插入新边，就需要构造一个边表，用以存放扫描线上多边形各边出现的信息。因为水平边的 $1/k$ 为∞，并且水平边本身就是扫描线，在建立边表时可以不予考虑。

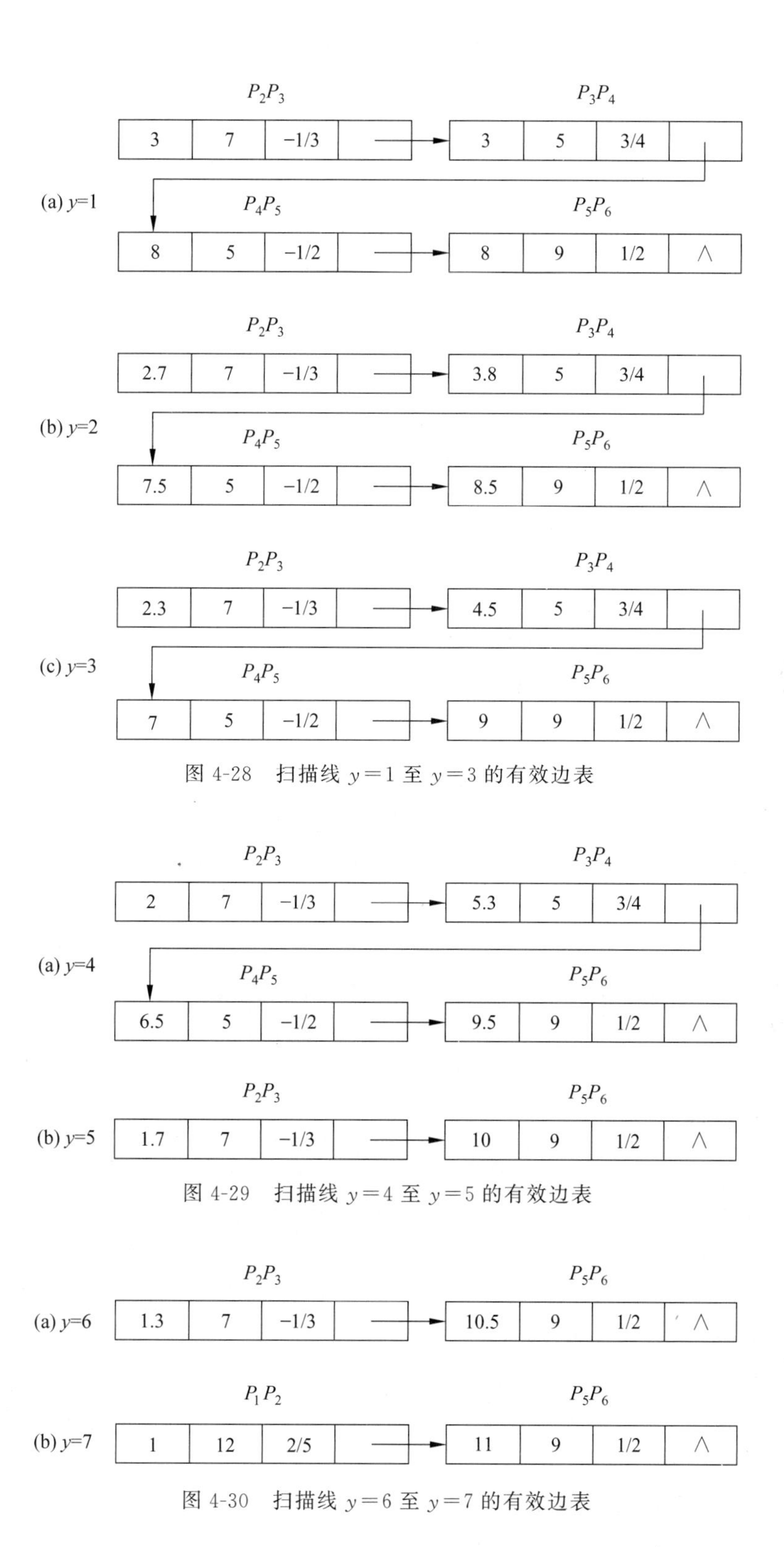

图 4-28　扫描线 $y=1$ 至 $y=3$ 的有效边表

图 4-29　扫描线 $y=4$ 至 $y=5$ 的有效边表

图 4-30　扫描线 $y=6$ 至 $y=7$ 的有效边表

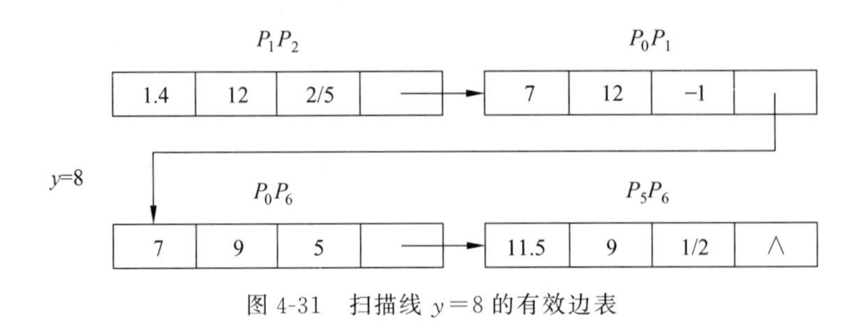

图 4-31　扫描线 $y=8$ 的有效边表

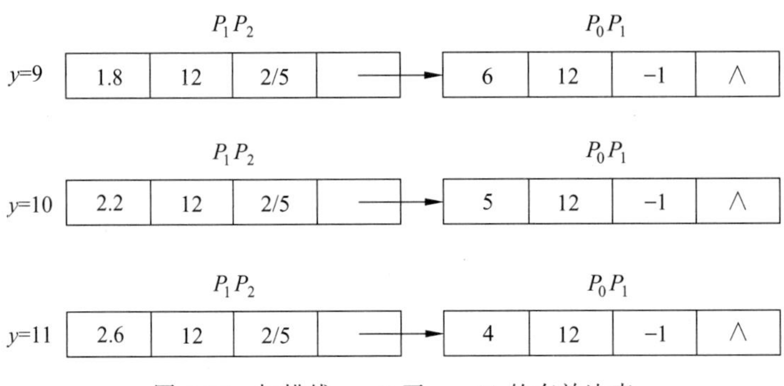

图 4-32　扫描线 $y=9$ 至 $y=11$ 的有效边表

1. 桶表与边表的表示法

(1) 桶表(bucket table)是按照扫描线顺序管理边出现情况的一个数据结构。首先,构造一个纵向扫描线链表,链表的长度为多边形所覆盖的最大扫描线数,链表的每个结点称为桶,对应多边形覆盖的每条扫描线。

桶的数据结构定义如下:

```
class CBT                                              //桶表类
{
public:
    CBT(void);
    virtual ~CBT(void);
public:
    int ScanLine;                                      //扫描线
    CAET * pEdge;                                      //桶上的边表指针
    CBT * pNext;                                       //桶结点指针
};
```

(2) 将每条边的信息链入与该边最小 y 坐标(y_{min})相对应的桶处。也就是说,若某边的低端点为 y_{min},则该边就存放在相应的扫描线桶中。边的低端点与高端点的定义见图 4-33。低端点的 y 坐标(扫描线)小,高端点的 y 坐标(扫描线)大。

(3) 对于每条扫描线,如果新增多条边,则按 $x|y_{min}$ 坐标递增的顺序存放在一个链表中,若 $x|y_{min}$ 相等,则按照 $1/k$ 由小到大排序,这样就形成边表,如图 4-34 所示。

图 4-34 中,x 为新增边低端点的 x 值,表示为 $x|y_{min}$,用于判断边表在桶中的出现位

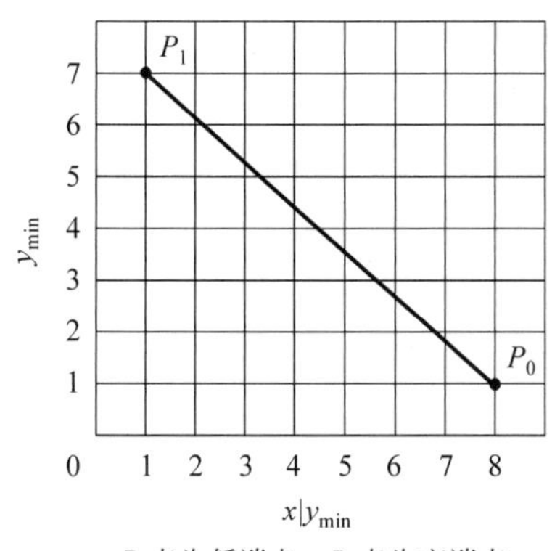

(a) P_0点为低端点，P_1点为高端点

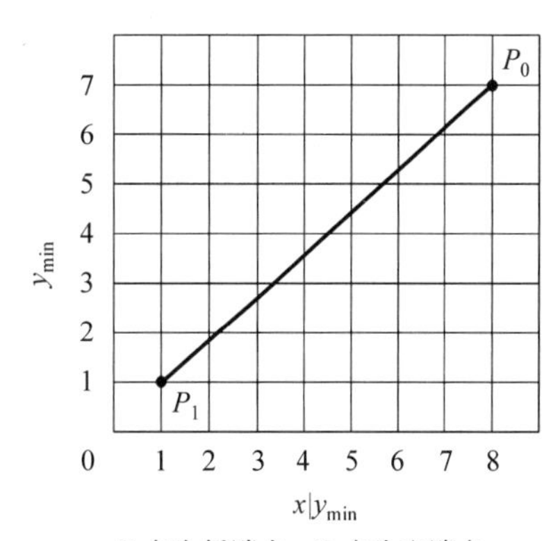

(b) P_1点为低端点，P_0点为高端点

图 4-33　按照扫描线大小定义边的端点

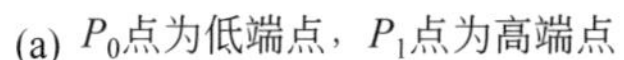

$x\|y_{min}$	y_{max}	$1/k$	next

图 4-34　边表结点

置；y_{max}是该边高端点的最大扫描线值，用于判断该边何时成为无效边。$1/k$ 是 x 坐标的增量，即 $\Delta x/\Delta y$。对比图 4-27 与图 4-34，可以看出边表是有效边表的特例，即在该边低端点处的一个有效边表。有效边表与边表可以使用同一个 CAET 类来表示。

2. 桶表与边表示例

为了高效地将边加入到有效边表中，需要在初始化时建立一个包含多边形所有边的边表。边表是按照桶排序的方式建立的，有多少条扫描线就有多少个桶。在每个桶中，根据边的低端的 x 坐标，按照增序的方式排列每条边。对于图 4-25 给出的示例多边形，桶表与边表结构如图 4-35 所示。

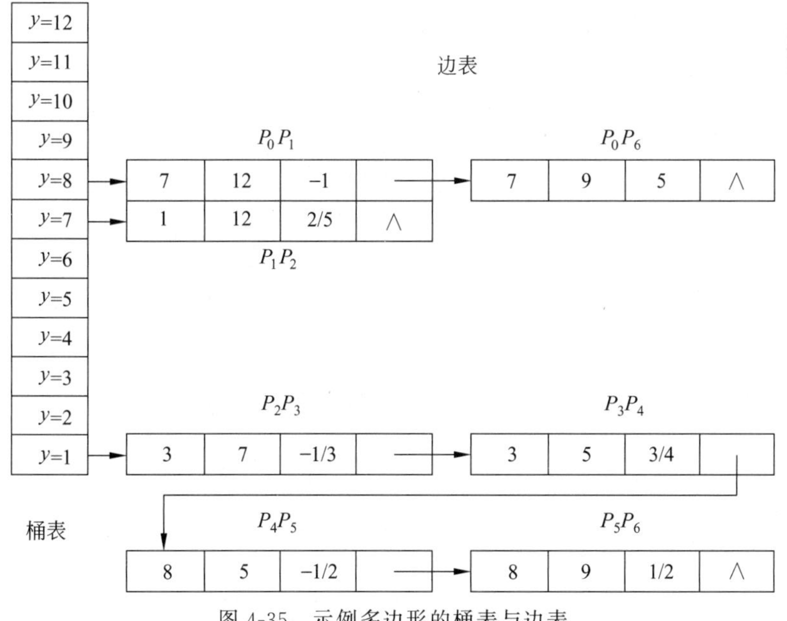

图 4-35　示例多边形的桶表与边表

例 4-3 使用有效边表算法填充图 4-36 所示的三角形，写出边表与各条扫描线的有效边表。

边表如图 4-37 所示，在第一条扫描线上出现两条边，在第 3 条扫描线上出现一条边。有效边表如图 4-38 所示，在第 3 条扫描线上抛弃 P_0P_2 边，在第 7 条扫描线上抛弃 P_0P_1 边和 P_2P_1 边。

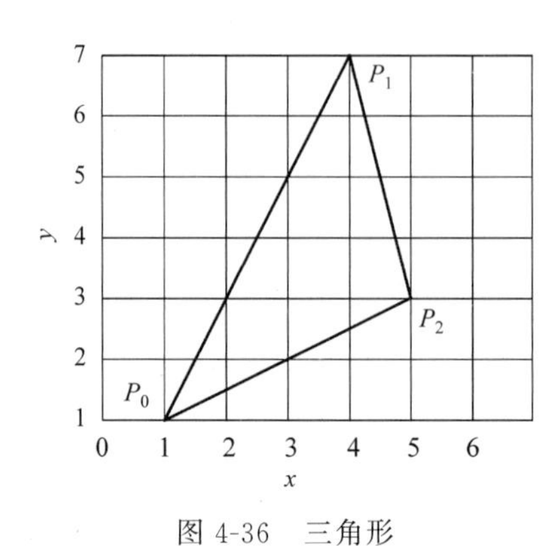

图 4-36　三角形

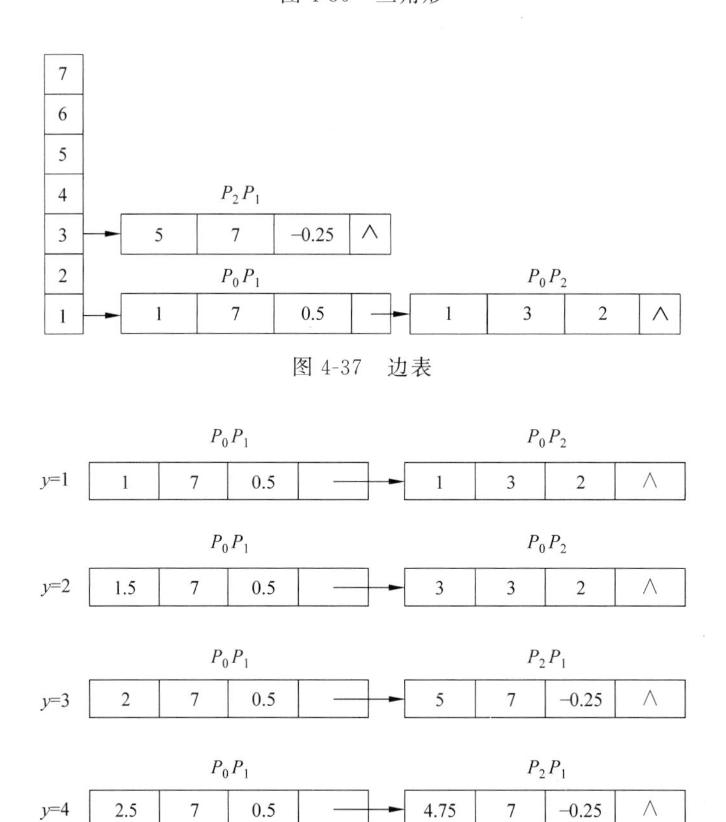

图 4-37　边表

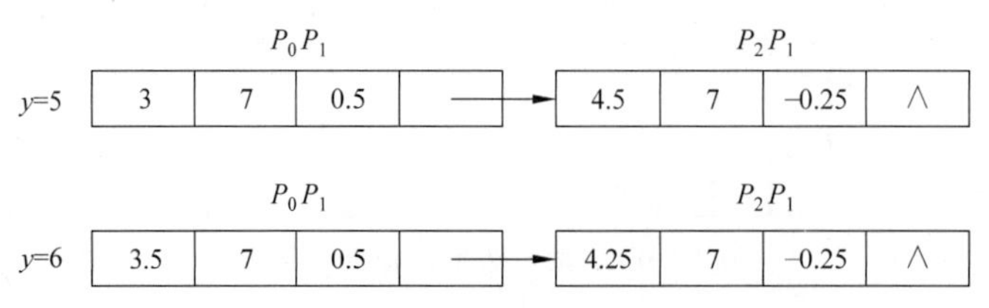

图 4-38　有效边表

4.7 边填充算法

4.7.1 填充原理

有效边表算法填充多边形的优点是多边形内的每像素仅被访问一次。由于扫描线上每个跨度的两端点像素在填充前就已经确定,因此可以对跨度内的像素进行光滑着色;有效边表算法的缺点是维护和排序各种表的开销太大。

Agkland 和 Weste 提出的另一种填充算法是边填充算法(edge fill algorithm)[28]。边填充算法先求出多边形的每一条边与扫描线的交点,然后将交点右侧的所有像素颜色全部取为补色。算法的效率受到边右侧像素数量的影响,右侧像素越多,需要取补的像素也就越多。为了减少边右侧像素的访问次数,可以在多边形的包围盒内进行像素取补,如图 4-39 所示。所谓包围盒就是多边形的最小外接矩形,即用多边形在 x、y 方向的最大值和最小值作为顶点绘制的矩形。

边填充算法利用了图像处理中的取补(complement)的概念,对于黑白图像,取补就是将白色的像素取为黑色,反之亦然;对于彩色图像,取补就是将背景色取为填充色,反之亦然。取补的一条基本性质是一像素经过两次取补就恢复为原色。如果多边形的内部像素取补奇数次,则显示为填充色;如果取补偶数次,则保持为背景色。

4.7.2 填充过程

假定边的顺序为 E_0、E_1、E_2、E_3、E_4、E_5 和 E_6,如图 4-40 所示。这里,边的顺序无关紧要,只要方便编写算法的循环结构而已。边填充算法处理过程如图 4-41 所示。

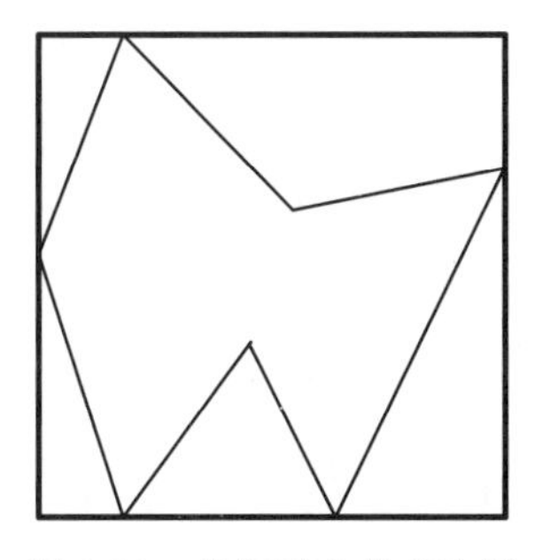

图 4-39　带包围盒的多边形

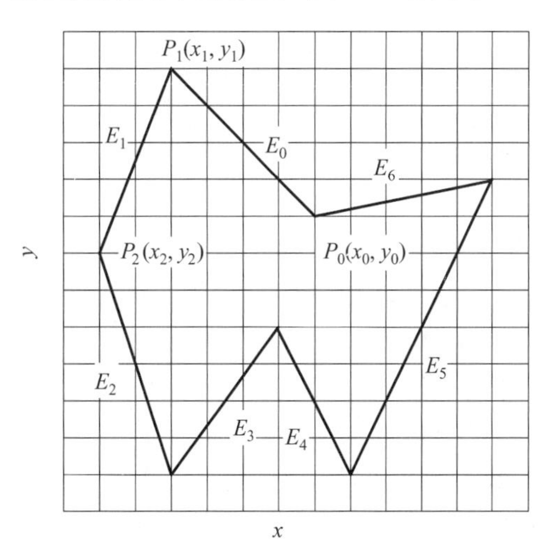

图 4-40　标注了边顺序的示例多边形

对于 E_0 边,边的低端点为 $P_0(x_0, y_0)$,高端点为 $P_1(x_1, y_1)$。该边扫描线的最小值为 $y_{\min}=y_0$,最大值为 $y_{\max}=y_1$,斜率的倒数为 $m=\dfrac{x_1-x_0}{y_1-y_0}$。假定,$P_0P_1$ 边上当前扫描线的坐标为 x_i,边与下一条扫描线的交点坐标为 $x_{i+1}=x_i+m$。在扫描线沿着该边从 y_0 向 y_1

移动的过程中，将该边右侧到包围盒右边界范围内的像素颜色全部取补，即将 E_0 边右侧的像素全部置为填充色，如图 4-41(a)所示。对于 E_1 边，边的低端点为 $P_2(x_2,y_2)$，高端点为 $P_1(x_1,y_1)$。该边扫描线的最小值为 $y_{\min}=y_2$，最大值为 $y_{\max}=y_1$，斜率的倒数为 $m=\frac{x_2-x_1}{y_2-y_1}$。在扫描线沿着该边从 y_2 移动到 y_1 的过程中，将该边右侧到包围盒右边界范围内的像素的颜色全部取补，即将 E_1 边与 E_0 边之间的像素置为填充色；而 E_0 边右侧到包围盒右边界范围内的像素，经过两次取补恢复为背景色，如图 4-41(b)所示。按照某个顺序处理完多边形的每一条边后，填充过程就结束了。

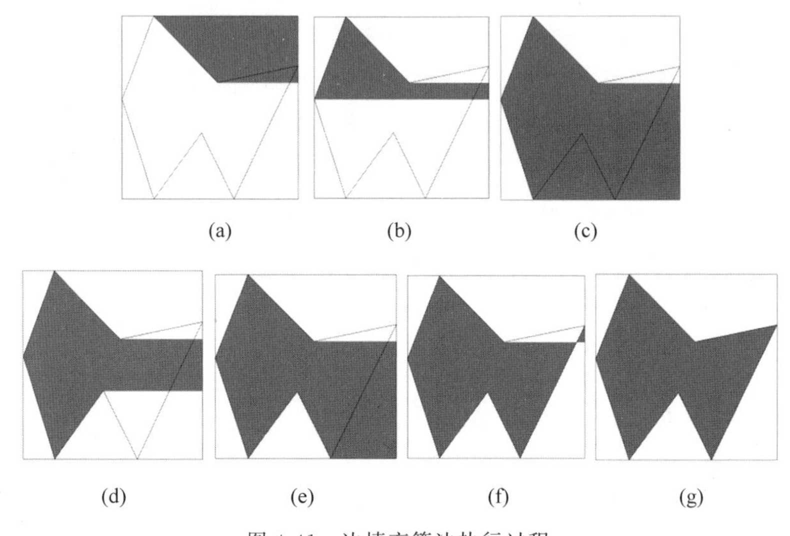

图 4-41　边填充算法执行过程

边填充算法特别适合于具有帧缓冲的显示器，可以按任意的顺序处理多边形的每条边。当所有的边处理完毕后，读出帧缓冲的内容并送显示设备。边填充算法的优点是不需要任何数据存储，缺点是复杂图形的许多边经过同一条扫描线，导致一些像素可能被访问多次。

除了使用经典的包围盒技术之外，有时也在多边形内添加一条边界，称为栅栏，如图 4-42 所示。这便是 Dunlavey 于 1983 年提出的栅栏填充算法(fence fill algorithm)[29]。为了计算方便，栅栏通常取过多边形某一顶点的垂线。栅栏填充算法在处理每条边与扫描线的交点时，只将交点与栅栏之间的像素取补。若交点位于栅栏左侧，将交点之右、栅栏之左的所有像素取补；若交点位于栅栏右侧，将交点之左、栅栏之右的所有像素取补。图 4-43 给出了使用栅栏填充算法填充示例多边形的执行过程。

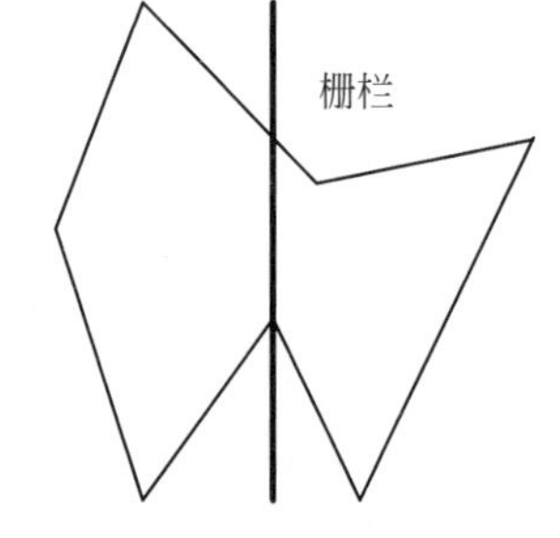

图 4-42　带栅栏的多边形

例 4-4　在窗口客户区内，使用栅栏填充算法填充图 4-44(a)所示的三角形。

假设栅栏过 P_2 点，填充过程作图表示见图 4-44(b)、图 4-44(c)、图 4-44(d)。

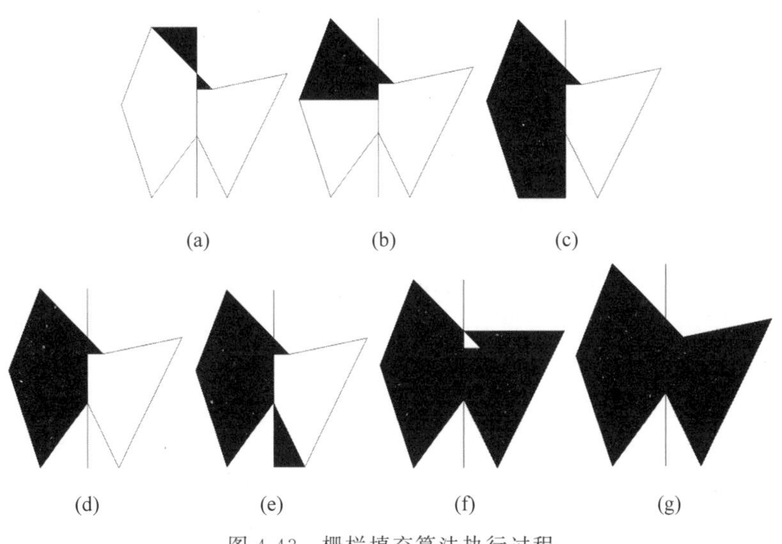

图 4-43　栅栏填充算法执行过程

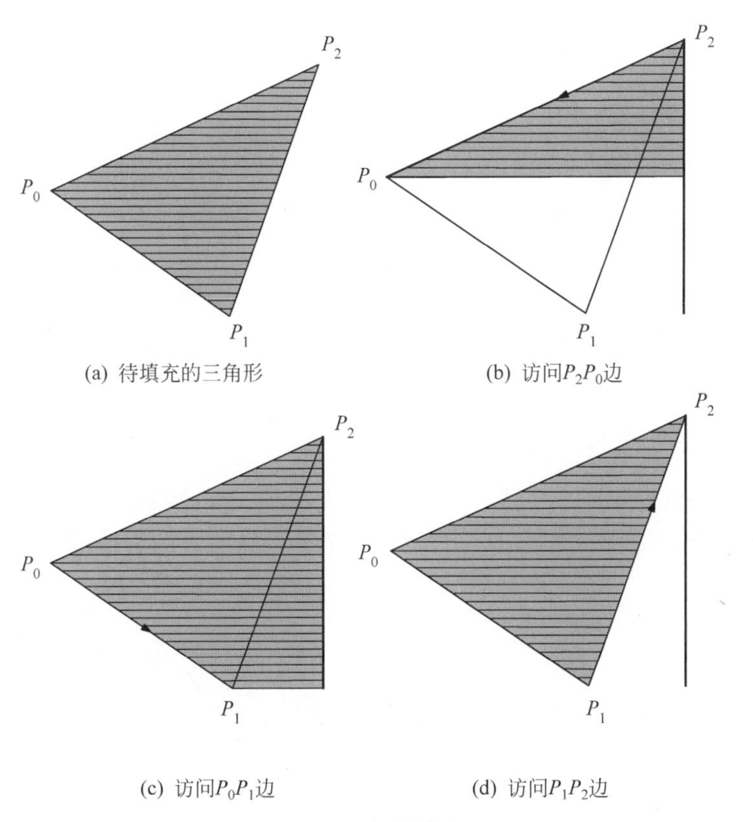

图 4-44　栅栏填充

4.8 区域填充算法

前面讨论的填充算法都是按照扫描线顺序对多边形进行着色，而区域填充算法则采用了完全不同的策略。区域填充算法假设，区域内部至少有一像素是已知的，称为种子像素。将该像素的颜色扩展至整个区域。区域是指相互连通的一组像素的集合，因为只有在连通域内，才可能将种子像素的颜色扩展到其他像素点。区域可以采用内点表示（interior define）与边界表示（boundary define）两种形式。如果区域是用内点表示的，那么区域内的所有像素具有同一种颜色，区域外的像素具有另一种颜色，如图 4-45 所示；如果区域是用边界表示，区域内部像素与边界像素具有不同的颜色，如图 4-46 所示。基于内点表示的填充算法称为泛填充算法（flood fill algorithm）。基于边界表示的填充算法称为边界填充算法（boundary fill algorithm）。泛填充算法与边界填充算法都是从区域内的一个种子像素开始填充，所以统称为种子填充算法（seed fill algorithm）。无论是采用内点表示还是边界表示，区域均可以划分为四连通域与八连通域。要定义四连通域与八连通域，首先要定义一像素的四邻接点与八邻接点。

图 4-45　区域的内点表示

图 4-46　区域的边界表示

说明：泛填充算法与边界填充算法类似，判断条件稍有差异。下面以边界填充算法为例讲解，泛填充算法读者可以参考作者的相关书籍。

4.8.1　四邻接点与八邻接点

1. 四邻接点定义

对于区域内部任意一像素，其左、上、右、下 4 个相邻像素称为四邻接点，如图 4-47(a) 所示。

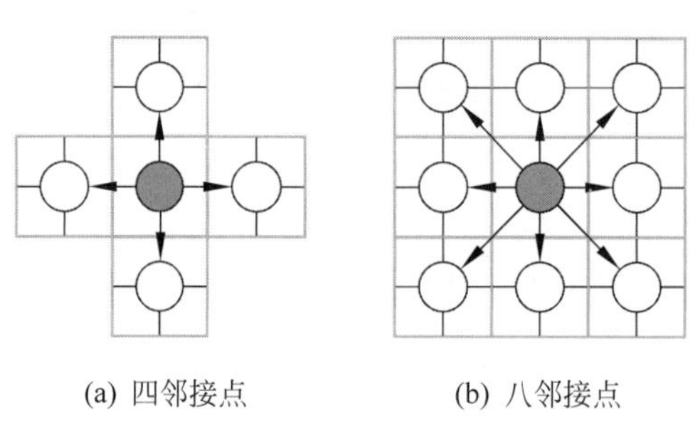

(a) 四邻接点　　(b) 八邻接点

图 4-47　邻接点定义

2. 八邻接点定义

对于区域内部的任意像素，其左、左上、上、右上、右、右下、下和左下 8 个相邻像素称为八邻接点，如图 4-47(b)所示。

4.8.2　四连通域与八连通域

1. 四连通域定义

如果从区域内部任意一个种子像素出发，通过访问其水平方向、垂直方向的四个邻接点就可以遍历整个区域，则称为四连通(4-connected)区域，如图 4-48 所示。

2. 八连通域定义

如果从区域内部任意一个种子像素出发，不仅要访问其水平方向、垂直方向的四个邻接点，而且也要访问其对角线方向的四个邻接点才能遍历整个区域，则称为八连通(8-connected)区域。图 4-49 为边界表示的八连通域，由左下部子区域与右上部子区域组成，在子区域连接处有 1 像素的对角线方向空隙。

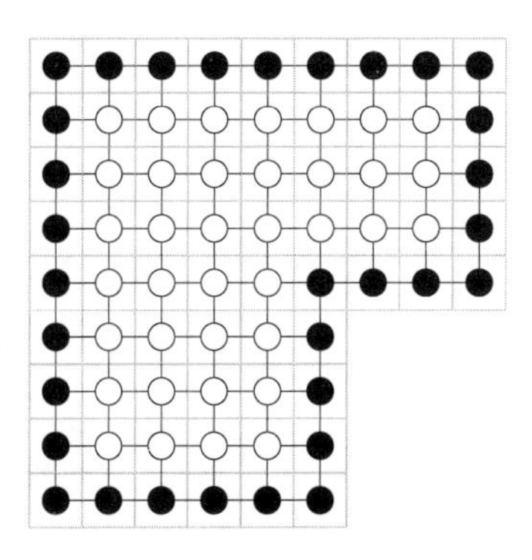

图 4-48　边界表示的四连通域

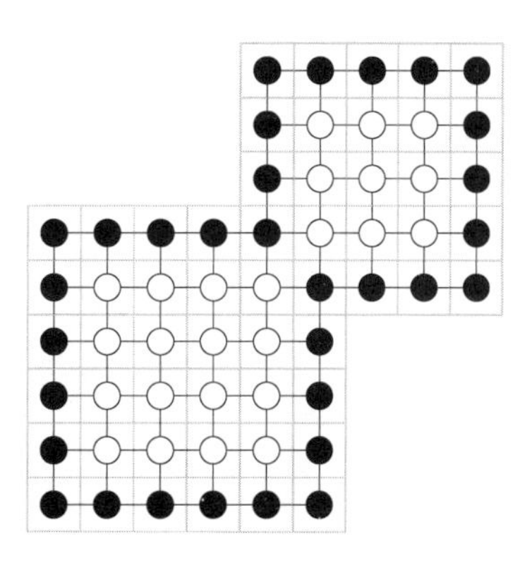

图 4-49　边界表示的八连通域

4.8.3　种子填充算法

从种子像素点出发，使用四邻接点方式搜索下一像素的填充算法称为四连通算法。从种子像素点出发，使用八邻接点方式搜索下一像素的填充算法称为八连通算法。八连通算法可以填充四连通域，但是四连通算法却不能填充八连通域。八连通算法的设计与四连通算法基本相似，只要把搜索方式由四邻接点修改为八邻接点即可。

图 4-50 所示为八连通域，细分为两个子区域。假定种子像素位于区域的左下部，如果使用四连通算法则只能填充其左下部子区域，而不能进入其右上部子区域，如图 4-50(a)所示。八连通算法则可以从左下部子区域，穿越一像素的对角线方向空隙进入右上部子区域，填充完整的八连通域，如图 4-50(b)所示。

4.8.4　基于递归种子填充算法

边界表示的种子填充算法要求区域边界颜色与种子颜色不同，输入参数有种子像素的坐标(x,y)、种子颜色 SeedClr 与边界颜色 BoundaryClr。实现四连通算法的递归函数设计如下。

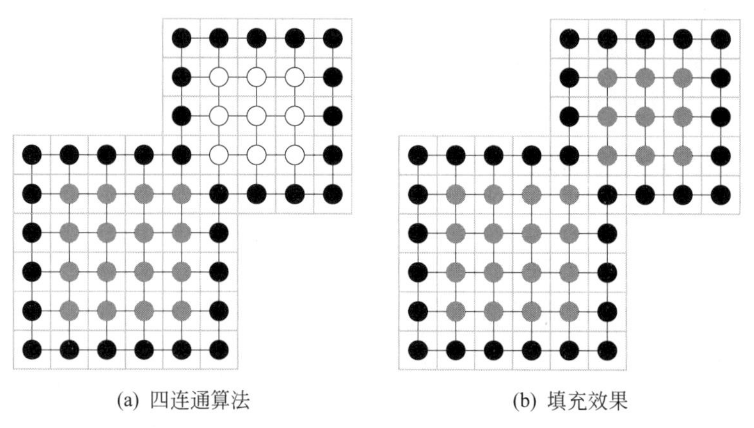

(a) 四连通算法　　　　(b) 填充效果

图 4-50　种子算法填充八连通域

```
void CTestView::BoundaryFill4(CDC * pDC, int x, int y, COLORREF SeedClr, COLORREF
BoundaryClr)
{
    COLORREF Color = pDC->GetPixel(x, y);          //Color 为当前像素点的颜色
    if(SeedClr != Color && BoundaryClr!= Color)    //如果不是种子色并且也不是边界色
    {
        pDC->SetPixelV(x, y, SeedClr);                         //当前像素点设置为种子色
        BoundaryFill4 (pDC,x-1,y,SeedClr,BoundaryClr); //访问左方像素
        BoundaryFill4 (pDC,x,y+1,SeedClr,BoundaryClr); //访问上方像素
        BoundaryFill4 (pDC,x+1,y,SeedClr,BoundaryClr); //访问右方像素
        BoundaryFill4 (pDC,x, y-1,SeedClr,BoundaryClr); //访问下方像素
    }
}
```

虽然可以按照任意顺序访问种子像素的四邻接点像素，但是本算法采用的是"左上右下"的顺时针访问顺序。显然，只要再增加四条访问种子像素的对角像素的语句，即左上、右上、右下、左下语句，就可以将四连通算法 BoundaryFill4 扩展为八连通算法 BoundaryFill8。

4.8.5　基于堆栈的种子填充算法

虽然递归算法清晰易懂，但是受系统所提供的递归深度的限制，递归算法只能填充尺寸较小的图形(约 50 像素×50 像素)。工程应用中，一般通过堆栈来实现种子填充算法。栈是具有后进先出特征的线性表。栈只能从称为栈顶的一端对数据项进行插入和删除，对应的操作函数为入栈函数 Push()和出栈函数 Pop()。

算法原理为，先将种子像素入栈，种子像素为栈底像素，如果栈不为空，执行如下 3 步操作：

(1) 栈顶像素出栈。

(2) 按种子颜色绘制出栈像素。

(3) 按左、上、右、下(或左、左上、上、右上、右、右下、下和左下)的顺序搜索与出栈像素相邻的 4(或 8)像素，若该像素的颜色既不是边界颜色并且未置成种子颜色，则将该像素入栈；否则丢弃该像素。

4.8.6 扫描线种子填充算法

四连通与八连通种子填充算法会把大量的像素压入堆栈,有些像素甚至入栈多次,不但降低了算法的效率,而且占用了大量的存储空间。更为有效的算法是 A.R.Smith 于 1979 年提出的沿扫描线填充水平连续像素跨度,来代替四连通算法或八连通算法,被称为扫描线种子填充算法(scan line seed fill algorithm)[30]。该算法仅将每个跨度的一像素入栈,而不需要将当前点周围未处理的所有邻接点都入栈。扫描线种子填充算法属于四连通算法,只能用于填充四连通域,不适合填充八连通域。四连通定义域可以为凸、凹,也可以包含一到多个孔。

算法原理为,种子像素入栈,种子像素为栈底像素。如果栈不为空,执行如下 4 步操作。

(1) 种子像素出栈。

(2) 沿扫描线对出栈像素的左右像素进行填充,直至遇到边界像素为止。即每出栈一像素,就填充区域内包含该像素的整个连续跨度。

(3) 同时记录该跨度边界,将跨度最左端像素记为 xLeft,最右端像素记为 xRight。

(4) 在跨度[xLeft,xRight]中检查与当前扫描线相邻的上、下两条扫描线的有关像素是否全为边界像素或者是前面已经填充过的像素。若存在非边界且未填充的像素,则将每一跨度的最右端像素作为种子像素入栈。

(a) 空心汉字　　(b) 效果图

图 4-51　扫描线种子填充算法

对于图 4-51(a)所示的空心汉字,在连通的空白区域内放置种子像素,扫描线种子填充算法的效果如图 4-51(b)所示。

4.9 本章小结

三角形填充算法分为标准算法、Bresenham 算法与重心算法。标准算法是通过将三角形划分为平顶与平底三角形来实现填充的;Bresenham 算法通过对三角形边界添加标志来实现填充的;重心算法是通过重心坐标来实现填充的,重心算法的优点是不需要对顶点进行排序,而且算法简单易懂,缺点是在包围盒内确定三角形内的像素点,效率比较低。有效边表算法通过维护边表与有效边表来填充复杂多边形。这两种算法的共同优点是可以进行光滑着色。边填充算法用取补算法来填充多边形,只适合进行平面着色。区域填充种子算法属于图像处理范畴,主要分为四连通算法与八连通算法。由于未考虑像素间的相关性,只是孤立地对单像素进行测试,算法效率很低。改进方法是扫描线种子填充算法。扫描线种子填充算法适合于填充四连通边界定义的凸凹区域或环状区域。

习　题　4

1. 使用光栅化算法,基于平面着色模式,按照不同的灰度(矩形中数字为灰度值)填充 6 个矩形组成的马赫带,如图 4-52 所示。

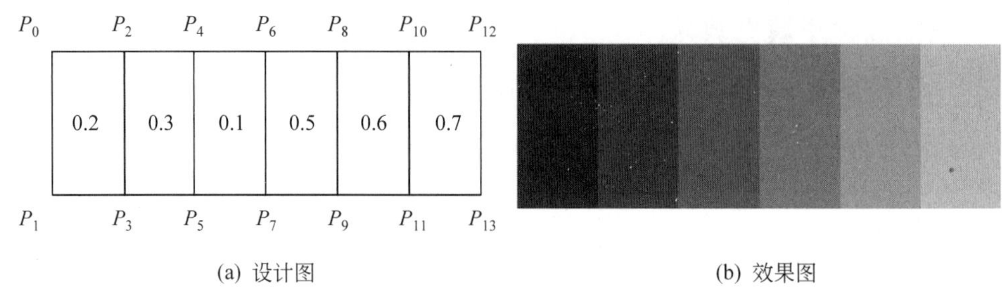

(a) 设计图　　(b) 效果图

图 4-52　马赫带

2. 假定三角形边向量 V_{01}、V_{02}、V_{03} 的方向为逆时针，则三角形内部区域位于边的左侧，如图 4-53 所示。测试包围盒内的所有点，用向量叉积（$\boldsymbol{V}_{01}\times\boldsymbol{V}_0\geqslant 0$、$\boldsymbol{V}_{21}\times\boldsymbol{V}_1\geqslant 0$、$\boldsymbol{V}_{20}\times\boldsymbol{V}_2\geqslant 0$）来确定位于三角形内的点，试编程绘制平面着色的三角形。

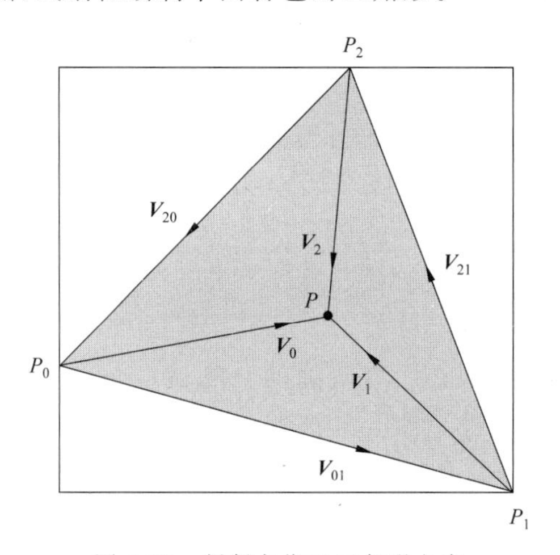

图 4-53　判断点位于三角形之内

3. 图 4-54 所示的正方形 4 个顶点的颜色为红、绿、黄、蓝。将正方形分解为左上和右下三角形，或右上和左下三角形，试使用边标志算法对三角形各个顶点的颜色进行双线性插值，填充三角形以构成颜色渐变正方形。

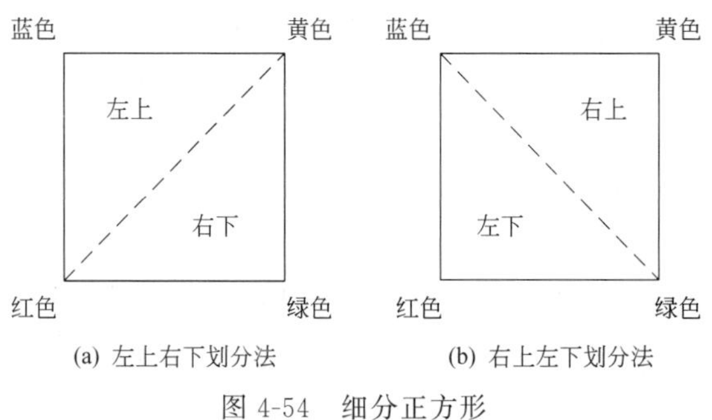

(a) 左上右下划分法　　(b) 右上左下划分法

图 4-54　细分正方形

4. 试写出图 4-55 所示凹多边形的边表和扫描线 $y=4$ 的有效边表。

5. 试基于有效边表算法，使用光滑着色模式填充图 4-56 所示颜色渐变四边形。

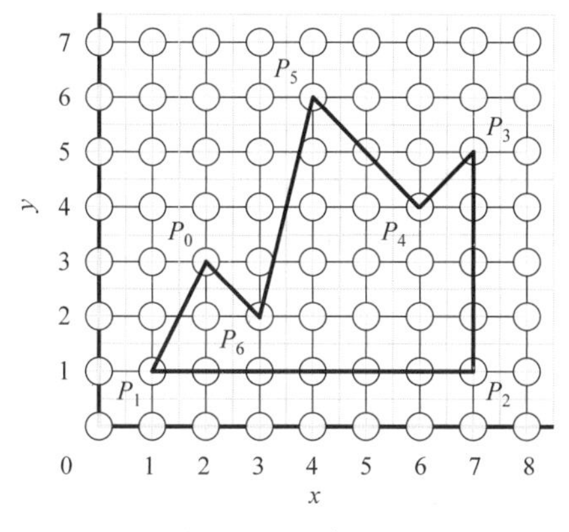

图 4-55　凹多边形

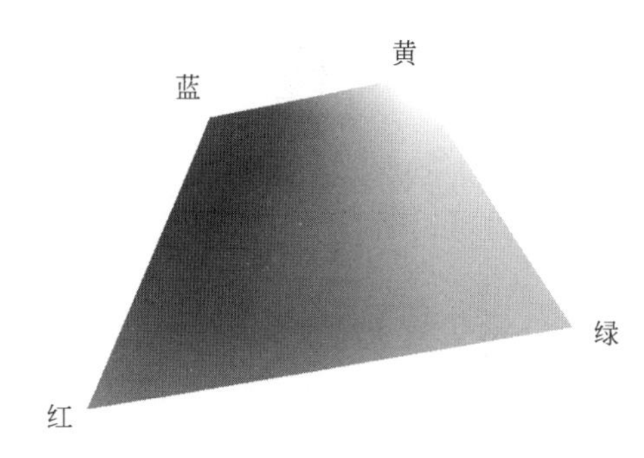

图 4-56　四边形光滑着色模式

6. 边填充算法的执行过程中，从左边界到多边形的像素数量要远大于多边形内部的像素数量，许多像素被多次访问，如图 4-57 所示。为此，常在多边形内设置栅栏来减少参与翻转的像素数量。栅栏通常取为多边形的某一顶点的 x 坐标，比如取第一顶点，如图 4-58 所示。在处理每条扫描线时，只将交点与栅栏间的像素取补，试编程实现斜置正方形的边填充算法与栅栏填充算法。

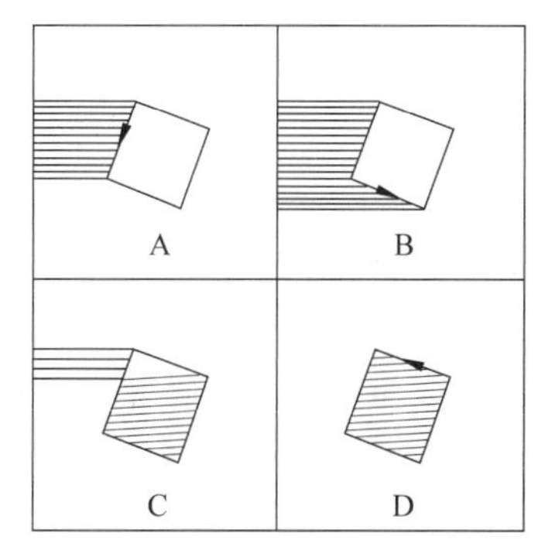

图 4-57　边填充算法

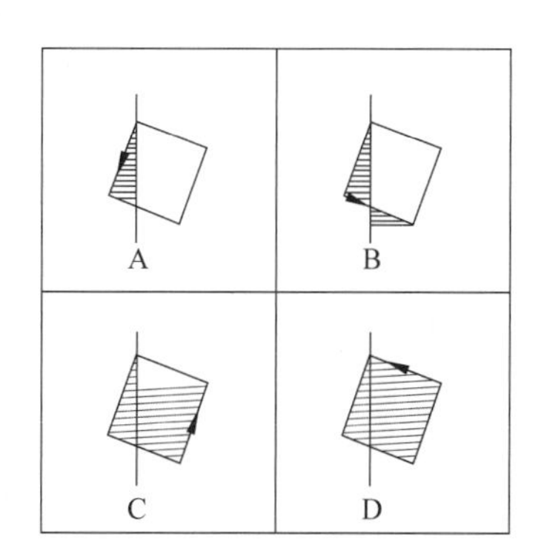

图 4-58　栅栏填充算法

7. 使用基于边界的扫描线种子算法填充图 4-59 所示灰色部分。

8. 使用基于内点的扫描线种子算法，将图 4-60 所示“福”字的颜色由黑色更换为红色。

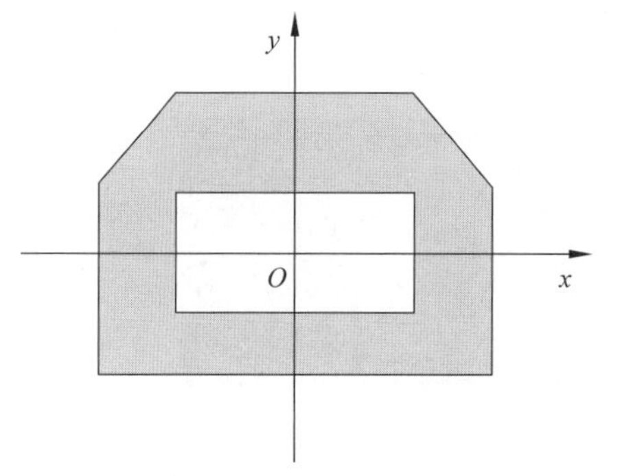

图 4-59　扫描线种子算法填充带孔区域

图 4-60　更换汉字颜色

第5章　二维变换与裁剪

本章学习目标

- 了解齐次坐标的概念。
- 熟练掌握二维基本几何变换矩阵。
- 熟练掌握 Cohen-Sutherland 直线段裁剪算法。
- 掌握中点分割直线段裁剪算法。
- 了解 Liang-Barsky 直线段裁剪算法。
- 了解 Sutherland-Hodgman 多边形裁剪算法。

5.1　图形几何变换基础

通过对图形进行几何变换(geometrical transformation),由简单图形可以构造出复杂图形。图5-1将一块地板砖铺设在九宫格内来展示人行道的真实铺设效果,图5-1(a)只使用了简单的平移变换,图5-1(b)综合使用了平移变换和旋转变换。图5-2为由球类对象构成的三维场景,描述了地球的公转和自转。

图形的几何变换是对图形进行平移变换(translation transformation)、比例变换(scaling transformation)、旋转变换(rotation transformation)、反射变换(reflection transformation)和错切变换(shear transformation)。图形的几何变换可以分为二维图形几何变换和三维图形几何变换,而二维图形几何变换又是三维图形几何变换的基础。

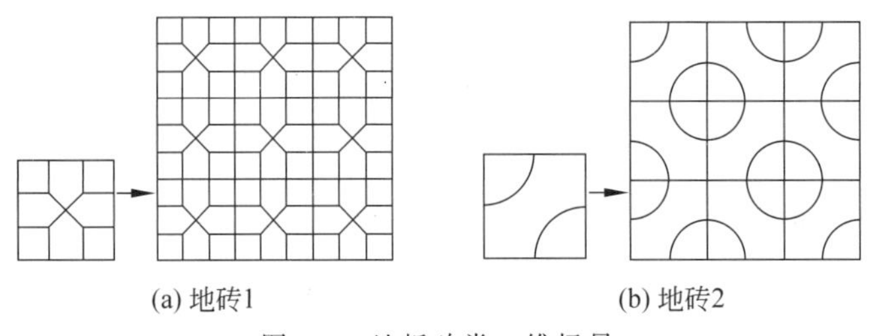

图5-1　地板砖类二维场景

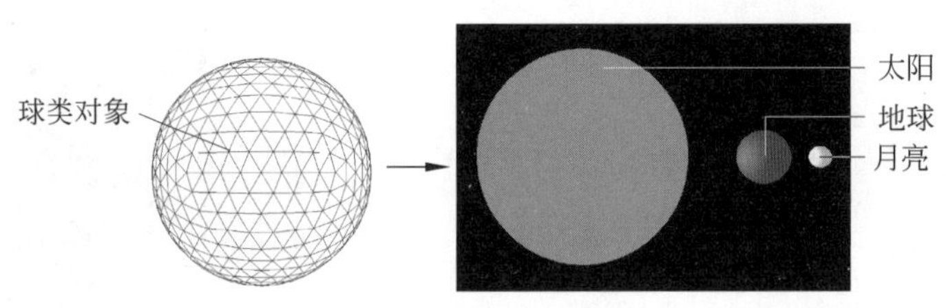

图5-2　球类三维场景

5.1.1 齐次坐标

为了使图形几何变换表达为图形顶点集合矩阵与某一变换矩阵相乘的问题，引入了齐次坐标。

所谓齐次坐标就是用 $n+1$ 维向量表示 n 维向量。例如，在二维平面中，点 $P(x,y)$的齐次坐标表示为(w_x,w_y,w)。类似地，在三维空间中，点 $P(x,y,z)$的齐次坐标表示为(w_x,w_y,w_z,w)。这里，w 为任意不为 0 的比例系数，如果 $w=1$ 就是规范化的齐次坐标。二维点 $P(x,y)$的规范化齐次坐标为$(x,y,1)$，三维点 $P(x,y,z)$的规范化齐次坐标为$(x,y,z,1)$。

定义了规范化齐次坐标以后，图形的几何变换可以表示为图形顶点集合的齐次坐标矩阵与某一变换矩阵相乘的形式。

5.1.2 矩阵相乘

二维图形顶点表示为规范化齐次坐标后，其图形顶点集合矩阵一般为 $n\times3$ 的矩阵，其中 n 为顶点数，变换矩阵为 3×3 的矩阵。在进行图形几何变换时需要用到线性代数里的矩阵相乘运算。例如，对于 $n\times3$ 的矩阵 $\boldsymbol{A}$ 和 3×3 的矩阵 $\boldsymbol{B}$，矩阵相乘公式为

$$\boldsymbol{AB}=\begin{bmatrix} a_{11} & a_{12} & a_{13} \\ a_{21} & a_{22} & a_{23} \\ \vdots & \vdots & \vdots \\ a_{n1} & a_{n2} & a_{n3} \end{bmatrix}\cdot\begin{bmatrix} b_{11} & b_{12} & b_{13} \\ b_{21} & b_{22} & b_{23} \\ b_{31} & b_{32} & b_{33} \end{bmatrix}$$

$$=\begin{bmatrix} a_{11}b_{11}+a_{12}b_{21}+a_{13}b_{31} & a_{11}b_{12}+a_{12}b_{22}+a_{13}b_{32} & a_{11}b_{13}+a_{12}b_{23}+a_{13}b_{33} \\ a_{21}b_{11}+a_{22}b_{21}+a_{23}b_{31} & a_{21}b_{12}+a_{22}b_{22}+a_{23}b_{32} & a_{21}b_{13}+a_{22}b_{23}+a_{23}b_{33} \\ \vdots\quad\vdots\quad\vdots & \vdots\quad\vdots\quad\vdots & \vdots\quad\vdots\quad\vdots \\ a_{n1}b_{11}+a_{n2}b_{21}+a_{n3}b_{31} & a_{n1}b_{12}+a_{n2}b_{22}+a_{n3}b_{32} & a_{n1}b_{13}+a_{n2}b_{23}+a_{n3}b_{33} \end{bmatrix} \tag{5-1}$$

由线性代数知道，矩阵乘法不满足交换律，只有左矩阵的列数等于右矩阵的行数时，两个矩阵才可以相乘。特别地，对于二维变换的两个 3×3 的矩阵 $\boldsymbol{A}$ 和 $\boldsymbol{B}$，矩阵相乘公式为

$$\boldsymbol{AB}=\begin{bmatrix} a_{11} & a_{12} & a_{13} \\ a_{21} & a_{22} & a_{23} \\ a_{31} & a_{32} & a_{33} \end{bmatrix}\cdot\begin{bmatrix} b_{11} & b_{12} & b_{13} \\ b_{21} & b_{22} & b_{23} \\ b_{31} & b_{32} & b_{33} \end{bmatrix}$$

$$=\begin{bmatrix} a_{11}b_{11}+a_{12}b_{21}+a_{13}b_{31} & a_{11}b_{12}+a_{12}b_{22}+a_{13}b_{32} & a_{11}b_{13}+a_{12}b_{23}+a_{13}b_{33} \\ a_{21}b_{11}+a_{22}b_{21}+a_{23}b_{31} & a_{21}b_{12}+a_{22}b_{22}+a_{23}b_{32} & a_{21}b_{13}+a_{22}b_{23}+a_{23}b_{33} \\ a_{31}b_{11}+a_{32}b_{21}+a_{33}b_{31} & a_{31}b_{12}+a_{32}b_{22}+a_{33}b_{32} & a_{31}b_{13}+a_{32}b_{23}+a_{33}b_{33} \end{bmatrix}$$

类似地，可以处理三维变换的两个 4×4 矩阵相乘问题。

5.1.3 二维几何变换矩阵

用规范化齐次坐标表示的二维图形几何变换矩阵是一个 3×3 的方阵，简称为二维几何变换矩阵。

$$\boldsymbol{T}=\begin{bmatrix} a & b & p \\ c & d & q \\ l & m & s \end{bmatrix} \tag{5-2}$$

从功能上可以把二维变换矩阵 $\boldsymbol{T}$ 分为 4 个子矩阵。其中 $\boldsymbol{T}_1=\begin{bmatrix} a & b \\ c & d \end{bmatrix}$是对图形进行比例、旋转、反射和错切变换；$\boldsymbol{T}_2=[l \quad m]$是对图形进行平移变换；$\boldsymbol{T}_3=\begin{bmatrix} p \\ q \end{bmatrix}$是对图形进行投影变换；$\boldsymbol{T}_4=[s]$是对图形进行整体比例变换。

5.1.4 物体变换与坐标变换

同一种变换可以看作是物体变换，也可以看作是坐标变换。物体变换是使用同一变换矩阵作用于物体上的所有顶点，但坐标系位置不发生改变。坐标变换是坐标系发生变换，但物体位置不发生改变，然后在新坐标系下表示物体上的所有顶点。这两种变换紧密联系，各有各的优点，只是变换矩阵略有差异而已，以下主要介绍物体变换。

5.1.5 二维几何变换形式

二维几何变换的基本方法是把变换矩阵作为一个算子，作用到变换前的图形顶点集合的规范化齐次坐标矩阵上，得到变换后新的图形顶点集合的规范化齐次坐标矩阵。连接变换后的新图形顶点，就可以绘制出变换后的二维图形。

设变换前图形顶点集合的规范化齐次坐标矩阵为 $\boldsymbol{P}=\begin{bmatrix} x_1 & y_1 & 1 \\ x_2 & y_2 & 1 \\ \vdots & \vdots & \vdots \\ x_n & y_n & 1 \end{bmatrix}$，变换后图形顶点集合的规范化齐次坐标矩阵为 $\boldsymbol{P}'=\begin{bmatrix} x'_1 & y'_1 & 1 \\ x'_2 & y'_2 & 1 \\ \vdots & \vdots & \vdots \\ x'_n & y'_n & 1 \end{bmatrix}$，二维变换矩阵为 $\boldsymbol{T}=\begin{bmatrix} a & b & p \\ c & d & q \\ l & m & s \end{bmatrix}$。则二维几何变换公式为 $\boldsymbol{P}'=\boldsymbol{PT}$，可以写成

$$\begin{bmatrix} x'_1 & y'_1 & 1 \\ x'_2 & y'_2 & 1 \\ \vdots & \vdots & \vdots \\ x'_n & y'_n & 1 \end{bmatrix}=\begin{bmatrix} x_1 & y_1 & 1 \\ x_2 & y_2 & 1 \\ \vdots & \vdots & \vdots \\ x_n & y_n & 1 \end{bmatrix}\cdot\begin{bmatrix} a & b & p \\ c & d & q \\ l & m & s \end{bmatrix} \tag{5-3}$$

5.2 二维图形基本几何变换矩阵

二维图形的基本几何变换是指相对于坐标原点和坐标轴进行的几何变换，包括平移、比例、旋转、反射和错切 5 种变换。物体变换是通过变换物体上每一个顶点实现的，因此以点的二维基本几何变换为例讲解二维图形基本几何变换矩阵。二维坐标点的基本几何变换可以表示为 $\boldsymbol{P}'=\boldsymbol{PT}$ 的形式，其中，$P(x,y)$为变换前的二维齐次坐标点，$P'(x',y')$为变换后

的二维齐次坐标点，$\boldsymbol{T}$ 为 3×3 的变换矩阵。

5.2.1 平移变换矩阵

平移变换是指将 $P(x,y)$点移动到 $P'(x',y')$位置的过程，如图 5-3 所示。

平移变换的坐标表示为$\begin{cases}x'=x+T_x\\y'=y+T_y\end{cases}$。

相应的齐次坐标矩阵表示为

$$[x' \quad y' \quad 1]=[x+T_x \quad y+T_y \quad 1]=[x \quad y \quad 1]\cdot\begin{bmatrix}1&0&0\\0&1&0\\T_x&T_y&1\end{bmatrix}$$

因此，二维平移变换矩阵

$$\boldsymbol{T}=\begin{bmatrix}1&0&0\\0&1&0\\T_x&T_y&1\end{bmatrix} \tag{5-4}$$

式中，T_x，T_y 为平移参数。

5.2.2 比例变换矩阵

比例变换是指 $P(x,y)$点相对于坐标原点 O，沿 x 方向缩放 S_x 倍，沿 y 方向缩放 S_y 倍，得到 $P'(x',y')$点的过程，如图 5-4 所示。

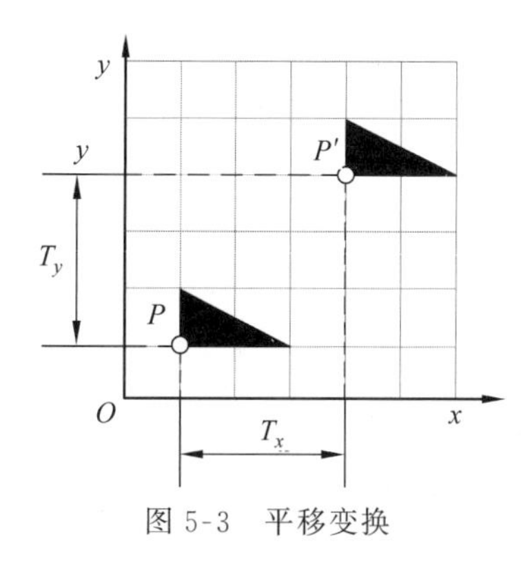

图 5-3 平移变换

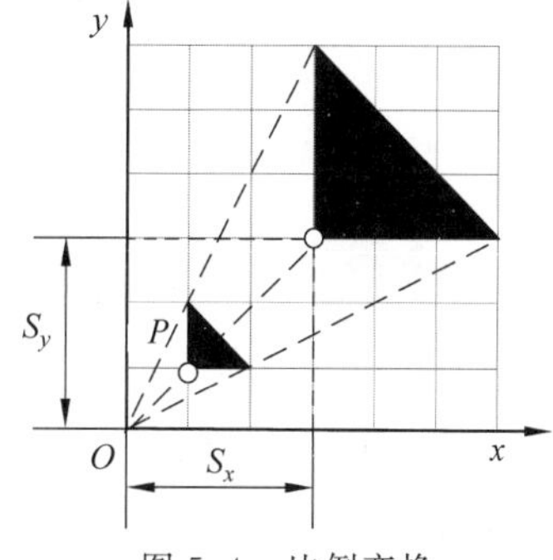

图 5-4 比例变换

比例变换的坐标表示为$\begin{cases}x'=x\cdot S_x\\y'=y\cdot S_y\end{cases}$。

相应的齐次坐标矩阵表示为

$$[x' \quad y' \quad 1]=[x\cdot S_x \quad y\cdot S_y \quad 1]=[x \quad y \quad 1]\cdot\begin{bmatrix}S_x&0&0\\0&S_y&0\\0&0&1\end{bmatrix}$$

因此，二维比例变换矩阵

$$\boldsymbol{T}=\begin{bmatrix}S_x&0&0\\0&S_y&0\\0&0&1\end{bmatrix} \tag{5-5}$$

式中，S_x、S_y 为比例系数。

比例变换可以改变二维图形的形状。当 $S_x=S_y$ 且 S_x、S_y 大于1时，图形等比放大；当 $S_x=S_y$ 且 S_x、S_y 小于1大于0时，图形等比缩小；当 $S_x \neq S_y$ 时，图形发生形变。前面介绍过，变换矩阵的子矩阵 $T_4=[s]$ 是对图形作整体比例变换，关于这一点读者可以令 $S_x=S_y=S$ 导出，请注意这里 $s=1/S$，即 $s>1$ 时，图形整体缩小；$0<s<1$ 时，图形整体放大。

5.2.3 旋转变换矩阵

旋转变换是 $P(x,y)$ 点相对于坐标原点 $(0,0)$ 旋转一个角度 β（逆时针方向为正，顺时针方向为负），得到 $P'(x',y')$ 点的过程，如图5-5所示。

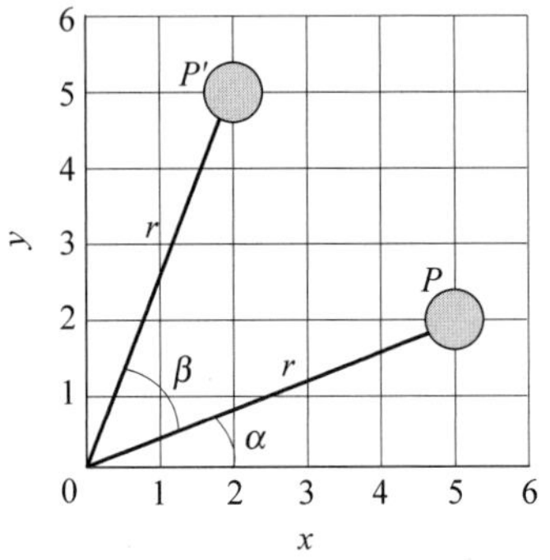

图5-5 旋转变换

对于 $P(x,y)$ 点，极坐标表示为

$$\begin{cases} x=r\cos\alpha \\ y=r\sin\alpha \end{cases}$$

旋转变换的坐标表示为

$$\begin{cases} x'=r\cos(\alpha+\beta)=x\cos\beta-y\sin\beta \\ y'=r\sin(\alpha+\beta)=x\sin\beta+y\cos\beta \end{cases}$$

相应的齐次坐标矩阵表示为

$$\begin{aligned} [x' \quad y' \quad 1] &= [x\cos\beta-y\sin\beta \quad x\sin\beta+y\cos\beta \quad 1] \\ &= [x \quad y \quad 1]\cdot\begin{bmatrix} \cos\beta & \sin\beta & 0 \\ -\sin\beta & \cos\beta & 0 \\ 0 & 0 & 1 \end{bmatrix} \end{aligned}$$

因此，二维旋转变换矩阵

$$\boldsymbol{T}=\begin{bmatrix} \cos\beta & \sin\beta & 0 \\ -\sin\beta & \cos\beta & 0 \\ 0 & 0 & 1 \end{bmatrix} \tag{5-6}$$

式中，α 为 $P(x,y)$ 点的起始角；β 为 $P(x,y)$ 点的旋转角。

式(5-6)为绕原点逆时针方向旋转的变换矩阵，若旋转方向为顺时针，β 角取为负值。

绕原点顺时针方向旋转的变换矩阵为

$$\boldsymbol{T}=\begin{bmatrix} \cos(-\beta) & \sin(-\beta) & 0 \\ -\sin(-\beta) & \cos(-\beta) & 0 \\ 0 & 0 & 1 \end{bmatrix}=\begin{bmatrix} \cos\beta & -\sin\beta & 0 \\ \sin\beta & \cos\beta & 0 \\ 0 & 0 & 1 \end{bmatrix}$$

5.2.4 反射变换矩阵

反射变换也称为对称变换，是 $P(x,y)$ 点关于原点或某个坐标轴反射得到 $P'(x',y')$ 点的过程。具体可以分为关于原点反射、关于 x 轴反射、关于 y 轴反射等几种情况，如图5-6所示。

关于原点反射的坐标表示为 $\begin{cases} x'=-x \\ y'=-y \end{cases}$。

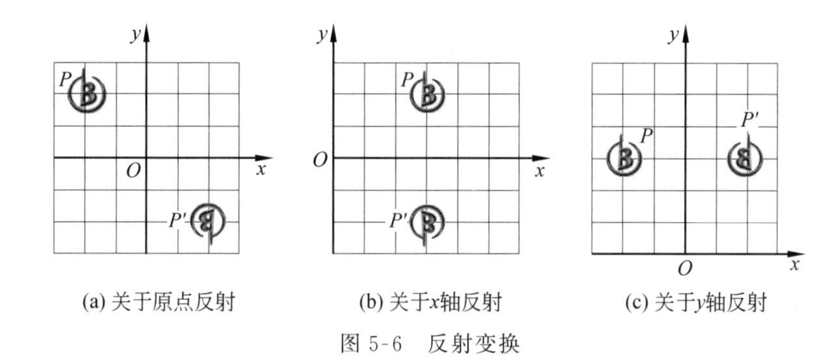

图 5-6　反射变换

相应的齐次坐标矩阵表示为

$$[x' \quad y' \quad 1] = [-x \quad -y \quad 1] = [x \quad y \quad 1] \cdot \begin{bmatrix} -1 & 0 & 0 \\ 0 & -1 & 0 \\ 0 & 0 & 1 \end{bmatrix}$$

因此,关于原点 O 的二维反射变换矩阵为

$$\boldsymbol{T} = \begin{bmatrix} -1 & 0 & 0 \\ 0 & -1 & 0 \\ 0 & 0 & 1 \end{bmatrix} \tag{5-7}$$

同理可得,关于 x 轴的二维反射变换矩阵为

$$\boldsymbol{T} = \begin{bmatrix} 1 & 0 & 0 \\ 0 & -1 & 0 \\ 0 & 0 & 1 \end{bmatrix} \tag{5-8}$$

同理可得,关于 y 轴的二维反射变换矩阵为

$$\boldsymbol{T} = \begin{bmatrix} -1 & 0 & 0 \\ 0 & 1 & 0 \\ 0 & 0 & 1 \end{bmatrix} \tag{5-9}$$

5.2.5　错切变换矩阵

错切变换是点 $P(x,y)$沿 x 轴和 y 轴发生不等量的变换,得到 $P'(x',y')$点的过程,如图 5-7 所示。

沿 x、y 方向的错切变换的坐标表示为

$$\begin{cases} x' = x + cy \\ y' = bx + y \end{cases}$$

相应的齐次坐标矩阵表示为

$$[x' \quad y' \quad 1] = [x + cy \quad bx + y \quad 1] = [x \quad y \quad 1] \cdot \begin{bmatrix} 1 & b & 0 \\ c & 1 & 0 \\ 0 & 0 & 1 \end{bmatrix}$$

因此,沿 x、y 两个方向的二维错切变换矩阵为

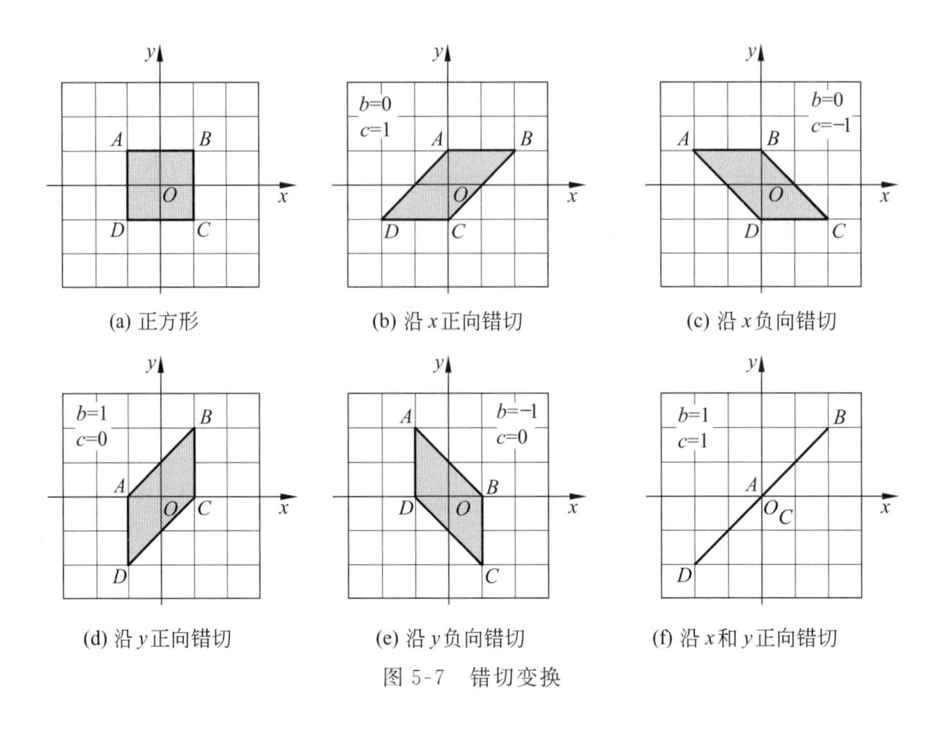

图 5-7　错切变换

$$T=\begin{bmatrix}1 & b & 0\\ c & 1 & 0\\ 0 & 0 & 1\end{bmatrix} \tag{5-10}$$

其中 b、c 为错切参数。

在前面的变换中，子矩阵 $T_1=\begin{bmatrix}a & b\\ c & d\end{bmatrix}$ 的非对角线元素大多为零，如果 c 和 b 不为 0，则意味着对图形进行错切变换，如图 5-7(f)所示。令 $b=0$ 可以得到沿 x 方向的错切变换，$c>0$ 是沿 x 正向的错切变换，$c<0$ 是沿 x 负向的错切变换，如图 5-7(b)和图 5-7(c)所示。令 $c=0$ 可以得到沿 y 方向的错切变换，$b>0$ 是沿 y 正向的错切变换，$b<0$ 是沿 y 负向的错切变换，如图 5-7(d)和图 5-7(e)所示。

上面讨论的 5 种变换给出的都是点变换公式，图形的变换实际上都可以通过点变换来完成。例如直线段的变换可以通过对两个顶点坐标进行变换，连接新顶点得到变换后的新直线段；多边形的变换可以通过对每个顶点进行变换，连接新顶点得到变换后的新多边形。自由曲线的变换可以通过变换控制多边形的控制点后，重新绘制曲线来实现。

符合下述形式的坐标变换称为二维仿射变换(affine transformation)。

$$\begin{cases}x'=a_{11}x+a_{12}y+a_{13}\\ y'=a_{21}x+a_{22}y+a_{23}\end{cases} \tag{5-11}$$

变换后的坐标 x' 和 y' 都是变换前的坐标 x 和 y 的线性函数。参数 $a_{i,j}$ 是由变换类型确定的常数。仿射变换具有平行线变换成平行线，有限点映射为有限点的一般特性。平移、比例、旋转、反射和错切 5 种变换都是二维仿射变换的特例，任何一组二维仿射变换总可以表示为这五种变换的组合。因此，平移、比例、旋转、反射的仿射变换保持变换前后两段直线间的角度、平行关系和长度之比不改变。

5.3 二维图形复合变换

5.3.1 二维图形复合变换原理

复合变换是指图形做了一次以上的基本几何变换，是基本几何变换的组合形式，复合变换矩阵是基本几何变换矩阵的组合。

$\boldsymbol{P}'=\boldsymbol{PT}=\boldsymbol{PT}_1\boldsymbol{T}_2\cdots\boldsymbol{T}_n$，其中 $\boldsymbol{T}$ 为二维复合变换矩阵，$\boldsymbol{T}_1$、$\boldsymbol{T}_2$、…、$\boldsymbol{T}_n$ 为n 个单次二维基本几何变换矩阵。

注意：进行复合变换时，需要注意矩阵相乘的顺序。由于矩阵乘法不满足交换律，因此通常 $\boldsymbol{T}_1\boldsymbol{T}_2\neq\boldsymbol{T}_2\boldsymbol{T}_1$。在复合变换中，矩阵相乘的顺序不可交换。通常先计算出 $\boldsymbol{T}=\boldsymbol{T}_1\boldsymbol{T}_2\cdots\boldsymbol{T}_n$，再计算 $\boldsymbol{P}'=\boldsymbol{PT}$。

5.3.2 相对于任意参考点的二维几何变换

前面已经定义，二维基本几何变换是相对于坐标原点进行的平移、比例、旋转、反射和错切这 5 种变换，但在实际应用中常会遇到参考点不在坐标原点的情况，而比例变换和旋转变换是与参考点相关的。相对于任意参考点的比例变换和旋转变换应表达为复合变换形式，变换方法为首先将参考点平移到坐标原点，对坐标原点进行比例变换或旋转变换，然后再进行反平移将参考点平移回原位置。

例 5-1 一个由顶点 $P_1(10,10)$，$P_2(30,10)$和 $P_3(20,25)$所定义的三角形，如图 5-8 所示，相对于点 $Q(10,25)$逆时针方向旋转 30°，计算变换后的三角形顶点坐标。

(1) 将 Q 点平移至坐标原点，如图 5-9 所示。

变换矩阵 $\boldsymbol{T}_1=\begin{bmatrix}1 & 0 & 0\\0 & 1 & 0\\-10 & -25 & 1\end{bmatrix}$。

(2) 三角形相对于坐标原点逆时针方向旋转 30°，如图 5-10 所示。

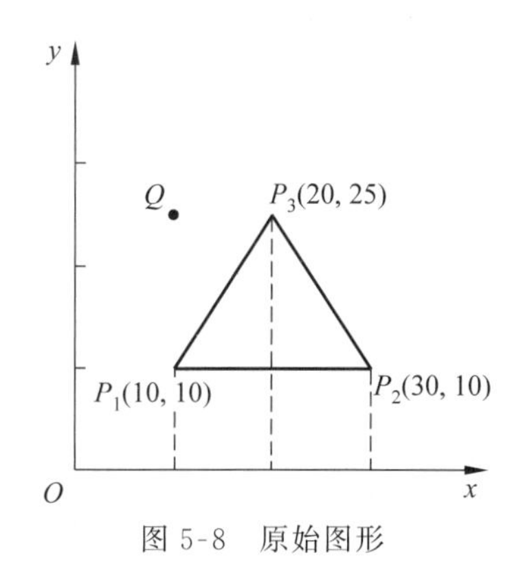

图 5-8 原始图形

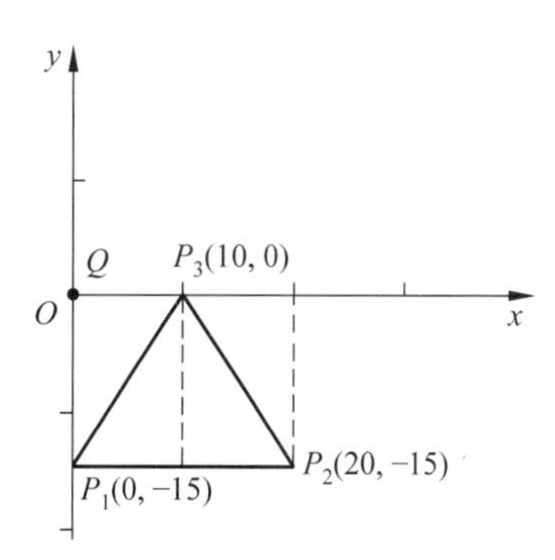

图 5-9 平移变换

变换矩阵 $\boldsymbol{T}_2=\begin{bmatrix}\cos\left(\frac{\pi}{6}\right) & \sin\left(\frac{\pi}{6}\right) & 0\\ -\sin\left(\frac{\pi}{6}\right) & \cos\left(\frac{\pi}{6}\right) & 0\\ 0 & 0 & 1\end{bmatrix}=\begin{bmatrix}\frac{\sqrt{3}}{2} & \frac{1}{2} & 0\\ -\frac{1}{2} & \frac{\sqrt{3}}{2} & 0\\ 0 & 0 & 1\end{bmatrix}$。

(3) 将参考点 $\boldsymbol{Q}$ 平移回原位置，如图 5-11 所示。

变换矩阵 $\boldsymbol{T}_3=\begin{bmatrix}1 & 0 & 0\\ 0 & 1 & 0\\ 10 & 25 & 1\end{bmatrix}$。

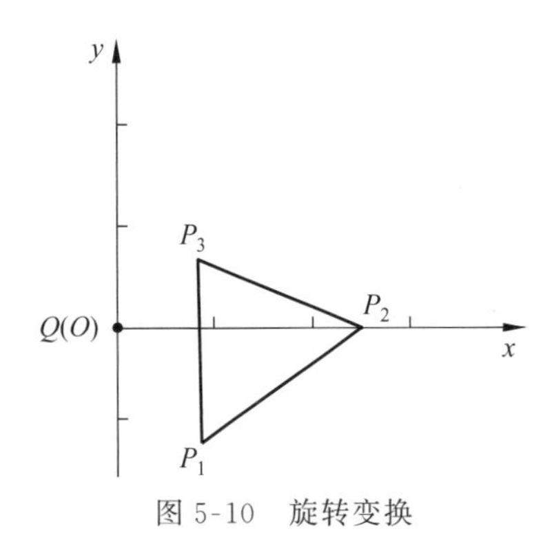

图 5-10　旋转变换

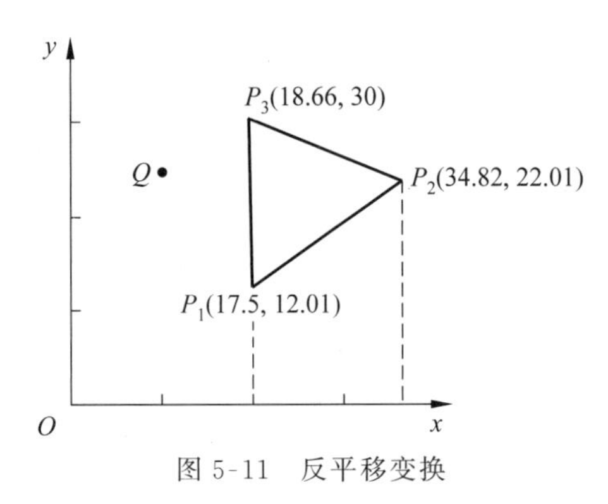

图 5-11　反平移变换

三角形变换后顶点的规范化齐次坐标矩阵等于变换前顶点的规范化齐次坐标矩阵乘以变换矩阵。

$$\begin{bmatrix}x'_1 & y'_1 & 1\\ x'_2 & y'_2 & 1\\ x'_3 & y'_3 & 1\end{bmatrix}=\begin{bmatrix}x_1 & y_1 & 1\\ x_2 & y_2 & 1\\ x_3 & y_3 & 1\end{bmatrix}\boldsymbol{T},\quad 而\quad \boldsymbol{T}=\boldsymbol{T}_1\boldsymbol{T}_2\boldsymbol{T}_3$$

所以

$$\begin{bmatrix}x'_1 & y'_1 & 1\\ x'_2 & y'_2 & 1\\ x'_3 & y'_3 & 1\end{bmatrix}=\begin{bmatrix}10 & 10 & 1\\ 30 & 10 & 1\\ 20 & 25 & 1\end{bmatrix}\cdot\begin{bmatrix}1 & 0 & 0\\ 0 & 1 & 0\\ -10 & -25 & 1\end{bmatrix}\cdot\begin{bmatrix}\frac{\sqrt{3}}{2} & \frac{1}{2} & 0\\ -\frac{1}{2} & \frac{\sqrt{3}}{2} & 0\\ 0 & 0 & 1\end{bmatrix}\cdot\begin{bmatrix}1 & 0 & 0\\ 0 & 1 & 0\\ 10 & 25 & 1\end{bmatrix}$$

$$=\begin{bmatrix}17.5 & 12.01 & 1\\ 34.82 & 22.01 & 1\\ 18.66 & 30 & 1\end{bmatrix}$$

这样三角形变换后的顶点坐标为 $P_1(17.5,12.01)$、$P_2(34.82,22.01)$和 $P_3(18.66,30)$。

5.3.3　相对于任意方向的二维几何变换

二维基本几何变换是相对于坐标轴进行的平移、比例、旋转、反射和错切这 5 种变换，但在实际应用中常会遇到变换方向不与坐标轴重合的情况。相对于任意方向的变换方法是首先对任意方向做旋转变换，使该方向与坐标轴重合，然后对坐标轴进行二维基本几何变换，最后做反向旋转变换，将任意方向还原到原来的方向。

例 5-2　将图 5-12 所示三角形相对于轴线 $y=kx+b$ 做反射变换，计算每一步的变换矩阵。

(1) 将点$(0,b)$平移至坐标原点，如图 5-13 所示。

变换矩阵 $\boldsymbol{T}_1=\begin{bmatrix}1 & 0 & 0\\0 & 1 & 0\\0 & -b & 1\end{bmatrix}$。

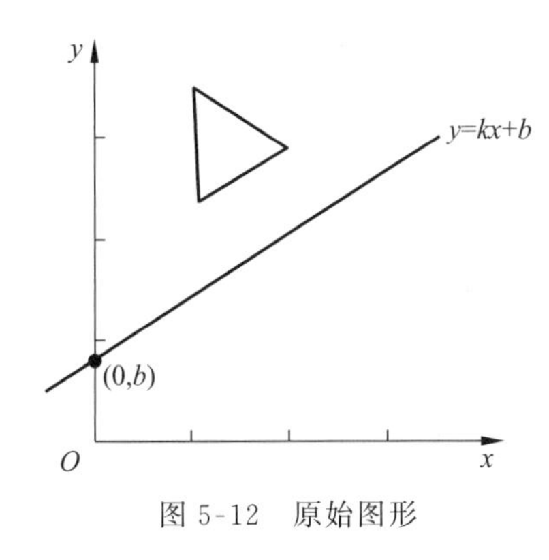

图 5-12　原始图形

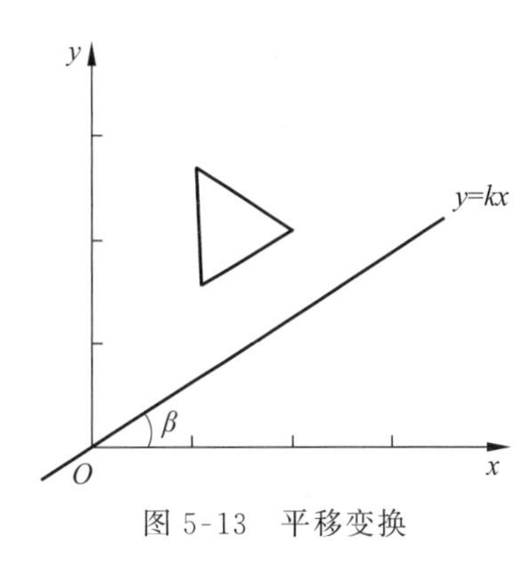

图 5-13　平移变换

(2) 将轴线 $y=kx$ 绕坐标系原点顺时针旋转 β 角($\beta=\arctan k$)，落于 x 轴上，如图 5-14 所示。

变换矩阵 $\boldsymbol{T}_2=\begin{bmatrix}\cos\beta & -\sin\beta & 0\\\sin\beta & \cos\beta & 0\\0 & 0 & 1\end{bmatrix}$。

(3) 三角形相对 x 轴做反射变换，如图 5-15 所示。

变换矩阵 $\boldsymbol{T}_3=\begin{bmatrix}1 & 0 & 0\\0 & -1 & 0\\0 & 0 & 1\end{bmatrix}$

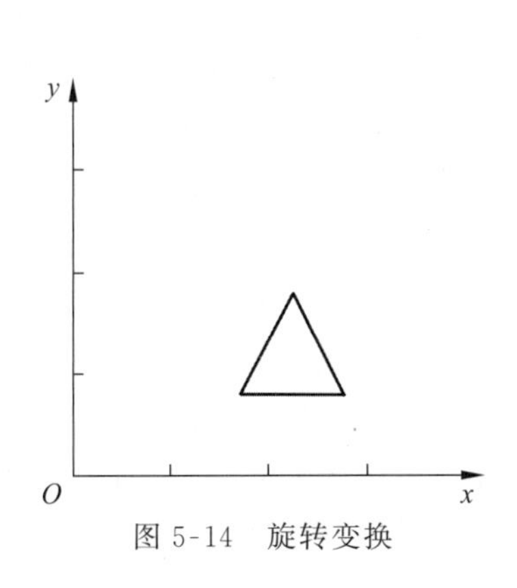

图 5-14　旋转变换

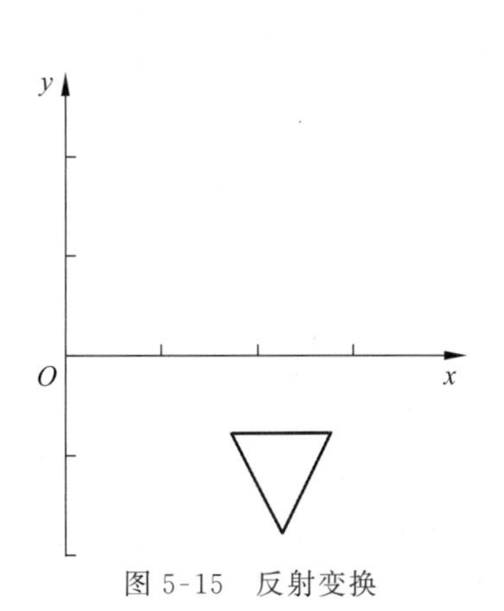

图 5-15　反射变换

(4) 将轴线 $y=kx$ 逆时针旋转 β 角($\beta=\arctan k$),如图 5-16 所示。

变换矩阵 $\boldsymbol{T}_4=\begin{bmatrix}\cos\beta & \sin\beta & 0\\ -\sin\beta & \cos\beta & 0\\ 0 & 0 & 1\end{bmatrix}$。

(5) 将轴线平移回原来的位置,如图 5-17 所示。

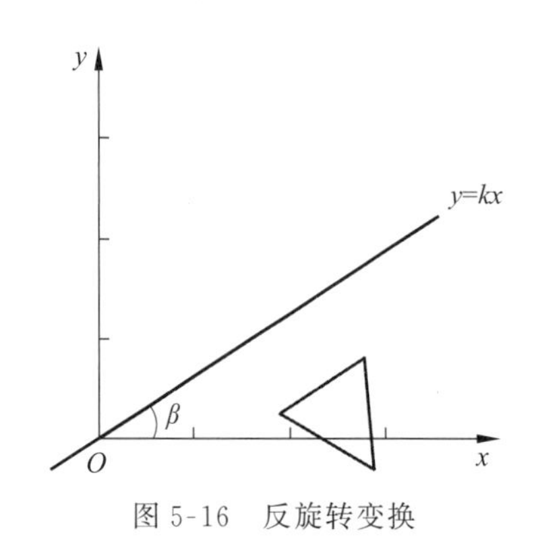

图 5-16　反旋转变换

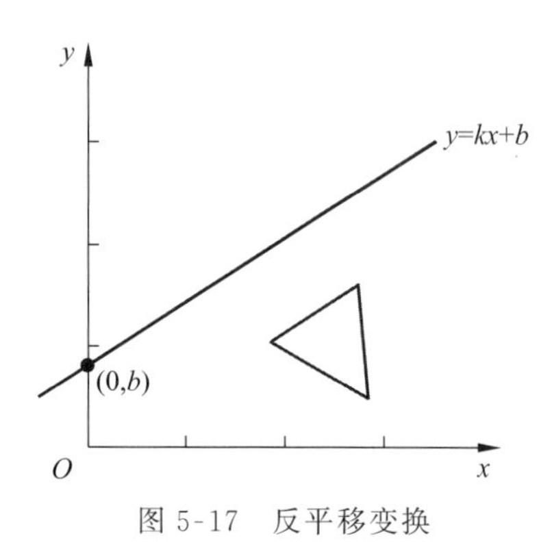

图 5-17　反平移变换

变换矩阵 $\boldsymbol{T}_5=\begin{bmatrix}1 & 0 & 0\\ 0 & 1 & 0\\ 0 & b & 1\end{bmatrix}$。

5.4　二维图形裁剪

5.4.1　图形学中常用的坐标系

计算机图形学中常用的坐标系有世界坐标系、用户坐标系、观察坐标系、屏幕坐标系、设备坐标系和规格化设备坐标系等。

1. 世界坐标系

描述现实世界中场景的固定坐标系称为世界坐标系(world coordinate system,WCS),世界坐标系是实数域坐标系,根据应用的需要可以选择直角坐标系、圆柱坐标系、球坐标系以及极坐标系等。图 5-18 所示为常用的二维直角坐标系。三维直角世界坐标系可分为右手坐标系与左手坐标系两种,如图 5-19 所示,z_w 轴的指向按照右手螺旋法则或左手螺旋法则从 x_w 轴转向 y_w 轴确定。右手坐标系是最常用的坐标系,原点一般放置于屏幕客户区中心,x_w 轴水平向右为正向,y_w 轴垂直向上为正,z_w 轴垂直于屏幕向外指向观察者。

2. 用户坐标系

描述物体几何模型的坐标系称为用户坐标系(user coordinate system,UCS),有时也称为局部坐标系(local coordinate system,LCS)。用户坐标系也是实数域坐标系。用户坐标系是可移动坐标系,用户坐标系的原点可以放在物体的任意位置上,坐标系也可以旋转任意角度。例如对于立方体,可以将用户坐标系原点放置在立方体中心;对于圆柱,可以将用户坐标系的 y 轴作为旋转轴。

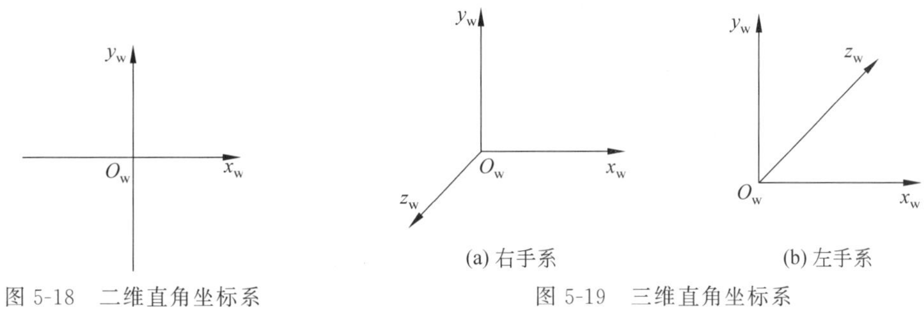

图 5-18　二维直角坐标系

(a) 右手系　(b) 左手系

图 5-19　三维直角坐标系

在用户坐标系中完成物体的建模后，把物体放入场景中的过程实际上定义了物体从用户坐标系向世界坐标系的变换。比如，考虑到球体的旋转，常将三维用户坐标系的原点放置在球心来定义球类。将球类定义的“太阳”、“地球”和“月亮”这 3 个对象导入三维场景中的世界坐标系时，只需将“太阳”（图中最大的球）的用户坐标系原点定位到世界坐标系原点，将“地球”（图中中等的球）和“月亮”（图中最小的球）的用户坐标系原点定位到场景世界坐标系 x 轴正向的不同位置，如图 5-20(a)所示，就完成了地球公转与自转场景的初始化，进而可以绘制出图 5-20 (b)～(h)所示的三维动画。当绘制仅由单物体组成的场景时（如图 5-20 中仅绘制“太阳”），用户坐标系常与世界坐标系重合，用户一般感觉不到世界坐标系的存在。

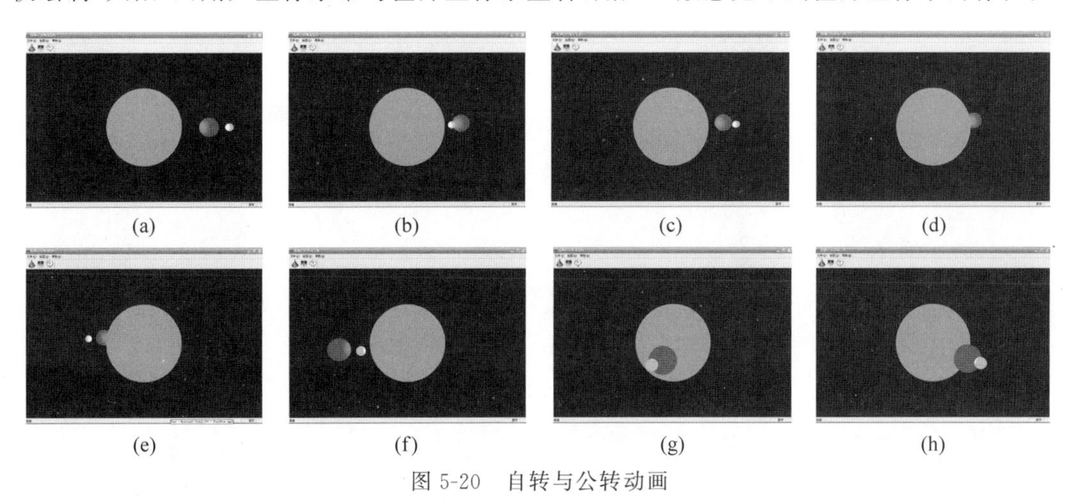

(a)　(b)　(c)　(d)　(e)　(f)　(g)　(h)

图 5-20　自转与公转动画

3. 观察坐标系

观察坐标系（viewing coordinate system，VCS）是在世界坐标系中定义的直角坐标系。二维观察坐标系主要用于指定图形的输出范围，如图 5-21 所示。三维观察坐标系是左手系，原点位于视点 O_v，z_v 轴垂直于屏幕，正向为视线方向，如图 5-22 所示。三维观察坐标系常用于旋转视点生成物体的连续动画。

4. 屏幕坐标系

屏幕坐标系（screen coordinate system，SCS）为实数域二维直角坐标系，如图 5-23 所示，原点位于屏幕中心，x_s 轴水平向右为正，y_s 轴垂直向上为正。在三维真实感场景中，为了反映物体的深度信息，常采用实数域三维屏幕坐标系。三维屏幕坐标系是左手系，原点位于屏幕中心，z_s 轴方向沿着视线方向，y_s 轴垂直向上为正向，x_s 轴与 y_s 轴和 z_s 轴成左手系，如图 5-24 所示。从视点 O_v 沿着 z_s 方向的视线观察，P 点和 Q 点在屏幕上的投影点都为 P' 点，但 P 点、Q 点与视点的距离不同，P 点位于 Q 点之前，应该遮挡 Q 点。显然，只有采用三维屏幕坐标系才能正确反映物体上点的深度信息。

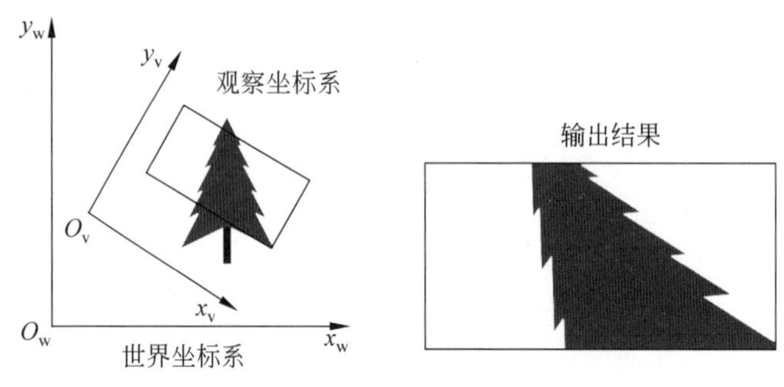

图 5-21　二维观察坐标系

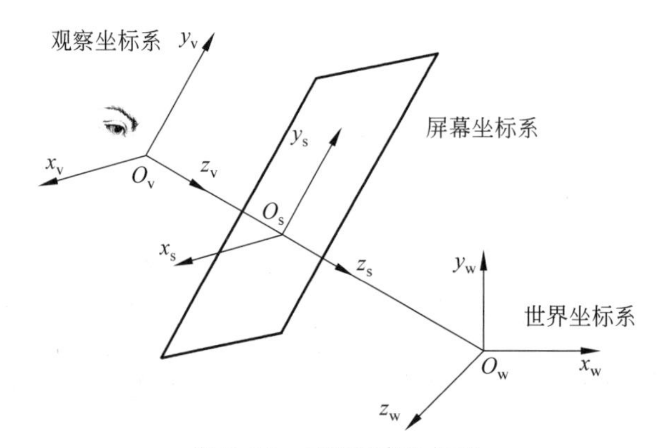

图 5-22　三维观察坐标系

图 5-23　二维屏幕坐标系

图 5-24　三维屏幕坐标系

5. 设备坐标系

显示器等图形输出设备自身都带有一个二维直角坐标系称为设备坐标系（device coordinate system，DCS）。设备坐标系是整数域二维坐标系，如图 5-25 所示，原点位于屏幕客户区左上角，x 轴水平向右为正向，y 轴垂直向下为正向，基本单位为像素。规格化到[0,0]～[1,1]范围内的设备坐标系称为规格化设备坐标系（normalized device coordinate system，NDCS），如图 5-26 所示。

规格化设备坐标系独立于具体输出设备。一旦图形变换到规格化设备坐标系中，只要作一个简单的乘法运算即可映射到具体的设备坐标系中。由于规格化设备坐标系能统一用户各种图形的显示范围，故把用户图形变换成规格化设备坐标系中的统一大小标准图形的过程叫做图形的逻辑输出。把规格化设备坐标系中的标准图形送到显示设备上输出的过程叫做图形的物理输出。有了规格化设备坐标系后，图形的输出可以在抽象的显示设备上进行讨论，因而这种图形学又称为与设备无关的图形学。

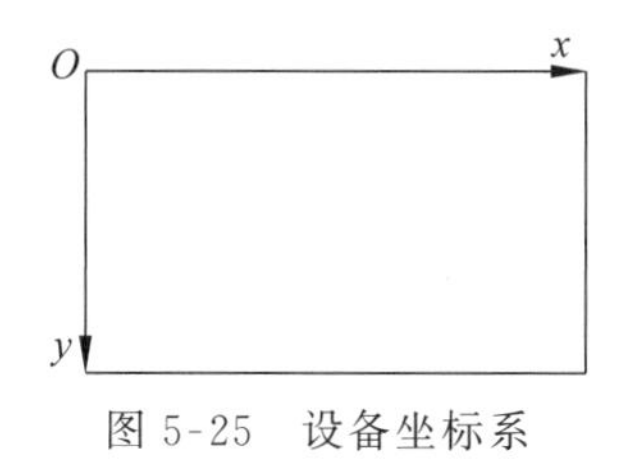

图 5-25　设备坐标系

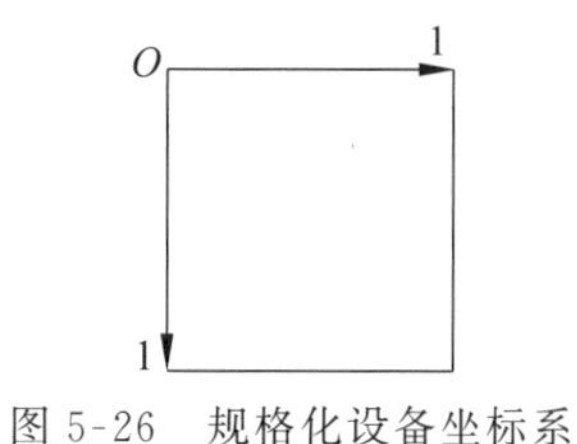

图 5-26　规格化设备坐标系

5.4.2　窗口与视区

在观察坐标系中定义的确定显示内容的矩形区域称为窗口。显然此时窗口内的图形是用户希望在屏幕上看到的，窗口是裁剪图形的标准参照物。在屏幕坐标系中定义的输出图形的矩形区域称为视区。视区和窗口的大小可以相同也可以不同。一般情况下，用户把窗口内感兴趣的图形输出到屏幕上相应的视区内。在屏幕上可以定义多个视区，用来同时显示不同窗口内的图形信息，图 5-27 定义了 3 个窗口用于输出的内容，图 5-28 的屏幕被划分为 3 个视区，对 3 个窗口内容进行了重组。图 5-29 使用 4 个视区分别输出房屋的立体图及其三视图的线框模型。

图 5-27　定义 3 个窗口

图 5-28　显示 3 个视区

图形输出需要进行从窗口到视区的变换，只有窗口内的图形才能在视区中输出，并且输出的形状要根据视区的大小进行调整，这称为窗视变换(window viewport transformation)。在二维图形观察中，可以这样理解，窗口相当于一扇窗户，窗口内的图形是希望看到的，输出到视区；窗口外的图形不希望看到，不在视区中输出。因此需要使用窗口对输出的二维图形进行裁剪。

5.4.3　窗视变换矩阵

观察坐标系中窗口和视区的边界定义如图 5-30 所示，假定把窗口内的一点 $P(x_w, y_w)$

变换为视区中的一点 $P'(x_v, y_v)$。这属于相对于任一参考点的二维几何变换，变换步骤如下。

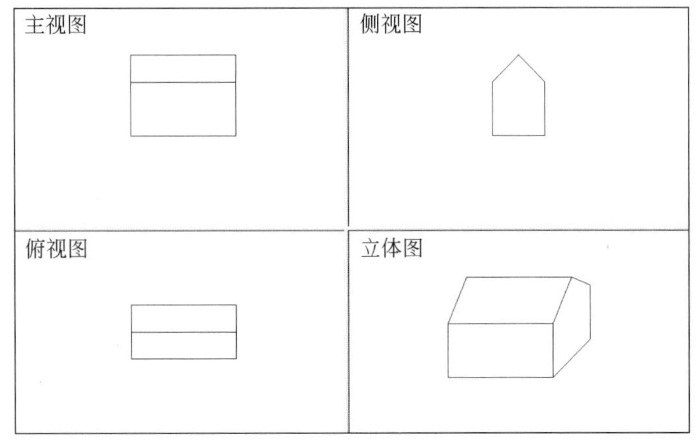

图 5-29　多视区输出

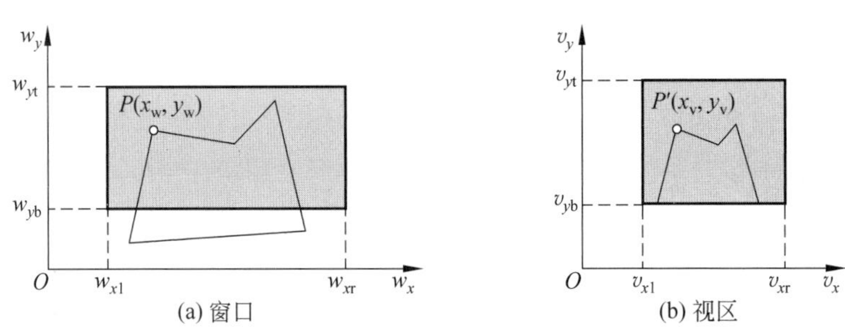

图 5-30　窗口与视区的定义

(1) 将窗口左下角点(w_{xl}, w_{yb})平移到观察坐标系原点。

$$\boldsymbol{T}_1 = \begin{bmatrix} 1 & 0 & 0 \\ 0 & 1 & 0 \\ -w_{xl} & -w_{yb} & 1 \end{bmatrix}$$

(2) 对原点进行比例变换，使窗口的大小和视区大小相等，将窗口变换为视区。

$$\boldsymbol{T}_2 = \begin{bmatrix} S_x & 0 & 0 \\ 0 & S_y & 0 \\ 0 & 0 & 1 \end{bmatrix},\quad 其中\quad S_x = \frac{v_{xr} - v_{xl}}{w_{xr} - w_{xl}}, S_y = \frac{v_{yt} - v_{yb}}{w_{yt} - w_{yb}}$$

(3) 进行反平移，将视区的左下角点平移到设备坐标系的(v_{xl}, v_{yb})点。

$$\boldsymbol{T}_3 = \begin{bmatrix} 1 & 0 & 0 \\ 0 & 1 & 0 \\ v_{xl} & v_{yb} & 1 \end{bmatrix}$$

因此，窗视变换矩阵

$$
\boldsymbol{T}=\boldsymbol{T}_1\boldsymbol{T}_2\boldsymbol{T}_3=\begin{bmatrix}1 & 0 & 0\\0 & 1 & 0\\-w_{xl} & -w_{yb} & 1\end{bmatrix}\cdot\begin{bmatrix}S_x & 0 & 0\\0 & S_y & 0\\0 & 0 & 1\end{bmatrix}\cdot\begin{bmatrix}1 & 0 & 0\\0 & 1 & 0\\v_{xl} & v_{yb} & 1\end{bmatrix}
$$

代入，S_x 和 S_y 的值，窗视变换为

$$
[x_{\mathrm{v}}\quad y_{\mathrm{v}}\quad 1]=[x_{\mathrm{w}}\quad y_{\mathrm{w}}\quad 1]\cdot\begin{bmatrix}S_x & 0 & 0\\0 & S_y & 0\\v_{xl}-w_{xl}S_x & v_{yb}-w_{yb}S_y & 1\end{bmatrix}
$$

写成方程为$\begin{cases}x_{\mathrm{v}}=S_x x_w+v_{xl}-w_{xl}S_x\\y_{\mathrm{v}}=S_y y_w+v_{yb}-w_{yb}S_y\end{cases}$，令 $\begin{cases}a=S_x=\dfrac{v_{xr}-v_{xl}}{w_{xr}-w_{xl}}\\b=v_{xl}-w_{xl}a\\c=S_y=\dfrac{v_{yt}-v_{yb}}{w_{yt}-w_{yb}}\\d=v_{yb}-w_{yb}c\end{cases}$

则窗视变换的展开式为

$$
\begin{cases}x_{\mathrm{v}}=ax_{\mathrm{w}}+b\\y_{\mathrm{v}}=cy_{\mathrm{w}}+d\end{cases}\tag{5-12}
$$

5.5 Cohen-Sutherland 直线段裁剪算法

在二维观察中，需要在观察坐标系下根据窗口边界对世界坐标系中的二维图形进行裁剪(clipping)，只将位于窗口内的图形变换到视区输出。直线段裁剪是二维图形裁剪的基础，裁剪的实质是判断直线段是否与窗口边界相交，如相交则进一步确定直线段上位于窗口内的部分。

5.5.1 编码原理

Cohen-Sutherland 直线段裁剪算法是最早流行的编码算法。每段直线的端点都被赋予一组 4 位二进制代码，称为区域编码(region code，RC)，用来标识直线端点相对于窗口边界及其延长线的位置。假设窗口是标准矩形，由上($y=w_{yt}$)、下($y=w_{yb}$)、左($x=w_{xl}$)、右($x=w_{xr}$) 4 条边界组成，如图 5-31 所示。延长窗口的 4 条边界形成 9 个区域，如图 5-32 所示。这样根据直线的任意端点所处的窗口区域位置，可以赋予一组 4 位二进制区域编码 RC$=C_3C_2C_1C_0$。其中，C_0 代表窗口左边界，C_1 代表窗口右边界，C_2 代表窗口下边界，C_3 代表窗口上边界。

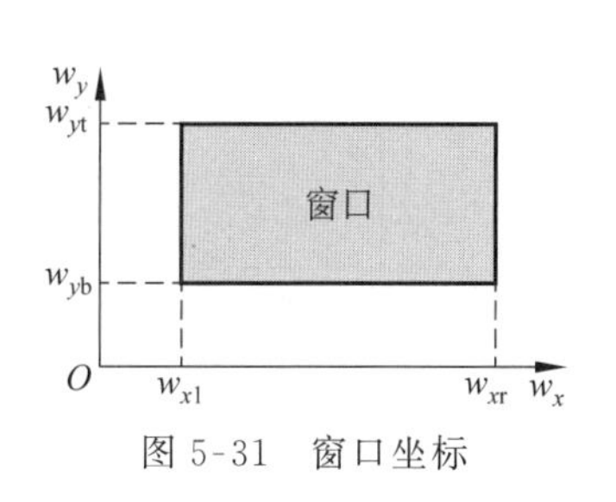

图 5-31 窗口坐标

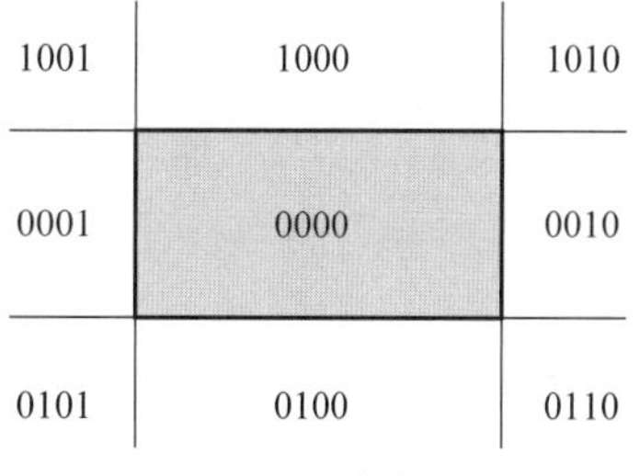

图 5-32 区域编码 RC

为了保证窗口内及窗口边界上直线段端点的编码为零，定义规则如下

第1位 C_0：若端点位于窗口之左侧，即 $x<w_{xl}$，则 $C_0=1$，否则 $C_0=0$。

第2位 C_1：若端点位于窗口之右侧，即 $x>w_{xr}$，则 $C_1=1$，否则 $C_1=0$。

第3位 C_2：若端点位于窗口之下侧，即 $y<w_{yb}$，则 $C_2=1$，否则 $C_2=0$。

第4位 C_3：若端点位于窗口之上侧，即 $y>w_{yt}$，则 $C_3=1$，否则 $C_3=0$。

使用 MFC 编写的直线段端点编码函数 Encode()的代码为

```
#define LEFT       1                          //代表:0001
#define RIGHT      2                          //代表:0010
#define BOTTOM     4                          //代表:0100
#define TOP        8                          //代表:1000
void CTestView::EnCode(CP2 &pt)               //端点编码函数
{
    pt.rc=0;
    if(pt.x<Wxl)
        pt.rc |=LEFT;
    else if(pt.x>Wxr)
        pt.rc |=RIGHT;
    if(pt.y<Wyb)
        pt.rc|=BOTTOM;
    else if(pt.y>Wyt)
        pt.rc|=TOP;
}
```

5.5.2 裁剪步骤

(1) 若直线段的两个端点的区域编码都为0，即 $RC_0 | RC_1=0$（二者按位相或的结果为0，即 $RC_0=0$ 且 $RC_1=0$），说明直线段的两个端点都在窗口内，应"简取"(trivially accepted)。

(2) 若直线段的两个端点的区域编码都不为0，即 $RC_0 \& RC_1 \neq 0$（二者按位相与的结果不为零，即 $RC_0 \neq 0$ 且 $RC_1 \neq 0$），即直线段位于窗外的同一侧，说明直线段的两个端点都在窗口外，应"简弃"(trivially rejected)。

(3) 若直线段既不满足"简取"也不满足"简弃"的条件，则需要与窗口进行"求交"判断。这时，直线段必然与窗口边界或窗口边界的延长线相交，分两种情况处理。一种情况是直线段与窗口边界相交，如图5-33所示直线段 P_0P_1。此时 $RC_0=0010\neq 0$，$RC_1=0100\neq 0$，但 $RC_0 \& RC_1=0$，按左右下上顺序计算窗口边界与直线段的交点。右边界与 P_0P_1 的交点为 P，P_0P 直线段位于窗口之右，"简弃"之。将 P 点的坐标与编码替换为 P_0 点，并交换 P_0P_1 点的坐标及其编码，使 P_0 点

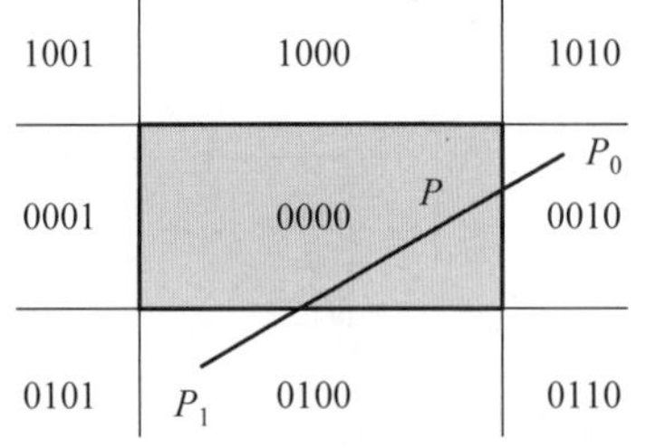

图5-33 直线段与窗口边界相交

总处于窗口之外，如图 5-34 所示。下边界与 P_0P_1 的交点为 P，P_0P 直线段位于窗口之下，“简弃”之，将 P 点的坐标与编码替换为 P_0 点，如图 5-35 所示。此时，直线段 P_0P_1 被“简取”。另一种情况是直线段与窗口边界的延长线相交，直线段完全位于窗口之外，且不在窗口同一侧，所以 $RC_0=0010\neq0$，$RC_1=0100\neq0$，但 $RC_0\&RC_1=0$，如图 5-36 所示。按左右下上顺序计算窗口边界延长线与直线段的交点。右边界延长线与 P_0P_1 的交点为 P，P_0P 段直线位于窗口的右侧，“简弃”之，将 P 点的坐标和编码替换为 P_0 点，如图 5-37 所示。此时，直线段 P_0P_1 位于窗口外的下侧，“简弃”之。在直线段裁剪过程中，一般按固定顺序左($x=w_{xl}$)，右($x=w_{xr}$)、下($y=w_{yb}$)、上($y=w_{yt}$)求解窗口边界与直线段的交点。

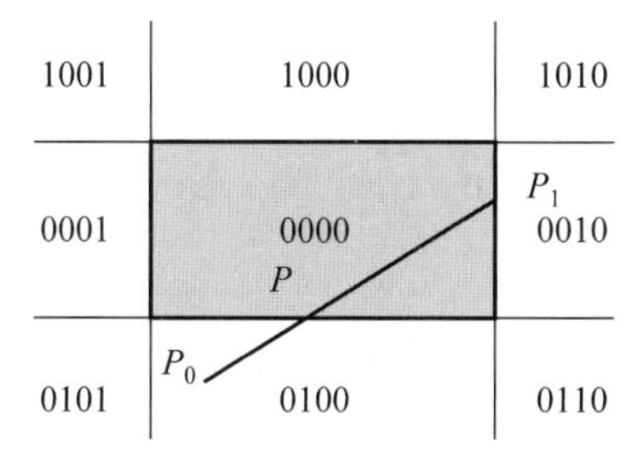

图 5-34　P_0 点位于裁剪窗口之外

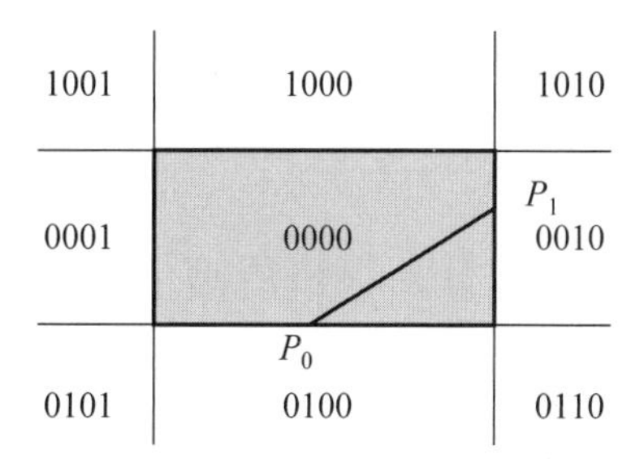

图 5-35　裁剪后的直线段

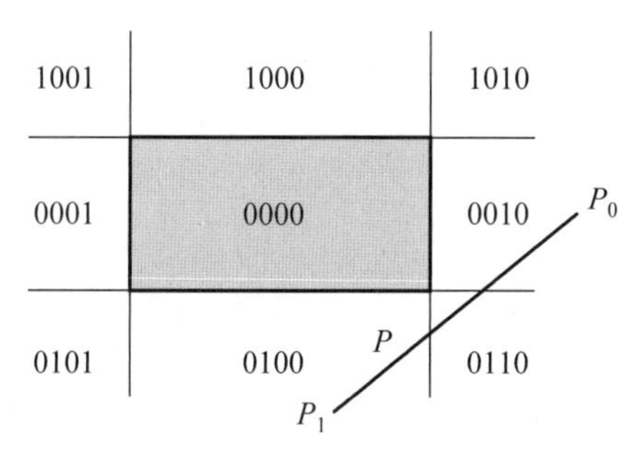

图 5-36　直线段与窗口边界的延长线相交

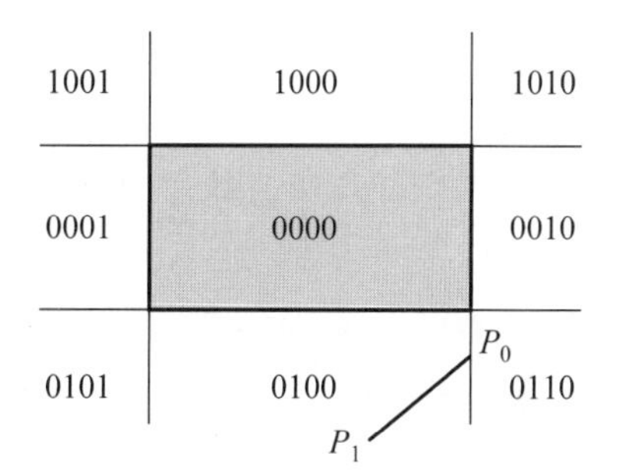

图 5-37　窗口右边界的延长线裁剪后的直线段

使用 Cohen-Sutherland 直线段裁剪算法对图 5-38(a)所示的金刚石图案进行裁剪，裁剪结果如图 5-38(b)所示。

5.5.3　交点计算公式

对于端点坐标为 $P_0(x_0,y_0)$和 $P_1(x_1,y_1)$的直线段，与窗口左边界($x=w_{xl}$)或右边界($x=w_{xr}$)交点的 y 坐标的计算公式为

$$y=k(x-x_0)+y_0,\quad k=(y_1-y_0)/(x_1-x_0) \tag{5-13}$$

与窗口上边界($y=w_{yt}$)或下边界($y=w_{yb}$)交点的 x 坐标的计算公式为

$$x=\frac{y-y_0}{k}+x_0,\quad k=(y_1-y_0)/(x_1-x_0) \tag{5-14}$$

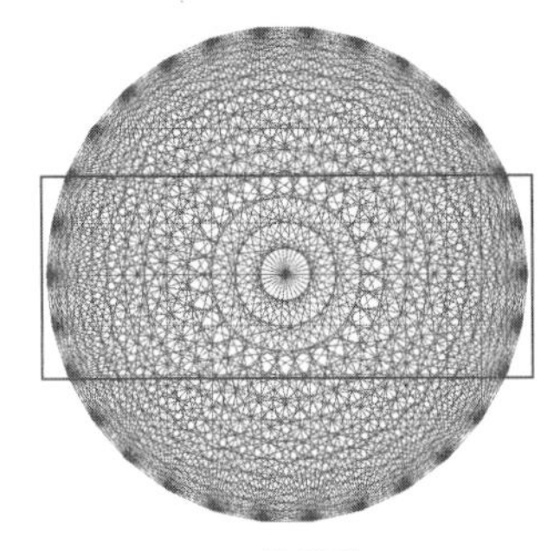

(a) 裁剪前

(b) 裁剪后

图 5-38 裁剪金刚石图案

5.6 中点分割直线段裁剪算法

5.6.1 中点分割算法原理

Cohen-Sutherland 裁剪算法提出对直线段端点进行编码，并把直线段与窗口的位置关系划分为 3 种情况，对前两种情况进行了“简取”与“简弃”的简单处理。对于第 3 种情况，需要根据式(5-13)和式(5-14)计算直线段与窗口边界的交点。中点分割直线段裁剪算法对第 3 种情况做了改进，不需要求解直线段与窗口边界的交点就可以对直线段进行裁剪。

中点分割直线段裁剪算法原理是简单地把起点为 P_0，终点为 P_1 的直线段等分为两段直线 PP_0 和 PP_1(P 为直线段中点)，对每一段直线重复“简取”和“简弃”的处理，对于不能处理的直线段再继续等分下去，直至每一段直线完全能够被“简取”或“简弃”，也就是说直至每段直线完全位于窗口之内或完全位于窗口之外，就完成了直线段的裁剪工作。直线段中点分割裁剪算法是采用二分算法的思想来逐次计算直线段的中点 P 以逼近窗口边界，设定控制常数 c 为一个很小的数(例如 $c=10^{-6}$)，当 $|PP_0|$ 或 $|PP_1|$ 小于控制常数 c 时，中点收敛于直线段与窗口的交点。中点分割裁剪算法的计算过程只用到了加法和移位运算，易于使用硬件实现[31]。

5.6.2 中点计算公式

对于端点坐标为 $P_0(x_0,y_0)$ 和 $P_1(x_1,y_1)$ 的直线段，中点坐标 $P(x,y)$ 的计算公式为

$$P=(P_0+P_1)/2 \tag{5-15}$$

展开形式为

$$\begin{cases}x=(x_0+x_1)/2\\y=(y_0+y_1)/2\end{cases}$$

5.7 Liang-Barsky 直线段裁剪算法

5.7.1 Liang-Barsky 裁剪算法原理

梁友栋与 Barsky 提出了比 Cohen-Sutherland 裁剪算法速度更快的直线段裁剪算法[32]。该算法是以直线的参数方程为基础设计的，把判断直线段与窗口边界求交的二维裁剪问题转化为求解一组不等式，确定直线段参数的一维裁剪问题。Liang-Barsky 裁剪算法把直线段与窗口的相互位置关系划分为两种情况进行讨论：平行于窗口边界的直线段与不平行于窗口边界的直线段。

设起点为 $P_0(x_0,y_0)$，终点为 $P_1(x_1,y_1)$的直线段参数方程为

$$P = P_0 + t(P_1 - P_0)$$

展开形式为

$$\begin{cases} x = x_0 + t(x_1 - x_0) \\ y = y_0 + t(y_1 - y_0) \end{cases} \tag{5-16}$$

式中，$0 \leqslant t \leqslant 1$。对于对角点为$(w_{xl}, w_{yt})$、$(w_{xr}, w_{yb})$的矩形裁剪窗口，直线段裁剪条件如下：

$$\begin{aligned} w_{xl} \leqslant x_0 + t(x_1 - x_0) \leqslant w_{xr} \\ w_{yb} \leqslant y_0 + t(y_1 - y_0) \leqslant w_{yt} \end{aligned} \tag{5-17}$$

分解后有

$$\begin{cases} t(x_0 - x_1) \leqslant x_0 - w_{xl} \\ t(x_1 - x_0) \leqslant w_{xr} - x_0 \\ t(y_0 - y_1) \leqslant y_0 - w_{yb} \\ t(y_1 - y_0) \leqslant w_{yt} - y_0 \end{cases} \tag{5-18}$$

将 $\Delta x = x_1 - x_0$，$\Delta y = y_1 - y_0$ 代入上式得到

$$\begin{cases} t(-\Delta x) \leqslant x_0 - w_{xl} \\ t\Delta x \leqslant w_{xr} - x_0 \\ t(-\Delta y) \leqslant y_0 - w_{yb} \\ t\Delta y \leqslant w_{yt} - y_0 \end{cases} \tag{5-19}$$

令

$$\begin{aligned} u_1 &= -\Delta x, & v_1 &= x_0 - w_{xl} \\ u_2 &= \Delta x, & v_2 &= w_{xr} - x_0 \\ u_3 &= -\Delta y, & v_3 &= y_0 - w_{yb} \\ u_4 &= \Delta y, & v_4 &= w_{yt} - y_0 \end{aligned}$$

则式(5-19)可统一表示为

$$tu_n \leqslant v_n, \quad n = 1,2,3,4。 \tag{5-20}$$

n 代表直线段裁剪时，窗口的边界顺序，$n=1$ 表示左边界；$n=2$ 表示右边界；$n=3$ 表示下边界；$n=4$ 表示上边界。式(5-20)给出了直线段的参数方程裁剪条件。

5.7.2 算法分析

Liang-Barsky 裁剪算法主要考察直线段方程参数 t 的变化情况。为此,先讨论直线段与窗口边界不平行的情况。

令

$$t_n = \frac{v_n}{u_n}, \qquad u_n \neq 0 \text{ 且 } n = 1,2,3,4 \tag{5-21}$$

由于 $u_n \neq 0$,从式(5-19)可以知道,$x_0 \neq x_1$ 而且 $y_0 \neq y_1$,这意味着直线段不与窗口的任何边界平行,直线段及其延长线与窗口边界及其延长线必定相交,可以采用参数 t 对直线段进行裁剪。

5.7.3 算法的几何意义

裁剪窗口的每条边界线将平面分为两个区域。定义裁剪窗口所在侧为可见侧,另一侧为不可见侧。$u_n<0$ 表示直线段从裁剪窗口及其边界延长线的不可见侧延伸到可见侧,直线段与窗口边界的交点位于直线段的起点一侧;$u_n>0$ 表示直线段从裁剪窗口及其边界延长线的可见侧延伸到不可见侧,直线段与窗口边界的交点位于直线段的终点一侧。

在图 5-39 中,$u_1<0$ 时,$\overrightarrow{P_0P_1}$从窗口左边界的不可见侧延伸到可见侧,与窗口左边界及其延长线相交于参数 t 等于t_1 处;$u_2>0$ 时,$\overrightarrow{P_0P_1}$从窗口右边界的可见侧延伸到不可见侧,与窗口右边界及其延长线相交于参数 t 等于 t_2 处;$u_3<0$ 时,$\overrightarrow{P_0P_1}$从窗口下边界的不可见侧延伸到可见侧,与窗口下边界及其延长线相交于参数 t 等于 t_3 处;$u_4>0$ 时,$\overrightarrow{P_0P_1}$从窗口上边界的可见侧延伸到不可见侧,与窗口上边界及其延长线相交于参数 t 等于 t_4 处。注意,图中参数 t 是$t=\frac{x-x_0}{x_1-x_0}$ 或 $t=\frac{y-y_0}{y_1-y_0}$,并不是 x 或 y 的坐标值,t_1、t_2、t_3、t_4 代表了直线段与窗口 4 条边界交点处的参数值。

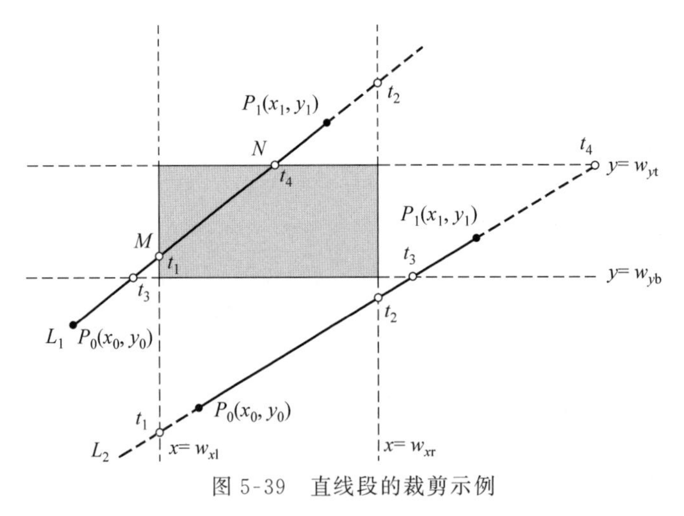

图 5-39 直线段的裁剪示例

从图 5-39 中可以知道,L_1 与裁剪窗口的交点参数是 t_1 和 t_4。对于直线段的起点一侧,$t_1>t_3$,所以当 $u_n<0$ 时,被裁剪直线段的起点取 t 的最大值$t_{\max}=t_1$;对于直线段的终点

一侧，$t_4<t_2$，所以当 $u_n>0$ 时，被裁剪直线段的终点取 t 的最小值 $t_{\min}=t_4$；如果 $t_{\max}\leqslant t_{\min}$，则被裁剪的直线段位于窗口内。显然 $u_n<0$ 时，$t_{\max}$ 应该大于 0；$u_n>0$ 时，$t_{\min}$ 应该小于 1。即

$$\begin{cases} t_{\max}=\max(0,t_n \mid u_n<0) \\ t_{\min}=\min(t_n \mid u_n>0,1) \end{cases} \tag{5-22}$$

可见，对于直线段的起点，使用参数 t_1 和 t_3 判断，取其最大值；对于直线段的终点，使用参数 t_2 和 t_4 判断，取其最小值。

直线段位于窗口内的参数条件是 $t_{\max}\leqslant t_{\min}$。将 $t_{\max}$ 和 $t_{\min}$ 代入式(5-16)，可以计算直线段与窗口上下边界的交点。

下面再考察直线段 L_2 的情况，假定直线段 L_2 起点坐标为(x_0,y_0)，终点坐标为(x_1,y_1)。$u_1<0$ 时，直线段从窗口左边界的不可见侧延伸到可见侧，与窗口左边界及其延长线相交于参数 t 等于 t_1 处；$u_2>0$ 时，直线段从窗口右边界的可见侧延伸到不可见侧，与窗口右边界及其延长线相交于参数 t 等于 t_2 处；$u_3<0$ 时，直线段从窗口下边界的不可见侧延伸到可见侧，与窗口下边界及其延长线相交于参数 t 等于 t_3 处；$u_4>0$ 时，直线段从窗口上边界的可见侧延伸到不可见侧，与窗口上边界及其延长线相交于参数 t 等于 t_4 处。所以，起点一侧，$u_n<0$ 时，$t_{\max}=t_3$；终点一侧，$u_n>0$ 时，$t_{\min}=t_2$；因为 $t_{\max}>t_{\min}$，所以直线段位于窗口外。

如果 $u_1=0$、$u_2=0$、$u_3\neq0$、$u_4\neq0$，表示 $x_0=x_1$，是平行于窗口左右边界的垂线，如图 5-40 所示。如果满足 $v_1<0$ 或 $v_2<0$，则相应有 $x_0<w_{xl}$ 或 $x_0>w_{xr}$，可以判断直线段位于窗口左右边界之外，可删除；如果 $v_1\geqslant0$ 且 $v_2\geqslant0$，在水平方向上直线段位于窗口左右边界或其内部，仅需要判断该直线段在垂直方向是否位于窗口上下边界之内。

$$t_n=\frac{v_n}{u_n},\qquad u_n\neq0\text{ 且 }n=3,4 \tag{5-23}$$

使用式(5-22)计算 $t_{\max}$ 和 $t_{\min}$。如果 $t_{\max}>t_{\min}$，则直线段位于窗口外，删除该直线。如果 $t_{\max}\leqslant t_{\min}$，直线段部分位于窗口之内，将 $t_{\max}$ 和 $t_{\min}$ 代入式(5-16)，可以计算直线段与窗口上下边界的交点。

同理，如果 $u_3=0$、$u_4=0$、$u_1\neq0$、$u_2\neq0$，则表示 $y_0=y_1$，是平行于窗口上下边界的水平线，如图 5-41 所示。如果满足 $v_3<0$ 或 $v_4<0$，则相应有 $y_0<w_{xb}$ 或 $y_0>w_{yt}$，直线段位于窗口上下边界之外，可删除；如果 $v_3\geqslant0$ 且 $v_4\geqslant0$，在垂直方向上直线段位于窗口上下边界或其内部，仅需要判断该直线段在水平方向是否位于窗口左右边界之内。

$$t_n=\frac{v_n}{u_n},\qquad u_n\neq0\text{ 且 }n=1,2 \tag{5-24}$$

使用式(5-22)计算 $t_{\max}$ 和 $t_{\min}$。如果 $t_{\max}>t_{\min}$，则直线段位于窗口外，删除该直线。如果 $t_{\max}\leqslant t_{\min}$，将 $t_{\max}$ 和 $t_{\min}$ 代入式(5-16)，可以计算直线段与窗口的左右边界交点。

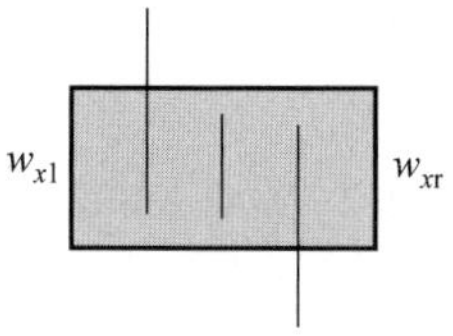

图 5-40　垂直直线段

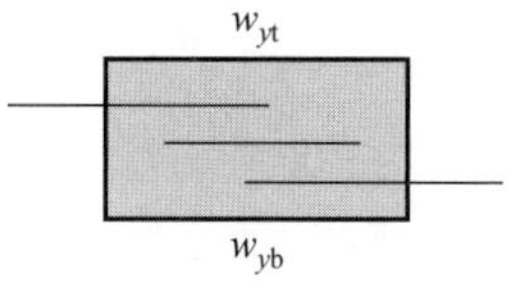

图 5-41　水平直线段

5.8　多边形裁剪算法

多边形是由 3 条或 3 条以上的线段首尾顺次连接所组成的封闭图形。对示例多边形按照图 5-42 所示的窗口位置(虚线所示)直接使用直线段裁剪算法进行裁剪,结果如图 5-43 所示,原先的封闭多边形变成一个或多个开口的多边形或离散的线段。事实上,多边形裁剪后要求仍然构成一个封闭的多边形,以便进行填充,如图 5-44 所示。这要求一部分窗口边界 AB、CD、EF 等线段成为裁剪后的多边形边界。多边形裁剪算法主要有 Sutherland-Hodgman 裁剪算法[33]和 Weiler-Atherton 裁剪算法[34]等。本节介绍 Sutherland-Hodgman 裁剪算法。

图 5-42　示例多边形裁剪　　图 5-43　错误的输出结果　　图 5-44　正确的输出结果

Sutherland-Hodgman 裁剪算法又称为逐边裁剪算法,基本思想是用裁剪窗口的 4 条边依次对多边形进行裁剪。窗口边界的裁剪顺序无关紧要,这里采用左、右、下、上的顺序。多边形裁剪算法的输出结果为裁剪后多边形顶点序列。

对于裁剪窗口的每一条边,多边形的任一顶点只有两种相对位置关系,即位于裁剪窗口的外侧(不可见侧)或内侧(可见侧),共有 4 种情形。设边的起点为 P_0,终点为 P_1,边与裁剪窗口的交点为 P。图 5-45(a)中,P_0 位于裁剪窗口外侧,P_1 位于裁剪窗口内侧。将 P 和 P_1 加入输出列表。图 5-45(b)中,P_0 和 P_1 都位于裁剪窗口内侧。将 P_1 加入输出列表。图 5-45(c)中,P_0 位于裁剪窗口内侧,P_1 位于裁剪窗口外侧。将 P 加入输出列表。图 5-45(d)中,P_0 和 P_1 都位于裁剪窗口外侧。输出列表中不加入任何顶点。

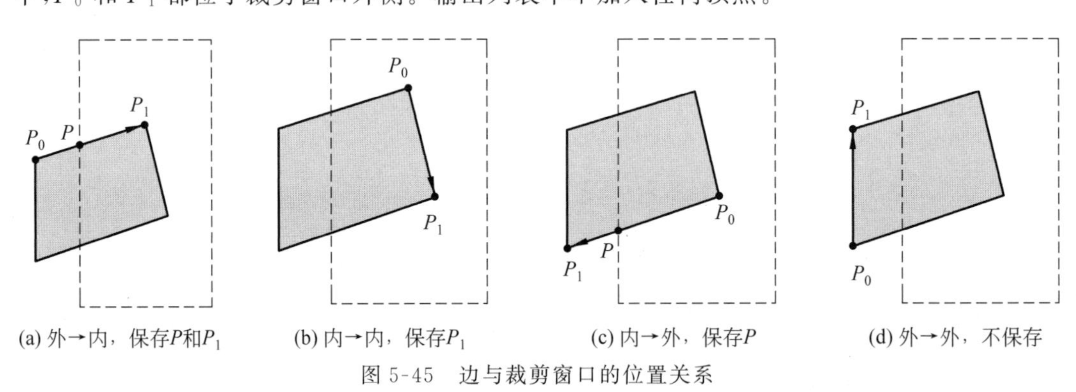

图 5-45　边与裁剪窗口的位置关系

例如使用窗口裁剪多边形 $P_0P_1P_2P_3$。多边形顶点按顺时针编号,裁剪窗口如图 5-46 中虚线所示,裁剪结果如图 5-47 所示。图 5-48(a)为使用窗口左边界裁剪,图 5-48(b)为使用窗口右边界裁剪,图 5-48(c)为使用窗口下边界裁剪,图 5-48(d)为使用窗口上边界裁剪。

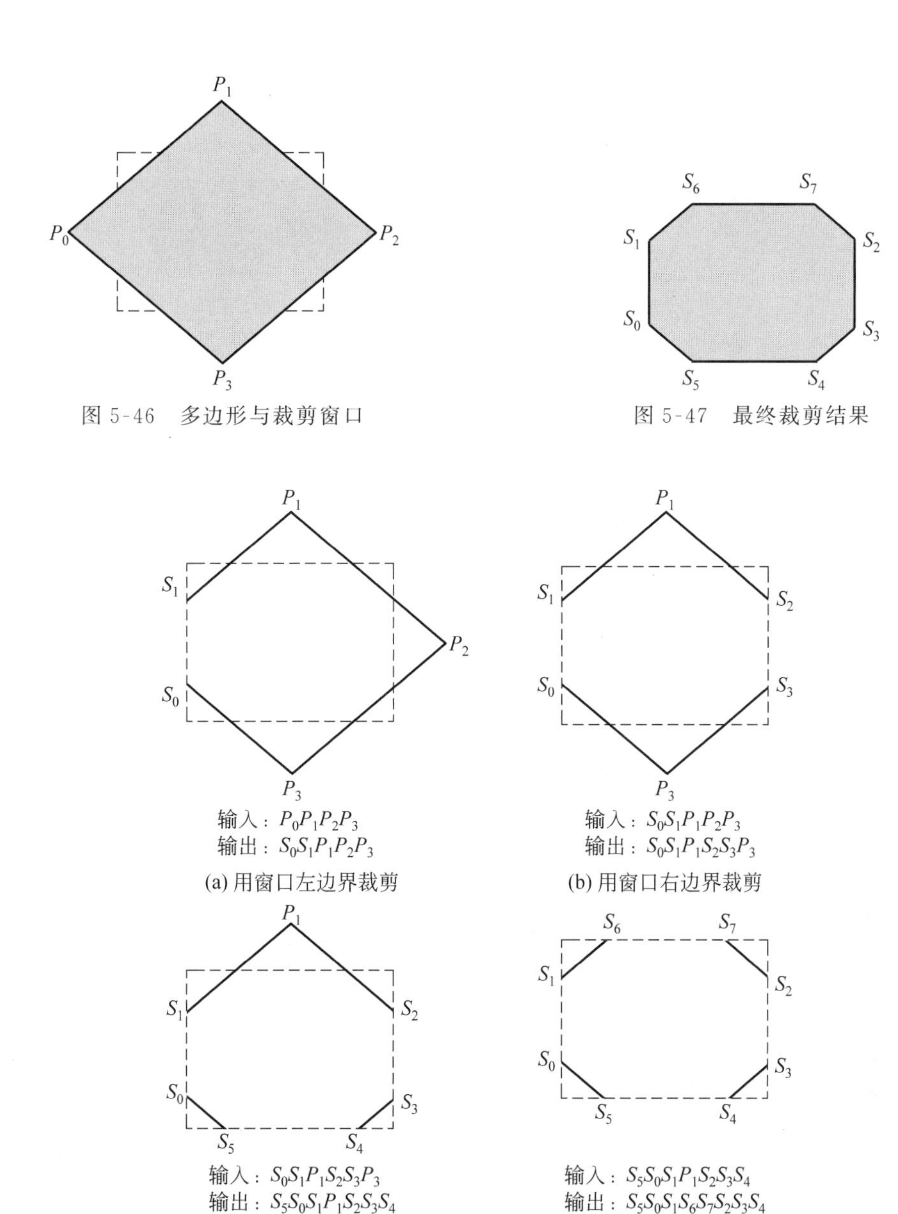

图 5-46　多边形与裁剪窗口

图 5-47　最终裁剪结果

图 5-48　逐边裁剪多边形

Sutherland-Hodgman 裁剪算法可以用于裁剪任意凸多边形，在处理凹多边形时，可能会产生不正确的裁剪结果。图 5-49 中，示例凹多边形使用 Sutherland-Hodgman 裁剪算法裁剪后，输出结果为两个不连通的三角形，窗口的边界 AB 成为多余线段，如图 5-50 所示。为了正确地裁剪凹多边形，一种方法是先将凹多边形分割为两个或更多的凸多边形，然后分别使用 Sutherland-Hodgman 裁剪算法裁剪。另一种方法是使用 Weiler-Atherton 裁剪算法。该算法适用于任何凸的、凹的带内孔的多边形裁剪，但计算工作量很大。由于篇幅所限，请读者自行学习 Weiler-Atherton 裁剪算法。

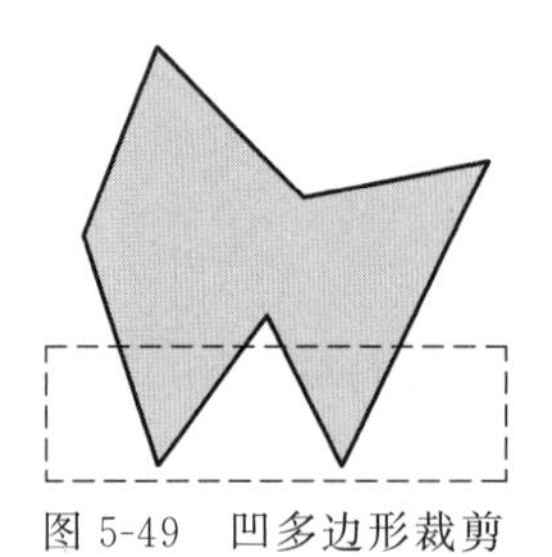

图 5-49　凹多边形裁剪

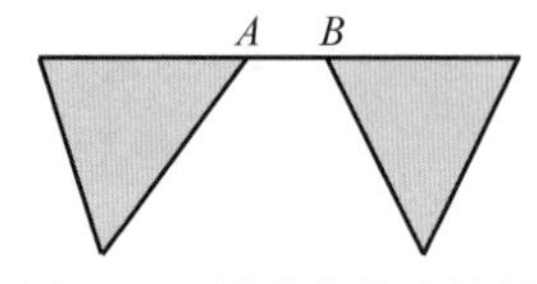

图 5-50　错误的输出结果

5.9　本章小结

二维变换要求读者掌握齐次坐标和基本几何变换矩阵。二维基本几何变换的平移、比例、旋转、反射和错切是仿射变换$\begin{cases}x'=a_{1,1}x+a_{1,2}y+a_{1,3}\\y'=a_{2,1}x+a_{2,2}y+a_{2,3}\end{cases}$的特例，反过来，任何仿射变换总可以表示为这5种变换的组合。本章给出了3种直线段裁剪算法，其中Cohen-Sutherland裁剪算法是最为著名的，创新性地提出了直线段端点的编码规则，但这种裁剪算法需要计算直线段与窗口边界的交点；中点分割裁剪算法避免了求解直线段与窗口边界的交点，只需计算直线段中点坐标就可以完成直线段的裁剪，但迭代计算工作量较大。Liang-Barsky裁剪算法是这3种算法中效率最高的算法，通过建立直线段的参数方程，得到了一组描述裁剪区域内部的条件。观察这组条件，发现其表示形式相近。重写该条件后，可将直线段裁剪问题简化为一个计算极大值和极小值的问题。多边形裁剪采用了分治法思想，一次用窗口的一条边界裁剪多边形。二维裁剪属于二维观察的内容。窗口建立在观察坐标系、视区建立在屏幕坐标系。为了减少窗视变换的计算量，本教材中假定窗口与视区的大小一致。关于三维观察坐标系和三维屏幕坐标系在第6章中将会继续深入探讨。

习　题　5

1. 如图5-51所示，求$P_0(4,1)$、$P_1(7,3)$、$P_2(7,7)$、$P_3(1,4)$构成的四边形绕$Q(5,4)$逆时针方向旋转45°的变换矩阵和变换后图形的顶点坐标。

2. 已知正方形$P_0P_1P_2P_3$，沿x方向发生$b=0.5$，$c=0$错切后的图形如图5-52所示，试计算$V_0V_1V_2V_3$点的坐标。

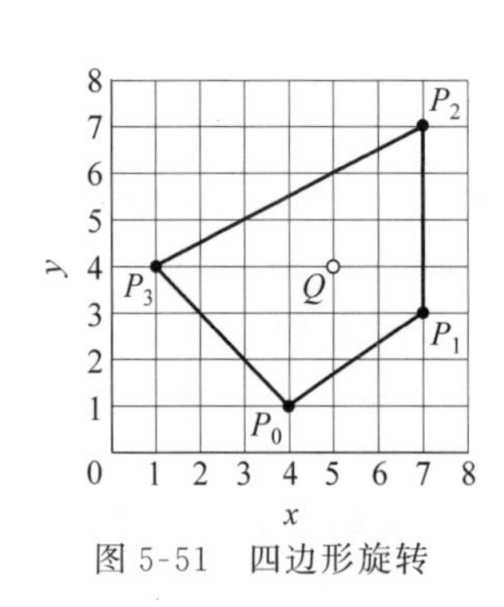

图 5-51　四边形旋转

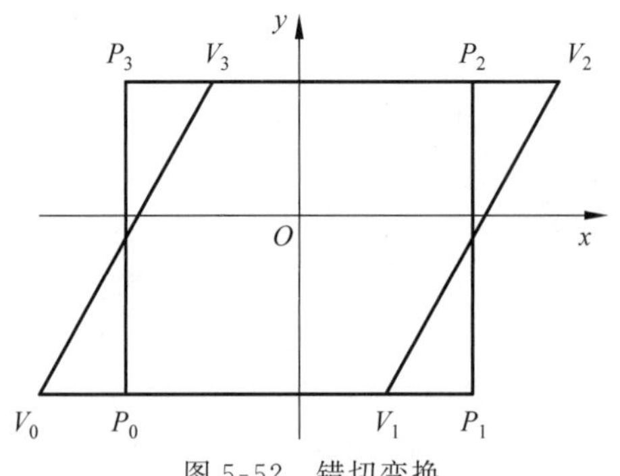

图 5-52　错切变换

3. 屏幕客户区 xOy 坐标系的原点位于左上角，x 轴水平向右，最大值为 $x_{\max}$，y 轴垂直向下，最大值为 $y_{\max}$。建立新坐标系 $x'O'y'$，原点位于屏幕客户区中心 $O'(x_{\max}/2, y_{\max}/2)$，$x'$轴水平向右，$y'$轴垂直向上，如图 5-53 所示。要求使用变换矩阵求解这两个坐标系之间的转换关系。

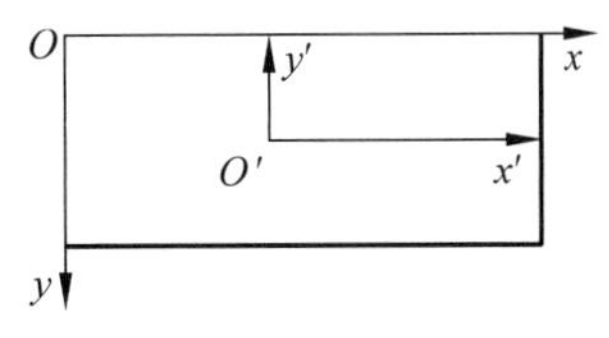

图 5-53　坐标系变换

4. 建立坐标系 xOy，原点 O 位于屏幕客户区中心，x 轴水平向右，y 轴垂直向上。在原点下方 B 点，悬挂一边长为 $a\left(|OB| \geqslant \frac{\sqrt{2}}{2}a\right)$ 的正方形，如图 5-54 所示。要求单击"动画"按钮时启动计时器，正方形按逆时针方向绕自身中心（B 点）匀速旋转，试编程实现。

5. 用 Cohen-Sutherland 直线段算法裁剪线段 $P_0(0,2)$，$P_1(3,3)$，裁剪窗口为 $w_{xl}=1$，$w_{xr}=6$，$w_{yb}=1$，$w_{yt}=5$，如图 5-55 所示。

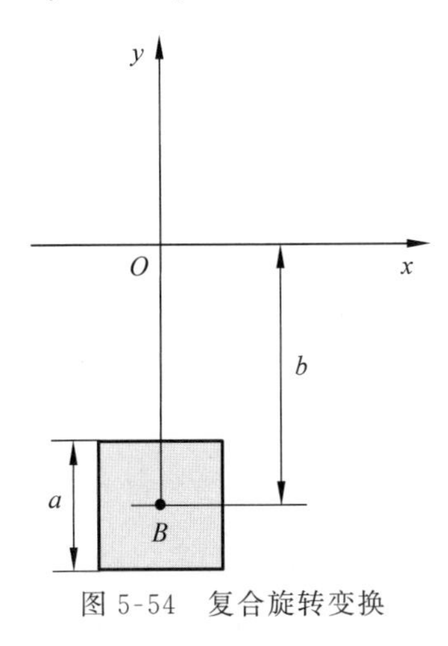

图 5-54　复合旋转变换

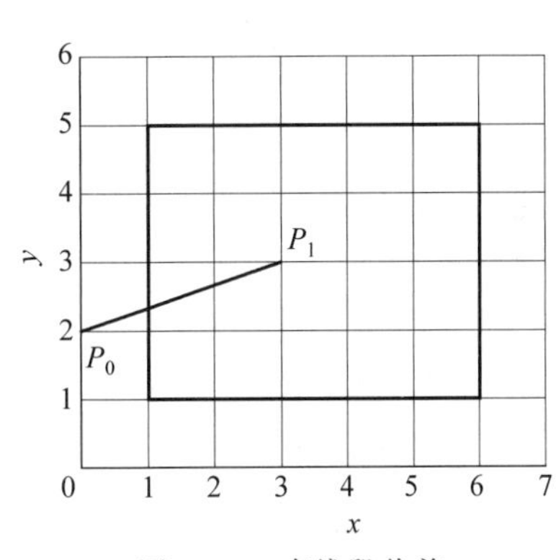

图 5-55　直线段裁剪

要求写出：

(1) 窗口边界划分的 9 个区间的编码原则。

(2) 直线段端点的编码。

(3) 裁剪的主要步骤。

(4) 裁剪后窗口内直线段的端点坐标。

6. 窗视变换公式也可以使用窗口和视区的相似原理进行推导，但要求点 $P(x_w, y_w)$ 在窗口中的相对位置等于点 $P'(x_v, y_v)$ 在视区中的相对位置，试推导以下的窗视变换公式：

$$\begin{cases} x_v = ax_w + b \\ y_v = cy_w + d \end{cases}$$

变换系数为

$$\begin{cases} a = S_x = \dfrac{v_{xr} - v_{xl}}{w_{xr} - w_{xl}} \\ b = v_{xl} - w_{xl}a \\ c = S_y = \dfrac{v_{yt} - v_{yb}}{w_{yt} - w_{yb}} \\ d = v_{yb} - w_{yb}c \end{cases}$$

7. 请按照图 5-56 所示，使用对话框输入直线段的起点坐标和终点坐标。在屏幕客户区左侧区域绘制未裁剪的直线段与“窗口”，在屏幕客户区右侧区域绘制“视区”并输出裁剪结果，如图 5-57 所示。这里需要用到窗视变换公式。试使用 Cohen-Sutherland 算法编程实现。

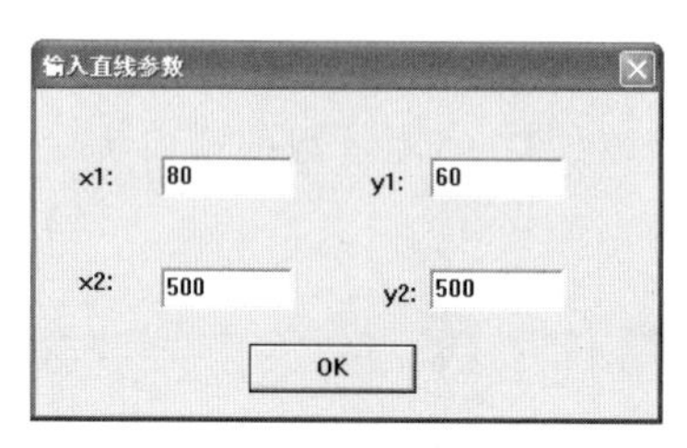

图 5-56　“输入直线参数”对话框

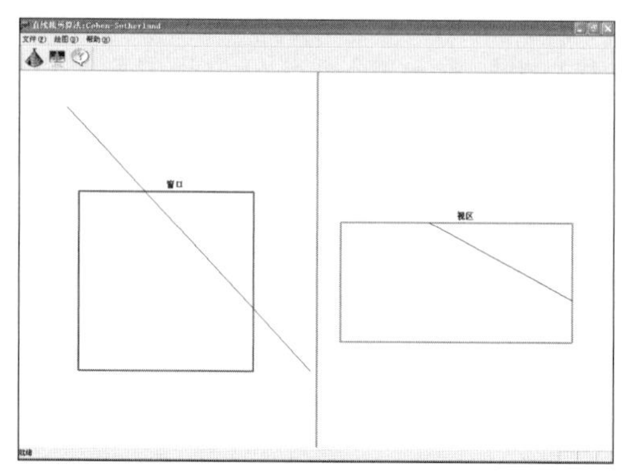

图 5-57　含窗视变换的直线段裁剪效果图

8. 在窗口客户区中心绘制一组大小不同的正六边形图案，每个正六边形相对于其相邻的正六边形有轻微的旋转。使用鼠标绘制矩形窗口，基于 Cohen-Sutherland 算法对图案使用进行动态裁剪，将裁剪后的图案放大后绘制满整个客户区，如图 5-58 所示。由于窗口与视区大小不同，需要用到窗视变换，试编程实现。

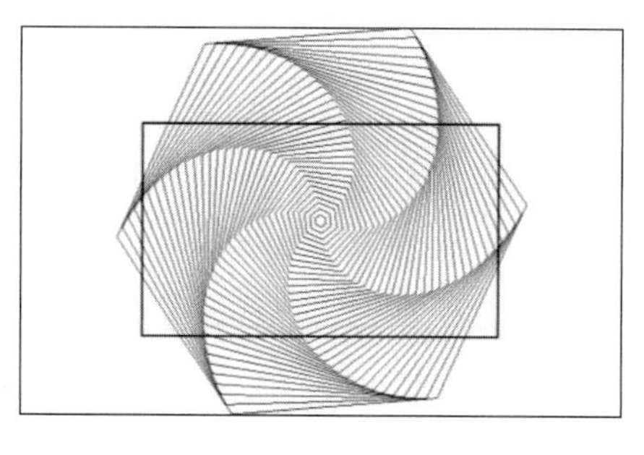

(a) 裁剪前

(b) 裁剪后

图 5-58　窗视变换裁剪算法

*9. 已知裁剪窗口为 $w_{xl}=0, w_{xr}=2, w_{yb}=0, w_{yt}=2$，直线段的起点坐标为 $P_0(3,3)$，终点坐标为 $P_1(-2,-1)$，如图 5-59 所示。请使用 Liang-Barsky 直线段裁剪算法分步说明裁剪过程，并求出直线段在窗口内部分的端点 C 和 D 的坐标值。

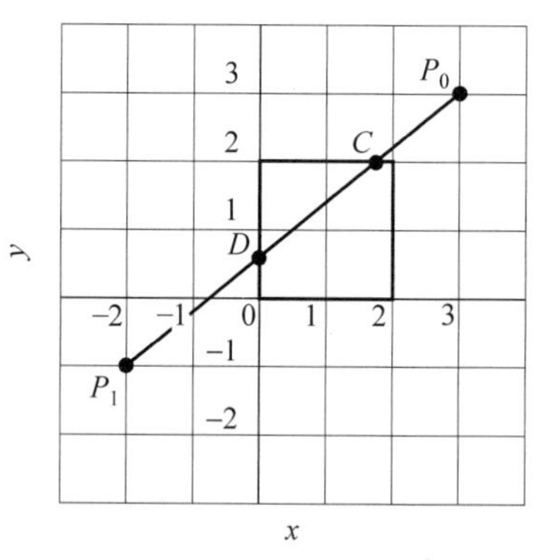

图 5-59　直线段裁剪

第6章　三维变换与投影

本章学习目标

- 熟练掌握三维基本几何变换矩阵。
- 掌握正交投影。
- 掌握斜投影。
- 熟练掌握透视投影。

现实世界是三维的，而光栅扫描显示器是二维的，因此要在计算机屏幕上输出三维场景就要通过投影变换来降低维数。本章主要介绍正交投影（orthogonal projection）、斜投影（oblique projection）与透视投影（perspective projection）。

6.1　三维图形几何变换

6.1.1　三维几何变换矩阵

同二维变换类似，三维变换同样引入了齐次坐标技术，在四维空间（$\boldsymbol{x},\boldsymbol{y},\boldsymbol{z},\boldsymbol{w}$）内进行讨论。定义了规范化齐次坐标以后，三维图形几何变换就可以表示为物体顶点集合的规范化齐次坐标矩阵与某一变换矩阵相乘的形式。三维图形几何变换矩阵是一个 4×4 方阵，简称为三维几何变换矩阵。

$$\boldsymbol{T}=\begin{bmatrix} a & b & c & p \\ d & e & f & q \\ g & h & i & r \\ l & m & n & s \end{bmatrix} \tag{6-1}$$

其中，$\boldsymbol{T}_1=\begin{bmatrix} a & b & c \\ d & e & f \\ g & h & i \end{bmatrix}$为 3×3 阶子矩阵，对物体进行比例、旋转、反射和错切变换；

$\boldsymbol{T}_2=[l \quad m \quad n]$为 1×3 阶子矩阵，对物体进行平移变换；

$\boldsymbol{T}_3=\begin{bmatrix} p \\ q \\ r \end{bmatrix}$为 3×1 阶子矩阵，对物体进行投影变换；

$\boldsymbol{T}_4=[s]$为 1×1 阶子矩阵，对物体进行整体比例变换。

6.1.2　三维几何变换形式

对于物体线框模型的变换，通常是以点变换为基础。三维几何变换的基本方法是把变换矩阵作为一个算子，作用到变换前的物体顶点集合的规范化齐次坐标矩阵上，得到变换后新的物体顶点集合的规范化齐次坐标矩阵。连接变换后的新的物体顶点，可以绘制出变换后的三维物体。

设变换前的物体顶点集合的规范化齐次坐标矩阵为

$$P=\begin{bmatrix} x_1 & y_1 & z_1 & 1 \\ x_2 & y_2 & z_2 & 1 \\ \vdots & \vdots & \vdots & \vdots \\ x_n & y_n & z_n & 1 \end{bmatrix}$$

变换后新的物体顶点集合的规范化齐次坐标矩阵为

$$P'=\begin{bmatrix} x'_1 & y'_1 & z'_1 & 1 \\ x'_2 & y'_2 & z'_2 & 1 \\ \vdots & \vdots & \vdots & \vdots \\ x'_n & y'_n & z'_n & 1 \end{bmatrix}$$

三维变换矩阵为

$$T=\begin{bmatrix} a & b & c & p \\ d & e & f & q \\ g & h & i & r \\ l & m & n & s \end{bmatrix}$$

则三维几何变换公式为 $P'=PT$,可以写成

$$\begin{bmatrix} x'_1 & y'_1 & z'_1 & 1 \\ x'_2 & y'_2 & z'_2 & 1 \\ \vdots & \vdots & \vdots & \vdots \\ x'_n & y'_n & z'_n & 1 \end{bmatrix}=\begin{bmatrix} x_1 & y_1 & z_1 & 1 \\ x_2 & y_2 & z_2 & 1 \\ \vdots & \vdots & \vdots & \vdots \\ x_n & y_n & z_n & 1 \end{bmatrix}\cdot\begin{bmatrix} a & b & c & p \\ d & e & f & q \\ g & h & i & r \\ l & m & n & s \end{bmatrix} \tag{6-2}$$

6.2　三维图形基本几何变换矩阵

三维基本几何变换是指将 $P(x,y,z)$点从一个坐标位置变换到另一个坐标位置 $P'(x',y',z')$的过程。三维基本几何变换和二维基本几何变换一样是相对于坐标原点或坐标轴进行的几何变换,包括平移、比例、旋转、反射和错切 5 种变换。因为三维变换矩阵的推导过程与二维变换矩阵的推导过程类似,这里只给出结论。

6.2.1　平移变换

平移变换的坐标表示为$\begin{cases} x'=x+T_x \\ y'=y+T_y \\ z'=z+T_z \end{cases}$,因此三维平移变换矩阵为

$$T=\begin{bmatrix} 1 & 0 & 0 & 0 \\ 0 & 1 & 0 & 0 \\ 0 & 0 & 1 & 0 \\ T_x & T_y & T_z & 1 \end{bmatrix} \tag{6-3}$$

式中,T_x、T_y、T_z 是平移参数。

6.2.2　比例变换

比例变换的坐标表示为$\begin{cases} x'=xS_x \\ y'=yS_y \\ z'=zS_z \end{cases}$,因此三维比例变换矩阵为

$$
\boldsymbol{T}=\begin{bmatrix} S_x & 0 & 0 & 0 \\ 0 & S_y & 0 & 0 \\ 0 & 0 & S_z & 0 \\ 0 & 0 & 0 & 1 \end{bmatrix} \tag{6-4}
$$

式中,S_x,S_y,S_z 是比例系数。

6.2.3 旋转变换

三维旋转变换一般看作是二维旋转变换的组合,可以分为绕 x 轴旋转,绕 y 轴旋转,绕 z 轴旋转。转角的正向满足右手螺旋法则:大拇指指向旋转轴正向,四指的转向为转角正向。

1. 绕 x 轴旋转

绕 x 轴旋转变换的坐标表示为 $\begin{cases} x'=x \\ y'=y\cos\beta-z\sin\beta \\ z'=y\sin\beta+z\cos\beta \end{cases}$,因此绕 x 轴的三维旋转变换矩阵为

$$
\boldsymbol{T}=\begin{bmatrix} 1 & 0 & 0 & 0 \\ 0 & \cos\beta & \sin\beta & 0 \\ 0 & -\sin\beta & \cos\beta & 0 \\ 0 & 0 & 0 & 1 \end{bmatrix} \tag{6-5}
$$

式中,β 为正向旋转角。

2. 绕 y 轴旋转

同理可得,绕 y 轴旋转变换的坐标表示为 $\begin{cases} x'=z\sin\beta+x\cos\beta \\ y'=y \\ z'=z\cos\beta-x\sin\beta \end{cases}$,因此绕 y 轴的三维旋转变换矩阵为

$$
\boldsymbol{T}=\begin{bmatrix} \cos\beta & 0 & -\sin\beta & 0 \\ 0 & 1 & 0 & 0 \\ \sin\beta & 0 & \cos\beta & 0 \\ 0 & 0 & 0 & 1 \end{bmatrix} \tag{6-6}
$$

式中,β 为正向旋转角。

3. 绕 z 轴旋转

同理可得,绕 z 轴旋转变换的坐标表示为 $\begin{cases} x'=x\cos\beta-y\sin\beta \\ y'=x\sin\beta+y\cos\beta \\ z'=z \end{cases}$,因此绕 z 轴的三维旋转变换矩阵为

$$
\boldsymbol{T}=\begin{bmatrix} \cos\beta & \sin\beta & 0 & 0 \\ -\sin\beta & \cos\beta & 0 & 0 \\ 0 & 0 & 1 & 0 \\ 0 & 0 & 0 & 1 \end{bmatrix} \tag{6-7}
$$

式中,β 为正向旋转角。

6.2.4 反射变换

三维反射可以分为关于坐标轴的反射和关于坐标平面的反射两类。

1. 关于 x 轴的反射

关于 x 轴反射变换的坐标表示为$\begin{cases} x'=x \\ y'=-y \\ z'=-z \end{cases}$,因此关于 x 轴的三维反射变换矩阵为

$$\boldsymbol{T}=\begin{bmatrix} 1 & 0 & 0 & 0 \\ 0 & -1 & 0 & 0 \\ 0 & 0 & -1 & 0 \\ 0 & 0 & 0 & 1 \end{bmatrix} \tag{6-8}$$

2. 关于 y 轴的反射

关于 y 轴反射变换的坐标表示为$\begin{cases} x'=-x \\ y'=y \\ z'=-z \end{cases}$,因此关于 y 轴的三维反射变换矩阵为

$$\boldsymbol{T}=\begin{bmatrix} -1 & 0 & 0 & 0 \\ 0 & 1 & 0 & 0 \\ 0 & 0 & -1 & 0 \\ 0 & 0 & 0 & 1 \end{bmatrix} \tag{6-9}$$

3. 关于 z 轴的反射

关于 z 轴反射变换的坐标表示为$\begin{cases} x'=-x \\ y'=-y \\ z'=z \end{cases}$,因此关于 z 轴的三维反射变换矩阵为

$$\boldsymbol{T}=\begin{bmatrix} -1 & 0 & 0 & 0 \\ 0 & -1 & 0 & 0 \\ 0 & 0 & 1 & 0 \\ 0 & 0 & 0 & 1 \end{bmatrix} \tag{6-10}$$

4. 关于 xOy 面的反射

关于 xOy 面反射变换的坐标表示为$\begin{cases} x'=x \\ y'=y \\ z'=-z \end{cases}$,因此关于 xOy 面的三维反射变换矩阵为

$$\boldsymbol{T}=\begin{bmatrix} 1 & 0 & 0 & 0 \\ 0 & 1 & 0 & 0 \\ 0 & 0 & -1 & 0 \\ 0 & 0 & 0 & 1 \end{bmatrix} \tag{6-11}$$

5. 关于 yOz 面的反射

关于 yOz 面反射变换的坐标表示为$\begin{cases} x'=-x \\ y'=y \\ z'=z \end{cases}$,因此关于 yOz 面的三维反射变换矩阵为

$$T=\begin{bmatrix}-1 & 0 & 0 & 0\\ 0 & 1 & 0 & 0\\ 0 & 0 & 1 & 0\\ 0 & 0 & 0 & 1\end{bmatrix} \tag{6-12}$$

6. 关于 xOz 面的反射

关于 xOz 面反射变换的坐标表示为$\begin{cases}x'=x\\ y'=-y\\ z'=z\end{cases}$,因此关于 xOz 面的三维反射变换矩阵为

$$T=\begin{bmatrix}1 & 0 & 0 & 0\\ 0 & -1 & 0 & 0\\ 0 & 0 & 1 & 0\\ 0 & 0 & 0 & 1\end{bmatrix} \tag{6-13}$$

6.2.5 错切变换

三维错切变换的坐标表示为$\begin{cases}x'=x+dy+gz\\ y'=bx+y+hz\\ z'=cx+fy+z\end{cases}$,因此三维错切变换矩阵为

$$T=\begin{bmatrix}1 & b & c & 0\\ d & 1 & f & 0\\ g & h & 1 & 0\\ 0 & 0 & 0 & 1\end{bmatrix} \tag{6-14}$$

三维错切变换中,一个坐标的变化受另外两个坐标变化的影响。如果变换矩阵第 1 列中元素 d 和 g 不为 0,产生沿 x 轴方向的错切;如果第 2 列中元素 b 和 h 不为 0,产生沿 y 轴方向的错切;如果第 3 列中元素 c 和 f 不为 0,产生沿 z 轴方向的错切。

1. 沿 x 方向错切

此时,$b=0,h=0,c=0,f=0$。

因此,沿 x 方向错切变换矩阵为

$$T=\begin{bmatrix}1 & 0 & 0 & 0\\ d & 1 & 0 & 0\\ g & 0 & 1 & 0\\ 0 & 0 & 0 & 1\end{bmatrix} \tag{6-15}$$

当 $d=0$ 时,错切平面离开 z 轴,沿 x 方向移动 gz 距离;当 $g=0$ 时,错切平面离开 y 轴,沿 x 方向移动 dy 距离。

2. 沿 y 方向错切

此时,$d=0,g=0,c=0,f=0$。

因此,沿 y 方向错切变换矩阵为

$$T=\begin{bmatrix}1 & b & 0 & 0\\ 0 & 1 & 0 & 0\\ 0 & h & 1 & 0\\ 0 & 0 & 0 & 1\end{bmatrix} \tag{6-16}$$

当 $b=0$ 时,错切平面离开 z 轴,沿 y 方向移动 hz 距离;当 $h=0$ 时,错切平面离开 x 轴,沿 y 方向移动 bx 距离。

3. 沿 z 方向错切

由于 $d=0,g=0,b=0,h=0$。

同理可得,沿 z 方向错切变换矩阵为

$$\boldsymbol{T}=\begin{bmatrix}1&0&c&0\\0&1&f&0\\0&0&1&0\\0&0&0&1\end{bmatrix} \tag{6-17}$$

当 $c=0$ 时,错切平面离开 y 轴,沿 z 方向移动 fy 距离;当 $f=0$ 时,错切平面离开 x 轴,沿 z 方向移动 cx 距离。

6.3 三维图形复合变换

三维基本几何变换是相对于坐标原点或坐标轴进行的几何变换。同二维复合变换类似,三维复合变换是指对图形作一次以上的基本几何变换,总变换矩阵是每一步变换矩阵相乘的结果。

$$\boldsymbol{P}'=\boldsymbol{PT}=\boldsymbol{PT}_1\boldsymbol{T}_2\cdots\boldsymbol{T}_n,\quad n>1$$

其中,$\boldsymbol{T}$ 为复合变换矩阵,$\boldsymbol{T}_1$、$\boldsymbol{T}_2$、…、$\boldsymbol{T}_n$ 为 n 个单次基本几何变换矩阵。

6.3.1 相对于任意参考点的三维几何变换

在三维基本几何变换中,比例变换和旋转变换是与参考点相关的。相对于任意一个参考点 $Q(x,y,z)$的比例变换和旋转变换应表达为复合变换形式。变换方法是首先将参考点平移到坐标原点,相对于坐标原点作比例变换或旋转变换,然后再进行反平移将参考点平移回原位置。

6.3.2 相对于任意方向的三维几何变换

相对于任意方向的变换方法是首先对任意方向做旋转变换,使变换方向与某个坐标轴重合,然后对该坐标轴进行三维基本几何变换,最后做反向旋转变换,将任意方向还原到原来的方向。三维几何变换中需要进行两次旋转变换,才能使任意方向与某个坐标轴重合。一般做法是先将任意方向旋转到某个坐标平面内,然后再旋转到与该坐标平面内的某个坐标轴重合。

例 6-1 如图 6-1 所示,已知空间向量$\overrightarrow{P_0P_1}=\{x_1-x_0,y_1-y_0,z_1-z_0\}$在 3 个坐标轴上的方向余弦分别为$\begin{cases}n_1=\cos\alpha\\n_2=\cos\beta,\\n_3=\cos\gamma\end{cases}$求空间一点 $P(x,y,z)$绕$\overrightarrow{P_0P_1}$逆时针旋转 θ 角的分步变换矩阵。

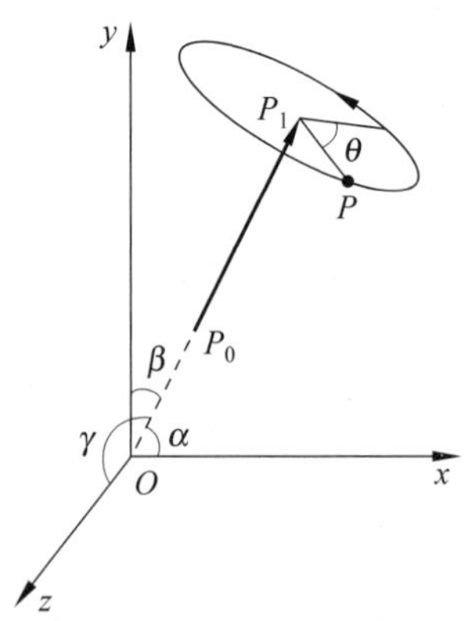

图 6-1 绕空间向量旋转

变换方法为,将 $P_0(x_0,y_0,z_0)$平移到坐标原点,并使$\overrightarrow{P_0P_1}$分别绕 y 轴、x 轴旋转适当角度与 z 轴重合,再绕 z 轴逆

时针旋转 θ 角，最后再进行上述变换的逆变换，使 $\overrightarrow{P_0P_1}$ 回到原来位置。

(1) 将 $P_0(x_0, y_0, z_0)$ 点平移到坐标原点，则变换矩阵为

$$T_1 = \begin{bmatrix} 1 & 0 & 0 & 0 \\ 0 & 1 & 0 & 0 \\ 0 & 0 & 1 & 0 \\ -x_0 & -y_0 & -z_0 & 1 \end{bmatrix} \tag{6-18}$$

(2) 将 $\overrightarrow{P_0P_1}$ 绕 y 轴顺时针旋转 θ_y 角，与 yOz 平面重合，则变换矩阵为

$$T_2 = \begin{bmatrix} \cos\theta_y & 0 & \sin\theta_y & 0 \\ 0 & 1 & 0 & 0 \\ -\sin\theta_y & 0 & \cos\theta_y & 0 \\ 0 & 0 & 0 & 1 \end{bmatrix} \tag{6-19}$$

(3) 将 $\overrightarrow{P_0P_1}$ 绕 x 轴逆时针旋转 θ_x 角，与 z 轴重合，则变换矩阵为

$$T_3 = \begin{bmatrix} 1 & 0 & 0 & 0 \\ 0 & \cos\theta_x & \sin\theta_x & 0 \\ 0 & -\sin\theta_x & \cos\theta_x & 0 \\ 0 & 0 & 0 & 1 \end{bmatrix} \tag{6-20}$$

(4) 将 $P(x, y, z)$ 点绕 z 轴逆时针旋转 θ 角，则变换矩阵为

$$T_4 = \begin{bmatrix} \cos\theta & \sin\theta & 0 & 0 \\ -\sin\theta & \cos\theta & 0 & 0 \\ 0 & 0 & 1 & 0 \\ 0 & 0 & 0 & 1 \end{bmatrix} \tag{6-21}$$

(5) 将 $\overrightarrow{P_0P_1}$ 绕 x 轴旋转 $-\theta_x$ 角，即顺时针旋转 θ_x 角，则变换矩阵为

$$T_5 = \begin{bmatrix} 1 & 0 & 0 & 0 \\ 0 & \cos\theta_x & -\sin\theta_x & 0 \\ 0 & \sin\theta_x & \cos\theta_x & 0 \\ 0 & 0 & 0 & 1 \end{bmatrix} \tag{6-22}$$

(6) 将 $\overrightarrow{P_0P_1}$ 绕 y 轴旋转 $-\theta_y$ 角，即逆时针旋转 θ_y 角，则变换矩阵为

$$T_6 = \begin{bmatrix} \cos\theta_y & 0 & -\sin\theta_y & 0 \\ 0 & 1 & 0 & 0 \\ \sin\theta_y & 0 & \cos\theta_y & 0 \\ 0 & 0 & 0 & 1 \end{bmatrix} \tag{6-23}$$

(7) 将 $P_0(x_0, y_0, z_0)$ 点平移回原位置，则变换矩阵为

$$T_7 = \begin{bmatrix} 1 & 0 & 0 & 0 \\ 0 & 1 & 0 & 0 \\ 0 & 0 & 1 & 0 \\ x_0 & y_0 & z_0 & 1 \end{bmatrix} \tag{6-24}$$

式中，$\sin\theta_x$、$\sin\theta_y$、$\cos\theta_x$、$\cos\theta_y$ 为中间变量。将 $\overrightarrow{P_0P_1}$ 投影到 $y=0$ 的平面上，投影向量如

图 6-2所示为 $\boldsymbol{u}$，$\boldsymbol{u}$ 与 z 轴正向的夹角为 θ_y。将 $\overrightarrow{P_0P_1}$绕 y 轴顺时针旋转 θ_y 角到 $x=0$ 的平面上，得到向量$\boldsymbol{v}$，$\boldsymbol{v}$与 z 轴正向的夹角为 θ_x，如图 6-2所示。不需要计算 θ_x 和 θ_y 的值，只需计算其正弦值与余弦值，就可以计算出变换矩阵 $\boldsymbol{T}_2$、$\boldsymbol{T}_3$、$\boldsymbol{T}_5$ 和 $\boldsymbol{T}_6$。

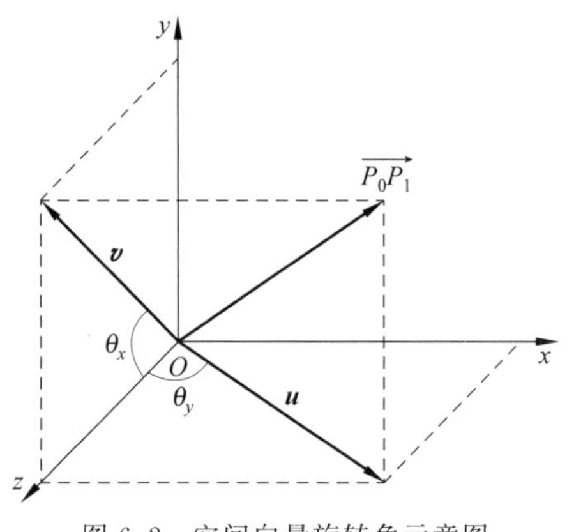

图 6-2　空间向量旋转角示意图

将$\overrightarrow{P_0P_1}$规范为单位向量 $\boldsymbol{n}$，它在 3 个坐标轴上的投影分别为 $n_1=\cos\alpha$、$n_2=\cos\beta$、$n_3=\cos\gamma$。取 z 轴上一单位向量$\boldsymbol{k}$ 将其绕x 轴顺时针旋转θ_x角，再绕 y 轴逆时针旋转 θ_y 角，则单位向量 $\boldsymbol{k}$ 将同单位向量$\boldsymbol{n}$ 重合，变换过程为

$$\begin{aligned}[n_1 \quad n_2 \quad n_3 \quad 1] &= [0 \quad 0 \quad 1 \quad 1]\cdot\begin{bmatrix}1 & 0 & 0 & 0\\0 & \cos\theta_x & -\sin\theta_x & 0\\0 & \sin\theta_x & \cos\theta_x & 0\\0 & 0 & 0 & 1\end{bmatrix}\cdot\begin{bmatrix}\cos\theta_y & 0 & -\sin\theta_y & 0\\0 & 1 & 0 & 0\\\sin\theta_y & 0 & \cos\theta_y & 0\\0 & 0 & 0 & 1\end{bmatrix}\\&= [\cos\theta_x\sin\theta_y \quad \sin\theta_x \quad \cos\theta_x\cos\theta_y \quad 1]\end{aligned}$$

即

$$n_1=\cos\theta_x\sin\theta_y,\quad n_2=\sin\theta_x,\quad n_3=\cos\theta_x\cos\theta_y$$

可得

$$\left.\begin{aligned}&\sin\theta_x=n_2=\cos\beta\\&\cos\theta_x=\sqrt{1-\sin^2\theta_x}=\sqrt{1-\cos^2\beta}\end{aligned}\right\}\tag{6-25}$$

由 $n_1^2+n_2^2+n_3^2=1$，得到

$$\cos^2\alpha+\cos^2\beta+\cos^2\gamma=1$$

则

$$1-\cos^2\beta=\cos^2\alpha+\cos^2\gamma$$

所以

$$\cos\theta_x=\sqrt{\cos^2\alpha+\cos^2\gamma}\tag{6-26}$$

$$\sin\theta_y=\frac{n_1}{\cos\theta_x}=\frac{\cos\alpha}{\sqrt{\cos^2\alpha+\cos^2\gamma}}\tag{6-27}$$

$$\cos\theta_y=\frac{n_3}{\cos\theta_x}=\frac{\cos\gamma}{\sqrt{\cos^2\alpha+\cos^2\gamma}}\tag{6-28}$$

将式(6-25)～式(6-28)代入式(6-19)、式(6-20)、式(6-22)和式(6-23)中，即可计算出变换矩阵 $\boldsymbol{T}_2$、$\boldsymbol{T}_3$、$\boldsymbol{T}_5$ 和 $\boldsymbol{T}_6$。复合变换矩阵 $\boldsymbol{T}=\boldsymbol{T}_1\boldsymbol{T}_2\boldsymbol{T}_3\boldsymbol{T}_4\boldsymbol{T}_5\boldsymbol{T}_6\boldsymbol{T}_7$。

6.4　坐标系变换

前面讲解的变换都是点变换。在实际应用中，经常需要将物体的描述从一个坐标系变换到另一个坐标系。例如在进行三维观察时，需要将物体的描述从世界坐标系变换到观察坐标系,然后通过旋转视点可以观察物体的全貌。同一种变换既可以看作是点变换也可以看作是坐标系变换。点变换是物体上点的位置发生改变,但坐标系位置固定不动。坐标系变换是建立新坐标系描述旧坐标系内的顶点,坐标系位置发生改变,但物体顶点位置固定不动。

6.4.1 二维坐标系变换

在二维坐标系 xOy 下,对于点变换,如将 $P(1,1)$点平移到 $P(3,3)$点,如图 6-3(a)和图 6-3(b)所示。如果看作是坐标系变换,则结果如图 6-3(c)所示。图 6-3(c)中,在旧坐标系 xOy 中,P 点的坐标是(1,1),在新坐标系 $x'O'y'$中,P 点的坐标为(3,3)。这两种变换方式表明在解决实际问题时,究竟是选择点变换还是选择坐标系变换只是处理问题的策略不同,而最终点与坐标原点的相对位置是相同的。

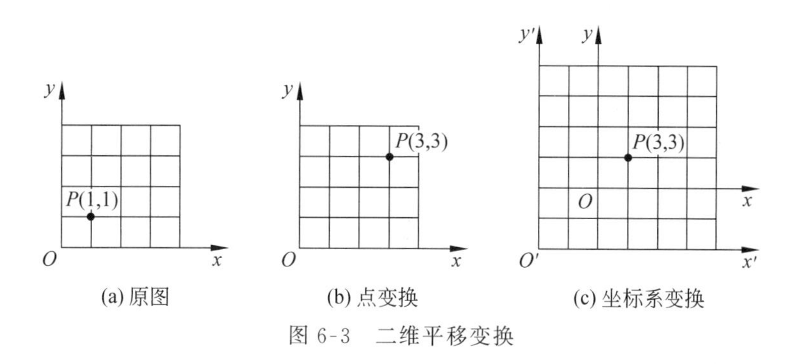

图 6-3　二维平移变换

平移变换矩阵

$$\boldsymbol{T}=\begin{bmatrix}1 & 0 & 0\\0 & 1 & 0\\-T_x & -T_y & 1\end{bmatrix} \tag{6-29}$$

式中 T_x、T_y 表示从旧坐标系原点到新坐标系原点的平移参数。

图 6-3(c)中,$T_x=-2$,$T_y=-2$。旧坐标系 xOy 中的点 $P(1,1)$在新坐标系 $x'O'y'$中表示为 $P'(3,3)$。

$$[x' \quad y' \quad 1]=[1 \quad 1 \quad 1]\cdot\begin{bmatrix}1 & 0 & 0\\0 & 1 & 0\\2 & 2 & 1\end{bmatrix}=[3 \quad 3 \quad 1]$$

同理,对于坐标系的旋转变换,应使用相反方向的旋转变换矩阵。如逆时针旋转变换,应使用顺时针旋转变换矩阵,反之亦然。

$$\boldsymbol{T}=\begin{bmatrix}\cos(-\beta) & \sin(-\beta) & 0\\-\sin(-\beta) & \cos(-\beta) & 0\\0 & 0 & 1\end{bmatrix}=\begin{bmatrix}\cos\beta & -\sin\beta & 0\\\sin\beta & \cos\beta & 0\\0 & 0 & 1\end{bmatrix} \tag{6-30}$$

坐标系反射变换相当于坐标系不动,点进行反射,二者效果一致,坐标系变换的反射变换矩阵直接采用点变换的反射变换矩阵。

6.4.2 三维坐标系变换

对于点变换,在$\{O;x,y,z\}$坐标系中,设平移参数为(T_x,T_y,T_z),则 P 点变换到 P'

点，如图 6-4(a)所示。用坐标变换表示上述平移变换，则是 P 点不动，将$\{O;x,y,z\}$坐标系的原点从 O 点平移到$\{O';x',y',z'\}$坐标系的原点 O'点，坐标系平移参数为$(-T_x,-T_y,-T_z)$，如图 6-4(b)所示。

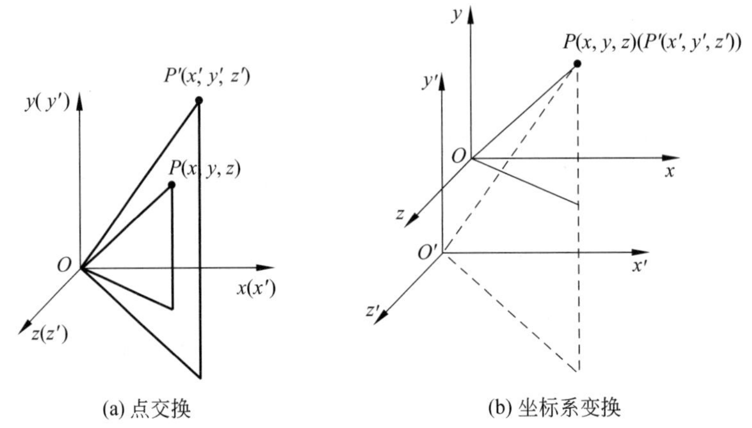

图 6-4　平移变换

平移变换矩阵

$$
\boldsymbol{T}=\begin{bmatrix} 1 & 0 & 0 & 0 \\ 0 & 1 & 0 & 0 \\ 0 & 0 & 1 & 0 \\ -T_x & -T_y & -T_z & 1 \end{bmatrix} \tag{6-31}
$$

从式(6-31)可以看出，相对于点变换而言，坐标系变换的平移参数需要取为负值。

同二维坐标系的旋转变换类似，三维坐标系的旋转变化矩阵应使用点变换的反向旋转变换矩阵表示。

绕 x 轴的逆时针三维旋转变换矩阵为

$$
\boldsymbol{T}=\begin{bmatrix} 1 & 0 & 0 & 0 \\ 0 & \cos\beta & -\sin\beta & 0 \\ 0 & \sin\beta & \cos\beta & 0 \\ 0 & 0 & 0 & 1 \end{bmatrix} \tag{6-32}
$$

绕 y 轴的逆时针三维旋转变换矩阵为

$$
\boldsymbol{T}=\begin{bmatrix} \cos\beta & 0 & \sin\beta & 0 \\ 0 & 1 & 0 & 0 \\ -\sin\beta & 0 & \cos\beta & 0 \\ 0 & 0 & 0 & 1 \end{bmatrix} \tag{6-33}
$$

绕 z 轴的逆时针三维旋转变换矩阵为

$$
\boldsymbol{T}=\begin{bmatrix} \cos\beta & -\sin\beta & 0 & 0 \\ \sin\beta & \cos\beta & 0 & 0 \\ 0 & 0 & 1 & 0 \\ 0 & 0 & 0 & 1 \end{bmatrix} \tag{6-34}
$$

上式中，β 取为顺时针旋转角。

对于三维坐标系的反射变换，直接采用点变换的反射变换矩阵。

6.5 平行投影

由于显示器只能用二维图形表示三维物体,因此三维物体就要靠投影来降低维数得到二维平面图形。投影就是从投影中心发出射线,经过三维物体上的每一点后,与投影面相交所形成的交点集合,因此把三维坐标转变为二维坐标的过程称为投影变换。根据投影中心与投影面之间的距离的不同,投影可分为平行投影和透视投影。投影中心到投影面的距离为有限值时得到的投影称为透视投影,若此距离为无穷大,则投影为平行投影。正透视投影(简称为透视投影)要求存在一条投影中心线垂直于投影面,且其他投影线对称于投影中心线,否则为斜透视投影。平行投影又可分为正投影和斜投影。投影方向不垂直于投影面的平行投影称为斜投影,投影方向垂直于投影面的平行投影称为正投影。正投影的最大特点是无论物体距离视点(眼睛或摄像机)多远,投影后的物体尺寸保持不变,常用于绘制物体的三视图。投影的分类如图 6-5 所示。

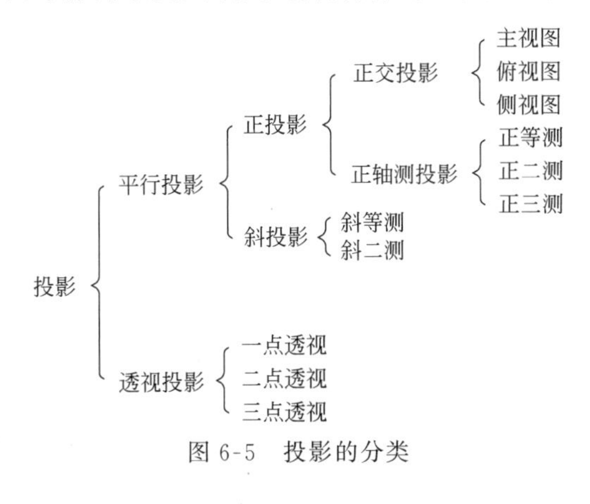

图 6-5 投影的分类

6.5.1 正交投影矩阵

设物体上任意一点的三维坐标为 $P(x,y,z)$,正投影后的三维坐标为 $P'(x',y',z')$,则投影方程为

$$\begin{cases} x'=x \\ y'=y \\ z'=0 \end{cases}$$

齐次坐标矩阵表示为

$$[x' \quad y' \quad z' \quad 1]=[x \quad y \quad 0 \quad 1]=[x \quad y \quad z \quad 1]\cdot\begin{bmatrix}1&0&0&0\\0&1&0&0\\0&0&0&0\\0&0&0&1\end{bmatrix}$$

正交投影变换矩阵为

$$\boldsymbol{T}=\begin{bmatrix}1&0&0&0\\0&1&0&0\\0&0&0&0\\0&0&0&1\end{bmatrix} \tag{6-35}$$

对于图 6-6 所示立方体的斜等测投影线框模型，其正投影是正方形，如图 6-7(a)所示。图 6-7(a)是通过在屏幕上投影立方体的 8 个顶点，然后使用直线段连接绘制的。由于屏幕坐标是二维坐标(x,y)，因此只要简单地取每个三维顶点坐标 $P(x,y,z)$ 的 x 分量和 y 分量，就可以绘制出立方体在 xOy 面内的正投影。图 6-7(a)中立方体的前后表面平行于 xOy 投影面，二者的正投影完全重合，这是正投影区别于透视投影的重要特征。图 6-7(b)中立方体的任何表面均不平行于坐标面，属于正轴测投影。

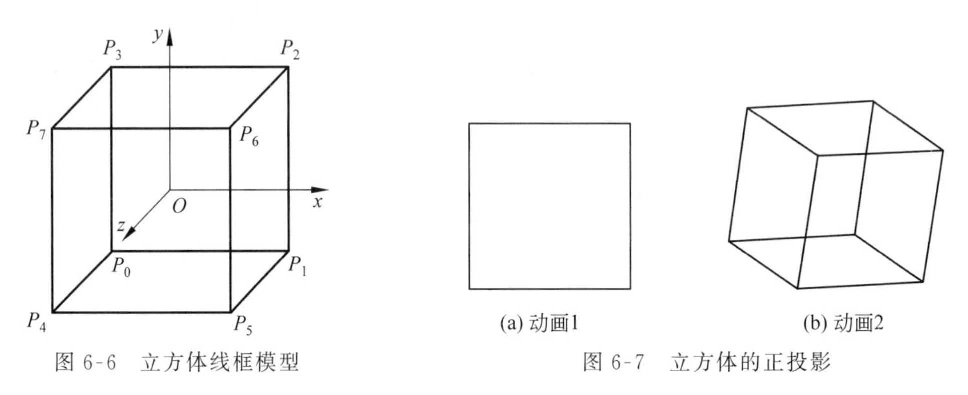

图 6-6　立方体线框模型　　图 6-7　立方体的正投影

6.5.2　三视图

将视线规定为平行投影线，正对着物体看过去，将可见物体的边界用正投影绘制出来的图形称为视图。一个物体有 6 个视图：从物体的前面向后面投射所得的视图称主视图(前视图)，从物体的上面向下面投射所得的视图称俯视图(下视图)，从物体的左面向右面投射所得的视图称侧视图(左视图)，还有其他 3 个视图(后视图、上视图和右视图)不是很常用。三视图就是主视图、俯视图、侧视图的总称。将正面标记为 V(yOz 面)、水平面标记为 H(xOz 面)、侧面标记为 W(xOy 面)。

绘制三视图的步骤如下。

(1) 分别将物体向垂直面、水平面、侧面内投影得到主视图、俯视图和侧视图。投影方法是将垂直于投影面的坐标取为零。

(2) 由于 3 个投影面互相垂直，因此若选择主视图所在的垂直面为三视图展示平面，就需要将水平面与侧面旋转 90°，使其位于垂直面内。

(3) 位于同一平面内的三视图彼此相连，建议适当通过平移将三视图间隔一段距离。

图 6-8 为正三棱柱的立体图，图 6-9 为正三棱柱的三视图(三视图尚未进行分离)。

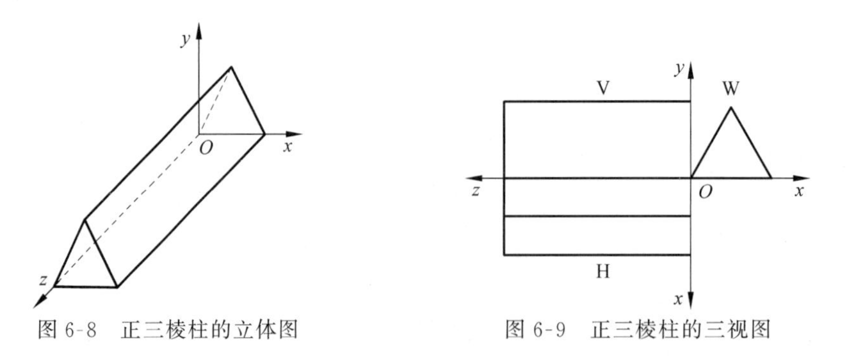

图 6-8　正三棱柱的立体图　　图 6-9　正三棱柱的三视图

1. 主视图

将图 6-8 所示的正三棱柱向 yOz 面做正投影，得到主视图。设正三棱柱上任意一点坐标用 $P(x,y,z)$表示，它在 yOz 面内投影后的坐标为 $P'(x',y',z')$。其中 $x'=0$，$y'=y$，$z'=z$。

$$[x' \quad y' \quad z' \quad 1]=[0 \quad y \quad z \quad 1]=[x \quad y \quad z \quad 1]\cdot\begin{bmatrix}0&0&0&0\\0&1&0&0\\0&0&1&0\\0&0&0&1\end{bmatrix}$$

主视图变换矩阵为

$$\boldsymbol{T}_{\mathrm{V}}=\boldsymbol{T}_{yOz}=\begin{bmatrix}0&0&0&0\\0&1&0&0\\0&0&1&0\\0&0&0&1\end{bmatrix} \tag{6-36}$$

2. 俯视图

将正三棱柱向 xOz 面做正投影得到俯视图。设正三棱柱上任意一点坐标用 $P(x,y,z)$表示，它在 xOz 面上投影后坐标为 $P'(x',y',z')$。其中 $x'=x$，$y'=0$，$z'=z$。

$$[x' \quad y' \quad z' \quad 1]=[x \quad 0 \quad z \quad 1]=[x \quad y \quad z \quad 1]\cdot\begin{bmatrix}1&0&0&0\\0&0&0&0\\0&0&1&0\\0&0&0&1\end{bmatrix}$$

投影变换矩阵为

$$\boldsymbol{T}_{xOz}=\begin{bmatrix}1&0&0&0\\0&0&0&0\\0&0&1&0\\0&0&0&1\end{bmatrix}$$

为了在 yOz 平面内表示俯视图，需要将 xOz 面绕 z 轴顺时针旋转 $90°$，旋转变换矩阵为

$$\boldsymbol{T}_{\mathrm{R}z}=\begin{bmatrix}\cos\left(-\frac{\pi}{2}\right)&\sin\left(-\frac{\pi}{2}\right)&0&0\\-\sin\left(-\frac{\pi}{2}\right)&\cos\left(-\frac{\pi}{2}\right)&0&0\\0&0&1&0\\0&0&0&1\end{bmatrix}=\begin{bmatrix}0&-1&0&0\\1&0&0&0\\0&0&1&0\\0&0&0&1\end{bmatrix}$$

俯视图的变换矩阵为上述两个变换矩阵的乘积。

$$\boldsymbol{T}_{\mathrm{H}}=\boldsymbol{T}_{xOz}\boldsymbol{T}_{\mathrm{R}z}=\begin{bmatrix}1&0&0&0\\0&0&0&0\\0&0&1&0\\0&0&0&1\end{bmatrix}\cdot\begin{bmatrix}0&-1&0&0\\1&0&0&0\\0&0&1&0\\0&0&0&1\end{bmatrix}$$

俯视图变换矩阵为

$$\boldsymbol{T}_{\mathrm{H}}=\begin{bmatrix}0 & -1 & 0 & 0\\0 & 0 & 0 & 0\\0 & 0 & 1 & 0\\0 & 0 & 0 & 1\end{bmatrix} \tag{6-37}$$

3. 侧视图

将正三棱柱向 xOy 面做正投影得到侧视图。设正三棱柱上任意一点坐标用 $P(x,y,z)$表示，它在 xOy 面上投影后坐标为 $P'(x',y',z')$。其中 $x'=x,y'=y,z'=0$。

$$[x' \quad y' \quad z' \quad 1]=[x \quad y \quad 0 \quad 1]=[x \quad y \quad z \quad 1]\cdot\begin{bmatrix}1 & 0 & 0 & 0\\0 & 1 & 0 & 0\\0 & 0 & 0 & 0\\0 & 0 & 0 & 1\end{bmatrix}$$

投影变换矩阵为

$$\boldsymbol{T}_{xOy}=\begin{bmatrix}1 & 0 & 0 & 0\\0 & 1 & 0 & 0\\0 & 0 & 0 & 0\\0 & 0 & 0 & 1\end{bmatrix}$$

为了在 yOz 平面内表示侧视图，需要将 xOy 面绕 y 轴逆时针旋转 90°，旋转变换矩阵为

$$\boldsymbol{T}_{\mathrm{R}y}=\begin{bmatrix}\cos\frac{\pi}{2} & 0 & -\sin\frac{\pi}{2} & 0\\0 & 1 & 0 & 0\\\sin\frac{\pi}{2} & 0 & \cos\frac{\pi}{2} & 0\\0 & 0 & 0 & 1\end{bmatrix}=\begin{bmatrix}0 & 0 & -1 & 0\\0 & 1 & 0 & 0\\1 & 0 & 0 & 0\\0 & 0 & 0 & 1\end{bmatrix}$$

侧视图的变换矩阵为上面两个变换矩阵的乘积。

$$\boldsymbol{T}_{\mathrm{W}}=\boldsymbol{T}_{xOy}\boldsymbol{T}_{\mathrm{R}y}=\begin{bmatrix}1 & 0 & 0 & 0\\0 & 1 & 0 & 0\\0 & 0 & 0 & 0\\0 & 0 & 0 & 1\end{bmatrix}\cdot\begin{bmatrix}0 & 0 & -1 & 0\\0 & 1 & 0 & 0\\1 & 0 & 0 & 0\\0 & 0 & 0 & 1\end{bmatrix}$$

侧视图变换矩阵为

$$\boldsymbol{T}_{\mathrm{W}}=\begin{bmatrix}0 & 0 & -1 & 0\\0 & 1 & 0 & 0\\0 & 0 & 0 & 0\\0 & 0 & 0 & 1\end{bmatrix} \tag{6-38}$$

从三视图的 3 个变换矩阵可以看出，三视图中的 x 坐标始终为 0，表明三视图均落在 yOz 平面内，即将三维物体用 3 个二维视图表示。使用上述三视图变换矩阵绘制的三视图如图 6-10 所示，三视图虽然位于同一平面内，但却彼此相连。这对于使用不同的视区单独绘制主视图、俯视图和侧视图，不会产生影响。但是如果仅使用一个视区绘制的三视图，则必须将 3 个视图分开。可以将三视图相对于原点各平移一段距离，如图 6-11 中的 t_x、t_y、t_z 所示。这需要对三视图的变换矩阵再施加平移变换，其中主视图的平移参数是$(0,t_y,t_z)$，

俯视图的平移参数是$(0,-t_x,t_z)$，侧视图的平移参数是$(0,t_y,-t_x)$。

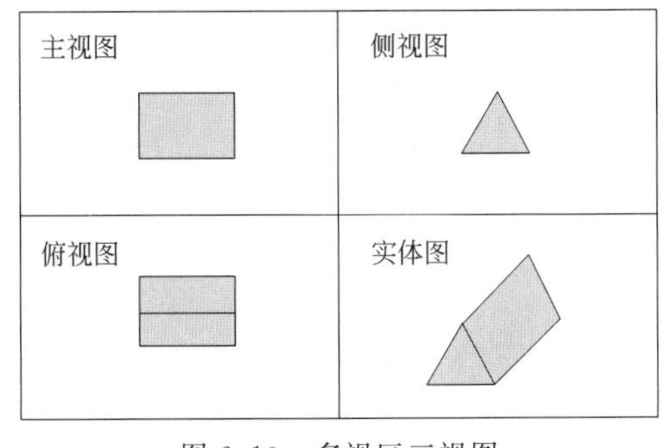

图 6-10　多视区三视图

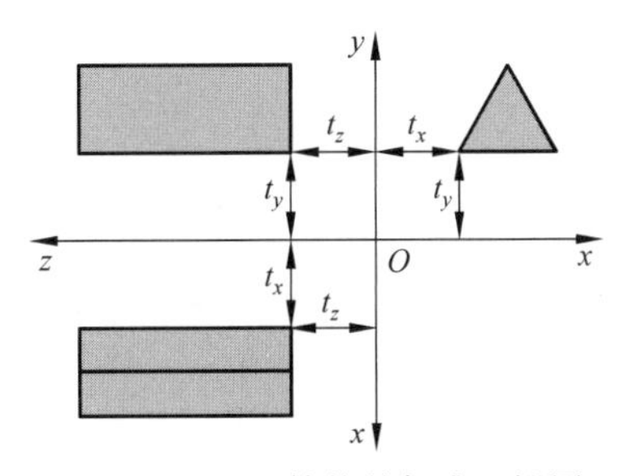

图 6-11　正三棱柱的标准三视图

若主视图平移矩阵 $\boldsymbol{T}_{\mathrm{VT}}=\begin{bmatrix}1 & 0 & 0 & 0\\0 & 1 & 0 & 0\\0 & 0 & 1 & 0\\0 & t_y & t_z & 1\end{bmatrix}$，俯视图平移矩阵 $\boldsymbol{T}_{\mathrm{HT}}=\begin{bmatrix}1 & 0 & 0 & 0\\0 & 1 & 0 & 0\\0 & 0 & 1 & 0\\0 & -t_x & t_z & 1\end{bmatrix}$，侧视图平移矩阵 $\boldsymbol{T}_{\mathrm{WT}}=\begin{bmatrix}1 & 0 & 0 & 0\\0 & 1 & 0 & 0\\0 & 0 & 1 & 0\\0 & t_y & -t_x & 1\end{bmatrix}$，则包含平移变换的三视图变换矩阵为

$$\boldsymbol{T}_{\mathrm{V}}=\begin{bmatrix}0 & 0 & 0 & 0\\0 & 1 & 0 & 0\\0 & 0 & 1 & 0\\0 & t_y & t_z & 1\end{bmatrix},\quad \boldsymbol{T}_{\mathrm{H}}=\begin{bmatrix}0 & -1 & 0 & 0\\0 & 0 & 0 & 0\\0 & 0 & 1 & 0\\0 & -t_x & t_z & 1\end{bmatrix},\quad \boldsymbol{T}_{\mathrm{W}}=\begin{bmatrix}0 & 0 & -1 & 0\\0 & 1 & 0 & 0\\0 & 0 & 0 & 0\\0 & t_y & -t_x & 1\end{bmatrix} \tag{6-39}$$

三视图是工程上常用的图样。由于具有长对正、高平齐、宽相等特点，机械工程中常用三视图来确定物体的尺寸。三视图本身缺乏立体感，只有将主视图、俯视图和侧视图结合在一起加以抽象，才能形成物体的三维全貌。图 6-12 所示的 3 组三视图中，虽然主视图和侧视图完全相同，但俯视图的细微差异却导致了物体的 3 种不同结构。

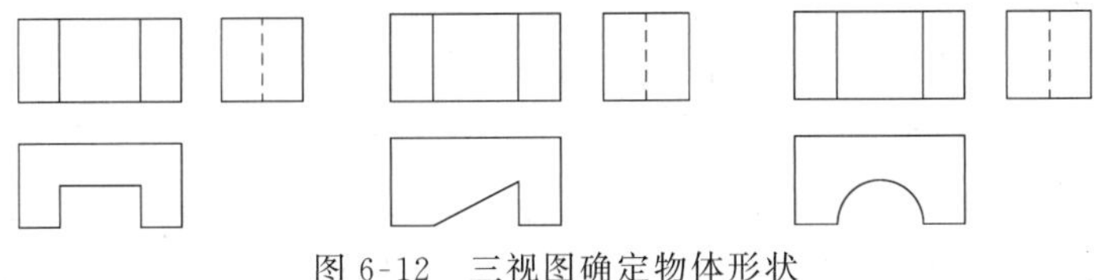

图 6-12　三视图确定物体形状

6.5.3　斜投影

将三维物体向投影面内作平行投影，但投影方向不垂直于投影面得到的投影称为斜投影。与正投影相比，斜投影具有较好的立体感。斜投影也具有部分类似正投影的可测量性，平行于投影面的物体表面的长度和角度投影后保持不变。

斜投影的倾斜度可以由两个角来描述，如图 6-13 所示。选择投影面垂直于 z 轴，且过原点。空间一点 $P_1(x,y,z)$ 位于 z 轴的正向，该点在 xOy 面上的斜投影坐标为 $P_2(x',y',0)$，该点的正交投影坐标为 $P_3(x,y,0)$。斜投影线 P_1P_2 与 P_2P_3 的连线构成夹角 α，而 P_2P_3 与 x 轴构成的夹角为 β。设 P_2P_3 的长度为 L，则有：$L=z\cdot\cot\alpha$。

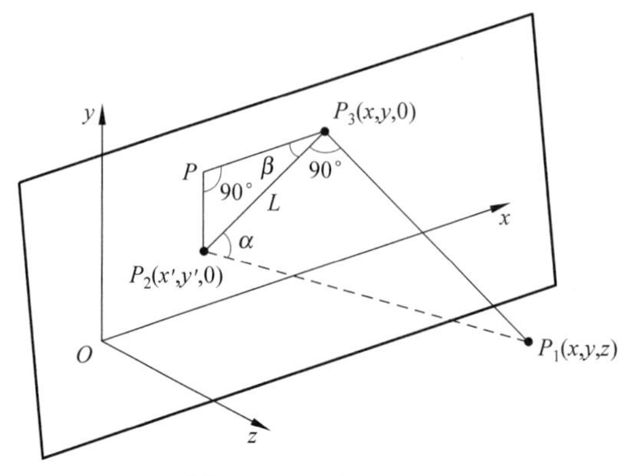

图 6-13　斜投影原理

从图 6-13 中可以直接得出斜投影的坐标为

$$x'=x-L\cos\beta=x-z\cot\alpha\cos\beta$$
$$y'=y-L\sin\beta=y-z\cot\alpha\sin\beta$$

即

$$\begin{cases}x'=x-z\cot\alpha\cos\beta\\y'=y-z\cot\alpha\sin\beta\end{cases}\tag{6-40}$$

齐次坐标表示为

$$[x'\quad y'\quad z'\quad 1]=[x\quad y\quad z\quad 1]\cdot\begin{bmatrix}1&0&0&0\\0&1&0&0\\-\cot\alpha\cos\beta&-\cot\alpha\sin\beta&0&0\\0&0&0&1\end{bmatrix}$$

所以，斜投影变换矩阵为

$$\boldsymbol{T}=\begin{bmatrix}1&0&0&0\\0&1&0&0\\-\cot\alpha\cos\beta&-\cot\alpha\sin\beta&0&0\\0&0&0&1\end{bmatrix}\tag{6-41}$$

取 $\beta=45°$，当 $\cot\alpha=1$ 时，即投影方向与投影面成 $\alpha=45°$的夹角时，得到的斜投影图为斜等测图。这时，垂直于投影面的任何直线段的投影长度保持不变。将 α 和 β 代入式(6-40)，有

$$\begin{cases}x'=x-\sqrt{2}z/\sqrt{2}\\y'=y-\sqrt{2}z/2\end{cases}\tag{6-42}$$

取 $\beta=45°$，当 $\cot\alpha=1/2$ 时，有 $\alpha\approx63.4°$，得到的斜投影图为斜二测图，这时，垂直于投影面的任何直线段的投影长度为原来的一半。将 α 和 β 代入式(6-40)，有

$$\begin{cases}x'=x-\sqrt{2}z/4\\y'=y-\sqrt{2}z/4\end{cases}\tag{6-43}$$

立方体的斜等测图如图 6-14 所示，斜二测图如图 6-15 所示。从图中可以看出，斜二测投影图比斜等测投影图更真实些。这是因为斜二测的透视缩小系数为 1/2，与视觉经验一致。

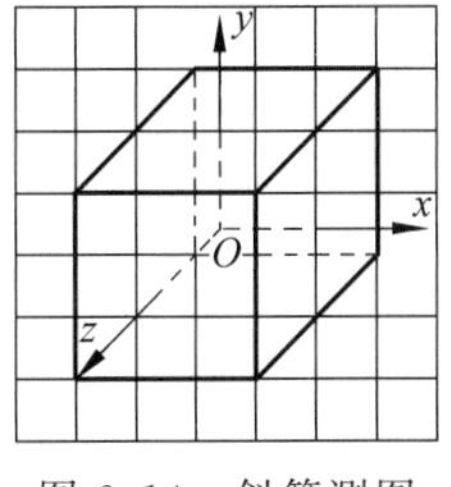

图 6-14　斜等测图

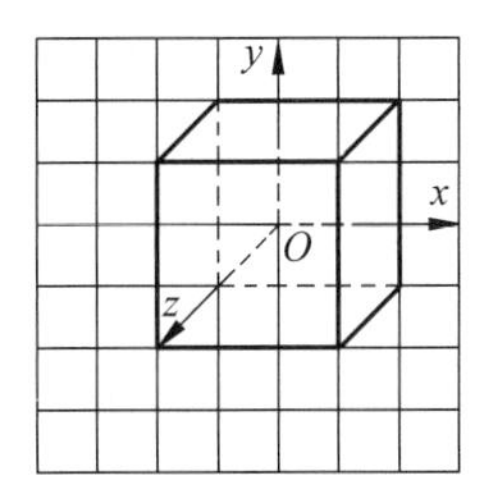

图 6-15　斜二测图

需要说明的是，图 6-14 和图 6-15 中所示三维坐标系中的 z 轴并不真正垂直于 xOy 坐标平面，而是用与 x 轴或 y 轴成 135°夹角的虚拟轴代替，因此所绘制的图形也被称为准三维图形。

6.6　透视投影

与平行投影相比，透视投影的特点是所有投影线都从空间一点(称为视点或投影中心)投射，离视点近的物体投影大，离视点远的物体投影小，小到极点消失，称为灭点(vanishing point)。生活中，照相机拍摄的照片，画家的写生画等均是透视投影的例子。透视投影模拟了人眼观察物体的过程，符合视觉习惯，所以在真实感图形中得到了广泛应用。

一般将屏幕放在观察者与物体之间，如图 6-16 所示。投影线与屏幕的交点就是物体上一点的透视投影。观察者的眼睛位置称为视点，垂直于屏幕的视线(中心视线)与屏幕的交点称为视心，视点到视心的距离称为视距(如果视点放置照相机，则称为焦距)。视点到物体的距离称为视径。视点代表人眼、照相机或摄像机的位置，是观察坐标系的原点。视心是屏幕坐标系的原点。视距常用 d 表示，视径常用 R 表示。

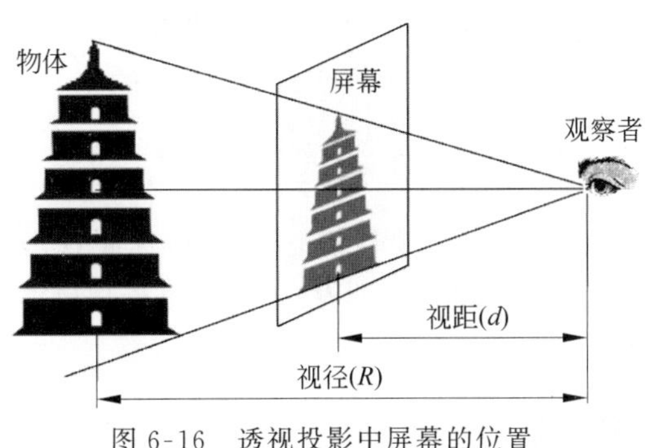

图 6-16　透视投影中屏幕的位置

6.6.1　透视变换坐标系

透视投影变换中，物体中心位于世界坐标系$\{O_w;x_w,y_w,z_w\}$的原点 O_w，视点位于观察坐标系$\{O_v;x_v,y_v,z_v\}$的原点 $O_v(a,b,c)$，屏幕中心位于屏幕坐标系$\{O_s;x_s,y_s,z_s\}$的原点

O_s。3个坐标系的关系如图6-17所示。这里,下标w表示世界(world),下标v表示观察(view),下标s表示屏幕(screen)。

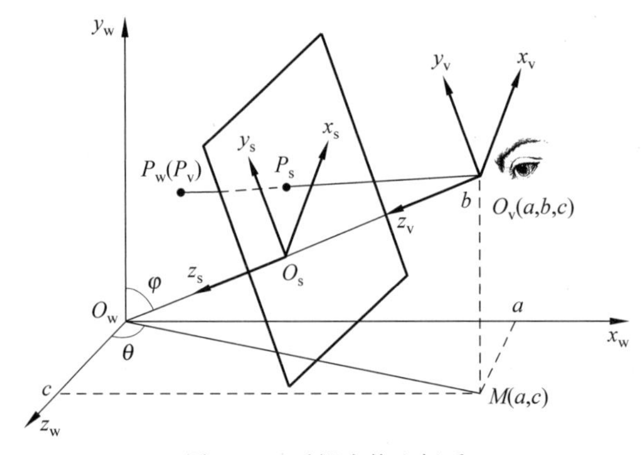

图6-17　透视变换坐标系

假设,世界坐标系中有一点$P_w(x_w,y_w,z_w)$,在观察坐标系中的表示为$P_v(x_v,y_v,z_v)$,在屏幕坐标系中的透视投影点表示为$P_s(x_s,y_s,z_s)$。

1. 世界坐标系

世界坐标系$\{O_w;x_w,y_w,z_w\}$为右手直角坐标系,坐标原点位于O_w点。视点的直角坐标为$O_v(a,b,c)$,视点的球面坐标表示为$O_v(R,\theta,\varphi)$。O_wO_v的长度为视径R,O_wO_v与y_w轴的夹角为φ,O_v点在$x_wO_wz_w$平面内的投影为$M(a,c)$,O_wM与z_w轴的夹角为θ。视点的直角坐标与球面坐标的关系为

$$\begin{cases}a=R\sin\varphi\sin\theta\\ b=R\cos\varphi\\ c=R\sin\varphi\cos\theta\end{cases},\quad 0<R<+\infty \text{ 且 } 0\leqslant\varphi\leqslant\pi \text{ 且 } 0\leqslant\theta\leqslant 2\pi \tag{6-44}$$

2. 观察坐标系

观察坐标系$\{O_v;x_v,y_v,z_v\}$为左手直角坐标系,坐标原点取在视点O_v上。z_v轴沿着中心视线方向$\overrightarrow{O_vO_w}$指向O_w点,相对于观察者而言,视线的正右方为x_v轴,中心视线的正上方为y_v轴。

3. 屏幕坐标系

屏幕坐标系$\{O_s;x_s,y_s,z_s\}$也是左手直角坐标系,坐标原点O_s位于视心。屏幕坐标系的x_s和y_s轴与观察坐标系的x_v轴和y_v轴方向一致,也就是说屏幕垂直于中心视线,z_s轴自然与z_v轴重合。

6.6.2　世界坐标系到观察坐标系的变换

首先将世界坐标系的原点O_w平移到观察坐标系的原点O_v,然后将世界右手坐标系变换为观察左手坐标系,就可以实现从世界坐标系到观察坐标系的变换。这里使用了坐标系变换的概念。

1. 原点到视点的平移变换

把世界坐标系的原点O_w平移到观察坐标系的原点O_v,形成新坐标系$x_1y_1z_1$,视点在

世界坐标系$\{O_w; x_w, y_w, z_w\}$内的直角坐标为$O_v(a, b, c)$，如图 6-18 所示。$x_wO_wz_w$ 面投影参考图如图 6-19 所示。

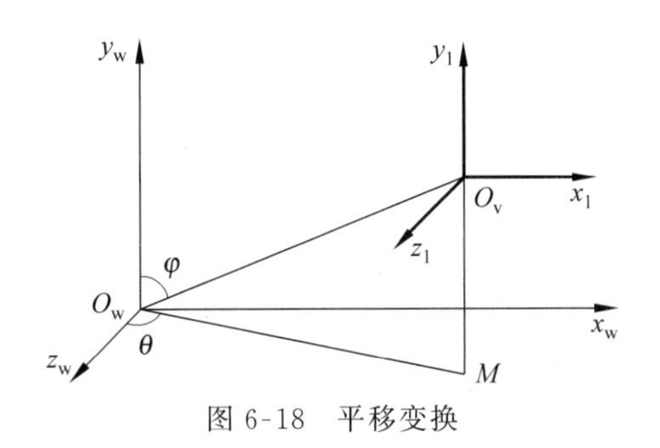

图 6-18　平移变换

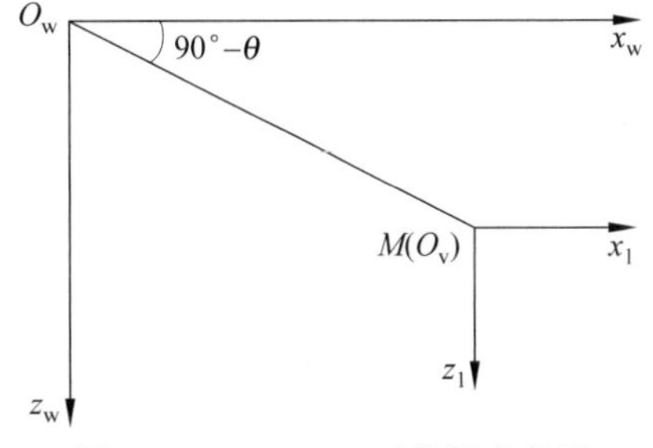

图 6-19　$x_wO_wz_w$ 面投影参考图

变换矩阵为

$$\boldsymbol{T}_1=\begin{bmatrix}1 & 0 & 0 & 0\\0 & 1 & 0 & 0\\0 & 0 & 1 & 0\\-a & -b & -c & 1\end{bmatrix}=\begin{bmatrix}1 & 0 & 0 & 0\\0 & 1 & 0 & 0\\0 & 0 & 1 & 0\\-R\sin\varphi\sin\theta & -R\cos\varphi & -R\sin\varphi\cos\theta & 1\end{bmatrix}$$

把世界坐标系中三维物体上的点变换为观察坐标系中的点，等同于物体固定，坐标系之间发生变换。此时变换矩阵的平移参数应取为负值。

2. 绕 y_1 轴的旋转变换

在图 6-18 中，将坐标系$\{O_v; x_1, y_1, z_1\}$先绕 y_1 轴顺时针旋转 90°使得 z_1 轴平行于 $x_wO_wy_w$ 平面，且 x_1 轴垂直于 $x_wO_wy_w$ 平面指向读者，如图 6-20 所示。再继续绕 y_1 轴做 $90°-\theta$ 角的顺时针旋转变换，使 z_1 轴位于 O_vMO_w 平面内，形成新坐标系$\{O_v; x_2, y_2, z_2\}$，如图 6-21 与图 6-22 所示。

$$\boldsymbol{T}_2=\begin{bmatrix}\cos(\pi-\theta) & 0 & -\sin(\pi-\theta) & 0\\0 & 1 & 0 & 0\\\sin(\pi-\theta) & 0 & \cos(\pi-\theta) & 0\\0 & 0 & 0 & 1\end{bmatrix}=\begin{bmatrix}-\cos\theta & 0 & -\sin\theta & 0\\0 & 1 & 0 & 0\\\sin\theta & 0 & -\cos\theta & 0\\0 & 0 & 0 & 1\end{bmatrix}$$

这里计算的是$\{O_v; x_1, y_1, z_1\}$坐标系绕 y_1 轴顺时针旋转变换矩阵，对于坐标系变换应当取为绕 y_1 轴旋转的逆时针变换矩阵。

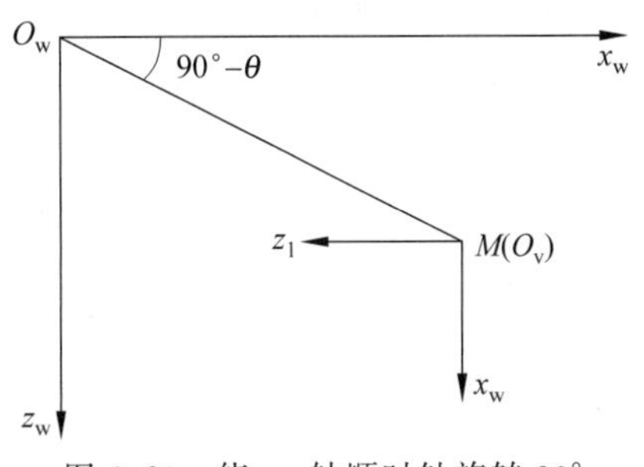

图 6-20　绕 y_1 轴顺时针旋转 90°

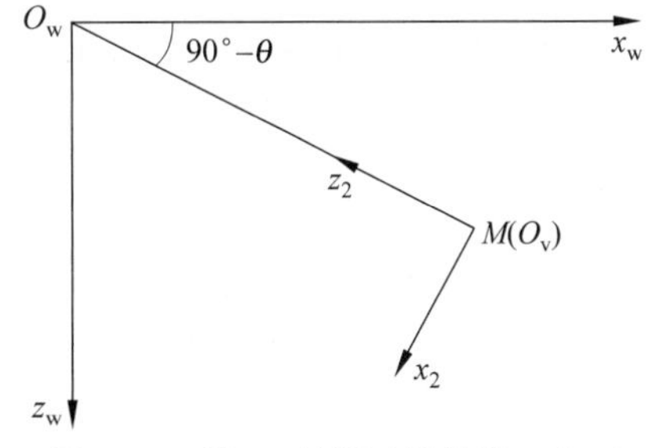

图 6-21　绕 y_1 轴顺时针旋转 $90°-\theta$

3. 绕 x_2 轴的旋转变换

在图 6-22 中，将坐标系$\{O_v; x_2, y_2, z_2\}$绕 x_2 作 $90°-\varphi$ 的逆时针旋转变换，使 z_2 轴沿

视线方向，形成新坐标系$\{O_v;x_3,y_3,z_3\}$，如图6-23所示。

$$T_3=\begin{bmatrix}1 & 0 & 0 & 0\\ 0 & \cos\left(\frac{\pi}{2}-\varphi\right) & -\sin\left(\frac{\pi}{2}-\varphi\right) & 0\\ 0 & \sin\left(\frac{\pi}{2}-\varphi\right) & \cos\left(\frac{\pi}{2}-\varphi\right) & 0\\ 0 & 0 & 0 & 1\end{bmatrix}=\begin{bmatrix}1 & 0 & 0 & 0\\ 0 & \sin\varphi & -\cos\varphi & 0\\ 0 & \cos\varphi & \sin\varphi & 0\\ 0 & 0 & 0 & 1\end{bmatrix}$$

这里计算的是$\{O_v;x_2,y_2,z_2\}$坐标系绕x_2轴逆时针旋转变换矩阵，对于坐标系变换应当取为绕x_2轴旋转的顺时针变换矩阵。

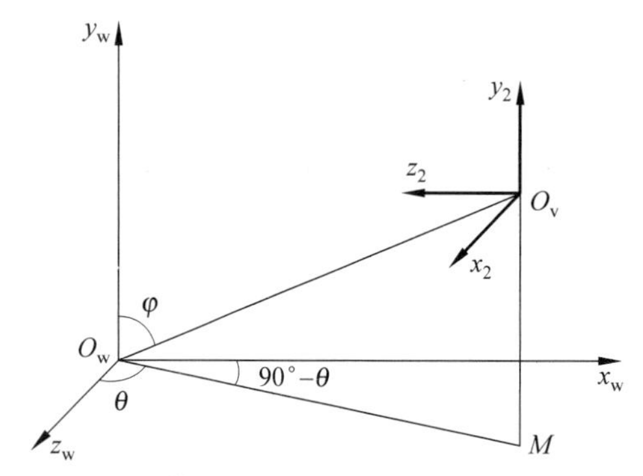

图6-22　绕y_1轴顺时针旋转变换90°$-\theta$图

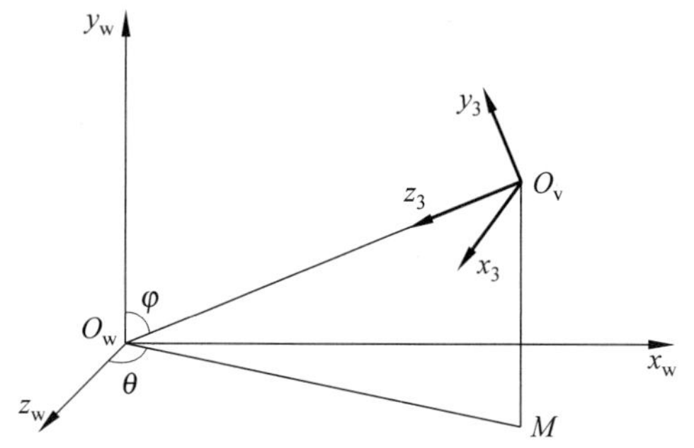

图6-23　绕x_2轴的逆时针旋转变换90°$-\varphi$

4. 关于$y_3O_vz_3$面的反射变换

在图6-23中，坐标轴x_3作关于$y_3O_vz_3$面的反射变换，形成新坐标系$\{O_v;x_v,y_v,z_v\}$，如图6-24所示，这样就将右手系$\{O_v;x_3,y_3,z_3\}$变换为左手系$\{O_v;x_v,y_v,z_v\}$，观察坐标系的z_v轴沿着中心视线方向指向$\{O_w;x_w,y_w,z_w\}$坐标系的原点O_w，y_v轴在O_vMO_w平面内垂直于中心视线$\overrightarrow{O_vO_w}$且方向向上，x_v轴垂直于O_vMO_w平面指向中心视线$\overrightarrow{O_vO_w}$之右方，且与y_v轴、z_v轴构成左手系。

$$T_4=\begin{bmatrix}-1 & 0 & 0 & 0\\ 0 & 1 & 0 & 0\\ 0 & 0 & 1 & 0\\ 0 & 0 & 0 & 1\end{bmatrix}$$

这里坐标系反射变换矩阵保持不变。

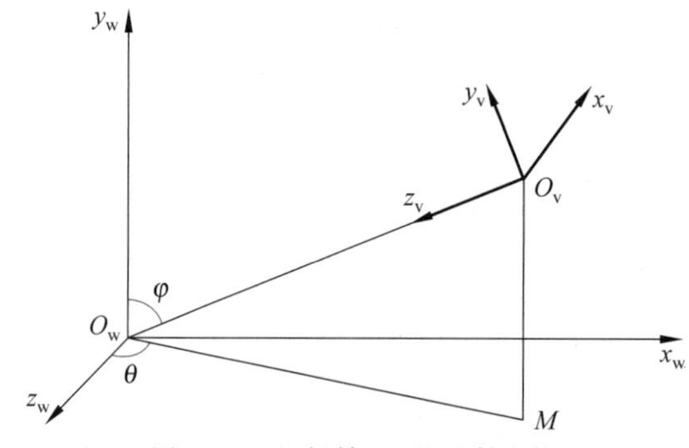

图6-24　坐标轴x_3的反射变换

变换矩阵 $\boldsymbol{T}_v=\boldsymbol{T}_1\boldsymbol{T}_2\boldsymbol{T}_3\boldsymbol{T}_4$

$$\boldsymbol{T}_v=\begin{bmatrix}1&0&0&0\\0&1&0&0\\0&0&1&0\\-R\sin\varphi\sin\theta&-R\cos\varphi&-R\sin\varphi\cos\theta&1\end{bmatrix}\cdot\begin{bmatrix}-\cos\theta&0&-\sin\theta&0\\0&1&0&0\\\sin\theta&0&-\cos\theta&0\\0&0&0&1\end{bmatrix}$$

$$\cdot\begin{bmatrix}1&0&0&0\\0&\sin\varphi&-\cos\varphi&0\\0&\cos\varphi&\sin\varphi&0\\0&0&0&1\end{bmatrix}\cdot\begin{bmatrix}-1&0&0&0\\0&1&0&0\\0&0&1&0\\0&0&0&1\end{bmatrix}$$

$$=\begin{bmatrix}-\cos\theta&0&-\sin\theta&0\\0&1&0&0\\\sin\theta&0&-\cos\theta&0\\0&-R\cos\varphi&R\sin\varphi&1\end{bmatrix}\cdot\begin{bmatrix}1&0&0&0\\0&\sin\varphi&-\cos\varphi&0\\0&\cos\varphi&\sin\varphi&0\\0&0&0&1\end{bmatrix}\cdot\begin{bmatrix}-1&0&0&0\\0&1&0&0\\0&0&1&0\\0&0&0&1\end{bmatrix}$$

$$=\begin{bmatrix}-\cos\theta&-\cos\varphi\sin\theta&-\sin\varphi\sin\theta&0\\0&\sin\varphi&-\cos\varphi&0\\\sin\theta&-\cos\varphi\cos\theta&-\sin\varphi\cos\theta&0\\0&0&R&1\end{bmatrix}\cdot\begin{bmatrix}-1&0&0&0\\0&1&0&0\\0&0&1&0\\0&0&0&1\end{bmatrix}$$

观察变换矩阵为

$$\boldsymbol{T}_v=\begin{bmatrix}\cos\theta&-\cos\varphi\sin\theta&-\sin\varphi\sin\theta&0\\0&\sin\varphi&-\cos\varphi&0\\-\sin\theta&-\cos\varphi\cos\theta&-\sin\varphi\cos\theta&0\\0&0&R&1\end{bmatrix}\tag{6-45}$$

世界坐标系中的 $P_w(x_w,y_w,z_w)$变换为观察坐标系中的 $P_v(x_v,y_v,z_v)$,齐次坐标矩阵表示为

$$[x_v\quad y_v\quad z_v\quad 1]=[x_w\quad y_w\quad z_w\quad 1]\,\boldsymbol{T}_v$$

写成展开式为

$$\begin{cases}x_v=x_w\cos\theta-z_w\sin\theta\\y_v=-x_w\cos\varphi\sin\theta+y_w\sin\varphi-z_w\cos\varphi\cos\theta\\z_v=-x_w\sin\varphi\sin\theta-y_w\cos\varphi-z_w\sin\varphi\cos\theta+R\end{cases}\tag{6-46}$$

为了避免程序中重复计算式(6-46)中的三角函数耗费时间,可以使用常数代替三角函数。

令:$k_0=\sin\theta,k_1=\sin\varphi,k_2=\cos\theta,k_3=\cos\varphi$,则有

$$k_4=\sin\varphi\cos\theta=k_1k_2,\quad k_5=\sin\varphi\sin\theta=k_1k_0$$

$$k_6=\cos\varphi\cos\theta=k_3k_2,\quad k_7=\cos\varphi\sin\theta=k_0k_3$$

将 $k_0\sim k_7$ 代入式(6-46),则有

$$\begin{cases}x_v=k_2x_w-k_0z_w\\y_v=-k_7x_w+k_1y_w-k_6z_w\\z_v=-k_5x_w-k_3y_w-k_4z_w+R\end{cases}\tag{6-47}$$

式(6-47)表明,世界坐标系内的物体上的任意一个三维坐标点 $P_w(x_w,y_w,z_w)$,在观察

坐标系表示为$P_v(x_v,y_v,z_v)$。物体的描述已经将参考系从世界坐标系变换观察坐标系，实现从视点角度描述物体。

式(6-44)中的视点坐标使用$k_0 \sim k_7$统一表示为

$$\begin{cases} a = k_5 R \\ b = k_3 R \\ c = k_4 R \end{cases} \tag{6-48}$$

使用式(6-47)可以绘制物体的旋转变换动画。改变φ，视点就会沿着纬度方向旋转；改变θ，视点就会沿着经度方向旋转；增大视径R，视点远离物体，投影变小；减小视径R，视点靠近物体，投影变大。相对而言，如果认为视点不动，等同于物体反向旋转。请注意，此时虽然观察到了物体的旋转或缩放，但物体在世界坐标系内的物理位置并未发生变化。由于观察变换矩阵没有对物体实施透视变换，物体投影的形状并未发生改变。观察变换矩阵只是提供了一种从任意视点位置观察物体立体效果的方法。

初始化三角函数与视点位置的代码如下：

```
void CProjection::InitialParameter(void)       //透视变换参数初始化
{
    k[0] = sin(PI * Theta / 180);               //Theta 代表 θ,范围[0,360]
    k[1] = sin(PI * Phi / 180);                 //Phi 代表 φ,范围[0,180]
    k[2] = cos(PI * Theta / 180);
    k[3] = cos(PI * Phi / 180);
    k[4] = k[1] * k[2];
    k[5] = k[0] * k[1];
    k[6] = k[2] * k[3];
    k[7] = k[0] * k[3];
    Eye = CP3(R * k[5], R * k[3], R * k[4]);    //Eye 代表视点
}
```

程序解释：视点的位置是由 Phi 和 Theta 决定的。

6.6.3 观察坐标系到屏幕坐标系的变换

将描述物体的参考系从世界坐标系变换为观察坐标系，还不能在屏幕绘制出物体的透视投影，则需要进一步将观察坐标系中描述的物体投影到屏幕坐标系，即将观察坐标系中的物体以视点为投影中心向屏幕坐标系作透视投影。图 6-25 中屏幕坐标系为左手系，且z_s轴与z_v轴同向。视点O_v与视心O_s的距离为视距d。假定观察坐标系中物体上的一点为$P_v(x_v,y_v,z_v)$，视线O_vP_v与屏幕的交点在观察坐标系中表示为$P_e(x_e,y_e,d)$，其中，(x_e,y_e)在屏幕坐标系中可表示为(x_s,y_s)，即交点为$P_e(x_s,y_s,d)$。在屏幕坐标系中，$P_e(x_s,y_s,d)$表示为$P_s(x_s,y_s,0)$代表物体上的P_v点在屏幕上的透视投影。

由点P_v向$x_vO_vz_v$平面内作垂线交于N点，再由N点向z_v轴作垂线交于Q点。连接O_vN交x_s轴于M点。

根据直角三角形MO_vO_s与直角三角形NO_vQ相似，有

$$\frac{MO_s}{NQ} = \frac{O_vO_s}{O_vQ} \tag{6-49}$$

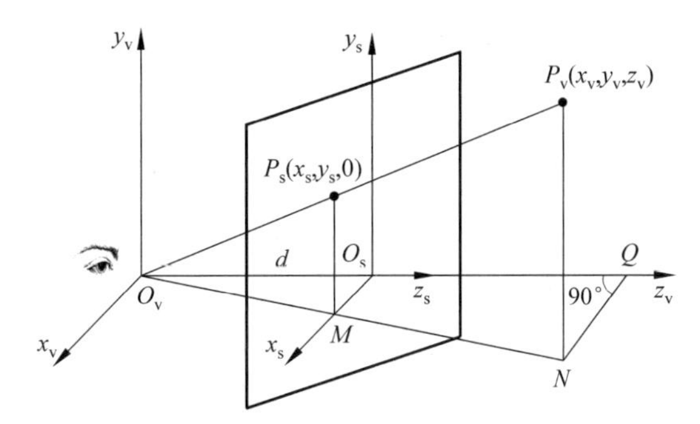

图 6-25　透视投影变换

$$\frac{O_vM}{O_vN}=\frac{O_vO_s}{O_vQ} \tag{6-50}$$

根据直角三角形 P_sO_vM 与直角三角形 P_vO_vN 相似，有

$$\frac{P_sM}{P_vN}=\frac{O_vM}{O_vN} \tag{6-51}$$

由式(6-50)与式(6-51)得到

$$\frac{P_sM}{P_vN}=\frac{O_vO_s}{O_vQ} \tag{6-52}$$

将式(6-49)写成坐标形式为

$$\frac{x_s}{x_v}=\frac{d}{z_v} \tag{6-53}$$

将式(6-52)写成坐标形式为

$$\frac{y_s}{y_v}=\frac{d}{z_v} \tag{6-54}$$

于是有

$$\begin{cases} x_s=d\,\dfrac{x_v}{z_v} \\ y_s=d\,\dfrac{y_v}{z_v} \end{cases} \tag{6-55}$$

写成矩阵形式为

$$[x_s \quad y_s \quad z_s \quad 1]=[x_v \quad y_v \quad z_v \quad 1]\cdot\begin{bmatrix}1&0&0&0\\0&1&0&0\\0&0&1&1/d\\0&0&0&0\end{bmatrix}_{\text{Persp}}\cdot\begin{bmatrix}1&0&0&0\\0&1&0&0\\0&0&0&0\\0&0&0&1\end{bmatrix}_{\text{Proj}}$$

$$=\left[x_v \quad y_v \quad 0 \quad \frac{z_v}{d}\right]\Rightarrow\left[d\cdot\frac{x_v}{z_v} \quad d\cdot\frac{y_v}{z_v} \quad 0 \quad 1\right]$$

式中 $\begin{bmatrix}1&0&0&0\\0&1&0&0\\0&0&1&1/d\\0&0&0&0\end{bmatrix}_{\text{Persp}}$ 为透视矩阵 $\boldsymbol{T}_{\text{Persp}}$，$\begin{bmatrix}1&0&0&0\\0&1&0&0\\0&0&0&0\\0&0&0&1\end{bmatrix}_{\text{Proj}}$ 为投影矩阵 $\boldsymbol{T}_{\text{Proj}}$。

透视投影变换矩阵为

$$
\boldsymbol{T}_{s}=\boldsymbol{T}_{\text{Persp}}\boldsymbol{T}_{\text{Proj}}=\begin{bmatrix}1&0&0&0\\0&1&0&0\\0&0&0&1/d\\0&0&0&0\end{bmatrix} \tag{6-56}
$$

在 6.1.1 节曾经介绍过,三维几何变换矩阵分成 4 个子矩阵,其中子矩阵 $\boldsymbol{T}_3=\begin{bmatrix}p\\q\\r\end{bmatrix}$ 进行的是透视投影变换。这里 $r=1/d$。当投影中心位于无穷远处时,透视投影转化为平行投影。即 $d\to\infty$ 时,$r\to 0$。

通过以上分析,从世界坐标系到屏幕坐标系的透视投影整体变换矩阵为

$$
\boldsymbol{T}=\boldsymbol{T}_{v}\boldsymbol{T}_{s}=\begin{bmatrix}\cos\theta & -\cos\varphi\sin\theta & -\sin\varphi\sin\theta & 0\\0 & \sin\varphi & -\cos\varphi & 0\\-\sin\theta & -\cos\varphi\cos\theta & -\sin\varphi\cos\theta & 0\\0 & 0 & R & 1\end{bmatrix}\cdot\begin{bmatrix}1&0&0&0\\0&1&0&0\\0&0&0&1/d\\0&0&0&0\end{bmatrix}
$$

$$
=\begin{bmatrix}\cos\theta & -\cos\varphi\sin\theta & 0 & \dfrac{-\sin\varphi\sin\theta}{d}\\0 & \sin\varphi & 0 & \dfrac{-\cos\varphi}{d}\\-\sin\theta & -\cos\varphi\cos\theta & 0 & \dfrac{-\sin\varphi\cos\theta}{d}\\0 & 0 & 0 & \dfrac{R}{d}\end{bmatrix}=\begin{bmatrix}k_2 & -k_7 & 0 & \dfrac{-k_5}{d}\\0 & k_1 & 0 & \dfrac{-k_3}{d}\\-k_0 & -k_6 & 0 & \dfrac{-k_4}{d}\\0 & 0 & 0 & \dfrac{R}{d}\end{bmatrix} \tag{6-57}
$$

本教材中直接使用式(6-47)与式(6-55)编程实现透视投影。将世界坐标系中的三维点 P_w 变换为观察坐标系中的三维点 P_v,接着变换为屏幕坐标系中的二维点 P_s 的透视投影代码如下:

```
CP2 CProjection::PerspectiveProjection2(CP3 WorldPoint)   //二维透视投影
{
    CP3 ViewPoint;                                               //观察坐标系三维点
    ViewPoint.x = k[2] * WorldPoint.x - k[0] * WorldPoint.z;
    ViewPoint.y =-k[7] * WorldPoint.x + k[1] * WorldPoint.y - k[6] * WorldPoint.z;
    ViewPoint.z =-k[5] * WorldPoint.x - k[3] * WorldPoint.y - k[4] * WorldPoint.
        z + R;
    CP2 ScreenPoint;                                             //屏幕坐标系二维点
    ScreenPoint.x = d * ViewPoint.x / ViewPoint.z;
    ScreenPoint.y = d * ViewPoint.y / ViewPoint.z;
    returnScreenPoint;
}
```

程序解释:ViewPoint(代表 P_v)是将世界坐标系中物体上一点 WorldPoint(代表 P_w)变换为三维观察坐标系中的三维点,然后再将该三维点透视投影到屏幕坐标系中得到二维点,ScreenPoint(代表 P_s)是屏幕坐标系中的二维投影坐标。

6.6.4 透视投影分类

图 6-26 是一幅相机拍摄的"林中小路"照片,林中小路在远方汇聚成为一点。这是垂直于屏幕的平行线汇聚成的交点。

在透视投影中，往往要求物体固定，让视点(观察坐标系原点)在以物体为中心的球面上旋转，来回观察物体各个视向的透视图。平行于屏幕的平行线投影后仍保持平行，不与屏幕平行的平行线投影后汇聚为灭点，灭点是无限远点在屏幕上的投影。每一组平行线都有其不同的灭点。一般来说，三维物体中有多少组平行线就有多少个灭点。坐标轴上的灭点称为主灭点。因为世界坐标系有 x、y、z 这 3 个坐标轴，所以主灭点最多有 3 个。当某个坐标轴与屏幕平行时，则该坐标轴方向的平行线在屏幕上的投影仍保持平行，不形成灭点。

图 6-26　小路的透视投影

透视投影中主灭点数目是由屏幕切割世界坐标系的坐标轴数量来决定，并据此将透视投影分类为一点透视、二点透视和三点透视。一点透视有一个主灭点，即屏幕仅与一个坐标轴正交，与另外两个坐标轴平行；二点透视有两个主灭点，即屏幕仅与两个坐标轴相交，与另一个坐标轴平行；三点透视有三个主灭点，即屏幕与三个坐标轴都相交，如图 6-27 所示。

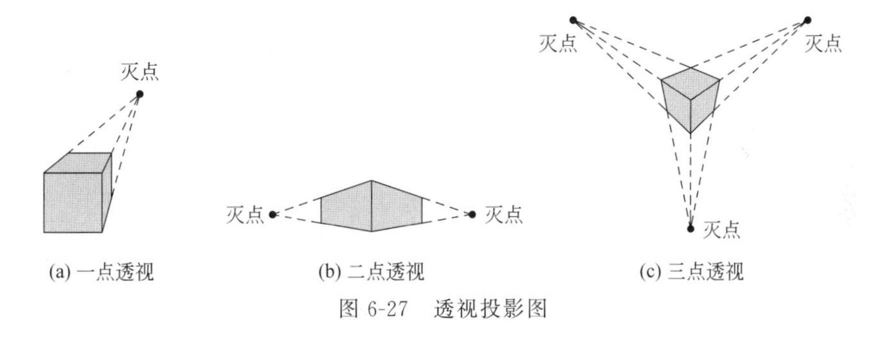

图 6-27　透视投影图

1. 一点透视

当屏幕仅与一个坐标轴相交时，形成一个灭点，透视投影图为一点透视图。从图 6-17 可以看出，当 $\varphi=90°$、$\theta=0°$时，屏幕平行于 xOy 面，得到一点透视图。将 $\varphi=90°$、$\theta=0°$，代入式(6-57)，得到一点透视变换矩阵。立方体的一点透视图如图 6-28 所示。

一点透视变换矩阵为

$$\boldsymbol{T}_1=\begin{bmatrix}1 & 0 & 0 & 0\\0 & 1 & 0 & 0\\0 & 0 & 0 & -\dfrac{1}{d}\\0 & 0 & 0 & \dfrac{R}{d}\end{bmatrix}\tag{6-58}$$

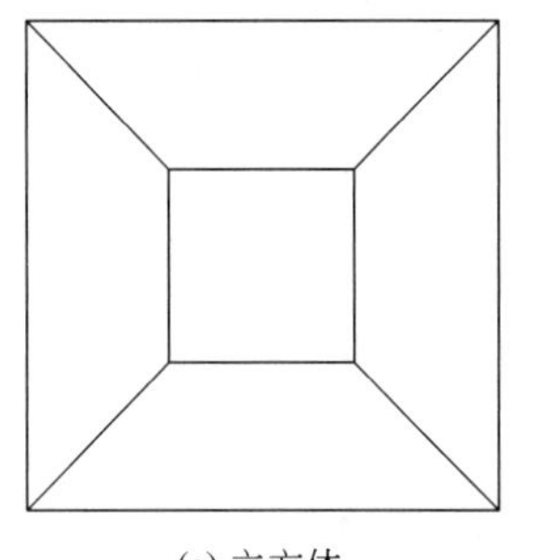

(a) 立方体

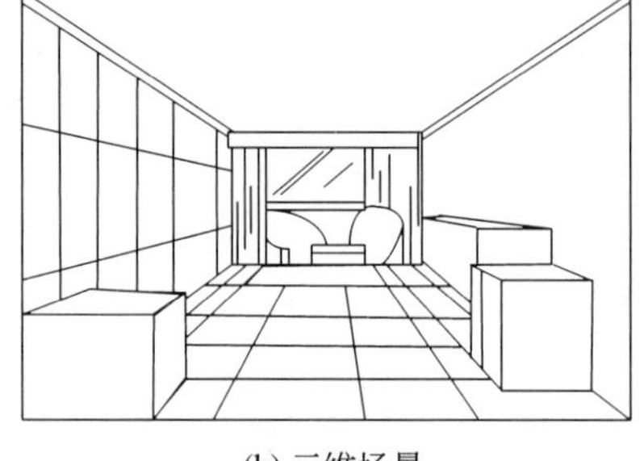

(b) 三维场景

图 6-28　立方体的一点透视投影图

2. 二点透视

当屏幕仅与两个坐标轴相交时，形成两个灭点，透视投影图为二点透视图。从图 6-17 可以看出，当 $\varphi=90°$、$0°<\theta<90°$时，屏幕与 x 轴和 z 轴同时相交，但平行于 y 轴，得到二点透视图。将 $\varphi=90°$、$\theta=45°$代入式(6-57)，得到二点透视变换矩阵。立方体的二点透视图如图 6-29 所示。

二点透视变换矩阵为

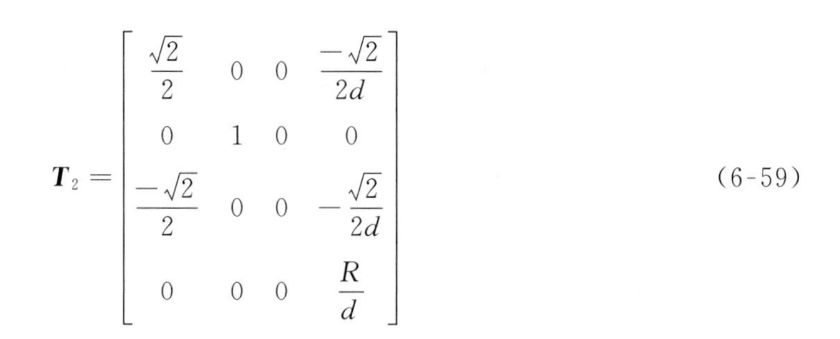

$$\boldsymbol{T}_2=\begin{bmatrix} \frac{\sqrt{2}}{2} & 0 & 0 & \frac{-\sqrt{2}}{2d} \\ 0 & 1 & 0 & 0 \\ \frac{-\sqrt{2}}{2} & 0 & 0 & -\frac{\sqrt{2}}{2d} \\ 0 & 0 & 0 & \frac{R}{d} \end{bmatrix} \tag{6-59}$$

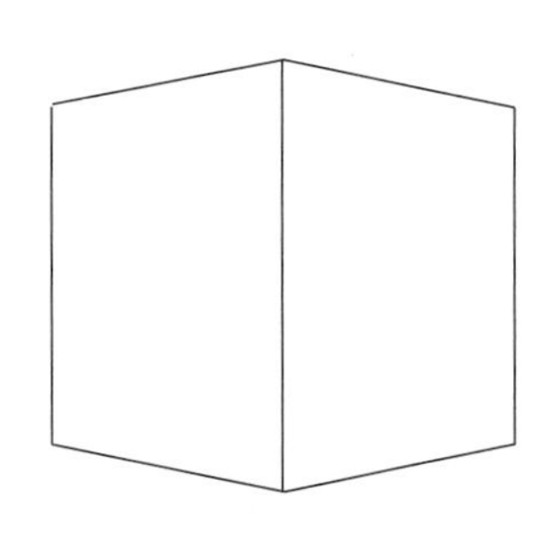

(a) 立方体

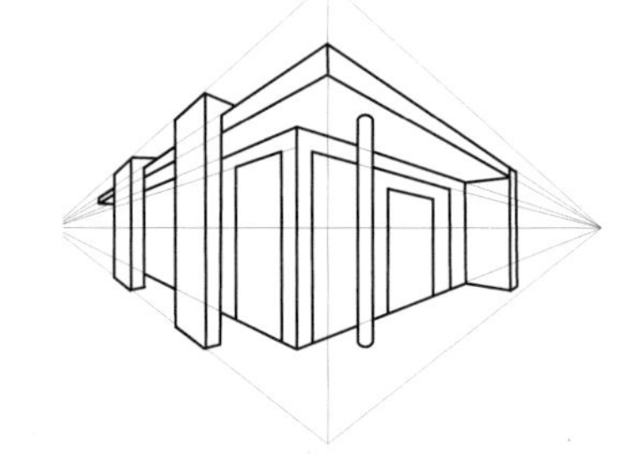

(b) 三维场景

图 6-29　立方体的二点透视投影图

3. 三点透视

三点透视图是屏幕与 3 个坐标轴都相交时的透视投影图。从图 6-17 可以看出，当 $\varphi\neq 0°$、$90°$、$180°$；且 $\theta\neq 0°$、$90°$、$180°$、$270°$时，屏幕与 x 轴、y 轴和 z 轴都相交，得到三点透视图。将 $\varphi=45°$、$\theta=45°$代入式(6-57)得到立方体的三点透视图，如图 6-30 所示。

三点透视变换矩阵为

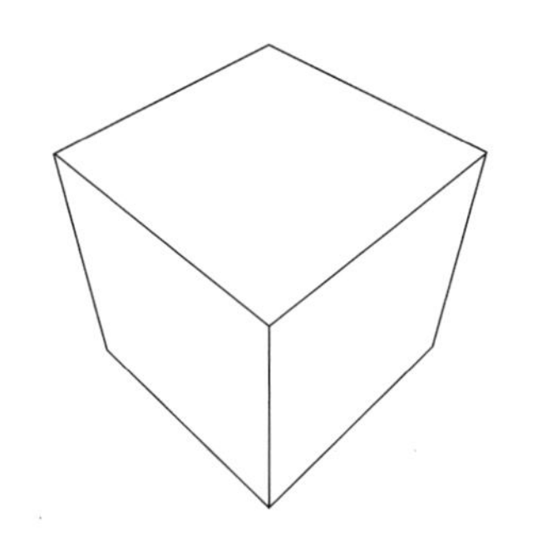

(a) 立方体

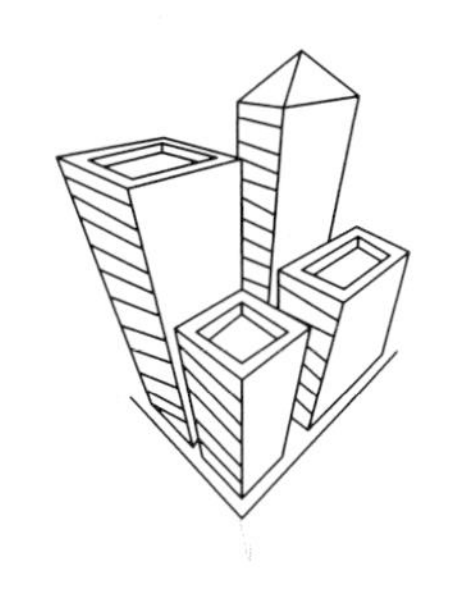

(b) 三维场景

图 6-30　立方体的三点透视投影图

$$
\boldsymbol{T}_3 = \begin{bmatrix} \frac{\sqrt{2}}{2} & -\frac{1}{2} & 0 & \frac{-1}{2d} \\ 0 & \frac{\sqrt{2}}{2} & 0 & \frac{-\sqrt{2}}{2d} \\ -\frac{\sqrt{2}}{2} & -\frac{1}{2} & 0 & \frac{-1}{2d} \\ 0 & 0 & 0 & \frac{R}{d} \end{bmatrix} \tag{6-60}
$$

6.6.5　屏幕坐标系的透视深度坐标

对于透视投影，场景中所有投影均位于以视点为顶点，连接视点与屏幕四角点为棱边的没有底面的正四棱锥内。当屏幕离视点太近或太远时，物体因变得太大或太小而不可识别。在观察坐标系内定义视域四棱锥的 z_v 向近剪切面和远剪切面分别为 Near 和 Far，经 z_v 方向裁剪后的视域正四棱锥转化为正四棱台，也称为观察空间或视景体，如图 6-31 所示。

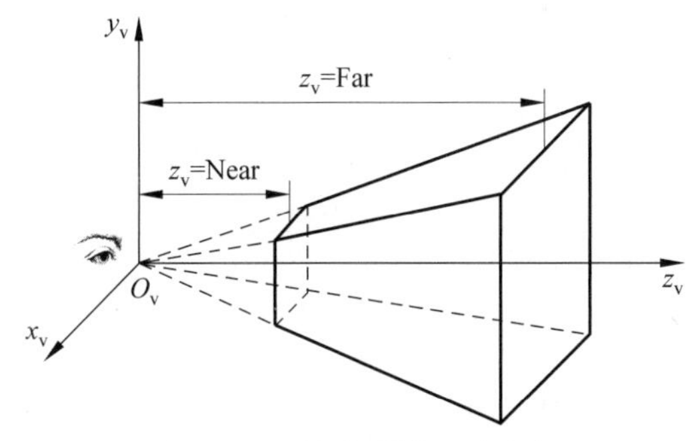

图 6-31　透视投影的观察空间

式(6-55)给出了透视投影后屏幕坐标系中点的二维坐标计算方法。如果简单地使用此公式来产生透视图会存在问题：如图 6-32 所示，在沿着 z_v 方向的同一条视线上，如果同时有多个点 Q 和 R，它们在屏幕上的投影均为 P_s，也就是说，Q、R 点在屏幕上具有相同的坐标(x_s,y_s)，但是 Q、R 点离视点 O_v 的距离不同，Q 点位于 R 点之前，对 R 点形成了遮挡。二维平面坐标(x_s,y_s)无法区分哪些点在前，哪些点在后，也就无法确定它们沿视点方向的遮挡关系。这说明在屏幕坐标系中用二维平面坐标(x_s,y_s)绘制三维立体透视图时,还缺少透视投影的深度坐标信息。在绘制真实感场景时,常需要使用物体的深度值进行表面消隐,也就是说需要计算物体在三维屏幕坐标系中的 z_s 坐标。

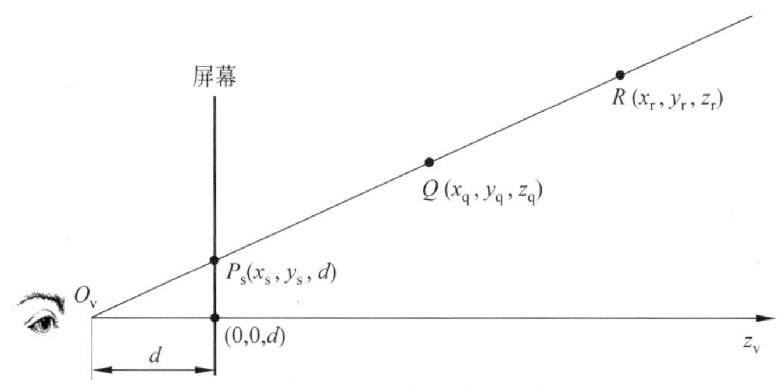

图 6-32　透视变换中的深度信息

下面讨论在屏幕坐标系中如何确定物体上任意一点的伪深度 z_s。推导过程基于两项基本原则[35]:在屏幕坐标系中,空间任意两点相对于视点的前后顺序应与它们在观察坐标系中的情形保持一致;观察坐标系中的直线和平面变换到屏幕坐标系后,应仍为直线和平面,即将三角形映射为三角形,四边形映射为四边形。可以证明要使这两项原则得到满足,观察坐标系的 z_v 到屏幕坐标系的 z_s 的变换需要采用以下形式:

$$z_s = A + \frac{B}{z_v} \tag{6-61}$$

式中,A、B 为常量,且 $B<0$。这意味着,当 z_v 增大时 z_s 也增大,从而使相对深度关系得以继续保持。

将 z_s 归一化到区间[0,1]内处理。当规定 z_v 的取值范围为 $\text{Near} \leqslant z_v \leqslant \text{Far}$ 时,就意味着缩小了观察空间。当 $z_v = \text{Near}$ 时,要求 $z_s = 0$,表示其伪深度最小;当 $z_v = \text{Far}$ 时,要求 $z_s = 1$,表示其伪深度最大。

由式(6-61)有

$$\begin{cases} 0 = A + B/\text{Near} \\ 1 = A + B/\text{Far} \end{cases}$$

解得

$$\begin{cases} A = \dfrac{\text{Far}}{\text{Far} - \text{Near}} \\ B = \dfrac{-\text{Near} \cdot \text{Far}}{\text{Far} - \text{Near}} \end{cases}$$

物体在屏幕坐标系中伪深度的计算公式为

$$z_s = \text{Far} \cdot \frac{1 - \text{Near}/z_v}{\text{Far} - \text{Near}} \tag{6-62}$$

式中,Near 和 Far 是常数。

Near 和 Far 的大小可以根据实际应用的需要来确定。一般来说 Far 的选取原则是,Far 值的大小使得观察空间中一段指定长度的直线正好在投影面上变成一个点,当 Far 大于此值时,其后面物体的投影细节模糊不清;Near 则可以模拟照相机近距离拍摄的过程,当物体距离照相机太近,其图像也模糊不清。大于 Far 和小于 Near 的投影应该被裁剪掉。观察空间要求 Far＞Near＞0，通常将 Near 取为视距 d。图 6-33 中用二维投影图表示了三维透视变换中所用到的坐标系之间的相对关系。世界坐标系、观察坐标系和屏幕坐标系的 x 轴均垂直于纸面指向读者。假定视点 O_v（观察坐标系原点）位于世界坐标系的 z_w 轴的正向，视点在世界坐标系中的坐标为（0，0，R），视径 R 代表视点 O_v 至世界坐标系原点 O_w 的距离。近剪切面距离视点为 Near，屏幕距离视点为 d，远剪切面距离视点为 Far。

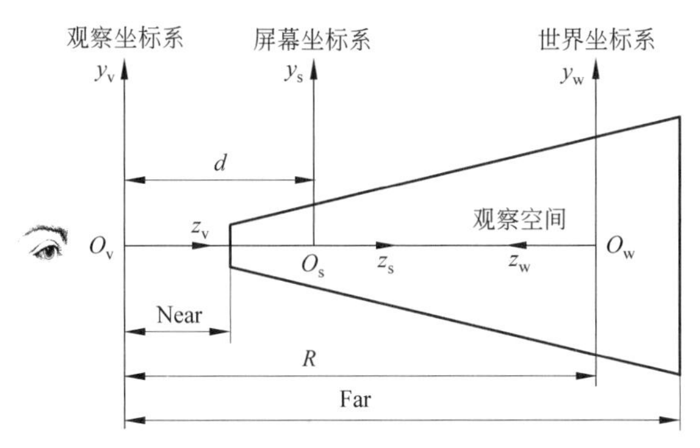

图 6-33　坐标系相对关系图

进一步考虑 z_v 与 z_s 之间的关系。虽然 z_v 和 z_s 都提供了一个点的深度信息，但是它们之间为一种非线性关系。图 6-34 说明了这一点。该图上面的一段线是 z_v 等间距标志线，下面一段线则为该线变换到屏幕坐标系以后标记的分布情况。这里取 Near＝200，Far＝1200。z_v 越接近 Far，z_s 接近 1 的速度越快，因此在屏幕坐标系中的物体位于观察空间后面的部分会发生挤压和变形。

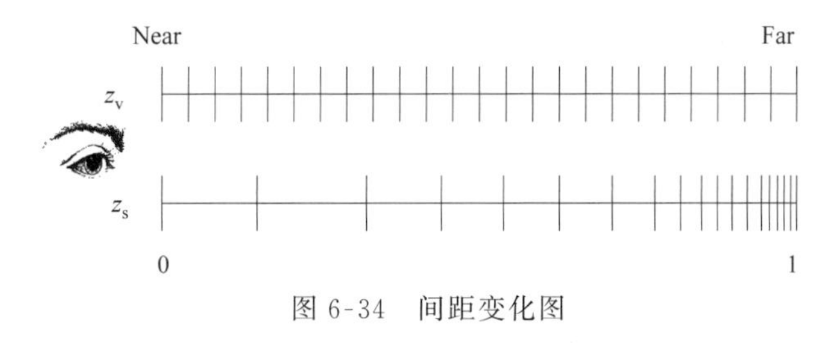

图 6-34　间距变化图

包含伪深度 z_s 的三维屏幕坐标透视投影代码如下：

```
CP3 CProjection::PerspectiveProjection3(CP3 WorldPoint)
                                        //三维透视投影,WorldPoint 世界坐标系三维点
{
    CP3 ViewPoint;                                                  //观察坐标系三维点
    ViewPoint.x = k[2] * WorldPoint.x - k[0] * WorldPoint.z;
    ViewPoint.y = -k[7] * WorldPoint.x + k[1] * WorldPoint.y - k[6] * WorldPoint.z;
    ViewPoint.z = -k[5] * WorldPoint.x - k[3] * WorldPoint.y - k[4] * WorldPoint.z + R;
    CP3 ScreenPoint;                                                //屏幕坐标系三维点
    ScreenPoint.x = d * ViewPoint.x / ViewPoint.z;
    ScreenPoint.y = d * ViewPoint.y / ViewPoint.z;
    ScreenPoint.z = Far * (1 - Near / ViewPoint.z) / (Far - Near);  //伪深度
    return ScreenPoint;
}
```

6.7 本章小结

在真实感场景中，三维物体的动画主要使用三维几何变换来完成。请读者掌握三维基本几何变换矩阵，特别是绕3个坐标轴的旋转变换矩阵。在正交投影变换中讲解了三视图的变换矩阵，斜投影变换中讲解了斜等测和斜二测的变换矩阵。透视投影是绘制真实感图形的基础，是通过观察坐标系向屏幕坐标系投影实现的。本章的透视投影讲了两个问题：一个是物体的旋转动画的生成技术；另一个是透视图的生成技术。物体的旋转动画可以使用两种方法生成：一种方法是物体固定，视点旋转，在OpenGL中称为视图变换；另一种方法是物体旋转，视点固定，在OpenGL中称为模型变换。真实感光照场景中，由于世界坐标系中设置了光源的位置，物体的旋转主要采用的是模型变换方式，此时视点和光源位置不变，物体旋转生成动画。由于本书主要采用双缓冲动画技术绘制任意视向的物体的透视投影，所以将不再细分一点透视、二点透视和三点透视。在三维屏幕坐标系中计算了物体透视投影的伪深度，这是一种相对深度，其绝对深度可以使用观察坐标系内的 z_v 来表示。由于观察坐标系内的 z_v 值尚未进行透视变换，所以其取值具有不规范的缺陷。通过分析近剪切面Near和远剪切面Far的取值范围可以看出，对于观察坐标系中的一个平面，在屏幕坐标系中可以选择无数多个平面与之对应，Near与Far的具体数值一般通过试验确定。

习 题 6

1. 如图6-35所示的长方体，8个坐标分别为(0,0,0)、(2,0,0)、(2,3,0)、(0,3,0)、(0,0,2)、(2,0,2)、(2,3,2)、(0,3,2)。试对长方体进行 $S_x=1/2, S_y=1/3, S_z=1/2$ 的比例变换，求变换后的长方体各顶点坐标。

2. 四面体的顶点坐标分别为 $A(2,0,0)$、$B(2,2,0)$、$C(0,2,0)$、$D(2,2,2)$，如图6-36所示，求解：

(1) 关于点 $P(2,-2,2)$ 整体放大2倍的变换矩阵。

(2) 变换后的四面体顶点坐标。

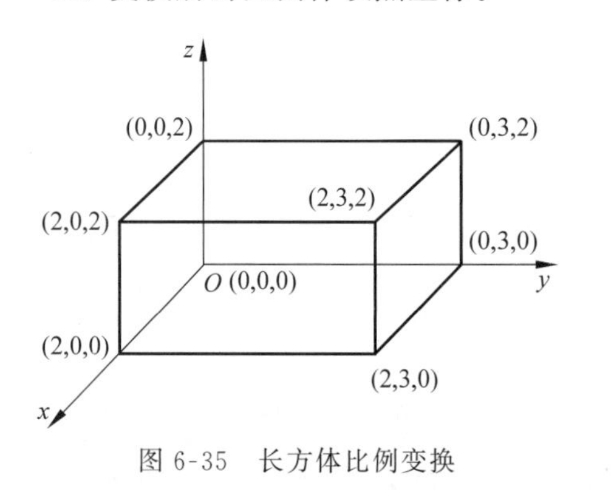

图6-35 长方体比例变换

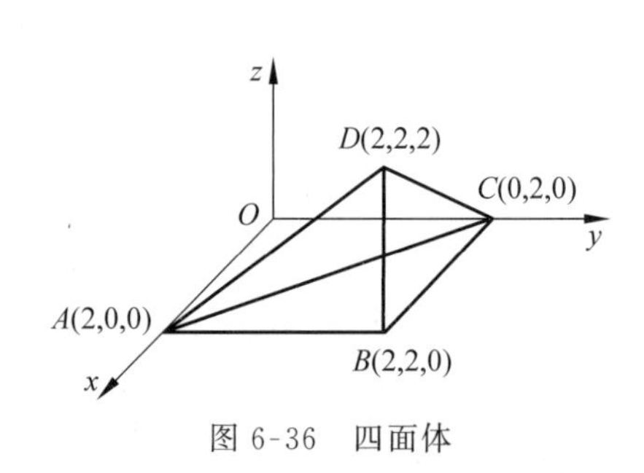

图6-36 四面体

3. 常用的两种斜平行投影是斜等测和斜二测。试使用MFC编程绘制立方体的斜等测图和斜二测图。

4. 使用斜等测投影绘制图6-37所示斜等测投影图及其三视图，要求使用包含平移参数的三视图变换矩阵编程实现。

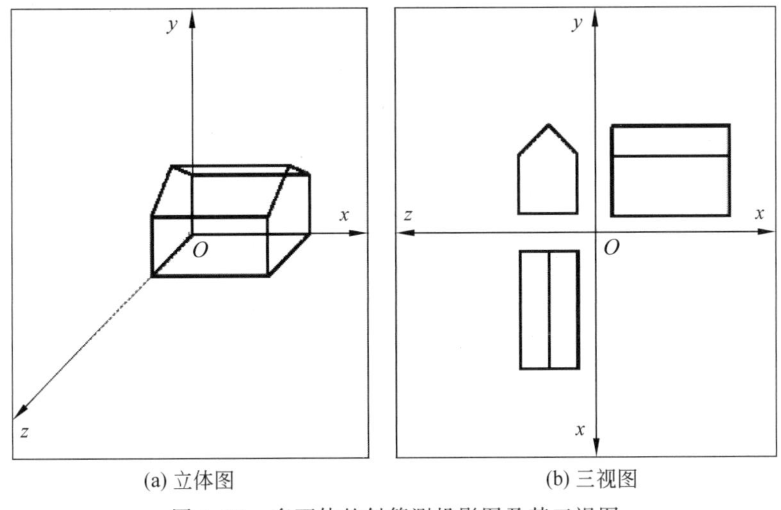

(a) 立体图　(b) 三视图

图 6-37　多面体的斜等测投影图及其三视图

*5. 建立三维世界坐标系$\{O_w; x_w, y_w, z_w\}$，x_w 轴向右，y_w 轴向上，z_w 轴指向观察者，以原点 O_w 为立方体体心建立边长为 $2a$ 的立方体线框模型。将立方体的 8 个顶点颜色分别为红色、绿色、蓝色、黄色、品红、青色、白色和黑色。使用透视投影绘制立方体线框模型，如图 6-38 所示。要求立方体边界采用光滑着色模式。立方体旋转采用“视点固定，物体变换”的方式。试使用工具条上的“动画”图标播放旋转动画。

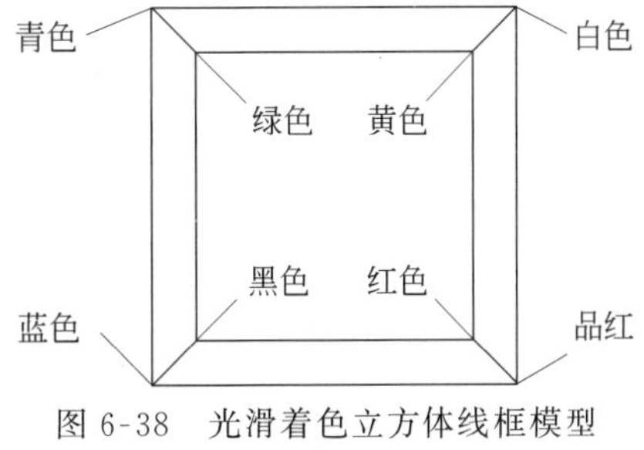

图 6-38　光滑着色立方体线框模型透视投影

6. 视点、屏幕和物体的位置关系有 3 种。屏幕位于物体和视点之间，如图 6-39(a)所示；物体位于屏幕和视点之间，如图 6-39(b)所示；视点位于屏幕和物体之间，如图 6-39(c)所示。设用户坐标系建在物体上，视径为 R，视距为 d，试分析这 3 种情形下像和物之间的关系。

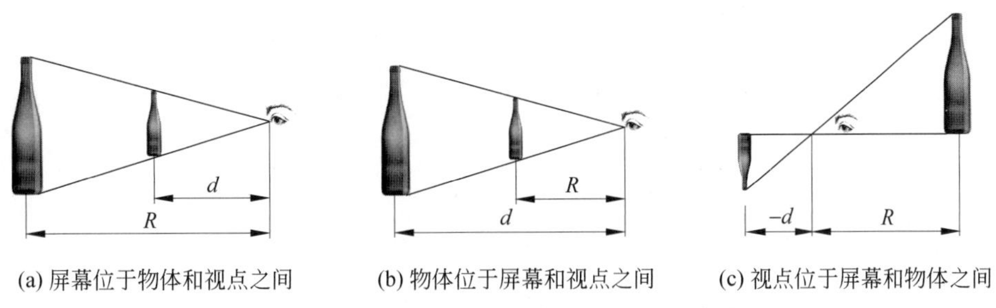

(a) 屏幕位于物体和视点之间　(b) 物体位于屏幕和视点之间　(c) 视点位于屏幕和物体之间

图 6-39　视点、屏幕和物体的三种位置关系

7. 对 xOy 坐标系内的点 $P(2,4)$，进行坐标系之间的变换。新坐标系为 $x'O'y'$，其原点位于 $O'(5,5)$，x'轴指向 xOy 坐标系的原点，P 点在 $x'O'y'$坐标系内的坐标为$(2\sqrt{2},\sqrt{2})$，

如图 6-40 所示。试实施以下坐标系之间变换。

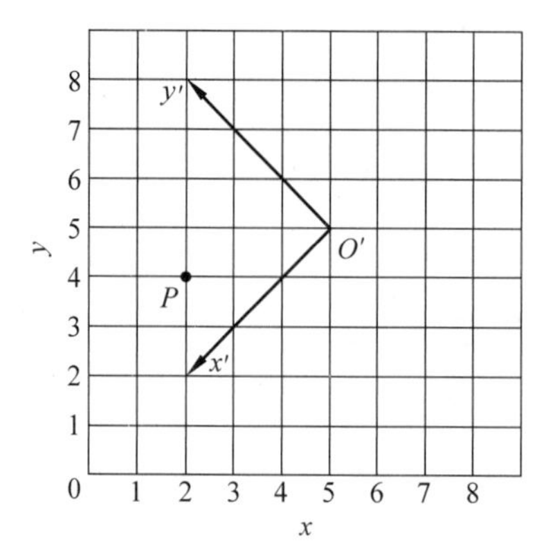

图 6-40 坐标系之间的变换

(1) 将 xOy 坐标系原点 $O(0,0)$ 平移到点 $O'(5,5)$，变换矩阵为 $\boldsymbol{T}_1$。

(2) 将坐标系逆时针旋转 45°，变换矩阵为 $\boldsymbol{T}_2$。

(3) 将 x 轴作反射变换，指向 O 点，变换矩阵为 $\boldsymbol{T}_3$。

每步的变换矩阵为

$$\boldsymbol{T}_1=\begin{bmatrix}1 & 0 & 0\\0 & 1 & 0\\-5 & -5 & 1\end{bmatrix},\quad \boldsymbol{T}_2=\begin{bmatrix}\dfrac{\sqrt{2}}{2} & -\dfrac{\sqrt{2}}{2} & 0\\\dfrac{\sqrt{2}}{2} & \dfrac{\sqrt{2}}{2} & 0\\0 & 0 & 1\end{bmatrix},\quad \boldsymbol{T}_3=\begin{bmatrix}-1 & 0 & 0\\0 & 1 & 0\\0 & 0 & 1\end{bmatrix}$$

从 xOy 坐标系到 $x'O'y'$ 坐标系的总变换矩阵为

$$\boldsymbol{T}=\boldsymbol{T}_1\boldsymbol{T}_2\boldsymbol{T}_3$$

试验证在坐标系之间的变换过程中，变换矩阵 $\boldsymbol{T}$ 能否保证 P 点的位置不发生变化，并解释为什么。

*8. 将三维图形几何变换编制为 CTransform 3 类，将立方体的顶点表和面表编制为 CCube 类，请在 CTestView 类内调用该类对象绘制正交投影的旋转立方体线框模型。试使用工具条上的“动画”图标播放立方体旋转动画。

第7章　自由曲线曲面

本章学习目标

- 掌握三次 Bezier 曲线。
- 掌握双三次 Bezier 曲面。
- 了解 B 样条曲线。
- 了解 B 样条曲面。

工业产品的几何形状大致可分为两类：一类由初等解析曲面，如平面、圆柱面、圆锥面、球面和圆环面等组成，可以用初等解析函数完全清楚地表达全部形状。另一类由自由曲面组成，如汽车车身、飞机机翼和轮船船体等曲面，如图 7-1 所示，需要构造新的函数来进行研究，这些研究成果形成了计算机辅助几何设计(computer aided geometric design，CAGD)学科。20 世纪六七十年代，Bezier 曲线和曲面、B 样条曲线和曲面、NURBS 曲线曲面等设计方法相继提出，并在汽车、航空和造船等行业得到了广泛应用。本节主要讲解最经典的 Bezier 曲面建模技术，同时简单介绍 B 样条曲面建模技术。

图 7-1　甲壳虫汽车曲面

7.1　基本概念

曲线与曲面可以采用显式方程、隐式方程和参数方程表示。由于参数表示的曲线与曲面具有几何不变性等优点，计算机图形学中常采用参数方程描述。

7.1.1　曲线与曲面的表示形式

曲线与曲面有非参数表示与参数表示两种形式，非参数表示中又有显式表示和隐式形式。首先看一段直线的表示形式：已知直线段的起点坐标 $P_0(x_0, y_0)$和终点坐标 $P_1(x_1,$

y_1)，$p(t)$为直线上的任意一点。

1. 显式表示

将因变量用自变量表示，直线的显式表示(explicit form)如下：

$$y = y_0 + \frac{y_1 - y_0}{x_1 - x_0}(x - x_0)$$

2. 隐式表示

隐式表示(implicit form)给出了曲线上点的 x 和 y 之间的函数关系，直线的隐式表示如下：

$$f(x,y) = y - y_0 - \frac{y_1 - y_0}{x_1 - x_0}(x - x_0) = 0$$

3. 参数表示

参数表示(parametric form)是指以自变量 t 为参数来表示曲线上点的每个分量。直线的参数表示如下：

$$\begin{cases} x = (1-t)x_0 + tx_1 \\ y = (1-t)y_0 + ty_1 \end{cases}, \quad t \in [0,1]$$

由于用参数方程表示的曲线曲面可以直接进行几何变换，而且易于表示成向量和矩阵，所以在计算机图形学中一般使用参数方程来描述曲线与曲面。下面以一段空间三次曲线为例，给出参数方程的向量表示和矩阵表示。

参数方程表示如下：

$$\begin{cases} x(t) = a_x t^3 + b_x t^2 + c_x t + d_x \\ y(t) = a_y t^3 + b_y t^2 + c_y t + d_y, \quad t \in [0,1] \\ z(t) = a_z t^3 + b_z t^2 + c_z t + d_z \end{cases}$$

向量表示如下：

$$p(t) = at^3 + bt^2 + ct + d, \quad t \in [0,1]$$

矩阵表示如下：

$$p(t) = [t^3 \quad t^2 \quad t \quad 1]\begin{bmatrix} a \\ b \\ c \\ d \end{bmatrix}, \quad t \in [0,1]$$

7.1.2 连续性条件

通常单一的曲线段或曲面片难以表达复杂的形状，常需要将一些曲线段拼接成组合曲线，或将一些曲面片拼接成组合曲面。为了保证在结合点处光滑过渡，需要满足一些连续性条件。连续性条件有两种：参数连续性与几何连续性。

1. 参数连续性

零阶参数连续性，记作 C^0，指相邻两段曲线在结合点处具有相同的坐标。如图 7-2(a)所示。

一阶参数连续性，记作 C^1，指相邻两段曲线在结合点处具有相同的一阶导数。如图 7-2(b)所示。

二阶参数连续性，记作 C^2，指相邻两段曲线在结合点处具有相同的一阶导数和二阶导数。如图 7-2(c)所示。

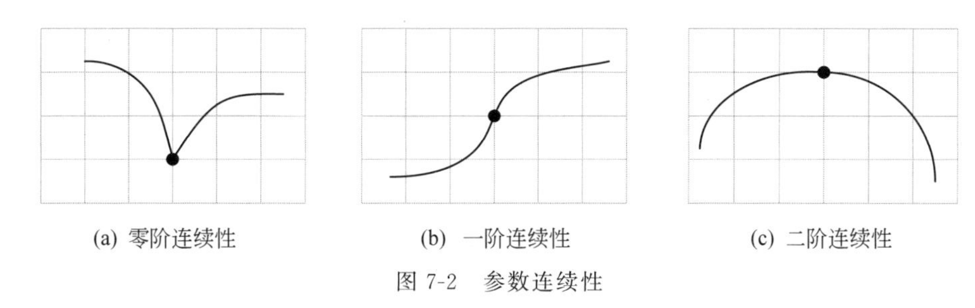

(a) 零阶连续性　(b) 一阶连续性　(c) 二阶连续性

图 7-2　参数连续性

2. 几何连续性

与参数连续性不同的是，几何连续性只要求参数成比例，而不是相等。

零阶几何连续性，记作 G^0，与零阶参数连续性相同，即相邻两段曲线在结合点处有相同的坐标。

一阶几何连续性，记作 G^1，指相邻两段曲线在结合点处的一阶导数成比例，但大小不一定相等。

二阶几何连续性，记作 G^2，指相邻两段曲线在结合点处的一阶导数和二阶导数成比例，即曲率一致，但大小不一定相等。

在曲线和面造型中，一般只使用 C^1，C^2 和 G^1，G^2 连续，一阶导数反映了曲线对参数 t 的变化速度，二阶导数反映了曲线对参数 t 变化的加速度。通常 C 连续性能保证 G 连续性，但反过来不成立。

7.2　Bezier 曲线

由于几何外形设计的要求越来越高，传统的二次曲线已经不能满足用户的要求。Bezier 曲线最初由法国雪铁龙(Citroen)汽车公司的 deCasteljau 于 1959 年发明，但是作为公司的技术机密，直到 1975 年之后才引起人们的注意。1962 年，法国雷诺(Renault)汽车公司的工程师 Bezier 给出了详细的曲线计算公式，并成功地运用于 UNISURF 造型系统中，因此这种曲线以 Bezier 命名。Bezier 的想法从一开始就面向几何而不是面向代数，Bezier 曲线的直观交互性使得对设计对象的逼近达到了直接的几何化程度，使用起来非常方便。一些不同形状的 Bezier 曲线如图 7-3 所示。

7.2.1　Bezier 曲线的定义

给定 $n+1$ 个控制点 $P_i(i=0,1,2\cdots n)$，则 n 次 Bezier 曲线定义为

$$p(t)=\sum_{i=0}^{n}P_iB_{i,n}(t),\qquad t\in[0,1] \tag{7-1}$$

式中，$P_i(i=0,1,2,\cdots,n)$是控制多边形的 $n+1$ 个控制点。$B_{i,n}(t)$是 Bernstein 基函数，其表达式为

$$B_{i,n}(t)=\frac{n!}{i!\,(n-i)!}t^i\,(1-t)^{n-i}=C_n^it^i\,(1-t)^{n-i},\quad i=0,1,2,\cdots,n \tag{7-2}$$

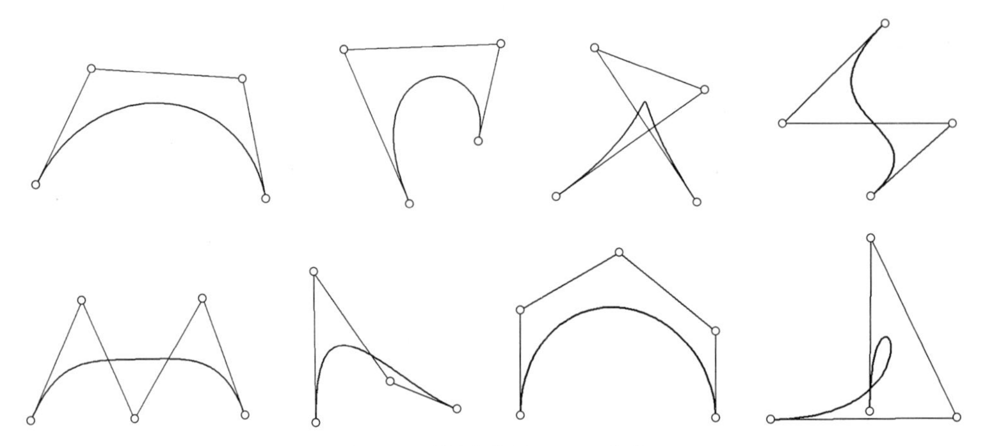

图 7-3　不同形状的 Bezier 曲线

式中 $0^0=1, 0!=1$。

Bernstein 基函数恰好是二项式$[t+(1-t)]^n$ 的展开式。由式(7-1)可以看出，Bezier 函数是控制点关于 Bernstein 基函数的加权和。Bezier 曲线的次数为 n，需要 $n+1$ 个顶点来定义。在工程项目中，常用的是二次和三次 Bezier 曲线，高次 Bezier 曲线一般很少使用。

1. 一次 Bezier 曲线

当 $n=1$ 时，Bezier 曲线的控制多边形有两个控制点 P_0 和 P_1，Bezier 曲线是一次多项式，称为一次 Bezier 曲线(linear bezier curve)。

$$p(t)=\sum_{i=0}^{1}P_iB_{i,1}(t)=(1-t)P_0+tP_1,\qquad t\in[0,1]$$

写成矩阵形式为

$$p(t)=\begin{bmatrix}t & 1\end{bmatrix}\begin{bmatrix}-1 & 1\\ 1 & 0\end{bmatrix}\begin{bmatrix}P_0\\ P_1\end{bmatrix},\qquad t\in[0,1] \tag{7-3}$$

其中，Bernstein 基函数为 $B_{0,1}(t)=1-t, B_{1,1}(t)=t$。

容易看出，一次 Bezier 曲线是连接起点 P_0 和终点 P_1 的直线段，如图 7-4 所示。

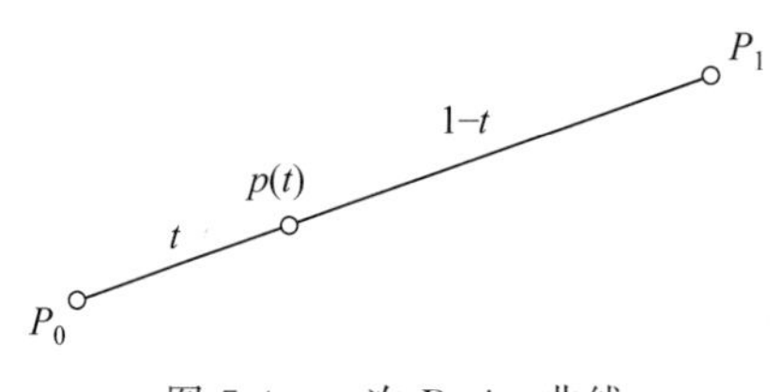

图 7-4　一次 Bezier 曲线

2. 二次 Bezier 曲线

当 $n=2$ 时，Bezier 曲线的控制多边形有 3 个控制点 P_0、P_1 和 P_2，Bezier 曲线是二次多项式，称为二次 Bezier 曲线(quadratic bezier curve)。

$$\begin{aligned}p(t)&=\sum_{i=0}^{2}P_iB_{i,2}(t)=(1-t)^2P_0+2t(1-t)P_1+t^2P_2\\&=(t^2-2t+1)P_0+(-2t^2+2t)P_1+t^2P_2\quad t\in[0,1]\end{aligned} \tag{7-4}$$

写成矩阵形式为

$$p(t)=\begin{bmatrix}t^2 & t & 1\end{bmatrix}\begin{bmatrix}1 & -2 & 1\\ -2 & 2 & 0\\ 1 & 0 & 0\end{bmatrix}\begin{bmatrix}P_0\\ P_1\\ P_2\end{bmatrix},\quad t\in[0,1] \tag{7-5}$$

其中，Bernstein 基函数为 $B_{0,2}(t)=(1-t)^2$，$B_{1,2}(t)=2(1-t)$，$B_{2,2}(t)=t^2$。

可以证明，二次 Bezier 曲线是起点位于 P_0，终点位于 P_2 的一段抛物线，如图 7-5 所示。

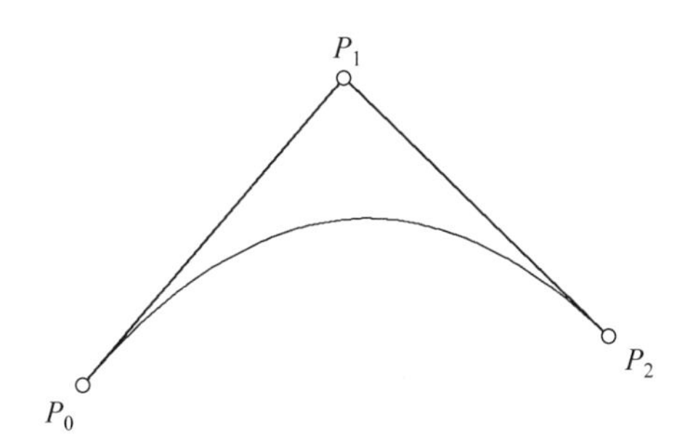

图 7-5　二次 Bezier 曲线

3. 三次 Bezier 曲线

当 $n=3$ 时，Bezier 曲线的控制多边形有 4 个控制点 P_0、P_1、P_2 和 P_3，Bezier 曲线是三次多项式，称为三次 Bezier 曲线(cubic Bezier curve)。

$$\begin{aligned}p(t)&=\sum_{i=0}^{3}P_iB_{i,3}(t)\\&=(1-t)^3P_0+3t\,(1-t)^2P_1+3t^2\,(1-t)\,P_2+t^3P_3\\&=(-t^3+3t^2-3t+1)P_0+(3t^3-6t^2+3t)P_1+(-3t^3+3t^2)\\&\quad P_2+t^3P_3\ t\in[0,1]\end{aligned} \tag{7-6}$$

写成矩阵形式为

$$p(t)=\begin{bmatrix}t^3 & t^2 & t & 1\end{bmatrix}\begin{bmatrix}-1 & 3 & -3 & 1\\ 3 & -6 & 3 & 0\\ -3 & 3 & 0 & 0\\ 1 & 0 & 0 & 0\end{bmatrix}\begin{bmatrix}P_0\\ P_1\\ P_2\\ P_3\end{bmatrix},\quad t\in[0,1] \tag{7-7}$$

其中，Bernstein 基函数为 $B_{0,3}(t)=(1-t)^3$，$B_{1,3}(t)=3t\,(1-t)^2$，$B_{2,3}(t)=3t^2(1-t)$，$B_{3,3}(t)=t^3$，如图 7-6 所示。这 4 条曲线都是三次多项式，在整个区间[0,1]上都不为 0。这说明不能对曲线的形状进行局部调整，如果改变某一控制点位置，整段曲线都将受到影响。一般将函数值不为 0 的区间叫做曲线的支撑。三次 Bezier 曲线是一段自由曲线，如图 7-7 所示。PhotoShop 中绘制“路径”的钢笔工具就是三次 Bezier 曲线在图像处理中的一个具体应用。

虽然二次 Bezier 曲线和三次 Bezier 曲线比较相似，但二次 Bezier 曲线无论怎样调整控制点都不可能使曲线产生拐点，而三次 Bezier 曲线可以轻易做到这一点。显然，二次 Bezier 曲线的“刚性”有余而“柔性”不足。因而，三次 Bezier 曲线的应用更为广泛。

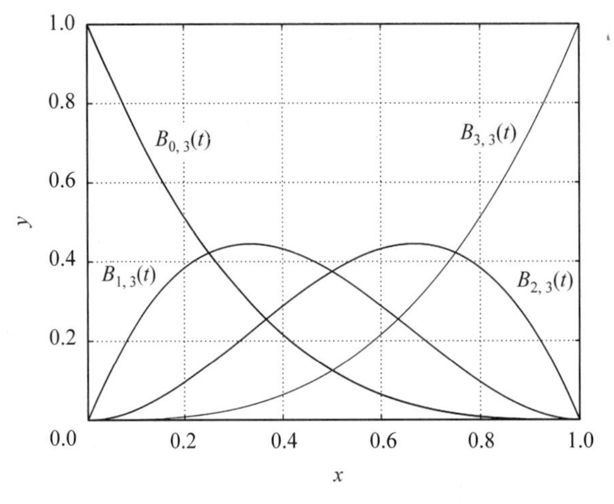

图 7-6　三次 Bezier 曲线的 4 个基函数曲线

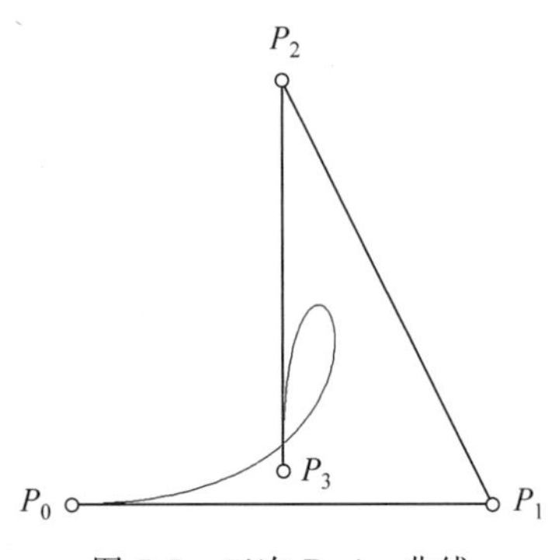

图 7-7　三次 Bezier 曲线

7.2.2　de Casteljau 递推算法

de Casteljau 递推算法是一种绘制 Bezier 曲线的几何作图方法。

1. 一次 Bezier 曲线

给定两个控制点 P_0 和 P_1，通过线性插值可以绘制一段直线。参数方程为

$$p(t)=(1-t)P_0+tP_1$$

式中，参数 t 的取值范围为[0,1]。上式的含义是直线上的一点 $p(t)$ 划分 P_0P_1 为两段，且端点权值正比于反向一侧直线段的长度值。也就是说 P_0 和 P_1 的权值分别为 $(1-t)$ 和 t，如图 7-4 所示。

2. 二次 Bezier 曲线

给定 3 个控制点 P_0、P_1、P_2 后，可以通过连续插值进行递归，如图 7-8 所示。

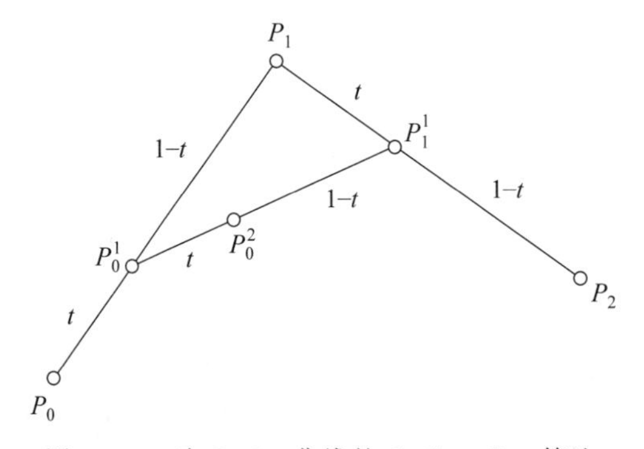

图 7-8　二次 Bezier 曲线的 de Casteljau 算法

$$\begin{cases}P_0^1(t)=(1-t)P_0+tP_1\\P_1^1(t)=(1-t)P_1+tP_2\end{cases}$$

式中，上标 1 表示第一次递归。随后，对 P_0^1 和 P_1^1 进行插值，有

$$P_0^2(t)=(1-t)P_0^1+tP_1^1$$

式中，上标 2 表示第二次递归。

3. 三次 Bezier 曲线

给定 4 个控制点 P_0、P_1、P_2、P_3 后，三次 Bezier 曲线可以通过连续插值进行递归，如图 7-9 所示。

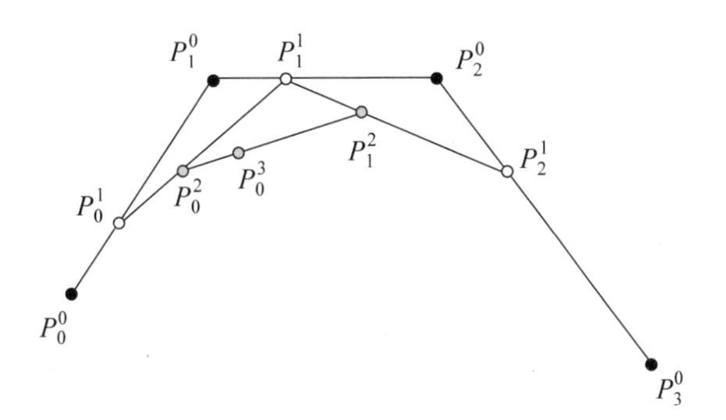

图 7-9　三次 Bezier 曲线的 de Casteljau 算法

$$\begin{cases}P_0^1(t)=(1-t)P_0^0(t)+tP_1^0(t)\\P_1^1(t)=(1-t)P_1^0(t)+tP_2^0(t)\\P_2^1(t)=(1-t)P_2^0(t)+tP_3^0(t)\end{cases}$$

式中，上标 1 表示第一次递归。

$$\begin{cases}P_0^2(t)=(1-t)P_0^1(t)+tP_1^1(t)\\P_1^2(t)=(1-t)P_1^1(t)+tP_2^1(t)\end{cases}$$

式中，上标 2 表示第二次递归。

$$P_0^3(t)=(1-t)P_0^2(t)+tP_1^2(t)$$

式中，上标 3 表示第三次递归。

当 t 从 0 变化到 1，如果步长取为 0.1，P_0^3 三次 Bezier 曲线如图 7-10 所示，这里使用 10 段折线表示一段三次 Bezier 曲线。

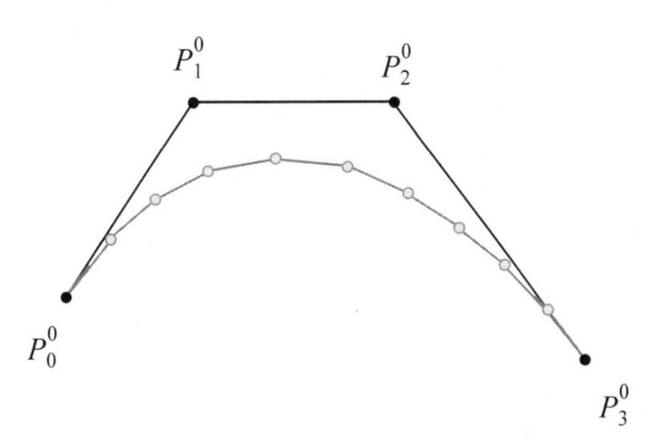

图 7-10　多段直线表示曲线

4. n 次 Bezier 曲线

给定空间 $n+1$ 个控制点 $P_i(i=0,1,2,\cdots,n)$ 及参数 t，de Casteljau 递推算法表述为

$$P_i^r(t)=(1-t)P_i^{r-1}(t)+tP_{i+1}^{r-1}(t) \tag{7-8}$$

式中，$r=1,2,\cdots,n;i=0,1,\cdots,n-r;t\in[0,1]$；$r$ 为递推次数，$P_i^0=P_i$。

de Casteljau 算法递推出的 P_i^r 呈直角三角形，图 7-11 所示为 $r=3$ 的 de Casteljau 递推三角形。de Casteljau 已经证明，当 $r=n$ 时，$P_0^r(t)$是 Bezier 曲线上参数为 t 的点。

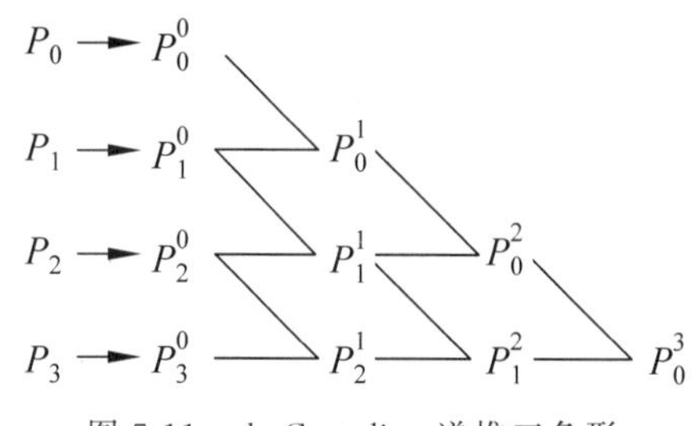

图 7-11　de Casteljau 递推三角形

说明：de Casteljau 的汉语音译为德卡斯特里奥。

7.2.3　Bezier 曲线的性质

一段 n 次 Bezier 曲线可表示为 $n+1$ 个控制点的加权和，权即是 Bernstein 基函数，因此 Bernstein 基函数的性质决定了 Bezier 曲线的性质。

1. 端点性质

在闭区间[0,1]内，当 $t=0$ 时，$p(0)=P_0$；当 $t=1$ 时，$p(1)=P_n$。说明 Bezier 曲线的首末端点分别位于控制多边形的起点 P_0 和终点 P_n 上。

2. 端点切矢

对 Bezier 曲线求导，有

$$p'(t)=n\sum_{i=0}^{n-1}P_i(B_{i-1,n-1}(t)-B_{i,n-1}(t))=n\sum_{i=1}^{n-1}(P_i-P_{i-1})B_{i-1,n-1}(t),\quad t\in[0,1]$$

代入 $t=0$ 和 $t=1$，有

$$p'(0)=n(P_1-P_0),p'(1)=n(P_n-P_{n-1})\tag{7-9}$$

这说明 Bezier 曲线的首末端点的一阶导矢分别位于控制多边形的起始边和终止边的切线方向上，模长是其 n 倍。三次 Bezier 曲线的端点性质与一阶导矢如图 7-12 所示。

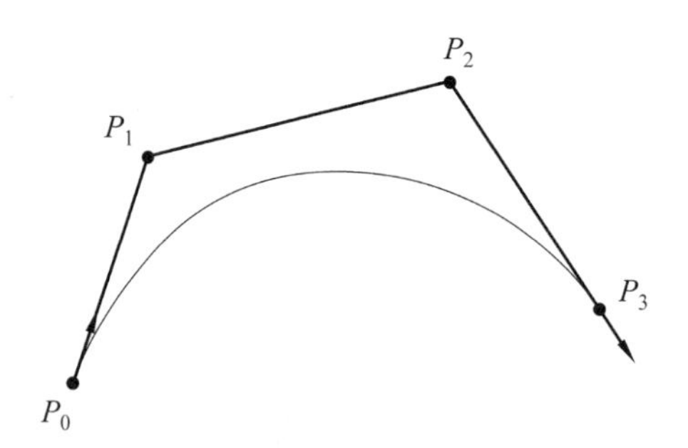

图 7-12　端点性质与一阶导数

更进一步的结论：

$$p''(0)=n(n-1)((P_2-P_1)-(P_1-P_0))$$

$$p''(1)=n(n-1)((P_n-P_{n-1})-(P_{n-1}-P_{n-2}))$$

这说明 Bezier 曲线在首末端点的二阶导矢分别取决于最开始的 3 个控制点和最后的 3 个控制点。事实上，r 阶导矢只与$(r+1)$个相邻控制点有关，与其余控制点无关。

3. 对称性

由基函数的对称性可得

$$\sum_{i=0}^{n} P_i B_{i,n}(t)=\sum_{i=0}^{n} P_{n-i} B_{n-i,n}(1-t),\quad t\in[0,1] \tag{7-10}$$

这说明保持 n 次 Bezier 曲线的控制顶点位置不变，而把次序颠倒过来，即下标为 i 的控制点 P_i 改为下标为 n-i 的控制点 P_{n-i}，构造出的新 Bezier 曲线与原 Bezier 曲线形状相同，但走向相反。这说明，Bezier 曲线在起点处有什么样的性质，在终点处也有相同的性质，如图 7-13 所示。

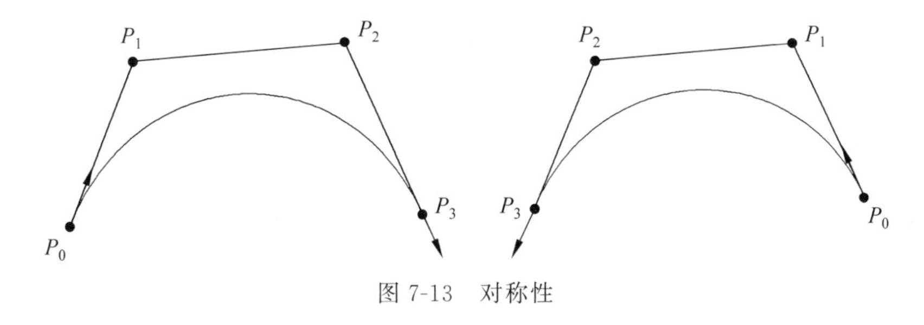

图 7-13　对称性

4. 凸包性质

由 Bernstein 基函数的正性和权性可知，在闭区间[0,1]内，$B_{i,n}(t)\geqslant 0$，而且 $\sum_{i=0}^{n} B_{i,n}(t)\equiv 1$。这说明 Bezier 曲线位于控制多边形构成的凸包之内，而且永远不会超出凸包的范围，如图 7-14 所示。

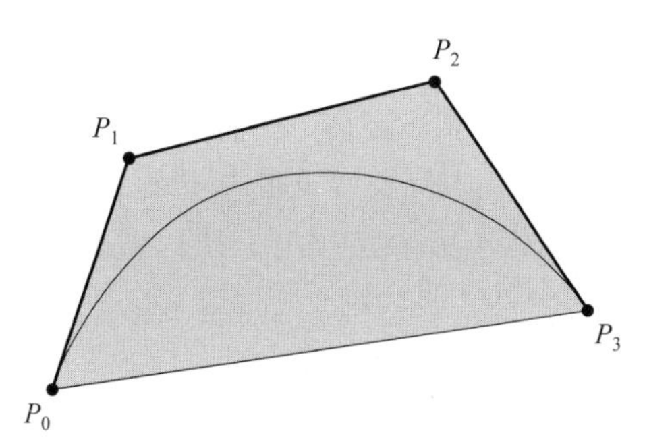

图 7-14　凸包性

5. 几何不变性

Bezier 曲线的位置和形状与控制多边形的顶点 $P_i(i=0,1,2,\cdots,n)$的位置有关，而不依赖于坐标系的选择。

6. 仿射不变性

对 Bezier 曲线所做的任意仿射变换，相当于先对控制多边形顶点做变换，再根据变换后的控制多边形顶点绘制 Bezier 曲线，如图 7-15 所示。对于仿射变换 T，有

$$T[p(t)] = \sum_{i=0}^{n} T[P_i]B_{i,n}(t) \tag{7-11}$$

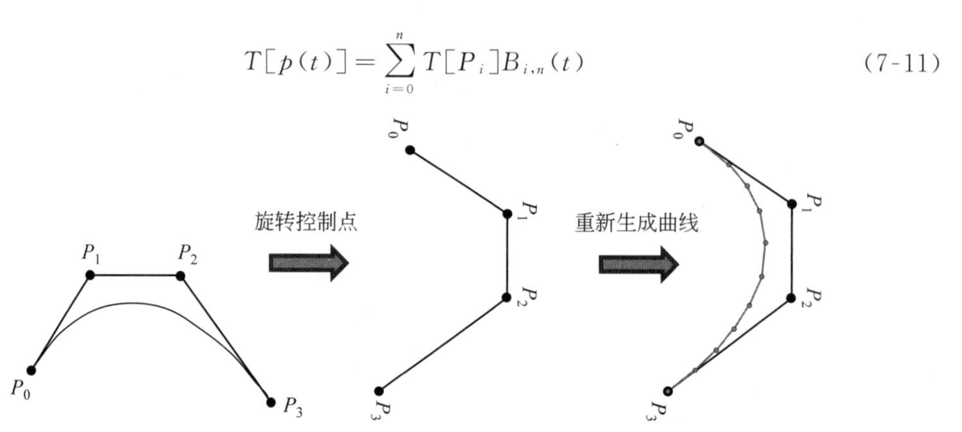

图 7-15　对控制点实施仿射变换

7. 变差缩减性

如果控制多边形是一个平面图形,则平面内的任意直线与 Bezier 曲线的交点个数不多于该直线与控制多边形的交点个数,这称为变差缩减性,如图 7-16 所示。这个性质意味着如果控制多边形没有摆动,那么曲线也不会摆动,也就是说 Bezier 曲线比控制多边形的折线更加光滑。

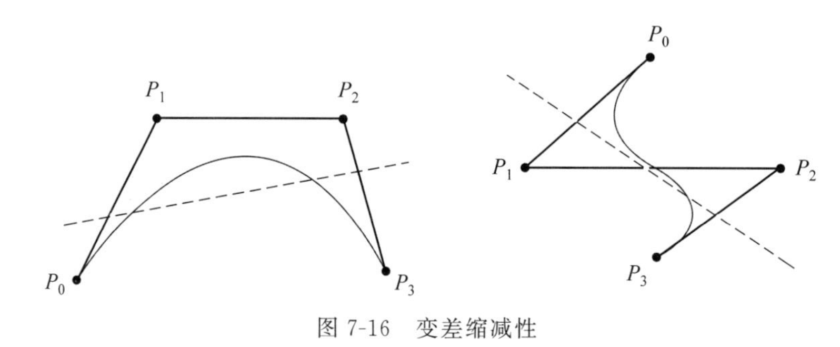

图 7-16　变差缩减性

总之,Bezier 曲线由控制多边形唯一定义。控制多边形的第一个顶点和最后一个顶点位于曲线上。控制多边形的第一条边和最后一条边表示了曲线在起点和终点的切向量方向,其他顶点则用于定义曲线的导数、阶次和形状。曲线的形状趋近于控制多边形的形状,改变控制多边形的顶点位置就会改变曲线的形状。

7.2.4　Bezier 曲线的拼接

对于工程中的复杂曲线,需要将多段三次 Bezier 曲线拼接起来进行拟合,并在结合处光滑过渡。这种曲线称为组合 Bezier 曲线(composite bezier curve)。图 7-17 是用组合 Bezier 曲线设计的字体。图 7-18 是由四段组合曲线定义的 Bezier 多边形(beziergon)。空心点为 Bezier 多边形的顶点。实心控制点的位置决定了 Bezier 多边形的形状。右侧的控制手柄拼接出的是光滑曲线,左侧的控制手柄拼接出的是包含尖点的曲线。

图 7-17　Bezier 字体

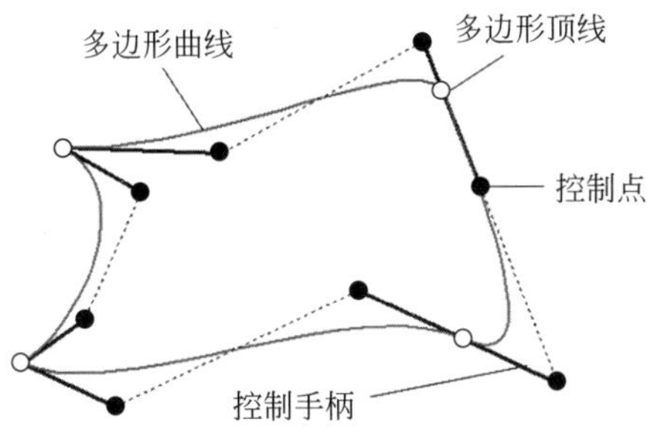

图 7-18　Bezier 多边形

假设两段三次 Bezier 曲线分别为 $p(t)$和 $q(t)$，控制点分别为 P_0、P_1、P_2、P_3 和 Q_0、Q_1、Q_2、Q_3。如果光滑拼接两段三次 Bezier 曲线，则要求 P_2、$Q_0(P_3)$和 Q_1 三点共线，且 P_2 和 Q_1 位于 $Q_0(P_3)$的两侧。假如图形闭合，也要求 P_1、$P_0(Q_3)$和 Q_2 三点共线，且 P_1 和 Q_2 位于 $P_0(Q_3)$的两侧。图 7-19 所示为拼接两段三次 Bezier 曲线 $p(t)$和 $q(t)$ 而成的曲线，可以看成是壶嘴轮廓线，参见图 7-20 所示的茶壶壶嘴。

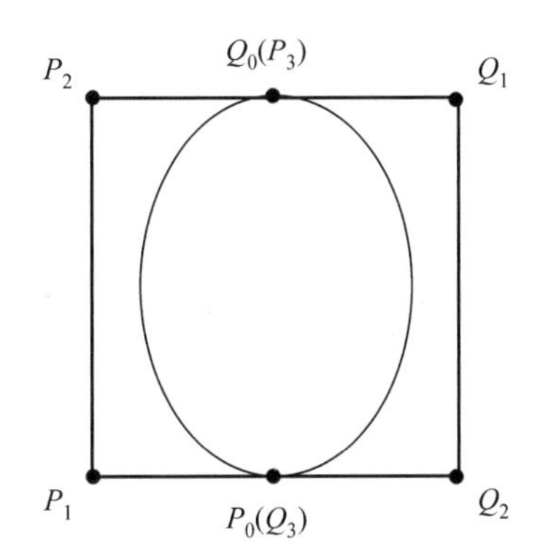

图 7-19　两段三次 Bezier 曲线的拼接

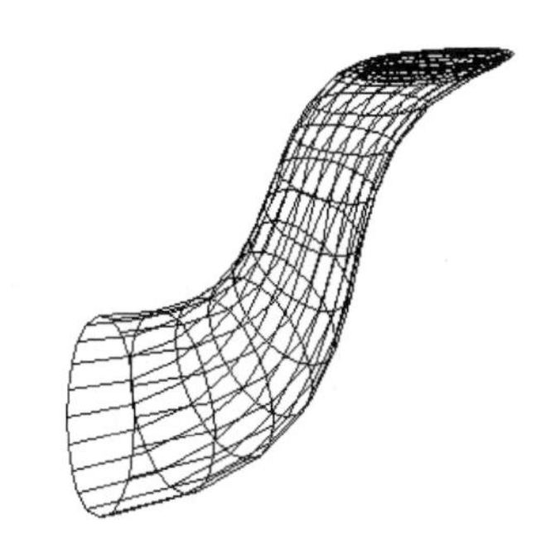
图 7-20　茶壶壶嘴视图

当一段三次 Bezier 曲线满足一定条件时，可模拟 1 /4 单位圆弧，如图 7-21 所示。假定，$P_0^0(P_0)$的坐标为(0,1)，$P_1^0(P_1)$的坐标为$(m,1)$，$P_2^0(P_2)$的坐标为$(1,m)$，$P_3^0(P_3)$的坐标为(1,0)。有两种方法计算 m。

第一种方法：根据 de Casteljau 递推算法，由于 P_0^1 是 P_0^0 点和 P_1^0 的中点，所以取 $t=\frac{1}{2}$，则 P_0^1 的坐标为$\left(\frac{m}{2},1\right)$。同理，$P_2^1$ 的坐标为$\left(1,\frac{m}{2}\right)$。$P_1^1$ 是 P_1^0 和 P_2^0 的中点，由于 P_1^0 的坐标为$(m,1)$，P_2^0 的坐标为$(1,m)$，所以坐标为$\left(\frac{m+1}{2},\frac{m+1}{2}\right)$。采用类似的方法，进行计算下一级细分。$P_0^2$ 的坐标为$\left(\frac{2m+1}{4},\frac{m+3}{4}\right)$，$P_1^2$ 的坐标为$\left(\frac{m+3}{4},\frac{2m+1}{4}\right)$。$P_0^3$ 点为 P_0^2 和 P_1^2 的中点坐标，坐标为$\left(\frac{3m+4}{8},\frac{3m+4}{8}\right)$。同时，$P_0^3$ 点又是 1/4 圆弧上的中点。对于单位圆，1/4 圆的中点坐标为$\left(\frac{\sqrt{2}}{2},\frac{\sqrt{2}}{2}\right)$。由$\frac{3m+4}{8}=\frac{\sqrt{2}}{2}$，容易得到 $m=\frac{4(\sqrt{2}-1)}{3}\approx 0.5523$。

第二种方法：$p(t)=(1-t)^3P_0+3t(1-t)^2P_1+3t^2(1-t)P_2+t^3P_3$。对于圆弧中点，$t=0.5$，则

$$p\left(\frac{1}{2}\right)=\frac{1}{8}P_0+\frac{3}{8}P_1+\frac{3}{8}P_2+\frac{1}{8}P_3=\frac{\sqrt{2}}{2}$$

将控制点的 x 坐标代入，解方程得

$$\frac{0}{8}+\frac{3m}{8}+\frac{3}{8}+\frac{1}{8}=\frac{\sqrt{2}}{2}$$

同样解得 $m\approx0.5523$，m 常被称为魔术常数。图 7-22 所示为使用四段三次 Bezier 曲线拼接的圆，并绘制了控制多边形，可以看出共需要 12 个控制点 $P_0\sim P_{11}$。需要说明的是三次 Bezier 曲线不能精确地表示圆弧，只是用魔术常数控制了曲线的弯曲程度，所绘制的只是一个近似圆。只有使用四段有理二次 Bezier 曲线，才可以精确表示圆。

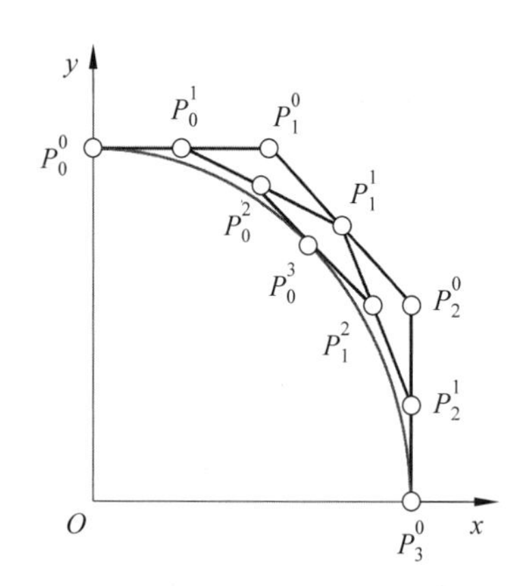

图 7-21　一段三次 Bezier 曲线模拟 1/4 圆弧

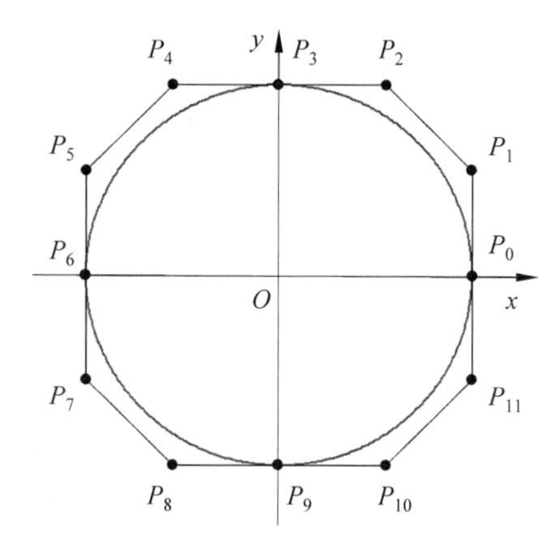

图 7-22　四段三次 Bezier 曲线拼接圆

7.3　Bezier 曲面

曲面是由曲线拓广而来，以 u 和 v 方向两组正交的曲线编织生成曲面，称为双参数曲面片(bivariate patch)。采用这种方式定义的曲面片称为张量积曲面(tensor product surface)。

设在一 u 参数分割：$u_0<u_1<\cdots<u_m$ 上定义了一组以 u 为变量的基函数 $f_i(u)(i=0,1,\cdots,m)$，在一 v 参数分割：$0<v_0<v_1<\cdots<v_n<1$ 上定义了一组以 v 为变量的基函数 $g_j(v)(j=0,1,\cdots,n)$，加权参数 a_{ij} 在几何上被设计为两个方向上的 $m\times n$ 网格，张量积曲面为

$$s(u,v)=\begin{bmatrix}f_0(u) & f_1(u) & \cdots & f_m(u)\end{bmatrix}\begin{bmatrix}a_{00} & a_{01} & \cdots & a_{0n}\\ a_{10} & a_{11} & \cdots & a_{1n}\\ \vdots & \vdots & \ddots & \vdots\\ a_{m0} & a_{m1} & \cdots & a_{mn}\end{bmatrix}\begin{bmatrix}g_0(v)\\ g_1(v)\\ \vdots\\ g_n(v)\end{bmatrix}$$

或写成

$$s(u,v)=\sum_{i=0}^{m}\sum_{j=0}^{n}a_{ij}f_i(u)g_j(v)$$

在张量积曲面的映射中，(u,v)平面上的定义域是正方形。图7-23中，$p_{u0}(v)$和$p_{v0}(u)$是等参数曲线，二者的交点$s(u_0,v_0)$位于曲面上。张量积方法可将曲面问题简化为曲线问题来处理，给编程实现带来很大的方便。曲面绘制的一般方法是：先沿着一个方向运用曲线算法对张量积曲面系数的每一行（或列）进行处理，然后再沿另一个方向对所得结果的每一列（或行）进行处理。张量积采用的是“线动成面”原理，在两个方向上均采用曲线的处理方式，这是CAGD中应用最广泛的一类曲面生成方法。

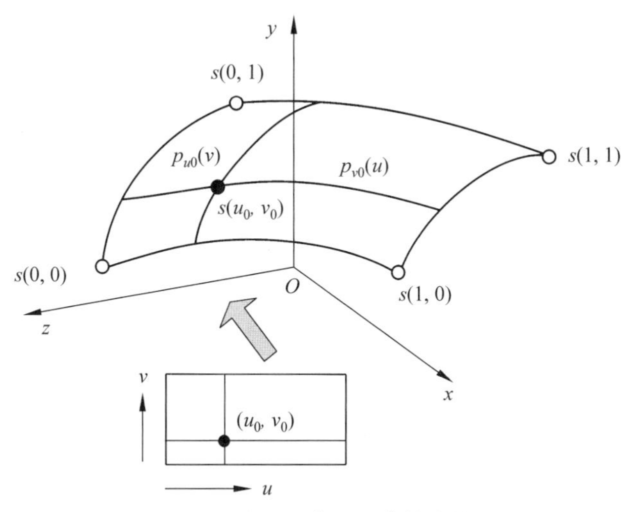

图7-23　张量积曲面及其等参数线

双参数曲面片中最常用的是双三次曲面片，通过拼接多片双三次曲面，可以构造出物体的复杂曲面。

7.3.1　曲面片的定义

双三次Bezier曲面片(bicubic bezier patch)由两组三次Bezier曲线编织而成。控制网格由16个控制点构成，如图7-24所示，定义如下

$$s(u,v)=\sum_{i=0}^{3}\sum_{j=0}^{3}P_{i,j}B_{i,3}(u)B_{j,3}(v),\qquad (u,v)\in[0,1]\times[0,1] \tag{7-12}$$

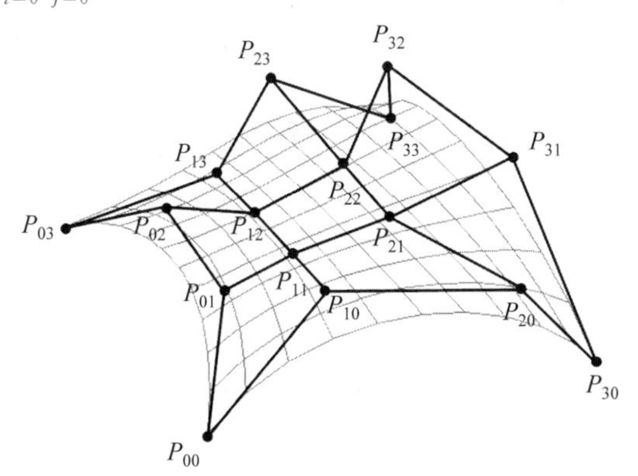

图7-24　双三次Bezier曲面片

式中，$P_{i,j}(i=0,1,2,3;j=0,1,2,3)$是 $4\times4=16$ 个控制点。$B_{i,3}(u)$和 $B_{j,3}(v)$是三次 Bernstein 基函数。

$$\begin{cases}B_{0,3}(u)=-u^3+3u^2-3u+1\\B_{1,3}(u)=3u^3-6u^2+3u\\B_{2,3}(u)=-3u^3+3u^2\\B_{3,3}(u)=u^3\end{cases},\quad\begin{cases}B_{0,3}(v)=-v^3+3v^2-3v+1\\B_{1,3}(v)=3v^3-6v^2+3v\\B_{2,3}(v)=-3v^3+3v^2\\B_{3,3}(v)=v^3\end{cases}\tag{7-13}$$

将式(7-13)代入式(7-12)得到

$$s(u,v)=[u^3\quad u^2\quad u\quad 1]\cdot\begin{bmatrix}-1&3&-3&1\\3&-6&3&0\\-3&3&0&0\\1&0&0&0\end{bmatrix}\cdot\begin{bmatrix}P_{0,0}&P_{0,1}&P_{0,2}&P_{0,3}\\P_{1,0}&P_{1,1}&P_{1,2}&P_{1,3}\\P_{2,0}&P_{2,1}&P_{2,2}&P_{2,3}\\P_{3,0}&P_{3,1}&P_{3,2}&P_{3,3}\end{bmatrix}\cdot\begin{bmatrix}-1&3&-3&1\\3&-6&3&0\\-3&3&0&0\\1&0&0&0\end{bmatrix}\begin{bmatrix}v^3\\v^2\\v\\1\end{bmatrix}\tag{7-14}$$

令 $\boldsymbol{U}=[u^3\quad u^2\quad u\quad 1]$，$\boldsymbol{V}=[v^3\quad v^2\quad v\quad 1]$，$\boldsymbol{M}=\begin{bmatrix}-1&3&-3&1\\3&-6&3&0\\-3&3&0&0\\1&0&0&0\end{bmatrix}$，

$$\boldsymbol{P}=\begin{bmatrix}P_{0,0}&P_{0,1}&P_{0,2}&P_{0,3}\\P_{1,0}&P_{1,1}&P_{1,2}&P_{1,3}\\P_{2,0}&P_{2,1}&P_{2,2}&P_{2,3}\\P_{3,0}&P_{3,1}&P_{3,2}&P_{3,3}\end{bmatrix}$$

则有

$$s(u,v)=\boldsymbol{UMPM}^{\mathrm{T}}\boldsymbol{V}^{\mathrm{T}}\tag{7-15}$$

式中，系数 $\boldsymbol{M}$ 为对称矩阵，即 $\boldsymbol{M}^{\mathrm{T}}=\boldsymbol{M}$。

双三次 Bezier 曲面从本质上说是一个“弯曲的四边形”，只有 4 个控制点位于曲面上，其余 12 个控制点用于调整曲面的形状。生成曲面时可以通过先固定 u，变化 v 得到一簇 Bezier 曲线；然后固定 v，变化 u 得到另一簇 Bezier 曲线，两簇曲线交织生成 Bezier 曲面。绘制出一片双三次 Bezier 曲面，分为以下步骤：

(1) $\boldsymbol{P}$ 矩阵左乘 $\boldsymbol{M}$ 矩阵，乘积仍然存储在 $\boldsymbol{P}$ 矩阵里面，公式变为 $s(u,v)=\boldsymbol{UPM}^{\mathrm{T}}\boldsymbol{V}^{\mathrm{T}}$

(2) $\boldsymbol{P}$ 矩阵右乘 $\boldsymbol{M}^{\mathrm{T}}$ 矩阵，乘积仍然存储在 $\boldsymbol{P}$ 矩阵里面，公式变为 $s(u,v)=\boldsymbol{UPV}^{\mathrm{T}}$

(3) $\boldsymbol{P}$ 矩阵左乘行矩阵 $\boldsymbol{U}$，右乘列矩阵 $\boldsymbol{V}^{\mathrm{T}}$，得到曲面上的当前点 $s(u,v)$。

7.3.2 细分曲面片

使用 u、v 线来编织曲面，只给出网格线的交点坐标，并没有定义四边形网格。在对曲面进行着色时，需要对曲面进行细分，进一步给出四边形网格的定义。

1. 均匀细分

如果取 u、v 方向的步长均为 0.1，则有 11 条 u 向线和 11 条 v 向线。细分双三次 Bezier

曲面片为 100 个小平面四边形，如图 7-25 所示。

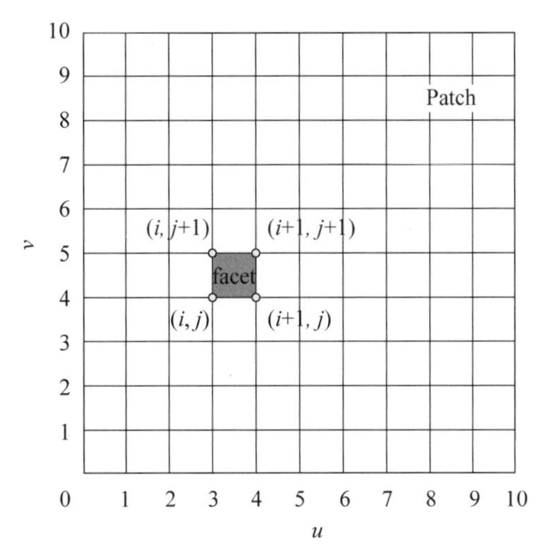

图 7-25　用 100 个平面四边形近似表示曲面

2. 递归细分

使用四叉树递归划分法也可以对曲面片进行细分，如图 7-26 所示。一个简单的递归策略是均匀分割，即将所有曲面分割到相同的层次，这可以通过预先设定递归深度来实现。当子曲面达到规定的递归深度时，可以用小平面四边形来代替曲面四边形。注意，曲面递归细分是通过对 u、v 参数的定义域细分，从而导致对曲面的细分，如图 7-27 所示。

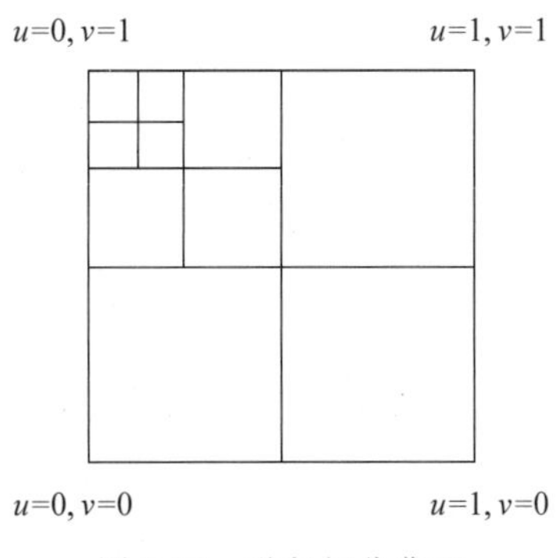

图 7-26　递归细分曲面

3. 曲面片的法向量

假定曲面片上的点为 $s(u_0, v_0)$，该点的切向量为曲面的偏导数 $\left.\frac{\partial s(u,v)}{\partial u}\right|_{\substack{u=u_0\\v=v_0}}$，$\left.\frac{\partial s(u,v)}{\partial v}\right|_{\substack{u=u_0\\v=v_0}}$。该点处的法向量为 $\left.\frac{\partial s(u,v)}{\partial u}\right|_{\substack{u=u_0\\v=v_0}} \times \left.\frac{\partial s(u,v)}{\partial v}\right|_{\substack{u=u_0\\v=v_0}}$，如图 7-28 所示。

对式(7-15)求偏导，双三次 Bezier 曲面片的切向量为

$$s'_u(u,v) = [3u^2 \quad 2u \quad 1 \quad 0]\boldsymbol{MPM}^{\mathrm{T}}\boldsymbol{V}^{\mathrm{T}} \tag{7-16}$$

$$s'_v(u,v) = \boldsymbol{UMPM}^{\mathrm{T}}[3v^2 \quad 2v \quad 1 \quad 0]^{\mathrm{T}} \tag{7-17}$$

双三次 Bezier 曲面片的法向量为

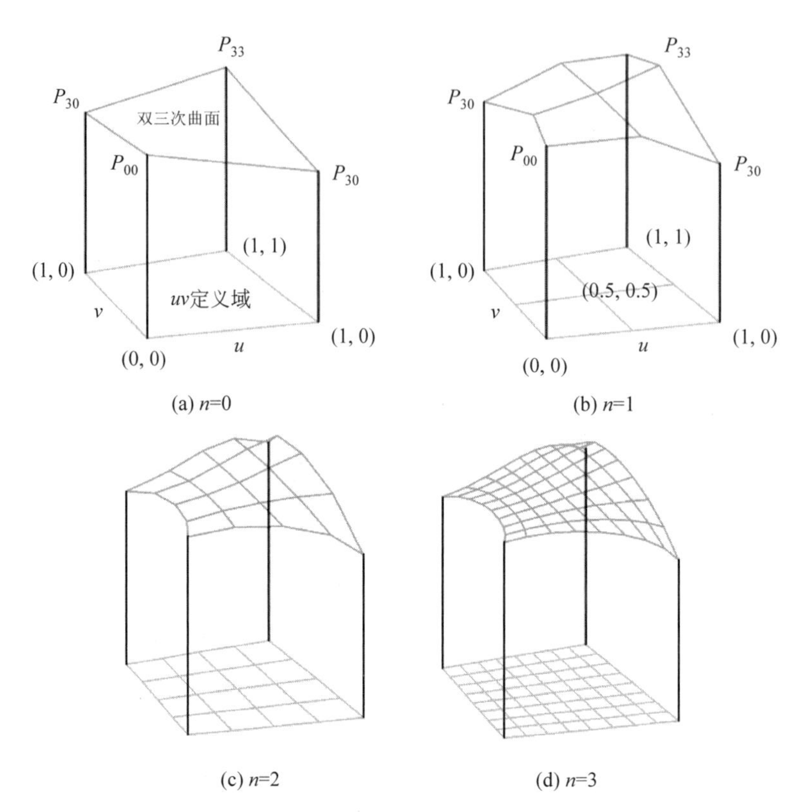

图 7-27　定义域的细分引起曲面的细分

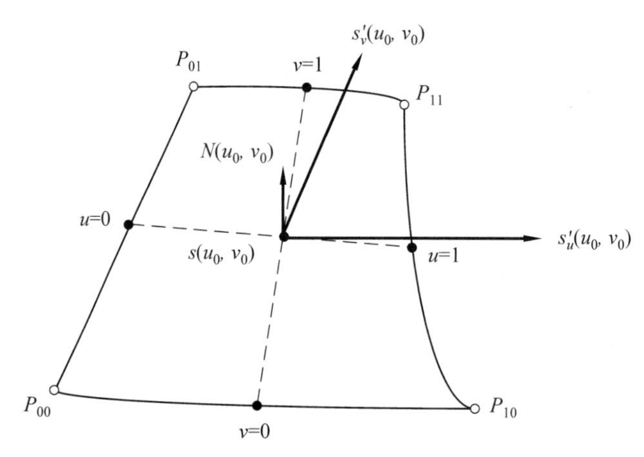

图 7-28　计算曲面片的切向量与法向量

$$\mathbf{N}=s'_u(u,v)\times s'_v(u,v) \tag{7-18}$$

说明：对于球体的南北极或者茶壶的壶盖中点和壶底中心，法向量为零，需要使用位置向量来代替。

7.3.3 双三次 Bezier 曲面片的应用

1. 球体

球体分为 8 个卦限,每个卦限的球体可以用一片双三次 Bezier 曲面片逼近。第一卦限的 Bezier 曲面片如图 7-29 所示,共需 13 个控制点(北极点有 4 个重点)。容易计算出,构造完整球体共需至少 62 个控制点。8 片双三次 Bezier 曲面可以拼接一个完整球体,如图 7-30 所示。

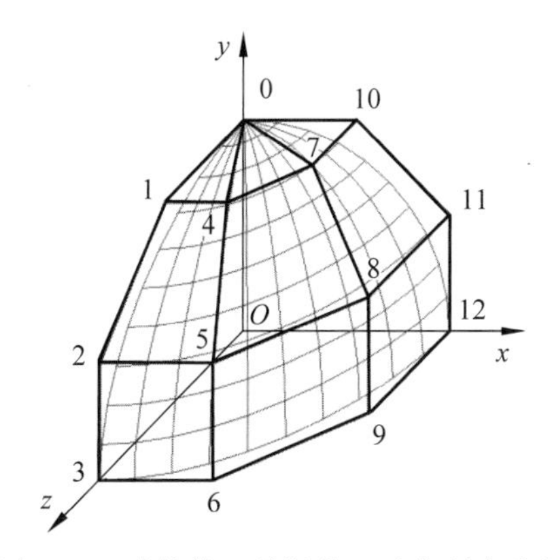

图 7-29　球体第一卦限曲面片控制点编号

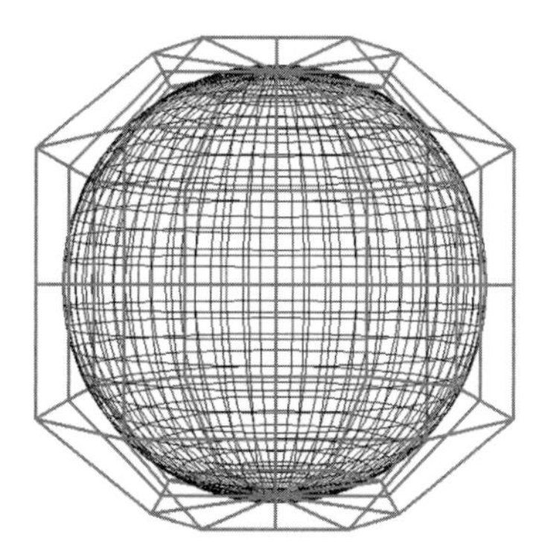

图 7-30　球体及控制多边形的透视投影图

2. 回转体

许多物体是轴对称图形,可以使用回转法建模。选一条曲线作为母线,绕回转轴旋转一圈而生成回转体。母线可以是光滑拼接的一段或多段 Bezier 曲线。假设母线是一段三次 Bezier 曲线,且位于 xOy 平面内的 x 轴正向,则回转体由 4 片双三次 Bezier 曲面片构成,如图 7-31 所示。由于每片曲面有 16 个控制点,该回转体共计有 48 个控制点。特别地,可以通过设计曲线来用回转法生成上下半球,如图 7-32 所示。再举一个例子,使用 4 段三次 Bezier 曲线拼接一个偏置圆,偏置圆绕 y 轴回转一圈,构造出一个圆环,如图 7-33 所示。

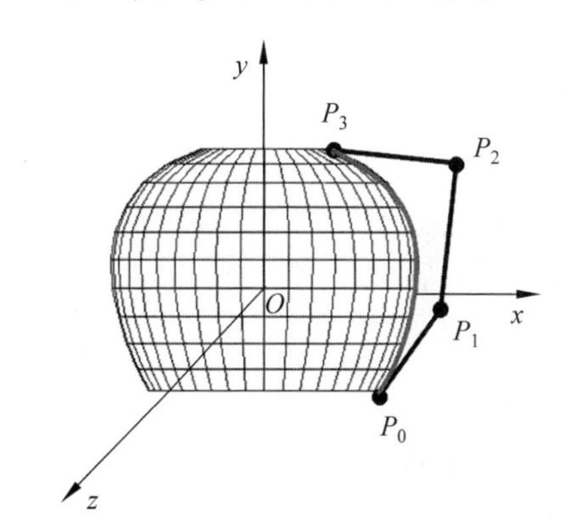

图 7-31　一段三次 Bezier 曲线生成回转体

3. Utah 茶壶

犹他茶壶(Utah teapot)由美国犹他大学(University of Utah)的 Newell 发明。犹他茶壶是计算机界广泛采用的标准参考对象。1975 年,Newell 使用网格纸绘制了茶壶的草图,

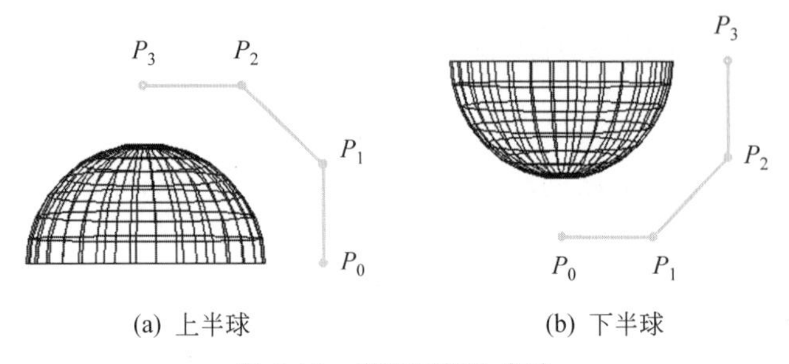

(a) 上半球　　(b) 下半球

图 7-32　半圆回转为半球

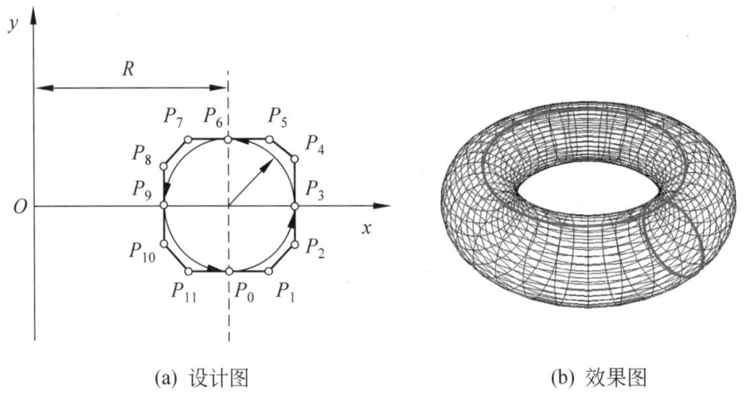

(a) 设计图　　(b) 效果图

图 7-33　偏置圆回转为圆环

估算了三次 Bezier 曲线的控制点位置，使用 Parscal 语言编程制作了犹他茶壶三维模型。图 7-34 所示为保存在美国 California 州的计算机历史博物馆内的茶壶原型。

犹他茶壶由壶边（rim）、壶体（body）、壶柄（handle）、壶嘴（spout）、壶盖（lid）和壶底（bottom）6 部分组成，如图 7-35 所示。1987 年 1 月，Frank Crow 在 IEEE 杂志 Computer Graphics & Application 上发表了 *Displays on Display* 一文，公布了茶壶几何模型数据。完整的犹他茶壶由 32 个双三次 Bezier 曲面片组成，控制点总数为 306 个。读者可以看出真实茶壶要高于虚拟茶壶，为此 Blinn 解释说："这是因为课题组将茶壶高度 y 乘以 0.75，并认为这样好看"[36]。

图 7-34　犹他茶壶原型

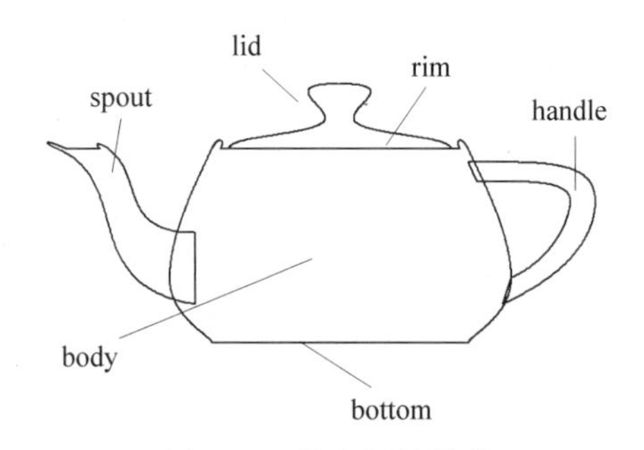

图 7-35　茶壶部件说明

基于该文给出的数据，使用 CBicubicBezierPatch 类定义双三次 Bezier 曲面片，绘制的犹他茶壶透视投影效果如图 7-36 所示。

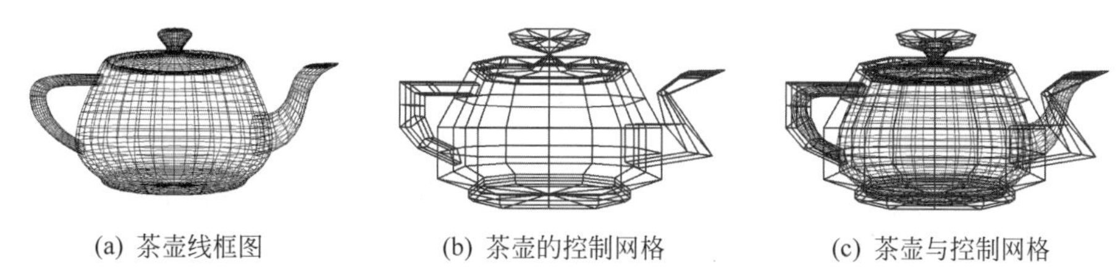

(a) 茶壶线框图　　(b) 茶壶的控制网格　　(c) 茶壶与控制网格

图 7-36　双三次 Bezier 曲面片拼接的犹他茶壶

许多软件中，如 OpenGL，只要输入 teapot，输出的一定是犹他茶壶。作为紫砂壶大国，笔者已经取得了西施壶、石瓢壶、大亨壶、秦权壶、汉铎壶等三维壶体的软件著作权。为了测量紫砂壶的曲面轮廓线，开发了三次 Bezier 曲线的测量工具，根据轮廓曲线形状可以反求 Bezier 曲线的控制点。西施壶测量过程及效果如图 7-37 所示。顾景舟大师制作的石瓢壶是紫砂壶中经典款式，笔者数字化后绘制效果如图 7-38 所示。

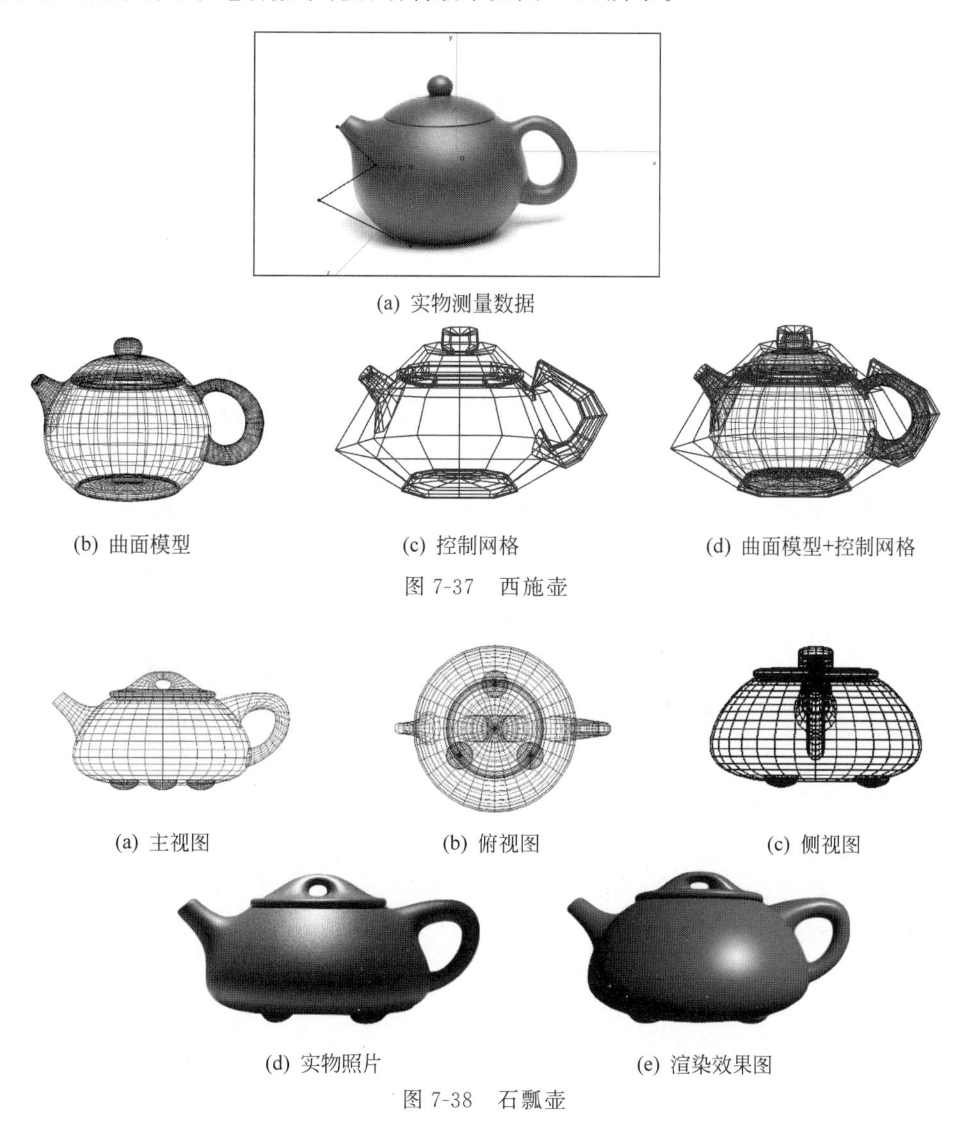

(a) 实物测量数据

(b) 曲面模型　　(c) 控制网格　　(d) 曲面模型+控制网格

图 7-37　西施壶

(a) 主视图　　(b) 俯视图　　(c) 侧视图

(d) 实物照片　　(e) 渲染效果图

图 7-38　石瓢壶

* 7.4 B 样条曲线

Bezier 曲线虽然有许多优点，但也存在不足之处：其一，给定控制点个数为 $n+1$，就确定了曲线的次数为 n；其二，控制多边形与曲线的逼近程度较差，次数越高，逼进程度越差；其三，曲线不能局部修改，调整某一控制点会影响到整条曲线，原因是 Bernstein 基函数在整个区间[0,1]内有支撑，所以曲线在区间内任何一点的值都受到所有控制点的影响，改变任何控制点的位置，将会引起整条曲线形状的改变；其四，Bezier 曲线的拼接比较复杂。为了解决上述问题，Gordon 和 Riesenfeld 于 1972 年用 B 样条基函数取代了 Bernstein 基函数，构造了 B 样条曲线。虽然 B 样条曲线形式上与 Bezier 曲线有类似的表达式，但本质上却有较大的区别。B 样条曲线比 Bezier 曲线更贴近控制多边形，曲线更加光滑，多项式的次数可根据需要而指定。除此之外，B 样条曲线的突出优点是增加了对曲线的局部修改功能，因为 B 样条曲线是分段构成的，所以控制点对曲线形状的控制灵活而直观。修改某一控制点只引起与该控制点相邻的曲线形状发生变化，远处的曲线形状不受影响。这种优点使得 B 样条广泛应用于交互式自由曲线曲面设计。

7.4.1 B 样条曲线定义

B 样条曲线的数学定义为

$$p(t)=\sum_{i=0}^{n}P_iF_{i,k}(t) \tag{7-19}$$

式中，$P_i(i=0,1,\cdots,n)$为 $n+1$ 个控制顶点。由控制顶点顺序连成的折线称为 B 样条控制多边形。B 样条曲线方程中 $n+1$ 个控制点 $P_i(i=0,1,\cdots,n)$要用到 $n+1$ 个 k 次 B 样条基函数 $F_{i,k}(t)$ $(i=0,1,\cdots,n)$，B 样条基函数 $F_{i,k}(t)$ 是由一个称为节点向量的非递减的参数 t 的序列 $\boldsymbol{T}$：$t_0\leqslant t_1\leqslant\cdots\leqslant t_{n+k+1}$所决定的 k 次分段多项式，这种将 $n+1$ 个控制顶点 P_i 与定义在节点向量 $\boldsymbol{T}$ 上的 $n+1$ 个 k 次基函数 $F_{i,k}(t)$进行线性组合，得到的曲线称为 k 次 B 样条曲线。

1. B 样条基函数

B 样条基函数是多项式样条空间具有最小支撑的一组基函数，故被称之为基本样条(basis spline)，简称为 B 样条(b-spline)。目前，B 样条基函数有多种等价定义，但使用最普遍、最有效的是 de Boor-Cox 递推公式。

$$\begin{cases}F_{i,0}(t)=\begin{cases}1, & t_i\leqslant t<t_{i+1}\\ 0, & \text{其他}\end{cases}\\ F_{i,k}(t)=\dfrac{t-t_i}{t_{i+k}-t_i}F_{i,k-1}(t)+\dfrac{t_{i+k+1}-t}{t_{i+k+1}-t_{i+1}}F_{i+1,k-1}(t)\\ 0, \quad \text{约定}\dfrac{0}{0}=0\end{cases} \tag{7-20}$$

基函数 $F_{i,k}(t)$ 具有双下标，i 表示序号，取值范围为 $0,1,\cdots,n$；k 表示次数。从式中可以看出，若确定第 i 个 k 次 B 样条基函数 $F_{i,k}(t)$，需要用到 $t_i,t_{i+1},\cdots,t_{i+k},t_{i+k+1}$共 $k+2$ 个节点(knot)。$F_{i,k}(t)$ 的支撑区间为$[t_i,t_{i+k+1}]$。$F_{i,k}(t)$ 的第一下标等于其支撑区间

左端节点的下标，表示 B 样条在参数 t 轴上的位置。

公式解释如下：当 $k=0$ 时，$F_{i,0}(t)$ 是一个平台函数，它在半区间 $t\in[t_i, t_{i+1}]$ 外都为 0；当 $k>0$ 时，$F_{i,k}(t)$ 是两个 $k-1$ 次基函数的线性组合。

1）零次 B 样条

当 $k=0$ 时，由式(7-20)可以直接给出零次 B 样条

$$F_{i,0}(t)=\begin{cases}1, & t_i\leqslant t<t_{i+1}\\ 0, & \text{其他}\end{cases} \tag{7-21}$$

可以看出，零次 B 样条基函数 $F_{i,0}(t)$ 在其定义区间上的形状为一水平直线段，它只在一个区间 $[t_i, t_{i+1})$ 非零，在其他子区间均为零。$F_{i,0}(t)$ 称为平台函数，如图 7-39 所示。

2）一次 B 样条

由式(7-21)的 $F_{i,0}(t)$，移位得到

$$F_{i+1,0}(t)=\begin{cases}1, & t_{i+1}\leqslant t<t_{i+2}\\ 0, & \text{其他}\end{cases} \tag{7-22}$$

当 $k=1$ 时，一次 B 样条基函数 $F_{i,1}(t)$ 是由两个零次 B 样条基函数 $F_{i,0}(t)$ 和 $F_{i+1,0}(t)$ 递推得到的。即

$$F_{i,1}(t)=\frac{t-t_i}{t_{i+1}-t_i}F_{i,0}(t)+\frac{t_{i+2}-t}{t_{i+2}-t_{i+1}}F_{i+1,0}(t) \tag{7-23}$$

于是得到

$$F_{i,1}(t)=\begin{cases}\dfrac{t-t_i}{t_{i+1}-t_i}, & t_i\leqslant t<t_{i+1}\\ \dfrac{t_{i+2}-t}{t_{i+2}-t_{i+1}}, & t_{i+1}\leqslant t<t_{i+2}\\ 0, & \text{其他}\end{cases} \tag{7-24}$$

$F_{i,1}(t)$ 只在两个子区间 $[t_i, t_{i+1})$ 和 $[t_{i+1}, t_{i+2})$ 上非零，且各段均为参数 t 的一次多项式。$F_{i,1}(t)$ 的形状如山形，故又称为山形函数，如图 7-40 所示。

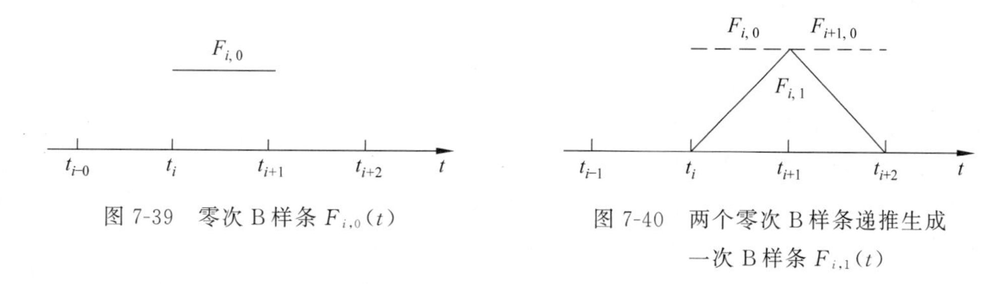

图 7-39　零次 B 样条 $F_{i,0}(t)$

图 7-40　两个零次 B 样条递推生成一次 B 样条 $F_{i,1}(t)$

3）二次 B 样条

由式(7-24)的 $F_{i,1}(t)$，移位得到

$$F_{i+1,1}(t)=\begin{cases}\dfrac{t-t_{i+1}}{t_{i+2}-t_{i+1}}, & t_{i+1}\leqslant t<t_{i+2}\\ \dfrac{t_{i+3}-t}{t_{i+3}-t_{i+2}}, & t_{i+2}\leqslant t<t_{i+3}\\ 0, & \text{其他}\end{cases} \tag{7-25}$$

由两个一次 B 样条基函数 $F_{i,1}(t)$和 $F_{i+1,1}(t)$递推，得到二次 B 样条基函数 $F_{i,2}(t)$如下

$$F_{i,2}(t)=\begin{cases}\dfrac{t-t_i}{t_{i+2}-t_i}\cdot\dfrac{t-t_i}{t_{i+1}-t_i}, & t_i\leqslant t<t_{i+1}\\ \dfrac{t-t_i}{t_{i+2}-t_i}\cdot\dfrac{t_{i+2}-t}{t_{i+2}-t_{i+1}}+\dfrac{t_{i+3}-t}{t_{i+3}-t_{i+1}}\cdot\dfrac{t-t_{i+1}}{t_{i+2}-t_{i+1}}, & t_{i+1}\leqslant t<t_{i+2}\\ \dfrac{(t_{i+3}-t)^2}{(t_{i+3}-t_{i+1})(t_{i+3}-t_{i+2})}, & t_{i+2}\leqslant t<t_{i+3}\\ 0, & \text{其他}\end{cases}\tag{7-26}$$

图 7-41 中，$F_{i,2}(t)$ 只在 3 个子区间$[t_i,t_{i+1})$，$[t_{i+1},t_{i+2})$，$[t_{i+2},t_{i+3})$上非零，其他区间全为零。

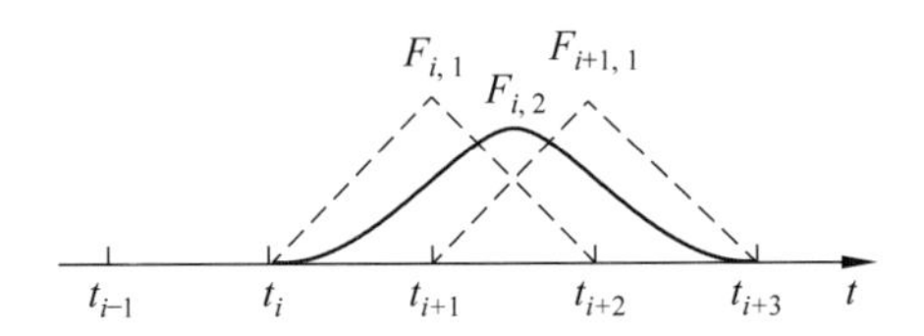

图 7-41　两个一次 B 样条递推生成二次 B 样条 $F_{i,2}(t)$

同理，由两个二次 B 样条基函数 $F_{i,2}(t)$和 $F_{i+1,2}(t)$递推，得到三次 B 样条基函数 $F_{i,3}(t)$。三次 B 样条在 4 个子区间$[t_i,t_{i+1})$，$[t_{i+1},t_{i+2})$，$[t_{i+2},t_{i+3})$，$[t_{i+3},t_{i+4})$上非零，如图 7-42 所示，支撑区间为$[t_i,t_{i+4})$。

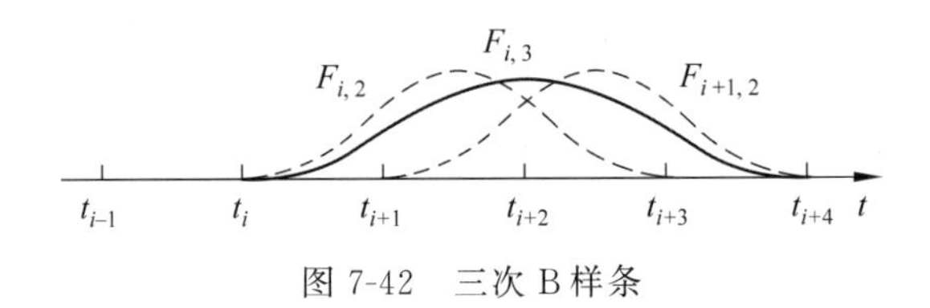

图 7-42　三次 B 样条

按照控制点与基函数一一对应的规律，若有 $n+1$ 个控制点，则有 $n+1$ 个基函数。$F_{i,k}(t)$的支撑区间所含节点的并集为 $\boldsymbol{T}=[t_0,t_1,\cdots,t_{n+k+1}]$。$\boldsymbol{T}$ 称为定义这一组 B 样条基函数的节点向量。由 de Boor-Cox 递推定义可知，从零次 B 样条基函数开始递推，可得到任意次数的 B 样条基函数。这种递推方法既适合于等距节点，也适合于非等距节点。

2. B 样条曲线的定义域

究竟如何选取节点向量的取值范围并确定 B 样条曲线的定义域呢？给定 $n+1$ 个控制点 $P_i(i=0,1,\cdots,n)$，相应地要求有 $n+1$ 个 B 样条基函数 $F_{i,k}(t)$ 来定义一段 k 次 B 样条曲线。这 $n+1$ 个 k 次 B 样条由节点向量 $\boldsymbol{T}=[t_0,t_1,\cdots,t_{n+k+1}]$所决定。然而，并非节点向量所包含的 $n+k+1$ 个区间都位于该曲线的定义域，其中两端的各 k 个节点区间，就不能作为 B 样条曲线的定义区间。因此，高于零次的 k 次 B 样条曲线的定义域为

$$t\in[t_k,t_{n+1}]$$

显然，k 次 B 样条曲线的定义域共含有 $n+1-k$ 个节点区间（包含零长度的节点区间），若其中不含重节点，则对应的 B 样条曲线包含 $n+1-k$ 段。定义域两侧各 k 个节点区间上的那些 B 样条因为规范性不成立，不能构成基函数组。例如，用 5 个控制点定义两段三次 B 样条曲线，如图 7-43 所示。因为，$n=4$，$k=3$。所以，$t\in[t_3,t_5]$。$n+k+1=8$，节

点向量为 $\boldsymbol{T}=[t_0,t_1,t_2,t_3,t_4,t_5,t_6,t_7,t_8]$。基函数与节点对应关系见表 7-1。定义域如图 7-44 阴影部分所示。

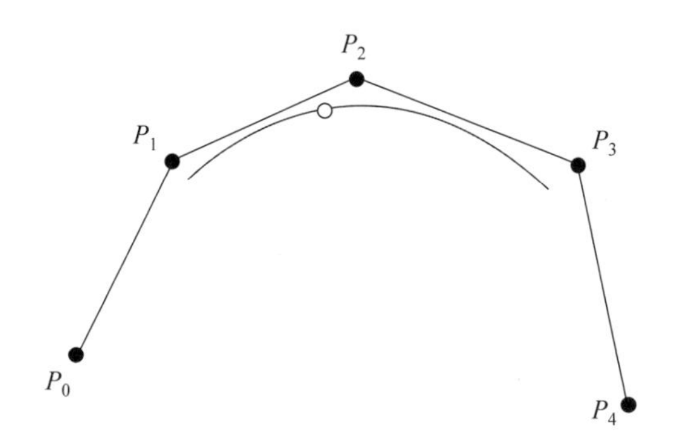

图 7-43　两段三次 B 样条曲线

表 7-1　基函数与节点对应关系

$F_{i,k}(t)$	节　　点	第一段曲线	第二段曲线
$F_{0,3}(t)$	t_0,t_1,t_2,t_3,t_4	√	
$F_{1,3}(t)$	t_1,t_2,t_3,t_4,t_5	√	√
$F_{2,3}(t)$	t_2,t_3,t_4,t_5,t_6	√	√
$F_{3,3}(t)$	t_3,t_4,t_5,t_6,t_7	√	√
$F_{4,3}(t)$	t_4,t_5,t_6,t_7,t_8		√

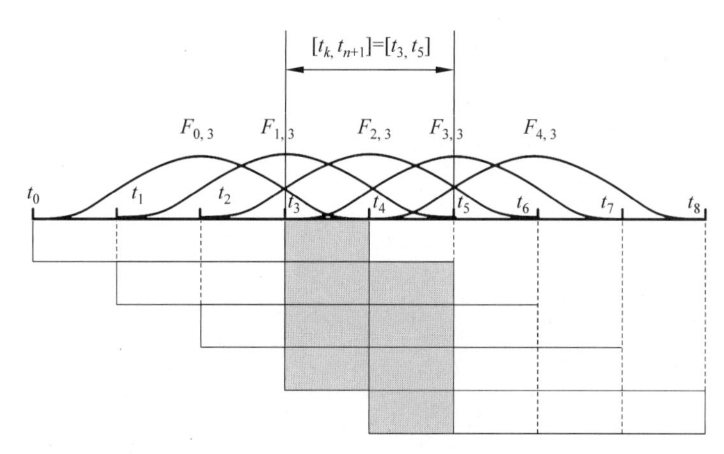

图 7-44　三次 B 样条曲线定义域

3. B 样条曲线的局部性质

k 次 B 样条曲线上一点至多与 $k+1$ 个控制点有关，与其他控制点无关；移动该曲线上的第 i 个控制点，至多将影响到第 i 个 k 次 B 样条的支撑区间 $[t_i,t_{i+k+1}]$ 上那部分曲线的形状，对曲线的其余部分不产生影响。

4. B 样条曲线的分类

按照节点向量中节点的分布情况的不同，B 样条曲线划分为两大类型：均匀 B 样条曲线(uniform B-spline curve)和非均匀B样条曲线(non-uniform B-spline curve)。均匀B样条曲线的节点向量沿参数轴均匀或等距分布,所有节点区间长度 $t_{i+1}-t_i=$常数>0,$i=0,1,\cdots,n+k$。例如 $\boldsymbol{T}=[-2,-1.5,-1,-0.5,0,0.5,1,1.5,2]$。不过,在大多数情况下,节点取0为起始点,1为间距的递增整数,如 $\boldsymbol{T}=[0,1,2,3,4,5,6,7,8]$;非均匀B样条曲线的节点向量任意分布,只要满足节点向量非递减、两端节点重复度小于等于 $k+1$、内节点重复度小于等于 k、节点个数为 $n+k+2$ 都可以选取。例如 $\boldsymbol{T}=[0,0,1,2,2,4,5,8,11,15]$。本章重点介绍均匀B样条曲线曲面,以下简称为B样条曲线曲面。

5. B样条曲线的规范化

均匀B样条的基函数呈周期性。由节点向量决定的均匀B样条基函数在定义域内各个节点区间上都具有相同的形状。每个后续基函数仅是前面基函数在新位置上的重复

$$F_{i,k}(t)=F_{i+1,k}(t+\Delta t)=F_{i+2,k}(t+2\Delta t) \tag{7-27}$$

式中,Δt 是相邻节点值的间距,一般取 $\Delta t=1$。等价地,也可写为

$$F_{i,k}(t)=F_{0,k}(t-i\Delta t)=F_{0,k}(t-i) \tag{7-28}$$

为此,可将定义在每个节点区间 $[t_i,t_{i+1}]$ 上的B样条基函数,规范化到 $[0,1]$ 闭区间内表示。B样条曲线是分段曲线,$n+1$ 个控制点定义的 k 次B样条,实际上是 $n-k+1$ 段曲线的组合。

下面以二次均匀B样条曲线为例来说明基函数的计算方法。假定有4个控制点,取参数值 $n=3,k=2$,所以对应4个基函数 $F_{0,2}(t),F_{1,2}(t),F_{2,2}(t)$ 和 $F_{3,2}(t)$。由于 $n+k+1=6$,故节点向量 $\boldsymbol{T}=[t_0,t_1,\cdots,t_{n+k+1}]=[t_0,t_1,t_2,t_3,t_4,t_5,t_6]=[0,1,2,3,4,5,6]$。由 $t_0=0$,$t_i=i$,容易推出,$t-t_i=t-i$,$t_{i+k}-t_i=k$,$t_{i+k+1}-t=i+k+1-t$,$t_{i+k+1}-t_{i+1}=k$。根据de Boor-Cox递推定义,可得到基于该节点向量的B样条基函数的计算公式为

$$\begin{cases} F_{i,0}(t)=\begin{cases}1, & i\leqslant t<i+1\\ 0, & 其他\end{cases} \\ F_{i,k}(t)=\dfrac{t-i}{k}F_{i,k-1}(t)+\dfrac{i+k+1-t}{k}F_{i+1,k-1}(t)\end{cases} \tag{7-29}$$

1) 计算 $F_{0,2}(t)$

由式(7-29)和(7-28)可以计算出 $F_{0,k}(t)(k=0,1,2)$ 的基函数为

$$F_{0,0}(t)=\begin{cases}1, & 0\leqslant t<1\\ 0, & 其他\end{cases}$$

$$\begin{aligned} F_{0,1}(t)&=tF_{0,0}(t)+(2-t)F_{1,0}(t)=tF_{0,0}(t)+(2-t)F_{0,0}(t-1)\\ &=\begin{cases}t, & 0\leqslant t<1\\ 2-t, & 1\leqslant t<2\end{cases}\end{aligned}$$

$$\begin{aligned} F_{0,2}(t)&=\frac{t}{2}F_{0,1}(t)+\frac{3-t}{2}F_{1,1}(t)=\frac{t}{2}F_{0,1}(t)+\frac{3-t}{2}F_{0,1}(t-1)\\ &=\begin{cases}\dfrac{1}{2}t^2, & 0\leqslant t<1\\ \dfrac{1}{2}t(2-t)+\dfrac{1}{2}(3-t)(t-1), & 1\leqslant t<2\\ \dfrac{1}{2}(3-t)^2, & 2\leqslant t<3\end{cases}\end{aligned}$$

2) 计算 $F_{1,2}(t)$、$F_{2,2}(t)$和 $F_{3,2}(t)$

根据式(7-28),分别用 $t-1$,$t-2$,$t-3$ 代替 $F_{0,2}(t)$中的 t,得到基函数 $F_{1,2}(t)$,$F_{2,2}(t)$和 $F_{3,2}(t)$

$$F_{1,2}(t)=\begin{cases}\dfrac{1}{2}(t-1)^2, & 1\leqslant t<2\\ \dfrac{1}{2}(t-1)(3-t)+\dfrac{1}{2}(4-t)(t-2), & 2\leqslant t<3\\ \dfrac{1}{2}(4-t)^2, & 3\leqslant t<4\end{cases}$$

$$F_{2,2}(t)=\begin{cases}\dfrac{1}{2}(t-2)^2, & 2\leqslant t<3\\ \dfrac{1}{2}(t-2)(4-t)+\dfrac{1}{2}(5-t)(t-3), & 3\leqslant t<4\\ \dfrac{1}{2}(5-t)^2, & 4\leqslant t<5\end{cases}$$

$$F_{3,2}(t)=\begin{cases}\dfrac{1}{2}(t-3)^2, & 3\leqslant t<4\\ \dfrac{1}{2}(t-3)(5-t)+\dfrac{1}{2}(6-t)(t-4), & 4\leqslant t<5\\ \dfrac{1}{2}(6-t)^2, & 5\leqslant t<6\end{cases}$$

基于该节点向量定义的 4 段二次均匀 B 样条基函数如图 7-45 所示。可以看出,每个基函数 $F_{i,k}(t)$均定义在 $t\in[t_i,t_{i+k+1}]$的区间上,由此决定了 B 样条曲线的局部控制特性:比如第一个控制点 P_0 仅与基函数 $F_{0,2}(t)$作乘法,因此改变 P_0 点只影响到曲线 $t=0$ 到 $t=3$ 处的形状;还可以看到,2 以下和 4 以上的节点区间不是所有的基函数都出现,而在 $t_k=2$到 $t_{n+1}=4$ 的区间上出现了所有的基函数,这说明均匀二次 B 样条曲线的定义域为 $t\in[t_k,t_{n+1}]=[t_2,t_4]=[2,4]$。

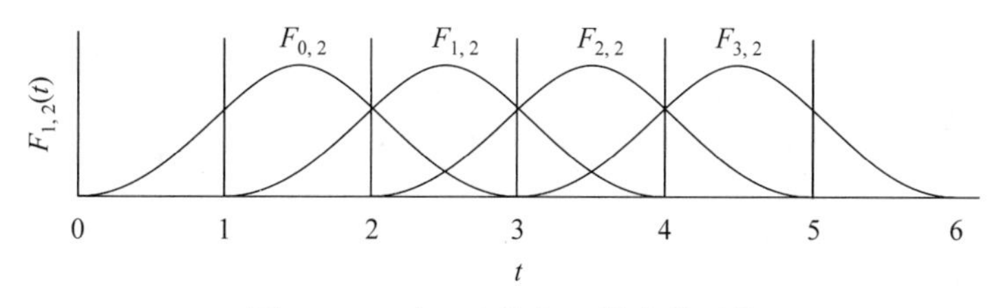

图 7-45　4 个二次均匀 B 样条基函数

7.4.2　二次 B 样条曲线

1. 规范化基函数

定义一段二次均匀 B 样条曲线至少需要 3 个控制点,则 $n=2$,$k=2$。假如给定节点向量 $\boldsymbol{T}=[t_0,t_1,\cdots,t_{n+k+1}]=(t_0,t_1,t_2,t_3,t_4,t_5)=(0,1,2,3,4,5)$,B 样条基函数如图 7-46 所示。

从图中可以看出,B 样条曲线的定义域为 $t\in[t_k,t_{n+1}]=[2,3]$,重叠基函数为

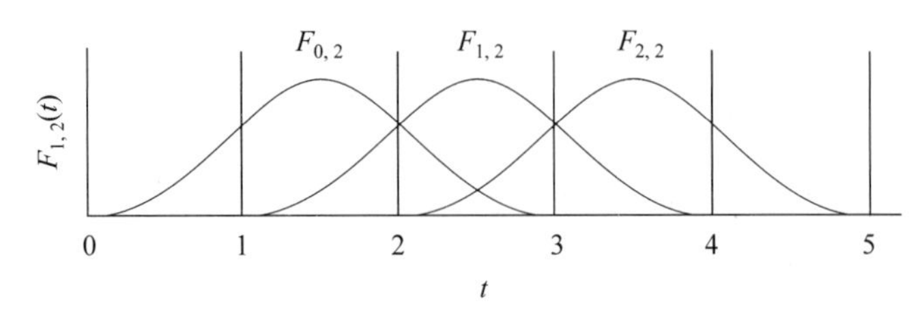

图 7-46　二次均匀 B 样条基函数

$$\begin{cases} F_{0,2}(t)=\dfrac{1}{2}(3-t)^2 \\ F_{1,2}(t)=\dfrac{1}{2}(t-1)(3-t)+\dfrac{1}{2}(4-t)(t-2), \quad t\in[2,3) \\ F_{2,2}(t)=\dfrac{1}{2}(t-2)^2 \end{cases} \tag{7-30}$$

将式(7-30)的 3 个基函数的参数区间从 $t\in[2,3]$规范为 $t\in[0,1]$，如图 7-47 所示。使用 min－max 归一化方法进行处理，min＝2，max＝3，$t_{\text{new}}=\dfrac{t_{\text{old}}-\min}{\max-\min}=t_{\text{old}}-2$。显然，$t_{\text{new}}\in[0,1]$。将 $t_{\text{old}}=t_{\text{new}}+2$ 代入式(7-30)，则基函数为

$$\begin{cases} F_{0,2}(t)=\dfrac{1}{2}(t-1)^2 \\ F_{1,2}(t)=\dfrac{1}{2}(-2t^2+2t+1), \quad t\in[0,1] \\ F_{2,2}(t)=\dfrac{1}{2}t^2 \end{cases} \tag{7-31}$$

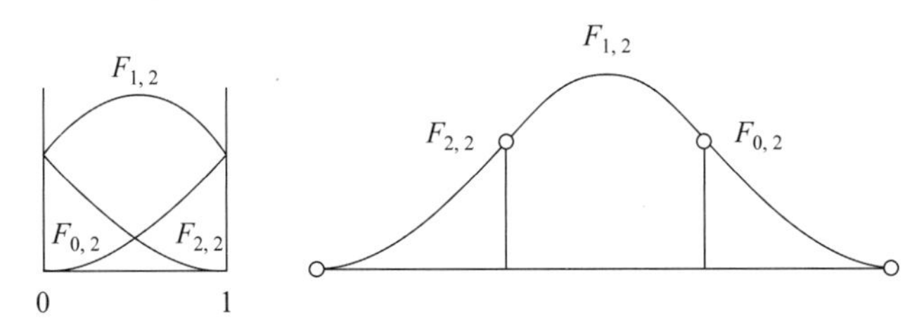

图 7-47　二次均匀 B 样条基函数及其展开图

2. 矩阵表示

将定义在每个节点区间$[t_i,t_{i+1}]$上用整体参数 t 表示的 B 样条基函数变换成局部参数 $t\in[0,1]$表示后，$n+1$ 个控制点的 k 次 B 样条曲线的分段表示可改写为

$$p(t)=\sum_{j=i-k}^{i}P_jF_{j,k}(t), \quad t\in[0,1];i=k,k+1,\cdots,n \tag{7-32}$$

可改写成矩阵形式为

$$p(t)=[t^k t^{k-1}\cdots 1]\,\boldsymbol{M}_k\begin{bmatrix} P_{i-k} \\ P_{i-k+1} \\ \vdots \\ P_i \end{bmatrix}, \quad t\in[0,1];i=k,k+1,\cdots,n \tag{7-33}$$

$n+1$ 个控制点的均匀二次 B 样条曲线矩阵表达式为

$$p(t)=\frac{1}{2}\begin{bmatrix}t^2 & t & 1\end{bmatrix}\begin{bmatrix}1 & -2 & 1\\ -2 & 2 & 0\\ 1 & 1 & 0\end{bmatrix}\begin{bmatrix}P_{i-2}\\ P_{i-1}\\ P_i\end{bmatrix}\quad t\in[0,1];i=2,3,\cdots,n \tag{7-34}$$

二次 B 样条基函数的系数矩阵 $\boldsymbol{M}_2$ 为

$$\boldsymbol{M}_2=\frac{1}{2}\begin{bmatrix}1 & -2 & 1\\ -2 & 2 & 0\\ 1 & 1 & 0\end{bmatrix}$$

二次 B 样条曲线的展开式为

$$p(t)=P_{i-2}F_{0,2}(t)+P_{i-1}F_{1,2}(t)+P_iF_{2,2}(t),(i=2,3,\cdots,n)$$

3. 几何意义

当 $n=2$ 时,控制点为 P_0、P_1 和 P_2。由式(7-34)可以得出一阶导数

$$p'(t)=\begin{bmatrix}t & 1\end{bmatrix}\begin{bmatrix}1 & -2 & 1\\ -1 & 1 & 0\end{bmatrix}\begin{bmatrix}P_0\\ P_1\\ P_2\end{bmatrix},\quad t\in[0,1] \tag{7-35}$$

将 $t=0$、$t=1$ 和 $t=1/2$ 分别代入式(7-34)和(7-35),可得

$$\begin{cases}p(0)=\dfrac{1}{2}(P_0+P_1)\\[2ex] p(1)=\dfrac{1}{2}(P_1+P_2)\end{cases}$$

$$\begin{cases}p'(0)=(P_1-P_0)\\ p'(1)=(P_2-P_1)\end{cases}$$

$$\begin{cases}p\left(\dfrac{1}{2}\right)=\dfrac{1}{8}P_0+\dfrac{3}{4}P_1+\dfrac{1}{8}P_2=\dfrac{1}{2}\left\{\dfrac{1}{2}[p(0)+p(1)]+P_1\right\}\\[2ex] p'\left(\dfrac{1}{2}\right)=\dfrac{1}{2}(P_2-P_0)=p(1)-p(0)\end{cases}$$

从图 7-48 可以看出,二次 B 样条曲线的起点 $p(0)$位于 P_0P_1 边的中点处,且其切向量 $\overrightarrow{P_0P_1}$沿 P_0P_1 边的走向;终点 $p(1)$位于 P_1P_2 边的中点处,且其切向量$\overrightarrow{P_1P_2}$沿 P_1P_2 边的走向;从图中还可以看出,$p(1/2)$正是 $p(0)$、P_1、$p(1)$三点所构成的三角形的中线 P_1P_m 的中点,而且 $p(1/2)$处的切线平行于两个端点的连线 $p(0)p(1)$。这样,3 个控制点 $P_0P_1P_2$ 确定一段二次 B 样条曲线,该曲线是一段抛物线。一般情况下,二次 B 样条曲线不经过控制点,曲线起点只与前两个控制点有关,终点只与后两个控制点有关。$n+1$ 个控制点定义 $n-1$ 段 2 次 B 样条曲线。由于在连接点处具有相同的切线方向,所以二次 B 样条曲线达到一阶连续性。

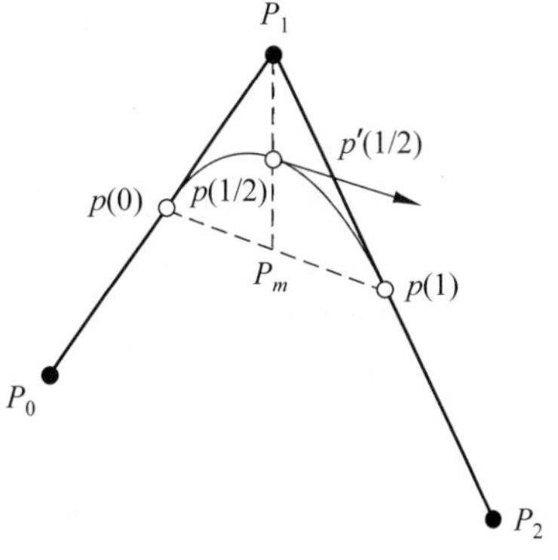

图 7-48　二次 B 样条曲线几何表示

7.4.3 三次B样条曲线

1. 规范化基函数

根据 de Boor-Cox 递推定义,可得到三次 B 样条基函数的计算公式

$$\begin{cases} F_{0,3}(t)=\dfrac{1}{6}(-t^3+3t^2-3t+1) \\ F_{1,3}(t)=\dfrac{1}{6}(3t^3-6t^2+4) \\ F_{2,3}(t)=\dfrac{1}{6}(-3t^3+3t^2+3t+1) \\ F_{3,3}(t)=\dfrac{1}{6}t^3 \end{cases} \tag{7-36}$$

这里,将 4 个三次 B 样条基函数全部规范化到 $t\in[0,1]$区间内表示,如图 7-49 所示。

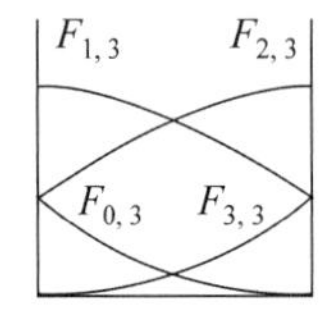

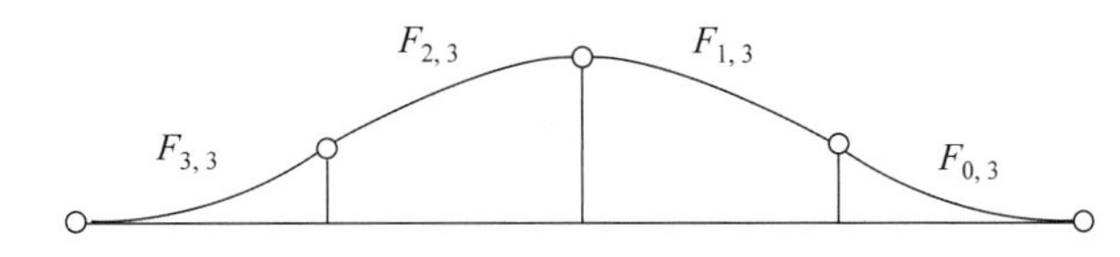

图 7-49 三次均匀 B 样条基函数及其展开图

2. 矩阵表示

三次 B 样条曲线矩阵形式为

$$p(t)=\frac{1}{6}[t^3\ t^2\ t\ 1]\begin{bmatrix}-1 & 3 & -3 & 1\\ 3 & -6 & 3 & 0\\ -3 & 0 & 3 & 0\\ 1 & 4 & 1 & 0\end{bmatrix}\begin{bmatrix}P_{i-3}\\ P_{i-2}\\ P_{i-1}\\ P_i\end{bmatrix} \tag{7-37}$$

式中,$t\in[0,1]$;$i=3,4,\cdots,n$。

三次 B 样条基函数的系数矩阵 $\boldsymbol{M}_3$ 为

$$\boldsymbol{M}_3=\frac{1}{6}\begin{bmatrix}-1 & 3 & -3 & 1\\ 3 & -6 & 3 & 0\\ -3 & 0 & 3 & 0\\ 1 & 4 & 1 & 0\end{bmatrix}$$

三次 B 样条曲线的分段参数表达式为

$$p(t)=P_{i-3}F_{0,3}(t)+P_{i-2}F_{1,3}(t)+P_{i-1}F_{2,3}(t)+P_iF_{3,3}(t),i=3,4,\cdots,n$$

3. 几何性质

当 $n=3$ 时,控制点为 P_0、P_1、P_2 和 P_3。由式(7-37)可以得出一阶导数和二阶导数

$$p'(t)=\frac{1}{2}[t^2\quad t\quad 1]\begin{bmatrix}-1 & 3 & -3 & 1\\ 2 & -4 & 2 & 0\\ -1 & 0 & 1 & 0\end{bmatrix}\begin{bmatrix}P_0\\ P_1\\ P_2\\ P_3\end{bmatrix},\quad t\in[0,1] \tag{7-38}$$

$$p''(t)=\begin{bmatrix} t & 1 \end{bmatrix}\begin{bmatrix} -1 & 3 & -3 & 1 \\ 1 & -2 & 1 & 0 \end{bmatrix}\begin{bmatrix} P_0 \\ P_1 \\ P_2 \\ P_3 \end{bmatrix},\quad t\in[0,1] \tag{7-39}$$

令$\begin{cases} P_m=\dfrac{P_0+P_2}{2} \\ P_n=\dfrac{P_1+P_3}{2} \end{cases}$,将 $t=0$ 和 $t=1$ 代入式(7-37)~式(7-39),可得

$$\begin{cases} p(0)=\dfrac{1}{6}(P_0+4P_1+P_2)=\dfrac{1}{3}\left(\dfrac{P_0+P_2}{2}\right)+\dfrac{2}{3}P_1=\dfrac{1}{3}P_m+\dfrac{2}{3}P_1 \\ p(1)=\dfrac{1}{6}(P_1+4P_2+P_3)=\dfrac{1}{3}\left(\dfrac{P_1+P_3}{2}\right)+\dfrac{2}{3}P_2=\dfrac{1}{3}P_n+\dfrac{2}{3}P_2 \end{cases}$$

$$\begin{cases} p'(0)=\dfrac{1}{2}(P_2-P_0) \\ p'(1)=\dfrac{1}{2}(P_3-P_1) \end{cases}$$

$$\begin{cases} p''(0)=P_0-2P_1+P_2=2\left(\dfrac{P_0+P_2}{2}-P_1\right)=2(P_m-P_1) \\ p''(1)=P_1-2P_2+P_3=2\left(\dfrac{P_1+P_3}{2}-P_2\right)=2(P_n-P_2) \end{cases}$$

从图 7-50 可以看出,三次 B 样条曲线的起点 $p(0)$位于$\triangle P_0P_1P_2$ 底边 P_0P_2 的中线 P_1P_m 上,且距 P_1 点三分之一处。该点处的切向量 $p'(0)$平行于$\triangle P_0P_1P_2$ 的底边 P_0P_2,且长度为其二分之一。该点处的二阶导数 $p''(0)$沿着中线向量$\overrightarrow{P_1P_m}$方向,长度等于$\overrightarrow{P_1P_m}$的两倍。曲线终点 $p(1)$位于$\triangle P_1P_2P_3$ 底边 P_1P_3 的中线 P_2P_n 上,且距 P_2 点三分之一处。该点处的切向量 $p'(1)$平行于$\triangle P_1P_2P_3$ 的底边 P_1P_3,且长度为其二分之一。该点处的二阶导数 $p''(1)$沿着中线向量$\overrightarrow{P_2P_n}$方向,长度等于$\overrightarrow{P_2P_n}$的两倍。这样,4 个顶点 $P_0P_1P_2P_3$ 确定一段三次 B 样条曲线。从图中还可以看出,一般情况下,三次 B 样条曲线不经过控制点,曲线起点 $p(0)$只与前 3 个控制点有关,曲线终点 $p(1)$只与后 3 个控制点有关。实际上,B 样条曲线都具有这种控制点的局部影响性,这正是 B 样条曲线可以局部调整的原因。$n+1$ 个控制点定义 $n-2$ 段三次 B 样条曲线。三次 B 样条曲线在连接点处可以达到二阶连续性。

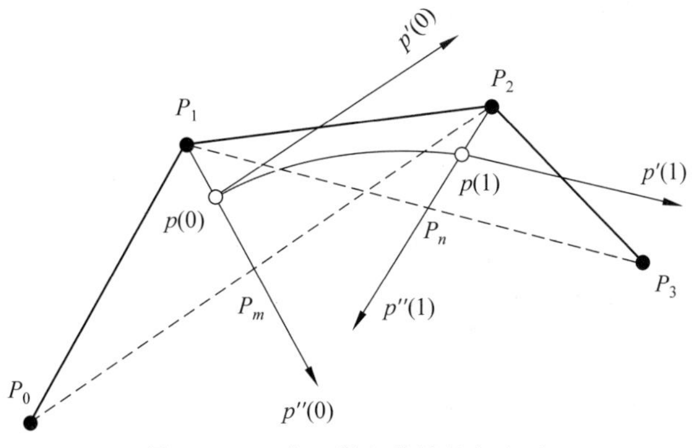

图 7-50　三次 B 样条曲线几何表示

7.4.4 B样条曲线的性质

1. 连续性

Bezier 曲线是整体生成的，而B样条曲线是分段生成的，各段之间自然连接。图 7-51 中，控制点 $P_iP_{i+1}P_{i+2}$ 确定第 i 段二次B样条曲线，$P_{i+1}P_{i+2}P_{i+3}$ 确定第 $i+1$ 段二次B样条曲线，第 $i+1$ 段曲线的起点切向量沿 $P_{i+1}P_{i+2}$ 边的走向，和第 i 段二次B样条曲线的终点切向量相等，两段B样条曲线实现自然连接。

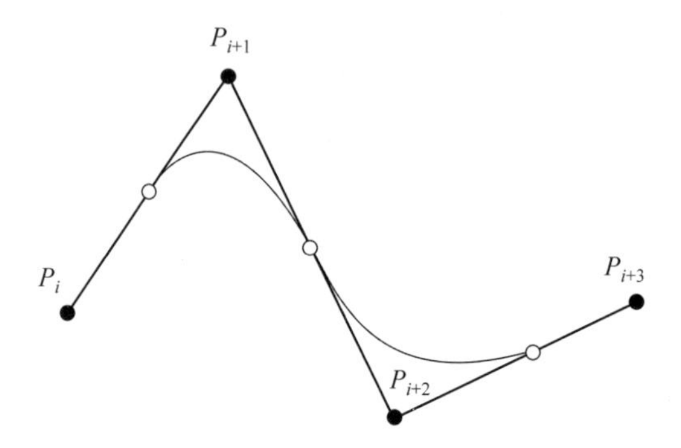

图 7-51　二次B样条曲线的连续性

图 7-52 中，控制点 $P_iP_{i+1}P_{i+2}P_{i+3}$ 确定第 i 段三次B样条曲线，如果再添加一个顶点 P_{i+4}，则 $P_{i+1}P_{i+2}P_{i+3}P_{i+4}$ 可以确定第 $i+1$ 段三次B样条曲线，而且第 $i+1$ 段三次B样条曲线的起点切向量、二阶导数和第 i 段三次B样条曲线的终点切向量和二阶导数相等，两段B样条曲线实现自然连接。

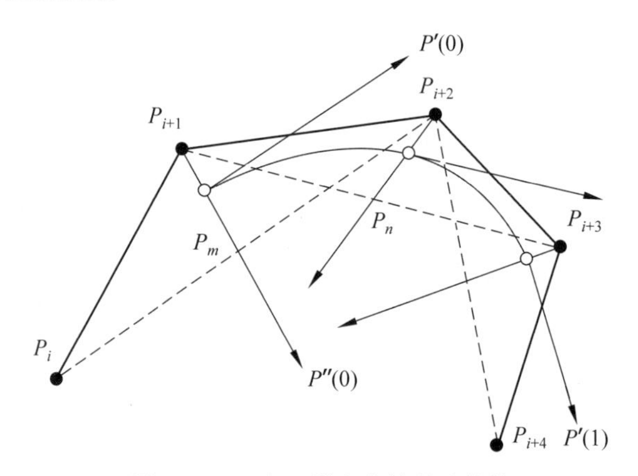

图 7-52　三次B样条曲线的连续性

2. 局部性质

图 7-53 所示的二次B样条曲线由 7 段曲线组成，需要 9 个控制点。在同样的控制点数下，如果绘制三次B样条曲线，则只能绘制 6 段，如图 7-54 所示。在B样条曲线中，k 次B样条曲线受 $k+1$ 个控制点影响，改变一个控制点的位置，最多影响到 $k+1$ 段曲线，其他部分曲线形状保持不变。例如，对于二次曲线，调整 P_5 点，受影响的曲线是标号为 4、5、6 的部分曲线段；对于三次曲线，如果同样调整 P_5 点，受影响的曲线是标号为 3、4、5、6 的部分

曲线段。在工程设计中经常需要对曲线进行局部修改,B样条曲线能很好地满足这一要求,这也是B样条曲线受欢迎的原因之一。

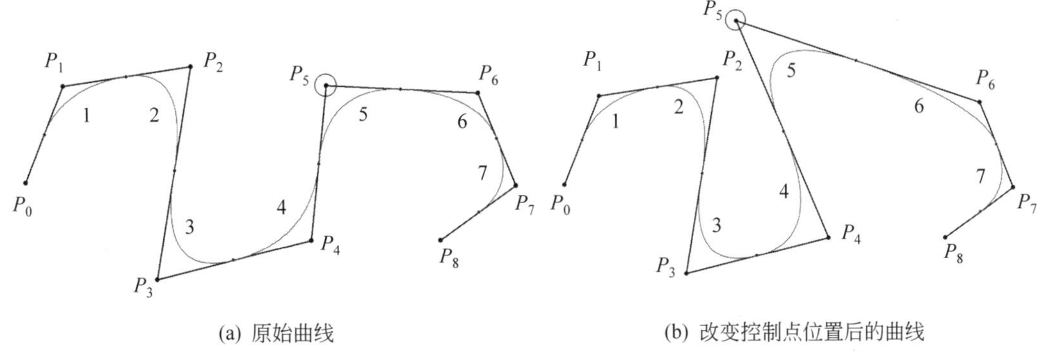

(a) 原始曲线　　(b) 改变控制点位置后的曲线

图 7-53　调整二次B样条曲线的一个控制点位置

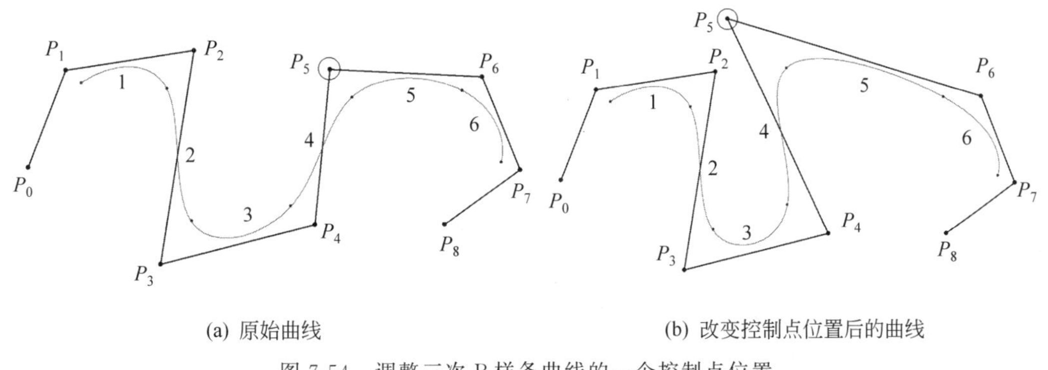

(a) 原始曲线　　(b) 改变控制点位置后的曲线

图 7-54　调整三次B样条曲线的一个控制点位置

7.4.5　构造特殊的三次B样条曲线的技巧

1. 二重顶点

当控制多边形的两个顶点重合时,例如 P_1 点和 P_2 点重合,$\triangle P_0P_1P_2$ 和 $\triangle P_1P_2P_3$ 退化为一段直线。曲线的起点位于距离重合点 P_1 的1/6处,切向量沿 P_0P_1 边走向,终点位于距离重合点 P_2 的1/6处,切向量沿 P_1P_2 边走向。因此,在曲线设计中,若要使B样条曲线与控制多边形的边相切,可使用二重点方法,如图7-55(a)所示。图7-55(b)中,如果在控制多边形的起始点和终止点处使用二重点技术,则曲线过控制多边形的起始点和终止点。二次B样条曲线退化为Bezier曲线。

2. 三重顶点

当控制多边形的3个顶点重合时,$\triangle P_1P_2P_3$ 退化为一点。所以第一段曲线的终点与第二段曲线的起点也重合在该点,并且一阶导数和二阶导数全部为0。从图形上看,出现了尖点。但由于该点的一阶导数和二阶导数都退化为0,曲线仍然是 C^2 连续。所以,要想在曲线中出现尖点,可使用三重点方法,如图7-56(a)所示。图7-56(b)中,使用三重点技术后,曲线过控制多边形的起始点和终止点。虽然曲线形状类似三次Bezier曲线,但是B样

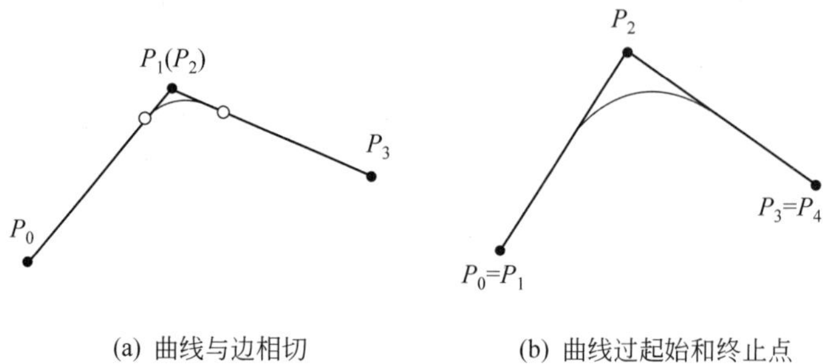

(a) 曲线与边相切　　(b) 曲线过起始和终止点

图 7-55　二重点

条曲线比 Bezier 曲线更贴近控制多边形。

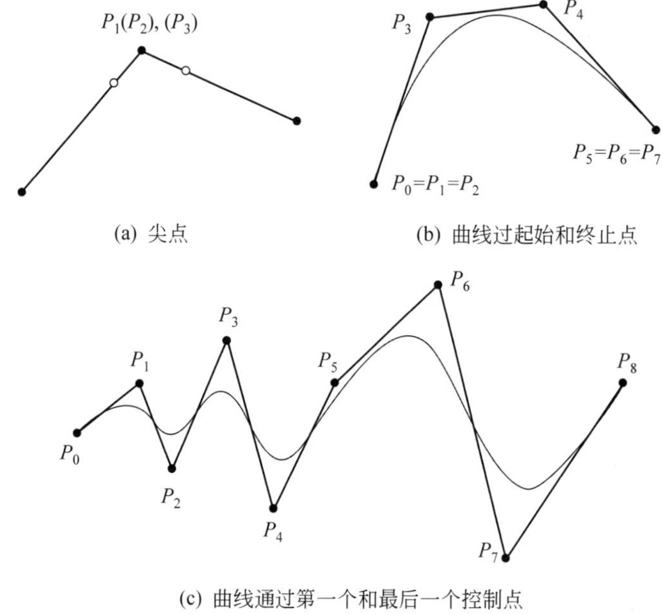

(a) 尖点　　(b) 曲线过起始和终止点

(c) 曲线通过第一个和最后一个控制点

图 7-56　三重点

3. 三顶点共线

当 3 个顶点共线时，$\triangle P_1P_2P_3$ 退化为一段直线。可用于处理两段弧的相接，如图 7-57 所示。

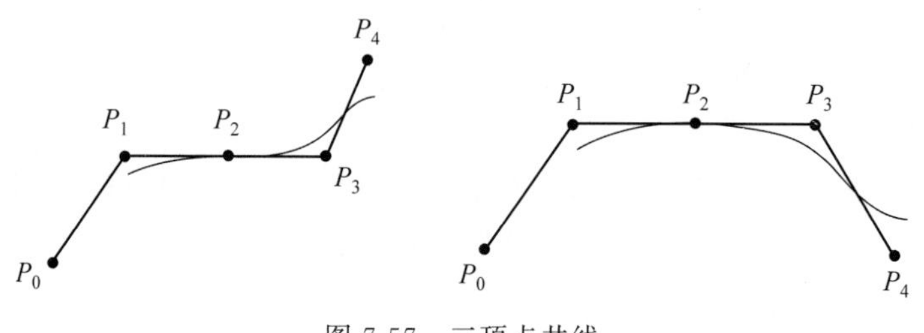

图 7-57　三顶点共线

4. 四顶点共线

当 4 个顶点共线时，控制多边形 $P_1P_2P_3P_4$ 退化为一段直线，相应的 B 样条曲线也退化为一段直线，可用于处理两段曲线之间嵌入一段直线的情况，如图 7-58 所示。

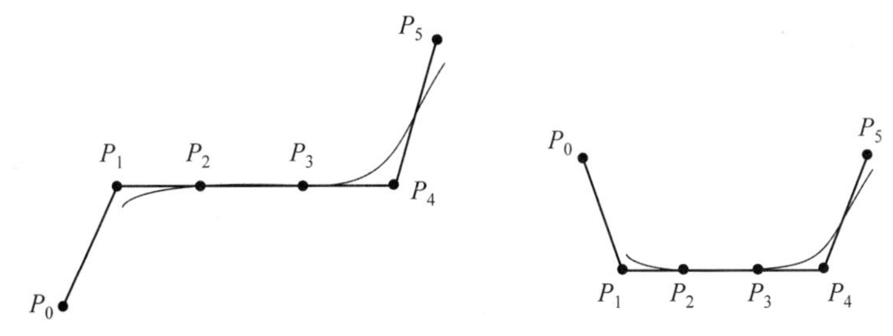

图 7-58　四顶点共线

综合使用构造 B 样条曲线的技巧可以模拟尖点、曲线和直线段相切、两段曲线之间插入直线段等绘图技法，因而适宜于绘制物体的轮廓线图形。图 7-59 是使用多段三次 B 样条曲线绘制的“枫叶”的效果图。

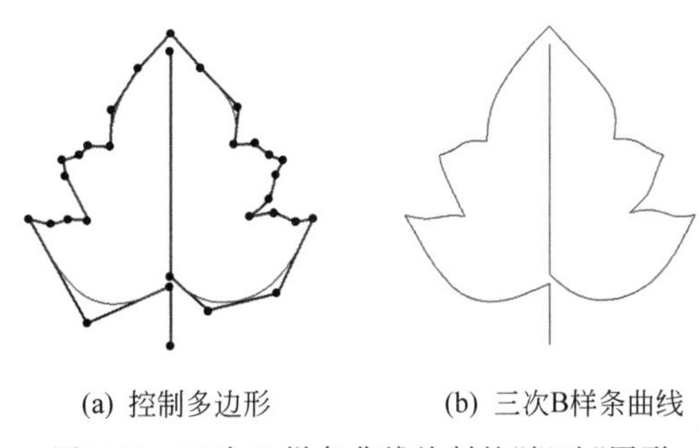

(a) 控制多边形　　(b) 三次B样条曲线

图 7-59　三次 B 样条曲线绘制的“枫叶”图形

7.5　B 样条曲面

7.5.1　B 样条曲面的定义

B 样条曲面片与 Bezier 曲面片类似，很容易将 B 样条曲线推广到 B 样条曲面。最常用的是双三次 B 样条曲面片(bicubic b-spline patch)。双三次 B 样条曲面片由两组三次 B 样条曲线交织而成，其上的 16 个控制点构成了控制网格，如图 7-60 所示。与三次 B 样条曲线相似，双三次 B 样条曲面片一般不通过控制网格的任何顶点。

双三次 B 样条曲面片表达式如下

$$s(u,v)=\sum_{i=0}^{3}\sum_{j=0}^{3}P_{i,j}F_{i,3}(u)F_{j,3}(v),\quad (u,v)\in[0,1]\times[0,1] \tag{7-40}$$

式中，$P_{i,j}(i=0,1,2,3;j=0,1,2,3)$是 $4\times4=16$ 个控制点。$F_{i,3}(u)$和 $F_{j,3}(v)$是三次 B 样条基函数。展开式(7-40)，有

$$s(u,v)=[F_{0,3}(u)\quad F_{1,3}(u)\quad F_{2,3}(u)\quad F_{3,3}(u)]$$

$$
\cdot \begin{bmatrix} P_{0,0} & P_{0,1} & P_{0,2} & P_{0,3} \\ P_{1,0} & P_{1,1} & P_{1,2} & P_{1,3} \\ P_{2,0} & P_{2,1} & P_{2,2} & P_{2,3} \\ P_{3,0} & P_{3,1} & P_{3,2} & P_{3,3} \end{bmatrix} \cdot \begin{bmatrix} F_{0,3}(v) \\ F_{1,3}(v) \\ F_{2,3}(v) \\ F_{3,3}(v) \end{bmatrix} \tag{7-41}
$$

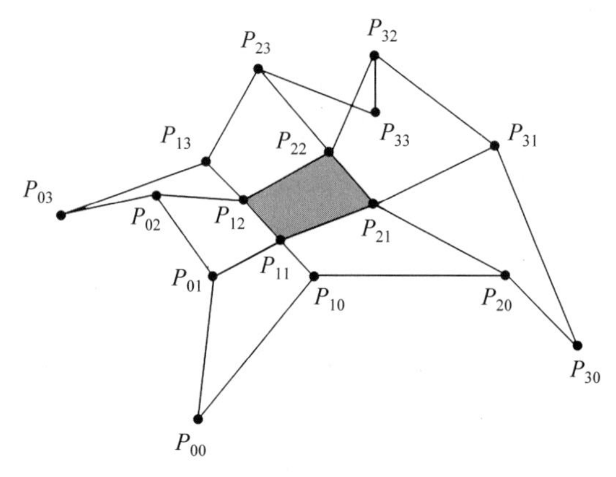

图 7-60　双三次 B 样条曲面片

其中，$F_{0,3}(u)$，$F_{1,3}(u)$，$F_{2,3}(u)$，$F_{3,3}(u)$，$F_{0,3}(v)$，$F_{1,3}(v)$，$F_{2,3}(v)$，$F_{3,3}(v)$是三次均匀 B 样条基函数。

$$
\begin{cases} F_{0,3}(u) = \dfrac{1}{6}(-u^3 + 3u^2 - 3u + 1) \\ F_{1,3}(u) = \dfrac{1}{6}(3u^3 - 6u^2 + 4) \\ F_{2,3}(u) = \dfrac{1}{6}(-3u^3 + 3u^2 + 3u + 1) \\ F_{3,3}(u) = \dfrac{1}{6}u^3 \end{cases}, \begin{cases} F_{0,3}(v) = \dfrac{1}{6}(-v^3 + 3v^2 - 3v + 1) \\ F_{1,3}(v) = \dfrac{1}{6}(3v^3 - 6v^2 + 4) \\ F_{2,3}(v) = \dfrac{1}{6}(-3v^3 + 3v^2 + 3v + 1) \\ F_{3,3}(v) = \dfrac{1}{6}v^3 \end{cases} \tag{7-42}
$$

将式(7-42)代入式(7-41)得到

$$
s(u,v) = \frac{1}{36}[u^3 \quad u^2 \quad u \quad 1] \cdot \begin{bmatrix} -1 & 3 & -3 & 1 \\ 3 & -6 & 3 & 0 \\ -3 & 0 & 3 & 0 \\ 1 & 4 & 1 & 0 \end{bmatrix} \cdot \begin{bmatrix} P_{0,0} & P_{0,1} & P_{0,2} & P_{0,3} \\ P_{1,0} & P_{1,1} & P_{1,2} & P_{1,3} \\ P_{2,0} & P_{2,1} & P_{2,2} & P_{2,3} \\ P_{3,0} & P_{3,1} & P_{3,2} & P_{3,3} \end{bmatrix}
$$

$$
\cdot \begin{bmatrix} -1 & 3 & -3 & 1 \\ 3 & -6 & 0 & 4 \\ -3 & 3 & 3 & 1 \\ 1 & 0 & 0 & 0 \end{bmatrix} \cdot \begin{bmatrix} v^3 \\ v^2 \\ v \\ 1 \end{bmatrix} \tag{7-43}
$$

令 $\boldsymbol{U} = [u^3 \quad u^2 \quad u \quad 1]$，$\boldsymbol{V} = [v^3 \quad v^2 \quad v \quad 1]$

$$M=\frac{1}{6}\begin{bmatrix}-1 & 3 & -3 & 1\\ 3 & -6 & 3 & 0\\ -3 & 0 & 3 & 0\\ 1 & 4 & 1 & 0\end{bmatrix},P=\begin{bmatrix}P_{0,0} & P_{0,1} & P_{0,2} & P_{0,3}\\ P_{1,0} & P_{1,1} & P_{1,2} & P_{1,3}\\ P_{2,0} & P_{2,1} & P_{2,2} & P_{2,3}\\ P_{3,0} & P_{3,1} & P_{3,2} & P_{3,3}\end{bmatrix}$$

则有

$$s(u,v)=\boldsymbol{UMPM}^{\mathrm{T}}\boldsymbol{V}^{\mathrm{T}} \tag{7-44}$$

生成时曲面可以先固定 u，变化 v 得到一簇三次 B 样条曲线；然后固定 v，变化 u 得到另一簇三次 B 样条曲线，两簇曲线交织生成 B 样条曲面片。当然，也可以通过递归来细分曲面片。

7.5.2 双三次 B 样条曲面片的应用

与三次 B 样条曲线类似，双三次 B 样条曲面的优点是极为自然地解决了曲面片之间的连接问题，只要将控制网格沿某一个方向延伸一排，就可以扩展到另一个曲面片，此时曲面片之间理所当然地达到二阶连续性，即具有相同的一阶导数和二阶倒数。制作回转体时，双三次 B 样条曲线的缺点是很难精确表示圆。如果对精度的要求不高，可以使用圆的近似描述。图 7-61 用不同控制点数的多边形来生成圆的近似图形，可以看出，当控制点数达到 5 个以上，B 样条曲线就很圆了。工程设计中常用正八边形顶点作为控制点来逼近圆。图 7-62(a)中，将单位圆上的 8 个等分点作为控制点。图 7-62(b)使用三次 B 样条曲线的作图法绘制了半圆弧。

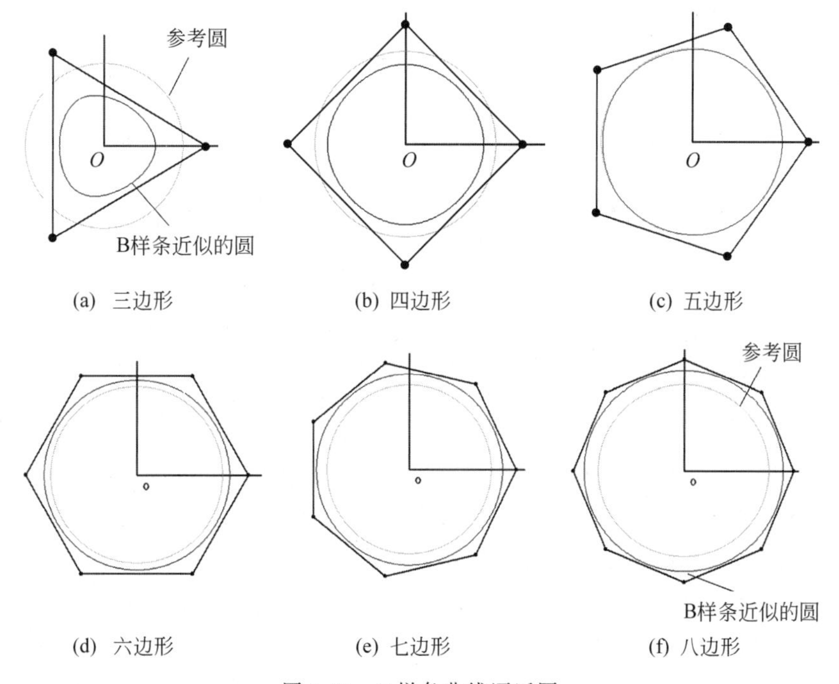

图 7-61 B 样条曲线逼近圆

三次 B 样条曲面球的制作方法是将 xOy 面内的半圆弧，绕 y 轴旋转成球面。图 7-62(b)中，xOy 面内的控制点 $P_7P_0P_1P_2$ 确定 AB 段圆弧；控制点 $P_0P_1P_2P_3$ 确定 BC 段圆弧；控

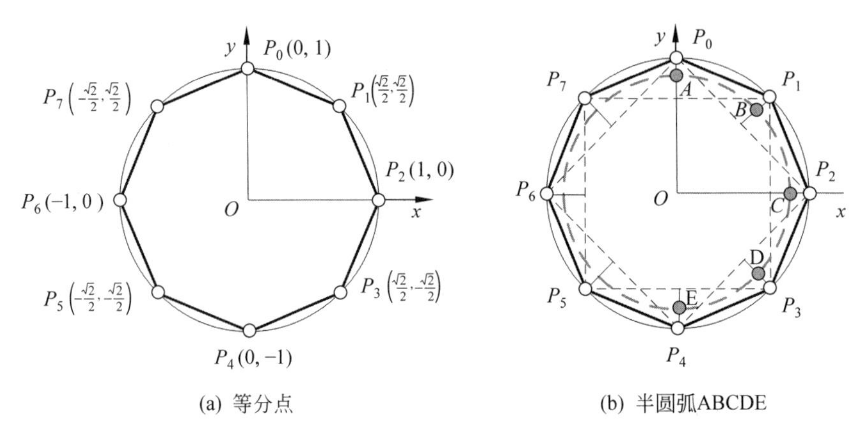

图 7-62　正八边形逼近圆

制点 $P_1P_2P_3P_4$ 确定 CD 段圆弧；控制点 $P_2P_3P_4P_5$ 确定 DE 段圆弧。绘制球体时，xOy 面内使用 7 控制点 P_7、P_0、P_1、P_2、P_3、P_4、P_5 来绘制半圆 $ABCDE$。在 xOz 面内，同样使用八边形来绘制回转面，也需要 8 个控制点。图 7-63 中，由 16 个控制点决定的双三次 B 样条曲面片（灰色部分）通过沿水平方向和垂直方向上，递推一行或者递推一列来形成连续的曲面片。B 样条球绘制效果如图 7-64 所示。

P_{70}	P_{77}	P_{76}	P_{75}	P_{74}	P_{73}	P_{72}	P_{71}	P_{70}	P_7
P_{00}	P_{07}	P_{06}	P_{05}	P_{04}	P_{03}	P_{02}	P_{01}	P_{00}	P_0
P_{10}	P_{17}	P_{16}	P_{15}	P_{14}	P_{13}	P_{12}	P_{11}	P_{10}	P_1
P_{20}	P_{27}	P_{26}	P_{25}	P_{24}	P_{23}	P_{22}	P_{21}	P_{20}	P_2
P_{30}	P_{37}	P_{36}	P_{35}	P_{34}	P_{33}	P_{32}	P_{31}	P_{30}	P_3
P_{40}	P_{47}	P_{46}	P_{45}	P_{44}	P_{43}	P_{42}	P_{41}	P_{40}	P_4
P_{50}	P_{57}	P_{56}	P_{55}	P_{54}	P_{53}	P_{52}	P_{51}	P_{50}	P_5

图 7-63　水平和垂直方向上延伸双三次 B 样条曲面片

基于双三次 B 样条曲面绘制的花瓶如图 7-65 所示，前两个为单层花瓶，后两个为双层花瓶。因为 B 样条曲面及其特例的 Bezier 曲面都不能精确表示除抛物面以外的二次曲面，而只能给出近似表示。解决这一问题的途径是改进现有的 B 样条方法，在保留描述自由曲线曲面长处的同时，扩充其表示二次曲线弧与二次曲面的能力，这种方法就是非均匀有理 B 样条（non-uniform rational B-spline，NURBS）方法，即 NURBS 方法[37]。20 世纪 80 年代，出现了 NURBS 曲线曲面设计方法。Bezier 方法与 B 样条方法可以用 NURBS 方法统一表示，且能精确表示二次曲面。使用 NURBS 曲面绘制的球体如图 7-66 所示，因为定义的是二次曲面，所以控制网格构成了正方体。由于 NURBS 具有精确表示三维物体的强大能力，国际标准化组织已经将 NURBS 方法作为定义工业产品形状的唯一数学方法。

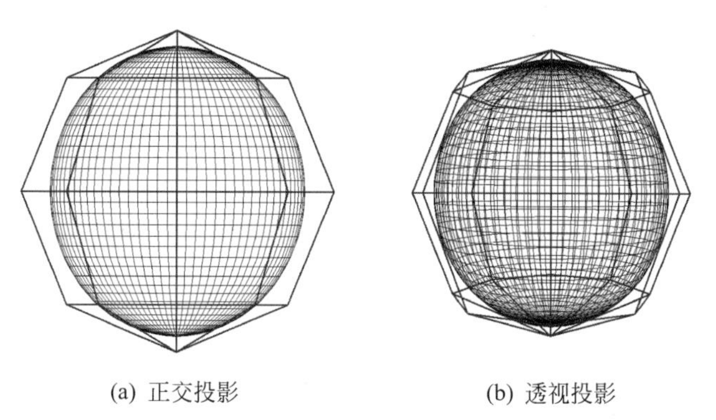

(a) 正交投影　　(b) 透视投影

图 7-64　双三次 B 样条曲面绘制的球面

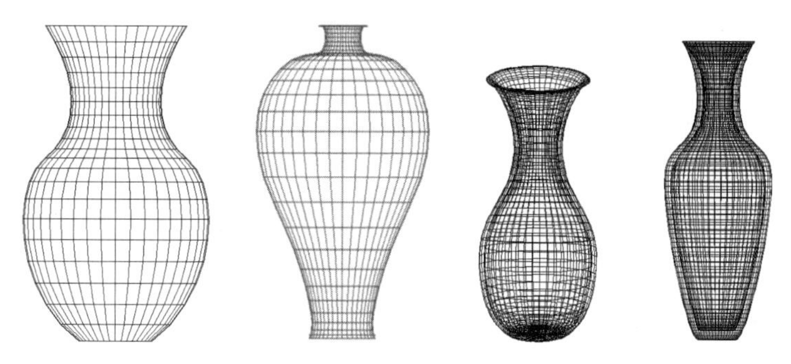

图 7-65　双三次 B 样条曲面制作的形状各异的花瓶

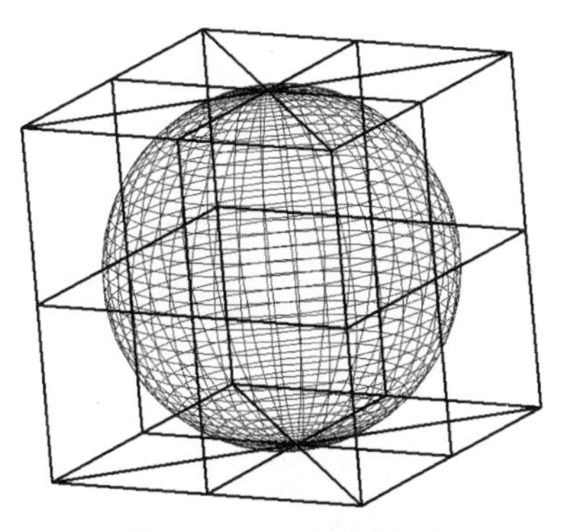

图 7-66　NURBS 球面

7.6　本章小结

本章重点讲解三次 Bezier 曲线与双三次 Bezier 曲面片。Bezier 曲线曲面是 B 样条曲线曲面的特例。Bernstein 基函数是一个整体函数，而 B 样条基函数一个分段函数，所以 B 样条曲线曲面可以对控制点局部调整。Bezier 曲线曲面的阶次与控制多边形的顶点数有关，B 样条曲线曲面的阶次可以自由决定。组合 Bezier 曲线曲面存在正确拼接的问题，而 B 样条曲线曲面可以自由地扩展到多个控制点，始终保持阶次不变，扩展后的分段曲线或分片曲面实现了自然连接。本章讲解的是较为简单的均匀 B 样条曲线曲面，工程中更为常用的是

NURBS 方法。

习 题 7

1. 基于三次 Bezier 曲线的基函数定义，使用 MFC 编程绘制图 7-67 所示的带拐点的三次 Bezier 曲线。

图 7-67　三次 Bezier 曲线

2. 基于三次 Bezier 曲线的 de Casteljau 算法，绘制图 7-68 所示的三次 Bezier 曲线生成动画。

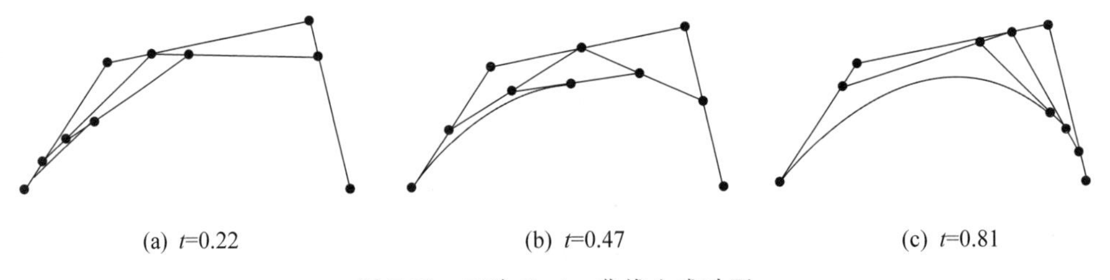

图 7-68　三次 Bezier 曲线生成动画

3. 编程制作三次曲线控制点坐标测量工具。图 7-69 中，在窗口客户区中显示物体的二维图片，同时显示一段三次 Bezier 曲线及控制多边形。使用鼠标移动任意控制点，直至 Bezier 曲线与物体某一轮廓线吻合后，将鼠标移动到控制点上读取 4 个控制点的坐标。

图 7-69　自由曲线测量工具

4. 使用 4 段二次 Bezier 曲线拼接圆，效果如图 7-70(a)所示。使用 4 段三次 Bezier 曲线拼接相同半径的圆，效果如图 7-70(b)所示。试编程实现。

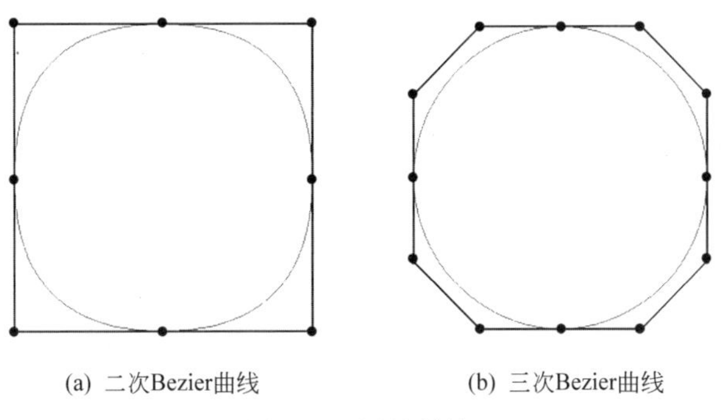

图 7-70　圆的拼接

5. 基于双三次 Bezier 曲面片类 CBicubicBezierPatch，编程绘制图 7-71 所示的花瓶的透视投影图。花瓶分由三部分组成：瓶身、底面和瓶底外圈。每一部分均由四片双三次 Bezier 曲面片围成，如图 7-72 所示。

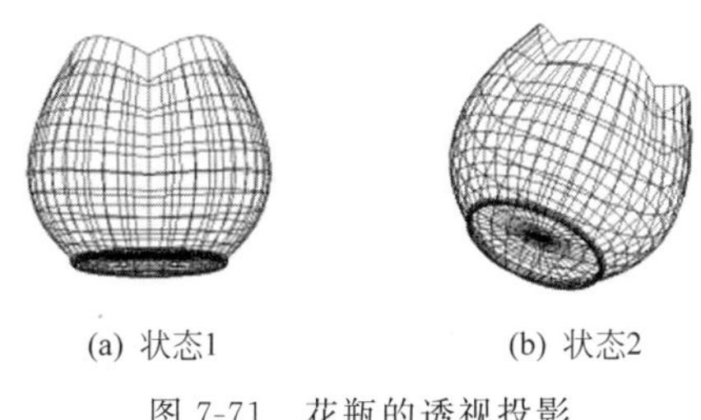

图 7-71　花瓶的透视投影

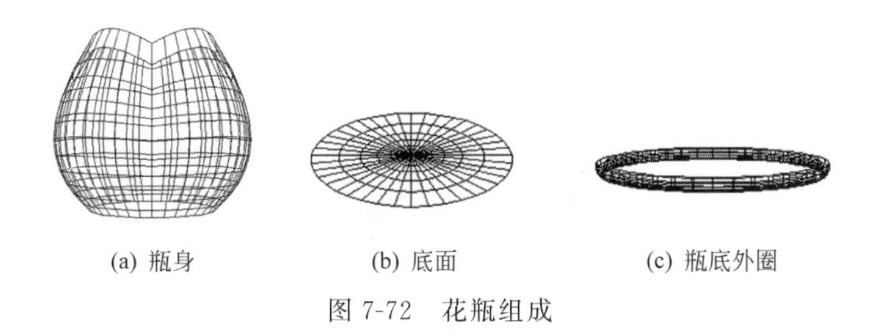

图 7-72　花瓶组成

6. 使用图 7-73 所示正八边形顶点作为控制点，绘制闭合的三次 B 样条曲线来逼近圆。试用虚线表示三次 B 样条曲线的几何生成原理。编程绘制效果如图 7-74 所示。

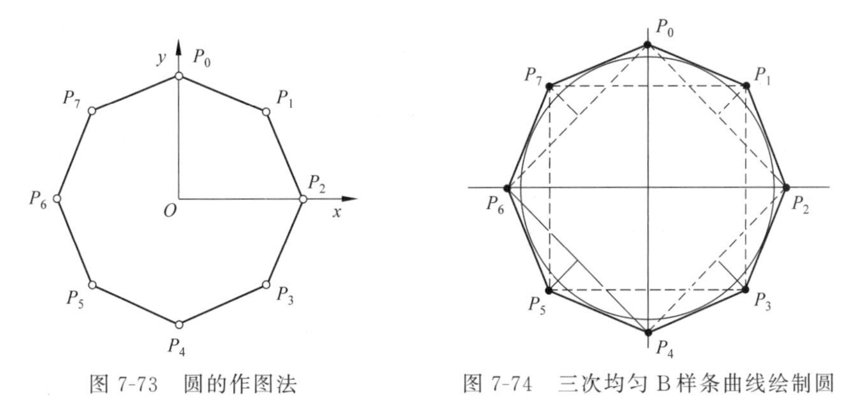

图 7-73　圆的作图法　　图 7-74　三次均匀 B 样条曲线绘制圆

7. 使用三次 B 样条曲线的特殊构造技巧，绘制图 7-75 所示的 QQ 图标。

(a) QQ图标

(b) 绘制效果图

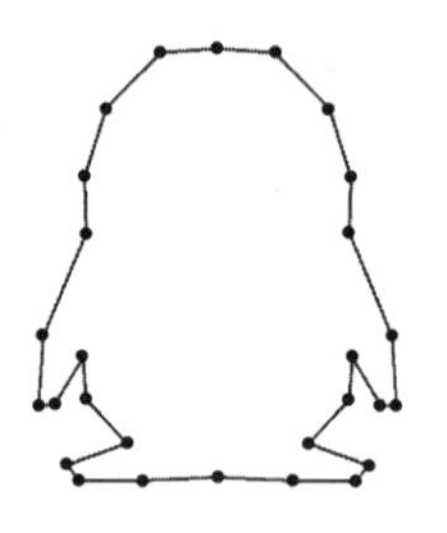

(c) 控制网格

图 7-75　曲线构造技巧

第 8 章　建模与消隐

本章学习目标

- 了解物体的三种模型表示方法。
- 掌握柏拉图多面体的建模方法。
- 掌握常见曲面体的建模方法。
- 熟练掌握背面剔除算法。
- 熟练掌握深度缓冲算法。
- 了解深度排序算法。

在二维显示器上绘制三维图形时,必须把三维信息经过投影变换为二维信息。由于投影变换失去了图形的深度信息,往往导致对图形的理解存在二义性。要生成具有真实感的图形,就要在给定视点位置和视线方向之后,决定场景中物体哪些线段或表面是可见的,哪些线段或表面是不可见的。这一问题习惯上称为消除隐藏线或消除隐藏面,简称为消隐。

8.1　三维物体的数据结构

在场景中经常绘制的三维物体有柏拉图多面体(Platonic polyhedra)、球(sphere)、圆柱(cylinder)、圆锥(cone)、圆环(torus)等。这些物体可以采用线框模型描述,也可以采用表面模型或实体模型描述。无论使用哪种模型描述,都需要为物体建立顶点表、边表或面表构成的数据结构。建立三维用户坐标系为右手系 $Oxyz$,x 轴水平向右为正,y 轴垂直向上为正,z 轴指向观察者。本章基于线框模型讲解三维物体的数据结构。

8.1.1　物体的几何信息与拓扑信息

边界表示法(boundary representation,BRep)按照体-面-边-点的层次,记录构成物体的几何信息及拓扑信息。

几何信息:描述几何元素空间位置的信息。拓扑信息:描述几何元素之间相互连接关系的信息。描述一个物体不仅需要几何信息而且还需要拓扑信息。因为只有几何信息的描述,在表示上存在不唯一性。图 8-1 所示的 5 个顶点,其几何信息已经确定,如果拓扑信息不同,则可以产生图 8-2 和图 8-3 所示的两种不同的多面体线框图形。这说明对物体线框信息的描述不仅应该包括顶点坐标,而且应该包括每条边是由哪些顶点连接而成,每个表面是由哪些边连接而成,或者每个表面是由哪些顶点通过边连接而成的拓扑信息。

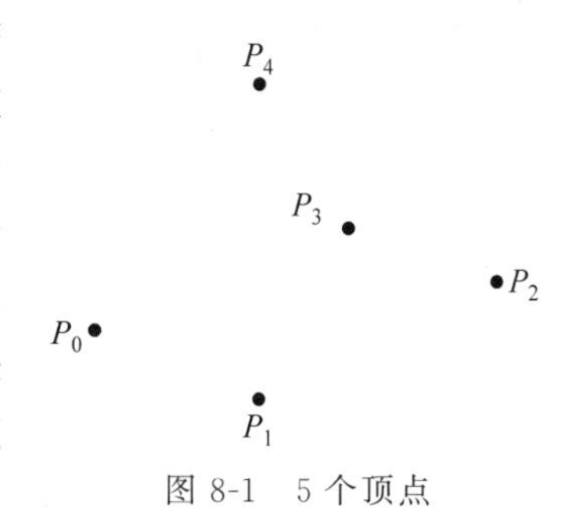

图 8-1　5 个顶点

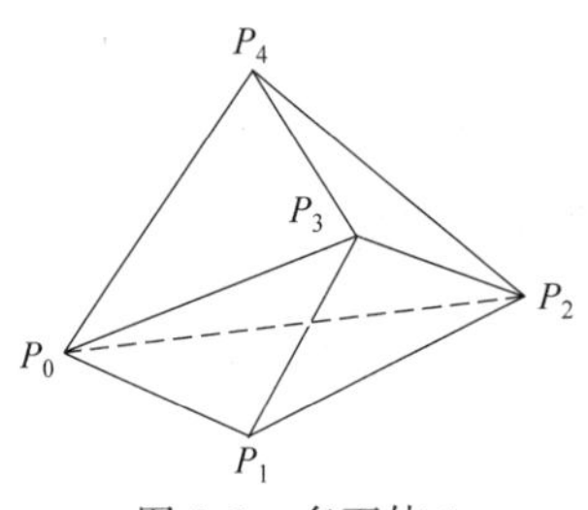

图 8-2　多面体 1

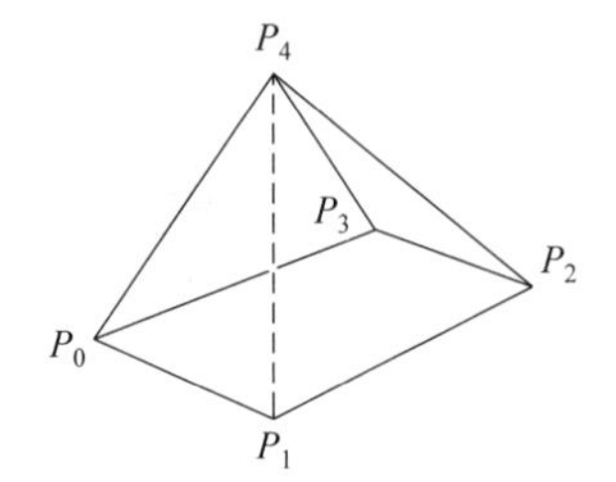

图 8-3　多面体 2

8.1.2　三表结构

在三维坐标系下，描述一个物体不仅需要顶点表描述其几何信息，而且还需要借助于边表和面表描述其拓扑信息，才能完全确定物体的几何形状。在制作多面体或曲面体的旋转动画时，常将物体的中心假设为回转中心。假定立方体中心位于三维坐标系原点，立方体的边与坐标轴平行，且每条边的长度为 $2a$。建立立方体几何模型如图 8-4 所示。立方体是凸多面体，满足欧拉公式：

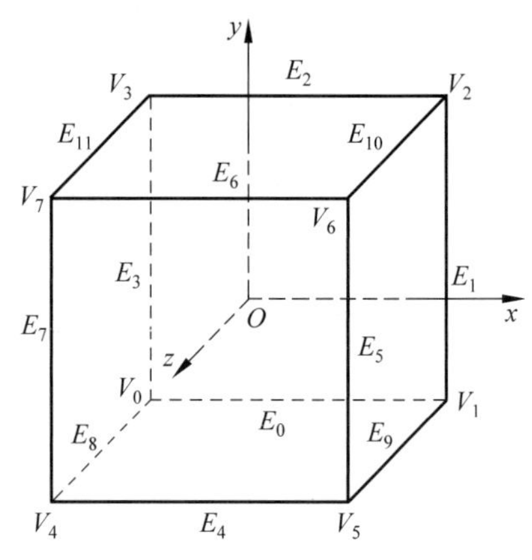

图 8-4　立方体几何模型

$$V + F - E = 2 \tag{8-1}$$

式中，V(vertex)是多面体的顶点数，F(face)是多面体的面数，E(edge)是多面体的边数。对于立方体，有 $V=8, F=6, E=12$。立方体的顶点表见表 8-1，记录了立方体顶点的几何信息。边表见表 8-2，记录了每条边的顶点索引号，即记录了立方体边的拓扑信息。面表见表 8-3，记录了立方体每个面上边的索引号，即记录了立方体面的拓扑信息。

表 8-1　立方体顶点表

顶点	x 坐标	y 坐标	z 坐标	顶点	x 坐标	y 坐标	z 坐标
V_0	$x_0=-1$	$y_0=-1$	$z_0=-1$	V_4	$x_4=-1$	$y_4=-1$	$z_4=1$
V_1	$x_1=1$	$y_1=-1$	$z_1=-1$	V_5	$x_5=1$	$y_5=-1$	$z_5=1$
V_2	$x_2=1$	$y_2=1$	$z_2=-1$	V_6	$x_6=1$	$y_6=1$	$z_6=1$
V_3	$x_3=-1$	$y_3=1$	$z_3=-1$	V_7	$x_7=-1$	$y_7=1$	$z_7=1$

表 8-2　立方体边表

边	起点	终点	边	起点	终点
E_0	V_0	V_1	E_6	V_6	V_7
E_1	V_1	V_2	E_7	V_7	V_4
E_2	V_2	V_3	E_8	V_0	V_4
E_3	V_3	V_0	E_9	V_1	V_5
E_4	V_4	V_5	E_{10}	V_2	V_6
E_5	V_5	V_6	E_{11}	V_3	V_7

表 8-3　立方体面表

面	第 1 条边	第 2 条边	第 3 条边	第 4 条边	说明
F_0	E_4	E_5	E_6	E_7	前面
F_1	E_0	E_3	E_2	E_1	后面
F_2	E_3	E_8	E_7	E_{11}	左面
F_3	E_1	E_{10}	E_5	E_9	右面
F_4	E_2	E_{11}	E_6	E_{10}	顶面
F_5	E_0	E_9	E_4	E_8	底面

8.1.3　物体的表示方法

计算机中三维物体的表示方法有线框模型、表面模型和实体模型 3 种，所表达的几何体信息越来越完整。前两者是早期计算机中表示物体形状的方法，后者是当今计算机中表示物体的最常用方法。

1. 线框模型

线框模型(wireframe model)是计算机图形学中表示物体最早使用的模型，至今仍在广泛使用，主要用于勾勒物体的轮廓。线框模型使用顶点和棱边来表示物体，没有表面和体积等概念。一般情况下，线框模型是表面模型和实体模型的设计基础，线框模型只使用顶点表和边表两个数据结构就可以描述。图 8-5 所示为立方体线框模型。线框模型的优点是可以产生任意方向的视图，视图间能保持正确的投影关系，常用于绘制三视图、斜轴测图、透视图等。线框模型的缺点是不能绘制明暗处理效果图。图 8-5 中将立方体的所有棱边全部绘制出来，理解方面容易产生二义性，如图 8-6 所示。

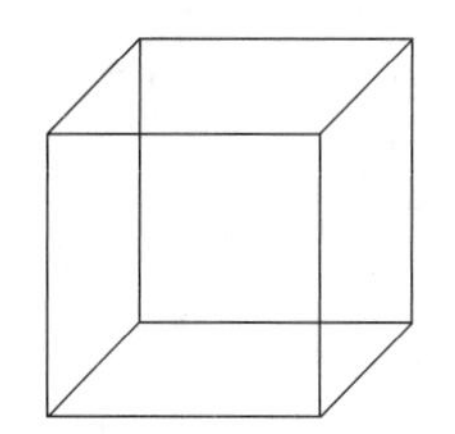

图 8-5　立方体线框模型

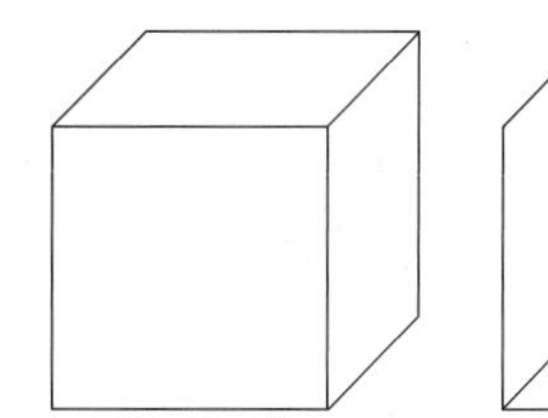

图 8-6　线框模型表示的二义性

2. 表面模型

表面模型(surface model)使用物体外表面的集合来定义物体，就如同在线框模型上蒙了一层外皮，使物体具有了一层外表面。表面模型仍缺乏体积的概念，是一个物体的空壳。与线框模型相比，表面模型增加了一个面表，用以记录边与面之间的拓扑关系。表面模型的优点是可以对表面进行平面着色或光滑着色，可以为物体添加光照或纹理等，缺点是无法进行物体之间的并、交、差运算。图 8-7 表示的是双三次 Bezier 曲面的网格模型(线框模型)。图 8-8 表示的是双三次 Bezier 曲面的表面模型，是一张映射了国际象棋棋盘图案的光照纹理表面。在图 8-8 中，Bezier 曲面没有围成一个封闭的空间，只是一张很薄的面片，其表面无内外之分，哪面是正面，哪面是反面，没有给出明确的定义。

3. 实体模型

物体的表示方法发展到实体模型(solid model)阶段，如同在封闭的表面模型内部进行了填充,使之具有了体积、质量等特性,更能反映物体的真实性,这时的物体才具有"体"的概念。

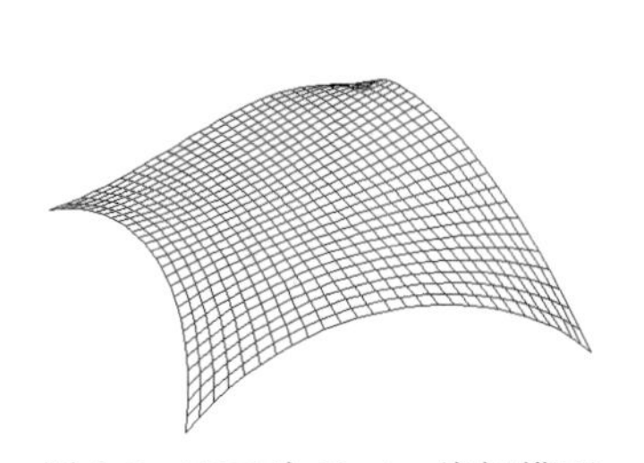

图 8-7 双三次 Bezier 线框模型

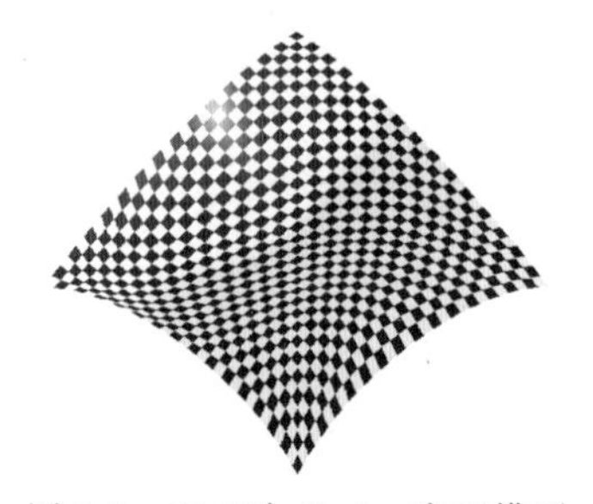

图 8-8 双三次 Bezier 表面模型

实体模型有内部和外部的概念,明确定义了在表面模型的哪一侧存在实体。因此实体模型的表面有正面和反面之分,如图 8-9 所示。在表面模型的基础上可以采用有向棱边隐含地表示出表面的外法向量方向,常使用右手螺旋法则定义,4 个手指沿闭合的棱边方向,大拇指方向与表面外法向量方向一致。拓扑合法的物体在相邻两个表面的公共边界上,棱边的方向正好相反,如图 8-10 所示。实体模型和表面模型数据结构的差异是将面表的顶点索引号按照从物体外部观察的逆时针方向的顺序排列,就可确切地分清体内与体外。实体模型和线框模型、表面模型的根本区别在于其数据结构不仅记录了顶点的几何信息,而且记录了线、面、体的拓扑信息。实体模型常采用集合论中的并、交、差等运算来构造复杂物体。

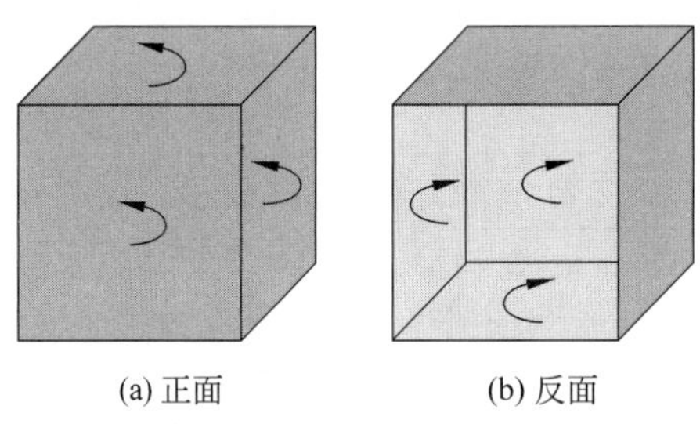

图 8-9 立方体表面

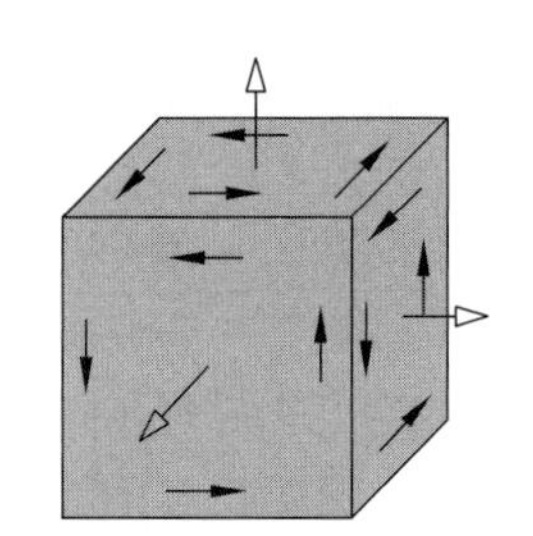

图 8-10 立方体实体模型

在几何造型阶段,首先绘制的是物体的线框模型,然后通过填充表面或内部可以绘制表面模型或实体模型。一般情况下,使用顶点表、边表和面表 3 张表可以方便地检索出物体的任意一个顶点、任意一条边和任意一个表面,而且数据结构清晰。在实际的建模过程中,由于实体模型中定义了表面外环的棱边方向,相邻两个表面上共享的同一条棱边的定义方向截然相反,导致无法确定棱边的顶点顺序,因而放弃使用边表。无论建立的是物体的线框模型、表面模型还是实体模型都统一到只使用顶点表和面表两种数据结构来表示,并且要求面表中按照表面法向量向外的方向遍历多边形顶点索引号,表明处理的是物体的正面。仅使用顶点表和面表表示物体数据结构的缺点是物体的每条棱边都要被重复地绘制 2 次。例如考虑最简单的立方体,如果从边表的角度看,总共有 12 条棱边;但从面表的角度看,却有 24 条棱边。

8.1.4 双表结构

无论是凸多面体还是曲面体,只要给出顶点表和面表数据文件,就可以正确地确定其数据结构。在双表结构中，立方体的顶点表依然使用表8-1。面表需要重新按照顶点索引号设计。图8-11所示为图8-4所示立方体的展开图，沿着立方体的棱边拆开然后铺平，从外部就可以观察到立方体的全部表面了。表8-4根据立方体的展开图重新设计了面表结构。为了清晰起见，每个表面的第1个顶点索引号取最小值。例如立方体的“前面”F_0按照表面外法向量的右手法则确定顶点索引号，可以有4种结果：4567、5674、6745和7456，最后约定4567作为“前面”F_0的顶点索引号。

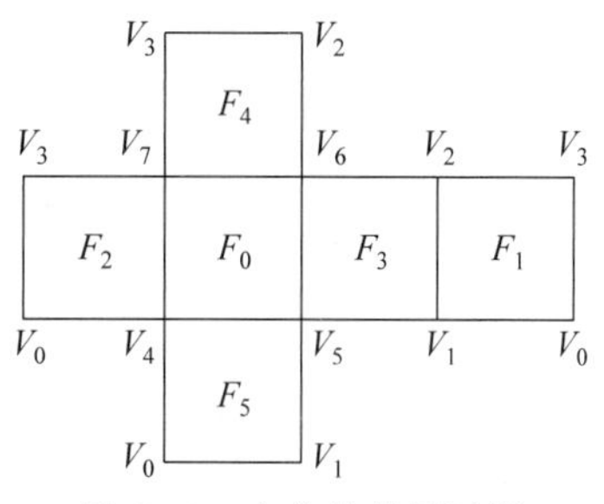

图8-11　立方体的展开图

表8-4　立方体面表

面	第1个顶点	第2个顶点	第3个顶点	第4个顶点	说明
F_0	4	5	6	7	前面
F_1	0	3	2	1	后面
F_2	0	4	7	3	左面
F_3	1	2	6	5	右面
F_4	2	3	7	6	顶面
F_5	0	1	5	4	底面

1. 定义三维顶点类

三维顶点类的定义如下：

```
class CP3
{
public:
    CP3();
    virtual~CP3();
    CP3(double x,double y,double z);            //构造三维顶点
public:
    double x;
    double y;
    double z;
};
```

数据成员包括顶点的浮点型三维坐标(x,y,z)。其中，带参构造函数CP3(double x, double y,double z)用于读入三维坐标直接构造三维顶点。

2. 定义表面类

表面类的定义如下：

```
class CFace
{
public:
```

```
    CFace();
    virtual~CFace();
    void SetNum(int vN);                    //设置面片的顶点数
public:
    int vN;                                 //面片的顶点数
    int * vI;                               //面片的顶点索引
}
```

数据成员包括表面的顶点数和表面的顶点索引号。其中,成员函数 SetNum()用于动态设置表面(对光滑物体离散后称为面片)的顶点数,常用于处理 3 个顶点的三角形面片或 4 个顶点的平面四边形面片。

3. 读入立方体的顶点表

在程序中定义 ReadVertex()函数读入物体的顶点表,方法如下:

```
void CTestView::ReadVertex()
{
    //顶点的三维坐标(x,y,z)
    V[0].x=-1;V[0].y=-1;V[0].z=-1;
    V[1].x=+1;V[1].y=-1;V[1].z=-1;
    V[2].x=+1;V[2].y=+1;V[2].z=-1;
    V[3].x=-1;V[3].y=+1;V[3].z=-1;
    V[4].x=-1;V[4].y=-1;V[4].z=+1;
    V[5].x=+1;V[5].y=-1;V[5].z=+1;
    V[6].x=+1;V[6].y=+1;V[6].z=+1;
    V[7].x=-1;V[7].y=+1;V[7].z=+1;
}
```

4. 读入立方体的面表

在程序中定义 ReadFace()函数读入物体的面表,方法如下:

```
void CTestView::ReadFace()
{
    //面的顶点数和面的顶点索引号
    F[0].SetNum(4);F[0].vI[0]=4;F[0].vI[1]=5;F[0].vI[2]=6;F[0].vI[3]=7;  //前面
    F[1].SetNum(4);F[1].vI[0]=0;F[1].vI[1]=3;F[1].vI[2]=2;F[1].vI[3]=1;  //后面
    F[2].SetNum(4);F[2].vI[0]=0;F[2].vI[1]=4;F[2].vI[2]=7;F[2].vI[3]=3;  //左面
    F[3].SetNum(4);F[3].vI[0]=1;F[3].vI[1]=2;F[3].vI[2]=6;F[3].vI[3]=5;  //右面
    F[4].SetNum(4);F[4].vI[0]=2;F[4].vI[1]=3;F[4].vI[2]=7;F[4].vI[3]=6;  //顶面
    F[5].SetNum(4);F[5].vI[0]=0;F[5].vI[1]=1;F[5].vI[2]=5;F[5].vI[3]=4;  //底面
}
```

8.1.5 常用物体的几何模型

场景中常用的物体有柏拉图多面体、球、圆柱、圆锥、圆环等曲面体。为了方便以后使用,首先分别建立几何模型,然后给出相应的顶点表和面表的数据结构。

1. 多面体

正多面体只有正四面体(tetrahedron)、正六面体(hexahedron)、正八面体(octahedron)、正十二面体(dodecahedron)和正二十面体(icosahedron)5 种,如图 8-12 所示,表 8-5 给出了其几何信息。这 5 种多面体统称为柏拉图多面体。柏拉图多面体属于凸多面体,是计算机图形学中使用最多的物体,在 3ds max 等软件中获得了广泛的应用。在几何学中,若一种多面体的每个顶点均能对应到另一种多面体上的每个面的中心,二者互称为对偶多面体。对偶的多面体具有相同的边数 E,且一个多面体的顶点数 V 等于对偶多面体的面数 F。正四面体的对偶多面体依然是正四面体,正六面体和正八面体互为对偶多面体,正十二面体和正二十面体互为对偶多面体,如图 8-13 所示。

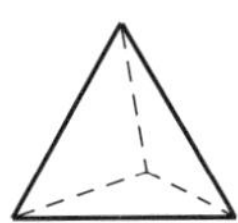

正四面体

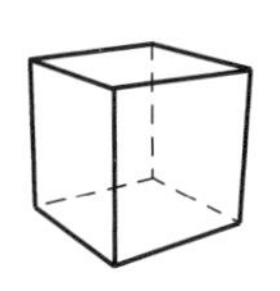
正六面体

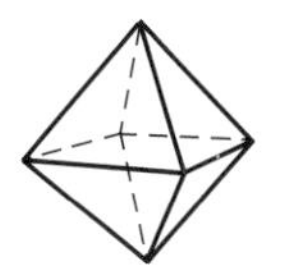
正八面体

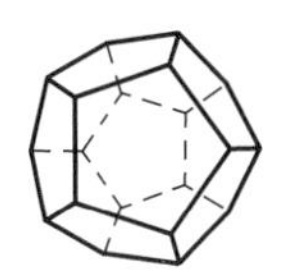
正十二面体

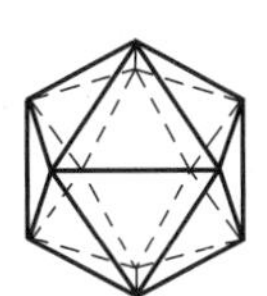
正二十面体

图 8-12　柏拉图多面体

表 8-5　柏拉图多面体几何信息统计

正多面体	正四面体	正六面体	正八面体	正十二面体	正二十面体
顶点数(V)	4	8	6	20	12
边数(E)	6	12	12	30	30
面数(F)	4	6	8	12	20
表面的形状	正三角形	正方形	正三角形	正五边形	正三角形

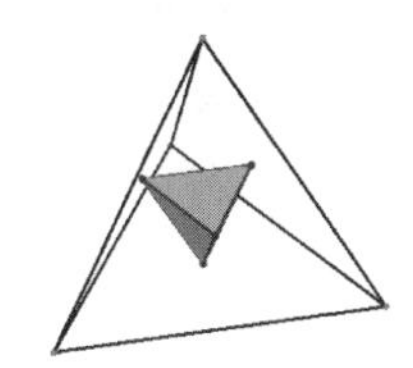
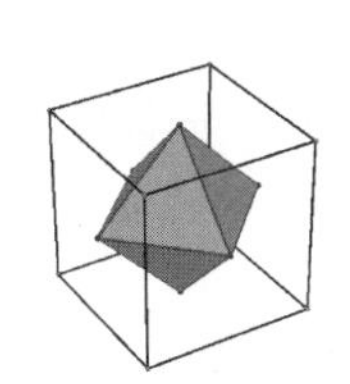
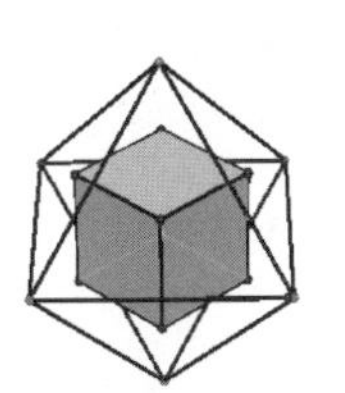
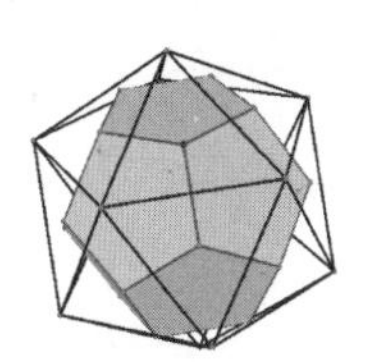
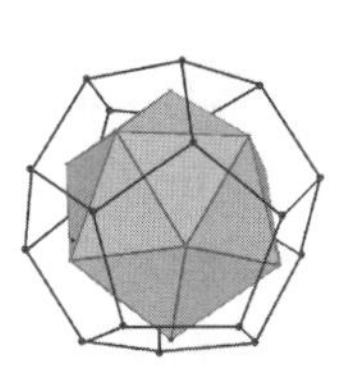

图 8-13　柏拉图多面体与对偶多面体

1) 正四面体

正四面体有 4 个顶点、6 条边和 4 个面,每个表面为正三角形。正四面体的对偶多面体依然是正四面体。通过建立正四面体的伴随立方体可以很容易地确定正四面体的顶点表和面表。

在一个立方体的相对两个表面上,取两条不共面的面对角线,再将这两条对角线的 4 个端点两两相连,便得到一个正四面体 $V_0V_1V_2V_3$。此立方体称为正四面体的伴随立方体,如图 8-14 所示。正四面体的外接球和其伴随立方体的外接球是同一个球;正四面体外接球的直径就是立方体的对角线。假设立方体的边长为 $2a$,它的顶点(x,y,z)坐标为$(\pm 1,\pm 1,\pm 1)$,令正四面体的 V_0 点为$(1,1,1)$,可以得到正四面体的顶点表,见表 8-6。根据图 8-15

所示的正四面体展开图可以得到正四面体的面表，如表 8-7 所示。

表 8-6　正四面体顶点表

顶点	x 坐标	y 坐标	z 坐标	顶点	x 坐标	y 坐标	z 坐标
V_0	$x_0=1$	$y_0=1$	$z_0=1$	V_2	$x_2=-1$	$y_2=-1$	$z_2=1$
V_1	$x_1=1$	$y_1=-1$	$z_1=-1$	V_3	$x_3=-1$	$y_3=1$	$z_3=-1$

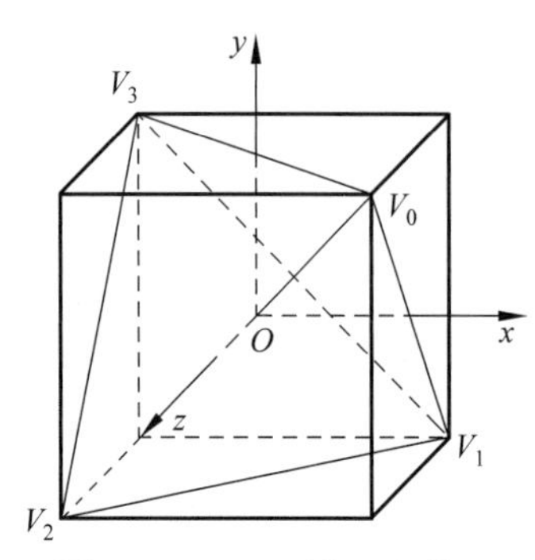

图 8-14　正四面体几何模型

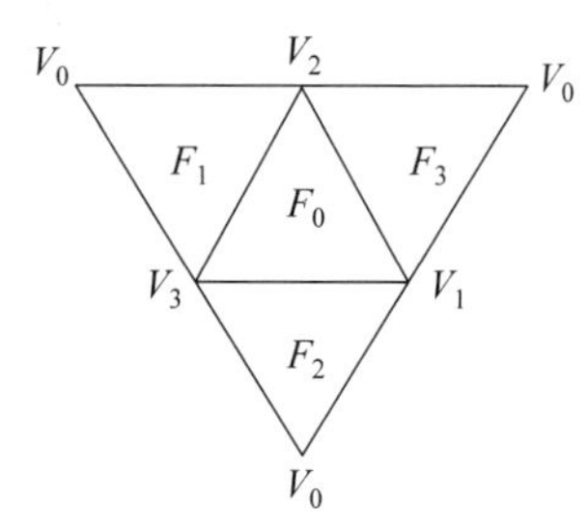

图 8-15　正四面体展开图

表 8-7　正四面体面表

面	第 1 个顶点	第 2 个顶点	第 3 个顶点	面	第 1 个顶点	第 2 个顶点	第 3 个顶点
F_0	1	2	3	F_2	0	1	3
F_1	0	3	2	F_3	0	2	1

2）正八面体

正八面体有 6 个顶点、12 条边和 8 个面，每个表面为正三角形。正八面体的对偶多面体为正六面体。设正八面体的外接球的半径为 1，6 个顶点都取自坐标轴，并且两两关于原点对称，如图 8-16 所示，顶点表见表 8-8。根据图 8-17 所示的正八面体展开图可以得到正八面体的面表，见表 8-9。

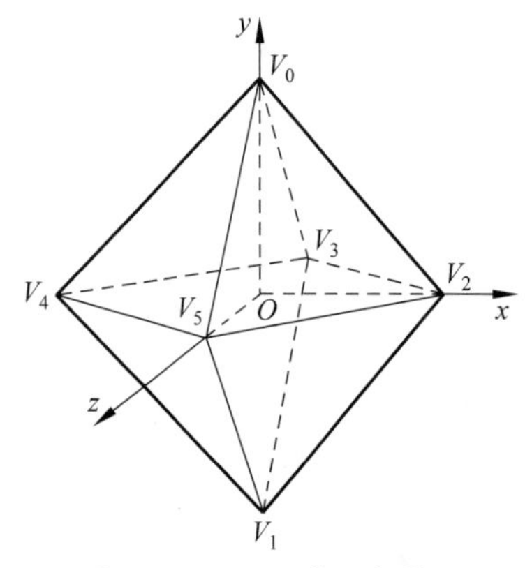

图 8-16　正八面体几何模型

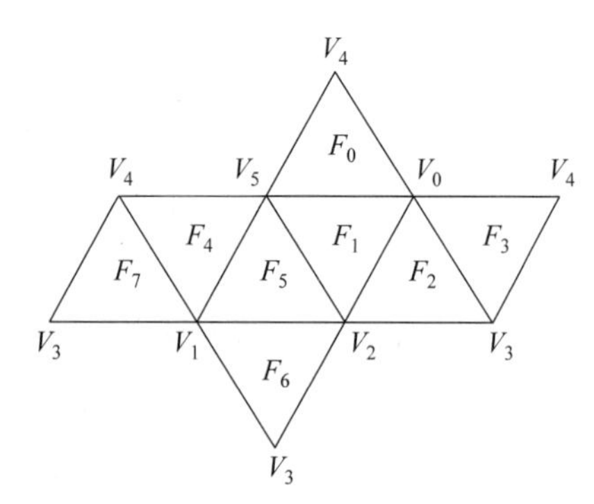

图 8-17　正八面体展开图

表 8-8　正八面体顶点表

顶点	x 坐标	y 坐标	z 坐标	顶点	x 坐标	y 坐标	z 坐标
V_0	$x_0=0$	$y_0=1$	$z_0=0$	V_3	$x_3=0$	$y_3=0$	$z_3=-1$
V_1	$x_1=0$	$y_1=-1$	$z_1=0$	V_4	$x_4=-1$	$y_4=0$	$z_4=0$
V_2	$x_2=1$	$y_2=0$	$z_2=0$	V_5	$x_5=0$	$y_3=0$	$z_5=1$

表 8-9　正八面体面表

面	第 1 个顶点	第 2 个顶点	第 3 个顶点	面	第 1 个顶点	第 2 个顶点	第 3 个顶点
F_0	0	4	5	F_4	1	5	4
F_1	0	5	2	F_5	1	2	5
F_2	0	2	3	F_6	1	3	2
F_3	0	3	4	F_7	1	4	3

3）正十二面体

正十二面体有 20 个顶点、30 条边和 12 个面，每个面为正五边形。正十二面体的对偶多面体是正二十面体。

在正十二面体内建立内接立方体，顶面的 4 个顶点为 $V_0V_6V_9V_{15}$，底面的 4 个顶点为 $V_2V_{11}V_{16}V_{18}$。在正十二面体的体心处建立三维坐标系，如图 8-18(a)所示，使得立方体的侧面 $V_0V_2V_{11}V_6$ 垂直于 x 轴。考查子多面体 $V_0V_6V_7V_8V_9V_{15}$ 来计算正十二面体的顶点坐标，如图 8-18(b)所示。假设内接立方体的边长为 $2a$，则 $V_0V_6=2a$。在三角形 $V_0V_6V_7$ 中做 V_7P 垂直于 V_0V_6 边，则 $|V_0P|=a$。已知正五边形的内角为 108°，则 $\angle V_0V_7P=54°$。在三角形 V_0PV_7 中，$\angle V_7V_0P=36°$，有 $|V_0V_7|=\dfrac{a}{\cos 36°}=\dfrac{a}{\dfrac{\sqrt{5}+1}{4}}=(\sqrt{5}-1)a$。令正五边形的边长为 c，则有，$c=|V_0V_7|=|V_7V_8|$。假设，将正十二面体的顶点 V_7 投影到立方体的 $V_0V_6V_9V_{15}$ 顶面上，得到 Q 点，且令 $|V_7Q|=b$。PQ 位于 xOz 面内，其长度 $|PQ|$ 为立方体边长 $|V_0V_{15}|$ 减去五边形边长 $|V_7V_8|$ 所得差的一半，即 $|PQ|=(2a-c)/2$。由直角三角形 PV_6Q 和直角三角形 QV_6V_7，根据勾股定理易得 $c^2-b^2=a^2+((2a-c)/2)^2$，易得 $b=\dfrac{c}{2}$。

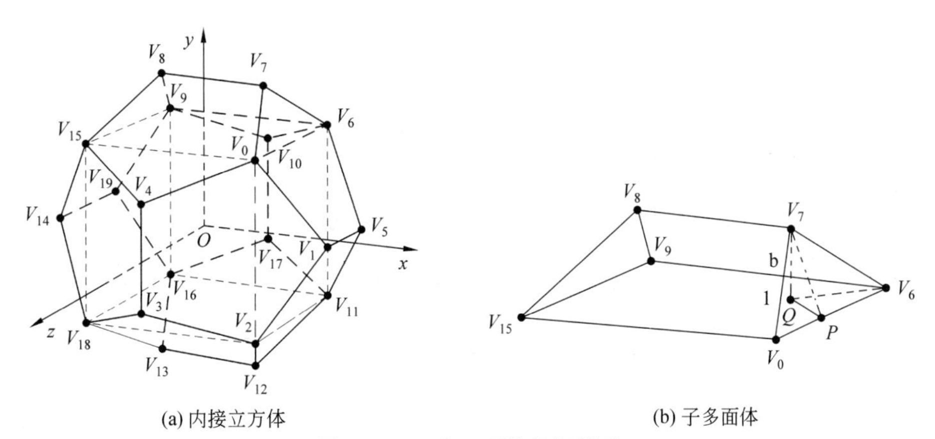

(a) 内接立方体　　(b) 子多面体

图 8-18　正十二面体几何模型

这样，$a=b/\varphi$，其中，$\varphi=(\sqrt{5}-1)/2=0.618$，被称为黄金分割数(golden section)，简称黄金数。根据对偶性可求得正十二面体的顶点表见表 8-10。根据图 8-19 所示的正十二面体展开图可以得到正十二面体的面见表 8-11。

表 8-10　正十二面体顶点表

顶点	x 坐标	y 坐标	z 坐标	顶点	x 坐标	y 坐标	z 坐标
V_0	$x_0=a$	$y_0=a$	$z_0=a$	V_{10}	$x_{10}=0$	$y_{10}=b$	$z_{10}=-a-b$
V_1	$x_1=a+b$	$y_1=0$	$z_1=b$	V_{11}	$x_{11}=a$	$y_{11}=-a$	$z_{11}=-a$
V_2	$x_2=a$	$y_2=-a$	$z_2=a$	V_{12}	$x_{12}=b$	$y_{12}=-a-b$	$z_{12}=0$
V_3	$x_3=0$	$y_3=-b$	$z_3=a+b$	V_{13}	$x_{13}=-b$	$y_{13}=-a-b$	$z_{13}=0$
V_4	$x_4=0$	$y_4=b$	$z_4=a+b$	V_{14}	$x_{14}=-a-b$	$y_{14}=0$	$z_{14}=b$
V_5	$x_5=a+b$	$y_5=0$	$z_5=-b$	V_{15}	$x_{15}=-a$	$y_{15}=a$	$z_{15}=a$
V_6	$x_6=a$	$y_6=a$	$z_6=-a$	V_{16}	$x_{16}=-a$	$y_{16}=-a$	$z_{16}=-a$
V_7	$x_7=b$	$y_7=a+b$	$z_7=0$	V_{17}	$x_{17}=0$	$y_{17}=-b$	$z_{17}=-a-b$
V_8	$x_8=-b$	$y_8=a+b$	$z_8=0$	V_{18}	$x_{18}=-a$	$y_{18}=-a$	$z_{18}=a$
V_9	$x_9=-a$	$y_9=a$	$z_9=-a$	V_{19}	$x_{19}=-a-b$	$y_{19}=0$	$z_{19}=-b$

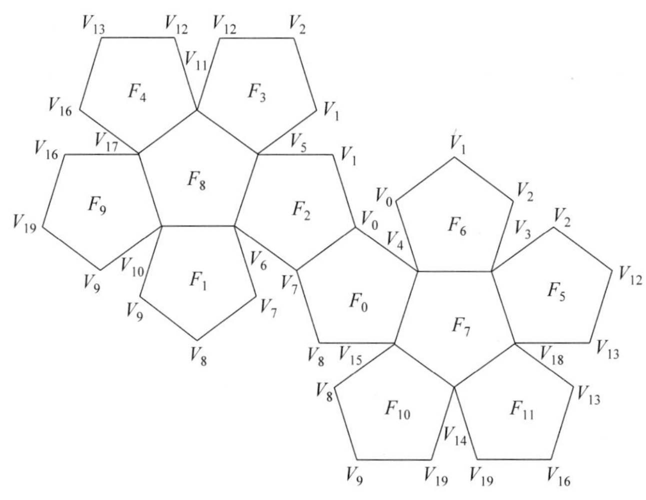

图 8-19　正十二面体展开图

表 8-11　正十二面体面表

面	第 1 个顶点	第 2 个顶点	第 3 个顶点	第 4 个顶点	第 5 个顶点
F_0	0	7	8	15	4
F_1	6	10	9	8	7
F_2	1	5	6	7	0
F_3	1	2	12	11	5
F_4	11	12	13	16	17
F_5	2	3	18	13	12
F_6	0	4	3	2	1

续表

面	第 1 个顶点	第 2 个顶点	第 3 个顶点	第 4 个顶点	第 5 个顶点
F_7	3	4	15	14	18
F_8	5	11	17	10	6
F_9	9	10	17	16	19
F_{10}	8	9	19	14	15
F_{11}	13	18	14	19	16

4）正二十面体

正二十面体有 12 个顶点、30 条边和 20 个面。每个表面为正三角形。正二十面体的对偶多面体是正十二面体。图 8-20 中 3 个黄金矩形两两正交，这些矩形的顶角是正二十面体的 12 个顶点。设黄金矩形的长边半边长为 a，则黄金矩形的短边半边长为 $b=a\times\varphi$。把每一个黄金矩形与一个二维坐标面重合，可以得到表 8-12 所示的顶点表。这里是根据黄金矩形的长边边长计算黄金矩形的短边边长。容易知道，正二十面体的外接球面的半径为 $r=\sqrt{a^2+b^2}$。根据图 8-21 所示的正二十面体展开图可以得到正二十面体的面表，如表 8-13 所示。

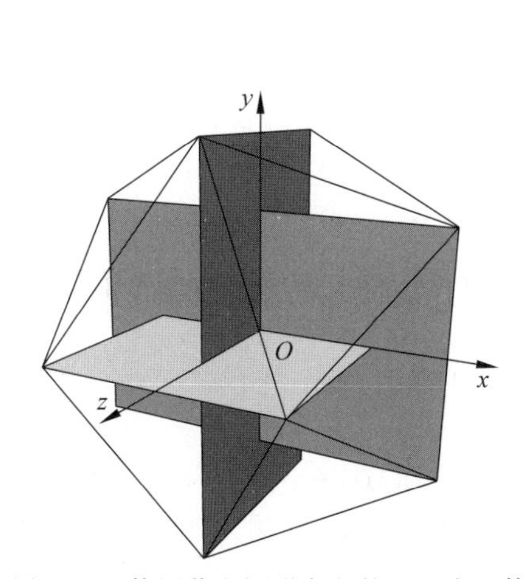

图 8-20　使用黄金矩形定义的正二十面体

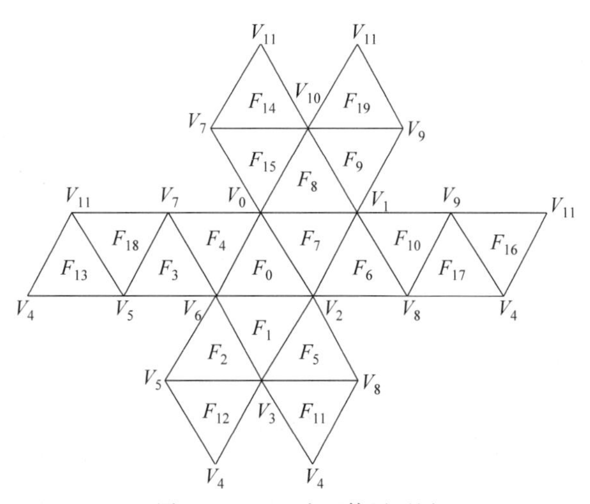

图 8-21　正二十面体展开图

表 8-12　正二十面体顶点表

顶点	x 坐标	y 坐标	z 坐标	顶点	x 坐标	y 坐标	z 坐标
V_0	$x_0=0$	$y_0=a$	$z_0=b$	V_6	$x_6=b$	$y_6=0$	$z_6=a$
V_1	$x_1=0$	$y_1=a$	$z_1=-b$	V_7	$x_7=-b$	$y_7=0$	$z_7=a$
V_2	$x_2=a$	$y_2=b$	$z_2=0$	V_8	$x_8=b$	$y_8=0$	$z_8=-a$
V_3	$x_3=a$	$y_3=-b$	$z_3=0$	V_9	$x_9=-b$	$y_9=0$	$z_9=-a$
V_4	$x_4=0$	$y_4=-a$	$z_4=-b$	V_{10}	$x_{10}=-a$	$y_{10}=b$	$z_{10}=0$
V_5	$x_5=0$	$y_5=-a$	$z_5=b$	V_{11}	$x_{11}=-a$	$y_{11}=-b$	$z_{11}=0$

表 8-13　正二十面体面表

面	第 1 个顶点	第 2 个顶点	第 3 个顶点	面	第 1 个顶点	第 2 个顶点	第 3 个顶点
F_0	0	6	2	F_{10}	1	8	9
F_1	2	6	3	F_{11}	3	4	8
F_2	3	6	5	F_{12}	3	5	4
F_3	5	6	7	F_{13}	4	5	11
F_4	0	7	6	F_{14}	7	10	11
F_5	2	3	8	F_{15}	0	10	7
F_6	1	2	8	F_{16}	4	11	9
F_7	0	2	1	F_{17}	4	9	8
F_8	0	1	10	F_{18}	5	7	11
F_9	1	9	10	F_{19}	9	11	10

2. 曲面体

前面介绍的多面体是由平面多边形组成的物体，多面体没有连续方程表示形式，用顶点表和面表直接给出数据结构定义。对于球体、圆柱体、圆锥体、圆环体等光滑物体，表面已有确定的参数方程表示形式。在计算机上绘制曲面体时，需要进行网格划分，即将光滑曲面离散为平面多边形来表示，这些多边形一般为平面四边形或三角形网格，简称为小面。随着网格单元数量的增加，多边形网格可以较好地逼近光滑曲面。曲面体的网格顶点表和面表由参数方程离散后计算得到。

1）球体

球心在原点，半径为 r 的球面三维坐标系如图 8-22 所示。球面的参数方程表示为

$$\begin{cases} x = r\sin\alpha\sin\beta \\ y = r\cos\alpha \\ z = r\sin\alpha\cos\beta \end{cases},\quad 0 \leqslant \alpha \leqslant \pi \text{ 且 } 0 \leqslant \beta \leqslant 2\pi \tag{8-2}$$

球面是一个三维二次曲面，可以使用经纬线划分为若干小面，这些小面称为经纬区域。北极和南极区域采用三角形网格逼近，其他区域采用四边形网格逼近。与真实地理划分不同的是，余纬度角 α 是从北向南递增的，即在北极点纬度为 0°，在南极点纬度为 180°（地球的赤道上纬度为 0°，北极为北纬 90°，南极为南纬 90°，所以 α 称为余纬度角）。经度角 β 是从 0°到 360°递增的（国际上规定以本初子午线作为计算经度的 0°，东经共 180°，西经共 180°）。

假定将球面划分为 $n_1=4$ 个纬度区域，$n_2=8$ 个经度区域，则纬度方向的角度增量和经度方向的角度增量均为 $\alpha=\beta=45°$，示例球面的网格模型如图 8-23 所示。

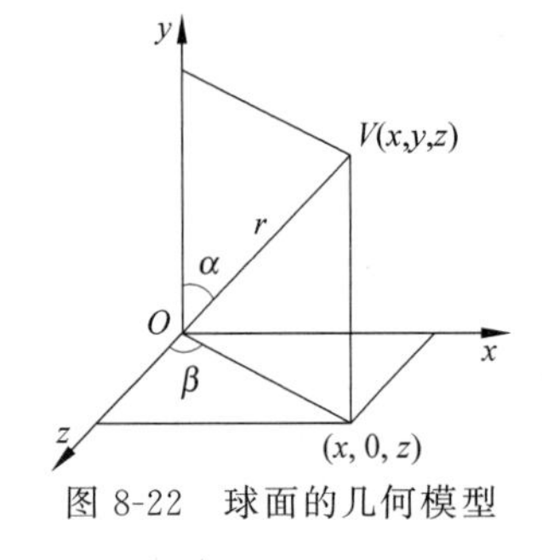

图 8-22　球面的几何模型

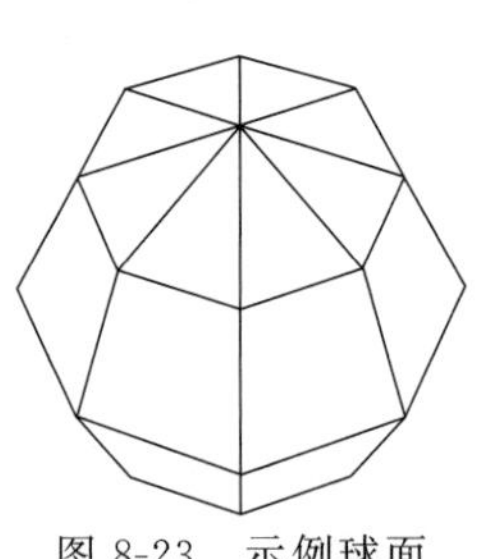
图 8-23　示例球面

此时球面共有$(n_1-1)n_2+2=26$个顶点。顶点索引号为0～25。北极点序号为0，然后从z轴正向开始，绕y轴按逆时针方向确定第1条纬度线与各条经度线的交点，图8-24所示为北半球顶点编号。图8-25所示为南半球顶点编号，南极点序号为25。北极点坐标为$V_0(0,r,0)$，南极点坐标为$V_{25}(0,-r,0)$。

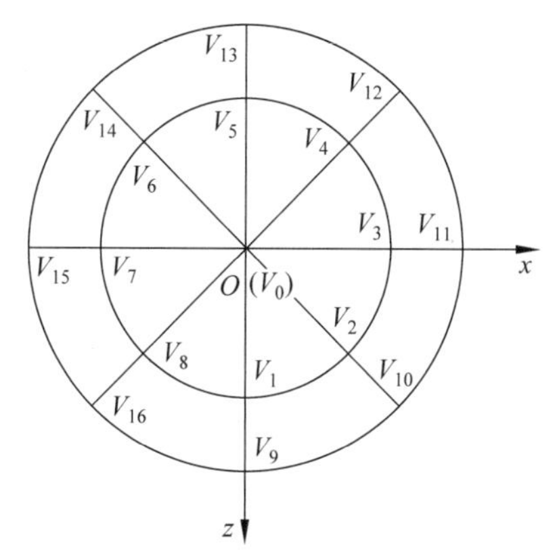

图8-24　北半球顶点编号

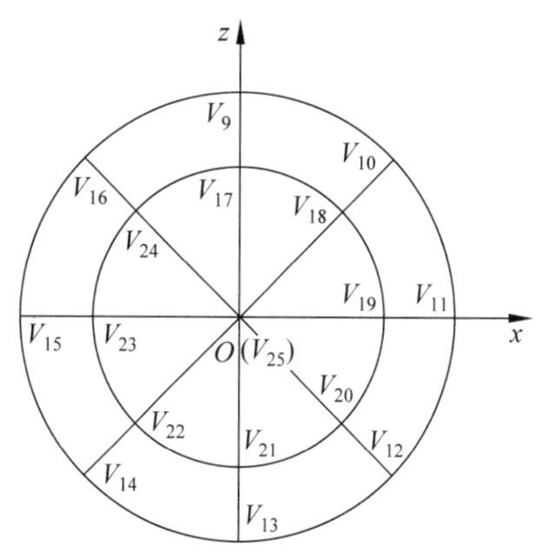

图8-25　南半球顶点编号

面表用二维数组定义，第1维表示纬度自北极向南极递增的方向，第2维表示在同一纬度线上从z轴正向开始，绕y轴的逆时针旋转方向。首先定义北极圈内的三角形网格，$F_{0,0}$～$F_{0,7}$。接着定义南北极以外球面上的四边形网格，$F_{1,0}$～$F_{1,7}$和$F_{2,0}$～$F_{2,7}$。最后定义南极圈内的三角形网格$F_{3,0}$～$F_{3,7}$，如图8-26和图8-27所示。所有网格的顶点索引号排列顺序应以小面的法线指向球面外部的右手法则为准。

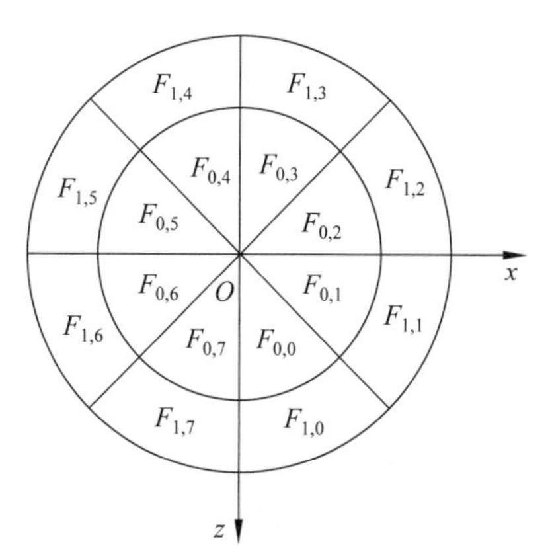

图8-26　北半球表面编号

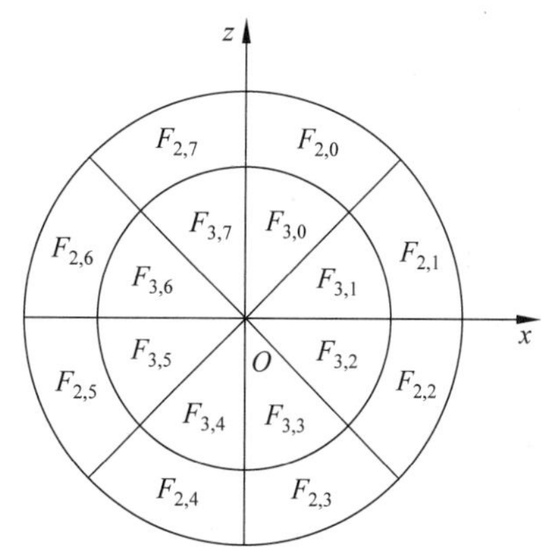

图8-27　南半球表面编号

以上球面网格化的方法称为地理划分法。地理划分法预先定义了球面的南北极，使得靠近"南北极"的三角形网格变小，有聚集的趋势，而靠近"赤道"的四边形网格变大，有扩散的趋势。当球体旋转时，就会露出南北极，影响球面的美观，如图8-28所示。另一种常用的球面划分法是递归划分法。首先绘制一个由等边三角形构成的正二十面体，对于每个等边三角形网格，计算每条边的中点，中点和中点之间使用直线段连接，如图8-29所示。这样一个等边三角形网格就由4个更小的等边三角形网格来代替。最后把新生成的3个中点所表示的位置向量单位化，并将此单位向量乘以球体的半径，这相当于将新增加的顶点拉到球面上。正二十面体的递归过程如图 8-30 所示。$n=1$ 递归的结果是正二十面体用 80 个网格来逼近球面。如此细分下去，直到精度满足要求为止。$n=3$ 的递归结果是用 1280 个网格来逼近球面。很显然，使用递归划分法绘制球面不需要处理南北极特殊情况。此时不存在两极，每个网格均处于对等状态，特别适宜于绘制各向同性的球面。

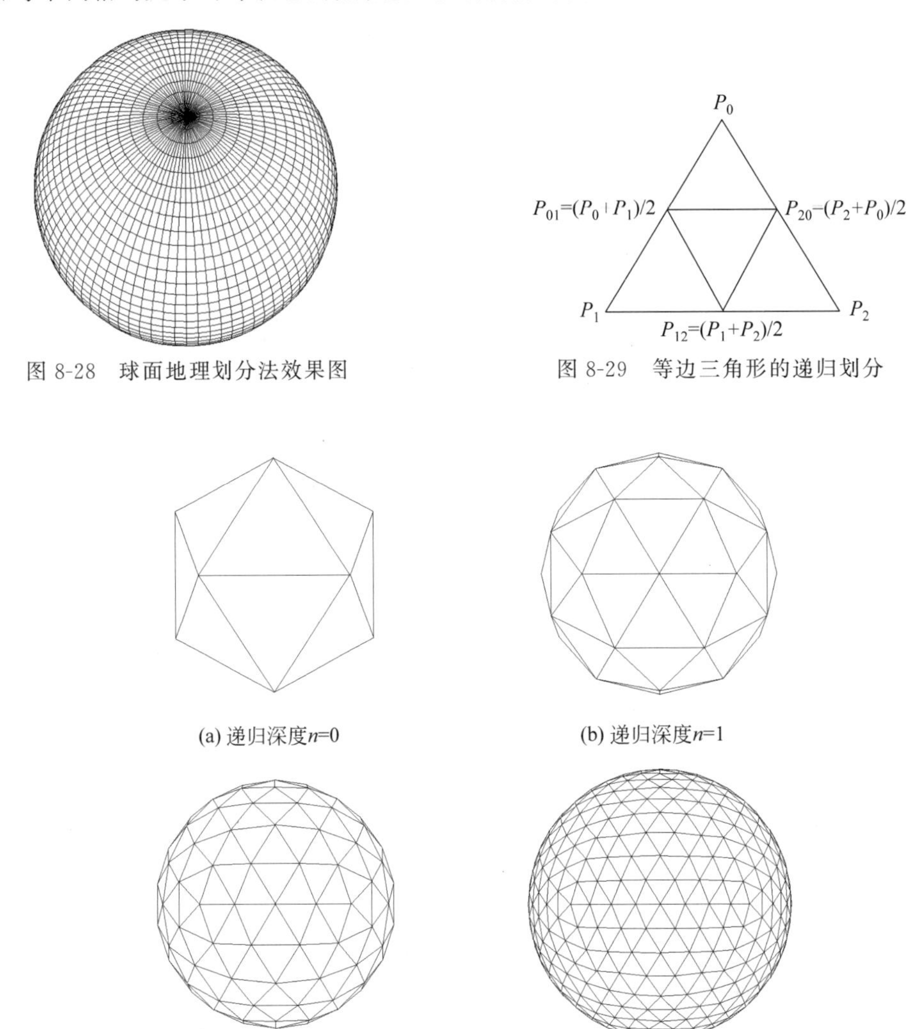

图 8-28　球面地理划分法效果图

图 8-29　等边三角形的递归划分

(a) 递归深度n=0

(b) 递归深度n=1

(c) 递归深度n=2

(d) 递归深度n=3

图 8-30　球面递归划分法效果图

2）圆柱体

假定圆柱的中心轴与 y 轴重合，横截面是半径为 r 的圆，圆柱的高度沿着 y 轴方向从 0 拉伸到 h，三维坐标系原点 O 位于底面中心，如图 8-31 所示。

如果不考虑顶面和底面，圆柱侧面的参数方程为

$$\begin{cases} x = r\cos\theta \\ z = r\sin\theta \end{cases}, \quad 0 \leqslant \mathrm{y} \leqslant h \text{ 且 } 0 \leqslant \theta \leqslant 2\pi \tag{8-3}$$

圆柱侧面展开后是一个矩形，使用四边形网格逼近。圆柱顶面和底面使用三角形网格

逼近。假定圆柱的周向网格数 $n_1=8$，纵向网格数 $n_2=3$，示例圆柱面的网格模型如图 8-32 所示。圆柱侧面的顶点总数为 $n_1(n_2+1)$，加上底面中心的顶点和顶面中心的顶点，圆柱面网格模型的顶点总数为 $n_1(n_2+1)+2=34$。圆柱底面和顶面各有 8 个三角形网格，如图 8-33 和图 8-34 所示。侧面有 24 个四边形网格，如图 8-35 所示。圆柱面网格模型的面片总数为$n_1(n_2+2)=40$。适当加大周向和纵向划分的网格数，圆柱面网格模型趋向光滑，圆柱面网格模型的透视投影效果如图 8-36 所示。

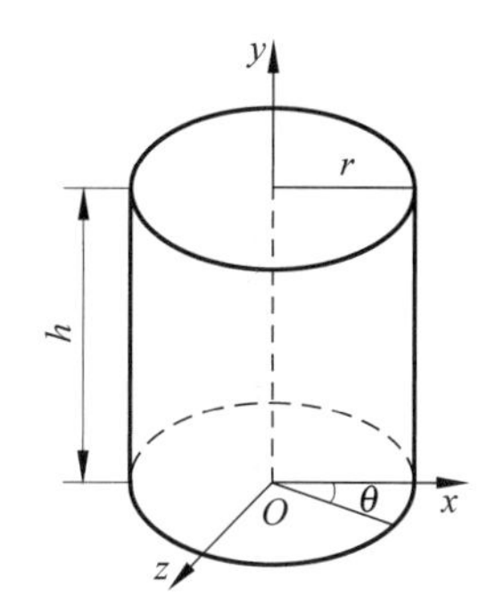

图 8-31　圆柱面的几何模型

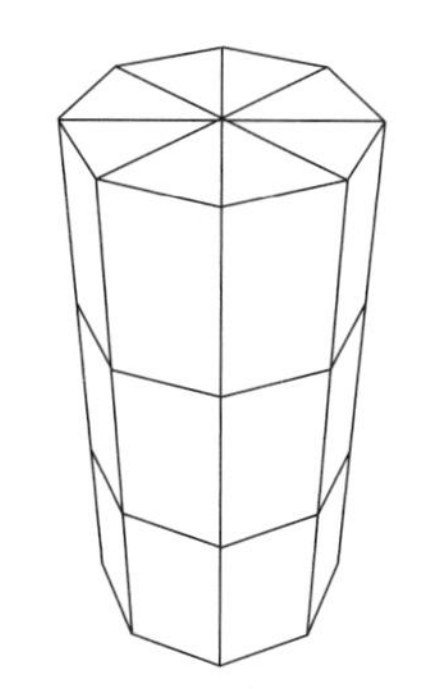

图 8-32　示例圆柱面

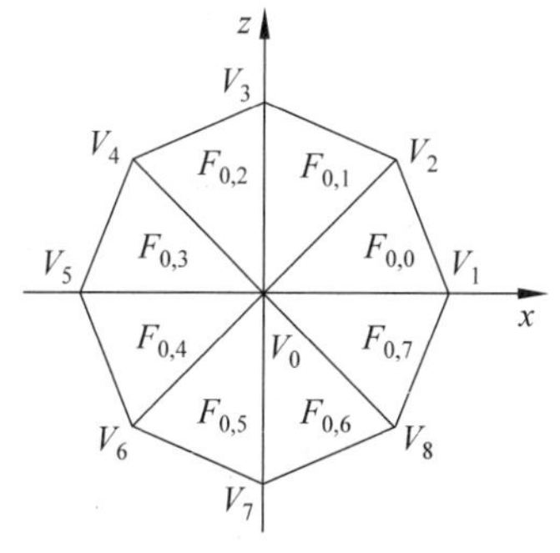

图 8-33　圆柱底面的网格划分

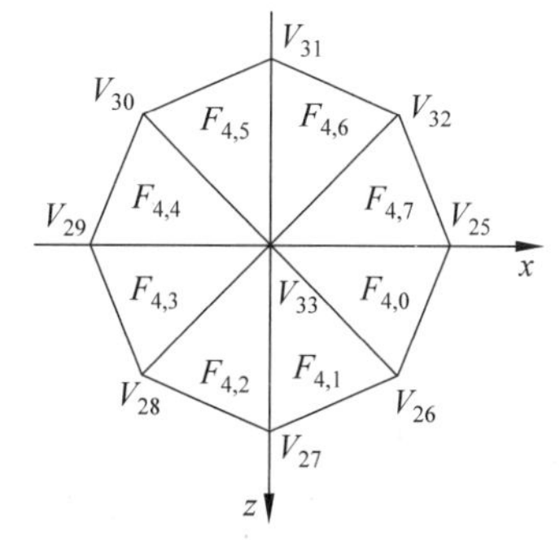

图 8-34　圆柱顶面的网格划分

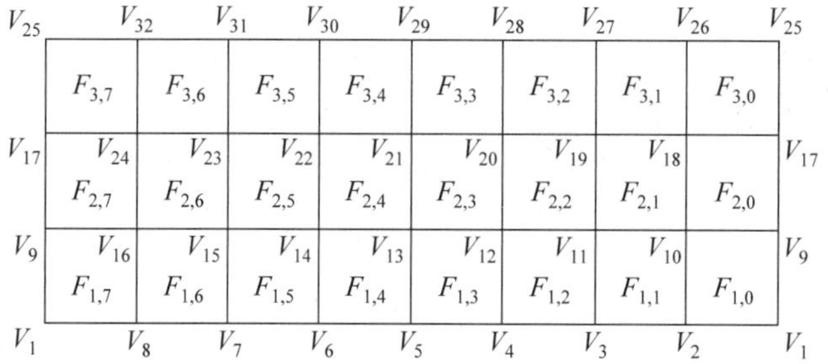

V_{25}	V_{32}	V_{31}	V_{30}	V_{29}	V_{28}	V_{27}	V_{26}	V_{25}
$F_{3,7}$	$F_{3,6}$	$F_{3,5}$	$F_{3,4}$	$F_{3,3}$	$F_{3,2}$	$F_{3,1}$	$F_{3,0}$	
V_{17}	V_{24}	V_{23}	V_{22}	V_{21}	V_{20}	V_{19}	V_{18}	V_{17}
$F_{2,7}$	$F_{2,6}$	$F_{2,5}$	$F_{2,4}$	$F_{2,3}$	$F_{2,2}$	$F_{2,1}$	$F_{2,0}$	
V_9	V_{16}	V_{15}	V_{14}	V_{13}	V_{12}	V_{11}	V_{10}	V_9
$F_{1,7}$	$F_{1,6}$	$F_{1,5}$	$F_{1,4}$	$F_{1,3}$	$F_{1,2}$	$F_{1,1}$	$F_{1,0}$	
V_1	V_8	V_7	V_6	V_5	V_4	V_3	V_2	V_1

图 8-35　圆柱侧面的网格划分

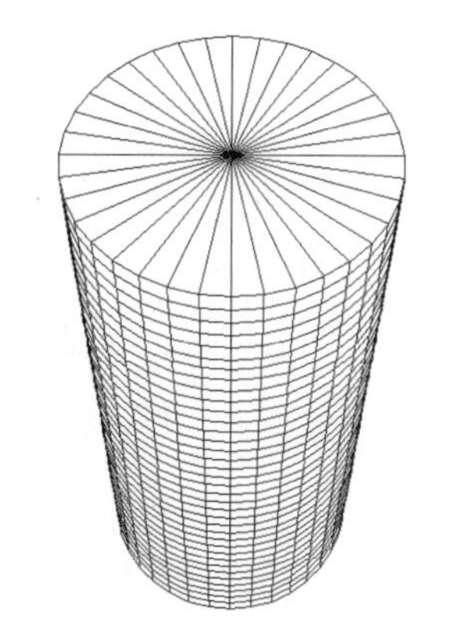

图 8-36　圆柱面网格模型透视投影效果图

(3) 圆锥体

假定圆锥的中心轴与 y 轴重合，横截面的最大半径为 r，横截面的最小半径为 0，圆锥的高度沿着 y 轴方向 0 拉伸到 h，三维坐标系原点 O 位于底面中心，如图 8-37 所示。

如果不考虑底面，圆锥侧面的参数方程为

$$\begin{cases} x=\left(1-\dfrac{y}{h}\right)r\cos\theta \\ z=\left(1-\dfrac{y}{h}\right)r\sin\theta \end{cases},\quad 0\leqslant y\leqslant h \text{ 且 } 0\leqslant\theta\leqslant 2\pi \tag{8-4}$$

圆锥侧面展开后是一个扇形，使用三角形网格和四边形网格逼近，如图 8-38 所示。圆锥底面使用三角形网格逼近，如图 8-39 所示。假定圆锥的周向网格数 $n_1=8$，纵向网格数 $n_2=3$，示例圆锥面的网格模型如图 8-38 所示。网格侧面的顶点总数为 $n_1\times n_2$，加上锥顶和底面的中心顶点，圆锥网格模型的顶点总数为 $n_1\times n_2+2=26$。圆锥底面划分为 8 个三角形网格，侧面有 8 个三角形网格和 16 个四边形网格，圆锥网格模型的面片总数为 $n_1\times(n_2+1)=32$。示例圆锥面侧面的顶点和表面编号如图 8-39～图 8-41 所示。适当加大周向和纵向划分的网格数，圆锥面网格模型趋向光滑，圆锥面的网格模型的透视投影效果如图 8-42 所示。

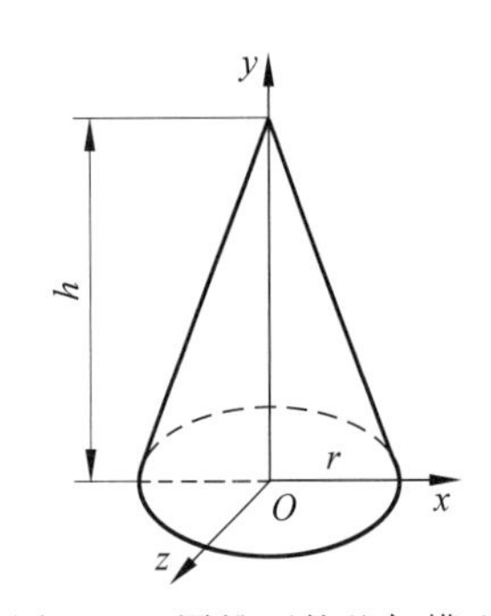

图 8-37　圆锥面的几何模型

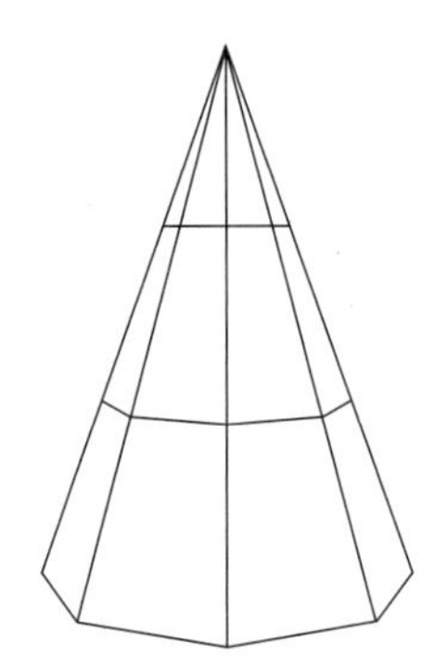
图 8-38　示例圆锥面

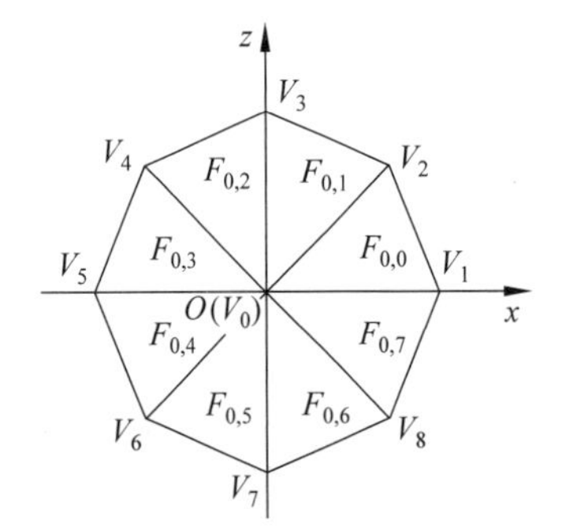

图 8-39　圆锥底面的网格划分

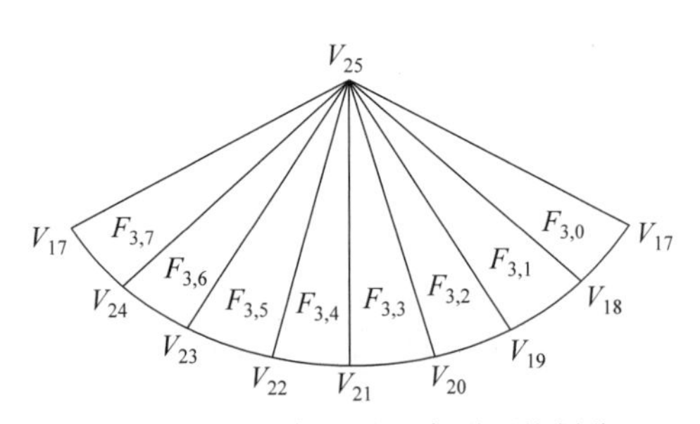

图 8-40　圆锥侧面的三角形网格划分

(4) 圆环

圆环面由一个在 xOy 面内偏置的圆周绕 y 轴进行旋转扫掠而成，如图 8-43 所示。环

的中心线半径为 r_1，截面半径为 r_2。建立右手用户坐标系$\{O;x,y,z\}$，原点 O 位于圆环中心，x 轴水平向右，y 轴垂直向上，z 轴指向观察者。圆环在 xOz 坐标面内水平放置。沿着环体的中心线建立右手动态参考坐标系$\{O';x',y',z'\}$，O'点位于环体的中心线上，x'轴沿着矢径 $O'O$ 的方向向外，y'轴与 y 轴同向，z'轴沿着环体中心线切线的顺时针方向，如图 8-44 所示。

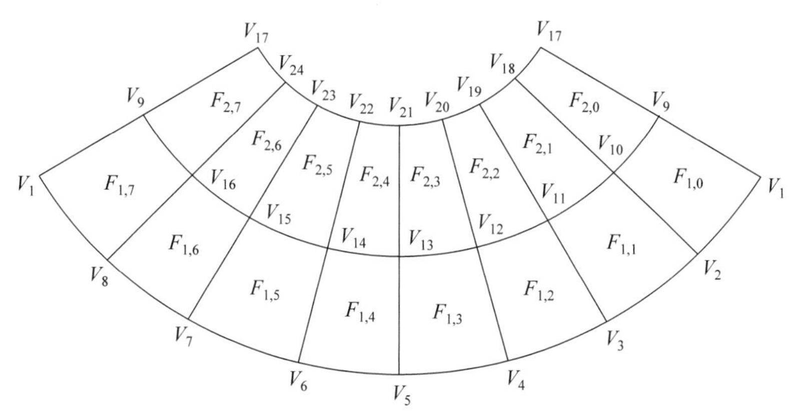

图 8-41　圆锥侧面的四边形网格划分

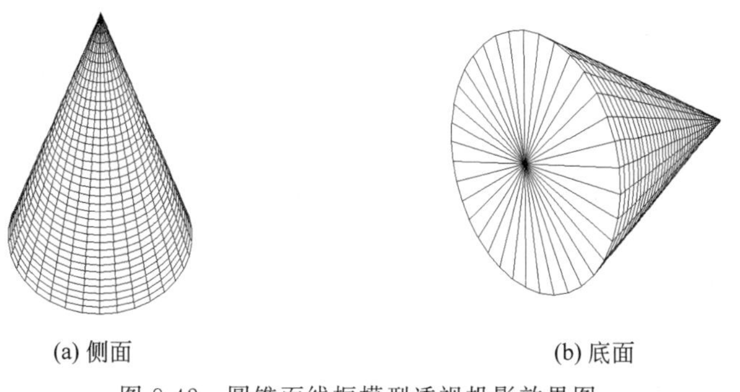

(a) 侧面　　(b) 底面

图 8-42　圆锥面线框模型透视投影效果图

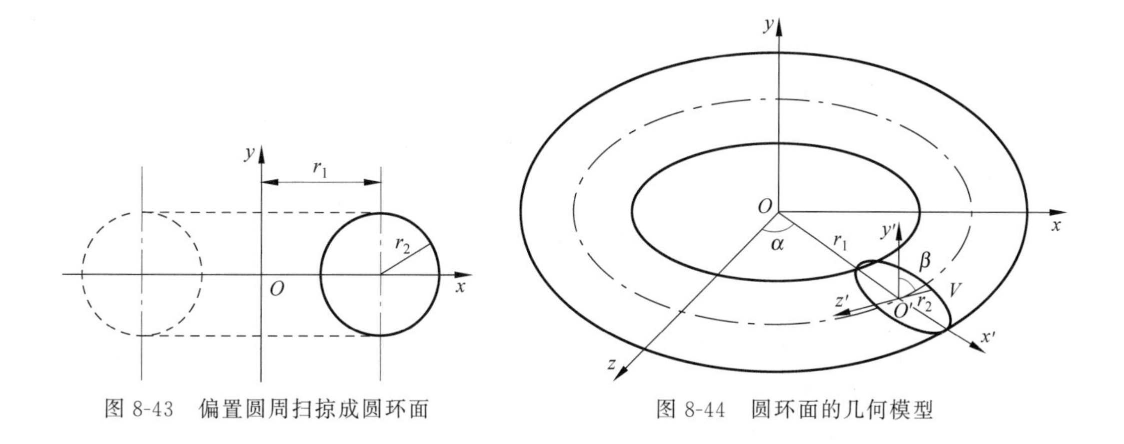

图 8-43　偏置圆周扫掠成圆环面　　图 8-44　圆环面的几何模型

圆环面的参数方程为

$$\begin{cases}x=(r_1+r_2\sin\beta)\sin\alpha \\ y=r_2\cos\beta \\ z=(r_1+r_2\sin\beta)\cos\alpha\end{cases}, \quad 0\leqslant\alpha\leqslant 2\pi \text{ 且 } 0\leqslant\beta\leqslant 2\pi \tag{8-5}$$

假定将圆环划分为 $n_1=6$ 和 $n_2=6$ 的 36 个区域,圆环的截面是正六边形。圆环面的顶点总数 $n_1\times n_2=36$ 个,顶点索引号为 0～35。沿 z 轴正向的横截面与圆环面交为正六边形,顶点从 y 轴正向开始绕圆环中心线顺时针计数,第 1 圈为 $V_0\sim V_5$,如图 8-45 所示。沿圆环周向绕 y 轴顺时针旋转,每隔 60°划分一个圆环网格,则增加 6 个顶点。圆环网格划分后的每个网格为平面四边形,圆环网格模型的网格总数为 $n_1\times n_2=36$。示例圆环面的顶点编号和表面编号如图 8-46 所示。适当加大周向和纵向划分的网格数,圆环面网格模型趋向光滑,圆环面网格模型的透视投影效果如图 8-47 所示。

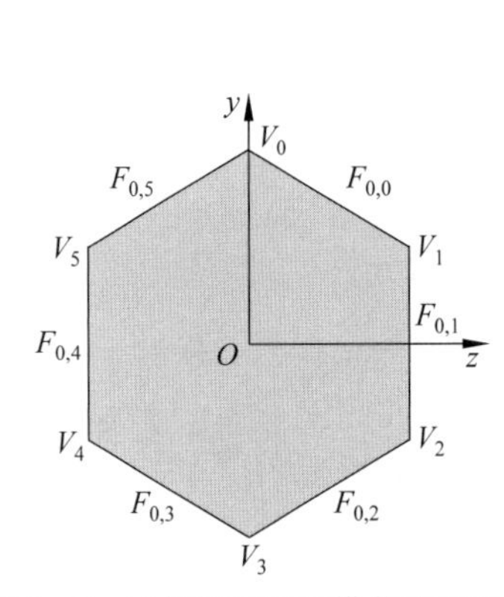

图 8-45　示例圆环面的横截面左视图

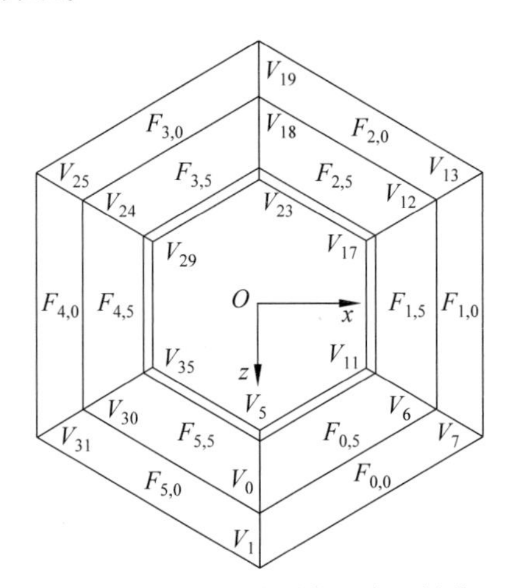

图 8-46　圆环面的顶点和表面划分

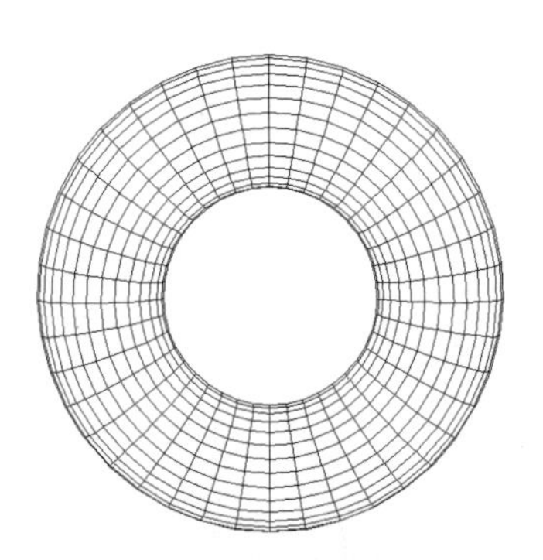

图 8-47　圆环面的网格模型透视投影效果图

8.2　消隐算法分类

在场景中,一个物体的表面可能被另一物体部分遮挡,也可能被自身的其他表面遮挡,这些被遮挡的表面称为隐藏面,被遮挡的边界线称为隐藏线。计算机图形学的一个重要任务就是根据视点的位置和视线方向对空间物体的表面进行可见性检测,绘制出可见边界线和可见表面。

根据消隐方法的不同,消隐算法可分为两类:

(1) 隐线算法。用于消除物体上不可见的边界线。隐线算法主要是针对线框模型提出的,它只要求画出物体的各可见棱边,如图 8-48 所示。

(2) 隐面算法。用于消除物体上不可见的表面。隐面算法主要是针对表面模型提出的,一般不绘制物体的可见棱边,只使用指定颜色填充物体的各可见表面,如图 8-49 所示。

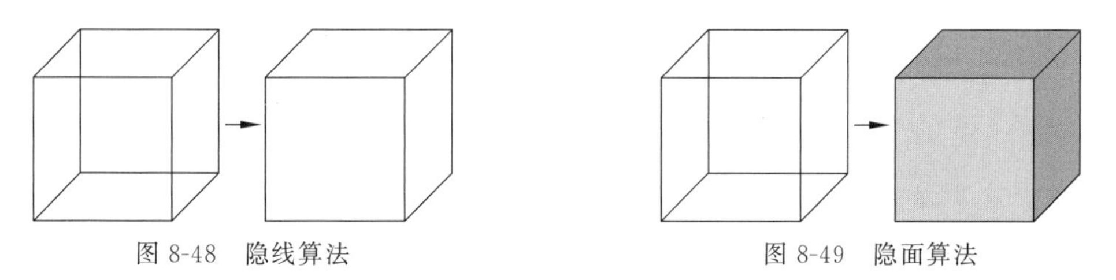

图 8-48　隐线算法　　　　图 8-49　隐面算法

计算机图形学的创始人 Sutherland 根据消隐空间的不同[38],将消隐算法分为 3 类:

(1) 物体空间法。物体空间消隐算法主要在三维观察空间中完成。根据模型的几何关系来判断哪些表面可见,哪些表面不可见。物体空间法与显示器的分辨率无关。

(2) 图像空间法。图像空间消隐算法主要在物体投影后的二维图像空间中利用帧缓冲信息确定哪些表面遮挡了其他表面。图像空间法受限于显示器的分辨率。

(3) 物像空间法。在描述物体的三维观察空间和二维图像空间中同时进行消隐。

8.3　隐线算法

线框模型消隐一般在物体空间中进行。物体空间法是根据可见性检测条件,判断哪些边界线是可见的,哪些边界线是不可见的,在屏幕上只绘制可见边界线。

8.3.1　凸多面体消隐算法

在消隐问题中,凸多面体消隐是最简单和最基本的情形。凸多面体具备这样的性质:连接物体上不同表面的任意两点的直线段完全位于该凸多面体之内。凸多面体由凸多边形构成,其表面要么完全可见,要么完全不可见。凸多面体消隐算法的关键是给出测试其表面边界线可见性的判别式。

事实上,对于凸多面体的任一个面,可以根据其外法向量和视向量的夹角 η 来进行可见性检测。如果两个向量的夹角 $0° \leqslant \eta \leqslant 90°$ 时,表示该表面可见,绘制边界线;如果 $90° < \eta \leqslant 180°$ 时,表示该表面不可见,不绘制边界线。

众所周知,从任意一个方向,只能看到立方体的 3 个表面。下面以图 8-50 所示的立方体为例来进行具体的说明。"前面"$V_4V_5V_6V_7$ 的外法向量沿着 z 轴正向,$\boldsymbol{N}_{\text{front}} = \overrightarrow{V_4V_5} \times \overrightarrow{V_4V_6}$;"后面"$V_0V_3V_2V_1$ 的外法向量沿着 z 轴负向,$\boldsymbol{N}_{\text{back}} = \overrightarrow{V_0V_3} \times \overrightarrow{V_0V_2}$;"左面"$V_0V_4V_7V_3$ 的外法向量沿着 x 轴负向,$\boldsymbol{N}_{\text{left}} = \overrightarrow{V_0V_4} \times \overrightarrow{V_0V_7}$;"右面"$V_1V_2V_6V_5$ 的外法向量沿着 x 轴正向,$\boldsymbol{N}_{\text{right}} = \overrightarrow{V_1V_2} \times \overrightarrow{V_1V_6}$;"顶面"$V_2V_3V_7V_6$ 的外法向量沿着 y 轴正向,$\boldsymbol{N}_{\text{top}} = \overrightarrow{V_2V_3} \times \overrightarrow{V_2V_7}$;

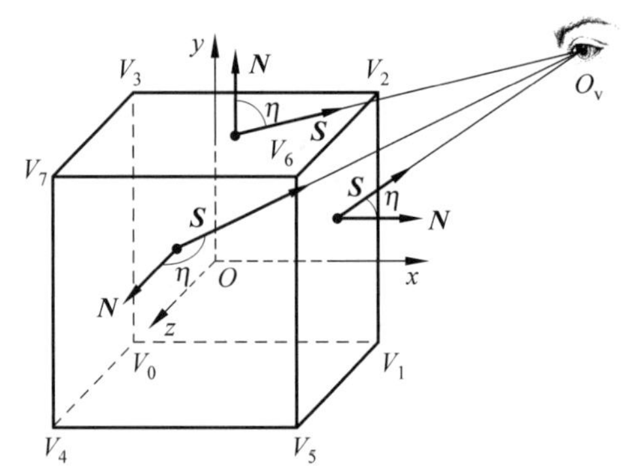

图 8-50　凸多面体消隐原理

“底面”$V_0V_1V_5V_4$ 的外法向量沿着 y 轴负向，$\boldsymbol{N}_{\text{bottom}}=\overrightarrow{V_0V_1}\times\overrightarrow{V_0V_5}$。

利用各个表面的三维顶点坐标，可以计算出该表面的外法向量。对于“前面”$V_4V_5V_6V_7$，取 V_4 点为参考点。该点的外法向量 $\boldsymbol{N}=\overrightarrow{V_4V_5}\times\overrightarrow{V_4V_6}$。

$$\overrightarrow{V_4V_5}=\{x_5-x_4,y_5-y_4,z_5-z_4\},\quad \overrightarrow{V_4V_6}=\{x_6-x_4,y_6-y_4,z_6-z_4\}$$

$$N_x=(y_5-y_4)(z_6-z_4)-(z_5-z_4)(y_6-y_4)$$

$$N_y=(z_5-z_4)(x_6-x_4)-(x_5-x_4)(z_6-z_4)$$

$$N_z=(x_5-x_4)(y_6-y_4)-(y_5-y_4)(x_6-x_4)$$

“前面”的外法向量可以表示为

$$\boldsymbol{N}=N_x\boldsymbol{i}+N_y\boldsymbol{j}+N_z\boldsymbol{k} \tag{8-6}$$

式中，$\boldsymbol{i}$、$\boldsymbol{j}$、$\boldsymbol{k}$ 为三维坐标系的标准单位向量。

给定视点位置球面坐标为 $O_v(R\sin\varphi\sin\theta,R\cos\varphi,R\sin\varphi\cos\theta)$，其中，$R$ 为视径，$0\leqslant\varphi\leqslant\pi$，$0\leqslant\theta\leqslant2\pi$。

视向量从多边形的参考点 V_4 指向视点，视向量的计算公式为

$$S=\{R\sin\varphi\sin\theta-x_4,R\cos\varphi-y_4,R\sin\varphi\cos\theta-z_4\}$$

视向量表示为

$$\boldsymbol{S}=S_x\boldsymbol{i}+S_y\boldsymbol{j}+S_z\boldsymbol{k} \tag{8-7}$$

式中，$\boldsymbol{i}$、$\boldsymbol{j}$、$\boldsymbol{k}$ 为三维坐标系的标准单位向量。

表面外法向量和视向量的数量积为

$$\boldsymbol{NS}=N_xS_x+N_yS_y+N_zS_z$$

将外法向量 $\boldsymbol{N}$ 规范化为单位向量 $\boldsymbol{n}$，视向量 $\boldsymbol{S}$ 规范化为单位向量 $\boldsymbol{s}$ 后，则有

$$\boldsymbol{ns}=\cos\eta=n_xs_x+n_ys_y+n_zs_z \tag{8-8}$$

由式(8-8)可见，$\cos\eta$ 的正负取决于表面的单位外法向量与单位视向量的数量积：$n_xs_x+n_ys_y+n_zs_z$。

凸多面体表面可见性检测条件如下：

当 $0°\leqslant\eta<90°$时，$n_xs_x+n_ys_y+n_zs_z>0$，表面可见，绘制表面多边形边界；当 $\eta=90°$时，$n_xs_x+n_ys_y+n_zs_z=0$，表面外法向量与视向量垂直，表面多边形退化为一条直线，绘制结果为一段直线；当 $90°<\eta\leqslant180°$时，$n_xs_x+n_ys_y+n_zs_z<0$，凸多面体表面不可见，不绘制该多边形边界。因此，可以将 $\boldsymbol{ns}\geqslant0$ 作为绘制可见表面边界的基本条件。对于立方体而言，使用

$\boldsymbol{ns} \geqslant 0$ 剔除了背向视点的 3 个不可见表面，只绘制朝向视点的 3 个可见表面。因此本算法也称为背面剔除(back culling)算法。在渲染多边形表面前，也常用于剔除不可见的表面，以提高绘制效率。立方体消隐前的线框模型透视投影如图 8-51 所示，画出了全部 6 个表面的边界；立方体消隐后的线框模型透视投影如图 8-52 所示，没有绘制不可见表面的边界，只画出了 3 个可见表面的边界。在实际应用中，有时并不是完全不绘制不可见表面的边界，而是采用虚线绘制不可见面的边界，如图 8-53～图 8-56 所示。因为双表结构中未包含边表，棱边的定义存在二义性，每条棱边被相邻表面重复绘制。特别是当相邻的表面是可见表面和不可见表面时，这条棱边就出现虚线和实线重叠的情况。此时需要使用顶点表、边表和面表 3 表结构才能正确绘制。采用虚线表示不可见棱边的方法在真实感图形中并不多见，常见于示例性的说明图表中。

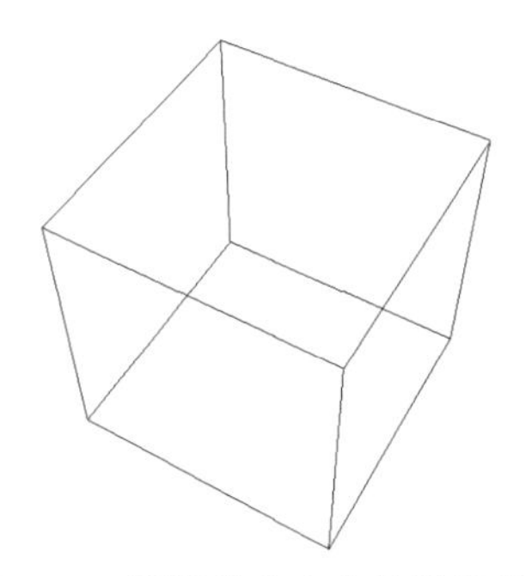

图 8-51　消隐前的立方体透视投影

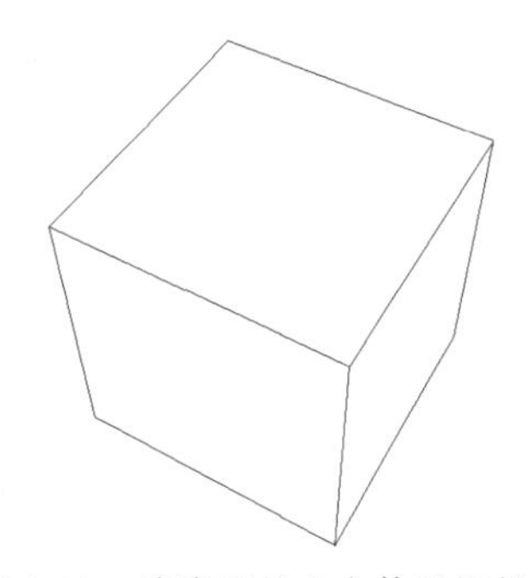

图 8-52　消隐后的立方体透视投影

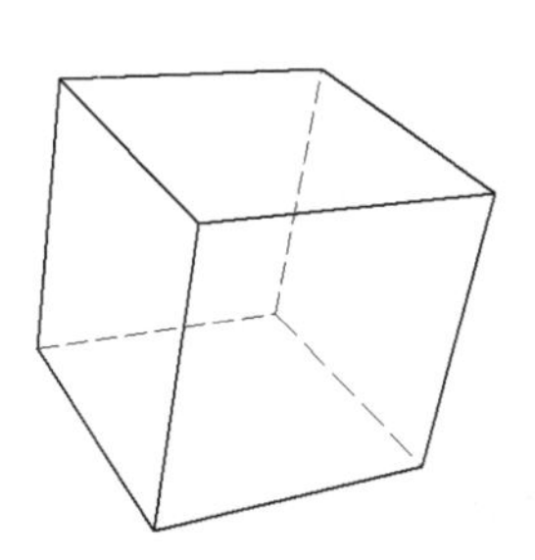

图 8-53　立方体虚线消隐透视投影

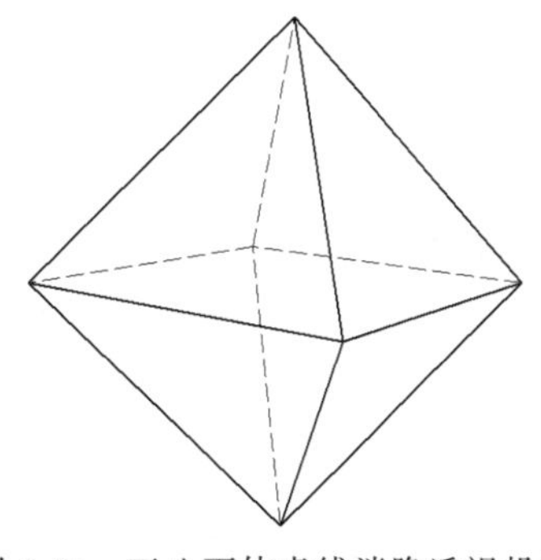

图 8-54　正八面体虚线消隐透视投影

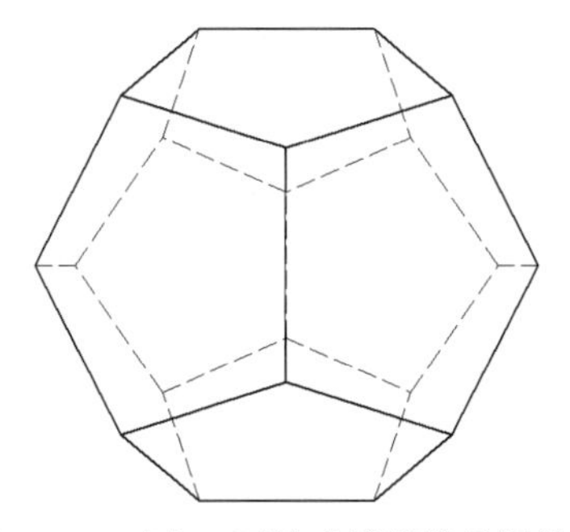

图 8-55　正十二面体虚线消隐透视投影

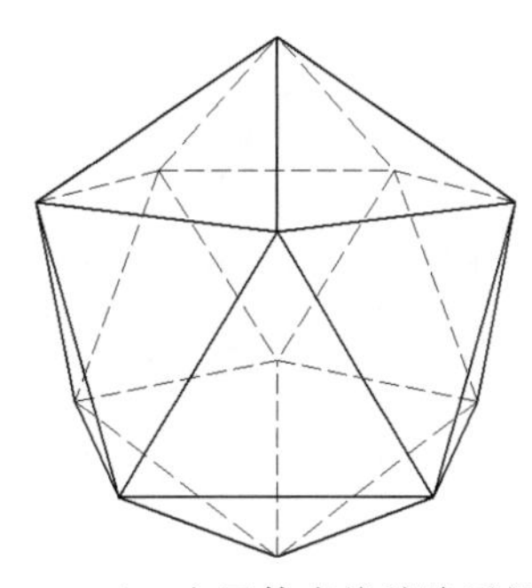

图 8-56　正二十面体虚线消隐透视投影

8.3.2 曲面体消隐算法

球体、圆柱体、圆锥体、圆环等物体的表面为曲面，可以采用有限单元法划分为若干小网格区域。常用的方法是采用三角形网格或四边形网格来逼近曲面，这样光滑物体消隐的主要工作就是确定各三角形网格或四边形网格的可见性，可采用与凸多面体消隐类似的算法进行处理，即利用网格的外法向量与视向量的数量积来进行可见性检测。

以球面的消隐为例来讲解光滑物体的隐线算法，球面方程表示为式(8-2)。

球面可用 α 参数曲线簇和 β 参数曲线簇所构成的四边形经纬网格来表示，如图 8-57 所示。设相邻的两条纬线分别为 α_0、α_1，相邻的两条经线分别为 β_0、β_1，则四边形网格 $V_0V_1V_2V_3$ 各点的坐标为 $V_0(\alpha_0,\beta_0)$、$V_1(\alpha_1,\beta_0)$、$V_2(\alpha_1,\beta_1)$、$V_3(\alpha_0,\beta_1)$。

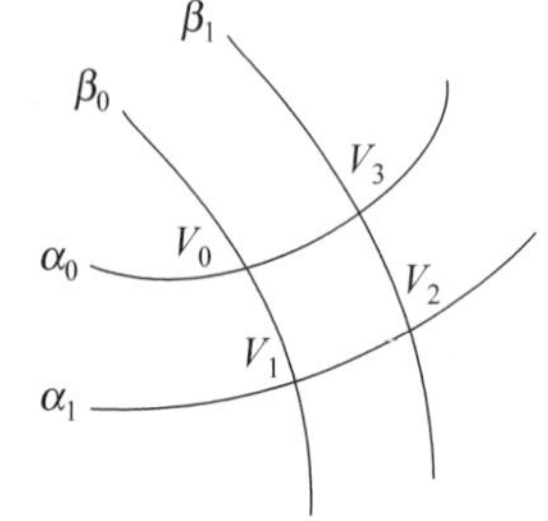

图 8-57 球面的经纬网格

以$\overrightarrow{V_0V_1}$和$\overrightarrow{V_0V_2}$为边向量，计算四边形网格 $V_0V_1V_2V_3$ 外法向量为

$$\boldsymbol{N}=\overrightarrow{V_0V_1}\times\overrightarrow{V_0V_2} \tag{8-9}$$

给定视点位置球面坐标表示为：$O_v(R\sin\varphi\sin\theta, R\cos\varphi, R\sin\varphi\cos\theta)$，其中，$R$ 为视径，$0\leqslant\varphi\leqslant\pi$，$0\leqslant\theta\leqslant 2\pi$。

对于四边形网格 $V_0V_1V_2V_3$ 的参考点 $V_0(\alpha_0,\beta_0)$，视向量分量的计算公式为

$$S_x=R\sin\varphi\sin\theta - r\sin\alpha_0\sin\beta_0$$
$$S_y=R\cos\varphi - r\cos\alpha_0$$
$$S_z=R\sin\varphi\cos\theta - r\sin\alpha_0\cos\beta_0$$

式中，R 为视点的矢径；φ 和 θ 为视点的位置角；r 为球面的半径；α_0 和 β_0 为球面上一点 V_0 的位置角。

四边形网格 $V_0V_1V_2V_3$ 的参考点 $V_0(\alpha_0,\beta_0)$处的法向量 $\boldsymbol{N}$ 的计算方法与凸多面体类似。特别地，球面上 $V_0(\alpha_0,\beta_0)$点的平均外法向量可以使用该点的位置向量代替。

将法向量 $\boldsymbol{N}$ 规范化为单位向量 $\boldsymbol{n}$，视向量 $\boldsymbol{S}$ 规范化为单位向量 $\boldsymbol{s}$，有

$$\boldsymbol{ns}=n_xs_x+n_ys_y+n_zs_z$$

球面四边形网格可见性检测条件为当 $\boldsymbol{ns}\geqslant 0$ 时，绘制该网格边界。可以用类似方法处理球面三角形网格。球面消隐前的线框模型透视投影如图 8-58 所示，北极点和南极点同时绘制出来，无法确认究竟是北极点朝向读者还是南极点朝向读者。使用背面剔除算法后，可以看出图 8-58 中球面的北极点朝向读者，如图 8-59 所示。

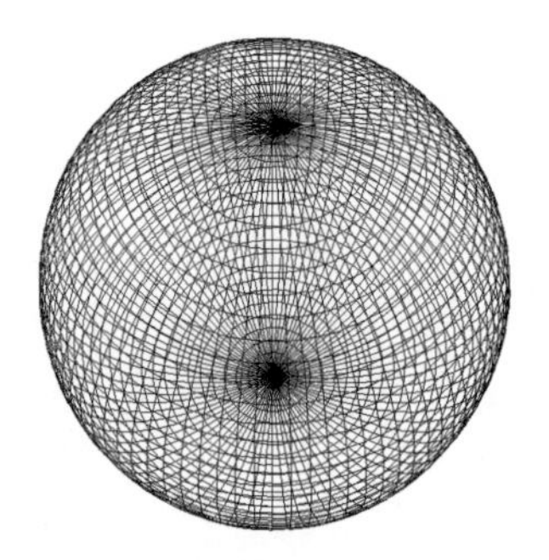
图 8-58 消隐前的球面透视投影

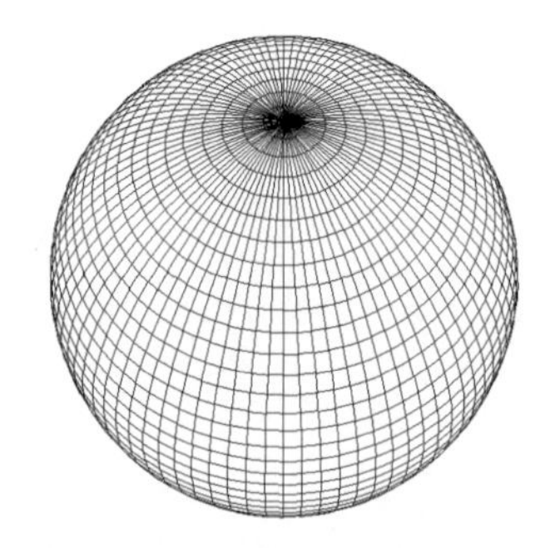
图 8-59 消隐后的球面透视投影

8.4 隐面算法

要绘制真实感图形，需要使用表面模型或实体模型。物体表面可以被平面着色或光滑着色，且表面区分了正面和反面。隐面算法是指从视点的角度观察物体的表面，离视点近的表面遮挡了离视点远的表面，屏幕上绘制的结果为所有可见表面最终投影的集合。表面消隐的最常用方法有两种，这两种方法都考察了物体表面的深度坐标。一种方法是与表面的投影顺序有关，在屏幕上先投影离视点远的表面，再投影离视点近的表面，后绘制的表面遮挡了先绘制的表面，称为深度排序算法。另一种方法与表面的投影顺序无关，但使用缓冲器记录了物体表面在屏幕上投影所覆盖范围内的全部像素的深度值，依次访问屏幕范围内物体表面所覆盖的每一像素，用深度小（深度用 z 值表示，z 值小表示离视点近）的像素点颜色替代深度大（z 值大表示离视点远）的像素点颜色可以实现消隐，称为深度缓冲器算法。

8.4.1 深度缓冲器算法

1. 算法原理

Catmull[39] 于 1974 年提出的深度缓冲器算法（depth-buffer algorithm）属于图像空间消隐算法。在物体空间内不对物体表面的可见性进行检测，在图像空间中根据每像素的深度值确定最终绘制到屏幕的物体表面上各像素的颜色。深度缓冲器算法也称为 Z-Buffer 算法。在屏幕坐标系中，通常用 z_s 表示物体上各个面的深度，故名Z-Buffer 算法。

建立图 8-60 所示的三维屏幕坐标系，原点 O_s 位于屏幕客户区中心，x_s 轴水平向右为正，y_s 轴垂直向上为正，z_s 轴指向屏幕内部，$x_sy_sz_s$ 形成左手坐标系。设视点位于 z_s 轴负向，视线方向沿着 z_s 轴正向，指向 $x_sO_sy_s$ 坐标面。图 8-60 所示为立方体的透视投影图，假定平行于 z_s 轴的视线与立方体的“前面”交于(x_1, y_1, z_1)点，与立方体的“后面”交于(x_1, y_1, z_2)点。“前面”和“后面”在屏幕上（$x_sO_sy_s$ 面）的投影坐标(x_1, y_1)相同，但 $z_1 < z_2$，(x_1, y_1, z_1)点离视点近，(x_1, y_1, z_2)点离视点远。对于屏幕上的投影像素(x_1, y_1)，“前面”的(x_1, y_1, z_1)点的颜色将覆盖“后面”的(x_1, y_1, z_2)点的颜色，像素(x_1, y_1)的最终显示颜色为“前面”的(x_1, y_1, z_1)点的颜色。

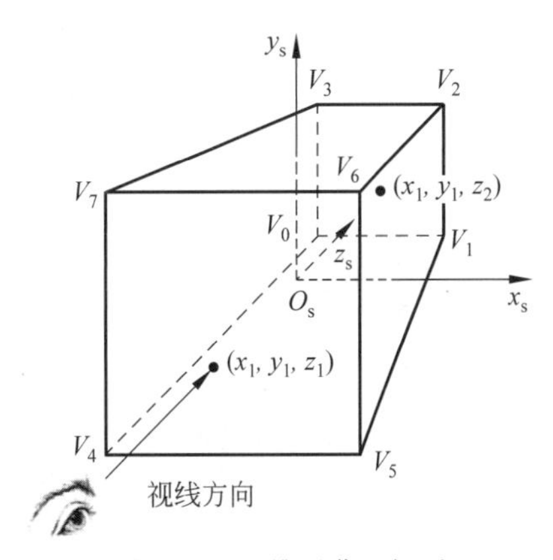

图 8-60　三维屏幕坐标系

Z-Buffer 算法需要建立两个缓冲器：一个是深度缓冲器，用以存储图像空间中每一像素的深度值，初始化为最大深度值（z 坐标）。另一个是帧缓冲器，用以存储图像空间中的每像素的颜色值，初始化为屏幕的背景色。Z-Buffer 算法计算准备写入帧缓冲器当前像素的深度值，并与已经存储在深度缓冲器中的原可见像素的深度值进行比较。如果当前像素的深度值小于原可见像素的深度值，表明当前像素更靠近观察者且遮住了原像素，则将当前像素的颜色写入帧缓冲器，同时用当前像素的深度值更新深度缓冲器，否则，不作更改。本算法的实质是对一给定视线上的(x_s,y_s)，查找离视点最近的$z_s(x_s,y_s)$值。一般在使用深度缓冲器算法之前，先使用背面剔除算法对物体的不可见表面进行剔除，然后再对所有可见表面使用深度缓冲器算法消隐。

2. 算法描述

(1) 帧缓冲器初始值置为背景色。

(2) 确定深度缓冲器的宽度、高度和初始深度。一般将初始深度置为最大深度值。

(3) 对于多边形表面中的每一像素(x_s,y_s)，计算其深度值$z_s(x_s,y_s)$。

(4) 将z_s与存储在深度缓冲器中的(x_s,y_s)处的深度值zBuffer(x_s,y_s)进行比较。

(5) 如果$z_s(x_s,y_s) \leqslant$ zBuffer(x_s,y_s)，则将此像素的颜色写入帧缓冲器，且用$z_s(x_s,y_s)$重置zBuffer(x_s,y_s)。

3. 计算面内采样点深度

若多边形表面的平面方程已知，一般采用增量法计算扫描线上每一像素点的深度值。当立方体旋转到图8-61所示的位置时，6个表面都不与投影面xOy面平行，这时需要根据每个表面的平面方程计算多边形内各像素点处的深度值。

对于图8-62所示的一个立方体表面$V_0V_1V_2V_3$，其平面一般方程为

$$Ax + By + Cz + D = 0 \tag{8-10}$$

式中系数A、B、C是该平面的一个法向量$\mathbf{N}$的坐标，即$\mathbf{N}=\{A,B,C\}$。

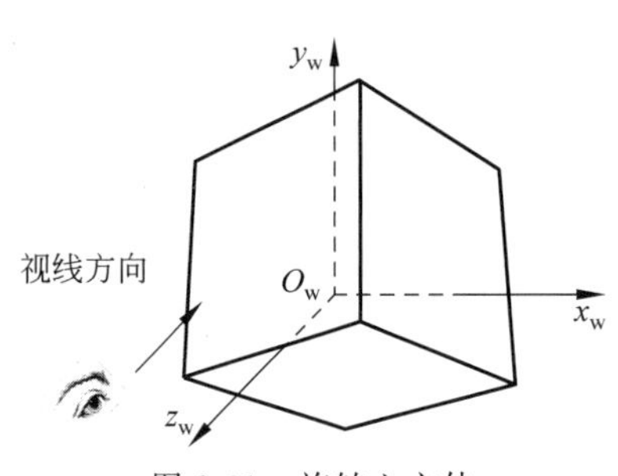

图8-61 旋转立方体

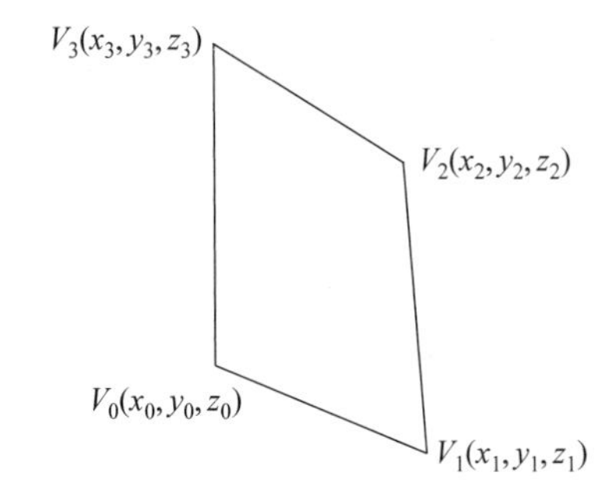

图8-62 旋转立方体的任意一个表面

根据多边形表面顶点的坐标可以计算出两个边向量

$$向量\overrightarrow{V_0V_1} = \{x_1 - x_0, y_1 - y_0, z_1 - z_0\}$$

$$向量\overrightarrow{V_0V_2} = \{x_2 - x_0, y_2 - y_0, z_2 - z_0\}$$

根据两个边向量的叉积，可求得表面的法向量$\mathbf{N}$，得到系数A、B、C。

$$A = (y_1 - y_0)(z_2 - z_0) - (z_1 - z_0)(y_2 - y_0)$$

$$B = (z_1 - z_0)(x_2 - x_0) - (x_1 - x_0)(z_2 - z_0)$$

$$C = (x_1 - x_0)(y_2 - y_0) - (y_1 - y_0)(x_2 - x_0)$$

将A、B、C和点(x_0,y_0,z_0)代入式(8-10)，得

$$D = -Ax_0 - By_0 - Cz_0 \tag{8-11}$$

这样，从式(8-10)可以得到当前像素点(x_s,y_s)处的深度值

$$z_s(x_s,y_s) = -\frac{Ax_s + By_s + D}{C} \tag{8-12}$$

这里，如果 $C=0$，说明多边形表面的法向量与 z 轴垂直，在 $x_sO_sy_s$ 面内的投影为一条直线，在算法中可以不予以考虑。

如果已知扫描线 y_i 与多边形表面的投影相交，左边界像素 (x_i, y_i) 的深度值为 $z_s(x_i, y_i)$，其相邻点 (x_{i+1}, y_i) 处的深度值为 $z_s(x_{i+1}, y_i)$。

$$z_s(x_{i+1}, y_i)=\frac{-A(x_{i+1})-By_i-D}{C}=z_s(x_i, y_i)-\frac{A}{C} \tag{8-13}$$

式中，$-\frac{A}{C}$ 为深度步长。

由式(8-13)可以计算出该扫描线上的所有后续像素点的深度值。同一扫描线上的深度增量可由一步加法完成。

对于下一条扫描线 $y=y_{i+1}$，其最左边的像素点坐标的 x 值为

$$x(y_{i+1})=x(y_i)+\frac{1}{k} \tag{8-14}$$

式中 k 为有效边的斜率。

深度缓冲器算法的最大优点在于简单，有利于硬件实现。由于物体表面可以按照任意次序写入帧缓冲器和深度缓冲器，故无须按深度优先级排序，节省了排序时间。算法的缺点是需要占用大量的存储单元。实际使用中一般很少将深度缓冲器的宽度和高度取为屏幕客户区的大小，而是先检测物体表面全部投影所覆盖的最大范围，以确定深度缓冲器数组的大小，可以有效减少存储容量。初始化深度值为 depth、宽度为 width、高度为 height 的深度缓冲器数组的代码如下：

```
void CZBuffer::InitDeepBuffer(int width,int height,double depth)
                                                    //初始化深度缓冲器二维数组
{
    zBuffer=new double * [width];                   //创建二维动态数组
    for(int i=0;i<width;i++)
        zBuffer[i]=new double[height];
    for(int i=0;i<width;i++)                        //深度缓冲器赋初值
        for(int j=0;j<height;j++)
            zBuffer[i][j]=depth;
}
```

4. 匹配深度缓冲器下标

对于场景中的单个物体，一般将其回转中心放在屏幕坐标系原点，也即位于屏幕客户区中心，屏幕客户区如图 8-63 中白色矩形所示。图 8-63 中灰色矩形代表宽度为 w，高度为 h 的深度缓冲器。深度缓冲器使用二维数组实现。使用 Z-Buffer 算法消隐时，需要根据物体表面投影的二维 (x_s, y_s) 坐标去检索深度缓冲器的 z_s 值，而 (x_s, y_s) 的取值是关于屏幕坐标系原点对应，其值有正有负。为了避免深度缓冲区数组 zBuffer 下

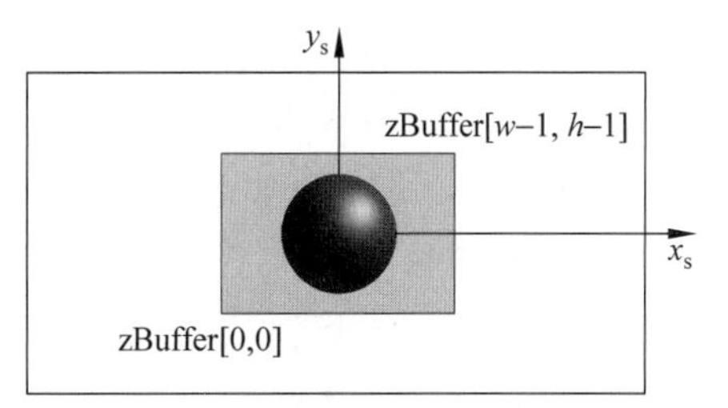

图 8-63　匹配深度缓冲器数组的下标

标的索引号为负值，二维深度缓冲器数组采用 zBuffer[$x_s+w/2$][$y_s+h/2$]进行匹配。假设物体占据整个深度缓冲器，则满足$-w/2\leqslant x_s\leqslant w/2$，$-h/2\leqslant y_s\leqslant h/2$。此时，深度缓冲器左下角的索引号为[0][0]，右上角的索引号为[$w-1$][$h-1$]。

5. 相对透视深度的进一步讨论

真实感场景中一般绘制的是三维物体的透视投影。使用深度缓冲器算法消隐时，需要在透视变换后保留物体的伪深度坐标 z_s。设视域四棱台的近剪切面为 Near，远剪切面为 Far，透视变换公式为

$$\begin{cases} x_s = \text{Near} \cdot \dfrac{x_v}{z_v} \\ y_s = \text{Near} \cdot \dfrac{y_v}{z_v} \\ z_s = \text{Far} \cdot \dfrac{1-\text{Near}/z_v}{\text{Far}-\text{Near}} \end{cases} \tag{8-15}$$

式中(x_v,y_v,z_v)为观察坐标系中的坐标；(x_s,y_s,z_s)为屏幕坐标系中的坐标。

将 $z_v=0$ 代入式(8-15)中，有 $z_s=-\infty$。这说明，透视变换把所有通过视点的直线映射为平行于 z_s 轴的直线。图 8-64 中，透视变换把一个位于观察坐标系中的立方体变换为屏幕坐标系内的正四棱台。观察坐标系中连接立方体顶点与视点的直线变成了屏幕坐标系中的平行线。因此，屏幕坐标系中只有具有相同(x_s,y_s)的点才可能发生遮挡，判别一个点是否位于另一个点的前面则可简化为 z_s 值的比较。采用伪深度坐标非常适合于隐藏面的剔除。

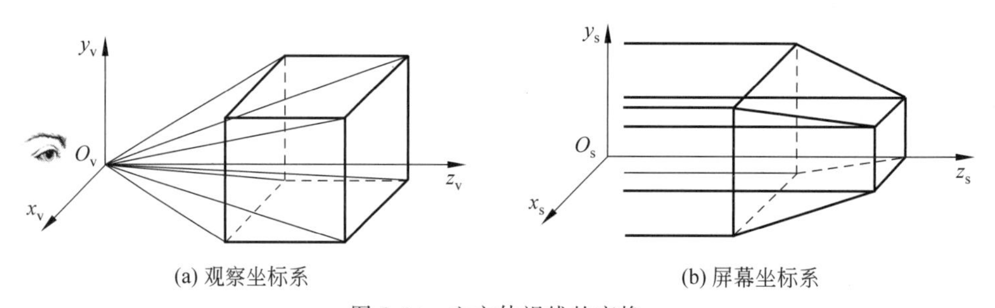

(a) 观察坐标系　　(b) 屏幕坐标系

图 8-64　立方体视线的变换

6. 算法应用

图 8-65 中，红、绿、蓝三角形的深度相互交叉，无法区分前后顺序。使用 Z-Buffer 算法根据三角形上每一点的深度值确定填充颜色，可以很方便地实现消隐。

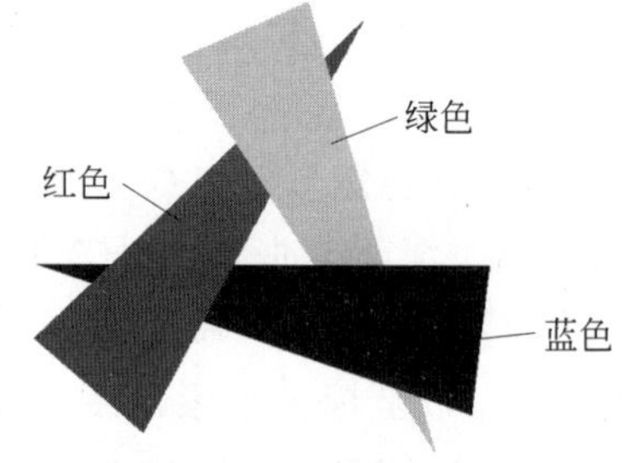

图 8-65　交叉三角形消隐

对于一些特殊的凹多面体如圆环，绘制网格模型时，使用背面剔除算法并不能完全消除隐藏线。当环面垂直于投影面时，消隐结果存在错误，如图 8-66 所示。原因是背面剔除算法保留了内环面的“前面”和外环面的“前面”。圆环网格模型的消隐需要设计专门针对凹多边形设计的算法才能获得正确结果。但是如果使用 Z-Buffer 算法绘制圆环的表面模型，则可以直接得到正

确结果，如图 8-67 所示。

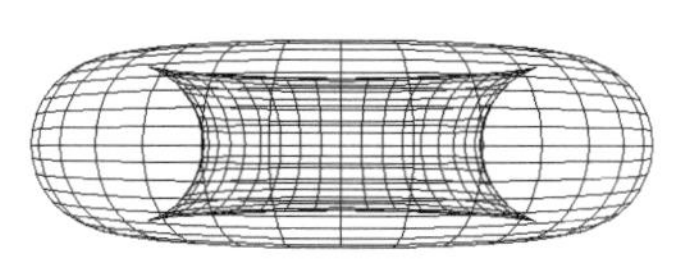

图 8-66　圆环线框模型消隐

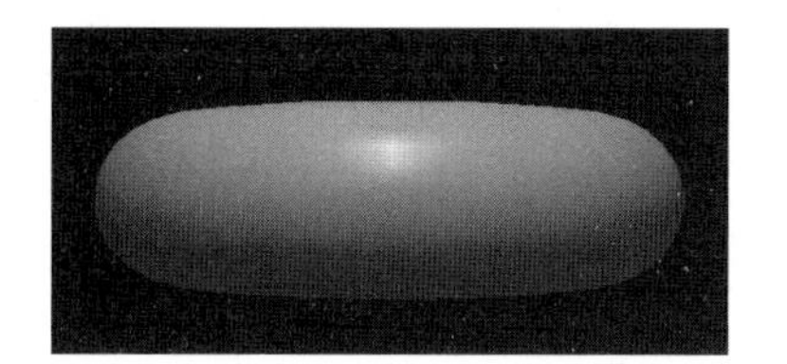

图 8-67　圆环表面模型消隐

8.4.2　深度排序算法

深度排序算法同时运用了物体空间和图像空间的消隐算法[40]。在物体空间中将物体表面按深度优先级排序，然后在图像空间中从深度最大的表面开始，依次绘制各个表面。这种消隐算法通常被称为画家算法(painter's algorithm)。画家在创作一幅油画时，总是先画远景，再画中景，最后才画近景。这样不同的颜料将依次堆积覆盖，形成层次分明的艺术作品，如图 8-68 所示。

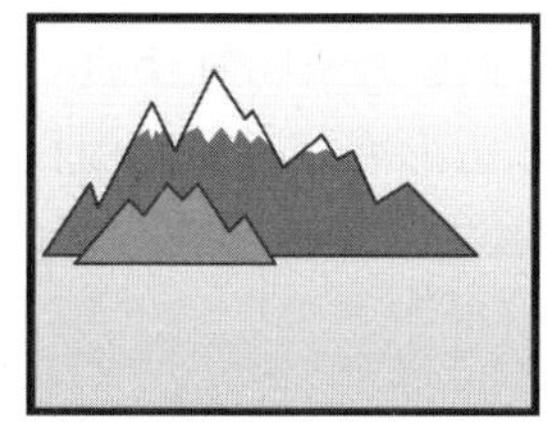

(a) 绘制背景

(b) 绘制中景

(c) 绘制近景

图 8-68　画家绘图步骤

深度排序算法的原理是，先把屏幕置成背景色，再把物体的各个表面按其离视点的远近或深度排序形成深度优先级表，离视点远者深度大(z 值)位于表头，离视点近者深度小(z 值)位于表尾。然后按照从表头到表尾的顺序，逐个取出多边形表面投影到屏幕上，后绘制的表面颜色取代先绘制的表面颜色，相当于消除了隐藏面。

在算法上需要使用队列数据结构来实现。设计全局小面数组，存储局部小面的三维顶点坐标和小面的深度值，方便小面之间根据深度值交换前后次序。

已经知道，Z-Buffer 算法消隐的粒度为像素，而画家算法消隐的粒度为多边形。这样，使用画家算法消隐后，可以绘制物体的小面轮廓线。圆环消隐效果如图 8-69 所示。将内部填充为白色，边界线用黑色表示，使用深度排序算法消隐。立方体组消隐效果如图 8-70 所示。茶壶消隐效果如图 8-71 所示。

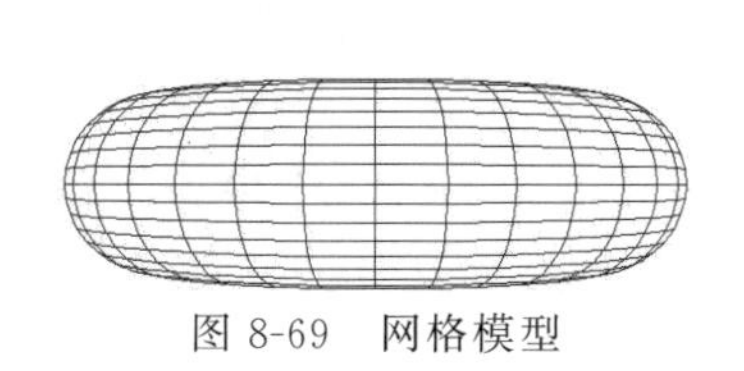

图 8-69　网格模型

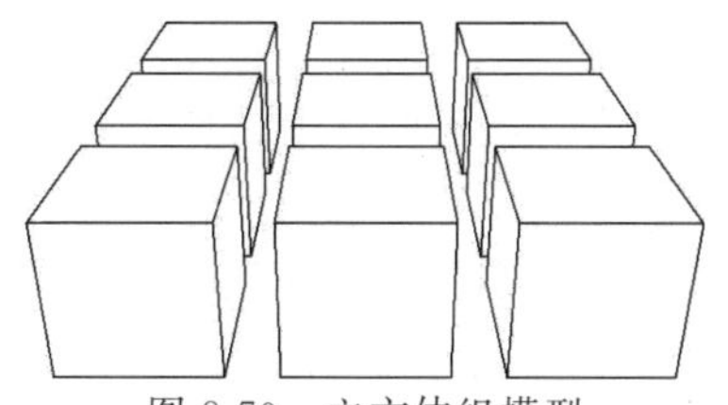

图 8-70　立方体组模型

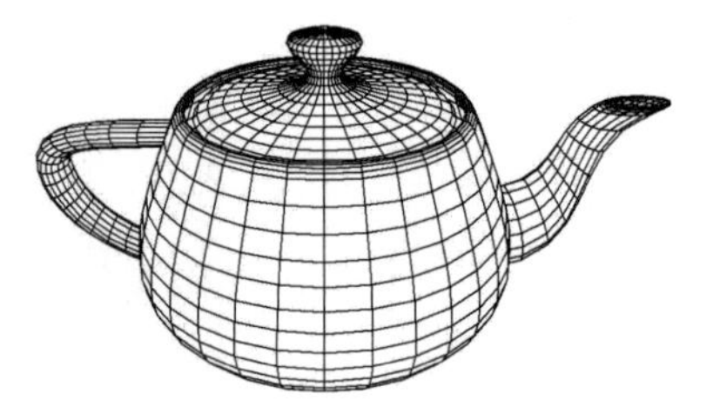

图 8-71　茶壶模型

8.5　本章小结

本章主要讲述建立多面体与曲面的几何模型的方法。根据给出的顶点表和表面表可以方便地绘制物体的三维模型。三维图形的消隐算法分为隐线算法和隐面算法。隐线算法主要针对线框模型(多面体)或网格模型(曲面体)进行,只根据表面法向量和视向量的点积就可以判别表面是否可见。事实上凸多面体隐线算法也是一种隐面算法,是通过判断表面的可见性后才绘制面的边界,只不过该方法可用于绘制线框模型,才称为隐线算法。隐面算法中重点讲解了 Z-Buffer 算法,该算法是计算机图形学中最主要的消隐算法,也是 OpenGL 中唯一使用的隐面算法。在面消隐之前,一般先对物体的多边形表面进行背面剔除预处理,然后才对可见表面使用 Z-Buffer 算法,从像素级角度对物体进行消隐。

习　题　8

1. 图 8-72 所示为正四面体线框模型,使用 MFC 编程实现正四面体的透视投影动态隐线算法。这里的"动态"是指使用键盘方向键或动画按钮可以对正四面体进行任意角度的旋转。

2. 图 8-73 所示为正三棱柱线框模型,使用 MFC 编程实现正三棱柱的透视投影动态隐线算法。

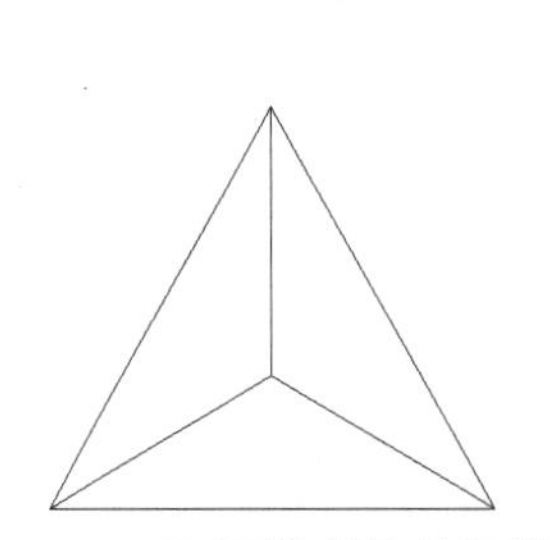

图 8-72　正四面体消隐线框模型

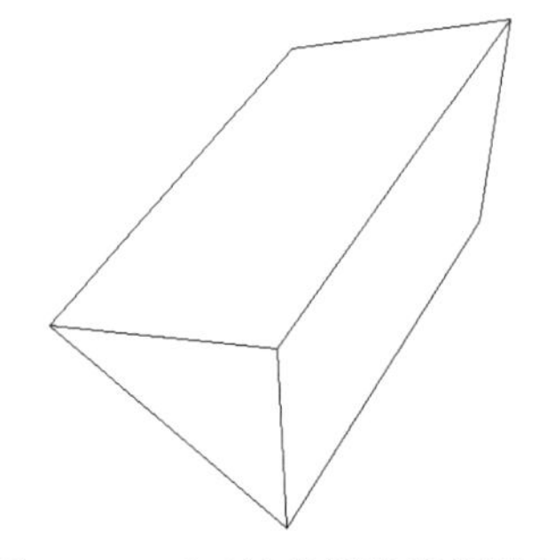

图 8-73　正三棱柱消隐线框模型

3. 立方体的表面 F_0 可以通过 4 个顶点 V_0、V_1、V_2 和 V_3 来定义,也可以通过 4 条边 E_0、E_1、E_2 和 E_3 来定义,如图 8-74 所示。请编程绘制消隐线为虚线的立方体线框模型透视投影,效果如图 8-75 所示。

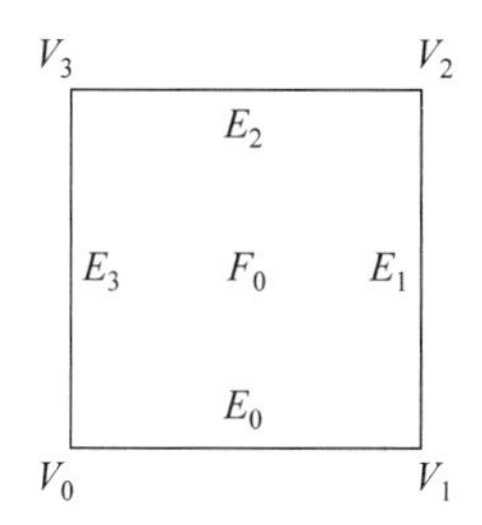

图 8-74　立方体表面的定义

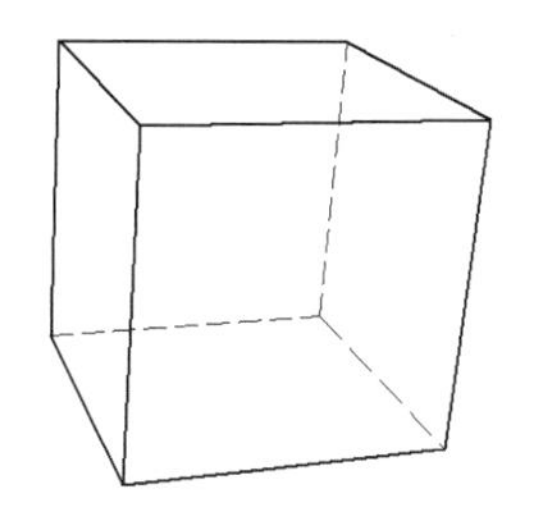

图 8-75　立方体虚线消隐线框模型

说明：如果仅使用顶点表和面表的双表结构绘制立方体线框模型，每条边被绘制两次。只有借助于边表，使用 3 表结构才能完成本题。

4. 如果一个平面在三维坐标系的 3 个坐标轴上的截距都相等，在第 1 卦限内的图形如图 8-76 所示。在 8 个卦限内的图形可以组成正八面体，如图 8-77 所示，试使用 MFC 编程实现正八面体的动态隐线算法。

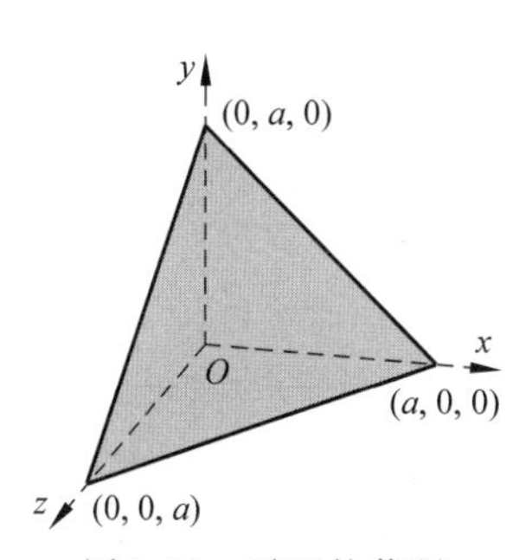

图 8-76　平面的截距

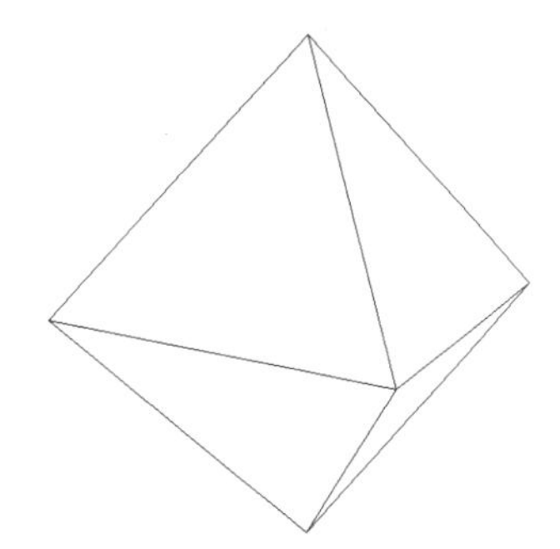

图 8-77　正八面体消隐线框模型

5. 在平底圆柱的上底和下底处，插入 1/4 圆环面，可以绘制圆角圆柱，如图 8-78 所示。基于背面剔除算法，对圆角圆柱进行消隐，制作圆角圆柱的线框模型旋转动画，效果如图 8-79 所示。

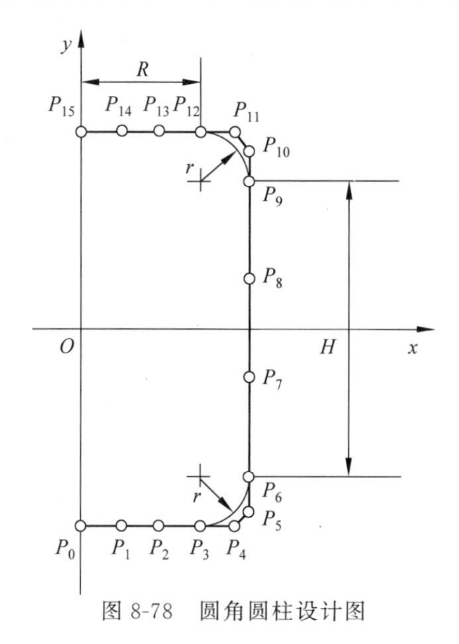

图 8-78　圆角圆柱设计图

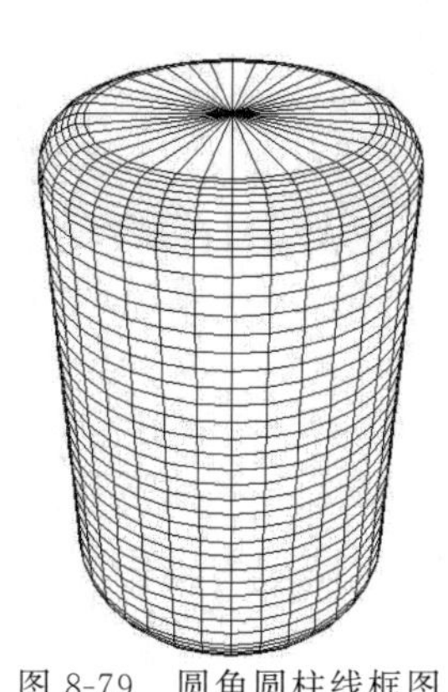

图 8-79　圆角圆柱线框图

6. 假定正八面体 6 个顶点的颜色为白色、红色、绿色、黄色、蓝色和青色。基于背面剔除算法，编程绘制正八面体颜色渐变表面模型旋转动画，效果如图 8-80 所示。

7. 图 8-81 所示为红绿蓝三维三角形。三角形不但倾斜而且深度彼此交叉，红色三角形压蓝色三角形，蓝色三角形压绿色三角形，而绿色三角形压红色三角形。试用 Z-Buffer 算法编程绘制交叉三角形的透视投影。

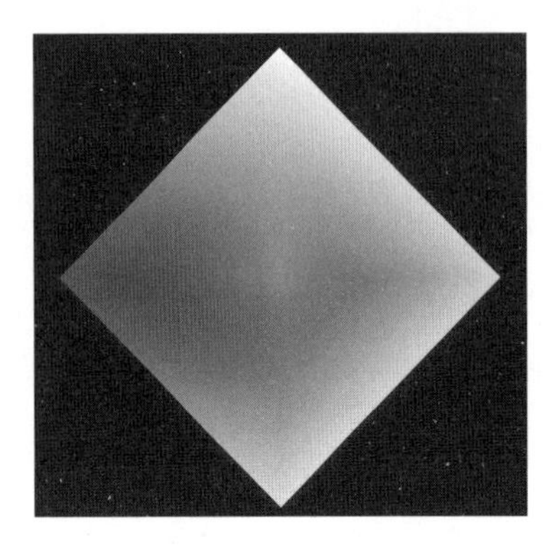

图 8-80　颜色渐变正八面体效果图

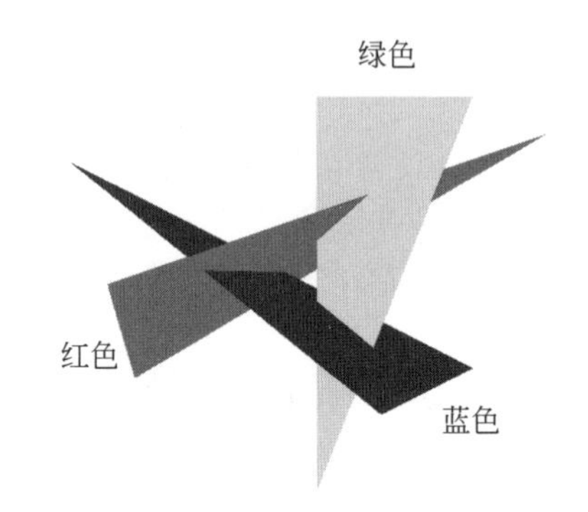

图 8-81　红绿蓝三角形 Z-Buffer 算法消隐效果图

8. 立方体的四边形表面使用三角形填充算法进行填充，填充颜色为白色，绘制立方体表面的边界。屏幕背景色设置为黑色。不使用背面剔除算法，试使用画家算法对立方体表面模型进行消隐，效果如图 8-82 所示。

*9. 正二十面体有 12 个顶点，且从每个顶点引出 5 条边。假设用一把锋利的刀沿着每条边长的 1/3 处斜截每一个顶点，这样会留下由 12 个正五边形和 20 个正六边形组成的球体，如图 8-83 所示。这个有 60 个顶点的球体被称为 Bucky 球，类似于足球。请编写点表和面表绘制如图 8-84 所示的 Bucky 球网格图。

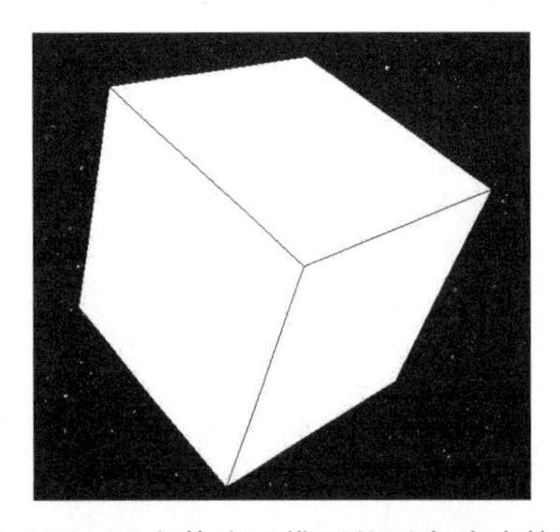

图 8-82　立方体表面模型的画家消隐算法

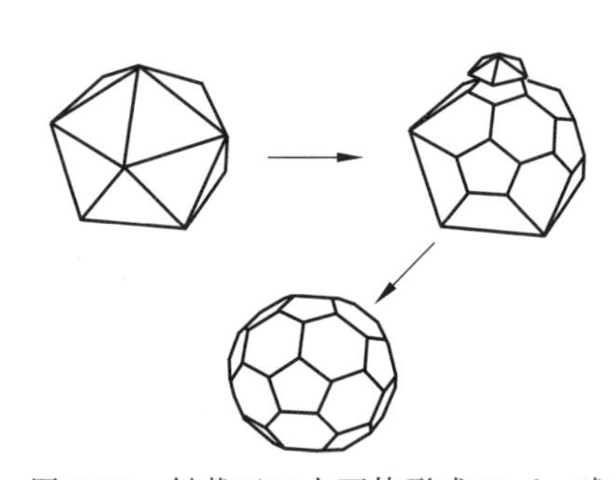

图 8-83　斜截正二十面体形成 Bucky 球

*10. Bucky 网格图的五边形与六边形表面均为平面。使用直线段连接正五边形的中心点和正五边形的每个顶角，并将该中心点拉至球面上。对正六边形也行类似的操作，得到了足球的网格模型。请绘制图 8-85 所示的足球网格图。

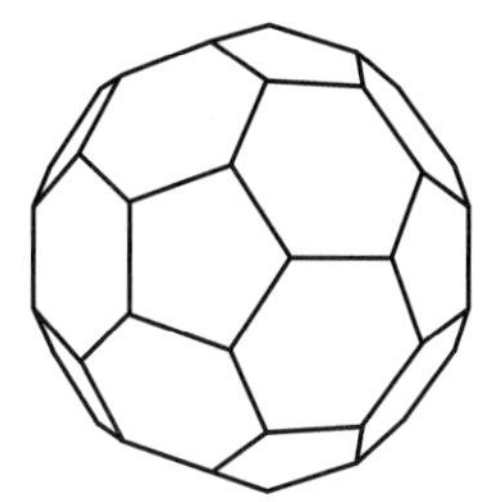

图 8-84　Bucky 球线框图

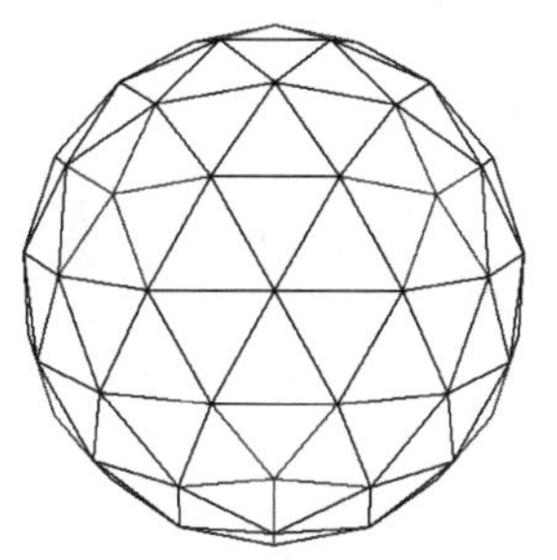

图 8-85　足球网格图

第9章 光照模型

本章学习目标

- 掌握 RGB 颜色模型,了解 HSV 和 CMY 颜色模型。
- 了解物体的材质属性。
- 熟练掌握 Gouraud 明暗处理和 Phong 明暗处理。
- 了解 Cook-Torrance 光照模型。
- 了解简单透明与简单阴影算法。

使用透视投影绘制的三维物体已经具有近大远小的立体效果,经过面消隐后,初步生成了具有较强立体感的计算机合成的图形(computer synthesized picture)。要模拟真实物体,还需要为其设置材质属性、映射纹理、施加光照、绘制阴影后,才能产生真实感图形。计算机图形学绘制真实感图形的方法与传统的照相过程很相似。照相的步骤为架设照相机、选择场景、拍摄照片、冲洗成像。在计算机图形学中,如果将视点看作是照相机,真实感图形则是场景的一张快照。事实上,架设照相机相当于选择视点,设置场景相当于确定观察空间。拍摄照片相当于完成一系列图形变换,并对场景进行透视投影。冲洗成像相当于使用光照算法,将三维场景绘制到二维屏幕上。三维场景中一般包括光源、物体和观察者 3 个对象,观察者观察光源照射下的物体,所得结果在观察平面上成像。三维场景构架如图 9-1 所示。

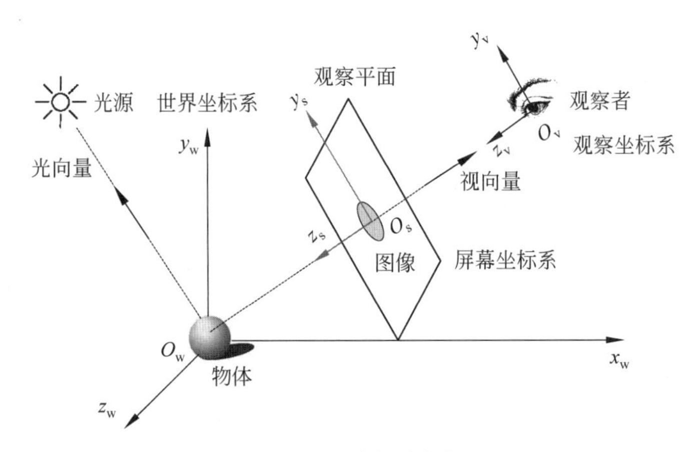

图 9-1 三维场景构架

9.1 颜色模型

光由光子(photon)组成,光子既具有粒子的特性,又表现为波的特性。可见光的波长为 400～700nm,正是这些电磁波使人眼产生了红、橙、黄、绿、青、蓝、紫等颜色的感觉,但光本身并没有颜色,颜色是外来的光线刺激人的视觉器官而产生的主观印象。物体的颜色不仅取决于物体对光的反射率,还与观察者的视觉系统有关。

人眼的视网膜包含两种视觉感知细胞:视锥细胞与视杆细胞。视锥细胞大都集中在视网膜的中央,每个视网膜约有700万个。视杆细胞分散分布在视网膜上,每个视网膜大概有1亿个以上。视锥细胞对明亮光线敏感,视杆细胞对微弱光线敏感。视锥细胞用来分辨物体的细节和颜色。视杆细胞不能分辨物体的颜色,但在较弱的光线下可以提供对环境的辨别能力。人的眼睛只能识别颜色的三种不同的刺激,这决定了颜色的三维属性。三刺激理论认为,人眼的视网膜中有三种类型的视锥细胞,分别对红、绿、蓝三种色光最敏感。人眼光谱灵敏度实验曲线证明,这些光在波长为700nm(红色)、546 nm(绿色)和436 nm(蓝色)时的刺激点达到高峰,称为RGB三原色(RGB triplet)。三原色有这样的两个性质:以适当比例混合可以得到白色,任意两种原色的组合都得不到第三种原色;通过三原色的组合可以得到可见光谱中的任何一种颜色。

计算机图形学中常用的颜色模型有RGB颜色模型、HSV颜色模型和CMY颜色模型等。其中,RGB和CMY颜色模型是最基础的模型,其余的颜色模型在计算机屏幕上显示时需要转换为RGB模型,在印刷时需要转换为CMY模型。

9.1.1 原色系统

计算机图形学中有两种重要的原色混合系统:一种是红(red)、绿(green)、蓝(blue)加色模型,如图9-2(a)所示,称为RGB加色系统。另一种是青(cyan)、品红(magenta)、黄(yellow)减色模型,如图9-2(b)所示,称为CMY减色系统。两种系统中的原色互为补色。某种颜色的补色是指从白光中减去这种颜色后得到的颜色。可以说红色、绿色、蓝色的补色是青色、品红和黄色,也可以说青色、品红和黄色的补色是红色、绿色、蓝色。习惯上常将红色、绿色、蓝色称为原色,将青色、品红和黄色称为补色。根据互补色原理,补色是指完全不包含另一种颜色。

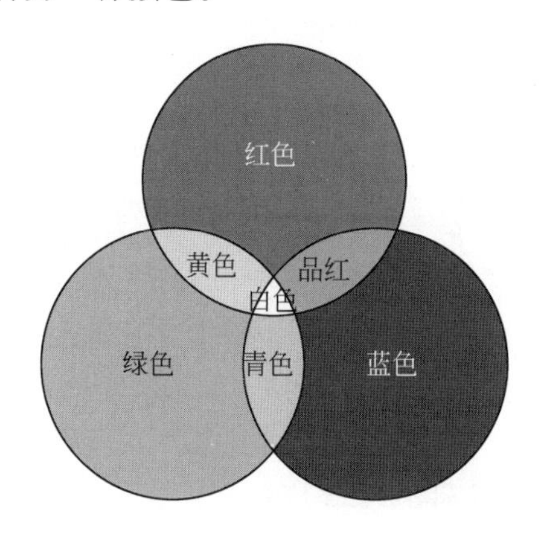

(a) RGB加色系统

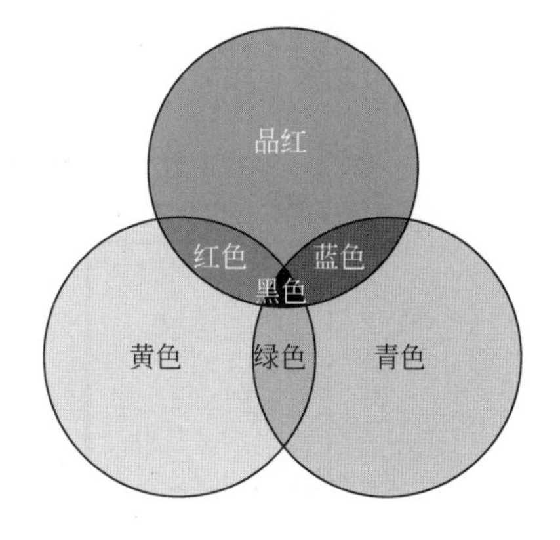

(b) CMY减色系统

图9-2 原色系统

计算机显示器等发光体上使用的是RGB加色系统,原色增加越多,颜色越亮;印刷品等反射体上使用的是CMY减色系统,原色增加越多,颜色越暗。加色系统中,颜色是由电子枪击打荧光屏上的荧光粉而产生的。关闭所有电子枪,屏幕为黑色,加色系统通过叠加颜色分量而产生新颜色。红色和绿色等量叠加产生黄色,红色和蓝色等量叠加产生品红,绿色和蓝色等量叠加产生青色;如果红色、绿色和蓝色等量叠加,则产生白色。

减色系统中,通过消除颜色分量来产生新颜色,这是因为光线照射到物体表面上时,有些颜色被物体吸收而去除了。减色系统是从白光光谱中减去其补色。减色系统使用的印刷材料为油墨,通过印刷或喷绘将图案、文字表现在纸张等承印物上。未印刷之前,纸张呈白色。假定各种油墨的浓度为100%,当在纸面上涂上品红油墨时,该纸面就不反射绿色,品红油墨吸收绿色;当在纸面上涂上黄色油墨时,该纸面就不反射蓝色,黄色油墨吸收蓝色;当在纸面上涂上青色油墨时,该纸面就不反射红色,青色油墨吸收红光。假设在纸面上涂上等量的品红油墨和黄色油墨,吸收了绿色和蓝色,仅仅让白光中的红色反射出来。如果在纸面上涂上了等量的品红油墨、黄色油墨和青色油墨,那么所有的红光、绿光和蓝光都被吸收,纸面呈现黑色。

9.1.2 RGB 颜色模型

RGB 颜色模型是显示器使用的物理模型,无论软件开发中使用何种颜色模型,只要是绘制到计算机屏幕上,图像最终是使用 RGB 颜色模型表示的。

RGB 颜色模型可以用一个单位立方体表示,如图 9-3 所示。若规范化 R、G、B 分量到区间[0,1]内,则所定义的颜色位于 RGB 立方体内部。原点(0, 0, 0)代表黑色,顶点(1,1,1)代表白色。坐标轴上的 3 个立方体顶点(1,0,0)、(0,1,0)、(0,0,1),分别表示 RGB 三原色红、绿、蓝;余下的 3 个顶点(1,0,1)、(1,1,0)、(0,1,1)则表示三原色的补色品红、黄色、青色。立方体对角线上的颜色是互补色。在立方体的主对角线上,颜色从黑色过渡到白色,各原色的变化率相等,产生了由黑到白的灰度变化,称为灰度色。灰度色就是指纯黑、纯白以及两者中的一系列从黑到白的过渡色,灰度色中不包含任何色调。例如,(0,0,0)代表黑色,(1,1,1)代表白色,而(0.5,0.5,0.5)代表其中一个灰度。只有当 R、G、B 三原色的变化率不同步时,才会出现彩色。

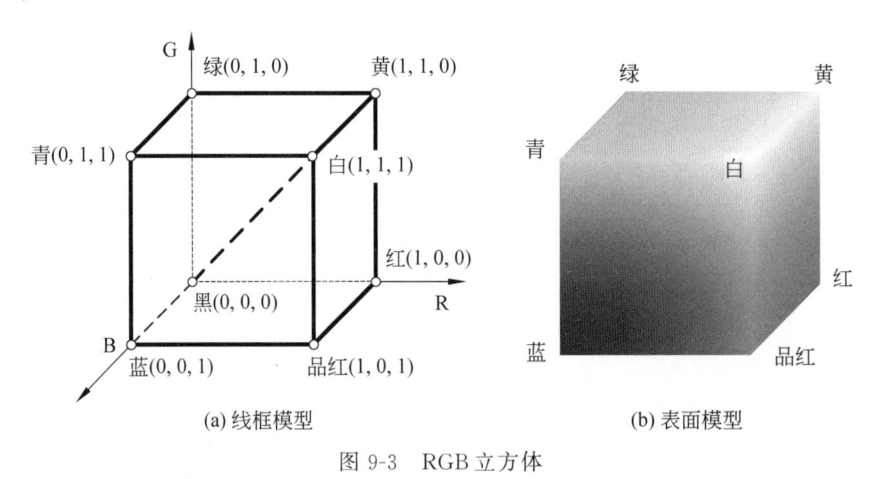

图 9-3 RGB 立方体

在 MFC 中进行颜色设计时,一般使用 RGB 宏表示颜色。每个原色分量用 1 字节表示,最大强度为 255,最小强度为 0,有 256 级灰度。RGB 颜色总共能组合出 $2^{24}=16777216$

种颜色，通常称为千万色或24位真彩色。为了对颜色进行融合以产生透明效果，往往还给RGB颜色模型添加一个α(alpha)分量代表透明度，形成RGBA模型。

9.1.3 HSV颜色模型

HSV是一种基于人眼的颜色模型，包含三个要素：色调(hue)、饱和度(saturation)和明度(value)。色调H是一种颜色区别于其他颜色的基本要素，如红、橙、黄、绿、青、蓝、紫等。当人们谈论颜色时，实际上是指它的色调。特别地，黑色和白色无色调。饱和度S是指颜色的纯度。没有与任何颜色相混合的颜色，其纯度为全饱和。要降低饱和度可以在当前颜色中加入白色，鲜红色饱和度高，粉红色饱和度低。明度V是颜色的相对明暗程度。要降低明度则可以在当前颜色中加入黑色，明度最高得到纯白，最低得到纯黑。HSV模型是从RGB立方体演化而来，在图9-3中沿RGB立方体的主对角线由白色向黑色方向看去，在$R+G+B=1$平面上的投影构成一个正六边形。RGB三原色和相应的补色分别位于正六边形的顶点上，其中红绿蓝三原色分别相隔120°，互补色相隔180°(红色与青色、黄色与蓝色、绿色与品红分别相隔180°)，如图9-4(a)所示。因此，可以认为RGB立方体的主对角线对应于HSV颜色模型的V轴。

HSV颜色模型为一个底面向上的倒置六棱锥，底面中心位于HSV柱面坐标系原点，如图9-4(b)所示。锥顶为黑色，明度值为$V=0$；锥底面中心为白色，明度值为$V=1$；明度用百分比表示。6个顶点分别表示6种纯色。色调H在正六棱锥的垂直于V轴的各个截面内，沿逆时针方向用离开红色顶点的角度来表示，范围为0°～360°。饱和度S由棱锥上的点至V轴的距离决定，是所选颜色的纯度和该颜色的最大纯度的比率，用百分比表示。注意当$S=0$时，只有灰度，即非彩色光的饱和度为零。沿着V轴正向，灰度由深变浅，形成不同的灰度等级。

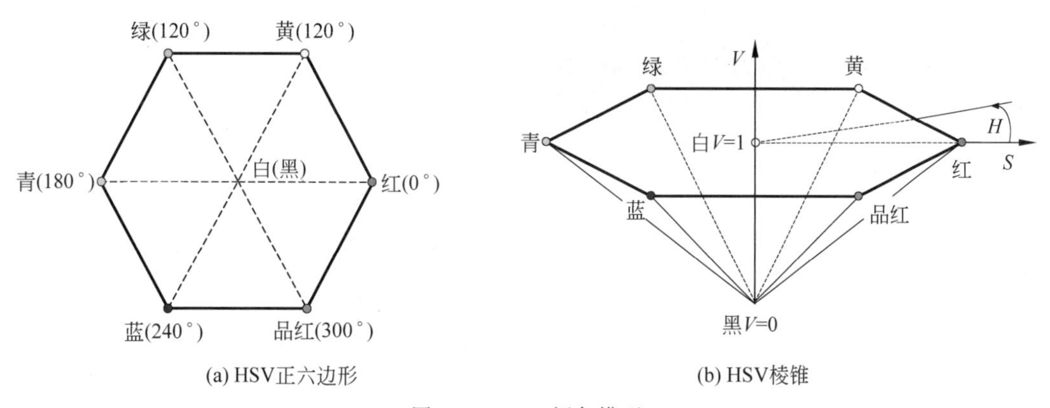

图9-4 HSV颜色模型

HSV颜色模型的思想完全基于画家绘画的配色过程。画家一般采用色泽、色深和色调的概念来配色，如图9-5所示。在纯色的颜料中加入白色以获得色泽，加入黑色颜料以获得色深，如同时调节，则获得不同色调的颜色。纯色颜料对应于$S=1$和$V=1$。添加白色相当于减小S，而V值不变；添加黑色相当于减小V，而S值不变；形成不同的色调需要同时减小S和V。HSV颜色模型在图像编辑软件中使用较为广泛。在Adobe公司的Photoshop

软件中，HSV 颜色模型也被称为 HSB 颜色模型，这里 B 代表 Brightness，意为亮度。图 9-6 为 Adobe Photoshop CS6 中的 RGB 颜色与 HSB 颜色的转换界面。例如品红的 RGB 值为 (255,0,255)，转换后的 HSB 值为(300,100%,100%)，即(300,1,1)。常用的 RGB 颜色和 HSV 颜色的对应关系见表 9-1。尽管如此，HSV 模型并不适合计算机图形学使用，因为无法从 HSV 颜色模型中直接计算光强。

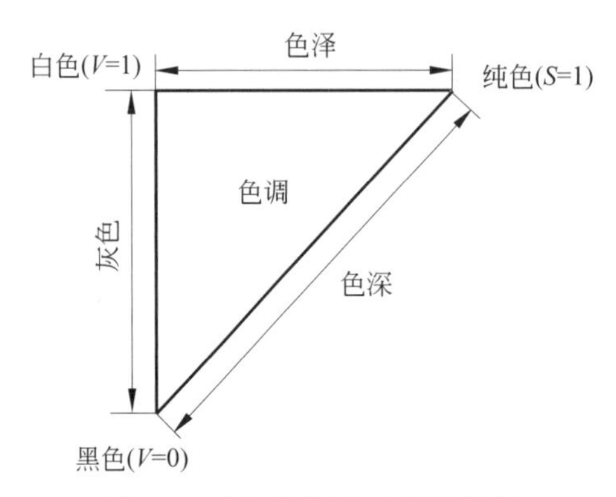

图 9-5　纯色的色泽、色深和色调

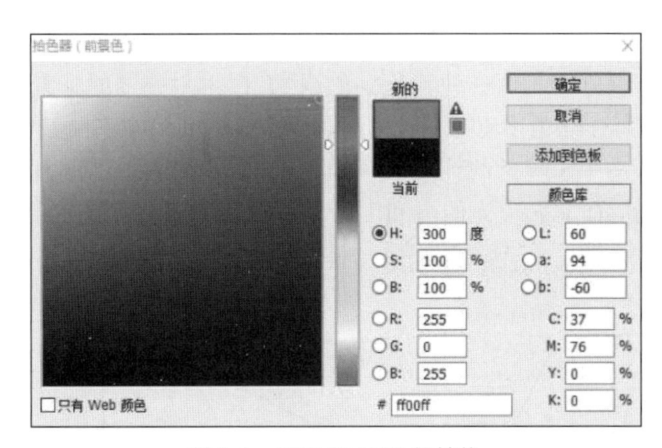

图 9-6　RGB 和 HSB 的转换

表 9-1　RGB 颜色和 HSV 颜色的对应关系

颜色	RGB	HSV	颜色	RGB	HSV
红色	(255,0,0)	(0,1,1)	黄色	(255,255, 0)	(60,1,1)
绿色	(0,255, 0)	(120,1,1)	品红	(255, 0 , 255)	(300,1,1)
蓝色	(0, 0, 255)	(240,1,1)	青色	(0, 255 ,255)	(180,1,1)

A. R. Smith 提出的是基于六棱锥的 HSV 模型[41]。此外，Joblove 和 GreenBerg 提出了基于圆柱体的 HSV 模型[42]，如图 9-7 所示。

说明：虽然概念上难以区分明度(lightness)和亮度(brightness)，但一般认为明度是本身不发光或只能反射光的物体的视觉特性，而亮度则是发光体所发出的光被眼睛所感知的强度，即所谓光强。

(a) 六棱锥　　　　　　(b) 圆柱体

图 9-7　两种不同形状的 HSV 颜色模型

9.1.4　CMY 颜色模型

同 RGB 颜色模型一样，CMY 颜色模型也是三维空间，可以用一个单位立方体表示，如图 9-8 所示。原点(1，1，1)代表白色，顶点(0,0,0)代表黑色。坐标轴上的 3 个立方体顶点(0,1,1)、(1,0,1)、(1,1,0)分别表示青色、品红和黄色，余下的 3 个顶点(1,0，0)、(0,1,0)、(0,0,1)表示红色、绿色和蓝色。

在印刷行业，CMY 颜色模型也称 CMYK 颜色模型，故又称印刷模型，顾名思义就是用来制作印刷品的。在印刷品上看到的彩色图像，就使用了该模型。其中 K 表示黑色(black)，之所以不使用黑色的首字母 B，是为了避免与蓝色(blue)相混淆。从理论上讲，只需要 CMY 这 3 种油墨就足够了，浓度为 100% 的三种油墨加在一起就可以得到黑色。但是由于目前工艺还不能造出高纯度的油墨，CMY 相加的结果实际是一种“灰”黑色。同时，由于使用一种黑色油墨要比使用青色、品红和黄色三种油墨便宜，所以黑色油墨被用于代替等量的青色、品红和黄色油墨。这就是四色套印工艺的由来。现在随着技术的进步，数字印刷已经取代四色套印逐渐成为主流印刷技术。

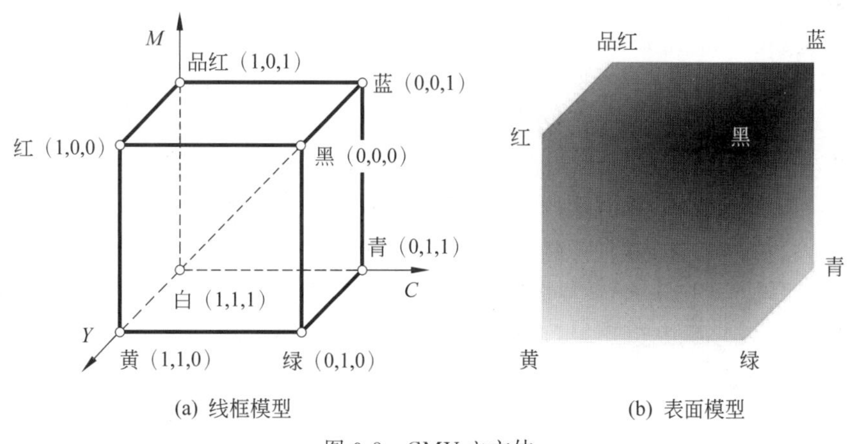

(a) 线框模型　　　　　　(b) 表面模型

图 9-8　CMY 立方体

9.2 简单光照模型

绘制球体表面模型时，如果每个三角形网格的顶点全部设置为同一种颜色，效果如图 9-9(a)所示。从图中可以看出，虽然球体是三维模型，但绘制效果却是二维的圆。要使所绘制的球体具有立体感，必须借助于光照模型。假设场景中有一个点光源(point light source)位于球体前面的右上方，视点位于屏幕正前方。球体绘制效果如图 9-9(b)所示(未绘制阴影)，这充分说明光照是增强图形立体感的重要技术手段。

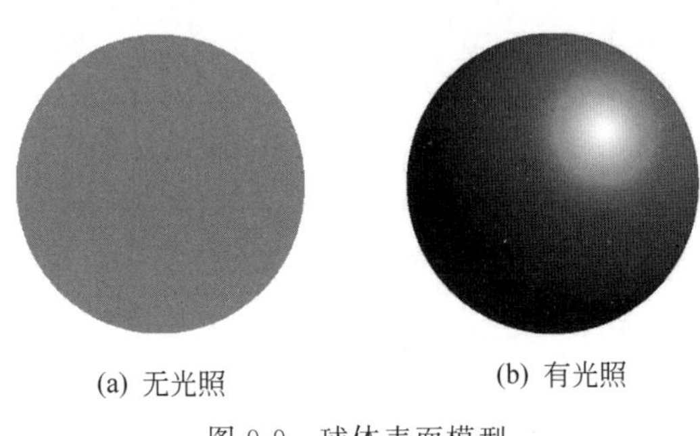

(a) 无光照　　(b) 有光照

图 9-9　球体表面模型

光照模型是根据光学物理的有关定律，计算在特定光源的照射下，物体表面上一点投向视点的光强(intensity)。光强指的是光照强度。当光线照射到物体表面时，可能被吸收、反射或透射。被吸收的光部分转化为热，其余部分则向四周反射或透射。透射是入射光经过折射后，穿过透明物体的出射现象。朝向视点的反射光(reflected light)或透射光(transmitted light)进入视觉系统，使物体可见。若朝向视点的反射光或透射光的波长相等时，物体表面呈现白色或不同层次的灰色；反之，物体表面呈现彩色，其颜色取决于反射光或透射光的主波长。

计算机图形学中的光照模型(illumination model)计算物体表面各点处的光亮度，也叫做光照明模型(lighting model)或者明暗处理模型(shading model)。光照模型分为局部光照模型(local lighting model)和全局光照模型(global lighting model)。局部光照模型仅考虑光源直接照射到物体表面上所产生的效果，通常假设物体表面不透明且具有均匀的反射率。局部光照模型能够表现出光源照射到漫反射物体表面上所形成的连续明暗色调、镜面高光以及由于物体相互遮挡而形成的阴影。局部光照模型计算到达视点的光强时，只考虑了物体表面的入射光线和表面法线。全局光照模型除了考虑光源的直接照射外，还考虑了光源的间接照射，因此场景中任一光源的入射光以及其他物体反射或透射过来的光均需计算。全局光照模型能模拟连续的镜面反射、玻璃的透射以及物体之间的互相辉映等精确的光照效果。关于全局光照模型读者可以参考相关书籍，本节只讨论简单的局部光照模型，称为简单光照模型(simple illumination model)。

说明：点光源也被称为球形光，是从光源位置均匀向各个方向发出光线，并且光强随距离光源的距离变大而减弱形成一个球形范围。

9.2.1 光照模型发展综述

简单光照模型假定：光源为点光源，入射光仅由红、绿、蓝3种不同波长的光组成；物体为非透明物体，物体表面所呈现的颜色仅由反射光决定，不考虑透射光的影响；反射光被细分为漫反射光(diffuse light)和镜面反射光(specular light)两种。简单光照模型只考虑物体对直接光照的反射作用，而物体之间的反射作用，用环境光(ambient light)统一表示。点光源是对场景中比物体小得多的光源的最适合的逼近，如灯泡就是一个点光源。简单光照模型由环境光分量、漫反射光分量和镜面反射光分量组成，属于经验模型。环境光、漫反射光与视点位置无关，镜面反射光与视点位置紧密相关。

简单光照模型表示为

$$I = I_e + I_d + I_s \tag{9-1}$$

式中，I 表示物体表面上一点入射到视点的光强；I_e 表示环境光光强；I_d 表示漫反射光光强；I_s 表示镜面反射光光强。

说明：*简单光照模型也称为Blinn-Phong模型或者ADS模型。前者以发明者的名字命名，后者是由于光照模型只考虑三种类型的反射光：A(环境射光)、D(漫反射光)和S(镜面反射光)。*

20世纪60年代初到80年代末，一大批学者对简单光照模型进行了深入的研究，取得了许多成果。

(1) 1967年，Wylie等人第一次在显示物体时加入光照效果，并假设物体表面上一点的光强与该点到光源的距离成反比[43]。

(2) 1970年，Bouknight提出第一个光反射模型[8]。指出物体表面朝向是确定表面上一点光强的主要因素，并用Lambert漫反射定律计算表面多边形的光强，光照不到的地方用环境光代替。为了渲染三维物体，给出了透视投影的伪深度坐标计算公式。

(3) 1971年，Gouraud提出了漫反射模型加插值的思想[9]。对多面体模型，用光照模型计算多边形表面顶点的光强，然后使用双线性插值算法计算多边形内部每一点的光强。

(4) 1975年，Phong提出了计算机图形学中第一个有影响的光照模型：Phong模型[10]。Phong模型虽然计算简单，但已经可以满足许多工程应用的需要。

(5) 1977年，Blinn对Phong模型做了改进，使用中分向量加速计算[11]。Blinn同时提出了基于微镜面理论的物理光照模型，用于反映物体表面的粗糙度对光强的影响。

9.2.2 材质属性

物体的材质属性是指物体表面对光的吸收、反射和透射的性能。由于研究的是简单光照模型，所以只考虑材质的反射属性。

同光源一样，材质属性也由环境反射率 k_a、漫反射反射率 k_d 和镜面反射率 k_s 等分量组成，分别说明了物体对环境光、漫反射光和镜面反射光的反射率。在进行光照计算时，材质的环境反射率与场景中的环境光分量相结合，漫反射率与光源的漫反射光分量相结合，镜面反射率与光源的镜面反射光分量相结合。由于镜面反射光影响范围很小，而环境光是常数，所以材质的漫反射率决定物体的颜色。

设物体材质的漫反射率的RGB值为($M_{dR}=1.0, M_{dG}=0.5, M_{dB}=0.0$)，则它反射全部

红光，反射一半绿光，不反射蓝光。现在，假定有一个点光源的漫反射光的光强为($I_{dR}=1.0$，$I_{dG}=1.0$，$I_{dB}=1.0$)。那么，当点光源照射到物体上时，视点得到的光强的RGB值为($I_{dR}\times M_{dR}$，$I_{dG}\times M_{dG}$，$I_{dB}\times M_{dB}$)=(1.0，0.5，0.0)。假设物体的环境反射率和漫反射率相等，如取为表9-2所示的6组值，可以绘制出不同颜色的物体，如图9-10所示。

表9-2　材质属性中漫反射率对物体颜色的影响

M_{dR}	M_{dG}	M_{dB}
1.0	0.5	0.0
1.0	0.0	0.5
0.5	1.0	0.0
0.5	0.0	1.0
0.0	1.0	0.5
0.0	0.5	1.0

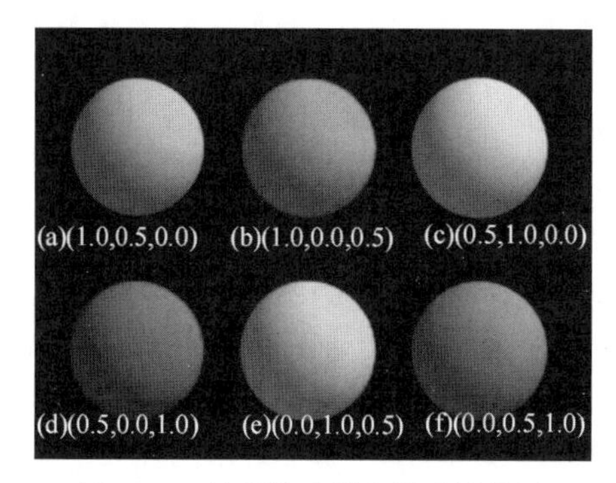

图9-10　材质漫反射率影响效果图

表9-3给出了几种常用物体的材质属性。例如“金”材质的环境反射率的RGB分量为0.247、0.2和0.075，漫反射率的RGB分量为0.752、0.606和0.226，镜面反射率的RGB分量为0.628、0.556和0.366。表9-3中的最后一列为高光指数，刻画了镜面反射光的会聚程度。高光指数一般使用实验方法测定，范围在0～1000。与表9-3相对应的物体光照效果如图9-11所示。

表9-3　常用物体的材质属性

材质名称	RGB分量	环境反射率	漫反射率	镜面反射率	高光指数
金	R	0.247	0.752	0.628	50
	G	0.200	0.606	0.556	
	B	0.075	0.226	0.366	
银	R	0.192	0.508	0.508	50
	G				
	B				

续表

材质名称	RGB 分量	环境反射率	漫反射率	镜面反射率	高光指数
铜	R	0.329	0.780	0.992	50
	G	0.224	0.569	0.941	
	B	0.027	0.114	0.808	
红宝石	R	0.175	0.614	0.728	30
	G	0.012	0.041	0.527	
	B				
绿宝石	R	0.022	0.076	0.633	30
	G	0.175	0.614	0.728	
	B	0.023	0.075	0.633	

(a) 金　(b) 银

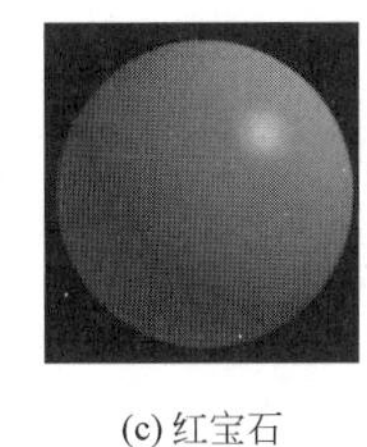

(c) 红宝石

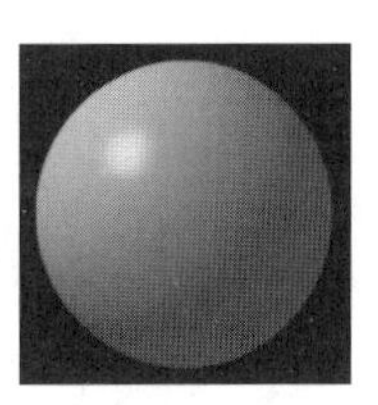

(d) 绿宝石

图 9-11　材质球

9.2.3　环境光

我们注意到，有时尽管物体没有受到光源的直射，但其表面仍有一定的亮度，这是环境光在起作用。环境光是环境中其他物体上的光经过多个物体表面多次反射后出来的光，其光源和方向都无法确定。由周围物体多次反射所产生的环境光来自各个方向，又均匀地向各个方向反射，如图 9-12 所示。在简单光照模型中，环境光可视为间接光照，代表了场景中的全局光照水平。通常用一个常数项来近似模拟环境光，环境光有时也称为泛光(flood light)。

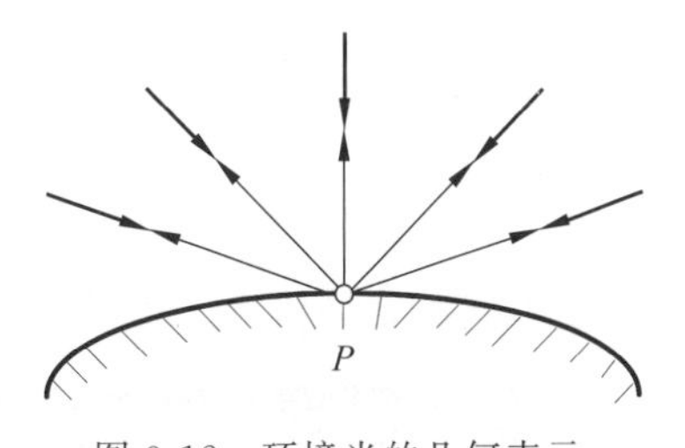

图 9-12　环境光的几何表示

物体上一点 P 的环境光光强 I_e 可表示为

$$I_e = k_a I_a,\quad 0 \leqslant k_a \leqslant 1 \tag{9-2}$$

式中，I_a 表示来自周围环境的入射光强；k_a 为材质的环境反射率。

9.2.4　漫反射光

漫反射光可以认为是在点光源的照射下，光被物体表面吸收后重新反射出来的光。一个理想漫反射体(ideal diffuse reflector)表面是非常粗糙的，漫反射光不会集中到某个角度附近。漫反射光从一点照射，均匀地向各个方向散射。因此漫反射光只与光源的位置有关，而与视点的位置无关，如图 9-13(a)所示。正是由于漫反射光才使物体具有颜色。

Lambert 余弦定律(Lambert's cosine law)总结了点光源发出的光线照射到一个理想漫反射体上的反射法则。理想漫反射也称为 Lambert 漫反射(Lambert reflection)。根据 Lambert 余弦定律，一个理想漫反射体表面上反射出来的漫反射光强同入射光(incident light)与物体表面法线(surface normal)之间夹角的余弦成正比，如图 9-13(b)所示。

物体上一点 P 的漫反射光光强 I_d 表示为

$$I_d = k_d I_p \cos\theta, \qquad 0 \leqslant \theta \leqslant \pi/2 \text{ 且 } 0 \leqslant k_d \leqslant 1 \tag{9-3}$$

式中，I_p 为点光源所发出的入射光强；k_d 为材质的漫反射率；θ 为入射光与物体表面法向量之间的夹角，称为入射角。当入射角 θ 为 0°～90°时，即 $0 \leqslant \cos\theta \leqslant 1$ 时，点光源才能照亮物体表面；当入射角 $\theta > 90°$时，$\cos\theta < 0$，点光源位于 P 点的背面，对 P 点的光强贡献应取为零。当入射角 $\theta = 0°$时，点光源垂直照射到物体表面的 P 点上，此时漫反射光最强。当入射光以相同的入射角照射在不同材质属性的物体表面时，这些表面会呈现不同的颜色，这是由于不同的材质具有不同的漫反射率。在简单光照模型中，通过设置物体材质属性的漫反射率 k_d 来控制物体表面的颜色。

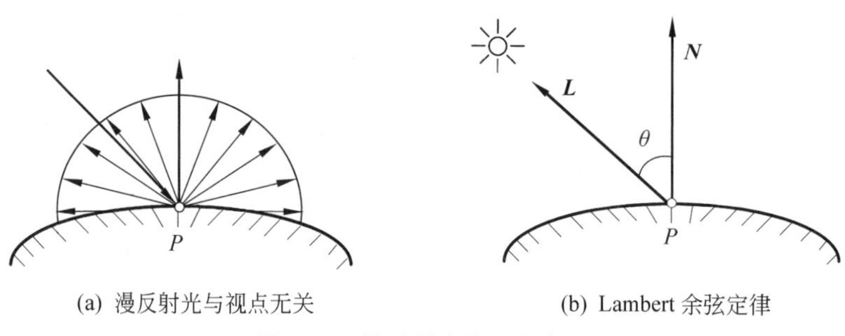

(a) 漫反射光与视点无关　　(b) Lambert 余弦定律

图 9-13　漫反射光的几何表示

设物体表面上一点 P 的单位法向量为 $\boldsymbol{N}$，从 P 点指向点光源的单位入射光向量为 $\boldsymbol{L}$，有 $\cos\theta = \boldsymbol{NL}$。式(9-3)改写为

$$I_d = k_d I_p (\boldsymbol{NL}) \tag{9-4}$$

考虑到点光源位于 P 点的背面时，$\boldsymbol{NL}$ 计算结果为负值，应取 0，有

$$I_d = k_d I_p \max(\boldsymbol{NL}, 0) \tag{9-5}$$

以不同的 k_d 值，代入式(9-5)绘制的球体如图 9-14 所示。

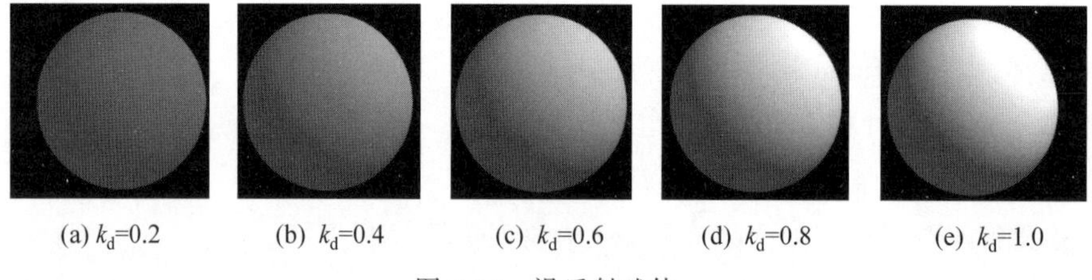

(a) k_d=0.2　(b) k_d=0.4　(c) k_d=0.6　(d) k_d=0.8　(e) k_d=1.0

图 9-14　漫反射球体

9.2.5　镜面反射光

漫反射体表面粗糙不平，而镜面反射体表面则比较光滑。镜面反射光是只朝一个方向

反射的光，具有很强的方向性，并遵守反射定律，如图 9-15 所示。镜面反射光会在光滑物体表面形成一片非常亮的区域，称为高光(high light)区域。用 $\boldsymbol{R}$(reflection vector)表示镜面反射方向的单位向量，称为反射向量；$\boldsymbol{L}$(light vector)表示从物体表面指向点光源的单位向量，称为光线向量；$\boldsymbol{V}$(view vector)表示从物体表面指向视点的单位向量，称为视见向量；α 是 $\boldsymbol{V}$ 与 $\boldsymbol{R}$ 之间的夹角。

对于理想的镜面反射表面，反射角等于入射角，只有严格位于反射方向 $\boldsymbol{R}$ 上的观察者才能看到反射光，即仅当 $\boldsymbol{V}$ 与 $\boldsymbol{R}$ 重合时才能观察到镜面反射光，这种镜面反射称为完全镜面反射(perfect specular reflection)；对于非理想反射表面，镜面反射光集中在一个范围内，只是从 $\boldsymbol{R}$ 方向上观察到的镜面反射光光强最强。在 $\boldsymbol{V}$ 方向上仍然能够观察到部分镜面反射光，随着 α 角的增大，镜面反射光光强逐渐减弱，这种镜面反射称为光泽镜面反射(glossy specular reflection)，如图 9-15 所示。究竟有多少镜面反射光能够到达观察者的眼睛，这取决于镜面反射光的空间分布。

由于镜面反射光具有复杂的物理性质，Romney 提出一个基于余弦函数的 n 次幂的经验公式，来模拟镜面反射光光强的空间分布[44]。1975 年，Phong 在上述经验公式的基础上，加入了环境光和漫反射光，形成一个广泛使用的简单光照模型，称为 Phong 模型(Phong reflection model)，如图 9-16 所示。

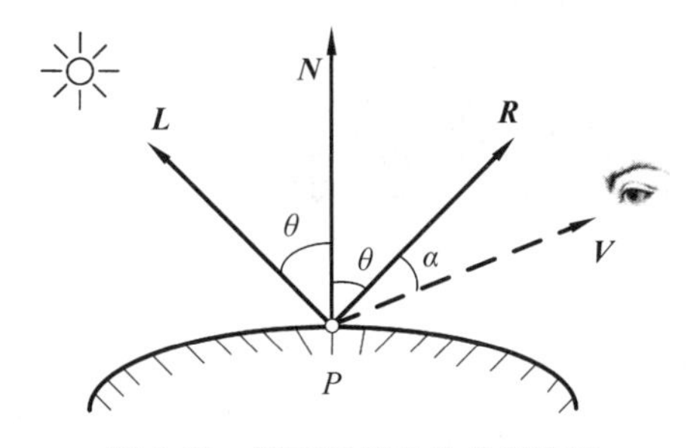

图 9-15　镜面反射光的几何表示

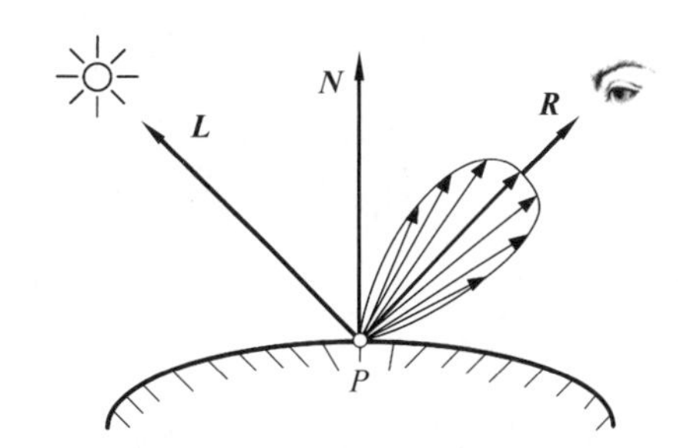

图 9-16　Phong 模型叶状图

物体上一点 P 的镜面反射光的光强 I_s 表示为

$$I_s = k_s I_p \cos^n\alpha, \quad 0 \leqslant \alpha \leqslant \pi/2 \text{ 且 } 0 \leqslant k_s \leqslant 1 \tag{9-6}$$

式中，I_p 为点光源所发出的入射光强；k_s 为材质的镜面反射率；镜面反射光光强与 $\cos^n\alpha$ 成正比，$\cos^n\alpha$ 近似地描述了镜面反射光的空间分布。n 为材质的高光指数。图 9-17 给出了 $\cos^n\alpha$ 曲线的空间分布情况，由外向内 n 依次取为 1～100。对于光滑的金属表面，n 值较大，生成“窄长”的叶状图，高光斑点较小；对于粗糙的非金属表面，n 值则较小，生成“肥大”的叶状图，高光斑点较大。Phong 给出的 n 的取值为 1～100，并指出这只是经验值并非材料的物理测量值。当 n 取值一般在 1～100 时，绘制的球体高光如图 9-18 所示。

在简单光照模型中，镜面反射光颜色和入射光颜色相同，也即镜面反射光的高光区域只反映光源的颜色。在白光的照射下，物体的高光区域显示白色；在红光的照射下，物体的高光区域显示红色。镜面光反射率 k_s 是一个与物体颜色无关的参数。

对于单位向量 $\boldsymbol{R}$ 和 $\boldsymbol{V}$，有 $\cos\alpha = \boldsymbol{RV}$。考虑 $\alpha > 90°$ 时，$\boldsymbol{RV}$ 计算结果为负值，应取为 0，公式(9-6)改写为

$$I_s = k_s I_p \max(\boldsymbol{RV})^n \tag{9-7}$$

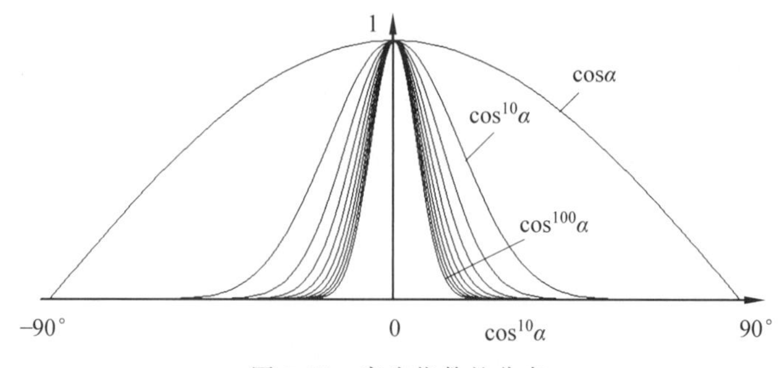

图 9-17　高光指数的分布

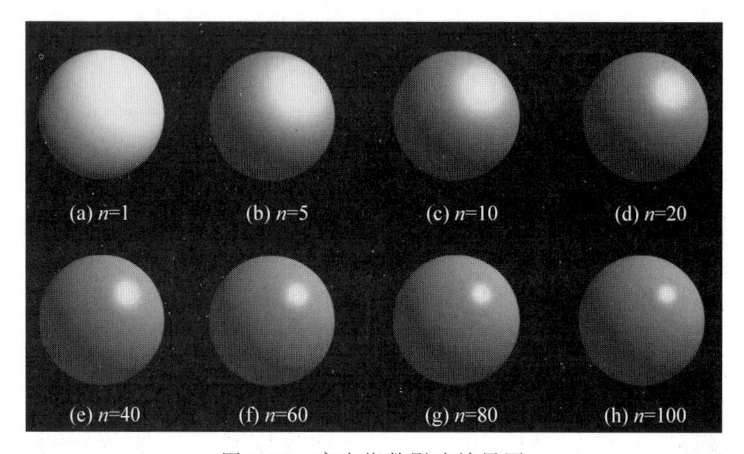

图 9-18　高光指数影响效果图

从式(9-7)不难看出,镜面反射光光强不仅取决于物体表面的法线方向,而且依赖于光源与视点的相对位置。只有视点位于比较合适的位置时,才可以观察到物体表面某些区域呈现的高光。当视点位置发生改变时,高光区域也会随之消失。所以在简单光照模型中,"视点固定,旋转物体"和"物体固定,旋转视点"所看到的效果是有差别的。只要光源位置不动,前者的高光区域在物体旋转过程中不会改变。后者的高光区域在视点旋转过程中会逐渐消失,如图 9-19 所示。

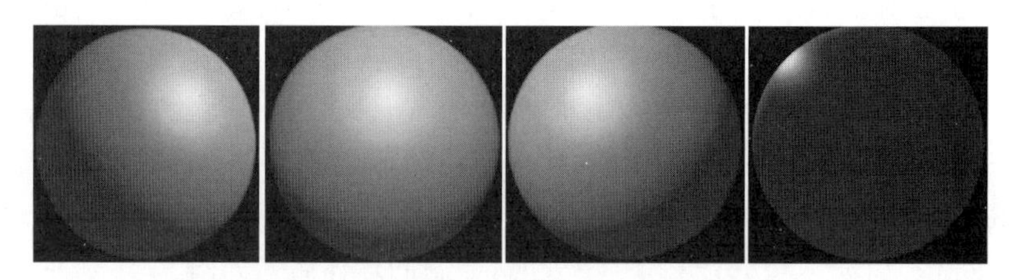

图 9-19　"物体固定,旋转视点"的光照动画

式(9-7)中涉及反射方向 $\boldsymbol{R}$ 和视线方向 $\boldsymbol{V}$ 两个单位向量。当指定观察者的位置后,$\boldsymbol{V}$ 的计算非常简单。下面讲解如何计算 $\boldsymbol{R}$。

根据反射定律,对于理想镜面反射,反射光线 $\boldsymbol{R}$ 和入射光线 $\boldsymbol{L}$ 对称地分布在 P 点的法向量 $\boldsymbol{N}$ 的两侧,且具有相同的光强。则 $\boldsymbol{R}$ 可通过单位入射光向量 $\boldsymbol{L}$ 和单位法向量 $\boldsymbol{N}$ 计算出来。在图 9-20 中，根据平行四边形法则，$\boldsymbol{L}+\boldsymbol{R}$ 与 $\boldsymbol{N}$ 平行。由于 $\boldsymbol{L}$ 在 $\boldsymbol{N}$ 上的投影为 $\boldsymbol{NL}$。从图中可以看出，$\boldsymbol{R}+\boldsymbol{L}=2(\boldsymbol{NL})\boldsymbol{N}$。则

$$\boldsymbol{R}=2(\boldsymbol{NL})\boldsymbol{N}-\boldsymbol{L} \tag{9-8}$$

式中，$\boldsymbol{R}$ 表示一个单位向量。

结合式(9-7)与式(9-8)，可以计算镜面反射光的光强。这样，Phong 模型为

$$I=I_e+I_d+I_s=k_aI_a+k_dI_p\max(\boldsymbol{NL},0)+k_sI_p\max(\boldsymbol{RV},0)^n \tag{9-9}$$

Phong 为了简化 $\cos\alpha$ 的计算，曾做出过假设：

(1) 假设光源位于无穷远处，入射光线是平行光。

(2) 假设视点位于无穷远处。1977 年，Blinn 对 Phong 模型做了实质性的改进，指出中分向量(halfway vector)$\boldsymbol{H}$ 的方向是最大镜面反射光强方向。这个改进的模型称为 Blinn-Phong 模型，已经成为计算机图形学中最著名的经验光照模型。

假设光源位于无穷远处，即单位入射光向量 $\boldsymbol{L}$ 为常数。假设视点位于无穷远处，即单位视向量 $\boldsymbol{V}$ 为常数。Blinn 用 $\boldsymbol{NH}$ 代替 $\boldsymbol{RV}$。其中，中分向量 $\boldsymbol{H}$ 取为单位光向量 $\boldsymbol{L}$ 和单位视向量 $\boldsymbol{V}$ 的平分向量，如图 9-21 所示。

$$\boldsymbol{H}=\frac{\boldsymbol{L}+\boldsymbol{V}}{|\boldsymbol{L}+\boldsymbol{V}|} \tag{9-10}$$

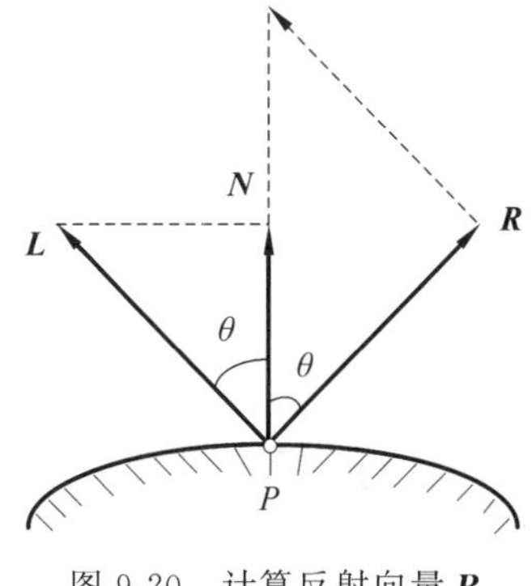

图 9-20　计算反射向量 $\boldsymbol{R}$

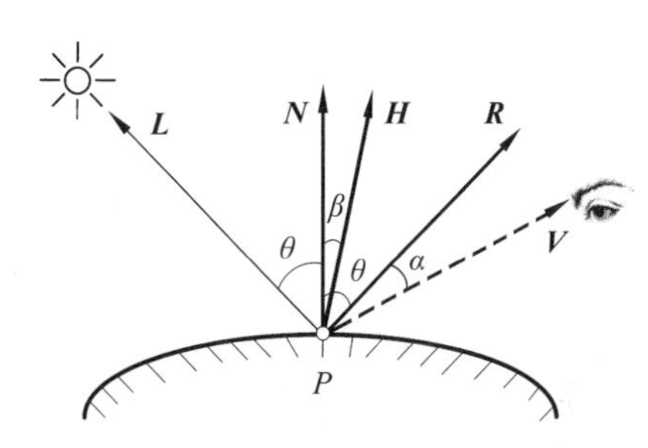

图 9-21　中分向量 $\boldsymbol{H}$

镜面反射光模型表述为

$$I_s=k_sI_p(\boldsymbol{NH})^n \tag{9-11}$$

考虑 $\beta>90°$ 时，$\boldsymbol{NH}$ 计算结果为负值，应取为 0，有

$$I_s=k_sI_p\max(\boldsymbol{NH},0)^n \tag{9-12}$$

由于 $\boldsymbol{L}$ 和 $\boldsymbol{V}$ 都是常量，因此 $\boldsymbol{H}$ 只需计算一次，节省了计算时间。图 9-21 中，β 为 $\boldsymbol{N}$ 和 $\boldsymbol{H}$ 的夹角，α 为 $\boldsymbol{R}$ 和 $\boldsymbol{V}$ 的夹角。容易得到 $\beta=\alpha/2$，β 称为半角。使用式(9-7)和式(9-12)的计算结果有一定差异，表现为 Blinn-Phong 模型的高光区域大于 Phong 模型的高光区域。由于光照模型是经验公式，可以通过加大高光指数 n 来减小两个光照模型的高光效果。Blinn 建议 n 取值为 50 或 60。

对于物体上一点 P，综合考虑环境光、漫反射光和镜面反射光且只有一个点光源的简单光照模型为

$$I=I_e+I_d+I_s=k_aI_a+k_dI_p\max(\boldsymbol{NL},0)+k_sI_p\max(\boldsymbol{NH},0)^n \tag{9-13}$$

说明：Blinn 发现视向量 $\boldsymbol{R}$ 只是计算角 α 的手段，而不是必须的。角 α 计算可以不使用 $\boldsymbol{R}$，而通过 $\boldsymbol{L}$ 与 $\boldsymbol{V}$ 的中分向量 $\boldsymbol{H}$ 也能得到。因为，$\boldsymbol{H}$ 与 $\boldsymbol{N}$ 之间的夹角 β 刚好等于 $\alpha/2$。Blinn-Phong 模型的图形质量几乎与 Phong 模型相同，但是节省了大量的能耗。

9.2.6 光源衰减

入射光的光强随着光源与物体之间距离的增加而减弱，强度则按照光源到物体距离(d)的 $1/d^2$ 进行衰减，表明接近光源的物体表面(d 较小)得到的入射光强度较强，而远离光源的物体表面(d 较大)得到的入射光强度较弱。因此，绘制真实感图形时，在光照模型中应该计算光源的衰减。对于点光源，常使用 d 的二次函数的倒数来衰减光强。

$$f(d) = \min\left(1, \frac{1}{c_0 + c_1 d + c_2 d^2}\right) \tag{9-14}$$

式中，d 为点光源位置到物体顶点 P 的距离，也即光传播的距离，其值可以通过计算入射光向量 $\boldsymbol{L}$ 的模长得到。c_0、c_1 和 c_2 为与光源相关的参数。c_0 为常数衰减因子，c_1 为线性衰减因子，c_2 为二次衰减因子。当光源很近时，常数 c_0 防止分母变得太小，同时该表达式被限定在最大值 1 之内，以确保总是衰减的。衰减只对包含点光源的漫反射光和镜面反射光起作用。

考虑光源衰减的单光源简单光照模型为

$$I = k_a I_a + f(d)[k_d I_p \max(\boldsymbol{NL}, 0) + k_s I_p \max(\boldsymbol{NH}, 0)^n] \tag{9-15}$$

如果场景中有多个点光源，简单光照模型表示为

$$I = k_a I_a + \sum_{i=0}^{n-1} f(d_i)[k_d I_{p,i} \max(\boldsymbol{NL}, 0) + k_s I_{p,i} \max(\boldsymbol{NH}, 0)^n] \tag{9-16}$$

式中，n 为点光源数量；d_i 为光源 i 到物体表面顶点 P 的距离。

由于光强的颜色分量为计算值，可能会超越颜色显示范围。需要规范化到[0,1]区间，才能在 RGB 颜色模型中正确显示。就简单光照模型而言，由于镜面高光一直保持为白色，也可以只计算环境光和漫反射光的颜色分量。

说明：使用简单光照模型渲染的物体背景偏黑。为此，许多系统默认物体会自发光，从而提供了较亮的背景色。

9.3 光滑着色

人眼的视觉系统对光强微小的差别表现出极强的敏感性，在绘制真实感图形时应使用多边形的光滑着色(smooth shading)代替平面着色(flat shading)，以减弱多边形边界所带来的马赫带效应。多边形的光滑着色模式主要有 Gouraud 明暗处理(Gouraud shading)和 Phong 明暗处理(Phong shading)。这两种技术更准确地应称为 Gouraud 光强插值和 Phong 法向插值。下面以三角形为例来讲解多边形的明暗处理。

9.3.1 多边形网格来近似表示曲面

具有复杂表面的光滑物体常使用多个三角形网格表示。三角形是最简单的多边形，保留了凸性和共面性，OpenGL 和 DirectX 等图形软件都仅支持三角形网格。多个三角形一

般由三角形带(triangle trip)和三角形扇(triangle fan)来定义。图 9-22 定义了一个三角形带,每增加一个顶点便可以增加一个三角形。三角形顶点的处理顺序可以定义为表 9-4 所示的顺序。图 9-23 定义了一个三角形扇,尽管每增加一个顶点仍然可以增加一个三角形,但所有三角形共用第一个顶点。三角形顶点的处理顺序可以定义为表 9-5 所示的顺序。图 9-24给出了球面网格划分法,南北极使用三角形扇建模,其余部分使用三角形带建模。

表 9-4　三角形带的编号顺序

三角形编号	顶点顺序	三角形编号	顶点顺序
1	顶点 1,顶点 2,顶点 3	5	顶点 6,顶点 5,顶点 7
2	顶点 1,顶点 3,顶点 4	6	顶点 6,顶点 7,顶点 8
3	顶点 4,顶点 3,顶点 5	7	顶点 8,顶点 7,顶点 9
4	顶点 4,顶点 5,顶点 6	8	顶点 8,顶点 9,顶点 10

表 9-5　三角形扇的编号顺序

三角形编号	顶点顺序	三角形编号	顶点顺序
1	顶点 1,顶点 2,顶点 3	5	顶点 1,顶点 6,顶点 7
2	顶点 1,顶点 3,顶点 4	6	顶点 1,顶点 7,顶点 8
3	顶点 1,顶点 4,顶点 5	7	顶点 1,顶点 8,顶点 9
4	顶点 1,顶点 5,顶点 6	8	顶点 1,顶点 9,顶点 10

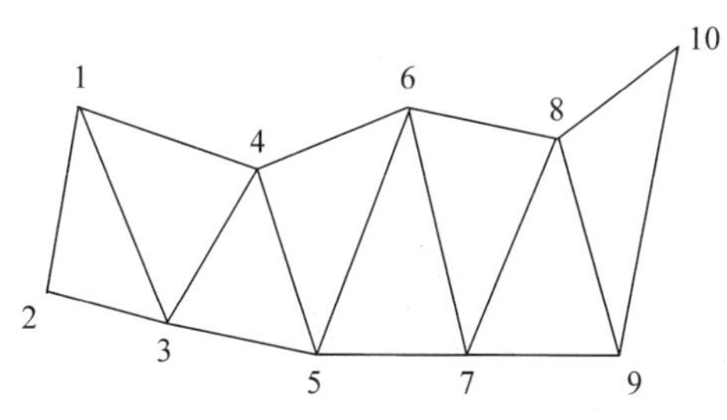

图 9-22　三角形带

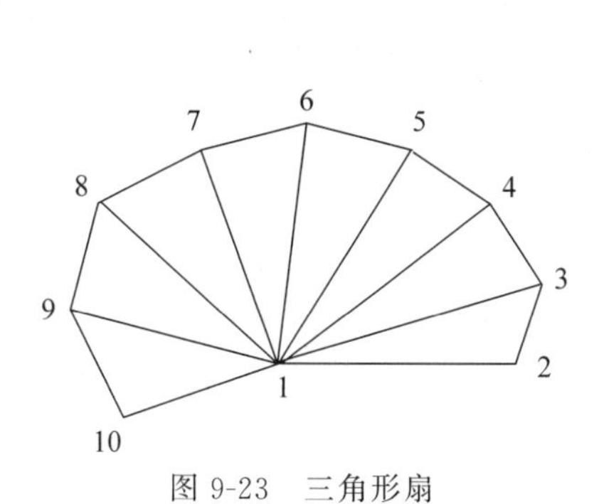

图 9-23　三角形扇

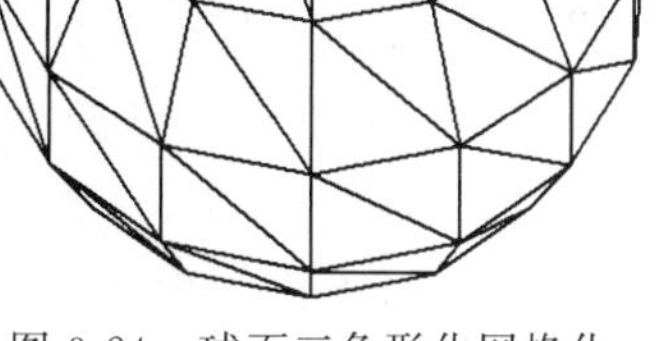
图 9-24　球面三角形化网格化

图 9-25(a)所示圆锥使用 12 个三角形网格逼近,图 9-25(b)为其相应的平面着色效果图;图 9-25(c)所示圆锥使用 36 个三角形网格逼近,图 9-25(d)为其相应的平面着色效果图;图 9-25(e)所示圆柱使用 12 个平面四边形网格逼近(每个四边形网格可以细分为两个三角形网格),图 9-25(f)为其相应的平面着色效果图;图 9-25(g)所示圆柱使用 36 个平面四边形网格逼近,图 9-25(h)为其相应的平面着色效果图。

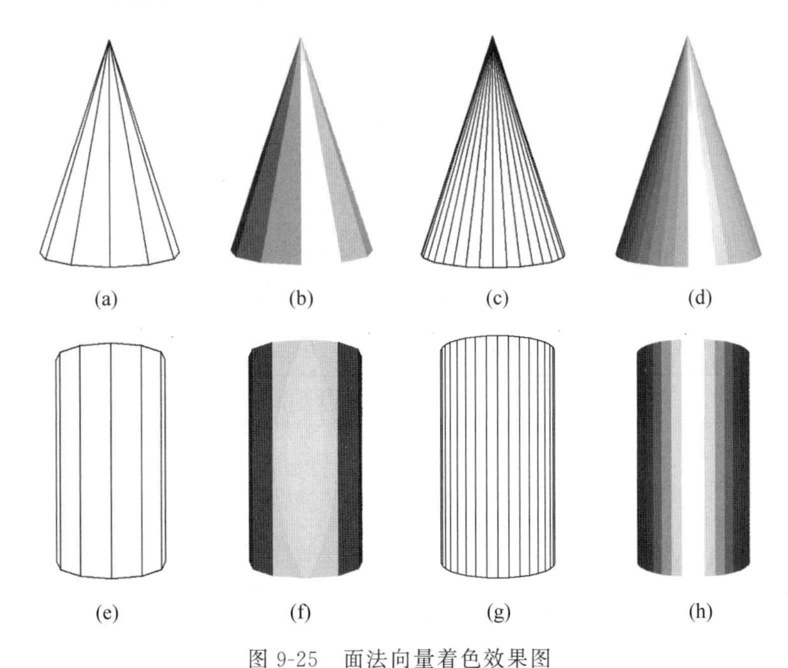

图 9-25　面法向量着色效果图

单纯依靠增加三角形网格数量,虽然可以改善曲面的连续性,但却加重了马赫带效应。从时间和空间的角度看,这也不是一种经济的做法。如何在不增加三角形网格数量的前提下来生成连续的曲面效果,可以从三角形顶点的法向量来考虑。每个三角形定义一个面法向量,如果使用面法向量计算光照,则每个三角形只有一种颜色,马赫带现象明显。注意到,每个顶点往往被多个三角形所共享。为了产生连续的曲面效果,在任一顶点处只能有一个法向量,这个顶点法向量(vertex normal)可以取共享该顶点的所有三角形面法向量的平均值。将顶点法向量代入光照模型计算顶点所得到的光强,可以产生相邻表面三角形之间颜色光滑过渡的幻像。在不增加多边形网格数量的基础上,使用顶点法向量绘制的圆锥、圆柱的光照效果如图 9-26 所示。

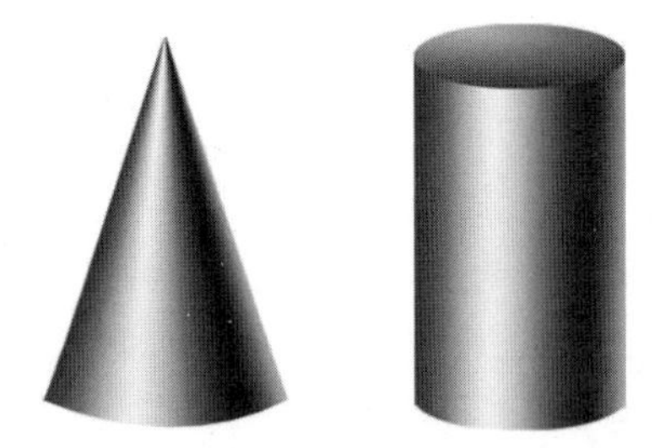

图 9-26　顶点法向量着色效果图

说明:在计算机图形中,多面体的顶点法向量是与顶点相关联的方向向量,用于替代表面的真实几何法向量。通常,顶点法向量通过计算与顶点相关面的法向量并取平均值后再进行规范化后得到,平均值计算可以通过相关面面积进行加权处理[45]。

顶点法向量只应该在需要光滑的表面多边形边界处使用。对于立方体的边界、圆柱侧面与上下底面的边界、圆锥侧面与底面的边界等明显折痕处，不应该使用相邻面的法向量的平均值作为点法向量，这会使本来不应该光滑的边界显得很奇怪。

9.3.2 Gouraud 明暗处理

法国计算机学家 Gouraud 于 1971 年提出了双线性光强插值模型，也称为 Gouraud Shader。它的主要思想是，先计算三角形各顶点的法向量，然后调用光照模型计算各顶点的光强，三角形内部各点的光强则通过对顶点光强的双线性插值得到。GouraudShader 的实现步骤如下。

(1) 计算多边形顶点的平均法向量。图 9-27 所示的多边形网格中，顶点 P 被 $n(n=8)$ 个三角形所共享。P 点的平均法向量 $\boldsymbol{N}$ 应取共享 P 点的所有三角形网格的表面法向量 $\boldsymbol{N}_i$ 的平均值。

$$\boldsymbol{N}=\frac{\sum_{i=0}^{n-1}\boldsymbol{N}_i}{\left|\sum_{i=0}^{n-1}\boldsymbol{N}_i\right|} \tag{9-17}$$

式中，$\boldsymbol{N}_i$ 为共享顶点 P 的多边形网格的法向量，$\boldsymbol{N}$ 为顶点法向量。

(2) 对三角形的每个顶点调用光照模型计算所获得的光强。

(3) 根据每个三角形顶点的光强，按照扫描线顺序使用线性插值计算多边形网格边上每一点的光强。

(4) 在扫描线与三角形相交跨度内，使用线性插值计算每一点的光强。然后再将光强分解为 RGB 三原色的颜色值。

GouraudShader 采用双线性插值算法计算三角形内一点 f 处的光强，如图 9-28 所示。

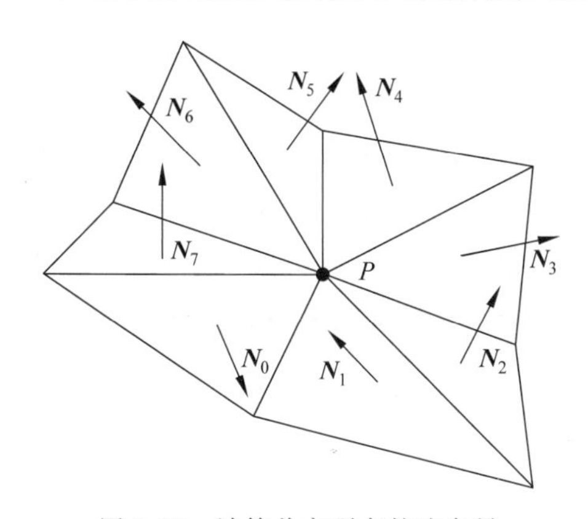

图 9-27　计算共享顶点的法向量

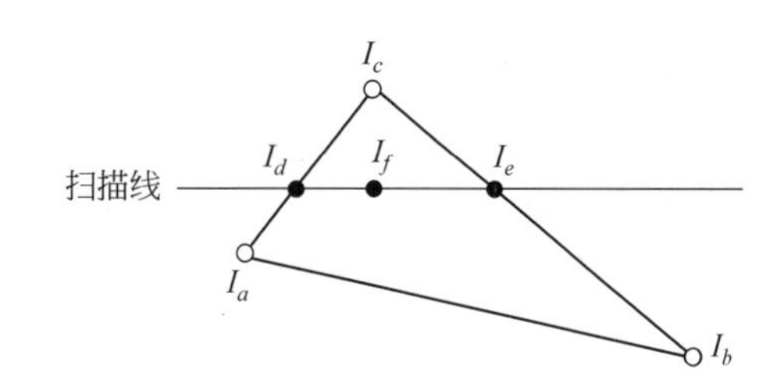

图 9-28　光强的双线性插值

$$\begin{cases}I_d=(1-t)I_a+tI_c\\ I_e=(1-t)I_b+tI_c,\quad 0\leqslant t\leqslant 1\\ I_f=(1-t)I_d+tI_e\end{cases} \tag{9-18}$$

假定三角形三个顶点的坐标为(x_a,y_a)、(x_b,y_b)、(x_c,y_c)。将线性插值与三角形顶点坐标联系起来，有

$$\begin{cases} I_d = \dfrac{y_c - y_d}{y_c - y_a} I_a + \dfrac{y_d - y_a}{y_c - y_a} I_c \\ I_e = \dfrac{y_c - y_e}{y_c - y_b} I_b + \dfrac{y_e - y_b}{y_c - y_b} I_c \\ I_f = \dfrac{x_e - x_f}{x_e - x_d} I_d + \dfrac{x_f - x_d}{x_e - x_d} I_e \end{cases} \tag{9-19}$$

GouraudShader可以非常容易地与扫描线算法结合起来计算多边形三角形内各点的光强。计算机图形学中,常使用重心坐标法计算小面内任一点的光强。

$$I = \alpha I_a + \beta I_b + \gamma I_c \tag{9-20}$$

式中,α、β、γ为小面内任意一点的重心坐标。

图9-29是使用GouraudShader绘制的球面光照效果图。图9-29(a)为环境光效果。图9-29(b)为环境光+漫反射光效果。图9-29(c)为镜面反射光效果。图9-29(d)为环境光+漫反射光+镜面反射光效果,即Blinn-Phong光照效果。

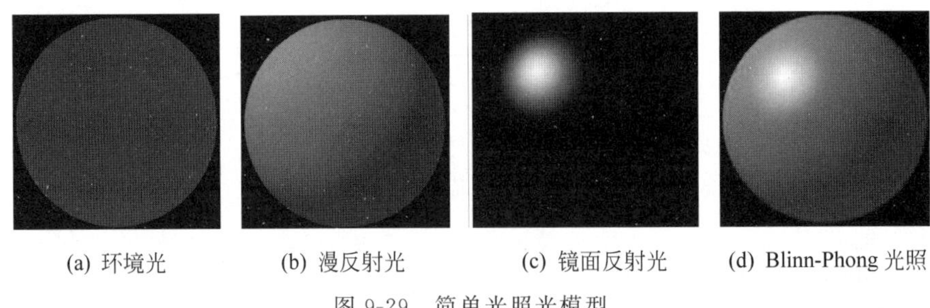

(a) 环境光　(b) 漫反射光　(c) 镜面反射光　(d) Blinn-Phong光照

图9-29　简单光照光模型

9.3.3 Phong明暗处理

Phong于1975年提出的双线性法向插值模型,结构类似于GouraudShader,不同之处在于光照计算是按像素而非顶点完成,有效地修复了GouraudShader存在的缺陷。在局部范围内模拟了表面的弯曲性,使得镜面高光更加真实。双线性法向插值模型也称为PhongShader。PhongShader首先计算三角形网格的每个顶点的平均法向量,然后使用双线性插值计算三角形内部各点的法向量。最后才使用内部各点的法向量调用光照模型计算其所获得的光强。PhongShader的实现步骤如下。

(1) 计算三角形顶点法向量。公式如下:

$$\boldsymbol{N} = \frac{\sum_{i=0}^{n-1} \boldsymbol{N}_i}{\left| \sum_{i=0}^{n-1} \boldsymbol{N}_i \right|} \tag{9-21}$$

式中,$\boldsymbol{N}_i$为共享顶点的三角形的面法向量,$\boldsymbol{N}$为顶点向量。

(2) 双线性插值计算三角形内部各点的法向量。PhongShader采用双线性插值计算三角形内一点f处的法向量,如图9-30所示。

$$\begin{cases} \boldsymbol{N}_d = (1-t)\boldsymbol{N}_a + t\boldsymbol{N}_c \\ \boldsymbol{N}_e = (1-t)\boldsymbol{N}_b + t\boldsymbol{N}_c, \quad 0 \leqslant t \leqslant 1 \\ \boldsymbol{N}_f = (1-t)\boldsymbol{N}_d + t\boldsymbol{N}_e \end{cases} \tag{9-22}$$

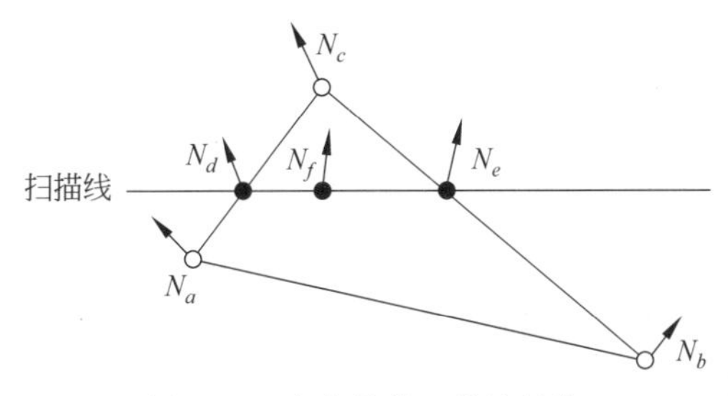

图 9-30 法向量的双线性插值

假定三角形 3 个顶点的坐标为(x_a, y_a)、(x_b, y_b)、(x_c, y_c)。将线性插值与三角形顶点坐标联系起来，有

$$\begin{cases} \boldsymbol{N}_d = \dfrac{y_c - y_d}{y_c - y_a}\boldsymbol{N}_a + \dfrac{y_d - y_a}{y_c - y_a}\boldsymbol{N}_c \\ \boldsymbol{N}_e = \dfrac{y_c - y_e}{y_c - y_b}\boldsymbol{N}_b + \dfrac{y_e - y_b}{y_c - y_b}\boldsymbol{N}_c \\ \boldsymbol{N}_f = \dfrac{x_e - x_f}{x_e - x_d}\boldsymbol{N}_d + \dfrac{x_f - x_d}{x_e - x_d}\boldsymbol{N}_e \end{cases} \tag{9-23}$$

(3) 三角形内的每个点使用法向量调用光照模型计算所获得的光强，然后再将光强分解为 RGB 三原色。需要注意的是，插值后的法向量也需要规范化为单位向量，才能用于光强计算中。计算机图形学中，常使用重心坐标法计算小面内任一点的法向量。

$$\boldsymbol{N} = \alpha\boldsymbol{N}_a + \beta\boldsymbol{N}_b + \gamma\boldsymbol{N}_c \tag{9-24}$$

式中，α、β、γ 为小面内任意一点的重心坐标。

对于表 9-3 给出的“红宝石”材质属性的球面，取同样的光源的位置和朝向，使用 Flat 着色、Gouraud 光滑着色和 Phong 光滑着色绘制单光源简单光照模型，效果如图 9-31 所示。

(a) FlatShader

(b) GouraudShader

(c) PhongShader

图 9-31 球面明暗处理的高光效果图

9.3.4 明暗处理效果的对比

1. 计算效率

Gouraud 明暗处理和 Phong 明暗处理都解决了多边形网格之间颜色不连续过渡的问

题。Gouraud 明暗处理仅调用光照模型计算表面多边形顶点的光强，计算量小。Phong 明暗处理需要调用光照模型计算多边形内每个像素的光强，计算量大，计算时间是 Gouraud 明暗处理的 4～5 倍[46]。

2. 高光表示

对于 Gouraud 明暗处理，只在多边形顶点处调用光照模型计算光强，最小高光只能在多边形的周围形成，不能在多边形内部形成，如图 9-32(a)所示。Phong 明暗处理允许对多边形内每一像素点调用光照模型计算光强。因此，Phong 明暗处理的高光可以落在多边形内部，如图 9-32(b)所示。

(a) Gouraud 明暗处理　　(b) Phong 明暗处理

图 9-32　正方体高光效果图

GouraudShader 常称为顶点着色器，多边形的每个顶点都调用光照模型计算光强，而多边形内部仅使用顶点光强的双线性插值结果来近似；PhongShader 常称为像素着色器，多边形内的每个像素都需要调用光照模型计算光强。这里必须指出，PhongShader 和 Phong Reflection Model 是不同的概念。前者指的是明暗处理，后者指的是 ADS 光照模型。准确地说，PhongShader 是使用了 Phong Reflection Model 的 Phong 着色模式。

9.4　法线变换

从光照模型中知道，顶点法向量决定物体表面的光照效果。使用旋转变换改变物体顶点时，相对应的法向量也应该随着顶点一起变换，才能确保物体表面获得正确的光照。对物体进行非均匀比例变换(如将球体缩放为椭球体)时，也应该对法向量进行变换。

9.4.1　旋转变换中法向量的变换

图 9-33 中，三角形顶点坐标为 $\boldsymbol{V}_0$，$\boldsymbol{V}_1$，$\boldsymbol{V}_2$，三个顶点的法向量等于面法向量 $\boldsymbol{N}$。

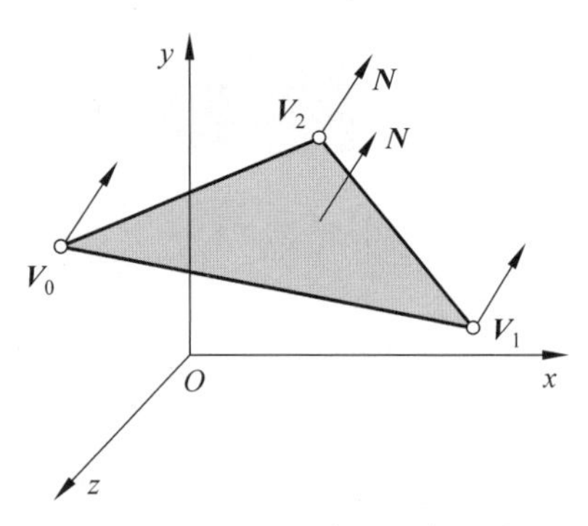

图 9-33　法向量垂直于三角形表面

法向量垂直于三角形表面，由平面方程知道

$$\boldsymbol{NV}=0$$

用 $\boldsymbol{V}$ 表示三角形下面上的任意一点，则

$$[x \quad y \quad z]\begin{bmatrix} n_x \\ n_y \\ n_z \end{bmatrix}=0 \tag{9-25}$$

令$[x \quad y \quad z]$为 $\boldsymbol{V}$,$[n_x \quad n_y \quad n_z]$为 $\boldsymbol{N}$,且 $\boldsymbol{M}$ 为三维非齐次坐标表示的变换矩阵,则式(9-25)可改写为

$$[x \quad y \quad z]\boldsymbol{M}\boldsymbol{M}^{-1}\begin{bmatrix} n_x \\ n_y \\ n_z \end{bmatrix}=0 \tag{9-26}$$

式中,$[x \quad y \quad z]\boldsymbol{M}$ 是变换后的三角形顶点 $\boldsymbol{V}'=\boldsymbol{V}\boldsymbol{M}$。$\boldsymbol{M}^{-1}\begin{bmatrix} n_x \\ n_y \\ n_z \end{bmatrix}$是用列阵表示的变换后的法向量$(\boldsymbol{N}')^{\mathrm{T}}=\boldsymbol{M}^{-1}\boldsymbol{N}^{\mathrm{T}}$。变换后的法向量用行阵表示为

$$\boldsymbol{N}'=[n_x \quad n_y \quad n_z](\boldsymbol{M}^{-1})^{\mathrm{T}} \tag{9-27}$$

式(9-27)表示变换后的法向量 $\boldsymbol{N}'$仍然垂直与变换后的三角形表面(用 $\boldsymbol{V}'$表示)。$\boldsymbol{N}'$为变换矩阵的逆转置。

9.4.2 比例变换中法向量的变换

图 9-34 中,线段 AB 表示三角形垂直于 xOy 面。对线段实施 $s_x=0.5, s_y=1.0$ 的比例变换。图 9-34(b)中,法向量 $\boldsymbol{N}$ 不再垂直于变换后的直线段。显然,应该对法向量进行变换。

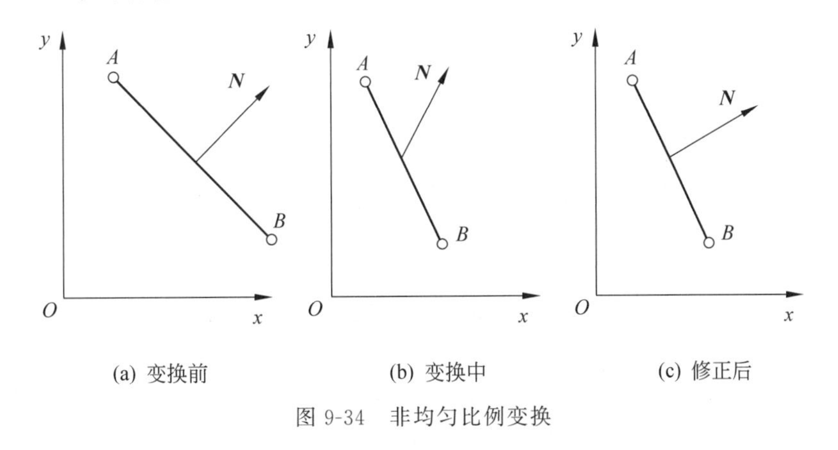

图 9-34 非均匀比例变换

使用比例变换矩阵的逆转置矩阵,同样可以用于变换法向量,能保证变换后的法向量依然垂直于变换后的直线段 AB。

9.5 Cook-Torrance 光照模型

简单光照模型的反射光由环境光、漫反射光和镜面反射光组成。其中,镜面反射光对所合成的图像的真实感有着重要的影响,引起人们的特别关注。Phong 模型是第一个实现镜面反射光的模型,认为物体上一点所获得的镜面反射光与反射光方向 $\boldsymbol{R}$ 和观察方向 $\boldsymbol{V}$ 有关。Blinn-Phong 模型对 Phong 模型进行了修正,认为镜面反射光仅与中分向量 $\boldsymbol{H}$ 和法向量 $\boldsymbol{N}$ 有关。假定光源位置与视点位置固定,则镜面反射光仅与该点的法向量有关。Blinn-Phong 模型是一种经验模型,认为物体反射面是光滑的,并未考虑材质的物理属性,所生成的图像高光边缘清晰,而且由于假定镜面反射光的颜色与入射光相同,所绘制的物体看上去更像塑料。

9.5.1 微镜面理论

本节将建立一种基于材质物理特性的镜面反射模型，这是一种局部光照模型。模型仍然把反射光分为漫反射光和镜面反射光，但注意力完全集中到镜面反射光部分。镜面反射光部分基于微镜面理论(microfacet theory)建立数学模型。从微观的角度看，相对于很小的入射光波长，物体表面是粗糙不平的，类似于 V 形凹槽。微镜面理论将粗糙物体表面看作是由无数微小的镜面组成。这些镜面朝向各异，随机分布。图 9-35 中，每一段宽实线代表一个微镜面。对于每一个微镜面，只在其反射方向上有反射光，在其他方向上没有反射光，称为完全镜面光反射体。

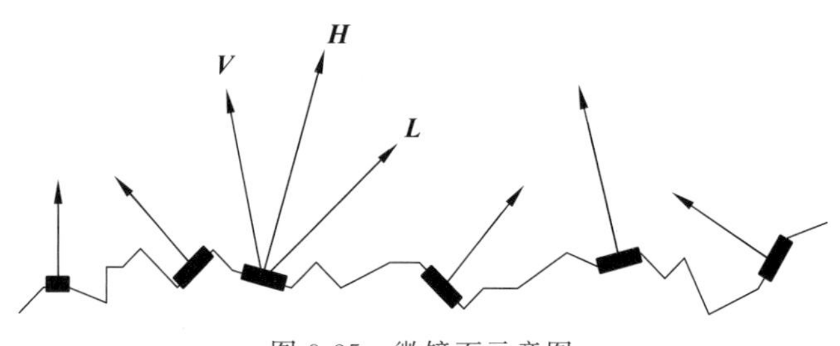

图 9-35 微镜面示意图

9.5.2 Cook-Torrance 模型

1982 年，Cook 和 Torrance 在几何光学的基础上，对粗糙表面反射机理进行了模拟，提出可用于模拟金属表面的 Cook-Torrance 光照模型[15]。Cook 将表面粗糙度引入到光照模型中，表明镜面反射光的颜色与物体表面的材质属性有关。

图 9-36 显示了一个粗糙表面上向量的几何关系。$\boldsymbol{N}$ 是表面上的宏观法向量，$\boldsymbol{L}$ 是光源方向的入射光向量，$\boldsymbol{R}$ 为表面上的反射光向量，$\boldsymbol{H}$ 是表面上一个微镜面的法向量。$\boldsymbol{V}$ 是微镜面上的反射光向量，并沿着观察方向。根据反射定律，$\boldsymbol{L}$、$\boldsymbol{H}$、$\boldsymbol{V}$ 位于同一平面内，且入射角等于反射角。图 9-36 中，θ 代表入射角，表面宏观法向量 $\boldsymbol{N}$ 与微镜面法向量 $\boldsymbol{H}$ 之间的夹角为 α。显然，只有法向量沿着 $\boldsymbol{H}$ 方向微镜面的反射光，才能从 $\boldsymbol{V}$ 方向观察到。

$$\boldsymbol{H} = \frac{\boldsymbol{L} + \boldsymbol{V}}{|\boldsymbol{L} + \boldsymbol{V}|} \text{ 且 } \cos\theta = \boldsymbol{LH} = \boldsymbol{HV}$$

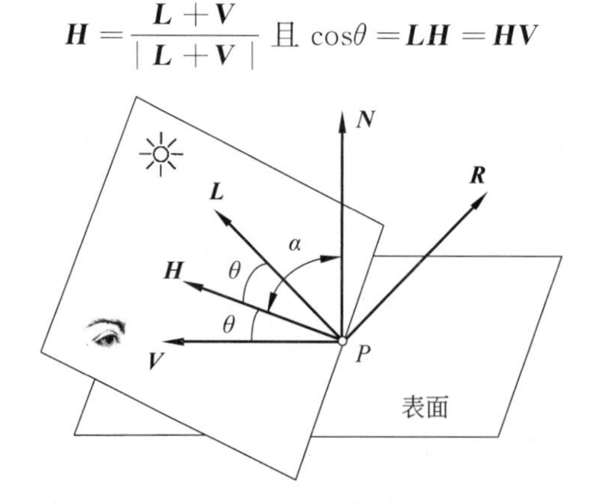

图 9-36 Cook-Torrance 反射模型的几何关系

Cook-Torrance 模型表示为

$$I_{c-t} = I_d + I_s = k_d I_p R_d + k_s I_p R_s \tag{9-28}$$

式中，I_{c-t}是 Cook-Torrance 模型的反射光强；I_d 是漫反射光强，其中 $R_d = \max(\boldsymbol{NL}, 0)$，计算方法仍沿用 Blinn-Phong 模型；$I_s$ 是镜面反射光强，其中 R_s 是镜面反射项。

Cook-Torrance 和 Phong、Blinn-Phong 三种光照模型的本质区别，在于使用不同数学表达式计算 R_s。在 Phong 模型中，$R_s = \max(\boldsymbol{RV}, 0)^n$。在 Blinn-Phong 模型中，$R_s = \max(\boldsymbol{NH}, 0)^n$。在 Cook-Torrance 模型中，$R_s$ 计算公式为

$$R_s = \frac{F}{\pi} \times \frac{\boldsymbol{D} \times \boldsymbol{G}}{(\boldsymbol{NL})(\boldsymbol{NV})} \tag{9-29}$$

式中，F 为用 Fresnel 方程给出的计算项，描述每个光滑微镜面的反射光与入射光之间的关系。D 为微镜面的分布函数，只有法向取 $\boldsymbol{H}$ 的微镜面才对镜面反射光有贡献。G 为几何衰减因子，代表微镜面之间的遮挡效果。

1. *F* 项

观察水面的时候，垂直向下看，清澈见底；向远处看，像镜子一样，这就是 Fresnel 效应。鉴于 Fresnel 方程比较复杂，Schlick 提供了一个近似函数[47]。F 可以表达为

$$F = f_0 + (1 - f_0)(1 - \cos\theta)^5 = f_0 + (1 - f_0)(1 - \boldsymbol{VH})^5 \tag{9-30}$$

式中，f_0 为入射角度接近 0°时(光线垂直反射时)的 Fresnel 反射率，即 $\cos\theta = 1$。$\boldsymbol{V}$ 为视向量。$\boldsymbol{H}$ 为中分向量，即视向量和光向量的中间向量。

Schlick 近似被广泛应用于基于物理的渲染(physically based rendering, PBR)中，除了运算简单快捷外，以 f_0 作为参数更容易理解白光直射材质时的反射光颜色。

2. *D* 项

简单光照模型认为高光区域是一个光滑的表面，可以用一个法向量来表示。物理光照模型认为高光区域是一个由无数微小的镜面组成的粗糙区域，每一个微镜面会根据自身的方向反射光线，只有那些面向视点的面元贡献大，应该用一个分布函数 D 来描述微镜面分布的概率，如图 9-37 所示。Cook 和 Torrance 使用 Beckmann 分布函数来描述。

$$D = \frac{1}{k^2 \cos^4 \alpha} \mathrm{e}^{-\left[\frac{\tan\alpha}{k}\right]^2} \tag{9-31}$$

式中，k 是用于度量表面的粗糙程度的微镜面的斜率。当 k 很小时，微镜面只是轻微偏离平面的法线，表面较光滑，反射光具有很高的方向性；当 k 很大时，微镜面的倾斜度很大，表面较粗糙，反射光线发散。α 是顶点法向量 $\boldsymbol{N}$ 和中分向量 $\boldsymbol{H}$ 的夹角。

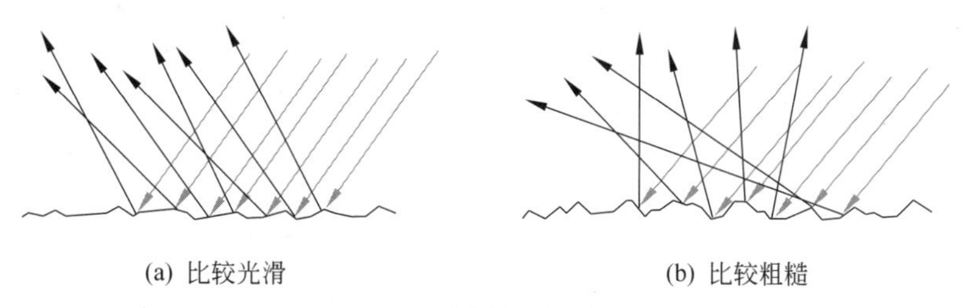

图 9-37 微镜面粗糙度

其中

$$-\left[\frac{\tan\alpha}{k}\right]^2=\frac{\dfrac{1-\cos^2\alpha}{\cos^2\alpha}}{k^2}=\frac{\cos^2\alpha-1}{k^2\cos^2\alpha}=\frac{(\boldsymbol{NH})^2-1}{k^2(\boldsymbol{NH})^2} \tag{9-32}$$

Backmann 分布函数的最终数学表达为

$$D=\frac{1}{k^2(\boldsymbol{NH})^4}\mathrm{e}^{\frac{(\boldsymbol{NH})^2-1}{k^2(\boldsymbol{NH})^2}} \tag{9-33}$$

3. *G* 项

微镜面上的入射光，在到达一个表面之前或被该表面反射之后，可能会被相邻的微镜面阻挡，未被遮挡的光随机发散，最终形成了漫反射光的一部分。这种阻挡会造成镜面的轻微昏暗，可以用几何衰减因子 G 来衡量这种影响。

微镜面上的光线可能出现 3 种情况：入射光线和反射光线都未被遮挡，如图 9-38(a)所示；反射光线无法正常到达人眼，如图 9-38(b)所示，称为 mask；入射光线部分被遮挡，图 9-38(c)中入射光线无法照射到一些微镜面，称为 shadow。

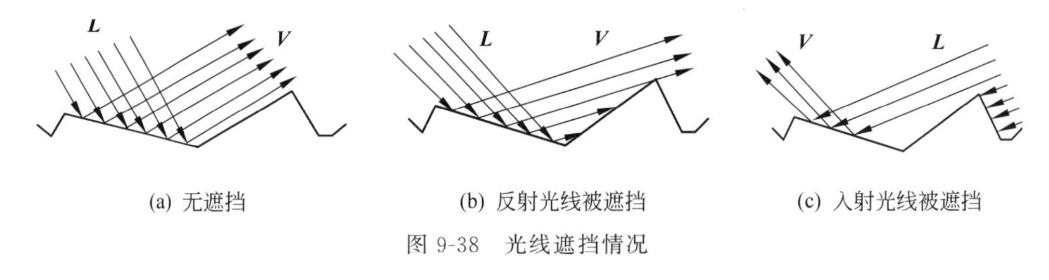

(a) 无遮挡　　(b) 反射光线被遮挡　　(c) 入射光线被遮挡

图 9-38　光线遮挡情况

对于光线没有被遮挡的情况，令 $G=1$。

对于部分反射光线被遮挡的情况，有

$$G_{\mathrm{m}}=\frac{2(\boldsymbol{NH})(\boldsymbol{NV})}{\boldsymbol{VH}} \tag{9-34}$$

对于部分入射光线被遮挡的情况，有

$$G_{\mathrm{s}}=\frac{2(\boldsymbol{NH})(\boldsymbol{NL})}{\boldsymbol{VH}} \tag{9-35}$$

上面两个式子中，$\boldsymbol{N}$ 是表面的法向量，$\boldsymbol{H}$ 是微镜面的法向量，$\boldsymbol{L}$ 是入射光向量，$\boldsymbol{V}$ 是视向量。在实际应用中，$\boldsymbol{G}$ 被定义为到达观察者的光的最小强度，即 $\boldsymbol{G}$ 取为 3 种情况中的衰减因子的最小值

$$G=\min\{1,G_{\mathrm{m}},G_{\mathrm{s}}\}=\min\left\{1,\frac{2(\boldsymbol{NH})(\boldsymbol{NV})}{\boldsymbol{VH}},\frac{2(\boldsymbol{NH})(\boldsymbol{NL})}{\boldsymbol{VH}}\right\} \tag{9-36}$$

综上所述，Cook-Torrance 光照模型的 R_{s} 表示为

$$R_{\mathrm{s}}=\frac{f_0+(1-f_0)(1-\boldsymbol{VH})^5}{\pi}\times\frac{\dfrac{1}{k^2(\boldsymbol{NH})^4}\mathrm{e}^{\frac{(\boldsymbol{NH})^2-1}{k^2(\boldsymbol{NH})^2}}}{\boldsymbol{NL}}\times\frac{\min\left(1,\dfrac{2(\boldsymbol{NH})(\boldsymbol{NV})}{\boldsymbol{VH}},\dfrac{2(\boldsymbol{NH})(\boldsymbol{NL})}{\boldsymbol{VH}}\right)}{\boldsymbol{NV}} \tag{9-37}$$

基于物理的光照模型认为镜面高光的颜色与物体表面材料的性质有关，这与实验结果

吻合。简单光照模型认为镜面反射光是光源的颜色,而基于物理的光照模型认为镜面反射光是材质的颜色。Cook-Torrance 模型的改变主要在镜面反射光部分,而漫反射光的计算与简单光照模型相同。Cook-Torrance 模型非常适合绘制闪光的金属表面,通过镜面高光颜色的变化能够绘制相似颜色的不同金属。使用 Cook-Torrance 模型照射的铜壶效果如图 9-39(b)所示,高光具有金属的磨光质感。对比图 9-39(a)可以看出,Blinn-Phong 光照模型照射下的铜壶仅有明亮白色高光,看起来像是塑料的。

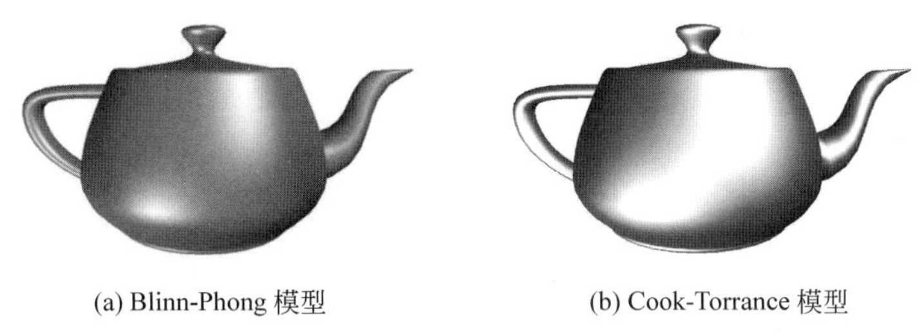

(a) Blinn-Phong 模型　　(b) Cook-Torrance 模型

图 9-39　铜壶的双光源效果图

9.6 简单透明模型

透过一个物体,如果可以看到其后面的另一物体,则该物体是透明的;如果看不到后面的物体,则该物体是不透明的。透明物体一般是玻璃制品。简单光照模型假定物体是不透明的,研究的是物体表面的反射光。如果物体透明,当光线与物体表面相交时,一般会发生反射与折射。折射后的光线穿过物体从另一个表面射出,形成透射光。反射光可以使用 Blinn-Phong 或者 Cook-Torrance 模型计算,而透射光一般使用 Whitted 模型进行计算。

模拟透明的最简单方法是忽略折射,这样光线穿越物体时就不发生弯曲,所看到的物体必然在几何上落到视线上。早在 1972 年,Newell 兄弟与 Sancha 提出了不考虑折射的简单透明算法(simple transparency algorithm)[40]。简单透明算法既不考虑折射导致的路径平移,也不考虑光线在介质中传播的路径长度对光强的影响,同时假定各物体之间的折射率保持不变。这样折射角总与入射角相同,可以模拟光线穿过较薄平板玻璃的效果。

9.6.1 线性透明算法

假定从视点向观察平面上像素(x,y)的中心引一条视线穿过场景中的物体,简单地对 I_a 和 I_b 作线性插值,可以得到像素点(x,y)的最终光强 I,如图 9-40 所示。

$$I=(1-t)I_a+tI_b,\quad 0\leqslant t\leqslant 1 \tag{9-38}$$

式中,I_a 为视线与物体 A 交点处的光强,I_b 为视线与物体 B 交点处的光强。t 为透明度,其值通常取自 CRGB 类的 alpha 分量。当 $t=1$ 时,物体 A 完全透明,可以看到后面的不透明物体 B,像素(x,y)的光强 $I=I_b$;当 $t=0$ 时,物体 A 完全不透明,物体 B 被物体 A 遮挡,像素(x,y)的光强为 $I=I_a$。

计算机图形学中常用线性透明算法模拟雾气效果。雾气使得三维场景的颜色变淡,远处的物体看上去变得模糊,从而增加场景的真实感。雾是通过颜色的 alpha 因子来修改场景雾气的颜色。当多边形顶点的颜色通过光照模型计算出来后,将该颜色与顶点颜色的透

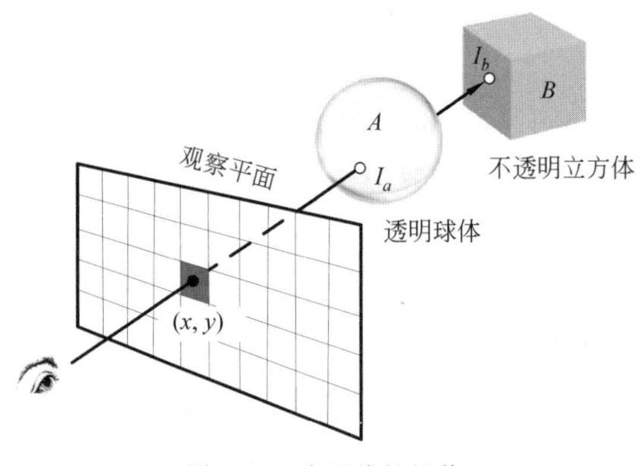

图 9-40　光强线性插值

明度进行线性插值来降低强度，减少量依赖于雾气的设定值。假定，雾因子(fog factor)用 f 表示，下面分别介绍线性雾与指数雾。

(1) 线性雾

线性雾(linear fog)中 f 是与距离 d 的关系如下：

$$f(d)=(f_{\text{end}}-d)/(f_{\text{end}}-f_{\text{start}}) \tag{9-39}$$

式中，d 是视点到物体的距离。受雾影响的距离起点用 f_{start} 表示，终点用 f_{end} 表示。

(2) 指数雾

$$f(d)=\mathrm{e}^{-\rho d} \tag{9-40}$$

或

$$f(d)=\mathrm{e}^{-(\rho d)^2} \tag{9-41}$$

在两个指数中使用参数 ρ 来设置雾气的强度，较高的 ρ 生成较稠密的雾气且表面比较柔和。

无论是线性雾还是指数雾，当 f 计算出来后

$$I=(1-f)I_{\text{obj}}+fI_{\text{fog}},\quad 0\leqslant f\leqslant 1 \tag{9-42}$$

式中，I 表示最终雾气光强；雾因子 f 是式(9-39)、式(9-40)或式(9-41)的计算结果；I_{obj} 表示物体表面多边形顶点的光强，I_{fog} 表示雾气的光强。

图 9-41(a)所示的线性雾效果中，$f_{\text{start}}=0$，$f_{\text{end}}=10$；图 9-41(b)和图 9-41(c)所示的指数雾效果中，ρ 均取 0.5。可以看出线性雾是颜色强度的减弱，而二次指数雾给人以"自在飞花轻似梦，无边丝雨细如愁"的缥缈虚幻感觉。

(a) 线性雾

(b) 一次指数雾

(c) 二次指数雾

图 9-41　线性雾效果图

9.6.2　非线性透明算法

线性透明算法在绘制曲面时非常不准确，并不适合模拟曲面体，这是因为线性算法中穿

过物体的光强不与材料的厚度成比例。Kay 和 Greenberg 为了模拟发生在薄曲面体轮廓边界上的光强不断衰减现象,提出了一种基于曲面法向量的 z 分量的非线性近似算法[48],透明度 t 取为

$$t = t_{\min} + (t_{\max} - t_{\min})(1 - (1 - |n_z|)^p) \tag{9-43}$$

式中,$t_{\min}$ 和 $t_{\max}$ 为物体上的最小透明度和最大透明度。n_z 为曲面单位法向量的 z 分量,即伪深度(该值也用于着色计算),必须保证 n_z 为正值。p 为幂指数,一般取值为 2～3。

上式在物体的大部分表面上产生常数透明度;在边缘处,透明度快速衰减到零。不同的幂指数 p 可以用于模拟不同的材料。对于非常薄的玻璃杯,使用较大的 p 值可以获得线状不透明边缘。将式(9-43)计算出的 t 代入式(9-38)中,绘制的非线性插值玻璃茶壶如图 9-42 所示。

实现简单透明算法时,应注意以下 3 点。

(1) 计算完透明度后再添加物体的高光。为了达到更加真实的效果,可以对两个物体表面的环境光部分和漫反射光部分进行插值,然后再加入高光。高光计算并不直接影响式(9-38)。

(2) 透明算法不能直接结合到 Z-Buffer 算法中。标准 Z-Buffer 算法是按照任意顺序处理物体的表面,且只保留最前面物体的表面信息。将透明算法直接引入到 Z-Buffer 算法中比较困难,需要对 Z-Buffer 算法进行改进。比如规定处理物体表面必须按从后向前的顺序。图 9-43 中背景首先与球 1 的左半部分结合产生图像 1。图像 1 与球 1 的右半部分结合产生图像 2。以此类推处理后续表面,直到生成观察者所能看到的图像 4。处理每个表面时,其像素信息必须暂时保留,直到所有表面处理完毕。所有新的值应该代替背景图像的旧值。这保证后续的表面可利用前面处理的结果。

图 9-42　茶壶透明效果图

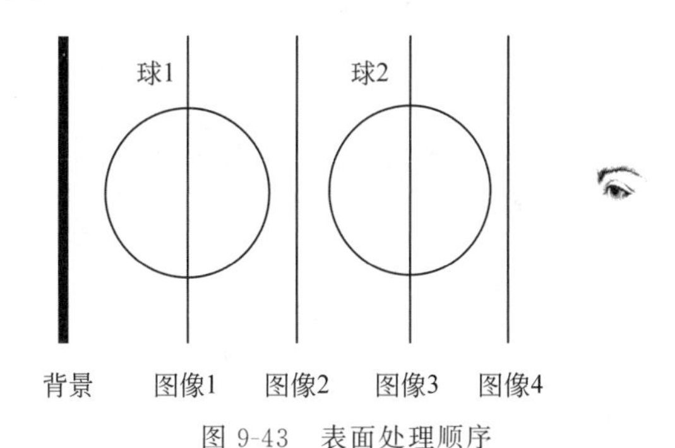

图 9-43　表面处理顺序

(3) 背面剔除算法不适用。绘制透明物体时,不必进行背面剔除,以保证前面和后面都能参与光强插值。

9.7　简单阴影模型

自然界中,物体只要受到光照,就会产生阴影。阴影效果对增强场景的真实感有着非常重要的作用,可以反映物体的相对位置关系。图 9-44(a)中,单纯从画面上无法确定球体与地面的相对位置关系。绘制阴影后,可以看出:图 9-44(b)中球体悬浮于地面之上,而图 9-44(c)中,球体正好搁在地面上。

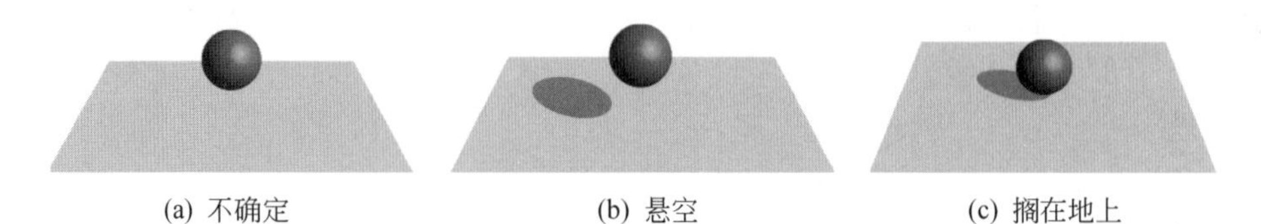

图 9-44　阴影提供了物体之间的相对位置

9.7.1　阴影的分类

阴影是由于不透明物体截断光线而产生的。如果光源位于物体的一侧,阴影总是位于物体的另一侧,也就是与光源相反的一侧。在单点光源的照射下,阴影分为自身阴影与投射阴影。图 9-45(a)中假设单点光源位于立方体左上方的无穷远处,视点位于立方体正前方。这时观察到的阴影包括两部分:一部分是由于物体自身的遮挡而使光线照射不到它的某些表面,产生自身阴影;另一部分是由于物体遮挡光线,使得地面上另一侧区域得不到光照,产生投射阴影。在多点光源照射下(如分布光源),光线完全被遮挡的阴影是本影,部分光线被遮挡的阴影是半影。半影是一种柔和的阴影,也被称为软阴影;相对而言,本影由于有着明确的边界而被称为硬阴影。图 9-45(b)中,深色的为本影,浅色的为半影。就单点光源而言,只能生成硬阴影。

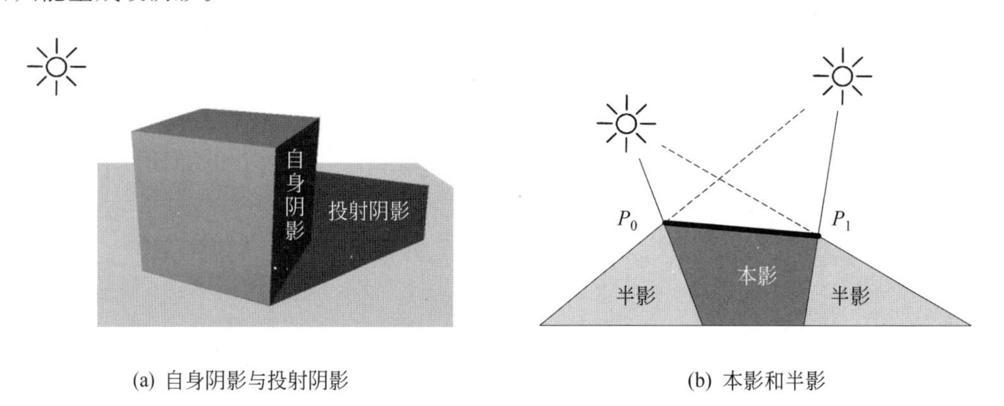

图 9-45　阴影的分类

9.7.2　绘制地面

基于透视投影绘制地面,呈现近大远小的效果。假定三维场景中 xyz 为右手系,地面用灰色矩形表示,位于 $y=-D$ 处。地面的长度为 L,宽度为 W,顶点坐标为 A、B、C、D,如图 9-46 所示。一般情况下,地面的灰度值要高于阴影的灰度值。

9.7.3　投射阴影算法

阴影算法与可见面算法相似,可见面算法是从视点位置判定哪些表面可见,而阴影算法是从光源位置判定哪些表面可见。从光源处可见的表面不在阴影区域内,而从光源处不可见的表面则位于阴影区域内。1978 年,Atherton、Weiler 和 Greenberg 提出用可见面判定方法来生成阴影的算法[49]。一次从光源,一次从视点,用同样的方法对物体进行两次消隐。

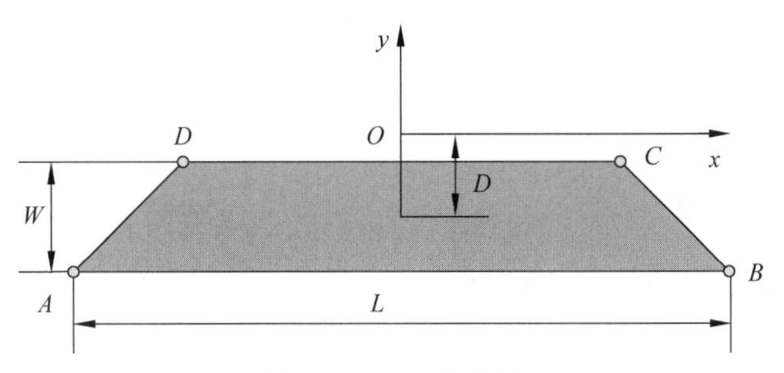

图 9-46　地面设计图

对于处在阴影区域内的多边形，光强只计算环境光一项；对于未处在阴影区域内的多边形，用正常的光照模型计算光强。在简单光照模型中加入阴影效果，方程变为

$$I = k_a I_a + \sum_{i=0}^{n-1} s_i f(d_i)[k_d I_{p,i} \max(\boldsymbol{NL}, 0) + k_s I_{p,i} \max(\boldsymbol{NH}, 0)^n] \tag{9-44}$$

式中，$s_i = \begin{cases} 0, & \text{此点从光源处不可见} \\ 1, & \text{此点从光源处可见} \end{cases}$。

投射阴影算法要在可见面判定前进行阴影判定，步骤如下。

(1) 将视点移到光源的位置。从光源出发向物体的所有多边形投射光线，建立光线的参数方程，计算该光线与地面的交点，使用深灰色填充交点所构成的投射阴影，如图 9-47 所示。对于背光面，由于得不到光源的直接照射，只有环境光对其光强有贡献。

(2) 将视点恢复至原来的正常位置，对物体实施可见面算法，使用光照模型来绘制可见表面。

投射阴影的优点是算法简单，易于实现。但是，它仅适用于平坦表面，无法投射到曲面体上。即使如此，投射阴影仍然适用于室外场景并对性能要求较高的应用，许多游戏中的阴影属于投射阴影。

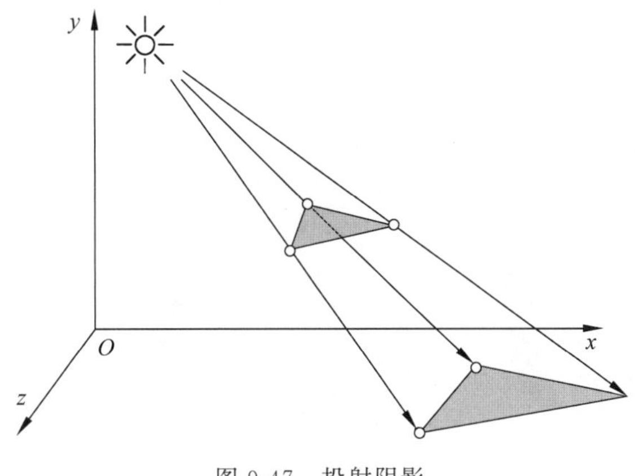

图 9-47　投射阴影

假定光源位于三维场景的右上方，使用两步阴影算法绘制的“桌子”阴影效果如图 9-48 所示。图 9-49 是使用两步阴影算法绘制的茶壶阴影。

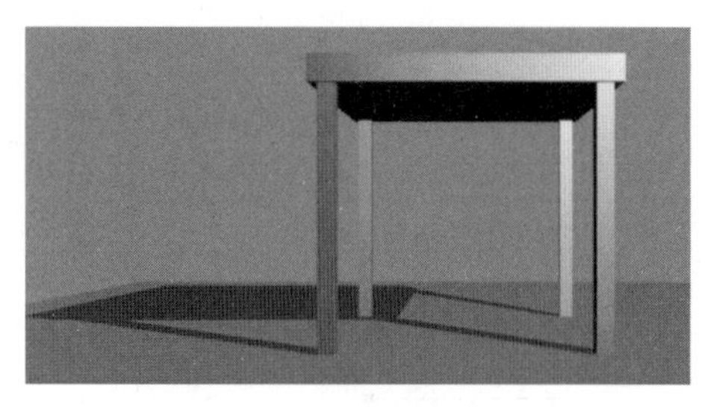

图 9-48　多面体阴影效果图

图 9-49　曲面体阴影效果图

9.8 本章小结

GouraudShader 不能正确表示高光，而且会带来马赫带相应。PhongShader 能产生正确的高光。简单光照模型中，多边形用法向量来计算高光，高光的颜色与光源相同，所绘制的物体像塑料制品。局部光照模型将物体表面看作是由无数微镜面组成，用一个分布函数来描述微镜面朝向的概率，高光颜色由材质的物理属性决定，可以绘制出金属磨亮的光泽。显然，局部光照模型更具有理论基础，是现代光照模型的研究基础。尽管如此，简单光照模型因算法简单而得到广泛应用。

习　题　9

1. 假定两个白色点光源分别位于场景的前左下方和前右上方，视点位于屏幕的正前方。球面材质为“金”。试使用 Gouraud 明暗处理绘制 5 像素宽的光照线框球，效果如图 9-50 所示。

2. 建立三维场景，立方体的材质为“铜”，单点光源位于场景的前右上方，如图 9-51 所示。试验证：GouraudShader 只能在多边形外面生成高光，而 PhongShader 可以在多边形内产生正确的高光。

图 9-50　宽线框球光照效果图

(a) GouraudShader

(b) PhongShader

图 9-51　立方体明暗处理效果图

3. 建立三维场景，球面材质为“红宝石”，单点光源位于场景的前右上方。试基于双三次 Bezier 曲面片构造球面，并使用 GouraudShader 和 PhongShader 渲染球面，效果如图 9-52 所示。

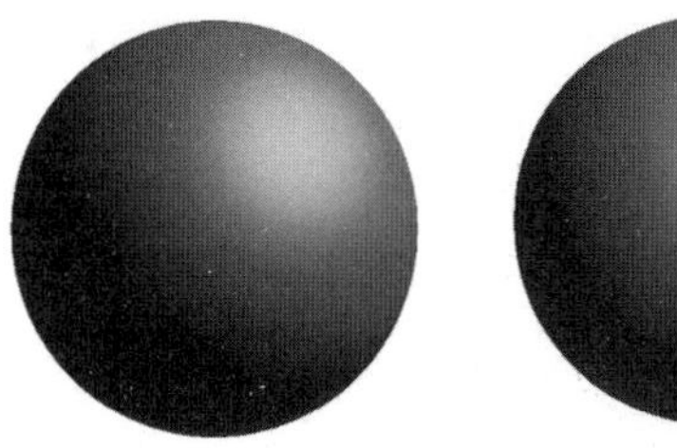

(a) GouraudShader　　　　(b) PhongShader

图 9-52　双三次 Bezier 球面光照效果图

4. 球体放置在立方体盒子中，如图 9-53 所示。立方体由半透明平面玻璃围成，球体不透明。球体固定不动，立方体以球体中心为中心绕 y 轴旋转。球面添加“红宝石”材质，立方体添加绿色“玻璃”材质。试使用 PhongShader 渲染简单透明模型。为了展示透明处理效果，不绘制立方体的“前面”玻璃，即对立方体作“开窗”处理。

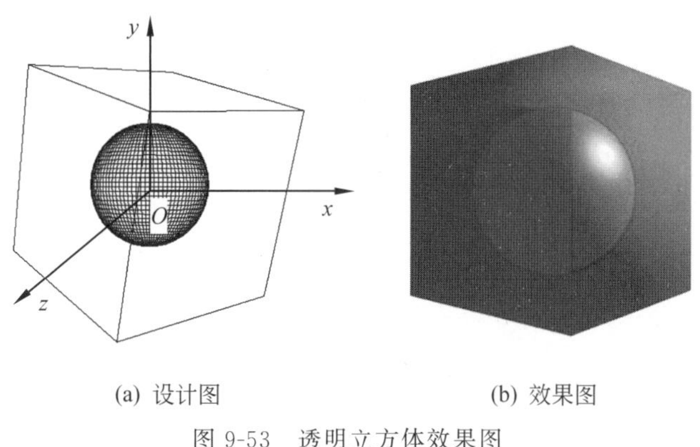

(a) 设计图　　　　(b) 效果图

图 9-53　透明立方体效果图

5. 立方体搁置在地面上，视点位于屏幕正前方，光源位于场景的右前方。试基于两次阴影算法绘制立方体绕 y 轴逆时针旋转的动态阴影，效果如图 9-54 所示。

6. 假定雾浓度为 0.5，基于二次指数雾数学模型，绘制雾气笼罩的圆环。要求圆环用 PhongShader 着色，雾气效果如图 9-55 所示。

图 9-54　立方体阴影效果图

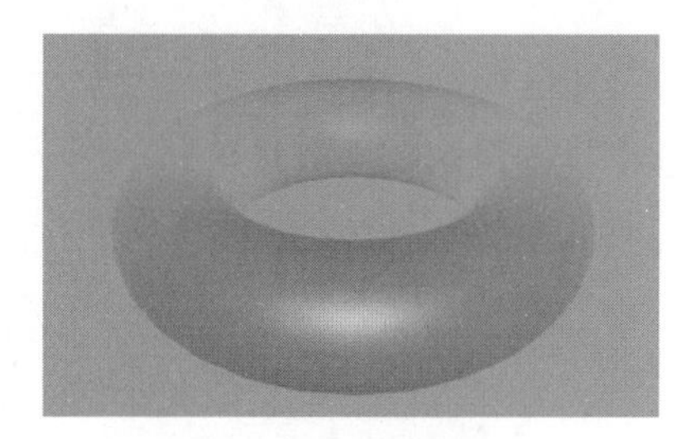

图 9-55　圆环雾气效果图

7. 作为本章内容的小结，试编程完成以下任务。

(1) 使用三次 Bezier 曲线工具，测量铜壶的侧面轮廓线。在 xOy 平面内，得到点 P_0～P_{12}，代表 4 组 Bezier 曲线的控制点。第 1 组 P_0～P_3、第 2 组 P_3～P_6、第 3 组 P_6～P_9、第 4 组 P_9～P_{12}，见表 9-6。轮廓线效果如图 9-56(a)所示。

(2) 使用回转体类制作铜壶的线框模型的透视投影,效果如图 9-56(b)所示。

(3) 为三维场景添加双光源,基于 Blinn-Phong 简单光照模型,设置材质为铜,着色模式选用 GouraudShader,效果如图 9-56(c)所示。

(4) 三维场景设置同上,着色模式选用 PhongShader,效果如图 9-56(d)所示。

(5) 为铜壶添加指数雾效果,效果如图 9-56(e)所示。

(6) 为铜壶添加阴影,效果如图 9-56(f)所示。

表 9-6　铜壶轮廓线数据

控制点	x	y	控制点	x	y
P_0	0	−2.27	P_7	0.47	1.38
P_1	1.59	−2.27	P_8	0.49	1.71
P_2	1.68	−2.38	P_9	0.51	1.91
P_3	1.68	−2.13	P_{10}	0.96	1.95
P_4	2.59	−1.1	P_{11}	0.83	2.28
P_5	1.89	−0.29	P_{12}	0.43	2.03
P_6	1.10	0.61			

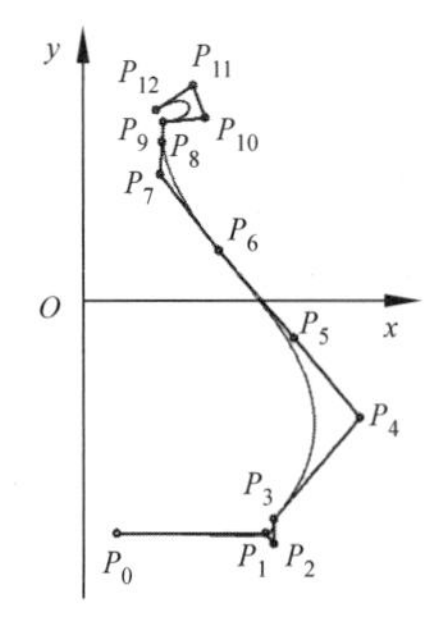

(a) 侧面轮廓线

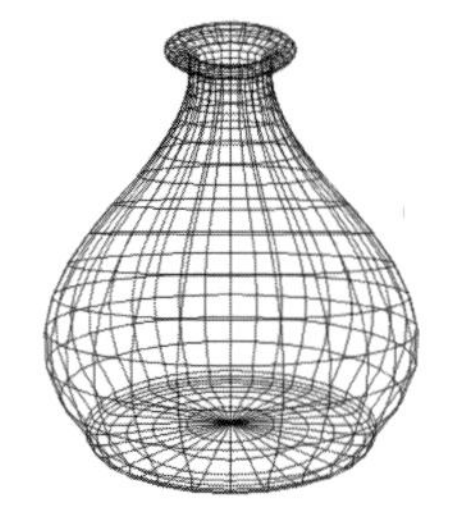

(b) 透视投影效果图

(c) GourauShader 效果图

(d) PhongShader 效果图

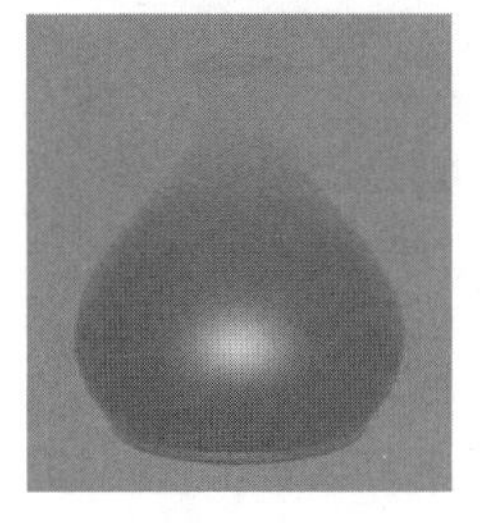

(e) 雾效果图

(f) 阴影效果图

图 9-56　制作铜壶

第10章　纹理映射

本章学习目标

- 掌握过程纹理算法。
- 熟练掌握图像纹理算法。
- 熟练掌握几何纹理算法。
- 了解纹理反走样算法。

计算机图形学中的纹理(texture)一词通常是指物体的表面细节,即物体表面上的花纹、线条、凹坑等。纹理映射(texture mapping),也称为纹理贴图,是使用图像、函数或其他数据源来改变物体表面外观的技术。以砖墙为例,砖块表面非常粗糙,包含着接缝处水泥凹痕,以及非常多的细小孔洞。如果使用简单的多边形建模技术,砖墙被照亮为一个完全平坦的表面,效果如图10-1(a)所示。显然,这种方法很难刻画砖块的表面细节,砖墙并没有呈现任何裂痕和孔洞,也完全忽略了砖块之间凹陷的接缝。如果将拍摄的真实砖墙作为纹理,借助于法线贴图技术,就可以绘制一面逼真的砖墙,如图10-1(b)所示。

(a) 建模效果

(b) 纹理效果

图10-1　砖墙

10.1　纹理的分类

纹理一般分为一维纹理、二维纹理和三维纹理,也称为线纹理、面纹理和体纹理,如图10-2所示。一维纹理用单位曲线路径来定义;二维纹理是用单位正方形来定义;三维纹理用单位正方体来定义。在纹理映射技术中,最常用的是二维纹理。二维纹理定义在纹理空间(texture space)中,用规范的(u,v)坐标表示。物体一般定义在三维空间(x,y,z)中,称为物体空间(object space)。特殊地,曲面体常用参数(θ,φ)描述,所以物体空间也称为参数空间(parameter space)。物体以图像的形式输出到屏幕上,用二维坐标(x_s,y_s)表示,称为屏幕空间(screen space)。

纹理映射建立物体表面上的每一点与已知图像上各点的对应关系,并取图像上相应点的颜色值作为表面上各点的颜色值。将二维纹理图映射到三维物体表面上至少涉及两次映

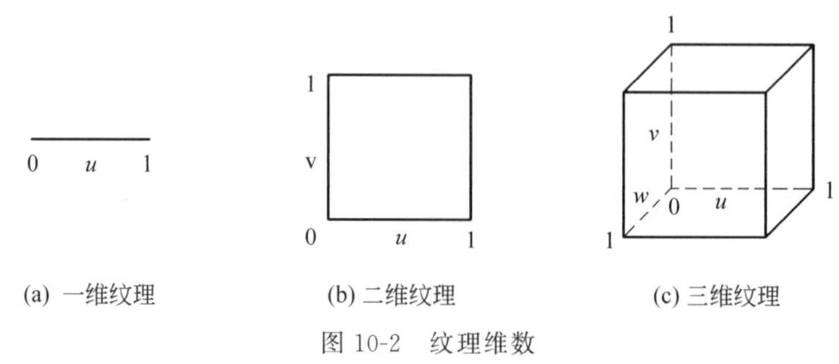

(a) 一维纹理　(b) 二维纹理　(c) 三维纹理

图 10-2　纹理维数

射，如图 10-3 所示。第一次映射是从二维纹理空间到三维物体空间。由于物体空间常用参数空间表示，所以主要建立二维纹理空间到三维参数空间的映射，这个映射也称为表面的参数化。第二次映射是从三维参数空间到二维屏幕空间的映射，这个映射是透视投影。实质上，纹理映射是从二维从纹理空间到二维屏幕空间的变换，可以理解为是一种对图像的扭曲操作。

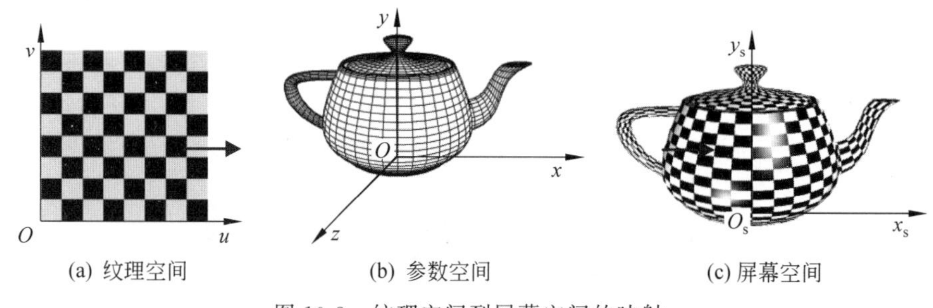

(a) 纹理空间　(b) 参数空间　(c) 屏幕空间

图 10-3　纹理空间到屏幕空间的映射

对于简单光照模型，当什么属性发生改变时，可以产生纹理效果呢？9.2 节给出的 ADS 光照模型计算公式为

$$I = k_a I_a + f(d)[k_d I_p \max(\boldsymbol{NL}, 0) + k_s I_p \max(\boldsymbol{NH}, 0)^n] \tag{10-1}$$

根据上式计算物体表面上任意一点 P 的光强 I 时，必须确定物体表面的单位光向量 $\boldsymbol{L}$、单位中分向量 $\boldsymbol{H}$、单位法向量 $\boldsymbol{N}$ 以及材质的漫反射率 k_d。当光源位置和视点位置不变时，光向量 $\boldsymbol{L}$ 和中分向量 $\boldsymbol{H}$ 是一个定值。影响光强的只有漫反射率 k_d 和单位法向量 $\boldsymbol{N}$。

1974 年，Catmull 细分曲面时，首先提出了在光滑曲面上添加纹理的概念[39]。采用同时递归细分参数曲面和纹理空间的方法，如图 10-4 所示。当子曲面片在屏幕上的投影区域与像素尺寸匹配时，按双线性插值确定像素中心处可见子曲面片上相应点的参数值，并取对应点处的纹理颜色值作为该像素中心采样点处表面的材质属性，然后用光照模型来计算该点处的光强值。

1976 年，Blinn 和 Newell 扩展了这一思路，在纹理曲面上添加了漫反射光和镜面反射光效果[50]。采用特殊函数或二维图像来改变物体表面材质的漫反射率 k_d，这种纹理被称为颜色纹理。例如在物体表面上贴一幅图像，表面的漫反射系数将会随着纹理而逐点改变。

1978 年，Blinn 又提出了在光照模型中适当扰动物体表面多边形的法向量 $\boldsymbol{N}$ 的方向来产生凹凸效果的方法，被称为凹凸纹理[51]。例如，物体表面有类似橘子皱褶表面，物体表面

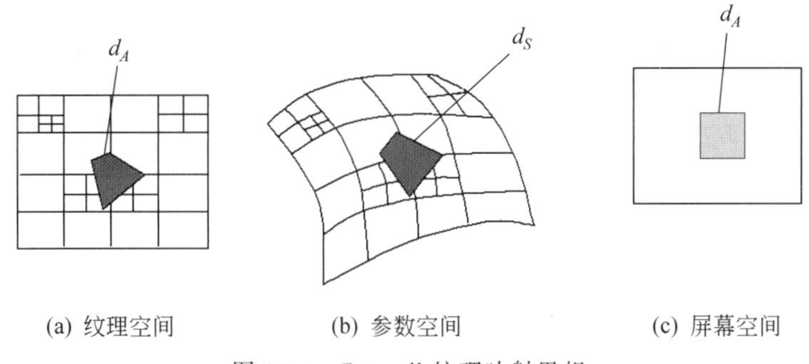

(a) 纹理空间　(b) 参数空间　(c) 屏幕空间

图 10-4　Catmull 纹理映射思想

各点的法向量将会随着纹理而逐点改变。颜色纹理和几何纹理是最常用的两类纹理。颜色纹理又可细分为过程纹理和图像纹理,其中最常用的是图像纹理。

根据以上分析,用纹理颜色 TexColor 代替 k_d 和 k_a 后,ADS 模型可以改写为

$$I = \text{TexColor} \cdot I_a + f(d)[\text{TexColor} \cdot I_p \max(\boldsymbol{NL}, 0) + k_s I_p \max(\boldsymbol{NH}, 0)^n] \tag{10-2}$$

需要强调的是,纹理映射的 ADS 模型必须是像素级的(PhongShader),而不是顶点级的(GouraudShader)。PhongShader 逐像素计算光照,只是材质漫反射率取自纹理函数或者二维图像。

纹理映射将纹理图的颜色与光照模型产生的光强混合,来表示物体的真实感光照效果。有时纹理数据会影响到镜面高光颜色,而对于简单光照模型而言,镜面高光的颜色由光源决定,与物体材质的颜色无关。处理方法是先将镜面高光分离出来,纹理映射后,再将镜面高光分量叠加上去,如图 10-5 所示。

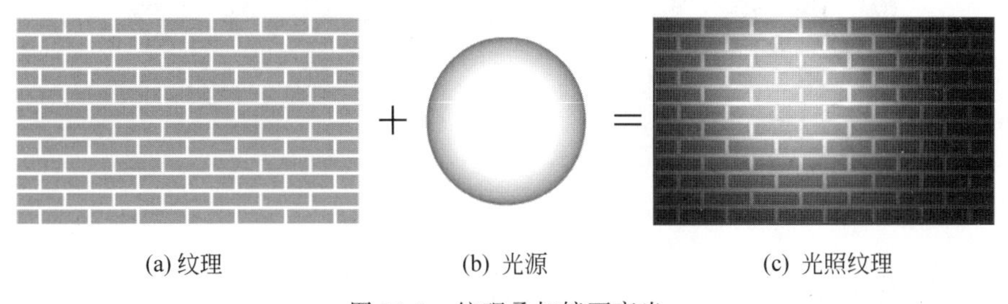
(a) 纹理　(b) 光源　(c) 光照纹理

图 10-5　纹理叠加镜面高光

10.2　过程纹理

在简单光照模型中,可以通过设置材质的漫反射率 k_d 来改变物体的颜色。上一章中,由于假设 k_d 为一常数,只能生成颜色单一的光滑着色表面。现实世界中的物体表面通常具有不同的纹理细节,如大理石表面和木质家具表面呈现出清晰的自然纹理,商品包装盒上印有的各种装饰性图案等。在上述情形中,物体表面各点的颜色依据二维图像呈现有序的分布,k_d 不再是常数,而是逐点变化。过程纹理通过颜色变化来展现物体的表面细节,常采用特殊函数来描述。

10.2.1 二维纹理

二维纹理一般定义在单位正方形区域($0\leqslant u\leqslant 1,0\leqslant v\leqslant 1$)之上,称为纹理空间。理论上,任何定义在此空间内的函数都可以作为纹理函数。实际应用中,常采用一些特殊的函数来模拟现实世界中存在的纹理,如棋盘函数、粗布函数等。

计算机图形学中,过程纹理是指用数学描述的纹理而不是取自直接存储的数据。过程纹理具有存储空间小和无限分辨率的特点。棋盘函数描述的是二维过程纹理,后续介绍的木纹是三维过程纹理。

棋盘函数的数学表达式为

$$g(u,v)=\begin{cases}a, & \lfloor u\times 8\rfloor+\lfloor v\times 8\rfloor\text{为偶数}\\ b, & \lfloor u\times 8\rfloor+\lfloor v\times 8\rfloor\text{为奇数}\end{cases}\tag{10-3}$$

式中,a 和 b 代表颜色,$0\leqslant a<b\leqslant 1$,$\lfloor x\rfloor$表示小于 x 的最大整数,可以使用 floor()函数实现。

式(10-3)的函数模拟了国际象棋棋盘上黑白相间的方格,如图 10-6 所示。将棋盘纹理绑定到立方体的各个表面上,用纹理值替代光照模型中的漫反射率 k_d,使用 Phong 明暗处理绘制效果如图 10-7 所示。这里要求三个侧面贴图形成的共有小立方体的颜色为全白或者全黑。

图 10-6　棋盘函数纹理

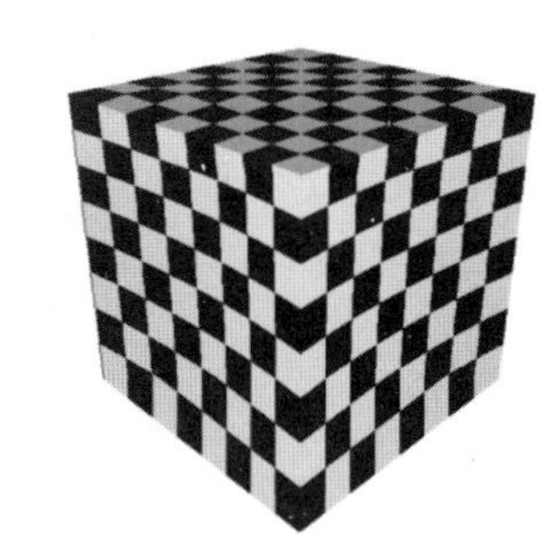

图 10-7　立方体函数纹理映射

10.2.2 参数化曲面

对于由简单平面构造的多面体,或者由多片曲面拼接的三维物体,可以将纹理绑定到每个平面或者每片曲面上,但对于用二次函数构造的曲面体,就需要对表面进行参数化处理。

1. 球面参数化

球心位于三维坐标系原点,单位球面参数方程为

$$\begin{cases}x=\sin\alpha\sin\beta\\ y=\cos\alpha\\ z=\sin\alpha\cos\beta\end{cases},\quad 0\leqslant\alpha\leqslant\pi\text{ 且 }0\leqslant\beta\leqslant 2\pi\tag{10-4}$$

式中,α 为余纬角,从北极向南极展开,绕 x 轴逆时针方向旋转 180°;β 为经度角,在 yOz 面内沿正 x 方向展开,绕 y 轴逆时针方向旋转 360°。

球面是二次曲面,只能近似展开,如图 10-8 所示。通过下述线性变换将纹理空间 $[0,1]\times[0,1]$与物体空间$[0,2\pi]\times[0,\pi]$等同起来,如图 10-9 所示。

$$(u,v)=\left(\frac{\beta}{2\pi},\frac{\alpha}{\pi}\right) \tag{10-5}$$

球体在南北极处，纹理映射后会出现严重的变形，如图 10-10 所示。只有在参数空间与物体空间之间建立一个非线性映射才能获得满意的效果。

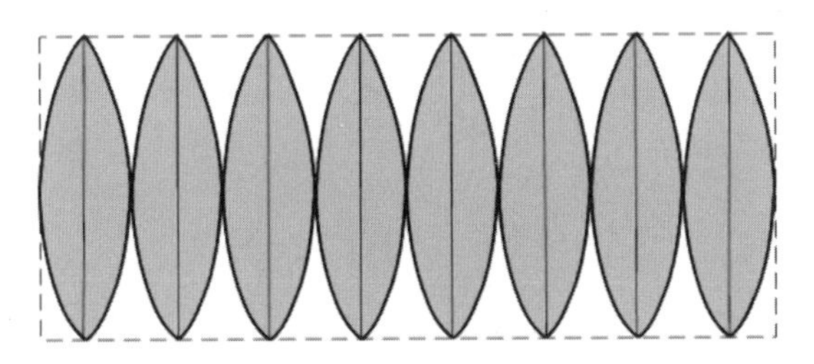

图 10-8　球体近似展开图

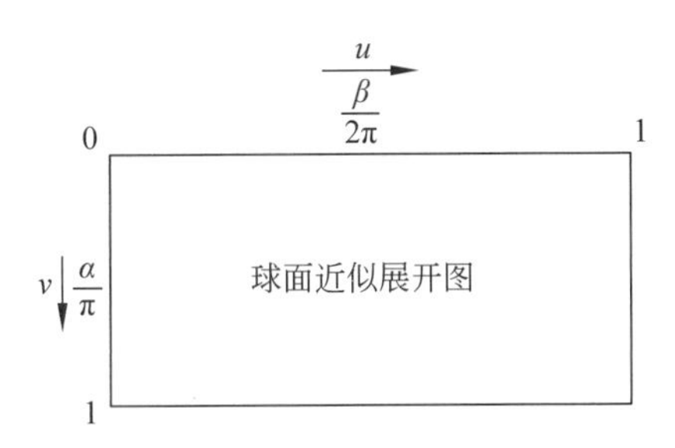

图 10-9　球体纹理空间与物体空间的对应关系

图 10-10　球体南北极纹理变形

2. 圆柱参数化

高度为 h、截面半径为 r、三维坐标系原点位于底面中心。圆柱侧面的参数方程为

$$\begin{cases} x=r\cos\theta \\ z=h\varphi \\ z=r\sin\theta \end{cases},\quad 0\leqslant\theta\leqslant 2\pi \text{ 且 } 0\leqslant\varphi\leqslant 1 \tag{10-6}$$

式中，θ 为底面旋转角，φ 为圆柱高度方向的比例系数。

圆柱侧面展开图为长方形。通过下述线性变换，将纹理空间$[0,1]\times[0,1]$与物体空间$[0,2\pi]\times[0,1]$等同起来，如图 10-11 所示。

$$(u,v)=\left(\frac{\theta}{2\pi},\varphi\right) \tag{10-7}$$

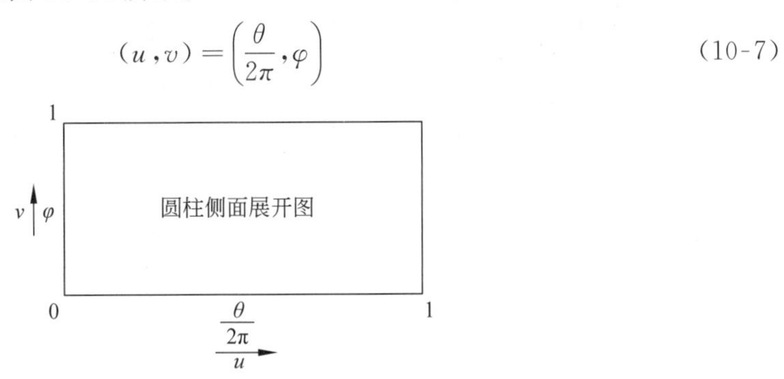

图 10-11　圆柱侧面的参数化

适当匹配圆柱的高度和半径，球面展开图可以余与纹理图大小一致，圆柱映射后的纹理不发生任何变形。唯一需要特殊处理的是纹理图在圆柱侧面上闭合后的左右接缝问题。

3. 圆锥参数化

高度为 h，底面半径为 r，三维坐标系原点位于底面中心的圆锥面的参数方程为

$$\begin{cases} x=\left(1-\dfrac{y}{h}\right)r\sin\theta \\ y=h\varphi \\ z=\left(1-\dfrac{y}{h}\right)r\cos\theta \end{cases}, \quad 0\leqslant\theta\leqslant 2\pi \text{ 且 } 0\leqslant\varphi\leqslant 1 \tag{10-8}$$

式中，θ 为底面旋转角，φ 为圆柱高度方向的比例系数。

圆锥侧面展开图是扇形。通过下述线性变换将纹理空间$[0,1]\times[0,1]$与物体空间$[0,2\pi]\times[0,1]$等同起来。

$$(u,v)=\left(\frac{\theta}{2\pi},\varphi\right) \tag{10-9}$$

4. 圆环参数化

中心位于三维坐标系原点，圆环半径为 R，截面半径为 r 的圆环面的参数方程为

$$\begin{cases} x=(R+r\sin\alpha)\sin\beta \\ z=r\cos\alpha \\ z=(R+r\sin\alpha)\cos\beta \end{cases}, \quad 0\leqslant\alpha\leqslant 2\pi \text{ 且 } 0\leqslant\beta\leqslant 2\pi \tag{10-10}$$

式中，β 为圆环面半径 R 的回转角，α 为偏置圆半径 r 的回转角。

圆环面也是二次曲面。从拓扑学上讲，假定将圆环面的某处切断，然后可以拉成一个圆柱的侧面，再把圆柱的侧面沿一条高切开，可以近似展开成一个矩形。通过下述线性变换将纹理空间$[0,1]\times[0,1]$与物体空间$[0,2\pi]\times[0,2\pi]$等同起来。

$$(u,v)=\left(\frac{\beta}{2\pi},\frac{\alpha}{2\pi}\right) \tag{10-11}$$

将棋盘函数纹理映射到用方程建立的球、圆柱、圆锥和圆环等二次曲面体上，光照效果如图 10-12 所示。

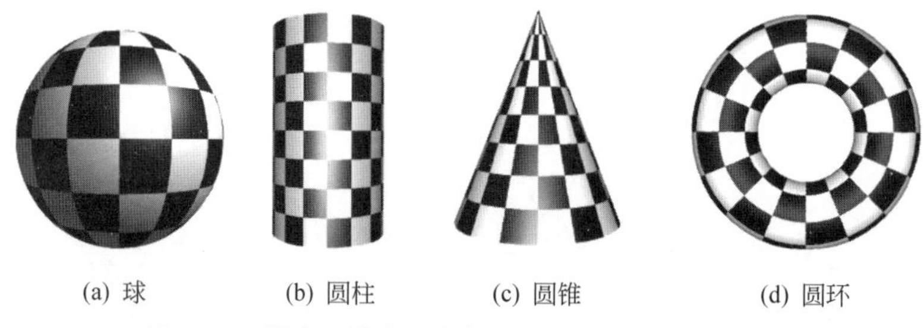

图 10-12　棋盘函数纹理映射到二次函数曲面体效果图

10.2.3　三维纹理

物体是三维的，用多个二维纹理拼接生成三维物体的表面，很难保证拼接处纹理的连续性。三维纹理巧妙地绕过了这些问题，为物体表面顶点提供了三维纹理函数。目前，三维纹

理已经成功模拟了木材、大理石、云彩、火焰等自然纹理。

设物体定义在物体空间,纹理定义在纹理空间。物体空间中每一点 $P(x,y,z,c)$对应纹理空间的一个三维纹理值 $T(u,v,w)$。三维纹理是体纹理(solid texture),纹理映射的过程相当于从纹理空间中雕刻物体。三维纹理是连贯的,这是因为物体表面上的纹理是自然的,不需要拼接也就不会发生走样。

算法:

(1) 先在纹理空间计算物体表面上各点的纹理;

(2) 然后将纹理空间变换到物体空间,即可将三维纹理添加到三维物体上。这个恒等变换为

$$x=u,\quad y=v,\quad z=w,\quad c=T(u,v,w)$$

其中,(x,y,z)为三维空间中的一点的坐标,c 为该点的颜色。

三维纹理的概念由 Peachey 和 Perlin 于 1985 年同时提出[52,53]。Peachey 用一种简单的规则三维纹理函数成功地模拟了木制品的纹理效果。Perlin 用三维噪声函数生成了三维随机纹理。这里主要介绍木纹纹理。

采用一组共轴圆柱面(coaxial cylinder)来定义三维木纹纹理函数,即把位于相邻圆柱面之间的纹理函数值交替地取为“明”和“暗”。木块上任一点的纹理函数值可根据它到圆柱轴线所经过的圆柱面个数的奇偶性来判断。共轴圆柱面的横截面如图 10-13 所示。一般而言,共轴圆柱面定义的木纹(wood grain)函数过于规范。为此,Peachey 引入了 3 个简单的操作来克服这一缺陷:

(1) 扰动(perturb),对共轴圆柱面的半径进行扰动。扰动量可以是正弦函数或其他可描述木纹与正规圆柱面偏离量的任何函数。

(2) 扭曲(twist),在圆柱轴向加一个扭曲量。

(3) 倾斜(tilt),将圆柱面圆心沿木块的截面倾斜。

在三维纹理空间内,取共轴圆柱面的轴向为 v 轴,横截面为 u 和 w 轴,如图 10-14 所示。

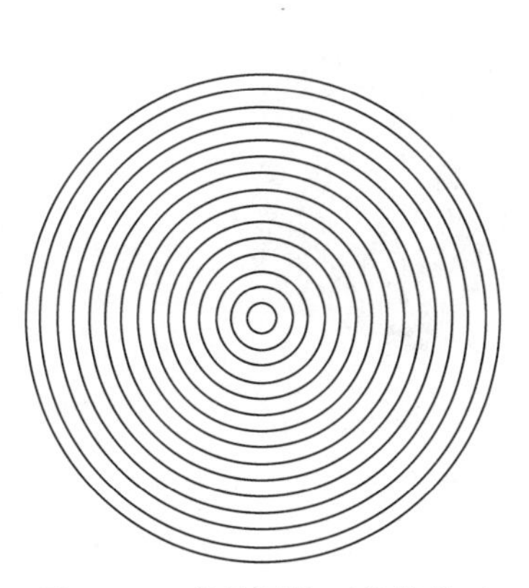

图 10-13　共轴圆柱面的横截面

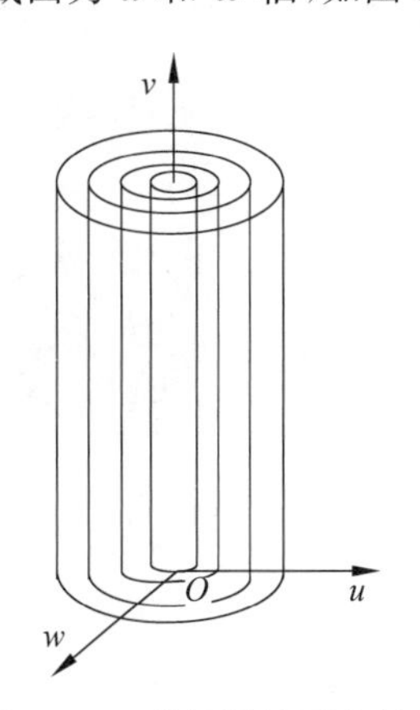

图 10-14　共轴圆柱面坐标系

对于半径为 r_1 的圆柱面,参数方程表示为

$$r_1=\sqrt{u^2+w^2} \tag{10-12}$$

若使用 $2\sin\alpha\theta$ 作为木纹的不规则生长扰动函数,并在 v 轴方向附加$\frac{v}{b}$的扭曲量,得到

$$r_2 = r_1 + 2\sin\left(a\theta + \frac{v}{b}\right) \tag{10-13}$$

式中，a，b 为常数，$\theta = a\tan\left(\frac{u}{w}\right)$。

上式即为原半径 r_1 的圆柱面经变形后的表面方程，最后再使用三维几何变换将纹理倾斜一个角度添加到长方体上，使木纹更加自然。

$$(x, y, z) = \text{tilt}(u, v, w) \tag{10-14}$$

基于三维木纹纹理绘制的光照长方体如图 10-15 所示。可以看出在公共边界处，木纹纹理自然连续。如果使用 6 幅二维木纹纹理图像拼接，难以达到如此自然的效果。同样，将三维木纹纹理映射到茶壶上，可以实现曲面片之间的纹理连续过渡，效果如图 10-16 所示。

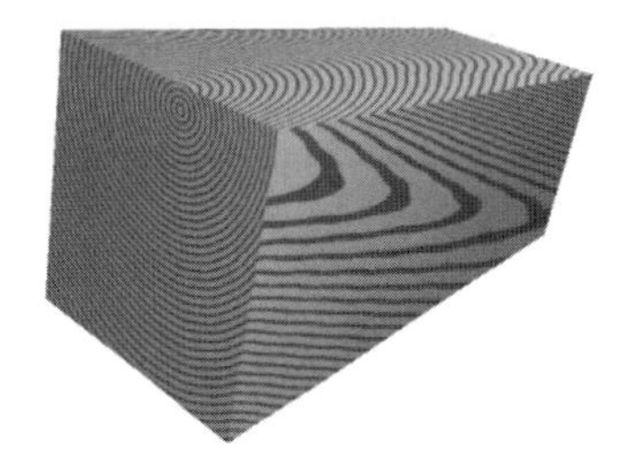

图 10-15　三维木纹纹理

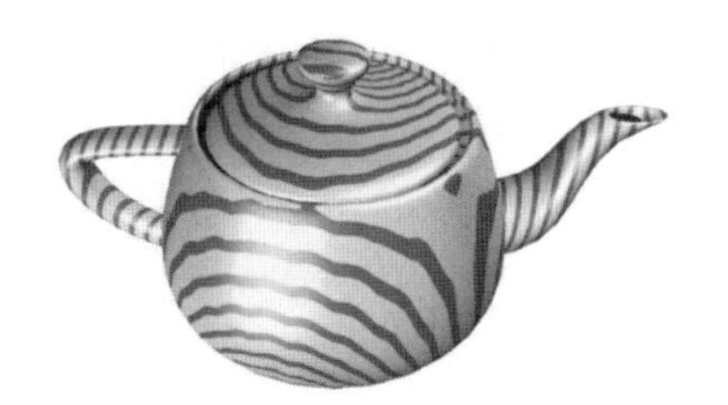

图 10-16　木纹茶壶

10.2.4　透视校正

纹理映射时，如果对物体使用透视投影，线性插值公式可能导致图像发生明显的变形。我们使用棋盘纹理来检验立方体映射效果。图 10-17(a)中，立方体旋转一个角度后，"前面"鼓起来了，"左面"和"顶面"凹下去了，透视变形十分严重，需要进行透视校正(perspective correction)，得到图 10-17(b)所示的正确结果。

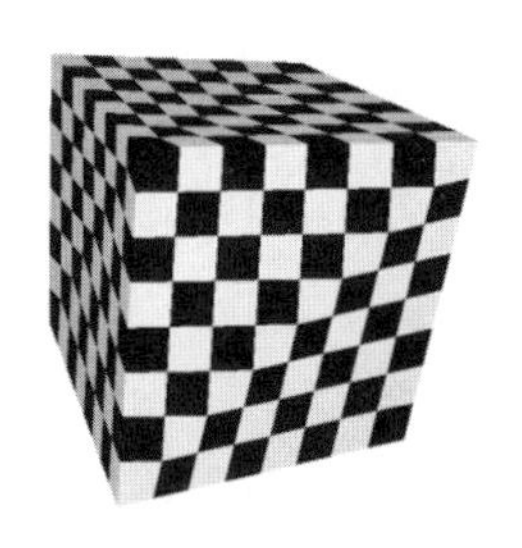

(a) 校正前

(b) 校正后

图 10-17　透视变形

1. 透视变形的原因

纹理映射时，三角形纹理坐标的线性插值是在屏幕坐标系中完成的。实际上，纹理应该绑定到观察坐标系中的三角形上，这是因为透视投影会造成近大远小的透视效果。我们来做一个测试，用三维顶点 $P_0P_1P_2P_3$ 定义的正方形，透视投影后的线框如图 10-18 所示。图 10-18(a)中，正方形平行于投影面，A、B、C、D 这 4 个点为每条边的中点，O 点自然成为正方形的中心。旋转正方形到某一不平行于投影面的位置，然后做透视投影，投影结果为一个四边形，如图 10-18(b)所示，可以看出，A、B、C、D 4 点不再是每条边的中点，相应地，O 点也就不再位于四边形的中心。

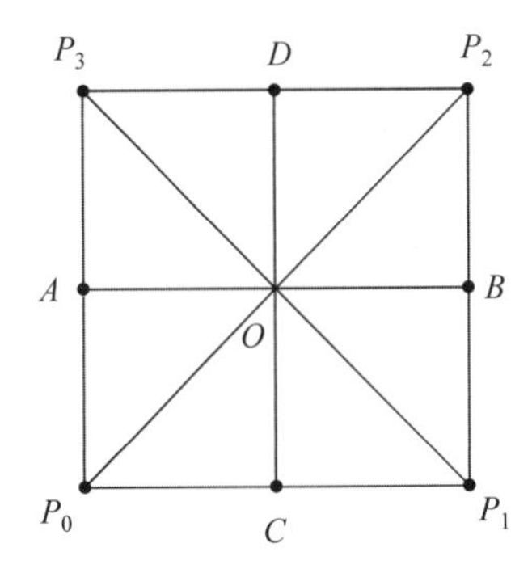

(a) 正方形平行于投影面

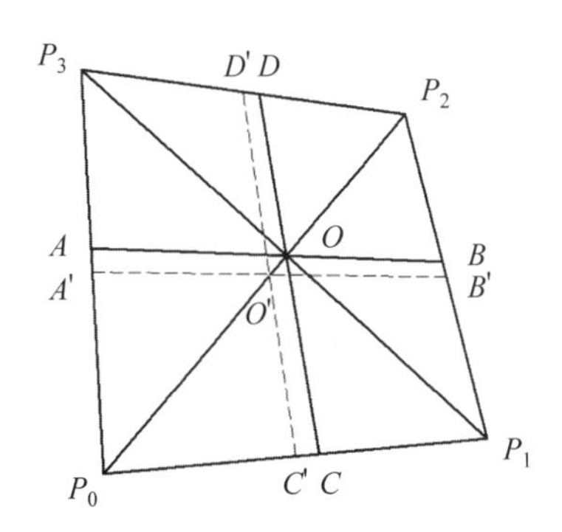

(b) 正方形不平行于投影面

图 10-18　正方形的透视投影线框图

假定正方形三维顶点的二维投影点依然记为 $P_0P_1P_2P_3$。在屏幕坐标系内，使用双线性插值，计算得到四边形的中点为 O'(图中虚线为图形各边中点的连线)，而不是 O 点。这是因为线性插值运算不会考虑透视投影的近大远小效果，才导致纹理图像出现扭曲。图 10-19(b)中的正方形是划分为右下三角形和左上三角形后才进行渲染的，纹理变形沿着对角线处发生。实际期待的正确纹理映射效果如图 10-19(c)所示。

(a) 视点垂直于投影面

(b) 校正前的图形

(c) 校正后的图形

图 10-19　正方形的纹理图

2. 透视校正公式

在观察坐标系内，视点位于三维坐标系原点，屏幕位于 z 轴正向。为了方便理解，假定所有物体的 x 坐标为 0，我们从图 10-20 所示的二维坐标系中讲解。直线段 V_0V_1 投影到屏幕($z=d$)上，得到线段 P_0P_1。虽然 P 点取为 P_0P_1 的中点，但并不能保证 V 点是 V_0V_1 的中点。

现在的问题：已知 P 为屏幕上的一点，$P=(1-t)P_0+tP_1$。在观察坐标系中有一点 V，$V=(1-s)V_0+sV_1$。如何用 t 来表示 s?

分别从 V_0 和 V_1 点做 P_0P_1 的平行线，交直线 PV 于 A、B 两点，如图 10-21 所示。

$$\frac{s}{1-s}=\frac{|V_0V|}{|V_1V|}=\frac{|V_0B|}{|V_1A|}=\frac{|P_0P|\dfrac{z_0}{d}}{|P_1P|\dfrac{z_1}{d}}=\frac{tz_0}{(1-t)z_1}$$

解得

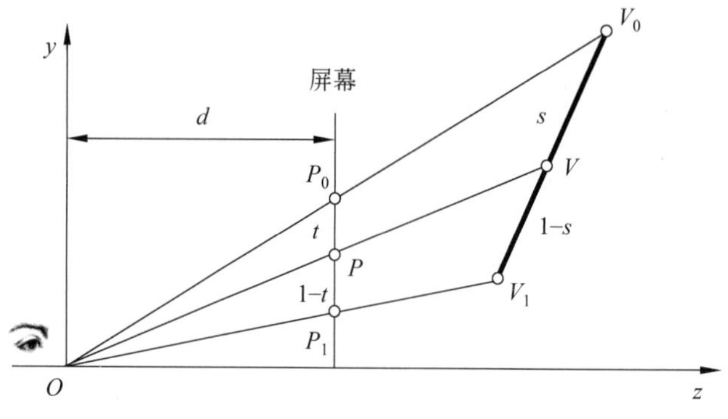

图 10-20　透视变形

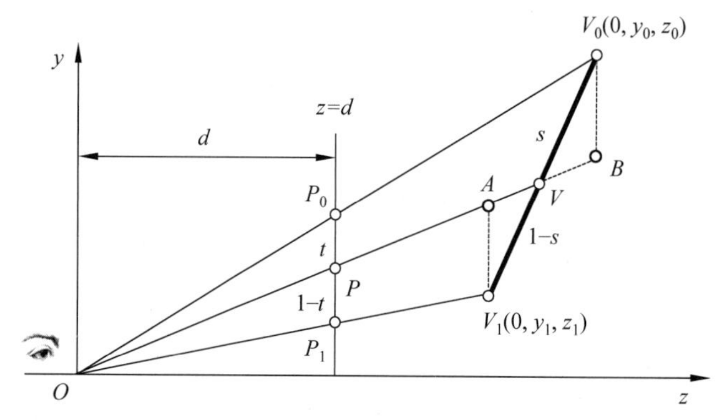

图 10-21　推导屏幕空间参数 t 与观察空间参数 s 之间的关系

$$s=\frac{tz_0}{(1-t)z_1+tz_0} \tag{10-15}$$

在观察坐标系内插值计算任意一点的 z 坐标，有

$$\begin{aligned} z &= (1-s)z_0+sz_1 \\ &= \frac{(1-t)z_1}{(1-t)z_1+tz_0}z_0+\frac{tz_0}{(1-t)z_1+tz_0}z_1 \\ &= \frac{z_0z_1}{(1-t)z_1+tz_0}=\frac{1}{(1-t)\dfrac{1}{z_0}+t\dfrac{1}{z_1}} \end{aligned} \tag{10-16}$$

改写为

$$\frac{1}{z}=(1-t)\frac{1}{z_0}+t\frac{1}{z_1} \tag{10-17}$$

式(10-17)是透视校正公式，说明使用深度值的倒数$\dfrac{1}{z_0}$和$\dfrac{1}{z_1}$能够在屏幕坐标系进行线性插值。这里需要特别强调，z_0 和 z_1 是观察坐标系内的三维点 V_0 和 V_1 的深度值，而不是屏幕坐标系的伪深度值。

已知 V_0 点的纹理坐标为 T_0，V_1 点的纹理坐标为 T_1，可以得到纹理坐标 T 的透视校正公式

$$T=(1-s)T_0+sT_1 \tag{10-18}$$

代入式(10-15),有

$$T=\frac{(1-t)z_1}{(1-t)z_1+tz_0}T_0+\frac{tz_0}{(1-t)z_1+tz_0}T_1$$

$$=\frac{1}{1+\dfrac{tz_0}{(1-t)z_1}}T_0+\frac{1}{\dfrac{(1-t)z_1}{tz_0}+1}T_1$$

$$=\frac{\dfrac{1-t}{z_0}}{(1-t)\dfrac{1}{z_0}+t\dfrac{1}{z_1}}T_0+\frac{\dfrac{t}{z_1}}{(1-t)\dfrac{1}{z_0}+t\dfrac{1}{z_1}}T_1$$

代入式(10-17),有

$$T=\frac{\dfrac{1-t}{z_0}T_0+\dfrac{t}{z_1}T_1}{\dfrac{1}{z}} \tag{10-19}$$

改写为

$$T=z\left(\frac{1-t}{z_0}T_0+\frac{t}{z_1}T_1\right) \tag{10-20}$$

上面是用线性插值推导的透视校正公式。现在改变问题:在屏幕坐标系中,已知三角形 $P_0P_1P_2$ 内的一点 P,且 $P=\alpha P_0+\beta P_1+\gamma P_2$。$(\alpha,\beta,\gamma)$为 P 点的重心坐标,推导透视校正公式。

用重心坐标来改写公式(10-17),有

$$\frac{1}{z}=\alpha\frac{1}{z_0}+\beta\frac{1}{z_1}+\gamma\frac{1}{z_2} \tag{10-21}$$

令 $\alpha_1=\dfrac{\alpha}{z_0},\beta_1=\dfrac{\beta}{z_1},\gamma_1=\dfrac{\gamma}{z_2}$,则 $z=\dfrac{1}{\alpha+\beta+\gamma}$

用重心坐标来改写公式(10-20),有

$$T=z(\alpha_1T_0+\beta_1T_1+\gamma_1T_2) \tag{10-22}$$

式中,T、T_0、T_1、T_2 为 P、P_0、P_1、P_2 点的纹理坐标。

将三维纹理映射到长方体上形成木块,效果如图 10-22(a)所示。可以看到木块“前面”从左下到右上方向的对角线十分明显,木纹发生了严重的透视变形。“前面”仿佛是由两个不共面的三角形拼合而成的错觉,接缝处呈现“凸起”状态。使用式(10-14)进行校正后,效果如图 10-22(b)所示。“前面”的两个三角形纹理位于同一个四边形面内。

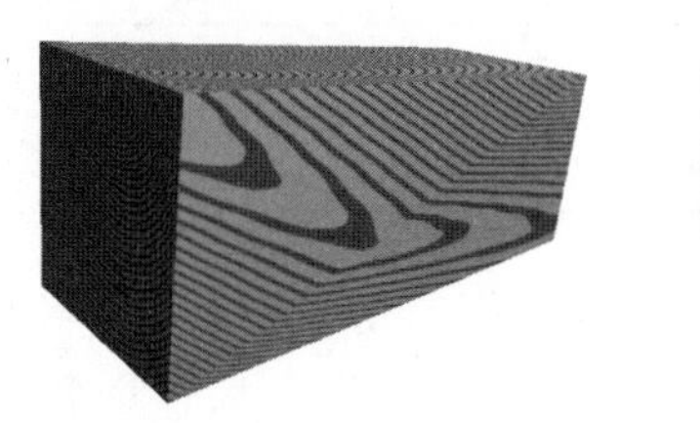

(a) 透视校正前

(b) 透视校正后

图 10-22　木块的三维纹理映射效果图

10.3 图像纹理

过程纹理是使用数学公式定义,图像规则而单调。在工程应用中,一个自然的想法是将一幅图像作为纹理映射到物体表面上。来自照相机的照片、画家的手工绘画作品等就是所谓的图像纹理,这是最常用的纹理形式。图像纹理通过纹素(textel)阵列方式加以组织。

10.3.1 读入图像

常用的图像格式有 tga、bmp、jpg 和 png 等,本教材在 MFC 编程,推荐的图像格式是 MFC 能够直接处理的 bmp 位图。在物体表面上映射图像纹理之前,将位图中的纹素颜色存储到数组中,方便使用纹理地址查找相应纹素点的颜色信息。位图分为设备无关位图 DIB 和设备相关位图 DDB。直接从外部文件中读取 DIB 位图,需要从文件头和信息头中获取信息,才能找到颜色数据块,操作比较烦琐。最简单的方法是将 DIB 位图导入 MFC 的资源视图成为 DIB 位图,DIB 位图的每一行仅包含 4 字节的 RGBA 颜色信息。

说明:如果想读入其他格式的图像,可以使用 CImage 类来实现。CImage 是 MFC 和 ATL(Active Template Library,活动模板库)共享的新类,它能从外部磁盘中调入一个 JPEG、GIF、BMP 和 PNG 格式的图像文件加以显示,而且这些文件格式可以相互转换。

10.3.2 多面体图像纹理映射

多面体的表面为平面多边形,每个多边形对应一幅图像。建立图像与多边形的映射关系时需要参考多面体的展开图,如图 10-23 所示。正四面体的表面为三角形,假定将一幅图像包裹正四面体,即分别映射到正四面体的 4 个表面上,顶点纹理坐标的定义如图 10-24 所示。规范化正四面体纹理坐标与三角形顶点的对应关系如表 10-1 所示。

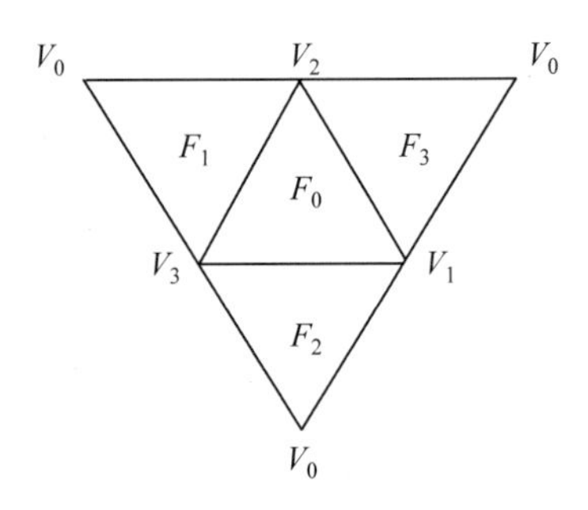

图 10-23 正四面体的展开图

表 10-1 正四面体纹理坐标与三角形顶点的对应关系

小 面	纹理坐标	顶点索引号
F_0	(0.75,0.5)、(0.5,1)、(0.25,0.5)	1、2、3
F_1	(0,1)、(0.25,0.5)、(0.5,1)	1、3、2
F_2	(0.5,0)、(0.75,0.5)、(0.25,0.5)	0、1、3
F_3	(1,1)、(0.5,1)、(0.75,0.5)	0、2、1

纹理映射可以简单描述为将纹理坐标绑定到表面三角形顶点上。纹理映射时,用 u 坐标乘以位图的宽度,用 v 坐标乘以位图的高度得到纹理地址。然后使用纹理地址去检索图像中相应的纹素,并将其颜色赋为材质的漫反射率,就可以将图 10-25(a)所示的一幅图像映射到正四面体的表面上,效果如图 10-25(b)所示。

说明:纹理坐标是指规范化到[0,1]内的 u,v 值。纹理地址是指真实图像的 uv 值。

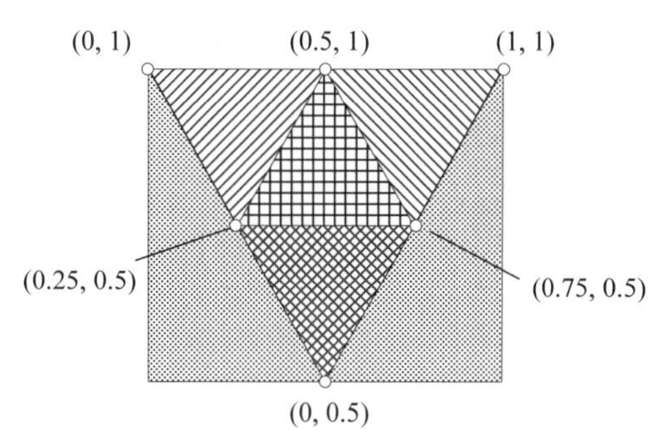

图 10-24　正四面体 uv 坐标的定义

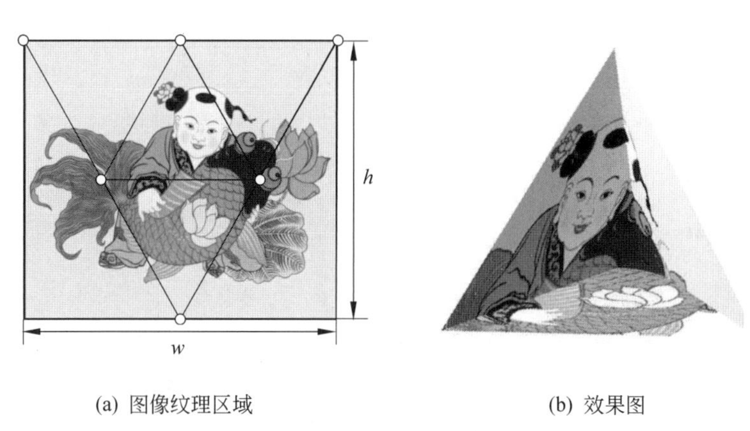

(a) 图像纹理区域　　(b) 效果图

图 10-25　正四面体纹理映射效果图

假定图像的纹理如图 10-26(a)所示，这是一个人头图像纹理的 6 幅合成图。左 3 列从上到下，依次表示立方体的“顶面”“前面”“底面”；右 3 列从上到下，依次表示立方体的“后面”“右面”“左面”。将图形规范化到[0,1]内，纹理坐标如图 10-26(b)所示。规范化立方体纹理坐标与四边形顶点的对应关系见表 10-2。其中，立方体的顶点索引号如图 8-11 所示。通过调整绑定到面起始顶点(顶点索引号为 0)的纹理坐标，按逆时针方向来控制纹理图的朝向，如图 10-26(c)～图 10-26(h)所示。所绘制人头纹理映射效果如图 10-26(i)和图 10-26(j)所示。

表 10-2　立方体纹理坐标与四边形顶点的对应关系

小面	纹 理 坐 标	顶点索引号
左面	(0.5,0)、(1,0)、(1,0.33)、(0.5,0.33)	0,4,7,3
右面	(1,0.33)、(1,0.66)、(0.5,0.66)、(0.5,0.33)	1,2,6,5
底面	(0,0)、(0.5,0)、(0.5,0.33)、(0,0.33)	0,1,5,4
顶面	(0.5,1)、(0,1)、(0,0.66)、(0.5,0.66)	2,3,7,6
后面	(1,0.66)、(1,1)、(0.5,1)、(0.5,0.66)	0,3,2,1
前面	(0,0.33)、(0.5,0.33)、(0.5,0.66)、(0,0.66)	4,5,6,7

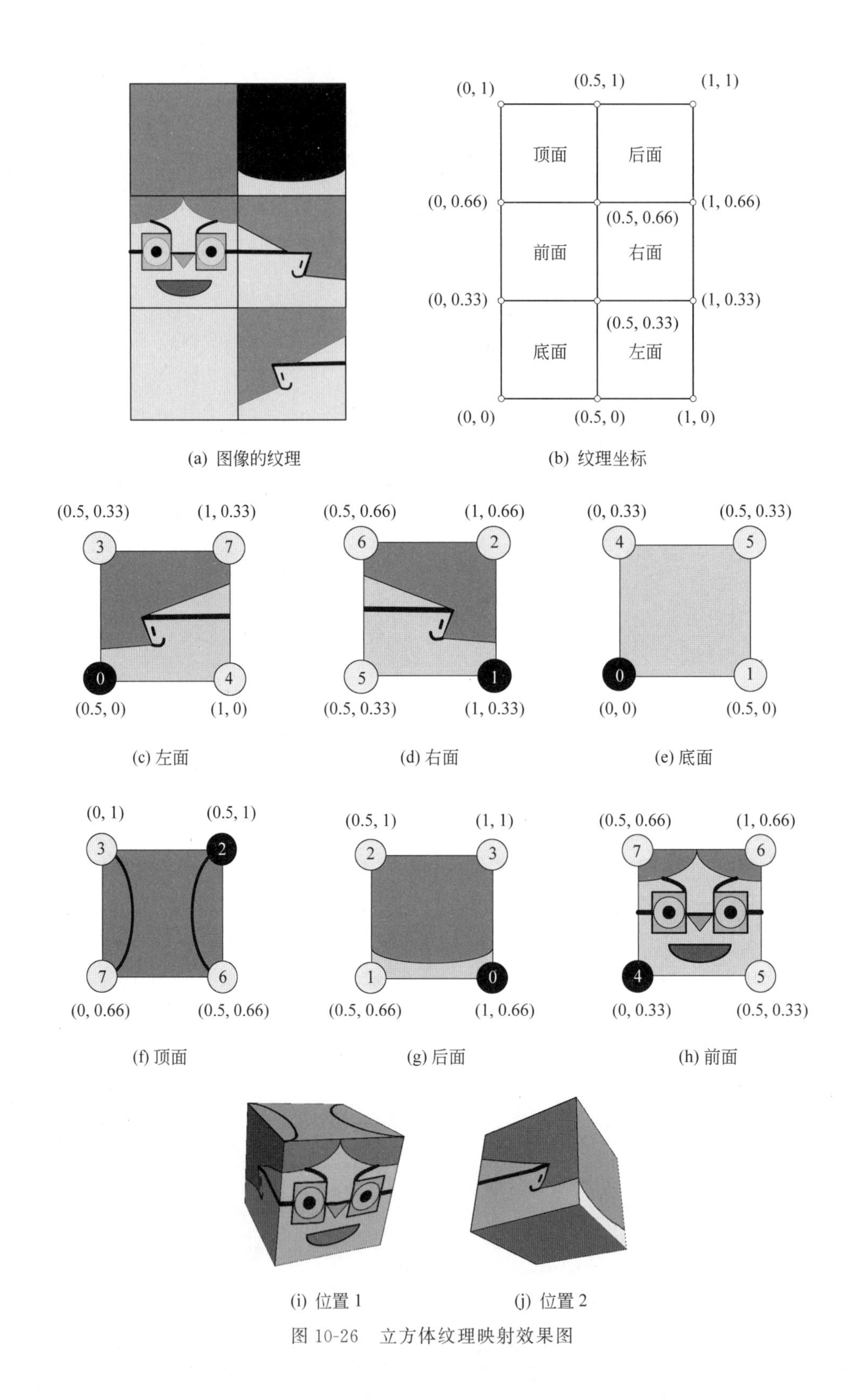

图 10-26　立方体纹理映射效果图

在图10-26(a)的基础上，设计立方体人的躯干、手臂和腿的纹理图，如图10-27所示。躯干和四肢的纹理图向长方体的映射方法同表10-2。这里的长方体是单位立方体经过三维非均匀变换放大后的对象。假定三维坐标系原点位于躯干中心，立方体的放大比例为s，各种部件的放大比例、中心点和回转中心如表10-3所示。这里，中心点指的是部件的体心，用于确定部件的装配位置；回转中心指的是部件运动时的转动中心，例如头的转动中心在立方体的底面中心，双手和双腿的转动中心在各自长方体的顶面中心。立方体人部件的装配图也可参见图10-28(a)。立方体人的走路动画使用三维变换来实现，头要左右转动，手臂和腿要协调运动，呈现走路姿势。确定一个摆动角度范围$\pm\theta$，当部件到达$\pm\theta$时，将三维旋转变换的转角取反。立方体人的初始状态如图10-28(b)所示，行走效果如图10-28(c)所示。

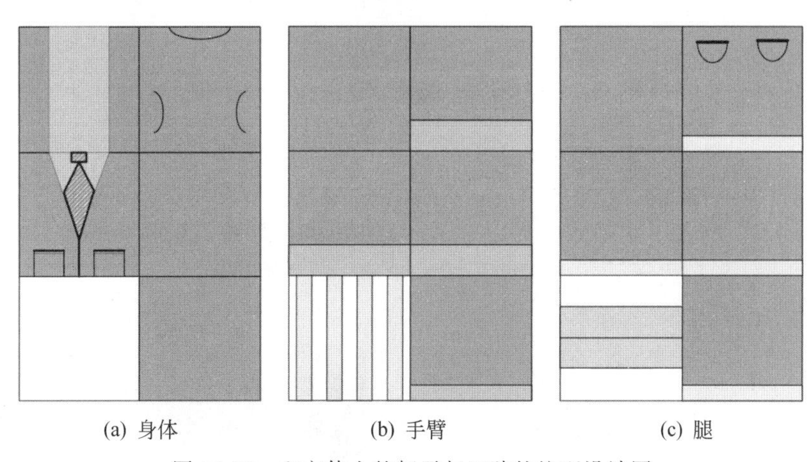

图10-27　立方体人的躯干与四肢的纹理设计图

表10-3　立方体纹理坐标与四边形顶点的对应关系

小面	x向比例	y向比例	z向比例	部件中心	回转中心
头	s	s	s	$(0,1.5s,0)$	$(0,s,0)$
躯干	$1.5s$	$2s$	s	$(0,0,0)$	$(0,0,0)$
右臂	$s/2$	$2s$	s	$(s,0,0)$	$(s,s,0)$
左臂	$s/2$	$2s$	s	$(-s,0,0)$	$(-s,s,0)$
右腿	$s/2$	$2s$	s	$(0.3s,-2s,0)$	$(0.3s,-s,0)$
左腿	$s/2$	$2s$	s	$(-0.3s,-2s,0)$	$(-0.3s,-s,0)$

10.3.3　曲面体图像纹理映射

将图像映射到茶壶上，通常是将一幅图像映射到一片双三次Bezier曲面上。一曲面的u、v定义域在$[0,1]\times[0,1]$区间。理论上图像的纹理坐标u、v也定义也是在$[0,1]$区间，实际图像纹素地址uAddr和vAddr定义在$[0,w-1]$和$[0,h-1]$区间，如图10-29所示。

1. 每片曲面映射一幅图像

定义16个三维控制点，绘制一幅双三次Bezier曲面的透视投影。如果16个控制点如图10-30(a)所示排列，数据见表10-4的(x_0,y_0,z_0)。映射一幅“高山流水遇知音”的图像，效

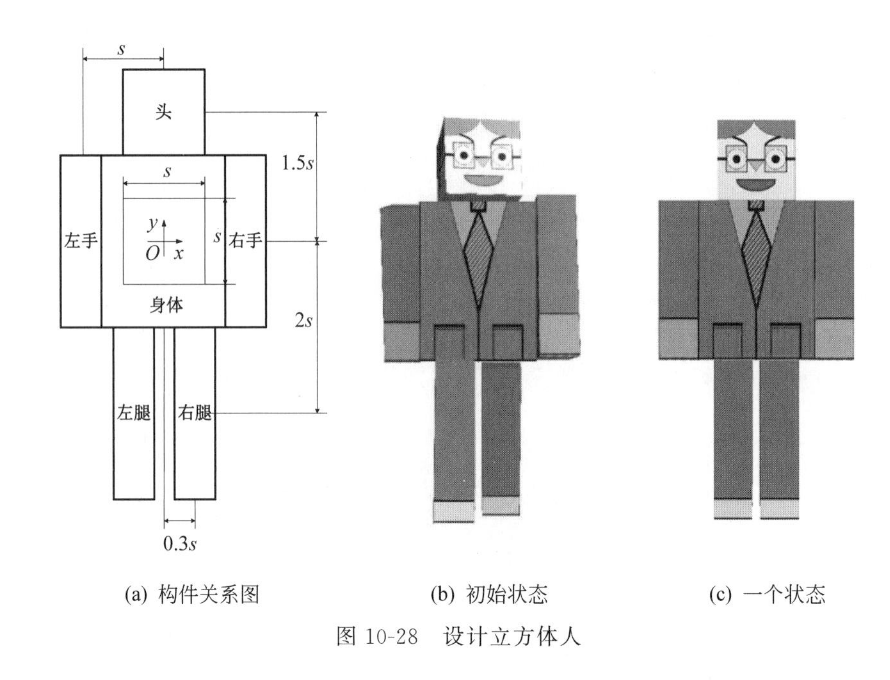

(a) 构件关系图　　(b) 初始状态　　(c) 一个状态

图 10-28　设计立方体人

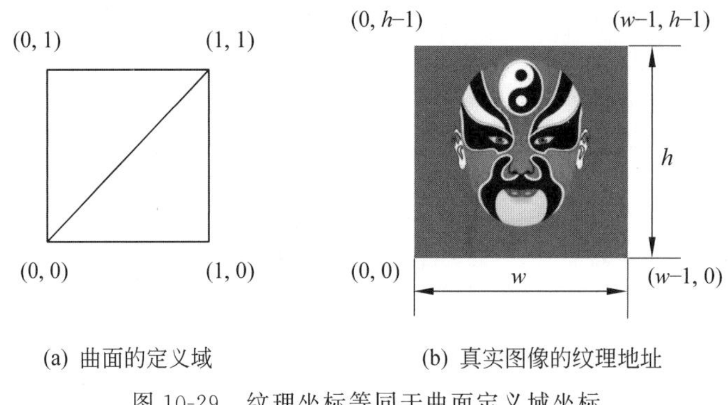

(a) 曲面的定义域　　(b) 真实图像的纹理地址

图 10-29　纹理坐标等同于曲面定义域坐标

果如图 10-30(b)所示;如果 16 个控制点如图 10-30(c)所示排列,数据见表 10-4 的(x_1,y_1,z_1),纹理映射效果如图 10-30(d)所示。

表 10-4　定义 16 个控制点

一维数组编号	二维数组编号	x_0	x_1	y_0	y_1	z_0	z_1
P_0	$P_{0,0}$	0	0	0	0	1	0
P_1	$P_{0,1}$	0	0	0.33	0	1	1
P_2	$P_{0,2}$	0	0	0.66	1	1	1
P_3	$P_{0,3}$	0	0	1	1	1	0
P_4	$P_{1,0}$	0.33	0	0	0	1	1
P_5	$P_{1,1}$	0.33	0	0.33	0	1	1
P_6	$P_{1,2}$	0.33	0	0.66	1	1	1

续表

一维数组编号	二维数组编号	x_0	x_1	y_0	y_1	z_0	z_1
P_7	$P_{1,3}$	0.33	0	1	1	1	1
P_8	$P_{2,0}$	0.66	1	0	0	1	1
P_9	$P_{2,1}$	0.66	1	0.33	0	1	1
P_{10}	$P_{2,2}$	0.66	1	0.66	1	1	1
P_{11}	$P_{2,3}$	0.66	1	1	1	1	1
P_{12}	$P_{3,0}$	1	1	0	0	1	0
P_{13}	$P_{3,1}$	1	1	0.33	0	1	1
P_{14}	$P_{3,2}$	1	1	0.66	1	1	1
P_{15}	$P_{3,3}$	1	1	1	1	1	0

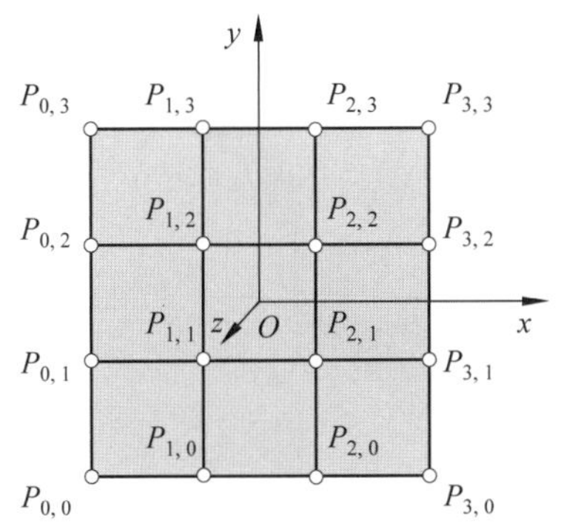

(a) 平面控制点定义

(b) 正方形效果

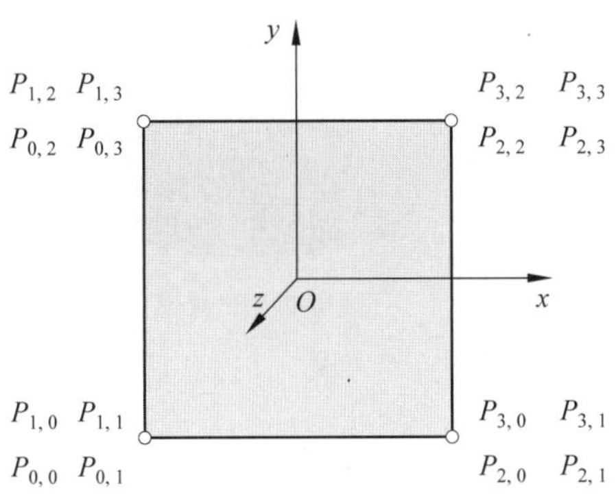

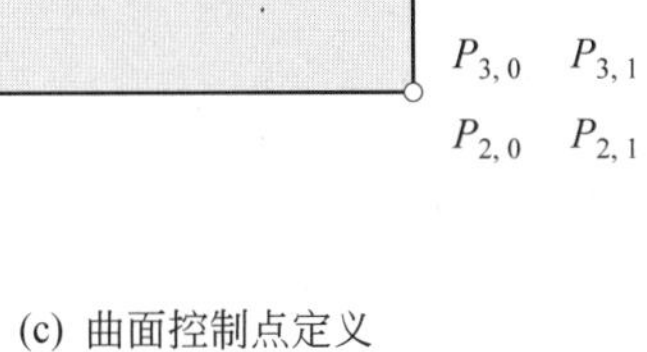

(c) 曲面控制点定义

(d) 曲面效果

图 10-30　一片曲面纹理映射

茶壶有 32 片曲面，每片曲面映射一幅图像，共映射了 32 幅图像，效果如图 10-31 所示。

图 10-31　32 幅图像的映射效果图

2. 跨曲面曲面映射一幅图像

茶壶的壶身前表面由 4 片曲面组成，后表面也由 4 片曲面组成，空阔的前后表面适合各映射一幅大图像来增加艺术感。茶壶的前表面编号如图 10-32 所示，如果编号为 6、7、10、11 的 4 个曲面片合起来映射一幅图像，效果如图 10-33 所示。

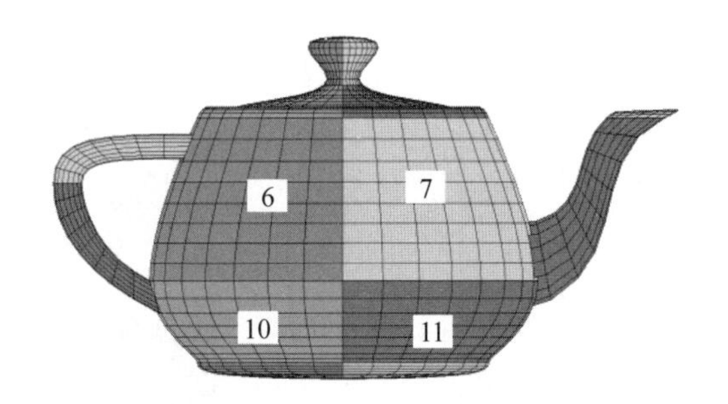

图 10-32　茶壶的前表面编号

(a) 纹理图像

(b) 映射效果图

图 10-33　茶壶前表面映射一幅图像

10.4　凹凸映射

颜色纹理描述了物体表面上各点的颜色分布，现实世界中还存在着另一类如图 10-34 所示的橘子皮、树皮、岩石等凹凸不平的表面。显然，颜色纹理无法表达表面的凹凸不平。1978 年，Blinn 提出一种无须修改表面的几何模型，就能模拟表面凹凸不平效果的有效方法，称为凹凸映射(bump mapping)。图 10-35 所示为原文效果图，在高度图的扰动下，绘制了圆环和草莓的凹凸效果。在游戏开发中，凹凸纹理可以模拟需要使用许多多边形才能描述的游戏角色的特征，如衣服的褶痕、肌肉组织等。

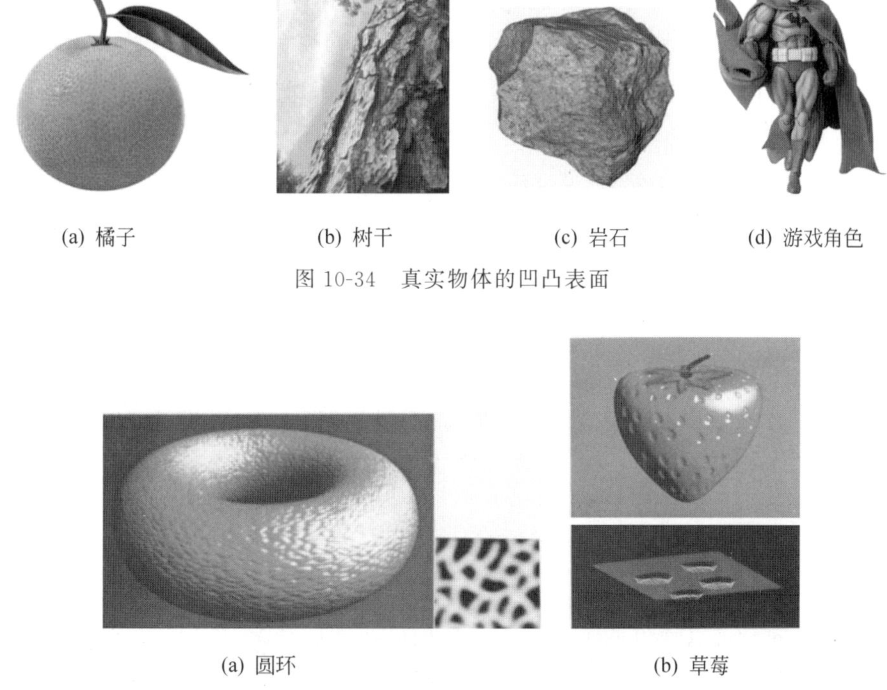

(a) 橘子　(b) 树干　(c) 岩石　(d) 游戏角色

图 10-34　真实物体的凹凸表面

(a) 圆环　(b) 草莓

图 10-35　Blinn 原文绘制的凹凸物体

10.4.1 “无中生有”现象

前面介绍了简单光照模型，物体受到点光源的照射，物体表面的颜色用光强来表示。在 Blinn-Phong 模型中，计算漫反射光和镜面反射光都需要考察顶点法向量。考察一个立方体，每个表面只有一个法向量，表面完全根据这个法向量被以一致的方式照亮，如图 10-36(a)所示。如果按图 10-36(b)所示方式，将每个表面细分为 64 个小面，每个小面上法向量不同，让光照相信一个四边形表面是由许多微小平面所组成，物体表面的细节将会得到极大的提升，可以生成虚拟幻象，如图 10-36(c)所示。这种不用建立三维模型，而仅靠改变表面的法向量，就能“无中生有”地生成一个虚拟三维物体的过程，就是凹凸映射在起作用。

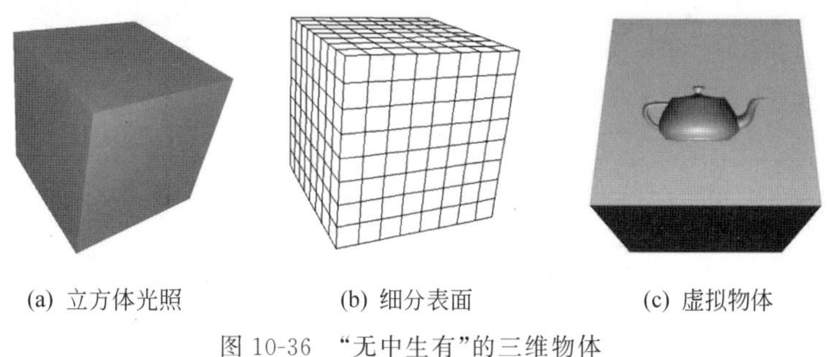

(a) 立方体光照　(b) 细分表面　(c) 虚拟物体

图 10-36　“无中生有”的三维物体

10.4.2 凹凸原理

凹凸映射,游戏中常称为凹凸贴图。基本思想是用光照模型计算物体表面的光强时,对物体表面网格顶点的法向量进行微小的扰动,导致表面光强的明暗变化,产生凹凸不平的虚拟效果[51]。

定义一个连续可微的扰动函数(wrinkle function)$F(u,v)$,对光滑表面进行不规则的微小扰动。物体表面上的每一点 $P(u,v)$都沿该点处的法向量 $\boldsymbol{N}$ 的方向偏移 $F(u,v)$个单位长度,新的表面位置改变为

$$P'(u,v)=P(u,v)+F(u,v)\frac{\boldsymbol{N}}{|\boldsymbol{N}|} \tag{10-23}$$

式(10-23)的几何意义如图 10-37 所示。对于图 10-37(a)所示的光滑表面,使用图 10-37(b)所示的函数进行扰动后,结果如图 10-37(c)所示。

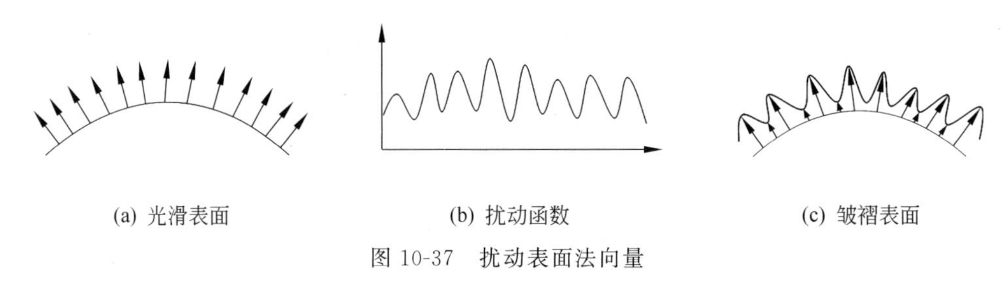

(a) 光滑表面　　(b) 扰动函数　　(c) 皱褶表面

图 10-37　扰动表面法向量

新表面的法向量可以通过两个偏导数的叉积得到,即

$$\boldsymbol{N}'=\boldsymbol{P}'_u\times\boldsymbol{P}'_v \tag{10-24}$$

其中

$$\boldsymbol{P}'_u=\frac{\partial\left(\boldsymbol{P}+\boldsymbol{F}\frac{\boldsymbol{N}}{|\boldsymbol{N}|}\right)}{\partial u}=\boldsymbol{P}_u+\boldsymbol{F}_u\frac{\boldsymbol{N}}{|\boldsymbol{N}|}+\boldsymbol{F}\left(\frac{\boldsymbol{N}}{|\boldsymbol{N}|}\right)_u \tag{10-25}$$

$$\boldsymbol{P}'_v=\frac{\partial\left(\boldsymbol{P}+\boldsymbol{F}\frac{\boldsymbol{N}}{|\boldsymbol{N}|}\right)}{\partial v}=\boldsymbol{P}_v+\boldsymbol{F}_v\frac{\boldsymbol{N}}{|\boldsymbol{N}|}+F\left(\frac{\boldsymbol{N}}{|\boldsymbol{N}|}\right)_v \tag{10-26}$$

由于表面的凹凸高度相对于表面尺寸一般要小得多,因而 $\boldsymbol{F}$ 可以忽略不计,有

$$\boldsymbol{P}'_u\approx\boldsymbol{P}_u+\boldsymbol{F}_u\frac{\boldsymbol{N}}{|\boldsymbol{N}|},\boldsymbol{P}'_v\approx\boldsymbol{P}_v+\boldsymbol{F}_v\frac{\boldsymbol{N}}{|\boldsymbol{N}|} \tag{10-27}$$

则

$$\boldsymbol{N}'\approx\left(\boldsymbol{P}_u+\boldsymbol{F}_u\frac{\boldsymbol{N}}{|\boldsymbol{N}|}\right)\times\left(\boldsymbol{P}_v+\boldsymbol{F}_v\frac{\boldsymbol{N}}{|\boldsymbol{N}|}\right) \tag{10-28}$$

展开

$$\boldsymbol{N}'\approx\boldsymbol{P}_u\times\boldsymbol{P}_v+\boldsymbol{F}_u\frac{\boldsymbol{N}\times\boldsymbol{P}_v}{|\boldsymbol{N}|}+\boldsymbol{F}_v\frac{\boldsymbol{P}_u\times\boldsymbol{N}}{|\boldsymbol{N}|}+\boldsymbol{F}_u\boldsymbol{F}_v\frac{\boldsymbol{N}\times\boldsymbol{N}}{|\boldsymbol{N}|}$$

由于 $\boldsymbol{N}\boldsymbol{N}=0$,且 $\boldsymbol{N}'=\boldsymbol{P}_u\times\boldsymbol{P}_v$,有

$$\boldsymbol{N}'\approx\boldsymbol{N}+\boldsymbol{D} \tag{10-29}$$

式中，$\boldsymbol{D}=\boldsymbol{F}_u(\boldsymbol{N}\times\boldsymbol{P}_v)-\dfrac{\boldsymbol{F}_v(\boldsymbol{N}\times\boldsymbol{P}_u)}{|\boldsymbol{N}|}$。

观察式(10-29)，从几何上解释为 $\boldsymbol{N}\times\boldsymbol{P}_v$，$\boldsymbol{N}\times\boldsymbol{P}_u$ 是曲面的切向量，其大小与 $\boldsymbol{F}$ 的 u、v 偏导数成正比。$\boldsymbol{N}\times\boldsymbol{P}_v$ 和 $\boldsymbol{N}\times\boldsymbol{P}_u$ 作为扰动向量，加到原先的法向量 $\boldsymbol{N}$ 上形成扰动后的法向量 $\boldsymbol{N}'$，如图 10-38 所示。

关于扰动向量的另一种几何解释：$\boldsymbol{N}'$可以看作是 $\boldsymbol{N}$ 关于切平面内某个轴的旋转向量。旋转轴向量由 $\boldsymbol{N}$ 和 $\boldsymbol{N}'$的叉积得到

$$\begin{aligned}\boldsymbol{N}\times\boldsymbol{N}'&=\boldsymbol{N}\times(\boldsymbol{N}+\boldsymbol{D})=\boldsymbol{N}\times\boldsymbol{D}\\&=\frac{\boldsymbol{F}_u(\boldsymbol{N}\times(\boldsymbol{N}\times\boldsymbol{P}_v))-\boldsymbol{F}_v(\boldsymbol{N}\times(\boldsymbol{N}\times\boldsymbol{P}_u))}{|\boldsymbol{N}|}\end{aligned}\tag{10-30}$$

根据公式 $\boldsymbol{a}\times(\boldsymbol{b}\times\boldsymbol{c})=\boldsymbol{b}(\boldsymbol{ac})-\boldsymbol{c}(\boldsymbol{ab})$ 和 $\boldsymbol{aa}=|\boldsymbol{a}|^2$，同时考虑到 $\boldsymbol{NP}_u=\boldsymbol{NP}_v=0$ 的事实，有

$$\begin{aligned}\boldsymbol{N}\times\boldsymbol{N}'&=\frac{\boldsymbol{F}_u(\boldsymbol{N}(\boldsymbol{NP}_v)-\boldsymbol{P}_v(\boldsymbol{NN}))-\boldsymbol{F}_v(\boldsymbol{N}(\boldsymbol{NP}_u)-\boldsymbol{P}_u(\boldsymbol{NN}))}{|\boldsymbol{N}|}\\&=|\boldsymbol{N}|(\boldsymbol{F}_v\boldsymbol{P}_u-\boldsymbol{F}_u\boldsymbol{P}_v)\end{aligned}$$

令 $\boldsymbol{A}=\boldsymbol{F}_v\boldsymbol{P}_u-\boldsymbol{F}_u\boldsymbol{P}_v$，有

$$\boldsymbol{N}\times\boldsymbol{N}'=|\boldsymbol{N}|\boldsymbol{A}\tag{10-31}$$

$\boldsymbol{F}$ 的梯度向量 $\boldsymbol{F}_u$ 和 $\boldsymbol{F}_v$ 位于切平面内，而向量 $\boldsymbol{A}$ 正好垂直于 $\boldsymbol{F}_u$ 和 $\boldsymbol{F}_v$，如图 10-39 所示。注意到

$$\boldsymbol{N}\times\boldsymbol{D}=|\boldsymbol{N}|\boldsymbol{A}\tag{10-32}$$

而 $\boldsymbol{N}$ 垂直于 $\boldsymbol{D}$，有

$$|\boldsymbol{N}\times\boldsymbol{D}|=|\boldsymbol{N}||\boldsymbol{D}|\tag{10-33}$$

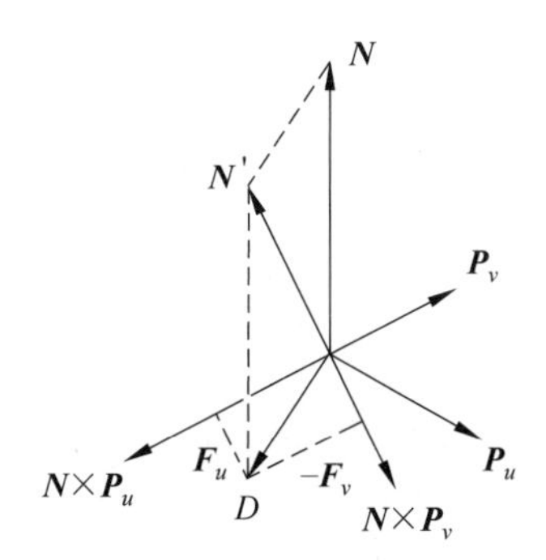

图 10-38　扰动法向量

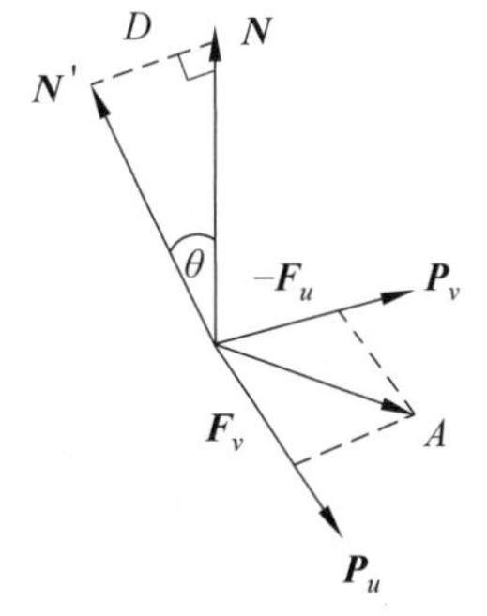

图 10-39　旋转法向量

对比式(10-32)和式(10-33)，有

$$|\boldsymbol{D}|=|\boldsymbol{A}|\tag{10-34}$$

由 $\boldsymbol{N}$ 到 $\boldsymbol{N}'$的旋转角为

$$\tan\theta=\frac{|\boldsymbol{D}|}{|\boldsymbol{N}|}\tag{10-35}$$

将法向量 $\boldsymbol{N}'$规范化为单位向量后代入光照模型，可以计算物体上一点被扰动后的光强，产生貌似皱褶的效果。“貌似”二字表示在物体的边缘上，看不到真实的凹凸效果，只有

光滑的轮廓。由明暗变化而产生的真实感图形皱褶幻象,可以在一定程度上内模拟对每个皱褶进行几何建模的效果。当然,对于不接受光照的物体,法线改变是没有意义的。

10.4.3 高度图

常用高度图(height map)来存储扰动量 $\boldsymbol{F}_u$ 和 $\boldsymbol{F}_v$。高度图是一幅灰度图,用 1B 空间记录了点的表面法线的数据。高度图中的黑色表示低的区域,白色表示高的区域。$\boldsymbol{F}_u$ 和 $\boldsymbol{F}_v$ 通过存储于 4 个邻接点的高度值来定义,相邻列的差分得到 $\boldsymbol{F}_u$,相邻行的差分得到 $\boldsymbol{F}_v$,如图 10-40 所示。扰动法向量为($\boldsymbol{F}_u$,$\boldsymbol{F}_v$,1)。

$$\begin{cases} \boldsymbol{F}_u = \dfrac{h(u_i+1,v_i)-h(u_i-1,v_i)}{2} \\ \boldsymbol{F}_v = \dfrac{h(u_i,v_i+1)-h(u_i,v_i-1)}{2} \end{cases} \tag{10-36}$$

扰动后的新法向量为

$$\boldsymbol{N}' \approx \boldsymbol{N} + (\boldsymbol{F}_u,\boldsymbol{F}_v,1) \tag{10-37}$$

将扰动后的新法向量 $\boldsymbol{N}'$规范化为单位向量,就可以代入光照模型计算曲面上一点的光强。大多数软件,均提供将高度图转换为法线图(normal map)的功能。这种法线图只存储扰动后的法新向量 $\boldsymbol{N}'$,只能用于固定模型上,其他模型不能使用。绘制凹凸图时,用法线图里的法向量直接替代原法向量,而不是去扰动原法向量。图 10-41 中,原法向量垂直于表面且平行,新法向量在原法向量的位置上发生了偏斜。这种只存储新法向量的法线图称为物体空间(object space)法线图。基于物体空间法线图的扰动只是简单的凹凸纹映射算法,更为常用的法线图来自切线空间。

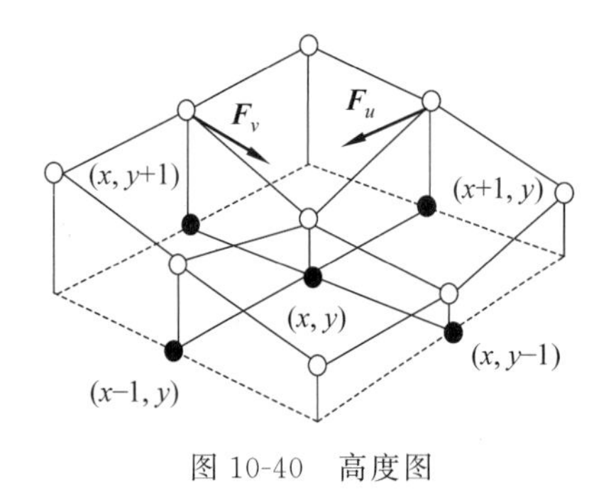

图 10-40 高度图

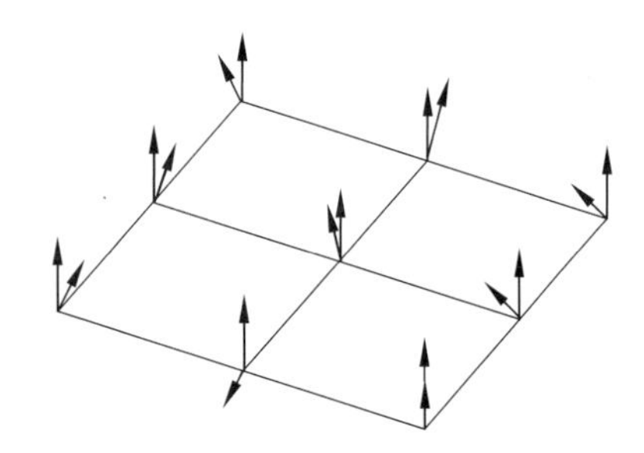

图 10-41 物体空间法线贴图

纹理图中一般存储的是纹理的颜色,但是非颜色信息也可以存储在纹理图中。1996 年,Krishnamurty 和 Levoy 提出了将模型的法向量信息存储于纹理图中的想法[17],这就是法线图。法线图里的 R、G、B 分量分别代表法向量的 x、y、z 分量。颜色的 R、G、B 分量位于[0,1] 范围内,法向量的 x、y、z 分量位于[−1,1]范围内,将法向量 Vertex_Normal 存储为法线贴图之前,需要执行范围转换。

$$\text{RGB\_Normal} = \text{Vertex\_Normal} \times 0.5 + 0.5 \tag{10-38}$$

从法线图中读出的 RGB_Normal,转换为法向量 Vertex_Normal 的公式为

$$\text{Vertex\_Normal} = \text{RGB\_Normal} \times 2 - 1 \tag{10-39}$$

红色和绿色表示扰动法向量的 x、y 分量,蓝色分量 z 的默认值为 1,所以法线图的颜色

呈现蓝色。用图 10-42(a)所示的高度图,扰动茶壶表面的法向量,凹凸效果如图 10-42(b)所示。

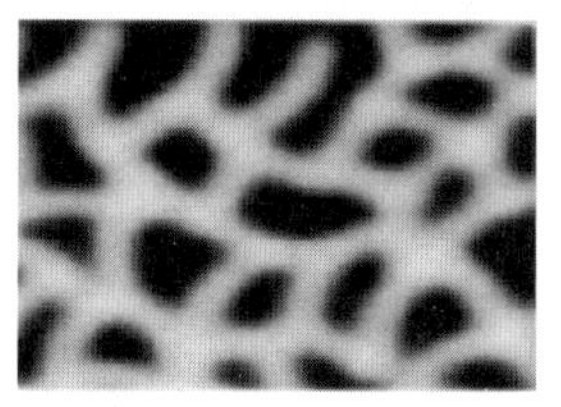

(a) 高度图　　(b) 效果图

图 10-42　凹凸映射效果图

说明:在凹凸映射中,改变物体表面颜色的图像常被称为漫反射图(diffuse map),以区别于法线图(normal map)和高度图(height map)。

10.4.4　法线映射

法线映射(normal mapping),游戏中常称为法线贴图,指的是用定义于切空间的法线图来生成模型的凹凸幻象。

1. 高模和低模

可以把法线图理解成与原表面平行的另一个不同的表面。原表面细节层次较低,称为低模(low polygon model),法线图具有更多的细节,称为高模(high polygon model)。法线图在不增加原表面多边形数量的前提下,提供了更为精细的表面细节。

2. 切空间

为什么要使用切线空间(tangent space)来定义法向量?无论物体如何旋转,法向量的方向是不会改变的,切线空间就是用法线贴图来保证法向量垂直于物体。否则,如果用物体空间来表示,法向量就会随着模型的旋转而改变方向,一张法线图不可能表示所有方向的模型。切线空间法线图中的法向量总是指向正 z 方向。计算光照时,要把法向量从切线空间变换到物体空间,使得正 z 方向与物体表面法线对齐。

位于多边形表面顶点的三个正交向量定义了切线空间 $\boldsymbol{TBN}$,即顶点的法向量 $\boldsymbol{N}$(normal)、切向量 $\boldsymbol{T}$(tangent)和副切向量 $\boldsymbol{B}$(bitangent),如图 10-43(a)所示,其中副切向量也称为副法向量(binormal)。直观地讲,切线空间定义了模型顶点中的纹理坐标。模型中不同的三角形,都有对应的切线空间。$\boldsymbol{T}$ 指向参数 u 增加的方向,$\boldsymbol{B}$ 指向参数 v 增加的方向,$\boldsymbol{N}$ 与三角形的面法向量同向,如图 10-43(b)所示。在立方体中,每个面都有对应的切线空间,每个面由两个三角形组成,两个三角形中的纹理坐标就基于相应的切线空间定义。

法线图用 RGB 颜色的像素来描述切线空间,红色分量代表切向量 $\boldsymbol{T}$,绿色分量代表副切向量 $\boldsymbol{B}$,蓝色分量代表法向量 $\boldsymbol{N}$。

3. TBN 矩阵

切线空间是相对于单个三角形纹理坐标的参考框架,三角形的法向量都被定义为指向正 z 方向。这里需要计算出一种名叫 TBN 的矩阵,把法向量从切线空间变换到物体空间,这样切线间的法向量就能和物体表面的法向量方向对齐了。

切线空间定义为$\{O;\boldsymbol{T},\boldsymbol{B},\boldsymbol{N}\}$,法线贴图的切线和副切线与纹理坐标的两个方向对齐,

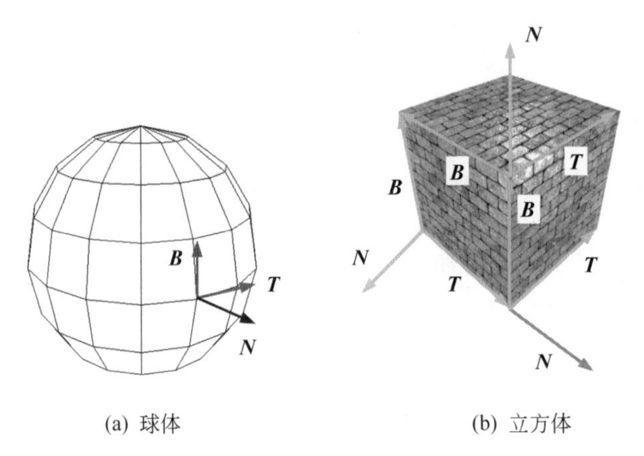

图 10-43　切线空间定义纹理坐标

如图 10-44 所示,纹理图的 u 和 v 分别对应切线空间的 $\boldsymbol{T}$ 与 $\boldsymbol{B}$。三角形的顶点为 $P_0(u_0,v_0)$、$P_1(u_1,v_1)$、$P_2(u_2,v_2)$,三角形纹理的两个边向量为

$$\boldsymbol{E}_0=\boldsymbol{P}_1-\boldsymbol{P}_0=\Delta u_0\boldsymbol{T}+\Delta v_0\boldsymbol{B}$$

$$\boldsymbol{E}_1=\boldsymbol{P}_2-\boldsymbol{P}_0=\Delta u_1\boldsymbol{T}+\Delta v_1\boldsymbol{B}$$

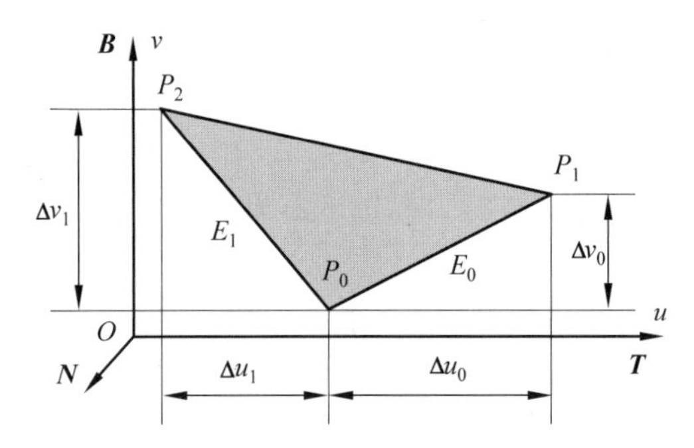

图 10-44　切线空间的三角形纹理

写成矩阵为

$$\begin{bmatrix} E_{0x} & E_{0y} & E_{0z} \\ E_{1x} & E_{1y} & E_{1z} \end{bmatrix}=\begin{bmatrix} \Delta u_0 & \Delta v_0 \\ \Delta u_1 & \Delta v_1 \end{bmatrix}\begin{bmatrix} T_x & T_y & T_z \\ B_x & B_y & B_z \end{bmatrix}$$

解出 $\boldsymbol{T}$ 和 $\boldsymbol{B}$

$$\begin{bmatrix} T_x & T_y & T_z \\ B_x & B_y & B_z \end{bmatrix}=\begin{bmatrix} \Delta u_0 & \Delta v_0 \\ \Delta u_1 & \Delta v_1 \end{bmatrix}^{-1}\begin{bmatrix} E_{0x} & E_{0y} & E_{0z} \\ E_{1x} & E_{1y} & E_{1z} \end{bmatrix}$$

$$\begin{bmatrix} T_x & T_y & T_z \\ B_x & B_y & B_z \end{bmatrix}=\frac{1}{\Delta u_0\Delta v_1-\Delta u_1\Delta v_0}\begin{bmatrix} \Delta v_1 & -\Delta v_0 \\ -\Delta u_1 & \Delta u_0 \end{bmatrix}\begin{bmatrix} E_{0x} & E_{0y} & E_{0z} \\ E_{1x} & E_{1y} & E_{1z} \end{bmatrix} \quad (10\text{-}40)$$

用三角形的两条边以及纹理坐标计算出切向量 $\boldsymbol{T}$ 和副切向量 $\boldsymbol{B}$,法向量 $\boldsymbol{N}$ 由三角形顶点的法向量的线性插值得到。TBN 矩阵为

$$\boldsymbol{T}=\begin{bmatrix} T_x & T_y & T_z \\ B_x & B_y & B_z \\ N_x & N_y & N_z \end{bmatrix} \quad (10\text{-}41)$$

按照公式(10-39)将从法线贴图中读出的RGB颜色转换为法向量VertexNormal后，乘以TBN矩阵，就可以将位于切线空间中的法向量$\boldsymbol{V}'$变换为物体空间的法向量$\boldsymbol{V}$。

$$[\boldsymbol{V}_x \quad \boldsymbol{V}_y \quad \boldsymbol{V}_x] = [\boldsymbol{V}'_x \quad \boldsymbol{V}'_y \quad \boldsymbol{V}'_z]\begin{bmatrix} \boldsymbol{T}_x & \boldsymbol{T}_y & \boldsymbol{T}_z \\ \boldsymbol{B}_x & \boldsymbol{B}_y & \boldsymbol{B}_z \\ \boldsymbol{N}_x & \boldsymbol{N}_y & \boldsymbol{N}_z \end{bmatrix} \tag{10-42}$$

借助于切线空间的法线图，能够将切线空间中指向正z方向的法向量映射到任意朝向的表面上，创建出许多特殊的视觉效果。需要说明的是，法线贴图大量出现于当前的游戏中。基于如图10-45(a)所示的漫反射图和如图10-45(b)所示的法线图，制作法线贴图的茶壶，效果如图10-45(c)所示。可以看出，茶壶的三维效果明显。

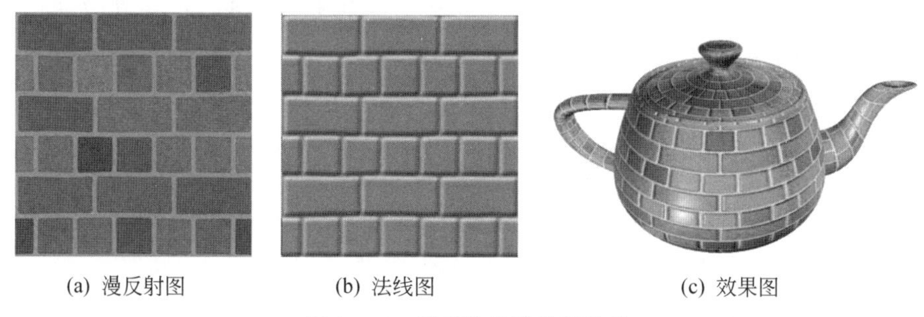

(a) 漫反射图　(b) 法线图　(c) 效果图

图10-45　茶壶的法线贴图效果

由前面的推导过程容易看出，凹凸贴图技术通过扰动或者替换物体表面法向量来产生凹凸不平的效果。由于不计算扰动后物体表面各顶点的新位置，难以在物体的边界轮廓线上表现出凹凸不平的效果。为此游戏中常采用偏置贴图(displacement mapping)技术来克服上述缺陷。偏置贴图直接根据高度图来偏移表面的网格顶点。视差贴图(parallax mapping)是偏置贴图的一种实现，根据储存在纹理中的几何信息，模拟对顶点进行位移而提供一种视觉效果。凹凸贴图或视差贴图是在绘制时完成，而偏置贴图则是在建模时完成。凹凸贴图和视差贴图在不改变几何模型的基础上生成的一种幻象，而偏置贴图则实实在在地改变了物体的几何结构，从图10-46中可以观察到，二者具有不同的轮廓边界。

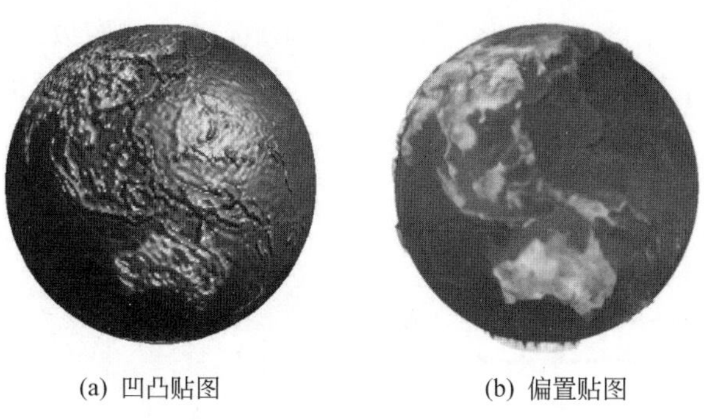

(a) 凹凸贴图　(b) 偏置贴图

图10-46　对边界轮廓线的影响

10.4.5 视差映射

视差映射，游戏中常称为视差贴图，基本思想是在不改变模型几何形状的前提下，通过修改纹理坐标，改变小面的视觉效果[54]。视差贴图除了用到漫反射图和法线贴图之外，还用到高度图。

图 10-47 中，粗糙的线条代表高度图中数值的几何表示。**V** 代表视向量。如果小面真的发生了位移，视线会看到 B 点。由于实际上没有进行位移，沿着视线只能看到 A 点。视差贴图的原理是，A 点不再使用自己的纹理坐标，而使用 B 点的纹理坐标。如何从 A 点得到 B 点的纹理坐标？视差贴图通过读取 A 点的高度图，用该值对视向量 **V** 进行缩放得到向量 $\boldsymbol{P}$。在切线空间内，由于切向量和副切向量与表面纹理坐标对齐，使用向量 $\boldsymbol{P}$ 的 x 分量和 y 分量作为纹理坐标的偏移量查找 B 点的纹理坐标。

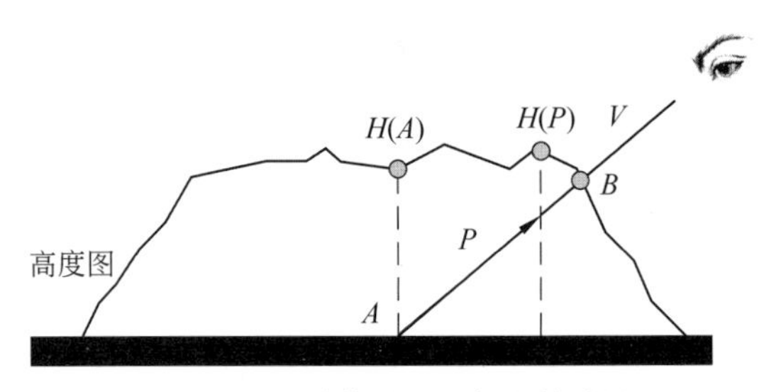

图 10-47 计算纹理坐标的偏移量

从上一节已经指导，切线空间向物体空间的变换矩阵 $\boldsymbol{T}=\boldsymbol{TBN}$。现在计算从物体空间向切空间的变换矩阵 $\boldsymbol{T}'$。由于二者是正交矩阵，即 $\boldsymbol{T}\cdot\boldsymbol{T}^{\mathrm{T}}=\boldsymbol{E}$，有 $\boldsymbol{T}^{-1}=\boldsymbol{T}^{\mathrm{T}}$，所以 $\boldsymbol{T}'=\boldsymbol{TBN}^{\mathrm{T}}$。向量从物体空间向切空间的变换为

$$[\boldsymbol{V}'_x \quad \boldsymbol{V}'_y \quad \boldsymbol{V}'_z]=[\boldsymbol{V}_x \quad \boldsymbol{V}_y \quad \boldsymbol{V}_z]\begin{bmatrix}\boldsymbol{T}_x & \boldsymbol{B}_x & \boldsymbol{N}_x \\ \boldsymbol{T}_y & \boldsymbol{B}_y & \boldsymbol{N}_y \\ \boldsymbol{T}_z & \boldsymbol{B}_z & \boldsymbol{N}_z\end{bmatrix}=[\boldsymbol{VT} \quad \boldsymbol{VB} \quad \boldsymbol{VN}] \tag{10-43}$$

可以这样理解，向量 $\boldsymbol{V}'$ 表示向量 **V** 与 $\boldsymbol{T}$、$\boldsymbol{B}$、$\boldsymbol{N}$ 的点乘，也就是 **V** 在 $\boldsymbol{T}$、$\boldsymbol{B}$、$\boldsymbol{N}$ 3 个坐标系轴上的投影，所以 $\boldsymbol{V}'$ 是 **V** 在切空间中的值。

使用图 10-45(a)所示的漫反射图，图 10-45(b)所示的法线图以及图 10-48(a)所示的高度图，制作视差贴图的茶壶，效果如图 10-48(b)所示。茶壶的三维效果非常夸张，这里给出的是简单版的视差贴图，此外还有陡峭视差贴图(steep parallax mapping)、视差遮蔽贴图(parallax occlusion mapping)等类型，请读者自行学习。

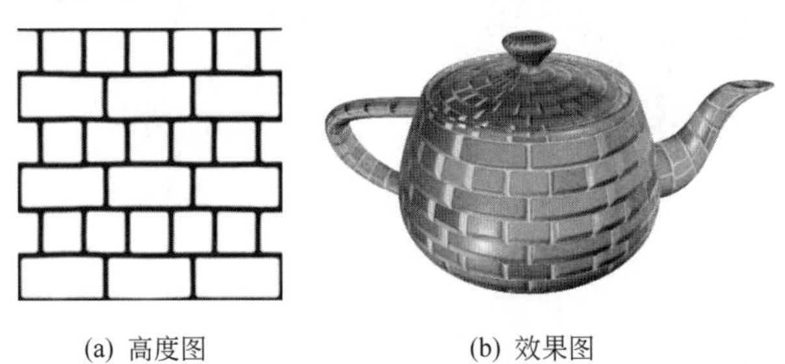

(a) 高度图　　(b) 效果图

图 10-48 视差贴图

10.4.6 纹理映射技术进展

纹理映射技术丰富了物体的表面细节。颜色纹理中最常用的是将图像作为物体表面外观的漫反射映射，这种映射方法改变的是材质的漫反射率。凹凸映射通过改变物体表面的法向量方向，产生了凹凸不平的幻象。其中，法线贴图是在物体空间中改变顶点法向量的方向，通过光照来提升表面的凹凸效果；视差贴图是在切线空间中通过改变视线与纹理交点的位置产生被拉伸的效果。使用漫反射图、法线图和高度图分别作用于在立方体的表面上，效果如图 10-49 所示。图 10-49(a)只是为四边形平面添加了砖墙纹理和高光。图 10-49(b)砖块突起明显，图形质量高于图 10-49(a)，让人们有理由相信这是一面砖墙。图 10-49(c)砖块凸起效果夸张，产生明显的虚拟幻象。

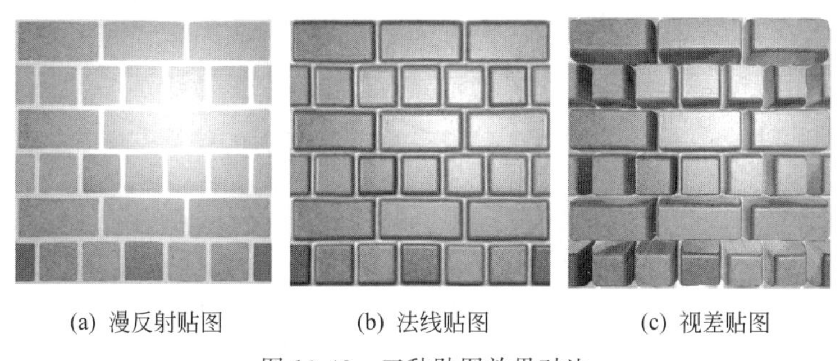

(a) 漫反射贴图　　(b) 法线贴图　　(c) 视差贴图

图 10-49　三种贴图效果对比

10.5 环境映射

计算机图形学中如何模拟物体的反射呢？一种做法是沿着反射方向发一条光线，与场景求交，获取到交点的颜色值，作为漫反射光的颜色。显然这种被称为光线跟踪的方法比较低效，更高效的方法是将被渲染物体所处的环境保存到一张贴图中，纹理映射时先求出当前点的反射方向，然后用这个反射向量查找图像中的纹理颜色。

环境映射(environmental mapping)模拟凸镜面周围的反射情况，也称为镀铬映射(chrome mapping)。非常光滑的镀铬板表面像一面镜子，能记录下周围物体的表面细节，并根据自身的表面曲率对图像进行几何变形。环境映射时，物体表面变为明亮的镜面，效果相当于镀铬板。环境映射有球映射方法和立方体映射方法。无论是哪种方法，由于未将纹理图绑定到物体上，所以纹理不随物体的转动而转动。

10.5.1 球方法映射

假定环境是由距离遥远的物体和光源组成。实现时，环境图(一般是一幅全景图)映射到一个无限大的中介球面的内侧面上，而待绘制的物体位于球心处。如果在确定物体上映射点的光强时，以反射光线为索引直接查询环境图，则需要假定中介球具有无穷大的半径。环境映射所绘制图像的精度依赖于物体的大小与中介球面的相对位置。这是由于环境图仅在物体中心处是准确的，当物体较小且位于中介球面中心附近时，该方法可得到较为精确的结果，但当物体较大或偏离球面中心较远时，环境映射的误差就会增大。同时，环境映射也不能表示自身各部分的遮挡问题[50]。

假设物体是全反射的球体，只考虑镜面反射光。图 10-50 绘制的半径为一个单位中介球面，**V** 代表视向量、**N** 代表当前点 **P** 的法向量，**R** 代表反射向量。对每个多边形顶点，根据反射向量生成环境图的索引。在第九章讲解 Phong 光照模型时，曾根据视向量和法向量计算了反射向量 **R**，$\boldsymbol{R}=2(\boldsymbol{VN})\boldsymbol{N}-\boldsymbol{V}$。这里，计算结果 **R** 是一个单位向量，不需要进行规范化处理。

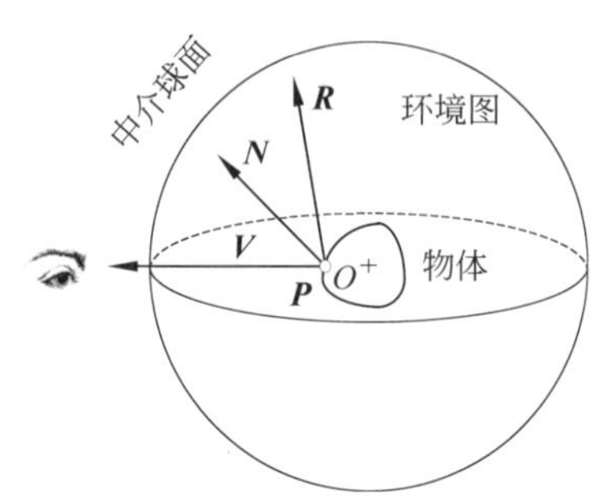

图 10-50　球面环境映射

假定，视点位于 z 轴正向，视向量为 $\boldsymbol{V}=(0,0,1)$。假定反射向量为 $\boldsymbol{R}=\{r_x,r_y,r_z\}$，则法向量为

$$\boldsymbol{N}=\boldsymbol{R}+\boldsymbol{V}=\{r_x,r_y,r_z+1\} \tag{10-44}$$

规范化法向量

$$\boldsymbol{N}=\frac{(r_x,r_y,(r_z+1))}{\sqrt{r_x^2+r_y^2+(r_z+1)^2}} \tag{10-45}$$

于是，得到了物体表面顶点对应球上的纹理坐标，范围为[−1, 1]。

$$u=\frac{r_x}{\sqrt{r_x^2+r_y^2+(r_z+1)^2}},v=\frac{r_y}{\sqrt{r_x^2+r_y^2+(r_z+1)^2}} \tag{10-46}$$

由于纹理坐标的范围为[0, 1]，对上式归一化，即

$$u=\frac{r_x}{2\sqrt{r_x^2+r_y^2+(r_z+1)^2}}+\frac{1}{2},v=\frac{r_y}{2\sqrt{r_x^2+r_y^2+(r_z+1)^2}}+\frac{1}{2} \tag{10-47}$$

上式可简化为

$$u=\frac{r_x}{m}+\frac{1}{2},\ v=\frac{r_y}{m}+\frac{1}{2},\text{其中 } m=2\sqrt{r_x^2+r_y^2+(r_z+1)^2} \tag{10-48}$$

使用球面环境映射方法检索图 10-51(a)所示的全景图，绘制到茶壶上的效果如图 10-51(b)所示。这里图像应该呈镜面左右反向。

(a) 全景图

(b) 效果图

图 10-51　球方法映射

10.5.2　立方体方法映射

球面方法映射的环境纹理会在中介表面的极点处产生严重的纹理变形。1986 年，Greene 在论文 *Environment Mapping and Other Applications of World Projections* 中提出采用立方体表面取代球面作为中介表面，这就是立方体方法(cube mapping)[55]。

6 张环境图围成一个封闭的空间，假定视点位于立方体中心来接受环境图。要使用反

射向量 **R** 索引纹理图像，则需要得到相应立方体上的纹理坐标。6 张环境图的"左面""右面""底面""顶面""后面""前面"分别对应反射向量 **R** 的 $-x$、$+x$、$-y$、$+y$、$-z$、$+z$。立方体映射的方法是，在反射向量 **R** 的 3 个分量中找到绝对值最大的分量，从该分量正负方向对应的立方体表面的环境图中取值映射。再将反射向量 **R** 中另外两个分量分别除以绝对值最大的分量，并规范化到[0,1]区间，就得到了立方体某一表面上的纹理坐标，如图 10-52 所示。

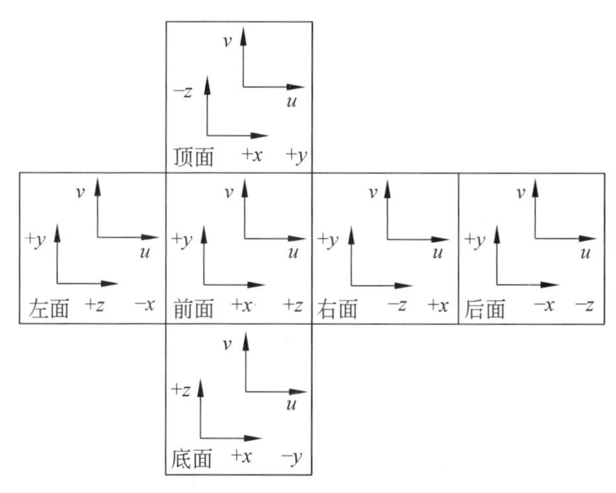

图 10-52　立方体展开图的坐标表示

假定，反射向量 **R** 的 x 分量最大，故使用立方体"左面"或"右面"的环境图进行索引，相应的规范化后的纹理坐标为

$$\text{左面}\begin{cases} u=\left(\dfrac{r_z}{|r_x|}+1\right)/2 \\ v=\left(\dfrac{r_y}{|r_x|}+1\right)/2 \end{cases},\text{右面}\begin{cases} u=\left(\dfrac{-r_z}{|r_x|}+1\right)/2 \\ v=\left(\dfrac{r_y}{|r_x|}+1\right)/2 \end{cases} \tag{10-49}$$

假定反射向量 **R** 的 y 分量最大，故使用立方体"底面"或"顶面"的环境图进行索引，相应的规范化后的纹理坐标为

$$\text{底面}\begin{cases} u=\left(\dfrac{r_x}{|r_y|}+1\right)/2 \\ v=\left(\dfrac{r_z}{|r_y|}+1\right)/2 \end{cases},\text{顶面}\begin{cases} u=\left(\dfrac{r_x}{|r_y|}+1\right)/2 \\ v=\left(\dfrac{-r_z}{|r_y|}+1\right)/2 \end{cases} \tag{10-50}$$

假定反射向量 **R** 的 z 分量最大，故使用立方体"后面"和"前面"的环境图进行索引，相应的规范化后的纹理坐标为

$$\text{后面}\begin{cases} u=\left(\dfrac{-r_x}{|r_z|}+1\right)/2 \\ v=\left(\dfrac{r_y}{|r_z|}+1\right)/2 \end{cases},\text{前面}\begin{cases} u=\left(\dfrac{r_x}{|r_z|}+1\right)/2 \\ v=\left(\dfrac{r_y}{|r_z|}+1\right)/2 \end{cases} \tag{10-51}$$

最后依据纹理坐标在对应的立方体环境图上执行纹理查找即可。将图 10-53(a)所示的环境图，用立方体方法映射到茶壶上，效果如图 10-53(b)所示。

(a) 环境图

(b) 效果图

图 10-53　立方体方法映射

10.6　基于 OBJ 文件绘制真实感图形

OBJ 文件是 Wavefront 公司开发的 3D 模型文件格式。OBJ 文件是一种文本文件，可以直接用写字板进行查看和编辑。OBJ 文件支持多边形建模，支持 3 个顶点以上的小面。OBJ 文件支持法向量和纹理坐标，而纹理坐标和法向量都是基于顶点定义的。纹理坐标用于进行纹理映射，纹理图来自 MTL 文件，法向量用于表示光照效果。准确地讲，OBJ 文件由 OBJ 和 MTL 文件两部分组成。MTL(material library file)是材质库文件，描述的是物体的材质信息包括环境反射率 k_a、漫反射率 k_d 和镜面反射率 k_s，以及漫反射图、法线图、高度图等各种贴图。

10.6.1　OBJ 文件结构

OBJ 文件中，字符 v 代表几何顶点(geometric vertices)、v_t 代表顶点纹理(vertex texture)、v_n 代表顶点法向量(vertex normal)、f 代表小面(face)。其中，f 用空格间隔的元素表示小面的顶点数量。每个元素的格式为“顶点索引号/纹理索引号/法向量索引号”。需要指出的是 OBJ 文件的小面不是只有三角形，也可以有四边形甚至五边形。文件以行为单位表示一条数据，可以根据行开头的字符判断后续的内容；其中，# 字符表示注释行。

10.6.2　立方体的 OBJ 文件示例

使用 Blender 建立立方体模型，并导出为 OBJ 文件。

OBJ 文件的内容如下：

```
mtllib cube.mtl
o Cube                                      //对象名称
v 1.000000 1.000000 -1.000000               //顶点 V1
v 1.000000 -1.000000 -1.000000              //顶点 V2
v 1.000000 1.000000 1.000000                //顶点 V3
v 1.000000 -1.000000 1.000000               //顶点 V4
v -1.000000 1.000000 -1.000000              //顶点 V5
v -1.000000 -1.000000 -1.000000             //顶点 V6
v -1.000000 1.000000 1.000000               //顶点 V7
v -1.000000 -1.000000 1.000000              //顶点 V8
vt 0.625000 0.500000                        //纹理坐标 VT1
vt 0.875000 0.500000                        //纹理坐标 VT2
```

```
vt 0.875000 0.750000                         //纹理坐标 VT3
vt 0.625000 0.750000                         //纹理坐标 VT4
vt 0.375000 0.750000                         //纹理坐标 VT5
vt 0.625000 1.000000                         //纹理坐标 VT6
vt 0.375000 1.000000                         //纹理坐标 VT7
vt 0.375000 0.000000                         //纹理坐标 VT8
vt 0.625000 0.000000                         //纹理坐标 VT9
vt 0.625000 0.250000                         //纹理坐标 VT10
vt 0.375000 0.250000                         //纹理坐标 VT11
vt 0.125000 0.500000                         //纹理坐标 VT12
vt 0.375000 0.500000                         //纹理坐标 VT13
vt 0.125000 0.750000                         //纹理坐标 VT14
vn 0.0000 1.0000 0.0000                      //法向量 VN1
vn 0.0000 0.0000 1.0000                      //法向量 VN2
vn -1.0000 0.0000 0.0000                     //法向量 VN3
vn 0.0000 -1.0000 0.0000                     //法向量 VN4
vn 1.0000 0.0000 0.0000                      //法向量 VN5
vn 0.0000 0.0000 -1.0000                     //法向量 VN6
usemtl Material
s off                                        //光滑组关闭
f 1/1/1 5/2/1 7/3/1 3/4/1                    //"顶面"索引号
f 4/5/2 3/4/2 7/6/2 8/7/2                    //"前面"索引号
f 8/8/3 7/9/3 5/10/3 6/11/3                  //"左面"索引号
f 6/12/4 2/13/4 4/5/4 8/14/4                 //"底面"索引号
f 2/13/5 1/1/5 3/4/5 4/5/5                   //"右面"索引号
f 6/11/6 5/10/6 1/1/6 2/13/6                 //"后面"索引号
```

图 10-54 是 OBJ 文件定义的立方体的示意图。例如"顶面"的顶点索引号为"1、5、7、3"。顶点索引号为逆时针方向,标识的是立方体的外面。"顶面"的纹理索引号"1、2、3、4",如图 10-55 所示。"顶面"的法向量索引号为"1、1、1、1"取的是面法向量,指向 y 轴正向,如图 10-56 所示。需要说明的是文件中顶点的索引号是以 1 作为起点的,这和顶点数组从 0 开始作为索引号是不同的。

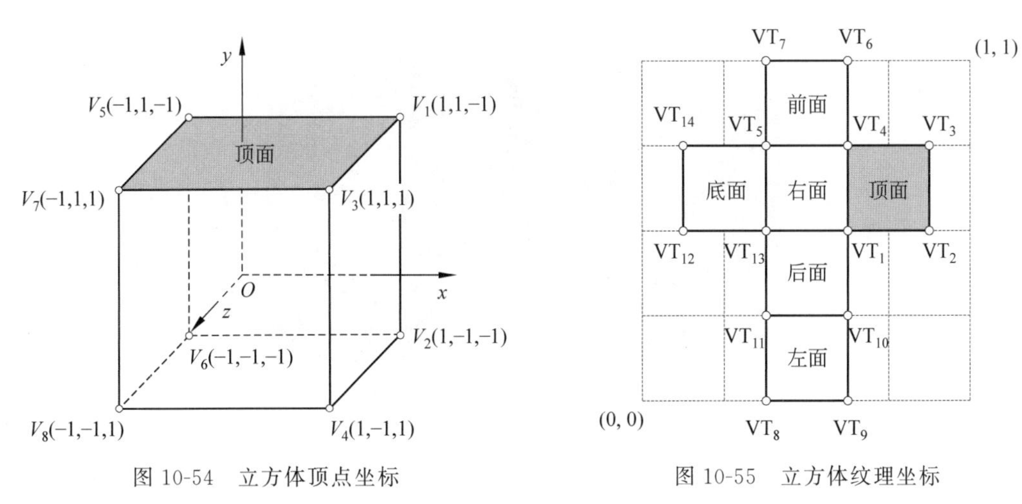

图 10-54　立方体顶点坐标　　　　图 10-55　立方体纹理坐标

使用文件操作函数,分别读入 OBJ 文件的顶点坐标和小面的顶点索引号可以构建立方体的线框模型；读入文件的纹理坐标和法向量后，在映射纹理并添加光照效果后，可以绘制真实感图形。将一幅我国著名连环画大师刘继卣[①]先生绘制的《东郭先生》封面，映射到立方体上，按照立方体的 OBJ 文件给出的纹理定义，光照纹理立方体的动画效果如图 10-57 所示。

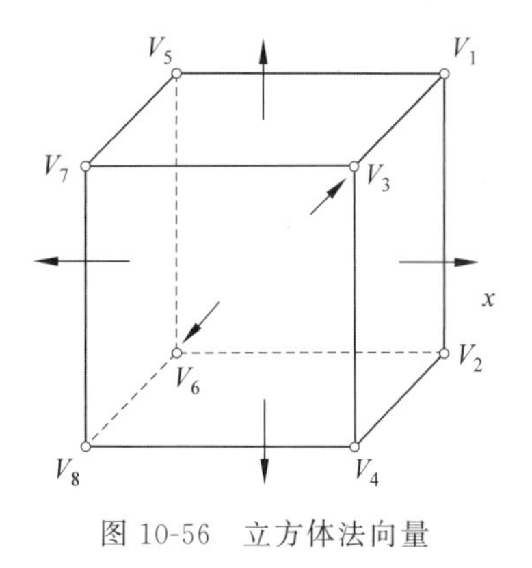

图 10-56　立方体法向量

(a) 纹理图

(b) 效果图

图 10-57　读入 OBJ 文件绘制效果

OBJ 文件也支持曲面体绘制，读入海豚 OBJ 文件，使用本书提供的光照纹理算法绘制效果如图 10-58 所示；读入花瓶 OBJ 文件，使用本书提供的光照纹理算法绘制效果如图 10-59 所示。

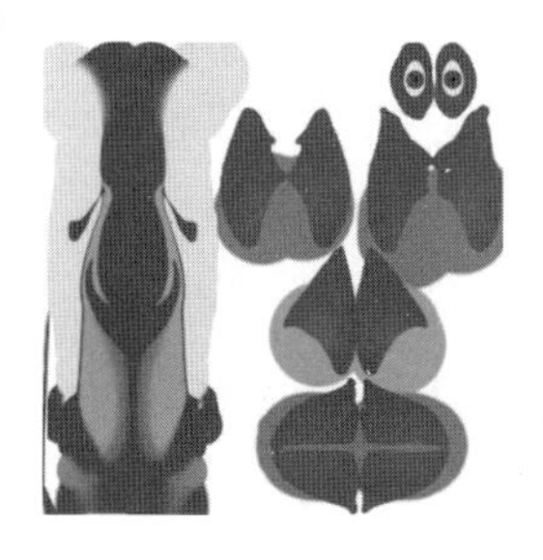

(a) 纹理图

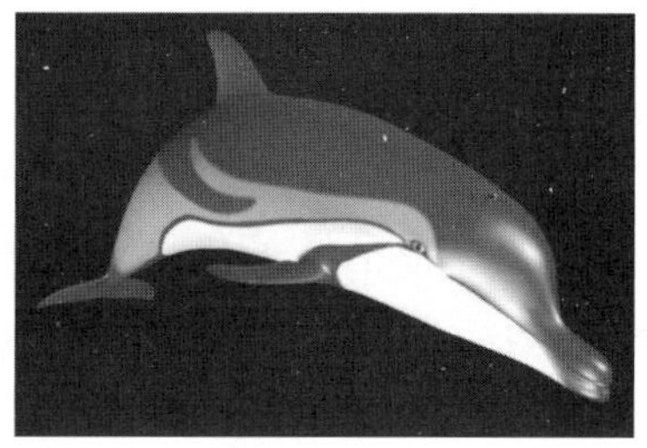

(b) 效果图

图 10-58　海豚 OBJ 文件绘制效果

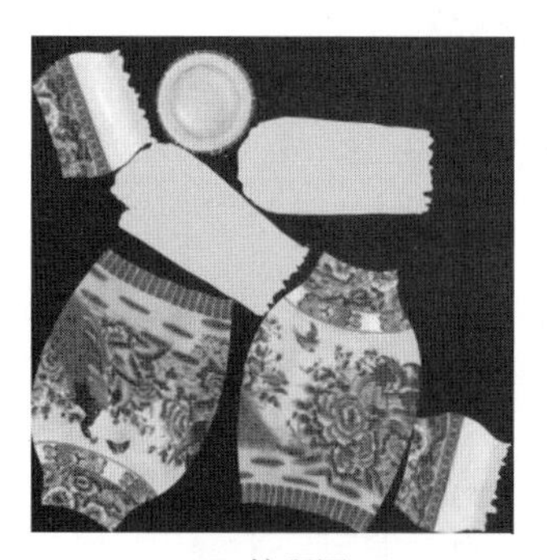

(a) 纹理图

(b) 效果图

图 10-59　花瓶扫描 OBJ 文件绘制效果

① 刘继卣(1918—1983)，杰出的中国画家、新中国连环画奠基人，是中国近现代美术史上卓有成就的一代宗师。

10.7 纹理反走样

一般而言，纹理是二维图像映射到三维物体表面上，纹理会被拉伸和扭曲。研究纹理，必须考虑纹理的反走样。纹理空间的正方形在物体空间弯曲为一个四边形。仿佛纹理图是一块橡胶，拉伸撑大后粘贴到物体的表面上。设图像纹素(u,v)用正方形表示，屏幕像素(x,y)圆形表示。当纹素大小接近像素大小时，形成一对一的映射，效果令人满意。实际映射过程中，经常会出现二者大小不匹配的情况。如果屏幕大于纹理图像，则纹素数量小于像素数量，映射时需要对纹理进行放大操作；如果屏幕小于纹理图像，则纹素数量大于像素数量，映射时需要对纹理进行缩小操作，如图 10-60 所示。纹理映射时，人工痕迹是非常严重的问题，因此纹理映射效果一般都会结合一种反走样技术进行处理。

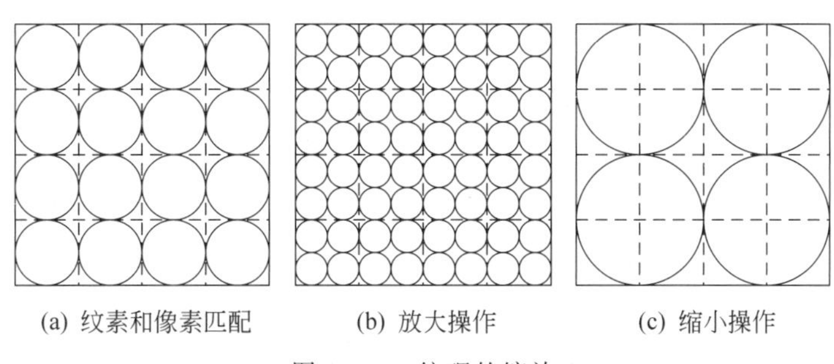

(a) 纹素和像素匹配　(b) 放大操作　(c) 缩小操作

图 10-60　纹理的缩放

1. 纹理双线性内插算法

假设将图像映射到两倍大小的物体表面上，一个纹素对应 4 像素，纹理放大操作主要采用双线性插值方法。图 10-61(a)中的纹素映射到图 10-61(b)中的像素上，可以使用最近点采样法。但是最近点采样法由于缺少像素，常会生成块状图案。如果对图 10-61(b)中的围绕灰色像素的 4 个相邻像素进行插值计算，就可以确定图 10-61(a)中灰色像素的颜色。双线性内插算法后的纹理通常可获得满意的视觉效果。

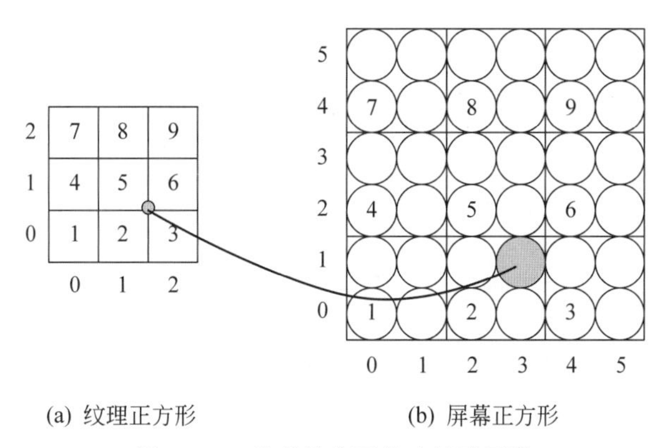

(a) 纹理正方形　(b) 屏幕正方形

图 10-61　纹理放大两倍映射到屏幕

图 10-62(a)是未使用双线性内插算法绘制的球面纹理，局部放大后可以看到纹理被拉伸，出现严重的锯齿。图 10-62(b)是使用双线性内插算法绘制的球面纹理，局部放大后可以看到没有

出现像素不连续的情况,图像质量得到了改善。双线性内插法可能会使图像在一定程度上变得模糊,实践已经证明,双线性内插算法对于缩放比例较小的情况是完全可以接受的。

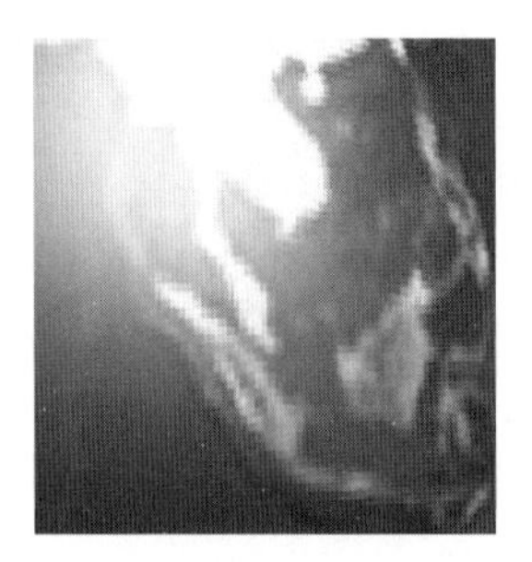

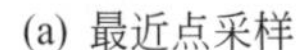

(a) 最近点采样　　(b) 双线性内插采样

图 10-62　双线性内插前后的球面光照纹理效果图

2. MipMap 金字塔

1983 年,Williams 提出 Mip Map 技术,也称为纹理金字塔映射技术[56]。Mip 源自拉丁文 multum in parvo,意为在一个小地方有许多东西。该技术预先定义了一组优化过的图像:从原始图像出发,依次降低图像的分辨率。图 10-63 中定义了 8 级 MipMap 纹理链,从原始分辨率的 MipMap 图像宽度和高度减半,逐级生成低分辨率的 MipMap 图像。原始图像 MipMap0 的分辨率为 256×256;图像从大到小,依次为 MipMap1 为 128×128,MipMap2 为 64×64,MipMap3 为 32×32,MipMap4 为 16×16,MipMap5 为 8×8,MipMap6 为 4×4,MipMap7 为 2×2,MipMap8 为 1×1(单像素图像)。MipMap 中的图像的宽度和高度不一定要相等,但都是 2^n,最低分辨率为 1×1。从图像存储的角度看,MipMap 技术增加了图像的存储空间

$$\sum_{i=1}^{8} \frac{1}{4^i} = \frac{1}{4} + \frac{1}{16} + \frac{1}{64} + \cdots = \frac{1}{3}$$

即比原先多出 1/3 的内存空间。MipMap 图可以在原始图像基础上,递归生成,如图 10-64 所示。下一级图像中的像素的颜色取自上一级图像中4 个相邻像素颜色的平均值。

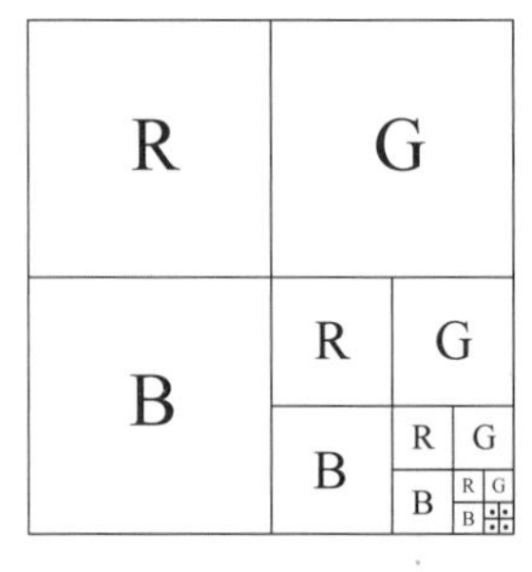

图 10-63　MipMap 纹理链

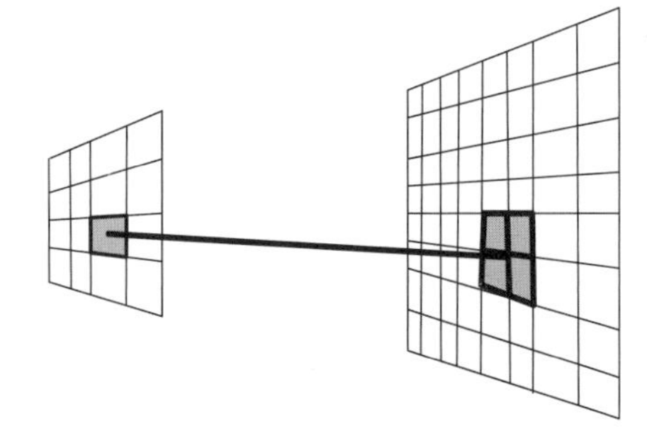

图 10-64　MipMap 图生成算法

使用公式可以计算出 MipMap 纹理链图像数目

$$m = \mathrm{l_b} n + 1 \tag{10-52}$$

式中,n 为原始图像的宽度,m 为纹理链数目。例如当 $n=256$ 时,$m=9$,即从 MipMap0～MipMap8,共 9 幅图像。

MipMapping 技术常用于三维纹理映射，对于图 10-65(a)所示的网格图，远离视点的高频信号部分出现了断线，出现所谓摩尔纹(Moire pattern)。摩尔纹是纹理走样的一种形式，使用数字照相机摄影时经常会遇到这种情况。为了消除摩尔纹，在离视点近处使用分辨率较高的纹理图，离视点远处使用分辨率较低的纹理图。图 10-65(a)的反走样效果如图 10-65(b)所示，所使用的 MipMap 纹理链如图 10-65(c)所示。

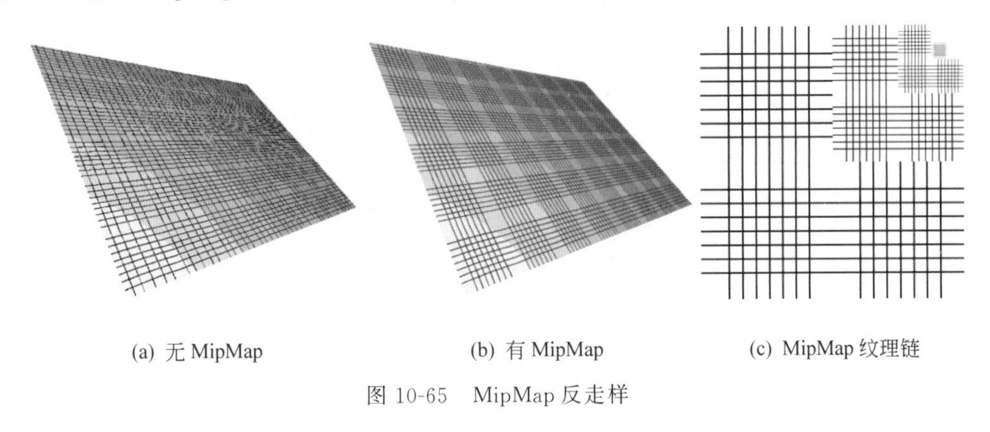

(a) 无 MipMap　　(b) 有 MipMap　　(c) MipMap 纹理链

图 10-65　MipMap 反走样

10.8 本章小结

纹理映射时，一般需要先对物体的顶点或表面进行参数化处理，然后使用 Phong 明暗处理算法为物体表面添加纹理细节。颜色纹理改变的是物体材质的漫反射率，将颜色信息加到表面上；凹凸映射改变的是物体表面的法向，将粗糙信息通过光照加到表面上。法线贴图是一种用于伪造凹凸效果的高级技术，在游戏开发中获得广泛应用。纹理反走样是纹理映射技术的一个重要研究内容，简单介绍了双线性内插法和 MipMapping 方法。在光栅化计算机图形中，纹理映射是绘制真实感图形的最高阶段，读者要下功夫去认真学习。

习　题　10

1. 请将棋盘纹理函数映射到双三次 Bezier 曲面片上，绘制图 10-66 所示的单光源光照纹理曲面片，试基于 PhongShader 编程实现。

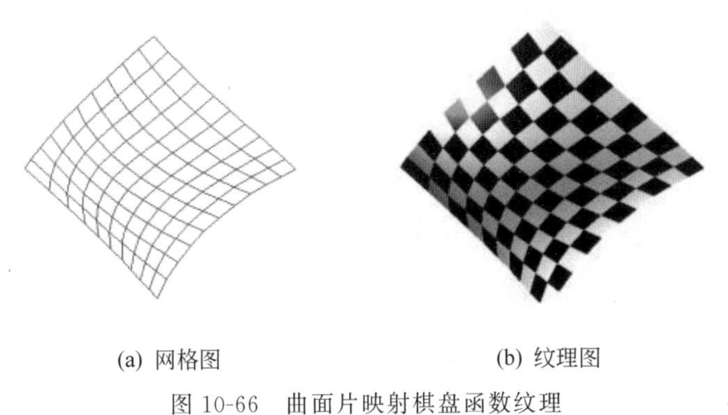

(a) 网格图　　(b) 纹理图

图 10-66　曲面片映射棋盘函数纹理

2. 将 10-67(a)所示的图像映射到圆柱侧面局部区域内,并将其绑定到相应顶点上。试使用三角形填充算法绘制光照纹理圆柱旋转动画,要求图像随圆柱体旋转而旋转,效果如图 10-67(b)所示。

(a) 纹理图　　(b) 纹理圆柱

图 10-67　圆柱面图像纹理映射光照效果图

3. 图 10-68(a)所示为天空盒位图,由代表$\pm x$、$\pm y$ 和$\pm z$ 的 6 幅图像组成。按照图 10-68(b)所示设计图,将其顺序绑定到立方体的相应表面上。试制作光照天空盒的旋转动画,效果如图 10-68(c)所示。

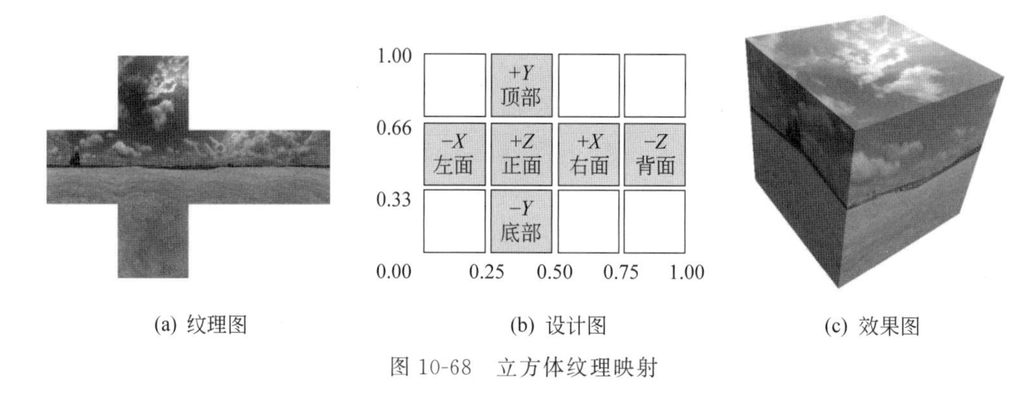

(a) 纹理图　　(b) 设计图　　(c) 效果图

图 10-68　立方体纹理映射

4. 将图 10-69(a)所示纹理图像绑定到圆环面上。视点位于屏幕正前方,点光源位置与视点位置重合。试绘制图 10-69(b)所示的纹理圆环旋转动画。

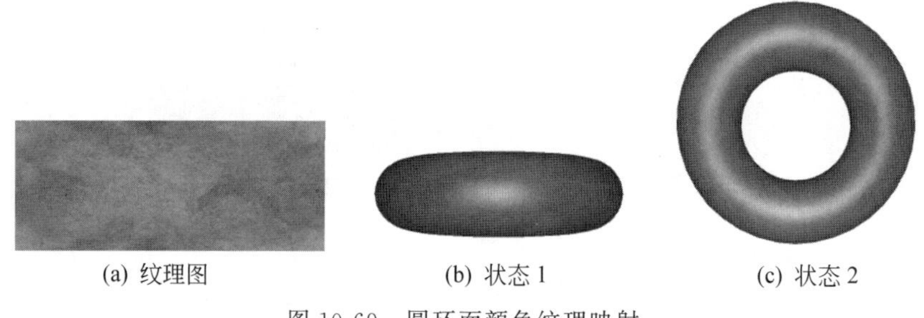

(a) 纹理图　　(b) 状态 1　　(c) 状态 2

图 10-69　圆环面颜色纹理映射

5. 试将三维木纹纹理映射到使用地理划分法绘制的经纬球上，效果如图 10-70 所示。

图 10-70　三维木纹球算法

6. 橘子是有着皱褶表面的球类果实。试将图 10-71(a)所示纹理图像映射到球体表面，制作一枚表面凹凸不平的橘子，效果如图 10-71(b)所示。

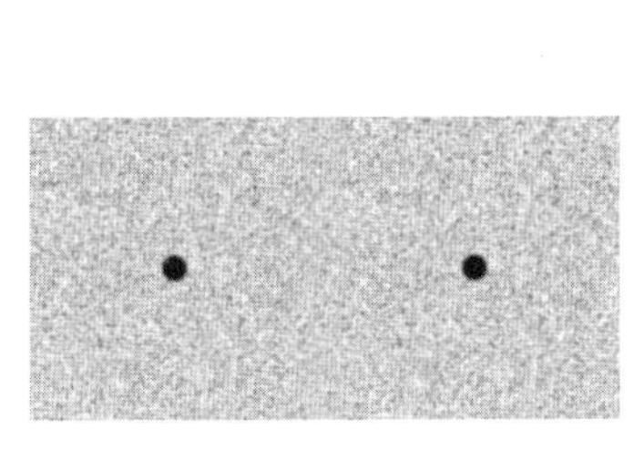

(a) 纹理图

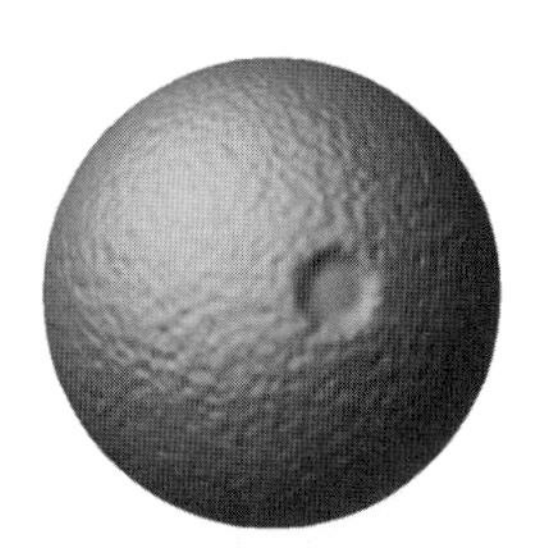

(b) 效果图

图 10-71　球面凹凸映射

7. 将高度图 10-72(a)和(b)中的白色散点与黑色散点作为高度场，对图 10-72(c)所示花瓶的表面模型进行扰动，效果如图 10-72(d)和图 10-72(e)所示。

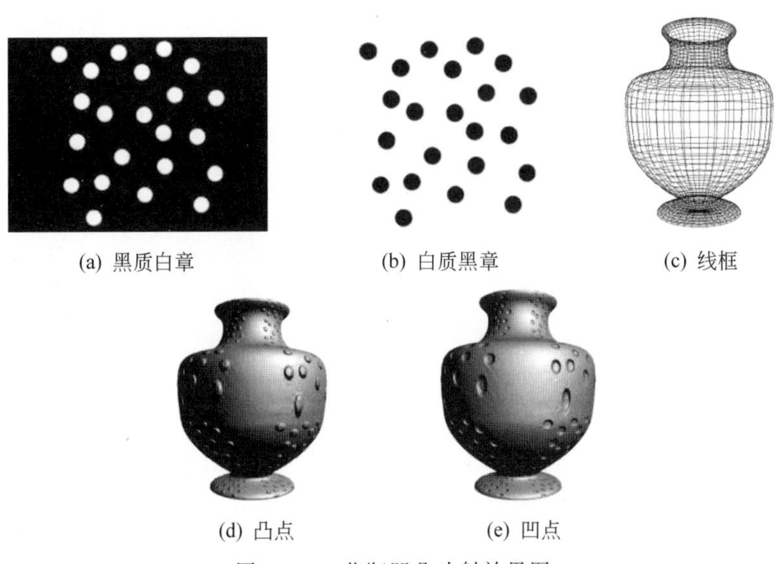

(a) 黑质白章　(b) 白质黑章　(c) 线框

(d) 凸点　(e) 凹点

图 10-72　花瓶凹凸映射效果图

8. 给定正方体盒人的 OBJ 文件和如图 10-73(a)～图 10-73(d)所示 4 幅纹理图，制作正方体盒人走路动画，效果如图 10-73(e)所示。

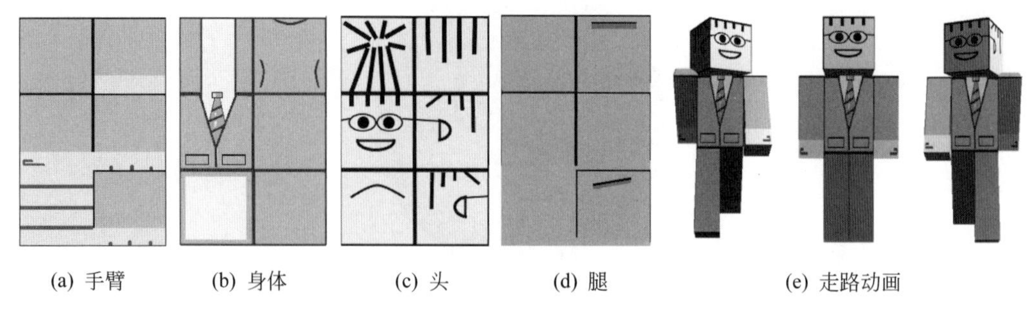

图 10-73　OBJ 文件绘制走路立方体盒人

参考文献

[1] MANDELBROT B B. The Fractal Geometry of Nature [M]. New York: W. H. Freeman and Company,1982.

[2] SUTHERLAND I E. Sketchpad: A Man-machine Graphical Communication System [J]. AFIPS Conference Proceedings,1963,23: 329-346.

[3] SUTHERLAND I E. The Ultimate Display [J]. Proceedings of the Congress of the Internation Federation of Information Processing,1963: 506-508.

[4] SUTHERLAND I E. A Head-mounted Three Dimensional Display [J]. Fall Joint Computer Conference,1968: 757-764.

[5] COONS S A. Surfaces for Computer-aided Design of Space Figures[M]. Massachusetts Institute of Technology,1965.

[6] BEZIER P. Mathematical and Practical Possibilities of UNISURF[M]. Computer Aided Geometric Design,1974: 127-152.

[7] APPEL A.Some Techniques for Shading Machine Rendering of Solids[J].in SJCC,1968: 37-45 .

[8] BOUKNIGHT W J.A Procedure for Generation of Three-dimensional Half-toned Computer Graphics Presentations[J].Communications of the ACM,1970,13: 527-536.

[9] GOURAUD H.Continuous Shading of Curved Surfaces[J].IEEE trans,1971,20: 87-93.

[10] PHONG B T.Illumination for Computer-generated Pictures[J].Communications of the ACM,1975, 18: 311-317.

[11] BLINN J F.Models of Light Reflection for Computer Synthesized Pictures[J].Computer Graphics, 1977,11: 192-198.

[12] BLINN J F.Simulation of Wrinkled Surfaces [J].Computer Graph,1978,12: 286-292.

[13] CROW F.The Origins of the Teapot[J].IEEE Computer Graph and Applications,1987,7: 8-19.

[14] WHITTED J T.An Improved Illumination Model for Shaded Display[J].ACM,1980,23: 343-349.

[15] COOK R L,Torrance K E.A reflectance model for computer graphics[J].ACM TOG,1982,18: 7-24.

[16] CORNAL C M, TORRANCE K E, GREENBERG D P, et al. Modeling the Interaction of Light Between Diffuse Surfaces[J]. SIGGRAPH'84 Proceedings ,Computer Graphics,1984, 18(3): 213-222 .

[17] KRISHNAMURTHY V, LEVOY M. Fitting Smooth Surfaces to Dense Polygon Meshes [J]. SIGGRAPH '96, Proceedings ,Computer Graphics,1996: 313-324.

[18] CLARK J H. Hierarachical Geometric Models for Visible Surface Alogorithms[J].Communications of the ACM.,1976,19: 547-554.

[19] FOLEY J D,DAM A V,FEINER S K,et al.Computer Graphics: Principles and Practice: Principles and Practices in C(Second Edition) [M].Reading,MA,USA,1995: 73-74.

[20] BRESENHAM J E. Algorithm for Computer Control of a Digital Plotter[J]. IBM System Journal, 1965,4: 25-30.

[21] PITTEWAY M L V, WATKINSON D J. Algorithm for Drawing Ellipses or Hyperbolae with a Digital Plotter[J].Computer Journal,1967,10(3): 282-289.

[22] AKEN V J R.An Efficient Ellipse-Drawing Althorithm[J].IEEE Computer Graph and Applications, 1984,4(9): 24-35.

[23] Bresenham J E. A Linear Althorithm for Incremental Digital Display of Circular Arcs [J]. Communications of the ACM,1977,20: 100-106.

[24] Crow F C.The aliasing Problem in Computer-generated Shaded Images[J].Communications of the ACM,1977,20(11): 799-805.

[25] Crow F C.A Comparison of Antialiasing Techniques[J].Communications of the ACM, 1981, 1: 40-47.

[26] Wu X.An Efficient Antialiasing Technique[J].Computer Graphics,1991,24: 143-152.

[27] FREEMAN H.Computer Processing of Line-Drawing Images[J].Computer Surveys, 1974, 6(1): 57-97.

[28] AGKLAND B D,WESTE N H.The Edge Flag Algorithm—A Fill Method for Raster Scan Displays [J].IEEE Computer Graph and Applications,1981,C(30): 41-48.

[29] DUNLAVEY M.Efficient Polygon-filling Algorithms for Raster Displays[J].ACM TOG, 1983,2: 264-273.

[30] SMITH A R.Tint Fill[J].ACM SIGGRAPH,TOG, 1979,6: 276-282.

[31] SPROLL R F,SUTHERLAND I E.A Clipping Divider[J].Fall Joint Computer Conference, 1968: 765-775.

[32] LIANG Y D,BARSKY B A.A New Concept and Method for Line Clipping[J].ACM OG, 1984,3 (1): 1-22.

[33] SUTHERLAND I E, HODGMAN G W.Reentrant Polygon Clipping[J].Communications of the ACM,1974,17(1): 32-42.

[34] WEILER K, ATHERTON P. Hidden Surface Removal Using Polygon Area Sorting [J]. Communications of the ACM,1977,11: 214-222.

[35] NEWMAN W M, SPROULL R F.Principle of Interactive Computer Graphics[M].2nd ed. New York: cGraw-Hall,1979: 355-366.

[36] BLINN J F.What, Teapots Again? [J].IEEE Computer Graph and Applications,1987,9,: 61-63.

[37] PIEGL L,TILLER W.非均匀有理 B 样条[M].穆国旺,译,北京：高等教育出版社,2010.

[38] SUTHERLAND I E, SPROULL R F,SCHUMACKER R A.The Characterization of Ten Hidden-Surface Algorithms[J].Computering Surveys,1974,6(1): 1-55.

[39] CATMULL E.A Subdivision Algorithm for Computer Display of Curved Surfaces[D].University of Utah ,1974: 32-33.

[40] NEWWELL M E, NEWWELL R G,SANCHA T L.A Solution to the Hidden Surface Problem[C]. Proc.Comm. ACM,Annual,Conf.1972: 443-450.

[41] SMITH A R.Color Gamut Transformation Pairs[J].Computer Graphics,1978,12: 12-19.

[42] JOBLOVE G H,GREENBERG D P.Color Spaces for Computer Graphics[J].Computer Graphics, 1978,12: 20-25.

[43] WYLIE C,ROMNEY G,EVANS D,et al.A Half-tone Perspective Drawings by Computer[J].AFIPS Fall Joint Computer Conference,1967,1: 49-58.

[44] ROMNEY G.Computer Assisted Assembly and Rendering of Solids[D].University of Utah ,1969: 32-33.

[45] GRIT T,CHARLES A W.Computing Vertex Normals form Polygonal Facets[J].Journal of graphics tools, ,1998,3(1): 43-46.

[46] DUFF T.Smoothly Shaded Renderings of Polyhedral Objects on Raster Displays [J].ACM,1979: 270-275.

[47] SCHLICK C.An Inexpenstive BRDF Model for Physically-based Rendering[J].Proc,Eurographics'94 Computer Graphics Forum,1994,13(3): 233-246 .

[48] KAY D S,GREENBERG D.Transparency for Computer Synthesized Images[J].Computer Graphics, 1979,13: 158-164.

[49] ATHERTON P R, WEILER K, GREENBERG D. Polygon Shadow Generation [J]. Computer Graphics,1978,12: 275-281.

[50] BLINN J F, NEWELL M E. Texture and Reflection in Computer Generated Image [J]. Communications of the ACM,1976,19: 542-547.

[51] JAMES F B.Simulation of wrinkled surface[J].Computer Graphics, 12(2) ,1978: 286-292.

[52] PEACHY D R.Solid Texturing of Complex Surfaces[J].Computer Graphics,1985,19: 279-286.

[53] PERLIN K.An Image Synthesizer[J].Computer Graphics,1985,19(3): 287-296.

[54] TOMOMICHI K, TOSHIYUKI T, MASAHIKO I. Detailed Shape Representation with Parallax Mapping[J].Proceedings of the International Conference on Artificial Reality and Telexistence,2001: 205-208.

[55] GREENE N.Environment Mapping and other Application of World Projections[J].IEEE Computer Graph and Applications1986,6: 21-29.

[56] WILLIAMS L.Pyramidal Parametrics[J].Computer Graphics,1983,17(3): 1-11.

图书资源支持

感谢您一直以来对清华版图书的支持和爱护。为了配合本书的使用，本书提供配套的资源，有需求的读者请扫描下方的“书圈”微信公众号二维码，在图书专区下载，也可以拨打电话或发送电子邮件咨询。

如果您在使用本书的过程中遇到了什么问题，或者有相关图书出版计划，也请您发邮件告诉我们，以便我们更好地为您服务。

我们的联系方式：

清华大学出版社计算机与信息分社网站：https://www.shuimushuhui.com/

地　　址：北京市海淀区双清路学研大厦 A 座 714

邮　　编：100084

电　　话：010-83470236　010-83470237

客服邮箱：2301891038@qq.com

QQ：2301891038（请写明您的单位和姓名）

资源下载：关注公众号“书圈”下载配套资源。

资源下载、样书申请

书圈

图书案例

清华计算机学堂

观看课程直播